城市水资源与节约用水技术丛书

城市水资源
高效利用技术

崔建国　张　峰　陈启斌　等编著
崔玉川　主　审

U0311284

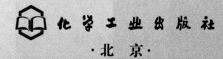 化学工业出版社
·北京·

图书在版编目（CIP）数据

城市水资源高效利用技术/崔建国等编著．—北京：化学工业出版社，2015.6

（城市水资源与节约用水技术丛书）

ISBN 978-7-122-24283-9

Ⅰ．①城…　Ⅱ．①崔…　Ⅲ．①城市用水-水资源利用-研究　Ⅳ．①TU991.31

中国版本图书馆 CIP 数据核字（2015）第 118246 号

责任编辑：刘兴春　　　　　　　　　文字编辑：刘　婧

责任校对：边　涛　　　　　　　　　装帧设计：史利平

出版发行：化学工业出版社（北京市东城区青年湖南街 13 号　邮政编码 100011）

印　　装：北京云浩印刷有限责任公司

787mm×1092mm　1/16　印张 29　字数 759 千字　2015 年 7 月北京第 1 版第 1 次印刷

购书咨询：010-64518888（传真：010-64519686）　　售后服务：010-64518899

网　　址：http://www.cip.com.cn

凡购买本书，如有缺损质量问题，本社销售中心负责调换。

定　　价：138.00 元

序

近些年来，由于人类社会物质和精神文明进程加快，用水量急剧增加所造成的城市淡水匮乏的严峻形势已成为全球性问题。我国人均水资源量只是世界人均值的 1/4，淡水不足已严重制约了我国的经济发展和生活质量的提高。因此，深入持久地开展城市与工业节约用水势在必行。

节约用水，从广义上说应是指对水资源的科学保护、开发和利用，涉及环保、水利、市政三大学科的学术内容范畴，而城市和工业节约用水则主要是对水的合理高效使用。同时，节水可以减排，水的循序、循环使用又是循环经济的组成部分。

城市与工业节约用水是一个多学科交叉的综合性技术领域。20 世纪 80 年代中期以来，我国曾有几部有关的论著出版，但其数量和内容都远不能满足客观形势发展的需求。为此，《城市水资源与节约用水技术丛书》的编写出版，必将会给城市与工业节水工作注入正能量，推动其发展。

该丛书共四册，第一册为《城市水资源高效利用技术》，以城市供水水源为对象，介绍水资源高效利用技术；第二册为《城市节约用水技术》，针对城市用水体系阐述其节水技术；第三册为《工业企业节约用水技术》，以工业企业用水工艺系统和器具设施为对象，介绍其节水技术；第四册《城市水资源节水管理技术》，针对前三册涉及的节水对象，论述节水管理体系、技术与方法。丛书内容涉及较多目前我国经济发展过程中节水工作所面临的工程技术和管理的热点问题，同时融合了作者多年来在该领域的研究成果、学术思想和工程经验。

本丛书内容充实、实用性强、体系完整、结构严谨，其出版必将对我国城市与工业节水工作的深入开展起到良好的促进作用。

童玉川

2015 年 5 月

前言 FOREWORD

　　本书为《城市水资源与节约用水技术丛书》的一分册，是以城市供水水源为主要对象，研究城市水资源高效利用技术的专著。本书从水资源自然属性及其危机状况入手，明确了城市水资源的基本内涵；本着高效利用水资源的思想，提出了地表水和地下水资源的合理利用技术，论述了跨流域调水工程技术及其生态环境效应，介绍了城市污水再生利用、海水利用以及含 H_2S 水、高硬度水、高盐度水、高硫酸盐水等其他非常规水资源的利用技术；从水资源的能源属性出发，建立了水资源的能源利用概念，论述了工业废热水利用、污水热源利用、地下水冷能利用、地热能利用等水的能源利用技术和能源利用效益评价方法。最后，本书从水量、水质和能量角度论述了水源地保护工程技术，从水质和能量角度提出了城市水资源利用过程中的安全性问题及其评价方法。

　　全书共分十二章。

　　第一章，介绍水资源的基本概念，水资源的自然属性，阐明中国水资源的危机与挑战。

　　第二章，明确城市水资源的基本内涵，阐述城市水资源利用状况及高效利用的内容和意义。

　　第三章，研究地下水资源分类与特征、地下水资源评价方法、地下水水源地选定方法与步骤、取水构筑物合理布局、井群系统设计以及井群联络与水力平衡计算方法。

　　第四章，在论述地表水的利用条件、地表水资源量计算方法等地表水资源合理利用基本理论的基础上，着重介绍地表水取水构筑物的类型及适用条件、取水口位置合理选择、既有水利设施改造为城市供水工程的特征与技术。

　　第五章，在地下水和地表水有关理论与工程技术的基础上，提出地表水与地下水联合运用的条件与目标，论述地表水与地下水联合运用的技术方法。

　　第六章，阐述跨流域调水工程对城市供用水的意义和目标，介绍国内外跨流域调水工程现状，论述跨流域调水工程技术对城市供水的影响及其生态环境效应。

　　第七章，从城市水资源角度介绍城市污水再生利用技术，包括城市污水再生利用方式、城市污水再生利用水质要求与标准、城市污水处理与再生利用技术。

　　第八章，介绍海水利用的理论与技术。包括海水取水与输水工程、海水直接利用、海水淡化技术等，阐述海水利用中的问题及其解决的基本途径。

　　第九章，介绍几种低质水资源的特性与利用技术。明确低质水资源的概念、主要类型和特点，指明非常规水资源利用的意义。论述含 H_2S 水、高硬度水、高盐度水、高硫酸盐水的储存与分布，阐述低质水资源的开发利用途径、构筑物选择、设备与环境防护技术。重点介绍含 H_2S 水、高硬度水、高盐度水、高硫酸盐水、受污染的地表水和地下水等低质水源的处理技术。

　　第十章，从水资源的能源属性出发，建立水资源的能源利用概念，论述工业废热水利用、污水热源利用、地下水冷能利用、地热能利用等水的能源利用技术和能源利用效益评价方法。

　　第十一章，从水量、水质和能量角度论述水源地保护工程技术。阐述水源保护的涵义、范围和作用，介绍水源保护的基础理论，论述水源保护区的划定方法和水源保护措施，提出污染源防治工程、污染过程阻断工程、污染隔离工程、污染水修复技术、水的能源保护措施以及水源地水量保护技术等水源保护工程与技术。

第十二章，从水质和能量角度提出城市水资源利用过程中的安全性问题及其评价方法。阐明用水安全评价的意义，进行用水的安全性分析，介绍用水安全性评价的一般方法，论述地下水资源健康安全评价、地表水资源健康安全评价、再生回用水、低质水利用的安全风险评价方法。

本书的内容主要是目前我国水资源高效利用中所面临的工程技术问题，融合作者多年来在该领域的学术思想和工程经验。其内容涉及水资源量、质、能的利用及其保护理论与技术，可供从事节水、给水排水工程、环境工程、水利工程、水源保护工程、能源利用工程等技术、管理人员及高等学校师生参考。

本书由太原理工大学崔建国、张峰、陈启斌和山西省水文水资源勘测局李文红编著。其中第二、第三章由崔建国编著，第七～第十章由张峰编著，第一、第五、第六、第十二章由陈启斌编著，第四、第十一章由李文红编著；全书最后由崔建国统稿、定稿，由崔玉川主审并作序。

在编著过程中，得到了太原理工大学崔玉川教授、清华大学李广贺教授和太原科技大学钱天伟教授的大力支持，路旭龙、姜俐峰、郭芝瑞、胡志超等同志也做了许多图表等资料收集和整理工作。编著过程中引用了大量参考文献和相关资料，可能未全部列出，对此表示深深歉意，对他们的帮助一并表示诚挚的谢意！

由于编著者水平有限，书中不足在所难免，恳请读者给予指正。

编著者

2015 年 3 月于太原

目录
CONTENTS

第一章　水资源　　　　　　　　　　　　　　　　　　　　**1**

第一节　水资源的涵义及特性 ································· 1
　一、水资源涵义 ··· 1
　二、水资源特性 ··· 3
　三、水资源分类 ··· 5
第二节　自然界水循环和水量平衡 ····················· 5
　一、自然界水的组成 ······································ 5
　二、水的自然循环与水量平衡 ························· 6
　三、人类活动与水资源变迁 ··························· 12
第三节　中国水资源危机 ································· 14
　一、基本状况及水资源分布特点 ····················· 14
　二、水资源开发利用状况 ······························ 16
　三、水资源面临的挑战 ································· 18
　四、中国水资源战略 ···································· 19
参考文献 ·· 22

第二章　城市水资源　　　　　　　　　　　　　　　　　　**23**

第一节　城市水资源的涵义 ······························ 23
　一、城市水资源的概念 ································· 23
　二、城市水资源的类型 ································· 24
　三、城市水资源的特点 ································· 39
第二节　城市水资源利用 ································· 43
　一、城市供水对水资源的要求 ························· 43
　二、城市水资源利用方式与特点 ····················· 57
　三、城市水资源利用中的问题 ························· 62
　四、城市水资源高效利用的内容和意义 ··············· 63
参考文献 ·· 66

第一节　地下水资源的分类与特征 …………………………………………… 67
　一、地下水资源分类 ………………………………………………………… 67
　二、地下水资源特征 ………………………………………………………… 71
第二节　地下水资源评价 ……………………………………………………… 74
　一、地下水资源量的计算 …………………………………………………… 74
　二、地下水资源评价的内容和原则 ………………………………………… 81
　三、地下水资源评价的步骤与方法 ………………………………………… 83
　四、地下水水质评价 ………………………………………………………… 84
第三节　地下水水源地选定 …………………………………………………… 85
　一、地下水水源地类型 ……………………………………………………… 85
　二、水源地的选定方法 ……………………………………………………… 86
第四节　地下水取水构筑物的合理布置 ……………………………………… 87
　一、地下水取水构筑物的种类及适用条件 ………………………………… 87
　二、取水井的平面布置 ……………………………………………………… 87
　三、取水井的垂向布局 ……………………………………………………… 89
第五节　井群系统设计 ………………………………………………………… 90
　一、井数和井间距确定 ……………………………………………………… 90
　二、开采井的水力计算 ……………………………………………………… 92
　三、井群系统的设计步骤 …………………………………………………… 105
第六节　井群联络系统的水力平衡 …………………………………………… 112
　一、井群联络 ………………………………………………………………… 112
　二、井群联络系统水力平衡原理 …………………………………………… 113
　三、井群联络系统水力平衡计算步骤 ……………………………………… 115
　四、井群联络系统水力平衡计算实例 ……………………………………… 116
参考文献 ………………………………………………………………………… 120

第一节　地表水的利用条件 …………………………………………………… 121
　一、河流的利用条件 ………………………………………………………… 121
　二、湖泊和水库的利用条件 ………………………………………………… 123
　三、海水的利用条件 ………………………………………………………… 124
第二节　地表水资源评价 ……………………………………………………… 124
　一、水资源分区 ……………………………………………………………… 124
　二、降水量分析计算 ………………………………………………………… 125
　三、单站径流量的分析计算 ………………………………………………… 128
　四、分区地表水资源量计算 ………………………………………………… 132
第三节　地表水取水构筑物的合理选用 ……………………………………… 134

一、地表水取水构筑物的类型及适用条件 ……………………… 134

二、取水口位置选择 …………………………………… 135

第四节 既有水利设施改造取水工程 ………………………………… 143

一、水利设施的运行状况 ……………………………… 143

二、既有水利设施改造的原则 ………………………… 144

三、既有水利设施改造取水实例 ……………………… 144

参考文献 ……………………………………………………… 154

第五章　地表水与地下水的联合运用　155

第一节 地表水与地下水联合运用的方式与目标 …………………… 155

一、联合运用的方式 …………………………………… 155

二、联合运用的目标 …………………………………… 156

三、联合运用的条件 …………………………………… 156

四、联合运用的意义 …………………………………… 159

第二节 地表水与地下水联合运用模型和技术方法 ………………… 159

一、联合运用优化技术研究现状 ……………………… 159

二、联合运用模型分类 ………………………………… 164

三、多水源多目标联合调度管理模型 ………………… 165

四、分解协调优化方法 ………………………………… 171

五、耦合模拟模型 ……………………………………… 175

第三节 联合运用技术应用实例 …………………………………… 179

一、联合运用的条件 …………………………………… 179

二、水源条件 …………………………………………… 179

三、联合调度的必要性 ………………………………… 180

四、地表水与地下水联合调度方案设计 ……………… 180

参考文献 ……………………………………………………… 184

第六章　跨流域调水工程　185

第一节 跨流域调水的作用与特点 ………………………………… 185

一、调水工程的概念 …………………………………… 185

二、调水工程的分类 …………………………………… 185

三、跨流域调水的作用和意义 ………………………… 187

四、跨流域调水系统的特点 …………………………… 188

第二节 跨流域调水的工程特征 …………………………………… 189

一、国外跨流域调水工程 ……………………………… 189

二、我国跨流域调水工程现状 ………………………… 194

三、南水北调工程 ……………………………………… 196

四、山西省万家寨引黄入晋工程 ……………………… 204

五、山西大水网工程 ……………………………………………… 207
第三节 跨流域调水对生态环境的影响 …………………………… 211
一、跨流域调水对生态环境的有利影响 ……………………… 211
二、跨流域调水对生态环境的不利影响 ……………………… 212
参考文献 …………………………………………………………… 214

第七章 城市污水再生利用 215

第一节 城市污水再生利用方式 …………………………………… 215
一、污水再生水的类型 ………………………………………… 215
二、污水再生利用途径 ………………………………………… 216
三、污水再生利用系统 ………………………………………… 218
第二节 城市污水再生利用水质 …………………………………… 220
一、污水处理的目标与水质 …………………………………… 220
二、回用水水质的基本要求 …………………………………… 223
三、污水再生利用的水质标准 ………………………………… 226
第三节 城市污水处理与再生利用技术 …………………………… 232
一、污水处理方法分类 ………………………………………… 233
二、污水处理的级别 …………………………………………… 233
三、污水处理与再生利用的物化技术 ………………………… 234
四、污水处理与再生利用的生化技术 ………………………… 252
五、污水处理与再生利用工艺 ………………………………… 268
六、城市污水再生回用处理厂 ………………………………… 279
参考文献 …………………………………………………………… 283

第八章 海水利用 285

第一节 海水水质特征与保护 ……………………………………… 285
一、海水的主要成分 …………………………………………… 285
二、海水水质标准 ……………………………………………… 286
三、海水污染防治 ……………………………………………… 287
第二节 海水取水工程 ……………………………………………… 288
一、取水方式 …………………………………………………… 288
二、海水取水构筑物 …………………………………………… 289
三、输水与排水 ………………………………………………… 291
第三节 海水直接利用 ……………………………………………… 292
一、直接利用范围 ……………………………………………… 292
二、直接利用方法 ……………………………………………… 293
第四节 海水淡化技术 ……………………………………………… 295
一、海水淡化目标 ……………………………………………… 295

二、海水蒸馏淡化技术 ………………………………………… 297

三、海水反渗透淡化技术 ……………………………………… 299

四、海水电渗析淡化技术 ……………………………………… 302

五、海水冷冻淡化技术 ………………………………………… 305

第五节　海水利用中的问题及解决途径 …………………… 306

一、海水对构筑物及设备的危害 …………………………… 306

二、海水用水系统防腐 ………………………………………… 307

三、海水用水系统阻垢 ………………………………………… 308

四、海生物防治 ………………………………………………… 308

五、海水的热污染防治 ………………………………………… 309

参考文献 …………………………………………………………… 309

第九章　几种低质水资源利用　311

第一节　概述 ……………………………………………………… 311

一、低质水资源的概念 ………………………………………… 311

二、低质水资源的范畴 ………………………………………… 311

三、低质水资源的特点 ………………………………………… 317

四、低质水资源利用的意义 …………………………………… 318

第二节　低质水资源的储存与分布 ………………………… 318

一、高盐度水的储存与分布 …………………………………… 318

二、高硬度水的储存与分布 …………………………………… 320

三、含 H_2S 水的储存与分布 ………………………………… 321

四、高硫酸盐水的储存与分布 ……………………………… 322

五、低质水资源量计算 ………………………………………… 323

第三节　低质水资源开发技术 ……………………………… 324

一、低质水的开发利用途径 …………………………………… 324

二、构筑物的选择及设备保护 ……………………………… 325

三、低质水资源的保护性开发 ……………………………… 327

第四节　低质水源处理 ………………………………………… 328

一、高盐度水的处理 …………………………………………… 328

二、高硬度水的处理 …………………………………………… 333

三、含 H_2S 水的处理 ………………………………………… 335

四、高硫酸盐水的处理 ………………………………………… 337

五、受污染地表水处理 ………………………………………… 338

六、受污染地下水处理 ………………………………………… 341

参考文献 …………………………………………………………… 348

第十章　水资源的能源利用　350

第一节　概述 ·· 350
　　一、水源与能源 ······························· 350
　　二、能源利用的途径 ·························· 352
第二节　工业废热水利用 ·························· 356
　　一、工业废热水的产生 ···················· 356
　　二、工业废热水的能源特点 ·············· 357
　　三、工业废热水的能源利用 ·············· 358
第三节　污水热源利用 ···························· 363
　　一、污水热量的产生 ······················· 363
　　二、污水热源的特点 ······················· 364
　　三、污水热能利用 ··························· 365
第四节　地下水冷能利用 ·························· 369
　　一、地下水冷能利用原理 ·················· 369
　　二、地下水人工回灌技术 ·················· 370
　　三、地下水冷源循环利用方法 ··········· 372
第五节　地热能利用 ······························· 374
　　一、地热能的产生 ··························· 375
　　二、地热的储存与分布 ···················· 376
　　三、地热能的资源评价 ···················· 377
　　四、地热能的利用技术 ···················· 383
　　五、地热能的保护与管理 ·················· 389
第六节　能源利用的效益评价 ··················· 390
　　一、水资源能源利用效率评估的作用与意义 ····· 390
　　二、水资源能效评估指标体系 ··········· 392
　　三、能效评估方法 ··························· 393
　　四、提高水资源利用能效的措施 ········· 394
参考文献 ··· 395

第十一章　城市供水水源保护　　397

第一节　水源保护的意义 ·························· 397
　　一、水源保护的涵义 ······················· 397
　　二、水源保护的作用 ······················· 398
　　三、水源保护的范围 ······················· 398
第二节　水源污染及评价 ·························· 400
　　一、水污染类型 ····························· 400
　　二、水污染作用过程 ······················· 402
　　三、水源环境质量评价 ···················· 403
第三节　水源保护的方法与措施 ················ 405
　　一、水源保护的原则和步骤 ·············· 405
　　二、水源保护区划分 ······················· 406
　　三、地表水源保护区的划分 ·············· 407

四、地下水源保护区的划分 …………………………………………………… 410
五、水源保护措施 …………………………………………………………… 412
第四节　水源保护工程 ………………………………………………………… 414
一、水源地水量保护工程 ……………………………………………………… 415
二、水源地水质保护工程 ……………………………………………………… 418
三、能源保护措施 …………………………………………………………… 426
参考文献 ……………………………………………………………………… 427

第十二章　城市水资源利用的安全评价　　429

第一节　安全评价的意义 ……………………………………………………… 429
一、城市污水水质特征 ………………………………………………………… 429
二、工业废水水质特征 ………………………………………………………… 430
三、水污染物的危害 ………………………………………………………… 431
四、安全评价的作用与意义 …………………………………………………… 432
第二节　用水的安全性分析 …………………………………………………… 432
一、用水的安全评价领域 ……………………………………………………… 432
二、饮用水对人体健康的影响 ………………………………………………… 432
第三节　用水的安全性评价 …………………………………………………… 434
一、风险评价基本概念 ………………………………………………………… 434
二、风险评价的国内外研究现状 ……………………………………………… 435
三、健康风险评价模式 ………………………………………………………… 436
第四节　不同水资源利用的安全评价 ………………………………………… 438
一、地下水资源健康安全评价 ………………………………………………… 438
二、地表水资源健康安全评价 ………………………………………………… 439
三、再生回用水的安全风险评价 ……………………………………………… 440
四、低质水的安全风险评价 …………………………………………………… 450
参考文献 ……………………………………………………………………… 452

第一章

水资源

　　水既是自然界一切生命赖以生存的物资，又是社会发展不可缺少的重要资源。在目前的经济技术条件下，人类可利用的水资源主要是指地表水和地下水，如江河湖海和地下水体中的淡水资源。水资源可以再生，可以重复利用，但它受气候影响，在时间、空间上分布不均匀，不同地区之间、同一地区年际及年内汛期和枯水期的水量可能相差很大。水量偏多或偏少往往会造成洪涝或干旱等自然灾害。因此，必须认识水资源的变化规律，根据天然的时空分布特点、国民经济各用水部门的用水需要，修建必要的蓄水、引水、提水或跨流域调水工程，以便水资源得到合理开发利用和保护。

第一节　水资源的涵义及特性

一、水资源涵义

　　水资源（water resources）是自然资源的一种，人们对水资源都有一定的感性认识，但是，水资源一词到底起源于何时，现在很难进行考证。在国外，较早采用这一概念的是美国地质调查局（USGS）。1894 年，该局设立了水资源处（WRD），标志着水资源一词正式出现并被广泛接纳。美国地质调查局设立的水资源处一直延续到现在，其主要业务范围是对地表水和地下水进行观测。

　　在具有权威性的《不列颠百科全书》中对水资源的定义是："自然界一切形态（液态、固态和气态）的水"，这个解释曾在很多地方被引用。在 1963 年英国国会通过的《水资源法》中将水资源定义为："具有足够数量的可用水源"。1988 年，联合国教科文组织（UNESCO）和世界气象组织（WMO）在其共同制定的《水资源评价活动——国家评价手册》中，对水资源的定义是："可以利用或有可能被利用的水源，具有足够数量和可用的质量，并能在某一地点为满足某种用途而被利用"。

　　在中国，对水资源的理解也各不相同。1988 年颁布的《中华人民共和国水法》将水资源认定为"地表水和地下水"。1994 年《环境科学词典》将水资源定义为："特定时空下可利用的水，是可再利用资源，不论其质与量，水的可利用性是有限制条件的"。在具有权威性的《中国大百科全书》不同卷中出现了对水资源一词的不同解释。在"大气科学·海洋科学·水文科学"卷中对水资源的定义是："地球表层可供人类利用的水，包括水量（水质）、水域和水能资源，一般指每年可更新的水量资源"。在"水利"卷中对水资源的定义是："自然界各种形态（气态、液态或固态）的天然水"。在"地理"卷中将水资源定义为："地球上目前和近期人类可以直接或间接利用的水，是自然资源的一个组成部分"。

可以说到目前为止，对水资源概念的界定也没有达成共识，最主要是因为水资源的含义十分丰富，导致了对其概念的界定也是多种多样。

为了对水资源的内涵有全面深刻的认识，并尽可能达到统一，1991年《水科学进展》杂志社邀请国内部分知名专家学者进行了一次笔谈，它们的主要观点如下。

（1）降水是大陆上一切水分的来源，但它只是一种潜在的水资源，只有降水中可被利用的那一部分水量，才是真正的水资源。在降水中可以转变为水资源部分是"四水"，即：①水文部门所计算河川径流是与地下水补给量之和扣除重复计算量；②土壤水含量；③蒸发量；④区域间径流交换量（张家诚）。

（2）从自然资源概念出发，水资源可定义为人类生产与生活资料的天然水源，广义水资源应为一切可被人类利用的天然水，狭义的水资源是指被人们开发利用的那部分水（刘昌明）。

（3）水资源是指可供国民经济利用的淡水水源，它来源于大气降水，其数量为扣除降水期蒸发的总降水量（曲耀光）。

（4）水资源一般是指生活用水、工业用水和农业用水，此称为狭义水资源；广义水资源还包括航运用水、能源用水、渔业用水以及工矿水资源与热水资源等。概言之，一切具有利用价值，包括各种不同来源或不同形式的水，均属于水资源范畴（陈梦熊）。

（5）不能笼统地称"四水"为水资源，只有那些具有稳定径流量、可供利用的相应数量的水定义为水资源（施德鸿）。

（6）"水"和"水资源"在涵义上是有区别的，水资源主要指与人类社会用水密切相关而又能不断更新的淡水，包括地表水、地下水和土壤水，其补给来源为大气降水（贺伟程）。

（7）水资源是维持人类社会存在并发展的重要自然资源之一，它应当具有如下特性：①可以按照社会的需要提供或有可能提供的水量；②这个水量有可靠的来源，其来源可通过水循环不断得到更新或补充；③这个水量可以由人工加以控制；④这个水量及其水质能够适应用水要求（陈家琦）。

上述各种水资源定义各自从不同角度出发，相对于特定的研究学科领域，都具有合理的因素，但从宏观角度考虑，上述每一种水资源定义都显得片面，缺乏系统性。

就目前的研究成果，水资源的概念可归纳为以下几点。

（1）广义的水资源　是指自然界中任何形态（包括水的固态、液态和气态的形式）、存在于地球表面和地球的岩石圈、大气圈、生物圈中的水。包括海洋、地下水、冰川、湖泊、土壤水、河川径流及大气水等在内的各种水体。

（2）狭义的水资源　指上述广义水资源范围内逐年可以得到恢复更新的那部分淡水量。即与生态系统保护和人类生存与发展密切相关的、可以利用而又逐年能够得到恢复和更新的淡水，其补给来源为大气降水。该定义反映了水资源具有下列性质：①水资源是生态系统存在的基本要素，是人类生存与发展不可替代的自然资源；②水资源是在现有技术、经济条件下通过工程措施可以利用的水，且水质应符合人类利用的要求；③水资源是大气降水补给的地表、地下产水量；④水资源是可以通过水循环得到恢复和更新的资源。

（3）工程概念的水资源　指狭义水资源范围内的可利用的或者可能被利用的、具有一定数量和质量保证的、在一定技术经济条件下，可以为人们取用的那部分淡水量。

将水资源归纳为以上3种概念具有如下优点。

① 广义水资源顾及了水资源属性、形态及存在形式。由于自然界中的水在岩石圈、大气圈和生物圈之间互相转化，因此，该定义便于系统全面地研究水资源，并为建立水资源在自然界的循环机理创造了条件。

② 狭义水资源将淡水作为主要对象，集中了研究范围。由于人类生活和生产使用最多的是淡水，因此该定义与水资源的使用密切相连，增强了水资源的使用属性。另外，狭义水资源强调了水资源的可恢复更新性，肯定了淡水参与自然界水循环的基本水文特性。

③ 工程概念的水资源从水资源利用角度考虑，强调了水资源的使用价值。在水资源利用过程中，必须同时保证水量和水质，因此该定义将供水与用水密切联系起来。在水资源量和水质保证的前提下，水资源的利用程度要受利用工程的技术和资金制约，该定义强调了只有通过一定的技术和经济条件取得的淡水才是水资源，使水资源与工程相结合。同时，该定义也表明工程概念的水资源量是可变的，随着利用技术的进步和经济支持力度的增大，该水资源量也会增加，但不会超过狭义的水资源量。

二、水资源特性

水资源是一种特殊的自然资源，它不仅是人类及其他一切生物赖以生存的自然资源也是人类经济、社会发展必需的生产资料，它是具有自然属性和社会属性的综合体。

（一）水资源的自然属性

1. 流动性

自然界中所有的水都是流动的，地表水、地下水、大气水之间可以互相转化，这种转化也是永无止境的，没有开始也没有结束。特别是地表水资源，在常温下是一种流体，可以在地心引力的作用下，从高处向低处流动，由此形成河川径流，最终流入海洋（或内陆湖泊）。也正是由于水资源这一不断循环、不断流动的特性，才使水资源可以再生和恢复，为水资源的可持续利用奠定物质基础。

2. 可再生性

由于自然界中的水处于不断流动、不断循环的过程之中，使得水资源得以不断地更新，这就是水资源的可再生性，也称可更新性。具体来讲，水资源的可再生性是指水资源在水量上损失后（如蒸发、流失、取用等）和（或）水体被污染后，通过大气降水和水体自净（或其他途径）可以得到恢复和更新的一种自我调节能力。这是水资源可供永续开发利用的本质特性。不同水体更新一次所需要的时间不同，如大气水平均每 8 天可更新一次，河水平均每 16 天更新一次，海洋更新周期较长，大约是 2500 年，而极地冰川的更新速度则更为缓慢，更替周期可长达万年。

3. 有限性

从全球情况来看，地球水圈内全部水体总存储量达到 $13.86 \times 10^8 \text{ km}^3$，绝大多数储存在海洋、冰川、多年积雪、两极和多年冻土中，现有的技术条件很难利用。便于人类利用的水只有 $0.10654 \times 10^8 \text{ km}^3$，仅占地球总储存水量的 0.77%。也就是说，地球上可被人类利用的水量是有限的。从我国情况来看，中国国土面积 $960 \times 10^4 \text{ km}^2$，多年平均河川径流量为 $27115 \times 10^8 \text{ m}^3$。在河川径流总量上仅次于巴西、俄罗斯、加拿大、美国、印度尼西亚。再加上不重复计算的地下水资源量，我国水资源总量大约为 $28124 \times 10^8 \text{ m}^3$。总而言之，人类每年从自然界可获取的水资源量是有限的，这一特性对我们认识水资源极其重要。以前，人们认为"世界上的水是无限的"，从而导致人类无序开发利用水资源，并引起水资源短缺、水环境破坏的后果。事实说明，人类必须保护有限的水资源。

4. 时空分布的不均匀性

由于受气候和地理条件的影响，在地球表面不同地区水资源的数量差别很大，即使在同一地区也存在年内和年际变化较大、时空分布不均匀的现象。这一特性给水资源的开发利用带来了困难。如北非和中东很多国家（埃及、沙特阿拉伯等）降雨量少、蒸发量大，因此径流量很小，人均及单位面积土地的淡水占有量都极少。相反，冰岛、厄瓜多尔、印度尼西亚等国，以每公顷土地计的径流量比贫水国高出 1000 倍以上。在我国，水资源时空分布不均匀这一特性也特别明显。由于受地形及季风气候的影响，我国水资源分布南多北少，且降水大多集中在夏秋季节的三四个月里，水资源时空分布很不均匀。

5. 多态性

自然界的水资源呈现多个相态，包括液态水、气态水和固态水。不同形态的水可以相互转化，形成水循环的过程，也使得水出现了多种存在形式，在自然界中无处不在，最终在地表形成了一个大体连续的圈层——水圈。

6. 不可替代性

水本身具有很多非常优异的特性，如无色透明、热容量大、良好的介质等，无论是对人类及其他生物的生存，还是对于人类经济社会的发展来说，水都是其他任何物质所不能够替代的一种自然资源。

7. 环境资源属性

自然界中的水并不是化学上的纯水，而是含有很多溶解性物质和非溶解性物质的一个极其复杂的综合体，这一综合体实质上就是一个完整的生态系统，使得水不仅可以满足生物生存及人类经济社会发展的需要，同时也为很多生物提供了赖以生存的环境，是一种环境资源。

（二）水资源的社会属性

1. 社会共享性

水是自然界赋予人类的一种宝贵资源，它是属于整个社会、属于全人类的。社会的进步、经济的发展离不开水资源，同时人类的生存更离不开水。获得水的权利是人的一项基本权利。2002 年 10 月 1 日起施行的《中华人民共和国水法》第三条明确规定，"水资源属于国家所有，水资源的所有权由国务院代表国家行使"；第二十八条规定，"任何单位和个人引水、截（蓄）水、排水，不得损害公共利益和他人的合法权益"。

2. 利与害的两重性

水是极其珍贵的资源，给人类带来很多利益。但是，人类在开发利用水资源的过程中，由于各种原因也会深受其害。例如，水过多会带来水灾、洪灾，水过少会出现旱灾，人类对水的污染又会破坏生态环境、危害人体健康、影响人类社会发展等。人们常说，水是一把双刃剑，比金珍贵，又凶猛于虎。这就是水的利与害的两重性。人类在开发利用水资源的过程中，一定要"用其利，避其害"。

3. 多用途性

水是一切生物不可缺少的资源，同时也是人类社会、经济发展不可缺少的一种资源，它可以满足人类的各种需要。例如，工业生产、农业生产、水力发电、航运、水产养殖、旅游、娱乐等都需要用水。人们对水的多用途性的认识随着其对水资源依赖性的增强而日益加深，特别是在缺水地区，为争水而引发的矛盾或冲突时有发生。这是人类开发利用水资源的动力，也是水被看做一种极其珍贵资源的缘由，同时也是人水矛盾产生的外在因素。因此，对水资源应进行综合开发、综合利用、水尽其用，满足人类对水资源的各种需求，同时尽可能减轻对水资源的破坏和影响。

4. 商品性

长久以来，人们一直认为水是自然界提供给人类的一种取之不尽、用之不竭的自然资源。但是随着人口的急剧膨胀，经济社会的不断发展，人们对水资源的需求日益增加，水对人类生存、经济发展的制约作用逐渐显露出来。人们需要为各种形式的用水支付一定的费用，水成了商品。水资源在一定情况下表现出了消费的竞争性和排他性（如生产用水），具有私人商品的特性。但是当水资源作为水源地、生态用水时，仍具有公共商品的特点，所以它是一种混合商品。

三、水资源分类

水资源的分类方法较多。按存在形式分为地表水和地下水；按形成条件分为当地水资源和入境水资源；按利用方式分为河内用水（发电、航运、旅游、养殖用水）、河外用水（生产生活用水）和生态环境用水；按量算方法分为实测河川径流量、天然径流量、可利用水资源量和可供水量等。

在水资源紧缺和水污染日趋严重的形势下，一些过去认为不能直接使用的水资源（如微污染水、高含盐水、含 H_2S 水、高硫酸盐水、污水等）也被考虑通过处理后使用，因此就有了非常规水资源，再生水资源等。

第二节　自然界水循环和水量平衡

一、自然界水的组成

水是生命之源，是地球上分布最广泛的物质之一。它以气态、液态和固态三种形式存在于大气、陆地与海洋，以及生物体内，组成了一个相互联系的、与人类生活密切相关的水圈。水存在于水圈之中。

据 2004 年调查结果显示：地球上水的总量大约为 $1.39×10^9 km^3$，包括海水、陆地水、大气水和生物水（表 1-1）。

海洋中的水约占地球总储水量的 96.25%，总量为 $1.34×10^9 km^3$，是地球上水量最多的地方，海洋的面积约为 $3.613×10^5 km^2$，约占地球表面积的 71%，海洋可以说是地球上水分的来源地。

陆地水内涵广泛，又分为河流水、湖泊水、冰雪融水、沼泽水、土壤水和地下水。其中河水总量为 $2.12×10^3 km^3$，占地球总水量的 0.0002%。湖水总量为 $1.76×10^5 km^3$，占地球总水量的 0.0127%，其中淡水约为 $9.10×10^4 km^3$。沼泽水总量为 $1.15×10^4 km^3$，约占地球总水量的 0.0007%。冰雪水总量为 $2.41×10^7 km^3$，约占地球总水量的 1.73%，约占淡水总储量的 68.86%，是地球上的固态淡水水库。土壤水指 2m 土层内的水，总量为 $1.65×10^4 km^3$，占地球总水量的 0.001%。地下水指地壳含水层中的重力水，总量为 $2.34×10^7 km^3$，约占地球总水量的 1.68%，占淡水总储量的 30.0%。

大气中的水分包含水汽、水滴和冰晶。水分总量为 $1.29×10^4 km^3$，占地球总水量的 0.001%，约占淡水储量的 0.04%。大气中的水分如果全部降落到地面，能形成 25mm 的降雨。

表 1-1　全球水储量表

类型		水量/km³			比例/%
		总量	淡水	咸水	
大气水		$1.29×10^4$	$1.29×10^4$		0.0009
生物水		$1.12×10^3$	$1.12×10^3$		0.0001
陆地水	河流水	$2.12×10^3$	$2.12×10^3$		0.0002
	湖泊水	$1.76×10^5$	$9.10×10^4$	$8.54×10^4$	0.0127
	沼泽水	$1.15×10^4$	$1.15×10^4$		0.0007
	冰雪融水	$2.41×10^7$	$2.41×10^7$		1.7338
	土壤水	$1.65×10^4$	$1.65×10^4$		0.0012
	地下水	$2.34×10^7$	$1.05×10^7$	$1.29×10^7$	1.6834
海水		$1.34×10^9$		$1.34×10^9$	96.4029
总量水		$1.39×10^9$	$3.50×10^7$	$1.35×10^9$	
总淡水量			$3.50×10^7$		2.52

注：摘自范荣生、王大齐合编《水资源水文学》。

生物水是生命有机体中的水分，约占生命有机体重量的80%，全球生物水的总量为$1.12×10^3$ km³，占全球总储水量的0.0001%。生物水虽少，但它对维持地球上的生命活动起着非常重要的作用。

人类可利用的淡水量约为$3.50×10^7$ km³，主要通过海洋蒸发散和水循环而产生，仅占全球总储水量的2.52%。淡水中只有少部分分布在湖泊、河流、土壤和浅层地下水中，大部分则以冰川、永久积雪和多年冻土的形式存储。其中冰川储水量约$2.41×10^7$ km³，约占世界淡水总量的68.86%，大部分都存储在南极和格陵兰地区。

二、水的自然循环与水量平衡

（一）水循环

1. 水循环的概念

地球上的水以液态、固态和气态的形式分布于海洋、陆地、大气和生物机体中，这些水体构成了地球的水圈。水圈中的各种水体在太阳的辐射下不断地蒸发变成水汽进入大气，并随气流的运动输送到各地，在一定条件下凝结形成降水。降落的雨水，一部分被植物截留并蒸发，一部分渗入地下，另一部分形成地表径流沿江河回归大海。渗入地下的水，有的被土壤或植物根系吸收，然后通过蒸发或散发返回大气；有的渗入到更深的土层形成地下水，并以泉水或地下水的形式注入河流回归大海。水圈中的各种水体通过蒸发、水汽输送、凝结、降落、下渗、地表径流和地下径流的往复循环过程，称为水循环。

2. 水分循环及其模式

地球是一个由岩石圈、水圈、大气圈和生物圈构成的巨大系统。水在这个系统中起着重要的作用，有了水，地球各圈层之间的相互关系就变得更为密切，水分循环则是这种密切关系的具体标志之一。

水分循环是地球上一个重要的自然过程，是指地球上各种形态的水，在太阳辐射的作用下，通过蒸发散、水汽输送上升到空中并输送到各地，水汽在上升和输送过程中遇冷凝结。

在重力作用下以降水形式回到地面、水体，最终以径流的形式回到海洋或其他陆地水体的过程。地球上的水分不断地发生状态转换和周而复始运动的过程称为水分循环，简称为水循环。

从水循环的定义可见：水循环的动力是太阳辐射和地球引力，水分在太阳辐射的作用下离开水体上升到空中并向各地运动，又在重力的作用下回到地面并流向海洋，太阳辐射和地心引力为水文循环的发生提供了强大的动力条件，这是水文循环发生的外因。同时，水的物理性质决定了水在常温下就能实现液态、气态和固态的相互转化而不发生化学变化，这是水文循环发生的内因。以上两个原因缺一不可。

水循环一般包括蒸发散、水汽输送、降水和径流 4 个阶段（见图 1-1）。在有些情况下水循环可能没有径流这一过程，如海洋中的水分蒸发后在上升过程中遇冷凝结又降落到海洋之中，这个水循环就没有径流这一阶段。

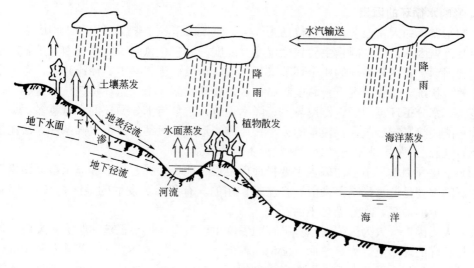

图 1-1　水分循环示意

3. 水循环的种类

按照水循环的规模与过程可分为大循环、小循环和内陆水循环。

从海洋蒸发的水汽被气流输送到大陆上空，冷凝形成降水后落到陆面，其中一部分以地表径流和地下径流的形式从河流回归海洋；另一部分重新蒸发返回大气。这种海陆间的水分交换过程，称为大循环。

海洋上蒸发的水汽在海洋上空凝结后，以降水的形式降落到海洋里，或陆地上的水经蒸发凝结又降落到陆地上，这种局部的水循环称为小循环。前者称为海洋小循环，后者称为内陆小循环。

水汽从海洋向内陆输送的过程中，在陆地上空一部分冷凝降落，形成径流向海洋流动，同时也有一部分再蒸发成水汽继续向更远的内陆输送。愈向内陆水汽愈少，循环逐渐减弱，直到不再能成为降水为止。这种局部的循环也叫做内陆水循环。内陆水循环对内陆地区降水起着重要作用。

实际上，一个大循环包含着多个小循环，多个小循环组成一个大循环。水循环过程中的蒸发、输送、降水和径流称为水循环的 4 个基本环节。

4. 水循环周期

水循环周期是研究水资源的一个很重要的参数。如果某一水体，循环周期短，更新速度快，水资源的利用率就高。水分循环周期：

$$T = W/\Delta w$$

式中　T——周期（年、月、日、时）；

　　　W——水体的储量；

　　　Δw——单位时间参与水循环的量。

据计算，大气中总含水量约 $1.29 \times 10^{13}\,km^3$，而全球年降水总量约 $5.77 \times 10^{14}\,km^3$，大气中的水汽平均每年转化成降水 44 次，即大气中的水汽平均每 8 天多循环更新一次。全球河流总储水量约 $2.12 \times 10^{12}\,km^3$，而河流年径流量为 $4.7 \times 10^{13}\,km^3$，全球的河水每年转化为径流 22 次，亦即河水平均每年 16 天多更新一次。海水全部更新一次则至少需经历 2650 年。水是一种全球性的可以不断更新的资源，具有可再生的特点。但在一定时间和空间范围内，每年更新的水资源是有限的，如果人类用水量超过了更新量，将会造成水资源的枯竭。

5. 影响水循环的因素

影响水循环的因素很多，可以概括为 3 类：气候因素、下垫面因素和人为因素。

(1) 气候因素　气候因素主要包括湿度、温度、风速、风向等。气候因素是影响水分循环的主要因素，在水分循环的 4 个环节（蒸发散、水汽输送、降水、径流）中，有 3 个环节取决于气候状况。一般情况下，温度越高，蒸发散越旺盛，水分循环越快；风速越大，水汽输送越快，水分循环越活跃；湿度越高，降水量越大，参与水分循环的水量越多。另外，气候条件还能间接影响径流，径流量的大小和径流的形成过程都受控于气候条件（河流是气候的产物）。因此，气候是影响水分循环最为主要的因素。

(2) 下垫面因素　下垫面因素主要指地理位置、地表状况、地形等。下垫面因素对水分循环的影响主要是通过影响蒸发散和径流起作用的。有利于蒸发散的地区，水分循环活跃，而有利于径流的地区，水分循环不活跃。

(3) 人为因素　人为因素对水分循环的影响主要表现在调节径流、加大蒸发散、增加降水等水分循环的环节上。如修水库、淤地坝等促进了水分的循环。人类修建水利工程、修建梯田、水平条等加大了蒸发散，影响了水分循环。封山育林、造林种草也能够增加入渗、调节径流、影响蒸发散。人类活动主要是通过改变下垫面的性质、形状来影响水分循环。

6. 水循环的实质

水循环是地球上最重要、最活跃的物质循环之一，它实现了地球系统水量、能量和地球生物化学物质的迁移与转换，构成了全球性的连续有序的动态大系统。水循环把海陆有机地连接起来，塑造着地表形态，制约着地球生态环境的平衡与协调，不断提供再生的淡水资源。因此，水循环对于地球表层结构的演化和人类社会可持续发展都具有重要意义。

(1) 水循环深刻地影响着地球表层结构的形成、演化和发展　水循环不仅将地球上各种水体组合成连续、统一的水圈，而且在循环过程中进入大气圈、岩石圈与生物圈，将地球上的四大圈层紧密地联系起来。水循环在地质构造的基底上重新塑造了全球的地貌形态，同时影响着全球的气候变迁和生物群类。

(2) 水循环是海陆间联系的纽带　水循环的大气过程实现了海陆上空的水汽交换，海洋通过蒸发源源不断地向陆地输送水汽，进而影响着陆地上一系列的物理、化学和生物过程；陆面通过径流归还海洋损失的水量，并源源不断地向海洋输送大量的泥沙、有机质和各种营养盐类，从而影响着海水的性质、海洋沉积及海洋生物等。虽然陆地有时也向海洋输送水汽，但总体上是海洋向陆地输送水汽，陆地向海洋输送径流。

(3) 水循环使大气水、地表水、土壤水、地下水相互转换　水循环的过程中，大气以降水的形式补给地表；地表水以下渗的形式补给土壤或通过岩石裂隙育接补给地下水；土壤以下渗的形式补给地下水，在一定条件下，土壤水也可以壤中流的形式补给地表，地下水以地下径流的形式补给地表；土壤水和地下水又以蒸发或植物散发的形式补给大气。从而形成大气水、地表水、土壤水、地下水的相互转换。

（4）水循环使得水成为可再生资源　水循环的实质就是物质与能量的传输过程，水循环改变了地表太阳辐射能的纬度地带性，在全球尺度下进行高低纬、海陆间的热量和水量再分配。水是一种良好的溶剂，同时具有搬运能力，水循环负载着众多物质不断迁移和聚集。通过水循环，地球系统中各种水体的部分或全部逐年得以恢复和更新，这使得水成为可再生资源。水循环与人类关系密切，水循环强弱的时空变化导致水资源的时空分布不均，是制约一个地区生态平衡和可持续发展的关键。

由于在水循环过程中，海陆之间的水汽交换以及大气水、地表水、地下水之间的相互转换，形成了陆地上的地表径流和地下径流。由于地表径流和地下径流的特殊运动，塑造了陆地的一种特殊形态——河流与流域。一个流域或特定区域的地表径流和地下径流的时空分布既与降水的时空分布有关，亦与流域的形态特征、自然地理特征有关。因此，不同流域或区域的地表水资源和地下水资源具有不同的形成过程及时空分布特性。

7. 水循环的作用和意义

虽然参与水循环的水量只占地球总水量的很少一部分，但是水循环对自然界，尤其是人类的生产和生活活动具有重大作用和意义。概括地说，主要有以下几个方面：①提供水资源，使水资源成为"可再生资源"；②影响气候变化，调节地表气温和湿度；③形成各种形式的水体以及与其相关的各种地貌现象；④形成多种水文现象。

自然界的水循环是联系地球系统大气圈、水圈、岩石圈和生物圈的纽带，它通过降水、截留、入渗、蒸发散、地表径流及地下径流等各个环节将大气圈、水圈、岩石圈和生物圈相互联系起来，并在它们之间进行水量和能量的交换，是全球变化三大主题——碳循环、水资源和食物纤维的核心问题之一。受自然变化和人类活动的影响，同时又是影响自然环境发展演变最活跃的因素，决定着水资源的形成与演变规律，是地球上淡水资源的主要获取途径。由于受到气象因素（如降水、辐射、蒸发散等）、下垫面（如地质、地貌、土壤、植被等）以及人类活动（如土地利用、水利工程等）的强烈影响，水循环过程也变得极其复杂。

按系统分析，水循环的每个环节都是系统的组成部分，也是一个子系统。各个子系统之间互相联系，这种联系是通过一系列的输入与输出实现的。例如，大气子系统的输出——降水，是陆地流域子系统的输入；陆地流域子系统又通过其输出——径流，成为海洋子系统的输入等等。在全球范围内，水循环是一个闭合系统。正是由于水循环运动，大气降水、地表水、土壤水及地下水之间相互转化，形成不断更新的统一系统。同时也正是由于水循环作用，水资源才成为可再生资源，才能被人类及一切生物可持续利用。

自然界水循环的存在，不仅是水资源和水能资源可再生的根本原因，而且是地球上生命不息，能千秋万代延续下去的重要原因之一。由了太阳能在地球上分布不均匀，而且时间上也有变化，因此，主要是太阳能驱动的水循环导致了地球上降水量和蒸发散量的时空分布不均匀，从而造成地球上有湿润地区和干旱地区之别，一年有多水季节和少水季节之别，多水年和少水年之别，同时水循环甚至是地球上发生洪、涝、旱灾害的根本原因，也是地球上具有千姿百态自然景观的重要条件之一。

水循环是自然界众多物质循环中最重要的物质循环。水是良好的溶剂，水流具有携带物质的能力，自然界的许多物质，如泥沙、有机质和无机质均以水作为载体，参与各种物质循环，正是有了水分循环，才有了地质大循环。因此，可以设想，如果自然界没有水循环，则许多物质循环，例如碳循环、磷循环等不可能发生，甚至能量流动也会停止。

（二）水量平衡

1. 水量平衡原理

水循环是自然界最主要的物质循环。在水循环的作用下地球上的水圈成为一个动态系统，并深刻影响着全球的气候、自然地理环境的形成和生态系统的演化。水循环是描述水文现象运动变化的最好形式。在水循环的各个环节中，水分的运动始终遵循着物理学中的质量和能量守恒定律，表现为水量平衡原理和能量平衡原理。这两大原理是水文学的理论基石，也是人类研究水问题的重要理论工具。如果要确定水文要素间的定量关系，就需要用水量平衡的方法进行研究，水量平衡其实就是水量收支平衡的简称。

水量平衡原理是指任意时段内，任何区域收入（或输入）的水量和支出（或输出）的水量之差，一定等于该时段内该区域储水量的变化。其研究对象可以是全球、某区（流）域或某单元的水体（如河段、湖泊、沼泽、海洋等）。研究的时段可以是分钟、小时、日、月、年或更长的尺度。水量平衡原理是物理学中的"物质不灭定律"的一种具体表现形式，或者说，水量平衡是水循环得以存在的支撑。

水量平衡原理是水文、水资源研究的基本原理，借助该原理可以对水循环现象进行定量研究，并得以建立各水文要素间的定量关系，在已知某些要素的条件下可以推求其他水文要素，因此，对水量平衡具有重大的实用价值。

2. 水量平衡方程

地球上的水时刻都在循环运动，在相当长的水循环中，地球表面的蒸发散量同返回地球表面的降水量相等，处于相对平衡状态，总水量没有太大变化。但是，对某一地区来说，水量的年际变化往往很明显，河川的丰水年、枯水年常常交替出现。降水量的时空差异性导致了区域水量分布极其不均。在水循环和水资源转化过程中，水量平衡是一个至关重要的基本规律。

根据水量平衡原理，水量平衡方程的定量表达式为：

$$I - A = \Delta W \tag{1-1}$$

式中　I——研究时段内输入区域的水量；

$\quad A$——研究时段内输出区域的水量；

ΔW——研究时段内区域储水量的变化，可正可负，当为正值时该时段内区域蓄水量增加，反之，蓄水量减少。

式（1-1）是水量平衡的基本形式，适用于任何区域、任意时段的水量平衡分析，但是在研究具体问题时，出于研究地区的收入项和支出项各不相同，因此，要根据收入项和支出项的具体组成，列出适合该地区的水量平衡方程。

（1）流域水量平衡方程式　根据水量平衡原理，某个地区在某一时期内，水量收入和支出差额等于该地区储水量的变化量。一般流域水量平衡方程式可表达为：

$$P + E_1 + R_\text{表} + R_\text{地下} = E_2 + r_\text{表} + r_\text{地下} + q + \Delta W \tag{1-2}$$

式中　P——时段内该区的降水量；

$\quad E_1$——时段内该区水汽的凝结量；

$\quad R_\text{表}$——时段内从其他地区流入该区的地表径流量；

$R_\text{地下}$——时段内从其他地区流入该区的地下得流量；

$\quad E_2$——时段内该区的蒸发散量和林木的蒸发散量；

$\quad r_\text{表}$——时段内从该区流出的地表径流量；

$\quad r_\text{地下}$——时段内从该区流出的地下径流量；

q——时段内该区工农业及生活用水量；

ΔW——时段内该区蓄水量的变化。

如果令 $E=E_2-E_1$ 为时段内的净蒸发量量，则式（1-2）可改写成：

$$P+R_{表}+R_{地下}=E+r_{表}+r_{地下}+q+\Delta W \tag{1-3}$$

这就是通用的水量平衡方程式，是流域水量平衡方程式的一般形式。根据通用的水量平衡方程，非闭合流域（地面分水线与地下分水线不重合的流域）的水量平衡方程为：

$$P+R_{地下}=E+r_{表}+r_{地下}+q+\Delta W \tag{1-4}$$

令 $r_{表}+r_{地下}=R$（R 为径流量）

不考虑工农业及生活用水，即 $q=0$，则非闭合流域的水量平衡方程改写成：

$$P+R_{地下}=E+R+\Delta W \tag{1-5}$$

对于闭合流域（地面分水线与地下分水线不重合的流域），由其他流域进入研究流域的地表径流和地下径流都等于零。因此，闭合流域的水量平衡方程为：

$$P=E+R+\Delta W \tag{1-6}$$

如果研究闭合流域多年平均的水量平衡，由于历年的 ΔW 有正、有负，多年平均值趋近于零，于是式（1-6）可表示为：

$$P_{平均}=E_{平均}+R_{平均} \tag{1-7}$$

式中 $P_{平均}$——流域多年平均降水量；

$E_{平均}$——流域多年平均蒸发散量；

$R_{平均}$——流域多年平均径流量。

从式（1-7）可见，某闭合流域多年的平均降水量等于蒸发散量和径流量之和。因此，只要知道其中两项，就可以用水量平衡方程求出第三项。

如果将 $P_{平均}=E_{平均}+R_{平均}$ 两边同除以 $P_{平均}$ 可以得出：

$$R/P+E/P=1$$
$$\alpha+\beta=1 \tag{1-8}$$

式中 $\alpha=R_{平均}/P_{平均}$——多年平均径流系数；

$\beta=E_{平均}/P_{平均}$——多年平均蒸发散系数。

α 和 β 之和等于1，表明径流系数越大，蒸发散系数越小。在干旱地区，蒸发散系数一般较大，径流系数较小。可见，径流系数和蒸发散系数具有强烈的地区分布规律，它们可以综合反映流域内的干湿程度，是自然地理分区上的重要指标。

（2）海洋水量平衡方程式 海洋的水分收入项有降水量 $P_{海}$ 和大陆流入的径流量 $R_{陆}$。支出项有蒸发散量 $E_{海}$。海洋蓄水量的变化量为 $\Delta W_{海}$。

海洋的水量平衡方程式为：

$$P_{海}+R_{陆}=E_{海}+\Delta W_{海} \tag{1-9}$$
$$P_{海}+R_{陆}=E_{海} \tag{1-10}$$

（3）陆地水量平衡方程式 陆地的水分收入项有降水量 $P_{陆}$，支出项有蒸发散量 $E_{陆}$ 和流入大海的径流量 $R_{陆}$。陆地蓄水量的变化量为 $\Delta W_{陆}$。

陆地的水量平衡方程式为：

$$P_{陆}=E_{陆}+R_{陆}+\Delta W_{陆} \tag{1-11}$$

多年平均情况下陆地的水量平衡方程式可写为

$$P_{陆}=E_{陆}+R_{陆} \tag{1-12}$$

（4）全球水量平衡方程式 全球由陆地和海洋组成，因此，全球的水量平衡应为陆地水量与海洋水量平衡之和。即

$$P_陆 + P_海 + R_陆 = E_陆 + R_陆 + E_海$$
$$P_陆 + P_海 = E_陆 + E_海$$
$$P = E \tag{1-13}$$

式（1-13）即为全球多年水量平衡方程式。它表明，对全球而言，多年平均降水量与多年平均蒸发量是相等的。

据估算，全球平均每年海洋上约有 $5.05 \times 10^{14} \, m^3$ 的水蒸发放到空中，而总降水量约为 $4.58 \times 10^{14} \, m^3$，总降水量比总蒸发量少 $0.47 \times 10^{14} \, m^3$，这同陆地注入海洋的总径流量相等。

利用水量平衡原理，便可以改变水的时间和空间分布，化水害为水利。目前，人类活动对水循环的影响主要表现在调节径流和增加降水等方面。通过修建水库等拦蓄洪水，可以增加枯水径流。通过跨流域调水可以平衡地区间水量分布的差异。通过植树造林等能增加入渗，调节径流，加大蒸发散，在一定程度上可调节气候，增加降水。而人工降雨、人工消雹和人工消雾等活动则直接影响水汽的运移途径和降水过程，通过改变局部水循环来达到防灾抗灾的目的。当然，如果忽视了水循环的自然规律，不恰当地改变水的时间和空间分布，如果大面积地排干湖泊、过度引用河水和抽取地下水等，就会造成湖泊干涸、河道断流、地下水位下降等负面影响，导致水资源枯竭，给生产和生活带来不良的后果。因此，了解水量平衡原理对合理利用自然界的水资源是十分重要的。

三、人类活动与水资源变迁

（一）人类活动对水资源的影响类型

人类活动对水资源的影响，从影响途径可分为直接影响和间接影响两大类。

1. 直接影响

直接影响是指人类活动使水资源的量、质及时空分布直接发生变化。如修建水库等蓄水工程，在汛期削减洪峰流量，拦蓄洪水；在非汛期又将这部分拦蓄的水逐渐下泄，其结果使年内分配不均的天然径流按照人们的意志进行调节，以满足工农业生产的需要。又如大型灌溉工程及跨流域调水，对水资源在空间上进行再分配。另外，农作物灌溉、城镇供水及污废水处理等都直接使水资源系统不断发生变化。随着社会经济的发展和人口的增长，耗水量与不可恢复的耗水量逐年增加。

另一方面，由于人类的经济活动缺乏对水资源的保护措施，使一些水体遭到人为的污染而失去其经济价值。

2. 间接影响

间接影响是指人类经济活动通过改变下垫面状况及局部气候，以间接的方式显著地影响水文循环的各个要素，使水资源系统发生变化。如开河、修桥筑堤建闸、航运、旅游、发展养鱼及水上娱乐等，这些活动都力图改变水体，以满足其特殊的需要。又如植树造林、发展农业、都市化与工业化等，这些活动对水资源的间接影响是一个非常复杂的问题，常以水文循环为主导，从而引起土壤侵蚀和沉积、生物地理化学的循环。人类经济活动对水文循环及其他循环的影响，到一定程度将反过来影响经济活动本身，势必使自然循环与社会经济之间的关系变得更加复杂。

（二）开发利用工程对水资源的影响

人口的增长，经济的发展，必然要求对水资源进行开发利用，这就会引起地质及生态系统的变化，从而影响水文循环及与之相伴的地球物质，即侵蚀沉积和化学物质的循环。反过来，又会通过对水资源量、质、能的影响制约经济的发展和人口的增长。因此，探讨人类活动对水资源的影响，寻求科学合理的水资源开发利用方式，是人类面临的重要研究课题。

1. 水库工程对水资源的影响

通过水库调节，不仅可以使水资源在时间上的变化更适应于人类的用水要求，而且可以削减洪峰流量，起到防洪作用。

拦河大坝的拦截使得库区水深增加、流速减小、固体物质沉积、稀释扩散作用变弱。固体物质沉积有利于水质净化。稀释扩散作用的减弱削弱了水体对废污水的同化能力。水深增加、流速减小还会使水体中无机物增加和水藻化，出现异重流和热成层，其中热成层对水库水的影响最为重要。

水库的热成层作用主要出现在夏季和冬季，夏、冬两季的热成层导致了春、秋两季水库中水的垂直掺混作用，它对水库水质产生如下影响：在富光层中，由于曝气和藻类光合作用，溶解氧含量对于贫、富营养水库都是很高的。但由于热成层使得富光层中含有丰富氧气的水不能与贫光层中缺氧的水混合，故贫光层中氧的唯一来源是那里是否存在藻类的光合作用。对于贫营养水库，阳光通过清澈透明的水可以从富光层一直照射到贫光层，使得贫光层的光合作用成为可能，因此，直到库底都可能保持高浓度的溶解氧。对于富营养水库，情况则相反。由于其中大量有机物的分解作用，可把贫光层中可能存在的溶解氧消耗殆尽，很快出现厌气条件，产生一些有毒、恶臭的代谢产物，使水质变坏。这种情况夏天比冬天更严重。

对于水库下游，拦河大坝的最重要的后果是沉积物的减少。著名的埃及阿斯旺高坝是一个典型的例子。该水库坝高 111m，总库容 $1620 \times 10^8 m^3$，其中有效库容 $1310 \times 10^8 m^3$。建库后与建库前相比，夏末和秋季的泥沙含量骤减，造成了洪泛区肥力下降及地中海东南部鱼的营养物减少，并加速了下游河床侵蚀及尼罗河三角洲蚀退等后果。

2. 灌溉工程对水资源的影响

灌溉的发展造成了河川水文形势的明显变化。有的学者认为当灌溉面积发展到某一限度前，河川径流不会明显减少，超过此限度，河川径流便开始明显减少。原因是在灌溉初期，由于水下植物为栽培植物所代替，以及排水系统的改善，使得蒸发散耗水反而有所减少，且大体上与这时的灌溉用水量增加相抵偿。

兴建灌溉工程对水质的影响主要是引起河流盐化。上游引水灌溉减少了河中含盐度较小的水量；灌溉后返回下游的回归水，不仅量大大小于原来，而且含盐度比原来大大增加。这种过程如沿河反复出现，则越向下游，河水中的盐分含量就越高。美国格拉德河就是一个突出的例子，由于沿该河兴建了大量的灌溉工程，引起了流量沿河不断减少及河水含盐度沿河不断增加。格兰德河是一条从美国流向墨西哥的国际性河流。由于上述原因，流入墨西哥的河水含盐度很高，以致毁坏了墨西哥许多最适于种植棉花的良田，甚至影响到两国关系。

3. 大型调水工程对水资源的影响

兴建调水工程的目的是将某些地区"过剩"的水资源引到另外一些缺水的地方去。这自然要使河中流量减少。调水工程越大，河中流量减少就越多。美国加州北水南调工程现状工程已使年径流量减少一半以上，预计到 2020 年工程全部竣工后，将使年径流量减少 90% 左右。

河流的入海河口是一个与海洋自由相通的半封闭近岸水域，其特点是受到海水潮汐运动与淡水流入的混合作用。由于调水使得注入河口的淡水减少，这不仅会使咸淡水界面向陆地移动，而且还降低了对河口海水的冲洗作用，同时还意味着延长了污染物在河口的停留时间，结果导致了河口污染物浓度的增加。此外，流入河口淡水的减少还降低了对河口蒸发损失的补充，从而使河口变得更咸，使河口原有生物群落遭到破坏。

4. 地下水开采对地下水资源的影响

地下水在一些地区是重要的水资源。由于地下水补给过程十分缓慢，故曾被认为是一种难以更新的水资源。大量抽引地下水必然导致地下水位的大幅度下降，形成大范围降落斗。当地下水位降到抽取它变得很不经济时，就会变成不宜开发利用的水资源。

在沿海地区，随着地下水位的下降，还会发生咸淡水界面向陆地一侧移动的现象，从而恶化了地下水水质。

5. 城市化对水资源的影响

城市化的重要标志之一是人口密度的增加和建筑物密度的增加。城市化可引起水资源3个方面的明显变化：①增加了对工业与民用供水量；②由于不透水地面面积的增加和排水系统的完善，增加了城市流域的暴雨径流量及洪峰流量；③由于污水排放量的增加，使城市水资源中污染物的含量激增。这些变化必将加剧城市地区的供水矛盾，增加发生洪水灾害和水资源污染的危险性。

第三节　中国水资源危机

一、基本状况及水资源分布特点

（一）基本状况

我国是一个严重干旱缺水的国家。淡水资源总量为 $28000 \times 10^8 m^3$，占全球水资源的 6%，居世界第 4 位，但人均只有 $2300 m^3$，仅为世界平均水平的 1/4、美国的 1/5，在世界上名列 121 位，是全球 13 个人均水资源最贫乏的国家之一。扣除难以利用的洪水径流和散布在偏远地区的地下水资源后，我国现实可利用的淡水资源量则更少，仅为 $11000 \times 10^8 m^3$ 左右，人均可利用水资源量约为 $900 m^3$，并且其分布极不均衡。

到 20 世纪末，全国 600 多座城市中，已有 400 多个城市存在供水不足问题，其中比较严重的缺水城市达 110 个，全国城市缺水总量为 $60 \times 10^8 m^3$。

（二）我国水资源特点

1. 水资源总量和人均水资源量

根据 2011 年《中国水资源公报》，2011 年全国平均年降水量 582.3mm，折合降水总量为 $55132.9 \times 10^8 m^3$。全国水资源总量为 $23256.7 \times 10^8 m^3$，比常年值偏少 16.1%，为 1956 年以来最少的一年。地下水与地表水资源不重复量为 $1043.1 \times 10^8 m^3$，占地下水资源量的 14.5%（地下水资源量的 85.5% 与地表水资源量重复）。

全国水资源总量占降水总量 42.2%，平均单位面积产水量为 $24.6 \times 10^4 m^3/km^2$。北方六区水资源总量 $4917.9 \times 10^8 m^3$，比常年值偏少 6.5%，占全国的 21.2%；南方四区水资源总量为 $18338.8 \times 10^8 m^3$，比常年值偏少 18.3%，占全国的 78.8%。东部地区水资源总量为 $4830.1 \times 10^8 m^3$，比常年值偏少 12.6%，占全国的 20.8%；中部地区水资源总量 $4922.1 \times 10^8 m^3$，比常年值偏少 26.9%，占全国的 21.2%；西部地区水资源总量 $13504.5 \times 10^8 m^3$，比常年值偏少 12.6%，占全国的 58.0%。可以说，我国未来水资源的形势是严峻的。

2. 水资源的时间分布

除了人均水资源量紧张外，我国水资源的时间分布很不均衡。由于季风气候影响，各地降水主要发生在夏季。雨热同期，是农业发展的一个有利条件，使我国在发展灌溉农业的同时，还有条件发展旱地农业。但由于降水季节过分集中，大部分地区每年汛期连续 4 个月的降水量占全年的 60%～80%，不但容易形成春旱夏涝，而且水资源量中大约有 2/3 是洪水径流量，形成江河的汛期洪水和非汛期枯水。降水量的年际剧烈变化，更造成江河的特大洪水和严重枯水，甚至发生连续大水年和连续枯水年。

3. 水资源的空间分布

我国的年降水量在东南沿海地区最高，逐渐向西北内陆地区递减。从黑龙江省的呼玛到西藏东南部边界，这条东北—西南走向的斜线大体与年均降水 400mm 和年均最大 24h 降水 50mm 的暴雨等值线一致，这是东南部湿润、半湿润地区和西北部干旱、半干旱地区的分界线。东南部的湿润和半湿润地区也是暴雨洪水的多发区。

水资源的空间分布和我国土地资源的分布不相匹配。黄河、淮河、海河三流域，土地面积占全国的 13.4%，耕地占 39%，人口占 35%，GDP 占 32%，而水资源量仅占 7.7%，人均约 500m³，耕地亩（1 亩＝1/15hm²）均少于 400m³，是我国水资源最为紧张的地区。西北内陆河流域，土地面积占全国的 35%，耕地占 5.6%，人口占 2.1%，GDP 占 1.8%，水资源量占 4.8%。该地区虽属干旱区，但因人口稀少，水资源量人均约 5200m³，耕地亩均约 1600m³。如果合理开发利用水土资源，并安排相适应的经济结构和控制人口的增长可以支持发展的需要，但必须十分注意保护包括天然绿洲在内的荒漠生态环境。

4. 江河泥沙含量

我国西部地区是长江、黄河、珠江和众多国际河流的发源地，地形高差大，又有大面积的黄土高原和岩溶山地，自然因素加上长时期人为的破坏，使很多地区水土流失严重，对当地的土地资源和生态环境造成严重危害，也使许多江河挟带大量泥沙，黄河的高含沙量更是世界之最。这些问题增加了我国江河治理的复杂性和生态环境建设的迫切性。从历史的观点看，江河泥沙曾为我们创造了并继续发展着东部和中部总面积达 185×10⁴km² 的广大冲积平原和山间盆地。这些地方地势平坦，土壤肥沃，成为中华民族生存和发展的重要基地，但由于开发利用不当，也带来一系列的水旱灾害和环境问题。

5. 气候变化对我国水资源的影响

根据 1950～1997 年接近 50 年的降水和气温资料分析，我国近 20 年来呈现北旱南涝的局面。20 世纪 80 年代华北地区持续偏旱，京津地区、海滦河流域、山东半岛 10 年平均降水量偏少 10%～15%。进入 20 世纪 90 年代，黄河中上游地区、汉江流域、淮河上游、四川盆地的 8 年平均降水量偏少 5%～10%，黄河花园口的天然来水量初步估计偏少约 20%，海滦河和淮河的年径流量也都明显偏少。西北内陆地区，20 世纪 80 年代降水量略有减少（2.5%），90 年代略有增加（8.9%）。由于高山地区冰川融水的多年调节作用，各河流出山口的多年平均流量基本持平。少数河流如新疆的阿克苏河等径流量略有增加，个别河流如河西走廊的石羊河径流量偏少。

据 2006 年中国水资源公报统计，1997～2006 年的 10 年间，全国年平均降水量为 635.4mm，比常年值偏少 1.1%，其中北方 6 区偏少 3.4%，而南方 4 区则偏多 0.3%；全国年平均地表水资源量为 26722×10⁸m³，比常年值偏多 0.1%，其中北方 6 区（松花江、辽河、海河、黄河、淮河、西北诸河）偏少 5.4%，而南方 4 区则偏多 1.2%；全国年平均地下水资源量为 8302×10⁸m³，比 1980～2000 年多年平均值偏多 2.9%。全国年平均水资源总量为 27786×10⁸m³，比常年值仅偏多 0.3%，其中北方 6 区偏少 4.0%，而南方 4 区

[长江（含太湖）、东南诸河、珠江、西南诸河]则偏多 1.3％。按省级行政区统计，10 年平均水资源总量比常年值偏多程度较大的有上海（29.6％），偏多 20％～10％的有江苏、新疆和湖南；比常年值偏少程度较大的有天津（49.4％）、北京（42.8％）、河北（36.6％），偏少 30％～20％的有辽宁、山西、甘肃和陕西。

2013 年，我国干旱、洪涝及台风灾害频发，黑龙江、嫩江、松花江发生流域性大洪水，其中黑龙江下游洪水超百年一遇。全国平均降水量 661.9mm，折合降水总量 62674.4×10^8m^3，比常年值偏多 3.0％。从水资源分区看，北方 6 区平均降水量为 362.4mm，比常年值偏多 10.4％；南方 4 区平均降水量为 1193.3mm，与常年值接近。

由上述情况可见，我国降水量和水资源量的分布受气候变化特征明显，表现为南北地域上分布变化与资源量的波动变化。

二、水资源开发利用状况

（一）供水量

据水利部发布的《中国水资源公报》，2011 年全国总供水量 6107.2×10^8m^3，占当年水资源总量的 26.3％。其中，地表水源供水量 4953.3×10^8m^3，占总供水量的 81.1％；地下水源供水量 1109.1×10^8m^3，占总供水量的 18.2％；其他水源供水量 44.8×10^8m^3，占总供水量的 0.7％。与 2010 年相比，全国总供水量增加 85.2×10^8m^3，其中地表水源供水量增加 71.7×10^8m^3，地下水源供水量增加 1.8×10^8m^3，其他水源供水量增加 11.7×10^8m^3。

在地表水源供水量中，蓄水工程供水量占 32.3％，引水工程供水量占 33.7％，提水工程供水量占 30.4％，水资源一级区间调水量占 3.6％。全国跨水资源一级区调水主要分布在黄河下游向其左右两岸的海河和淮河流域调水，以及长江下游向淮河流域的调水，其中，海河流域引黄河水 39.5×10^8m^3，淮河流域从长江、黄河分别引水 89.6×10^8m^3 和 27.2×10^8m^3，山东半岛从黄河引水 15.7×10^8m^3，长江流域从淮河、钱塘江、澜沧江分别引水 4.9×10^8m^3、0.03×10^8m^3 和 0.7×10^8m^3，桂贺江从湘江引水 0.3×10^8m^3，甘肃河西走廊内陆河从黄河引水 2.6×10^8m^3。在地下水供水量中，浅层地下水占 83.8％，深层承压水占 15.8％，微咸水占 0.4％。在其他水源供水量中，污水处理回用量 32.9×10^8m^3，集雨工程水量 10.9×10^8m^3，海水淡化水量 1.0×10^8m^3。2011 年全国海水直接利用量 604.6×10^8m^3，主要作为火（核）电的冷却用水。海水直接利用量较多的为广东、浙江和山东，分别为 252.1×10^8m^3、182.3×10^8m^3 和 57.4×10^8m^3，其余沿海省份大都有数量不多的海水直接利用量。

各水资源分区中，南方 4 区供水量 3340.8×10^8m^3，占全国总供水量的 54.7％；北方 6 区供水量 2766.4×10^8m^3，占全国总供水量的 45.3％。南方 4 区均以地表水源供水为主，其供水量占总供水量的 95％左右；北方 6 区供水组成差异较大，除西北诸河区地下水供水量只占总供水量的 20.5％外，其余 5 区地下水供水量均占有较大比例，其中海河区和辽河区的地下水供水量分别占总供水量的 63.8％和 51.7％。各省级行政区中，南方省份地表水供水量占其总供水量比重均在 90％以上，而北方省份地下水供水量则占有相当大的比例，其中河北、北京、河南和山西 4 个省（直辖市）地下水供水量占总供水量的 1/2 以上。

（二）用水量

2011 年全国总用水量 6107.2×10^8m^3。生活用水 789.9×10^8m^3，占总用水量的 12.9％；工业用水 1461.8×10^8m^3[其中直流火（核）电用水量为 437.5×10^8m^3]，占总用

水量的 23.9%；农业用水 $3743.5×10^8 m^3$，占总用水量的 61.3%；生态环境补水 $111.9×10^8 m^3$（不包括太湖的引江济太调水 $16.0×10^8 m^3$、浙江的环境配水 $23.7×10^8 m^3$ 和新疆塔里木河大西海子下泄水量、塔里木河干流沿岸胡杨林生态用水、阿勒泰地区河湖补水等生态环境用水量 $25.0×10^8 m^3$），占总用水量的 1.9%。与 2010 年比较，全国总用水量增加 $85.2×10^8 m^3$，其中生活用水增加 $24.1×10^8 m^3$，工业用水增加 $14.5×10^8 m^3$，农业用水增加 $54.5×10^8 m^3$，生态环境补水减少 $7.9×10^8 m^3$。

按水资源分区统计，南方 4 区用水量 $3340.8×10^8 m^3$，占全国总用水量的 54.7%，其中生活用水、工业用水、农业用水、生态环境补水分别占全国的 63.5%、75.4%、45.4%、33.5%；北方 6 区用水量 $2766.4×10^8 m^3$，占全国总用水量的 45.3%，其中生活用水、工业用水、农业用水、生态环境补水分别占全国的 36.5%、24.6%、54.6%、66.5%。与 2010 年相比，松花江区和长江区增加较多，分别增加 $38.9×10^8 m^3$ 和 $26.9×10^8 m^3$，主要是农业用水增加所致；淮河区和黄河区分别增加 $19.0×10^8 m^3$ 和 $12.2×10^8 m^3$ 左右；其余水资源一级区用水量增减数量不大。按东、中、西部地区统计，用水量分别为 $2220.3×10^8 m^3$、$1967.5×10^8 m^3$、$1919.4×10^8 m^3$，相应占全国总用水量的 36.4%、32.2%、31.4%。生活用水比重东部高、中部及西部低，工业用水比重东部及中部高、西部低，农业用水比重东部及中部低、西部高，生态环境补水比重西部高、东部及中部低。与 2010 年相比，东部地区用水量增加 $5.5×10^8 m^3$，中部地区用水量增加 $88.0×10^8 m^3$，西部地区用水量减少 $8.3×10^8 m^3$。总用水量增加 $10×10^8 m^3$ 以上的有黑龙江、江西、吉林和山西 4 个省，以农业用水增加为主；增加 $(5\sim10)×10^8 m^3$ 的有湖北和福建 2 个省，湖北以农业和生活用水增加为主，福建以工业用水量和生活用水量增加为主。在各省级行政区中用水量大于 $400×10^8 m^3$ 的有江苏、新疆和广东 3 个省（自治区），用水量少于 $50×10^8 m^3$ 的有天津、西藏、青海、北京和海南 5 个省（自治区、直辖市）。农业用水占总用水量 75% 以上的有新疆、宁夏、西藏、黑龙江、甘肃、海南和青海 7 个省（自治区），工业用水占总用水量 40% 以上的有上海、重庆、湖北 3 个省（直辖市），生活用水占总用水量 20% 以上的有北京、天津、重庆、广东和浙江 5 个省（直辖市）。

根据 1997 年以来《中国水资源公报》统计，全国总用水量总体呈缓慢上升趋势，其中生活和工业用水呈持续增加态势，而农业用水则受气候和实际灌溉面积的影响呈上下波动、总体为缓降趋势。生活和工业用水占总用水量的比例逐渐增加，农业用水占总用水量的比例则有所减少。按居民生活用水、生产用水、生态环境补水划分，2011 年全国城镇和农村居民生活用水占 8.5%，生产用水占 89.6%，生态环境补水占 1.9%。在生产用水中，第一产业用水（包括农田灌溉，林、果、草地灌溉，鱼塘补水和牲畜用水）占总用水量的 62.8%，第二产业用水（包括工业用水和建筑业用水）占 24.7%，第三产业用水（包括商品贸易、餐饮住宿、交通运输、机关团体等各种服务行业用水量）占 2.1%。

（三）用水消耗量

2011 年全国用水消耗总量 $3201.8×10^8 m^3$，耗水率（消耗总量占用水总量的百分比）为 52%。农田灌溉耗水量 $2078.9×10^8 m^3$，占用水消耗总量的 64.8%，耗水率 62%；林牧渔业灌溉/补水耗水量 $283.8×10^8 m^3$，占用水消耗总量的 8.9%，耗水率 74%；工业耗水量 $354.0×10^8 m^3$，占用水消耗总量的 11.1%，耗水率 24%；城镇生活耗水量 $150.4×10^8 m^3$，占用水消耗总量的 4.7%，耗水率 30%；农村生活耗水量 $245.5×10^8 m^3$，占用水消耗总量的 7.7%，耗水率 85%；生态环境补水耗水量 $89.2×10^8 m^3$，占用水消耗总量的 2.8%，耗水率 80%。

（四）废污水排放量

2011 年全国废污水排放总量 $807×10^8$t，其中大于 $30×10^8$t 的有江苏、浙江、安徽、福建、河南、湖北、湖南、广东、广西和四川 10 个省（自治区），小于 $10×10^8$t 的有天津、山西、内蒙古、海南、西藏、甘肃、青海、宁夏和新疆 9 个省（自治区、直辖市）。

（五）用水指标

2011 年，全国人均用水量为 $454m^3$，万元国内生产总值（当年价）用水量为 $129m^3$。农田实际灌溉亩均用水量为 $415m^3$，农田灌溉水有效利用系数为 0.510，万元工业增加值（当年价）用水量为 $78m^3$，城镇人均生活用水量（含公共用水）为 198L/d，农村居民人均生活用水量为 82L/d。与 2010 年相比，全国人均用水量、农田实际灌溉亩均用水量、城镇及农村人均生活用水量变化不大；按可比价计算，2011 年万元国内生产总值用水量和万元工业增加值用水量分别比 2010 年减少了 7%和 9%。按东、中、西部地区统计分析，人均用水量分别为 $402m^3$、$465m^3$、$531m^3$，即东、中部小，西部大；万元国内生产总值用水量差别较大，分别为 $76m^3$、$154m^3$、$191m^3$，西部比东部高近 1.5 倍；农田实际灌溉亩均用水量分别为 $383m^3$、$365m^3$、$522m^3$，依然是西部大；万元工业增加值用水量分别为 $50m^3$、$87m^3$、$69m^3$，呈东部小，中、西部大的分布态势；农田灌溉水有效利用系数呈东部大，中、西部小的分布态势。从水资源分区看，南方 4 区各项用水指标均高于北方 6 区，其中万元工业增加值用水量高出 1.7 倍，农田实际灌溉亩均用水量高出近 45%。各水资源一级区中，人均用水量最高的是西北诸河区，最低的是海河区；万元国内生产总值用水量最高的是西北诸河区，较低的是海河区、淮河区、辽河区和东南诸河区；农田实际灌溉面积亩均用水量最高的是珠江区，较低的是海河区和淮河区；万元工业增加值用水量较高的是西南诸河区和长江区，较低的是海河区、黄河区、辽河区和淮河区。因受人口密度、经济结构、作物组成、节水水平、气候因素和水资源条件等多种因素的影响，各省级行政区的用水指标值差别很大。从人均用水量看，大于 $600m^3$ 的有新疆、宁夏、西藏、黑龙江、内蒙古、江苏、广西 7 个省（自治区），其中新疆、宁夏、西藏分别达 $2383m^3$、$1157m^3$、$1025m^3$；小于 $300m^3$ 的有天津、北京、山西和山东等 10 个省（直辖市），其中天津最低，仅 $174m^3$。从万元国内生产总值用水量看，新疆最高，为 $792m^3$；小于 $100m^3$ 的有北京、天津、山东和浙江等 12 个省（直辖市），其中天津、北京分别为 $20m^3$ 和 $22m^3$。

根据 1997 年以来《中国水资源公报》统计，用水效率明显提高，全国万元国内生产总值用水量和万元工业增加值用水量均呈显著下降趋势，农田实际灌溉亩均用水量总体上呈缓慢下降趋势，人均用水量基本维持在 $410\sim450m^3$ 之间。2011 年与 1997 年比较，农田实际灌溉亩均用水量由 $492m^3$ 下降到 $415m^3$；按 2000 年可比价计算，万元国内生产总值用水量由 $705m^3$ 下降到 $208m^3$，14 年间下降了 70%；万元工业增加值用水量由 $363m^3$ 下降到 $114m^3$，14 年间下降了 69%。

三、水资源面临的挑战

1. 水资源的紧缺与用水的浪费并存

据分析估计，全国按目前的正常需要和不超采地下水，缺水总量约为 $(300\sim400)×10^8m^3$。在一般年份，农田受旱面积 $(0.06\sim0.2)×10^8hm^2$。从总体上说，因缺水造成的经济损失超过洪涝灾害。许多地区由于缺水，造成工农业争水、城乡争水、地区之间争水、超采地下水和挤占生态用水。与此同时，用水效率不高和用水严重浪费的现象也普遍存在。

我国的用水总量和美国相当，但 GNP 仅为美国的 1/8。全国农业灌溉水的利用系数平均约为 0.45，而先进国家为 0.7 甚至 0.8。1997 年全国工业万元产值用水量 136m³，是发达国家的 5～10 倍。工业用水的重复利用率据统计为 30%～40%，实际可能更低，而发达国家为 75%～85%。全国多数城市用水器具和自来水管网的浪费损失率估计在 20% 以上。

2. 水土资源过度开发造成对生态环境的破坏

由于缺乏统筹规划，水资源和土地资源都有过度开发的现象。全国水资源的开发利用率 1997 年为 19.9%，不算很高，但地区间很不平衡，北方的黄河、淮河、海河开发利用率都超过 50%，其中海河已近 90%。有些内陆河的开发利用率超过了国际公认的合理限度 40%。在土地利用方面，山区毁林开荒，草原过牧滥垦，湖泊湿地被围垦，江河行洪滩地被侵占，这些都破坏了生态环境，加重了水旱灾害。由于地下水的持续超采，使不少地区地面沉陷，海水入侵。在黄淮海流域，由于水资源的过度开发，造成海河流域的河湖干涸，黄河下游经常断流，甚至淮河中游在 1999 年也出现了历史上罕见的断流现象。

3. 水质污染已到极为严重的程度

水污染是我国面临的最主要的水环境问题。据水利部对全国 700 余条河流约 10×10⁴ km 河长开展的水资源质量评价结果：46.5% 的河长受到污染（相当于Ⅳ类、Ⅴ类）；10.6% 的河长严重污染（劣Ⅴ类），水体已丧失使用价值。90% 以上的城市水域污染严重。从地区分布来看，支流水质一般劣于干流，干流下游水质一般劣于上游，城市工矿区河段水质最差。南方河流水质整体上优于北方河流，中西部地区水质整体上优于东部发达地区。在全国七大流域中，太湖、淮河、黄河流域均有 70% 以上的河段受到污染；海河、松辽流域污染也相当严重，污染河段占 60% 以上。全国有 1/4 的人口饮用不符合卫生标准的水。

随着人口的增长和经济社会的快速发展，水资源问题，尤其是水资源短缺、水环境恶化问题会越来越严重，与经济社会发展的矛盾已经充分暴露出来。全国平均每年因旱受灾的面积约 44 亿亩。正常年份全国灌区每年缺水 300×10⁸ m³，城市缺水 60×10⁸ m³。在缺水的同时，还存在着严重的用水浪费，全国农业灌溉用水利用系数大多只有 0.4，而很多国家已达到 0.7～0.8；我国工业万元产值用水量为 103m³，是发达国家的 10～20 倍，水的重复利用率我国为 50% 左右，而发达国家为 85% 以上；全国年排放污水总量近 600×10⁸ m³，其中大部分未经处理直接排入水域。在全国调查评价的 700 多余重要河流中，有近 50% 的河段、90% 以上的城市沿河水域遭到污染。水污染不仅破坏了生态环境，而又使水资源短缺问题更为严重。

以上可以看出，由水资源紧张、水污染严重和洪涝灾害为特征的水危机已成为我国可持续发展的重要制约因素。从我国经济目前的发展水平来看，必须进一步从人口、资源、环境的宏观视野，对水资源问题总结经验，调整思路，制定新的战略。

四、中国水资源战略

伴随城市化进程在不同阶段的特征，城市水资源的开发利用由单纯开源逐步转向重视节流和治污，先后经历了"开源为主，提倡节水"，"开源与节流并重"和"开源、节流与治污并重"等几次战略性调整。预计 21 世纪中叶以前，我国城市化水平将可能达到 60%，城市人口将增加到 9.6 亿人左右，水资源的供需矛盾将进一步加剧，水质保护的难度也将进一步加大。为此，需进一步明确节流和治污的必要性，以"节流优先，治污为本，多渠道开源"作为城市水资源可持续利用的新战略，以促进城市水系统的良性循环。

（一）城市水资源可持续利用战略

1. 节流优先

提倡"节流优先"，这不仅是根据我国水资源紧缺情况所应采取的基本国策，也是为了降低供水投资，减少污水排放，提高资源利用效率的最合理选择，是世界各发达国家城市工业用水的发展方向。城市工业用水的70%以上将转化为污水，一些水资源丰富的国家，近年来也大力推行节水，主要是因为不堪承受污水处理的负担。我国工业万元产值取水量是发达国家的5～10倍，城市输配水管网和用水器具的漏水损失高达20%以上，公共用水浪费惊人。因此，必须调整产业结构和工业布局，大力开发和推广节水器具和节水的工业生产技术，创建节水型工业和节水型城市，力争将城市人均综合需水量控制在160m³/a以内，使我国城市总需水量在城市人口达到最大值后得到稳定。为了建立节水型的体制，不仅需提高公众认识，还要投入相当的资金和高新技术。因此，增加节水的资金投入不但为可持续发展所必需，而且具有明显的经济效益。

2. 治污为本

强调"治污为本"是保护供水水质和改善水环境的必然要求，也是实现城市水资源与水环境协调发展的根本出路。水资源本来是可以再生的，但水质污染使水资源不能进入再生的良性循环。我国长期以来在增加城市供水能力的同时，未能注意防治水污染，许多处理设施没有正常运行，甚至基本不运行，达标排放很多流于形式。大量废水、污水的排放造成了城市水体的严重污染，直接影响人民健康和工农业生产。经预测，如果要在2010年以前基本遏制城市水污染的蔓延趋势，保护城市供水水源，并在2030年以前使水环境有明显改善，2010年和2030年城市污水的有效处理率必须达到50%和80%以上。否则，我国的水污染不仅不能得到控制，甚至还要继续扩展。这是一个十分严重的问题，也是一项非常艰巨的任务，需要加以认真解决。必须加大污染防治力度，增加经费投入，提高规划的城市污水处理率。并采取有效措施修复已经受到污染的城市水环境。

3. 多渠道开源

我国缺水城市可分为资源型、设施型和污染型三种，缺水的原因不同，解决缺水的途径也不相同。因此，在加强节水治污的同时，开发水资源也不容忽视。除了合理开发地表水和地下水外，还应大力提倡开发利用处理后的污水以及雨水、海水和微咸水等非常规的水资源。经净化处理后的城市污水是城市的再生水资源，数量巨大，可以用作城市绿化用水、工业冷却水、环境用水、地面冲洗水和农田灌溉水等。通过工程设施收集和利用雨洪水，既可减轻雨洪灾害，又可缓解城市水资源紧缺的矛盾；沿海城市应大力利用海水作为工业冷却水或生活冲厕水；华北和西北地区应重视微咸水的利用。

（二）综合防污减灾战略

我国江河、湖泊和海域普遍受到污染，至今仍在迅速扩展。水污染加剧了水资源短缺，直接威胁着饮用水的安全和人民的健康，影响到工农业生产和农作物安全，造成的经济损失约为国民生产总值的1.5%～3%。水污染已成为不亚于洪灾、旱灾甚至更为严重的灾害。与洪灾、旱灾不同的是，受污染的水通过多种方式作用于人体和环境，其影响的范围大、历时长，但其表现却相对较缓，使人失去警觉。水污染的危害，早在20世纪70年代已经显现出来，但没有引起足够的注意，采取的措施不够恰当有力，因此出现了今天的严重局面。如果再不及时采取有效对策，将产生不可弥补的后果。因此在防污减灾方面，应从以末端治理为主转变为以源头控制为主的综合治理战略。

1. 末端治理存在的问题

从末端治理为主向源头控制为主的战略转移。在我国经济的迅猛发展中，由于工业结构的不合理和粗放型的发展模式，工业废水造成的水污染占据了我国水污染负荷的50%以上，绝大多数有毒有害物质都是由工业废水的排放带入水体。目前我国排放的污水量与美国、日本相近，而经济发展水平却不能相比，可见我国为粗放型经济增长所付出的巨大环境代价。

长期以来采用的以末端治理、达标排放为主的工业污染控制战略，已被国内外经验证明是耗资大、效果差、不符合可持续发展的战略。应大力推行以清洁生产为代表的污染预防战略，淘汰物耗能耗高、用水量大、技术落后的产品和工艺，在工业生产过程中提高资源利用率，削减污染排放量。清洁生产可以同时获得环境效益和经济效益，对于我国的经济发展和环境保护有重要的战略意义。

2. 源头控制

加强点源、面源和内源污染的综合治理。除工业和城市生活排水造成的点源污染外，我国的面源污染也越来越严重。面污染源包括各种无组织、大面积排放的污染源，如含化肥、农药的农田径流，畜禽养殖业排放的废水、废物等，其严重影响已经在我国很多城市和地区显现出来。如北京近郊畜禽养殖场排放的有机污染物为全市工业和生活废水所含有机污染物总量的3倍，滇池流域的面污染源所排放的氮磷污染占据了氮磷污染总量的60%以上。因此，面源污染的控制已经到了刻不容缓的地步。面源污染的控制应与生态农业、生态农村的建设相结合，通过合理使用化肥、农药以及充分利用农村各种废弃物和畜禽养殖业的废水，将面源污染减少至最小，同时也可取得明显的经济效益。湖泊、河流、海湾的底部沉积物蓄积了多年来排入的大量污染物，称为内污染源，目前已是水体富营养化和赤潮形成的重要因素，在适当条件下，还会释放出蓄存的重金属、有毒有机化学品成为二次污染源，对生态和人体健康造成长期危害，应与点源、面源污染一并考虑，进行综合治理。

我国很多城镇饮用水源受到污染，农村的饮用水安全更得不到保障。饮用水中有机物含量的增加构成了致癌、致畸、致突变的潜在威胁，重金属则会使人迅速中毒、得病，水污染也大大增加了饮用水源中致病微生物的数量。这一切已经并正在造成人们的疾病和早亡，应该引起严重注意。水污染防治的最终目的是确保人民的身体健康，因此应把安全饮用水的保障作为水污染防治的重点。应加强对饮用水源地的保护，特别是为城市供水的水库和湖泊，尽快恢复受污染的水质。

（三）水资源配置战略

生态环境是关系到人类生存发展的基本自然条件。保护和改善生态环境，是保障我国社会经济可持续发展所必须坚持的基本方针。在水资源配置中，要从不重视生态环境用水，转变为在保证生态环境用水的前提下，合理规划和保障社会经济的用水。

（四）水资源供需平衡战略

对水资源的供需平衡，要从过去的以需定供，转变为在加强需水管理、提高用水效率的基础上，保证供水。加强需水管理的核心是提高用水效率，提高用水效率是一场革命。目前我国的用水效率还很低，每立方米水的产出明显低于发达国家，节水还有很大潜力。节约用水和科学用水，应成为水资源管理的首要任务。

通过推行工业的清洁生产，使工业用水量降低，这不仅可以节约水资源，而且可使城市废水量相应减少，大大削减污染负荷。提高用水效率，还应包括污水资源化和推行非常规水资源的利用。

总之，提高用水效率不但是保证我国水资源可持续利用所必需，也是建设现代化工农业和城乡健康生活的重要内容。提高用水效率，是从传统工农业和城乡建设转到现代化工农业和城乡建设的一场革命。

参考文献 👆 ··

[1] 左其亭，王树谦，刘廷玺. 水资源利用与管理 [M]. 郑州：黄河水利出版社，2009.

[2] 中国工程院"21世纪中国可持续发展水资源战略研究"项目组. 中国可持续发展水资源战略研究综合报告 [J]. 中国工程科学，2000，2（8）：5-17.

[3] 芮孝芳. 论人类活动对水资源的影响 [J]. 河海科技进展，1991，11（3）：52-57.

[4] 中华人民共和国水利部. 中国水资源公报 2006 [M]. 北京：中国水利水电出版社，2007.

[5] 中华人民共和国水利部. 中国水资源公报 2011 [M]. 北京：中国水利水电出版社，2012.

[6] 中华人民共和国水利部. 中国水资源公报 2013 [M]. 北京：中国水利水电出版社，2014.

第二章

城市水资源

第一节　城市水资源的涵义

一、城市水资源的概念

20 世纪 70 年代后期以来，社会经济快速发展，水的自然循环规律也发生着变化，使水资源的开发利用出现了新的问题，主要表现在以下三方面。

(1) 水资源量严重不足　随着社会的发展，人口不断增加及城市化进程的加快，城市需水量逐渐增加。另一方面，由于温室气体排放增多，温室效应加剧，一些水利设施的不合理设置和运行，导致一些地区降水量显著减少，河流断流。城市化进程中路面覆盖面增大，降水入渗小，使城市内的地下水得不到有效的补充。这种水的自然循环规律的变化引起城市内水资源量有着逐年减少的趋势。在社会因素和自然因素的共同影响下，城市周围的水资源量逐渐不能满足城市生产和生活的需求。

(2) 水资源污染日趋严重，水质不断恶化　工农业生产和人民生活过程中排放出大量的"三废"物质使当地的水源遭受严重污染，导致城市周围的水资源功能下降。为保持供水量，必须增加水处理设施，从而增大了供水成本。当水体功能从技术和经济方面考虑已不能满足城市的供水要求时，水资源量减少，此即形成所谓水资源的水质性减少。另一方面，由于水资源的循环和污染物的扩散性能，城市附近原来未被利用的水资源也会遭受不同程度的污染，使本来就具有的水资源供需矛盾更加尖锐，给城市经济和环境带来极大的不利影响，严重地制约着社会经济的可持续发展。

(3) 水资源开发利用过程中带来了一系列环境问题　水资源供需矛盾导致一些地区无序地开采地下水，地下水漏斗逐年扩大，从而出现了如区域地下水位持续下降，地面沉降，地下水硬度上升等严重的环境地质问题。一些具有多层含水层的地下水由于井的施工质量低劣、特别是管外封堵不严密，在大降深的情况下形成上层污染水污染下层水的状况；傍河取水水源地由于降深增大可使被污染的地表水加快污染地下水；沿海地区由于地下水严重超采，出现了海水倒灌现象。这些问题直接导致区域供水目的层地下水的水质性减少。

城市附近的地表水体实际上成为居民生活和工业污废水的受纳水体。由于缺乏有效地规划与监管，城市与工业使用后的水不达标排放，或者污染总量超过环境容量，地表水的水质日趋恶化。多数城市与工业基地附近地表水的水质指标远大于《地面水环境质量标准》(GB

3838—2002）的Ⅴ类标准值，俗称"劣Ⅴ类"水体，完全失去了正常的使用功能。

城市发展遇到了水资源的制约，迫使政府多渠道解决水资源的供需矛盾问题，同时也引起了国家对水资源管理行政的调整和优化。同时水资源的属性及与城市的关系问题也越来越引起研究者的重视，针对最大限度地利用传统意义的水资源，并多渠道开源以满足城市需水量的研究不断深入，并由此产生了"城市水资源"的提法。

城市附近的地表水和地下水资源不能满足城市的需求，迫使城市供水水源地由城区向郊外扩展，甚至出现了跨地区、跨流域调水工程。通过水价的经济杠杆作用和节水工作的推进，企业的水循环利用率不断提高，生产废水有条件地循环使用。随着环境保护工作力度加大，水和废水处理技术水平的不断提高，污废水通过有效处理后水质可以达到特定用户的用水要求，也成为城市与工业可利用的水量。一些严重缺水地区，不得不利用高盐度、高氯化物、高硫酸盐、高硫化氢等低质水处理后作为生产用水。随着城市供用水矛盾的不断加剧，规划和设计部门转变理念，推行分质用水，特别是推行利用中水和当地雨水进行浇洒绿化，小区内则推行利用建筑中水。沿海地区不断加大了海水利用率，海水淡化利用量逐年增加。这些用水的变化，大大扩展了水资源的内涵，也促进了相关水处理和利用技术的不断进步。因此，城市水资源可理解为一切可为城市生活和生产活动所用的水源，其范畴包括城市及其周围的地表水和地下水、被调来的外来水源、海水、城市雨水、生活与工业再生水、建筑中水、低质水，以及污（废）水等。

二、城市水资源的类型

从城市水资源的概念可以看出，城市水资源包含空间、属性和使用功能三方面的类型。从空间角度可分为本地水资源和区外水资源，从属性方面可分为地下水、地表水、城市雨水、建筑中水、低质水、再生水、污（废）水等。从满足城市集中式供水水源水量要求角度考虑，城市水资源的主要类型可归纳为地下水、地表水、低质水及再生水等四种。

（一）地下水

地下水是储存并运动于岩层空隙中的水。根据其埋藏条件可将其分为上层滞水、潜水和承压水三种类型；根据含水层的岩性不同，可将其分为松散岩类孔隙水、基岩裂隙水和岩溶水三种类型；根据其所在含水层的深度，可分为浅层水、中层水和深层水。

上述地下水的诸多类型是基于不同的研究角度而划分的，它们之间具有一定的联系，如储存于松散岩类含水层中的水有上层滞水、潜水或承压水，同时，这种水所在的含水层埋藏深度不同时，又有浅层水、中层水或深层水之分。为叙述方便，下面分别加以说明。

1. 上层滞水

地面以下一定深度会有连续的地下水面，地下水面以上至地面部分称为包气带，地下水面以下部分称为饱水带。饱水带中的岩层按其给出与透过水的能力，划分为含水层和隔水层。能够给出并透过相当数量水的岩层称为含水层；不能给出并透过水，或者能给出或透过很少水的岩层称为隔水层。

上层滞水是赋存于包气带中局部隔水层上面的重力水。如在较厚的砂层或砂砾石层中夹有黏土或亚黏土透镜体时，降水或其他方式补给的地下水向下渗透过程中，受透镜体的阻挡而滞留和聚集便形成了上层滞水。

上层滞水完全靠大气降水或地表水体直接渗入补给，水量受季节控制显著。当透镜体分布较广时，可作为小型水源。但由于水从地表补给上层滞水的途径很短，要特别注意其污染防护。

2. 潜水

潜水是饱水带中第一个具有自由水面的含水层中的重力水。潜水没有隔水顶板，或只有局部的隔水顶板。其自由水面称为潜水面，潜水面至地面的距离称为潜水位埋藏深度，潜水面至隔水底板的距离为潜水含水层的厚度。潜水面上任一点距基准面的绝对标高称为潜水位，或称潜水位标高。

由于潜水面之上一般不存在或无稳定的隔水层，因而潜水在其全部的分布范围内均可直接接受通过包气带中水的补给。当与地表水或相邻承压含水层有水力联系时，也接受这些水的补给。天然状态下，重力作用使水由高地向低处径流，以泉或渗流排向下游，有条件时排出地表形成沼泽，或流入地表水体。

潜水可直接接受大气降水、地表水等补给，含水层厚度较大，渗透性较好时，富水性较大。它易于得到补充和恢复，因而是非常好的供水水源。但因其易受到污染，所以选用时要特别注意水源的保护。

3. 承压水

承压水是充满于两个相邻隔水层之间的地下水。相邻隔水顶板和隔水底板之间的距离为含水层厚度。当隔水顶板被揭穿时，地下水在静水压力作用下，上升到含水层顶板以上某高度，该高度为承压水头，井中静止水位的高程为该点的测压水位。测压水位高于地面时，钻孔能够自喷出水，形成自流水。

承压水受隔水顶板的限制，与大气降水、地表水的联系较弱，因而气候、水文因素对其影响较小。天然条件下，主要通过含水层出露地表的补给区获得补给，并通过范围十分有限的排泄区排泄，有时也可通过上下相邻的含水层得到越流补给或排泄。所以它不像潜水那样具有一致的补给区的排泄区，而是补给区与排泄区明显不一，有的相距十分遥远。

由于承压水特殊的埋藏条件，使其不像潜水那样容易得到补充和恢复，但当含水层厚度较大时，往往具有良好的多年调节性能。

水力循环缓慢时，承压含水层中可保留年代很古老的水，甚至保留与沉积物同期形成的水。可见承压水的水质差异很大。一般承压水补给、径流条件愈好，水质就愈接近于入渗的大气水或地表水。补给、径流条件愈差，水与含水岩层接触时间愈长，从岩层中溶解的盐类就愈多，水的含盐量就愈高。

承压水一般不易就地受到污染，但其补给区实际上具有潜水含水层的性质，易受污染，因此在开发利用承压水时，将其补给区作为水源污染防护的重点区域之一。另外，水流循环缓慢的承压含水层一旦被污染后很难使其净化，因此，一定要加强对其污染的防护。

上层滞水、潜水和承压水的形成条件见图 2-1。

4. 松散岩类孔隙水

含水层为松散沉积物，含水层岩性为砂、砾石。随着沉积物的类型、地质构造、地貌形态以及所处的地形部位等不同，孔隙水的分布、富水性以及补给、径流和排泄均有差异。

（1）洪积物中孔隙水 洪积物中的地下水常分布于山脉与平原的交接部位，或山间盆地的周缘的松散洪积扇中。地下水的特征具有明显的分带性。洪积扇上部，颗粒粗大，给水度大，渗透性良好，十分有利于吸收降水及由山区汇积的地表径流，此带为补给区，水量最为丰富，水质优良，但水位埋藏较深。洪积扇中部，地形变缓，颗粒变细，渗透性变差。靠近中下部时，地下径流受阻，常形成壅水，地下水位变浅，在适宜的条件下以泉或沼泽的形式出露于地表，此即洪积扇的前缘。洪积扇下部，即没入平原地带，水位埋深又加大，岩性进一步变细，渗透性明显减小，富水性减弱。

（2）冲积物中孔隙水 冲积物中的地下水常由河流发育有关，其分布、补给、径流、排

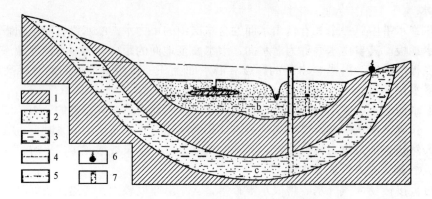

图 2-1　上层滞水、潜水和承压水的形成条件
1—隔水层；2—透水层；3—饱水部分；4—潜水位；5—承压水测压水位；6—泉；7—水井；
a—上层滞水；b—潜水；c—承压水（自流水）

泄及水质均与其沉积物所在的部位相关。现代河流沉积物中的地下水常与河水发生水力联系，在河流补给有充分保证，而水质又不影响地下水水质的情况下，傍河取水往往是较为理想的取水方式。

（3）湖积物孔隙水　湖积物中的地下水常与河流冲积物相类似，但其沉积物能否构成含水层与沉积物粒度成分有关，完全取决于沉积当时的环境条件。只有对沉积环境做出正确的分析，才能对含水层的性质与分布范围做出正确的判断。当含水层与现代湖泊有水力联系时，无论有无其他补给源，湖水量是含水层可利用水量的最终保证。

（4）滨海三角洲中孔隙水　滨海三角洲常形成渗透性良好的含水层，但地下水一般为半咸水，在海潮涨落幅度较大而地形坡度较小的地区，半咸水的分布更广，这种水不能直接用于供水。在三角洲沉积高于地表或海平面达一定高度时，入渗的大气降水可将部分咸水淡化，在含水层中形成咸淡水分界面。在开发此类地下水时，要注意防止由于淡水水位降低而引起的海水倒灌现象发生。

5. 基岩裂隙水

裂隙水是指储存和运移于坚硬岩石裂隙中的水。水的运动受裂隙方向及其连通程度的限制。不同的岩石受到不同的应力作用产生不同的裂隙。根据岩石中裂隙发育的种类可将裂隙水分为成岩裂隙水、风化裂隙水和构造裂隙水三种类型。

（1）成岩裂隙水　成岩裂隙是在岩石成岩过程中受到内部应力作用而产生的原生裂隙。具有成岩裂隙的岩层出露地表时，常赋存裂隙潜水。具有成岩裂隙的岩体为后期地层所覆盖时，也可构成承压含水层。

不同的岩石裂隙发育不同，导致富水性也有所不同。如岩浆岩中成岩裂隙水较为发育；深成岩中成岩裂隙张开性差，密度小，后期构造裂隙在此基础上进一步发育时，才能构成较好的含水层，往往具有脉状裂隙水的特征；玄武岩经常发育柱状节理及层面节理，裂隙均匀密集，张开性好，贯穿连通，常形成储水丰富、导水畅通的潜水含水层。补给条件较好时，水量丰富，可作为中型甚至大型供水水源。

此外，岩脉及侵入岩体接触带成岩裂隙特别发育（受后期构造作用时，可发育成构造裂隙），其产状大多近于直立或急倾斜的，在周围相对隔水的岩层中，常构成成岩裂隙承压水，但一般规模比较有限，水量不大。

（2）风化裂隙水　各种成因的岩石，脱离原有成岩环境，暴露于地表，在温度变化和水、空气、生物等各种风化营力作用下，遭到破坏，形成风化裂隙。它们常在成岩裂隙和构造裂隙的基础上，经由物理、化学和生物的风化作用而形成。由于风化营力在地表最为活跃，故岩石的风化裂隙随深度加大而减弱，一般在数米到数十米深度内，形成均匀、密集、相互连通的网状风化裂隙带，仅在局部沿着构造断裂带发育，可以深入地下相当深处。

风化裂隙一般发育比较密集均匀，有一定张开性，赋存于其中的水通常相互沟通，具有统一的水位。被风化的岩石构成含水层，下部一定深度未被风化的基岩构成隔水底板，形成潜水。

由于风化带呈壳状包裹于基岩表面，厚度有限，又常受到冲刷和切割，故风化壳常呈不连续分布。因此，风化裂隙含水层的厚度与规模一般不大，补给范围有限，可作为小型分散的供水水源。

（3）构造裂隙水　构造裂隙是岩石在构造运动过程中受到应力作用而产生的裂隙。构造裂隙受到育受岩石性质、边界条件和应力强度及分布等因素的综合控制，因此，裂隙发育一般极不均匀。

根据形成构造裂隙时应力分布及强度性情况可将其分为脉状构造裂隙、层状构造裂隙和断层 3 种基本形式。

脉状构造裂隙是在应力分布相当不均匀，且强度有限时形成的。岩体中张开性构造裂隙分布不连续，互不沟通。形成若干互不联系的含水裂隙系统，没有统一的水位。规模大的含水裂隙系统补给范围大，水量充足，可形成较大的水源地。如果该系统与地表水或其他含水层相连通，则更是良好的供水水源。规模小的含水裂隙系统补给有限，井孔揭露时初期水压很大，但不久水位骤然下降，水量也急剧减少，一般不能作为集中供水水源。

层状构造裂隙在应力分布较为均匀且强度足够时形成。岩体中形成比较密集均匀且相互连通的张开性构造裂隙。层状构造裂隙水常具有统一的水位，可以是潜水，也可以是承压水。形成承压水时，往往是柔性的脆性岩层互层，前者构成具有闭合裂隙的隔水层，后者形成张开裂隙构成含水层。补给条件良好时，层状含水层中常可开采相当数量的地下水。

断层是在强大的构造应力作用下形成的，常穿越岩性与时代不同的多个岩层。断层的规模大小悬殊，大断层可延伸数百公里，断层带的宽度可达数百米，深达数公里。

具有水文地质意义的断层类型有张性断层、压性断层和扭性断层。张性断裂由张应力产生，多为正断层，断层带以疏松的角砾岩为主，透水性好，但断层带旁侧的裂隙并不发育。压性断层由于强大的压力形成，常使岩层极度破碎压密，甚至产生片岩化。因此，破碎带本身往往是隔水的，但破碎带两侧裂隙较发育，尤其是断层上盘的岩石，其透水性往往比破碎带中心部分还好。扭性断层延伸远，随两盘岩性及应力强度的不同，断层破碎带分布角砾岩、糜棱岩等，断层旁侧裂隙发育，或有分支断层。

断层是局部性构造裂隙，根据其通水能力又可分为导水断层和阻水断层。导水断层是特殊的水文地质体。断层破碎带及其旁侧裂隙强烈发育部分，构成一个统一的储水空间，可以看作急倾斜的层状含水体。导水断层不仅是储水空间，同时还是集水廊道与导水通道，往往能提供较大的水量，但从局部看其性质与层状裂隙水相近。从整体上看，分布较为局限，与脉状裂隙水又有相似之处。因此，可把它看作一种独立类型的裂隙水——带状裂隙水。阻水断层常由压性断层构成，特别当其发育于柔性岩层中时，通常不透水或透水性极弱。阻水断层将原来统一的含水层切割分离，形成互不连通的块段。受阻的地下水水位抬高，常使地下水滞流汇水。

6. 岩溶水

岩溶水是赋存和运移于岩溶化地层中的地下水。溶穴是岩溶水的储存和运移场所。溶穴是由岩石被溶蚀后而产生的。可溶岩石和具侵蚀性的水流是岩溶发育的基本条件，而水的流动是岩溶发育的必要条件。可溶岩石在化学溶解及随之产生的机械破坏作用，以及化学沉淀和机械沉积作用下形成典型的岩溶地貌景观，在地表有石林、孤峰、落水洞、波立谷等，在地下则形成溶孔、溶洞、暗河等。

可溶岩包括卤化物类岩石，如食盐、钾盐、镁盐等；硫酸盐类岩石，如石膏；碳酸盐类岩石，如石灰岩、白云岩、大理岩等。其中碳酸盐类岩石分布最广，因此，通常所说的岩溶主要指发育于该类岩石中的岩溶作用与现象。

水在可溶岩中运动时进行差异性溶蚀，使岩层中原有孔隙和裂隙扩展，因此岩溶水的分布比裂隙水更不均匀。岩溶水主要赋存于以主要岩溶通道为中心的岩溶系统中，并未形成统一的含水层。

岩溶水在大的洞穴中呈现无压水流，有时甚至形成地下湖，而在较小的管路与裂隙中，则形成有压水流。因此，在同一岩溶含水体中，无压水流和有压水流并存。有压水流在尺寸变化的同一岩溶通道中流动时，断面大的地段流速变慢，断面小的地段流速变大。由于速度水头的变化，致使同一岩溶水体呈现不同的水位。

岩溶含水层水量往往比较丰富，常可作为大型供水水源。我国北方地区的许多城市利用岩溶水作为城市供水水源，但有些地区岩溶水位埋深较大，凿井深度较大，工程投资及运行费用也较高。在地质条件适宜的情况下，岩溶水出露地表，形成岩溶泉。当岩溶分布较广，补给充分时，这些泉的流量稳定，水量较大，水质较好时为理想的城市供水水源。

7. 浅层水、中层水和深层水

在人们的习惯中，浅层水、中层水和深层水总是从地下水位或井的深度来划分。这样会形成许多错误的认识。如深埋的承压含水层，其隔水顶板未被水井揭穿时，该层的水位并不能被测得，这时认为该水是深层水。但当其隔水顶板被穿透时，在水压的作用下，井中水位很快上升到一定高度，有的甚至会高出地面而形成自流水，此时，若按水位划分，认为该水为浅层水。这样，处于同一层位的水就被命名为两种不同的水，显然是不合理的。

从井的深度划分也不合理。如埋深较浅，且含水层厚度较大的潜水，可能很浅的井便可测得潜水位，并能取得一定的水量，此时认为该水为浅层水。继续向下钻进，只要不揭穿该潜水的隔水底板，该井中的地下水位就无任何变化。但按井深划分时，此时又认为是深层水。这显然是矛盾的。

浅层水、中层水和深层水应按含水层的埋藏深度而划分。这样既反映出地下水的埋藏特征，又可结合井的深度，因为当含水层埋深较大时，井深必须达到该含水层所在的深度时才能取得该层地下水，实现了含水层埋深与井深的统一。

目前，浅层水、中层水和深层水的具体划分界线也较为模糊。按含水层的埋藏深度划分时，一般以地面以下第一层稳定连续的隔水层为界，以上划分为浅层水，以下划分为中、深层水。划分中、深层水的界限时首先要考虑第二个稳定连续的隔水层，第一、第二个稳定隔水层之间的水为中层水，第二个稳定隔水层以下的水称为深层水。当第一稳定隔水层下具有多个稳定连续的隔水层时，要考虑结合当地较深开采井的平均深度，有时还应参考目前技术条件下凿井设备的经济施工深度而定。

（二）地表水

地表水是指存在于地壳表面，暴露于大气的水。从其储存和运移场所角度考虑，地表水又分为陆地地表水和海水两种类型。陆地地表水以其自然属性可分为河流、冰川、湖泊、沼泽水 4 种水体，以其功能和属性又包括河水、湖泊和水库水等。陆地地表水直接接受大气降水和冰川融水的补给，水流交替活跃，其水量和径流特征具有明显的地域特征。

与地下水相比，地表水源水量较为充沛，分布较为广泛，因此，许多城市利用地表水作为供水水源。

1. 河水

中国大小河流总长度约 42×10^4 km，流域面积在 $100 km^2$ 以上的河流约 5 万多条，河川径流总量 $27115 \times 10^8 m^3$。

河流是地球上最活跃的水体。它不仅拥有丰富的水量，而且蕴藏着巨大的能量，同时又是许多生物赖以生存的场所。因此，自古以来河流就是人类主要的生存基础。

河流的主要形态指标有河源、河口、河段、河长、河宽、河床等，主要特征指标有河流的水位、流量、流速及含沙量等。

（1）河流的形态 在水流、河床、地形条件及泥沙运动的共同作用下，河流的形态常发生变化。从山区至山前平原，河谷由"V"形向"U"形转变，特别是在上游地区，往往形成深切的"V"形谷，两岸十分陡峭，水流速度很快。中游地区地形坡度相对平缓，水流较为平缓，河谷变宽，形成"U"形河谷。下游地处平原区，地形开阔，地势变缓，水的动力明显减弱，从而形成较为开阔的河道。由于洪水反复作用，水动力变化，平原河流也常常形成复杂的河谷形态。

平原河流按平面形态与演变特点分为顺直微弯型河段、弯曲型河段、分汊河段、游荡性河段等几种类型。

顺直微弯型河段中河床较为顺直或略有弯曲，河岸的可动性小于河床的可动性。这类河段多位于比较狭窄顺直的河谷，或河岸不易冲刷的宽广河谷中。当沙波在推移过程中受到岸的阻碍时，其一端与岸相接，另一端伸向河心，形成沙嘴。在沙嘴处泥沙淤积，形成边滩。边滩束缩水流，使对岸河床冲刷，形成深槽。最终形成边滩与深槽犬牙交错形状的河床形态（图 2-2）。

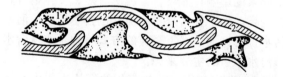

图 2-2　顺直微弯型河段
1—边滩；2—深槽

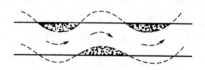

图 2-3　弯曲型河段

弯曲型河段河床蜿蜒曲折，河岸可动性大于河床可动性，易在两岸发展河弯，使河床变形（图 2-3）。在弯曲型河段中，由于横向环流作用，使凹岸不断冲刷、崩退，凸岸不断淤积、延伸，结果使河弯更加弯曲。当两个弯道靠近时，洪水期水流往往可冲决河岸，最终使两个弯道相通形成直段，即所谓的"河流的截弯取直"，弯曲部分往往形成牛轭湖（图 2-4）。

图 2-4　河流的截弯取直

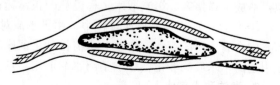

图 2-5　分汊河道

分汊河段的河道呈宽窄相间的莲藕状，宽段河槽中常有江心洲，河道分成两股或多股汊道（图 2-5）。分汊河道的汊道经常处于缓慢发生、发展和衰退的过程中。

游荡性河段形成是由于河岸与河床的可动性都较大，在水流作用下河段迅速展宽变浅，形成大量沙滩，使水流分汊（图2-6）。

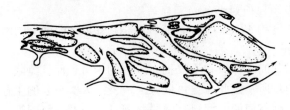

图 2-6　游荡性河段

（2）河流的水文特征

① 河流的补给　河流主要由雨水补给，因此河流水量与流域的降雨量在时程上密切相关，由于各流域雨量随季节变化，河流的径流量随之发生很大的变化。此外，同样的雨量，由于下垫面条件的不同，其形成河川径流的量也不同。

河流的补给除雨水补给外，还有雨雪混合补给、冰川补给及人工补给等几种补给源。雨雪混合补给的河流除具有雨水补给的特点外，每年冬末春初，气温逐渐升高时，流域坡面上的积雪开始融化，河流水量也逐渐增加，当融雪水量较多时还会形成桃汛。冰川补给是当冰川运动到气温大于 0℃ 的地点融化成水后经过各种途径补给河流。冰川补给的河流与融雪水补给的河流具有相似的水文特点，但前者的水文特征比后者更有规律。人工补给是通过工程将客水引入河流的补给方式，它对于维持区域水资源平衡，实现水资源的合理调配和高效利用具有重要作用。此外，工农业废水和生活污水也是不可忽视的人工补给源，但水质未达标的污水排入受纳河流常引起严重的水污染。

河流的补给方式有地面补给和地下补给两种。地面补给包括地表坡面汇流和直接降落到河面的雨水。这类补给因受气象因素及下垫面因素的影响较显著，汇流历时短，变化情况较复杂，河流的流量有可能在短时间内有较大的变幅。地下补给是当河流切割含水层后，河水与地下水产生水力联系，当地下水水位高于河水位时，通过地下径流的方式将地下水从含水层中流入河流的补给方式。该补给是枯水季节河水水量的主要来源。

② 径流的变化特征　由于气候在年内和年际常发生变化，因此河川的径流在年内和年际也有明显的变化。如在年内由于季节的不同，河川径流表现出洪水和枯水季节的不同径流特征。

径流的年内变化表现为一年中各段时间内径流量不同。洪水期内，当遭遇暴雨后，大量地面径流注入河槽，河流水量猛增，水位猛涨，引起断面流量迅速增加，这便形成洪水。在枯水季节，由于降雨很少，地面径流很少补给河流，河槽中流动的河水主要由地下水补给，当地下水补给量很少，甚至无补给时，河槽内便会产生断流。

③ 河流冰情　当气温低于 0℃ 时，河槽中会出现流冰，有的甚至产生封冻现象。冰冻现象可造成河道堵塞，影响取水工程设施的正常运行。

④ 泥沙　河川径流形成过程中，由于水流对土壤的侵蚀、河槽的冲刷及泥石流等作用，河水中会有大量的泥沙。含沙的水流推动了河床的演变，同时影响着水流的流态。更重要的是引起河水水质的变化，影响了河水的取用，增大了供水的成本。

2. 湖泊和水库水

（1）湖泊的特征　中国湖泊总面积约 $8 \times 10^4 km^2$，其中面积在 $1000 km^2$ 以上的有 11 个，面积在 $1 km^2$ 以上的湖有 2800 余个。这些天然湖泊以青藏高原和长江中下游平原最为集中。

湖泊是由于局部地区地层下陷，或谷岸的崩塌形成洼地，得到降水或地下水补给时蓄水而成。湖泊的发展一般经历少年期、壮年期、老年期和消亡期。少年期保持形成湖泊盆地的原有形态，虽有沉淀发生，但对湖盆尚无显著影响。壮年期沿湖有岸滩形成，在河流注入处出现泥沙沉积的三角洲。老年期湖内浅滩到处扩展，整个湖盆形成平缓均一的盆地，四周围绕着三角洲及散布的沿岸浅滩。消亡期湖边水生植物随着湖盆的淤浅而逐渐向湖中扩展，沉水的植物可能逐渐被挺生的植物所代替，湖面变为沼泽或经人工围垦成为耕地。

湖泊按其起源分为坝造湖、盆地湖（包括侵蚀湖、火山湖、构造湖、冰川湖、堆积湖和泻湖）、混合湖；按泄水条件分为内陆湖、外流湖；按湖水成分分为淡水湖、微咸湖和咸水湖。

湖泊的水源与河流相同，有地表水和地下水。湖水量变化和水面状态变化均会引起湖水水位的变化。前者与水量平衡要素的变化有关，水位涨落的范围较大，而后者由于湖面上风的作用及气压的变化，引起水位涨落的范围则较小。

在诸多湖水量平衡要素中，流入湖泊的地面径流量是引起湖水量与水位变化的主要因素。这种径流变化决定于水源的种类。如以降水为水源的，则湖泊水位夏秋高涨，冬季降落，如以融雪水为水源，则春季略有上涨，如以冰川为水源的，则冬季水位最低，七、八月间水位最高，如以地下水为水源的，则一般对湖泊水位的影响不大。此外，水位还受风浪、温度、潮汐影响而有一日的涨落变化；受年际径流量的变化而表现为年际的周期性规律；还受地质因素的影响，如湖盆升降引起水位的多年变化，喀斯特湖盆也会引起水位的突然变化。

（2）水库的特征　水库是人工修建的湖泊。按其形态分为湖泊型水库和河床型水库。湖泊型水库淹没的河谷具有湖泊的形态和相似的水文特征。河床型水库淹没的河谷较为狭窄，仍保持河流的某些形态和水文特征。

水库由挡水坝、溢洪道、泄水闸、引水洞等构筑物组成，它的主要作用是对天然径流进行调节。在洪水期拦蓄洪水、削减下游的洪峰流量；在枯水期可按用水要求，利用蓄水以补天然不足。

水库的库容由有效库容、防洪库容和死库容三部分组成（图 2-7）。有效库容也称为兴利库容，即储存供水所需的库容，这部分水量在枯水期弥补天然河流流量的不足。相应的水位称为正常挡水位或正常蓄水位。防洪库容是用以滞留洪水的库容。常与有效库容重叠以降低挡水坝的高度。防洪库容应在洪水到来之前放空，以便对洪水起滞留作用。放水时当水库水位下降至正常挡水位时，要关闭溢洪道顶闸门，保证水库调蓄的正常运行。放空后的水位称为汛期前限制水位，或称防洪限制水位。若溢洪道顶高程为正常挡水位，则防洪库容与有

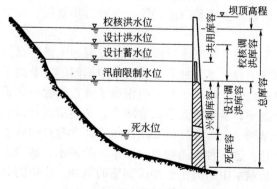

图 2-7　水库特征水位及相应库容

效库容分开，水库水位高于溢洪道顶高程即正常挡水位时，多余弃水即从溢洪道下泄，防洪库容单纯起滞留洪水的作用。死库容为设计最低水位以下部分的水库库容。相应水位称为死水位。死库容及死水位的确定与灌溉、发电等方案需要有关，还兼有淤沙作用。

当发生设计洪水时，为削减洪峰流量、滞留洪水量所达到的最高水位，称为设计洪水位，当发生校核洪水时，滞留校核洪水所达到的最高水位，称为校核洪水位。

3. 海水

我国近海包括渤海、黄海、东海和南海，位于北太平洋的西部边缘。东西横跨约 32 个经度，南北纵贯 44 个纬度，海水资源丰富。

海水是地球上最丰富的水，但由于其含有较高盐分而影响了其使用，一般只宜作为工业冷却用水。随着海水淡化技术水平的提高，应用领域不断拓展，缓解了淡水资源不足的矛盾。

海岸潮汐和波浪对海水取水构筑物影响较大。平均每隔 12 小时 25 分钟出现一次潮汐高潮，在高潮之后 6 小时 12 分钟出现一次低潮。潮水涨落幅度各海不同，如我国渤海一般在 2～3m 之间，长江口到台湾海峡一带在 3m 以上，南海一带在 2m 左右。海水的波浪是由风力引起的。风力大、历时长，则会形成巨浪，产生很大的冲击力和破坏力。

海滨地区，特别是淤泥质海滩，漂沙随潮汐运动而流动，可能造成取水口及引水管渠严重淤积。

（三）低质水

1. 低质水的内涵

低质水主要指天然状态下含水层中储存的，但由于水质问题而不能被城市生产或生活直接使用的水，也包括由于人类生活和生产活动所污染的地表水或地下水。当地其他水资源严重缺乏，而低质水的水量较大时，应考虑将其作为城市的供水水源，但应进行低质水处理利用和区外引水的技术与经济比较。

2. 低质水的主要类型和特征

根据低质水的内涵解释，低质水具有广泛的类型，即凡是水质不能直接使用的天然和污染后的水均为低质水。这里主要介绍高盐度水、高硬度水、含 H_2S 水和高硫酸盐水，以及受污染的地表水和地下水。

（1）高盐度水　高盐度水是指天然储存于含水层中的地下水。常见的有苦咸水和盐碱水等两种形成机理完全不同的高盐度水。

苦咸水常储存于封闭的地质体中，沿海地区由于海水入侵，在含水层中淡水与海水混合，或者含水层被海水污染后，后期补给的淡水溶解了被吸附于含水层颗粒的盐分，达一定浓度时便成为苦咸水。苦咸水主要是口感苦涩，很难直接饮用，长期饮用可导致胃肠功能紊乱，免疫力低下。

盐碱水是干旱、半干旱地区地下水位较浅，蒸发强烈的地区常见的水。潜水在强烈的蒸发条件下由包气带毛细管上升，水分被蒸发后，水中溶解的盐类离子浓度逐渐增高，由于矿物溶度积的控制，水中钙离子、镁离子与碳酸根离子或重碳酸根离子形成碳酸钙沉淀而脱离水溶液，而钠离子、氯离子、硫酸根离子浓度增高，从而形成盐碱水。根据离子成分的相对关系，分为三种水：一是碱水，含苏打；二是盐水，即含盐高的咸水；三是碱性盐水，即水不仅含盐高，而且含苏打。这三种水通称为盐碱水。盐碱水口感苦涩，长期饮用可导致胃病和消化道疾病。此外，盐碱水中的离子会加速钢筋的锈蚀，水中的高含量盐还可以和混凝土本身的凝胶发生作用，从而降低混凝土的强度。

（2）高硬度水　高硬度水常出现在我国北方地区和岩溶水分布地区的地下水，是指水中钙、镁等金属离子含量超过 450mg/L（以 $CaCO_3$ 计）的水。由于其中钙和镁的含量远远大于其他金属离子含量，因此习惯上水的硬度也以水中钙镁离子的总量计算。

形成高硬度水有原生和次生两种方式。原生高硬度水是由于水中溶解了含水介质中的钙岩和镁岩及其他金属岩类。从化学角度考虑，高硬度水的形成环境是氧化、酸性条件，并且有充足的二氧化碳存在；从水力条件考虑，还应具备一定的循环条件，以使原位易溶岩向溶解态方向发展。如我国北方岩溶水中总硬度普遍达到或者高于标准值，就是在上述化学与水力循环条件下产生的。

次生高硬度水是指在人类活动影响下，使水中钙镁等金属离子不断增加而形成的高硬度水。研究表明，在含水介质存在易溶岩的情况下，长期增大地下水位降深，形成降落漏斗的地区往往出现水中硬度逐年增高的现象。此外，一些酸性物质污染地区，地下水中硬度也会普遍增大。造成这种现象的主要原理是，当地下水水位下降后，改变了地下含水介质的氧化还原环境条件，酸性增强，从而溶解了更多的钙镁和其他金属离子。酸性物质进入含水介质后将直接溶解岩类，从而使水中硬度增加趋势加快。

高硬度水对生产和人类生活影响很大。水中含有钙和镁盐时，在一定的碱度条件下，以碳酸氢的形式存在。而钙镁的碳酸氢盐不稳定，遇热后生成钙镁的碳酸盐。反应式为：

$$Ca(HCO_3)_2 = CaCO_3 + H_2O + CO_2 - Q \qquad (2-1)$$

$$Mg(HCO_3)_2 = MgCO_3 + H_2O + CO_2 - Q \qquad (2-2)$$

反应式（2-1）和式（2-2）中均有 CO_2 气体逸出，并且吸收热量 Q。当水进入锅炉、热交换器等加热器以后，加热过程给上述反应提供了热量，促使化学平衡向正反应方向进行。随着温度增高，化学反应速度越快，$CaCO_3$、$MgCO_3$ 在器壁上积累形成水垢的速度就越快。对于使用真空作业的热交换器来说，CO_2 和水蒸气逸出速度越快，结垢速度就更快。当水垢积累到一定的厚度，就会严重影响热交换效率。对于普通的热交换器来说，只有定期清洗才能保证正常运转；对于高温设备，如锅炉，由于列管和水垢的导热速率和膨胀系数不一致，如不及时清洗，在高温的情况下容易导致管壁破裂，甚至爆炸的危险性。

高硬度水直接影响人类健康。长期饮用高硬度水可引起消化不良、结石，还会引起心血管、神经、泌尿、造血等系统的病变。高硬度水的口感较差，严重影响茶饮、饭菜的口味和质量。沐浴时头发和皮肤常有干涩和发紧的感觉，严重时易促进皮肤老化进程。利用高硬度水不易洗净衣服，干燥后的衣服发硬变脆。使用高硬度水后餐具和洁具上常留有斑点，难以清洗。家用热水器结垢严重，不仅浪费能耗，还有严重的安全隐患。此外，盛装饮用水的容器中长期积累的硬垢会吸附大量重金属离子，盛装饮用水时，这些重金属离子就会溶于饮用水中，可能导致各种慢性疾病。

（3）含 H_2S 的水　H_2S 是无色、有臭鸡蛋气味的毒性气体，溶解于水后形成氢硫酸。在火山附近地下水中常含有一定量的 H_2S 气体。此外在油田水、煤矿矿井水、沉积构造盆地以及高硫酸盐地区地下水中均含有 H_2S 气体。

地球内部硫元素的丰度远高于地壳，岩浆活动使地壳深部的岩石熔融并产生含 H_2S 的挥发成分，所以火山活动地区岩浆中常常含有 H_2S。H_2S 的含量主要取决于岩浆的成分、气体运移条件等，因此岩浆中 H_2S 的含量极不稳定，而且也只有在特定的运移和储集条件下才能聚集下来。水在循环过程中溶解了其中的 H_2S，因此某些地热水中常常含有一定量的 H_2S 气体。

除岩浆活动外，含水岩层中的 H_2S 主要来源于生物降解、微生物硫酸盐还原、热化学分解、硫酸盐热化学还原等。

　　煤田常处于相对封闭的构造盆地，大量有机物被封存于地下深处，早期发生含硫有机质的腐败分解，含硫有机物在腐败作用主导下形成 H_2S。这种方式生成的 H_2S 规模和含量不会很大，也难以聚集。

　　在煤化作用早期阶段，由相对低温和浅埋深的泥炭或低煤级煤（褐煤）发生细菌分解等一系列复杂的微生物硫酸盐还原过程。微生物硫酸盐还原菌利用各种有机质或烃类来还原硫酸盐，在异化作用下直接形成硫化氢，因此为原生生物成因 H_2S 气体。大部分生物成因 H_2S 可能溶解在地层水中，在随后的压实和煤化作用下从煤层中逸散，且早期煤的显微结构还没有充分发育为积聚气体的结构，因此一般认为早期生成的原始生物成因 H_2S 气体不能被大量地保留在煤层内。该过程是 H_2S 生物化学成因的主要作用类型。这种异化还原作用是在严格的厌氧环境中进行的，但是地层介质条件必须适宜硫酸盐还原菌的生长和繁殖，因此在地层深处难以发生。

　　成煤后因构造运动，煤系地层被抬升，而后剥蚀到近地表。参与作用的细菌由流经渗透性煤层或其他富有机质围岩的雨水灌入，特别是当地温下降至最适于硫酸盐还原菌大量繁殖的温度时，煤中的硫酸盐岩被还原，生成较多的 H_2S。在相对低的温度下，煤化过程中产生的湿气、正烷烃及其他有机物经细菌降解和代谢作用而生成次生生物气。因此微生物硫酸盐还原作用还可能在次生生物气阶段形成 H_2S 气体。

　　煤在地下高温高压环境中在热力作用下会形成热解瓦斯和裂解瓦斯气，在此过程中煤和围岩中含硫有机质和硫酸盐岩也会发生热化学分解（裂解）作用和热化学还原作用，均可生成 H_2S 气体。热化学分解是指煤中含硫有机化合物在热力作用下，含硫杂环断裂后形成 H_2S，因此生成的 H_2S 气体又称为裂解型 H_2S。硫酸盐热化学还原主要是指硫酸盐与有机物或烃类发生作用，将硫酸盐矿物还原生成 H_2S 和 CO_2。硫酸盐热化学还原成因是生成高含 H_2S 天然气和 H_2S 型天然气的主要形式，它发生的温度一般大于 $150℃$。当煤和围岩中有机质硫含量及煤中硫酸盐含量较低时所形成的 H_2S 含量一般较低。当围岩中硫酸盐岩含量较高时，可产生较多的 H_2S 气体。

　　除煤系地层和石油地层中含有 H_2S 外，一些沉积构造地区也存在 H_2S。这些地下水中 H_2S 含量较高，主要是早期微生物作用生成的高 H_2S 的古代封存水。

　　此外，高硫酸盐岩地区（如奥陶系峰峰组）含有丰富的石膏地层，在水的淋滤过程中 SO_4^{2-} 溶于水中。当有机污染物进入含水层后，在硫酸盐还原菌的作用下可将 SO_4^{2-} 还原成 H_2S，从而形成含 H_2S 的岩溶水。

　　含有 H_2S 的水不仅有明显的臭鸡蛋味，而且具有明显的毒性，人体吸入可刺激黏膜，引起呼吸道损伤，出现化学性支气管炎、肺炎、肺水肿、急性呼吸窘迫综合征等。H_2S 也是强烈的神经毒素，可引起中枢神经系统的机能改变。高浓度的 H_2S 可使人体大脑皮层出现病理改变。接触极高浓度 H_2S 后可发生电击样死亡，即在接触后数秒内呼吸骤停，数分钟后可发生心跳停止，也可短时间内出现昏迷，并呼吸骤停而死亡。此外，含有 H_2S 的水对设备具有较强的腐蚀作用。

　　（4）高硫酸盐水　硫酸根是水中常见的溶解态离子，主要来源于介质的溶解和补给水。当其浓度超过 $250mg/L$ 时，称为高硫酸盐水。

　　天然水中的高硫酸盐水主要分布于含硫矿区、煤系和含石膏等地层，且水循环条件较好的地区。含硫矿床在氧化环境下可形成 SO_4^{2-} 而溶于水中。北方岩溶水中硫酸盐含量普遍较高，主要是奥陶系峰峰组地层中的石膏溶滤所致。

　　此外，在工业废水污染的地下水和地表水中常常出现高硫酸盐水，其污染源为采矿废水，发酵、制药、轻工行业的排水。含有硫酸盐的矿有煤矿、硫铁矿和多金属硫化矿。在采矿过程中，矿石中含有的硫及硫化物被氧化而形成硫酸盐，其含量可达每升几千毫克。味精废水、石油精炼酸性废水、食用油生产废水、制药废水、印染废水、制糖废水、糖蜜废水、造纸和制浆废水等均含有较高的硫酸盐，其 SO_4^{2-} 主要来自于生产过程中加入的硫酸、亚硫酸及其盐类的辅助原料。此类废水在含有高浓度 SO_4^{2-} 的同时，一般还含有较高的有机质。在酸雨地区由于 SO_2 排放量较大，氧化后形成硫酸而进入土壤和地下水中，可使浅层地下水中硫酸盐的含量增高。

水中硫酸盐含量较高时水呈现酸性的特征。高硫酸盐可引起水的味道和口感变坏。在大量摄入硫酸盐后可导致腹泻、脱水和胃肠道紊乱。

（5）受污染的地表水　我国《地表水环境质量标准》（GB 3838—2002）依据地表水水域环境功能和保护目标，按功能高低依次划分为五类：Ⅰ类水体主要适用于源头水、国家自然保护区；Ⅱ类水主要适用于集中式生活饮用水地表水源地一级保护区、珍稀水生生物栖息地、鱼虾类产卵场、仔稚幼鱼的索饵场等；Ⅲ类水主要适用于集中式生活饮用水地表水源地二级保护区、鱼虾类越冬场、洄游通道、水产养殖区等渔业水域及游泳区；Ⅳ类水主要适用于一般工业用水区及人体非直接接触的娱乐用水区；Ⅴ类水主要适用于农业用水区及一般景观要求水域。

根据《室外给水设计规范》（GB 50013—2006），取水工程水源的选用应通过技术经济比较后综合考虑确定，并应选择水体功能区划所规定的取水地段，且原水水质符合国家有关现行标准。由此可见，满足Ⅱ类环境质量标准的地表水体才可作为集中式城市供水水源的源水。当水体的环境质量超过Ⅱ类时就不能直接利用，但通过处理达到《生活饮用水卫生标准》（GB 5749—2006）时可以取用，而当水体环境质量超过Ⅲ类时就不适宜用于水源水。根据这样的规定，一些接近或者超过Ⅲ类的地表水体就认为是低质地表水。

（6）受污染的地下水　《地下水质量标准》（GB/T 14848—1993）依据我国地下水水质现状、人体健康基准值及地下水质量保护目标，并参照了生活饮用水、工业、农业用水水质最低要求，将地下水质量划分为五类：Ⅰ类主要反映地下水化学组分的天然低背景含量，适用于各种用途；Ⅱ类主要反映地下水化学组分的天然背景含量，适用于各种用途；Ⅲ类以人体健康基准值为依据。主要适用于集中式生活饮用水水源及工、农业用水；Ⅳ类以农业和工业用水要求为依据。除适用于农业和部分工业用水外，适当处理后可作生活饮用水；Ⅴ类不宜饮用，其他用水可根据使用目的选用。

从上述分类情况可见，Ⅰ类和Ⅱ类水均适用于各种用途，且反映了地下水化学组分的天然背景值。根据污染的概念，当水质指标超过背景值时就认为地下水遭受到了污染。因此，对于地下水而言，超过Ⅱ类水质标准即为污染水，接近或者超过Ⅲ类的水认为是低质地下水。

（四）再生水

1. 再生水的概念

"再生水"是从水的循环使用过程和结果而言的。使用过的水中溶解了大量的溶质，这些成分有些是新水中没有的，有些是浓度显著提高，伴随着这种再溶解过程，水的性质发生了巨大变化，从而失去了某种特定的使用功能，形成了污水。通过一定的处理手段使水中的有害成分降低甚至去除，从而使水再次达到某种特定使用功能的过程称为水的再生，由于将废弃的水又进行了利用，因此这种水也称为"回用水"。

从工程角度考虑，"再生水"主要是指城市生活污水或工业废水经处理后达到一定的水质标准，可在一定范围内重复使用的非饮用水。从水质角度考虑，由于其水质介于自来水

（上水）与排入管道内污水（下水）之间，亦故名为"中水"。从处理水的来源考虑，再生水的原水来源于城市污水（生活污水和工业废水）、建筑物内部生活污水、生活社区污水等，因此习惯上由城市污水集中处理后回用的水称为"再生水"，或者"回用水"，建筑物内部或者社区生活污水集中处理再用于建筑和社区生活杂用的水称为"建筑中水"。

再生水利用是解决城市水资源短缺总量的重要措施。目前再生水应用于厕所冲洗、园林和农田灌溉、道路保洁、洗车、城市喷泉、冷却设备补充用水等，应用十分广泛。《城市污水再生利用　分类》（GB/T 18919—2002）根据用途将再生水分为农、林、牧、渔业用水、城市杂用水、工业用水、环境用水、补充水源水5类20个应用范围，详见表2-1。

表2-1　城市污水再生水利用类别

序号	分类	范围	示　例
1	农、林、牧、渔业用水	农业灌溉	种子与育种、粮食与饮料作物、经济作物
		造林育苗	种子、苗木、苗圃、观赏植物
		畜牧养殖	畜牧、家畜、家禽
		水产养殖	淡水养殖
2	城市杂用水	城市绿化	公共绿化、住宅小区绿化
		冲厕	厕所便器冲洗
		道路清扫	城市道路的冲洗和喷洒
		车辆冲洗	各种车辆冲洗
		建筑施工	施工场地清扫、浇洒、灰尘抑制、混凝土制备与养护、施工中的混凝土构件和建筑物冲洗
		消防	消火栓、消防水炮
3	工业用水	冷却用水	直流式、循环式
		洗涤用水	冲渣、冲灰、消烟除尘、清洗
		锅炉用水	中压、低压锅炉
		工艺用水	溶料、水浴、蒸煮、漂洗、水力开采、水力输送、增湿、稀释、搅拌、选矿、油田回注
		产品用水	浆料、化工制剂、涂料
4	环境用水	娱乐性景观环境用水	娱乐性景观河道、景观湖泊及水景
		观赏性景观环境用水	观赏性景观河道、景观湖泊及水景
		湿地环境用水	恢复自然湿地、营造人工湿地
5	补充水源水	补充地表水	河流、湖泊
		补充地下水	水源补给、防止海水入侵、防止地面沉降

本书从城市集中供水水源的意义出发，作为城市水源的重要组成部分，再生水主要是指应用于工业用水、城市杂用水和环境用水，一般是通过敷设于市政道路的中水管道输送至用户。

2. 再生水的水源

再生水通过水的重复利用大大地提高了水的使用价值。再生水来源于前次使用的新水，其水量决定于工艺排出的污水量，其水质取决于用水工艺的可溶质。因此城市污水是再生水的水源。

（1）污水的组成　污水是生活污水、工业废水、被污染的降水以及排入城市排水系统的其他污染水的统称。

生活污水是人类日常生活中使用过的，并为生活废料所污染的水。工业废水是工矿企业生产活动中用过的水。它又分为生产污水和生产废水两种。生产污水系被生产原料、半成品或成品等污染的水；生产废水则指未直接参与生产工艺，未被生产原料、产品污染或只是温度稍有上升的水。前者需要处理，后者不需处理或只需进行简单处理，如间接冷却水。被污染的降水主要指初期降水。因冲刷了地表上的各种污染物，污染程度很高，需要进行处理。

生活污水、生产污水或经工业企业局部处理后的生产污水，往往都排入城市排水系统，故把生活污水和生产污水的混合污水叫做城市污水，在合流制排水系统中还包括进入其中的雨水，在地下水位较高的地区，还包括渗入污水管的地下水。

（2）城市污水量预测　城市污水量可按污水产生法和用水量折算法两种方法进行预测。前者按污废水量标准计算，后者以用水量标准计算后进行折算。

① 污水产生法　城市生活污水包括居住区生活污水和工业企业生活污水及淋浴污水。居住区公共建筑污水量一般包括在生活污水量标准之内。居住区生活污水量 Q_1 按下式计算：

$$Q_1 = \frac{nNK_Z}{1000}$$

式中　Q_1——居住区生活污水量，m^3/d；

n——居住区生活污水量标准，$L/(人 \cdot d)$；

N——居住区人口数，人；

K_Z——总变化系数，其中 $K_Z = K_d K_h$，K_d 为日变化系数，K_h 为时变化系数。

工业企业生活及淋浴污水量 Q_2 可用下式计算：

$$Q_2 = \frac{24(A_1 B_1 K_1 + A_2 B_2 K_2)}{1000 T_1} + \frac{24(C_1 D_1 + C_2 D_2)}{1000 T_2}$$

式中　Q_2——工业企业生活污水及淋浴污水量，m^3/d；

A_1——一般车间最大班职工人数，人；

A_2——热车间最大班职工人数，人；

B_1——一般车间职工生活污水量标准，$L/(人 \cdot 班)$；

B_2——热车间职工生活污水量标准，$L/(人 \cdot 班)$；

C_1——一般车间职工最大班使用淋浴的职工人数，人；

C_2——热车间最大班使用淋浴的职工人数，人；

D_1——一般车间的淋浴污水量标准，$L/(人 \cdot 班)$；

D_2——高温、污染严重车间的淋浴污水量标准，$L/(人 \cdot 班)$；

T_1——每班工作时数，h；

T_2——淋浴时间，h。

工业废水量 Q_3 取决于产品种类、生产过程、单位产品用水量，以及给水系统等。工业废水量按下式计算：

$$Q_3 = \frac{24mMK_Z}{T}$$

式中　Q_3——工业废水量，m^3/d；

m——生产过程中每单位产品的废水量标准，$m^3/单位产品$；

M——产品的平均日产量；

T——每日生产时数，h；

K_z——总变化系数，其中 $K_z = K_d K_h$（K_d 通常为1；K_h 冶金工业 1.0～1.1；化学工业 1.3～1.5；纺织工业、食品工业、皮革工业 1.5～2.0；造纸工业 1.3～1.8）。

合流制排水系统中的部分雨水以一定的截流倍数进入污水管道而成为污水。英国截流倍数为5，德国为4，美国为 1.5～30，日本为最大时污水量的 3 倍以上，我国最新修订的《室外排水设计规范》（GB 50014—2006，2014 版）规定截流倍数宜取 2～5，这就意味着在雨季有更多的污水量进入污水处理厂，从而可产生更多的再生水量。

污水管理设于地下水位以下时，地下水可能通过污水管道和检查井渗入，工厂和其他用户设有分散的给水设施等形成的污水量均成为污水进入污水厂，因此应对这些未预见污水量进行估算。

城市污水总量为上述生活污水量、工业废水量、合流制截留雨水量、地下水渗入量和其他未预见污水量之和。

② 用水量折算法 城市用水量包括综合生活用水量、工业用水量、浇洒绿化用水量、管网漏失水量和未预见水量等，其中可形成并收集进入污水处理厂的用水量主要有综合生活用水量和工业用水量和未预见用水量。

综合生活用水量 Q_1 可用下式计算：

$$Q_1 = \frac{nN}{1000}$$

式中 Q_1——最高日或平均日综合生活用水量，m^3/d；

n——最高日或平均日综合生活用水量标准，$L/(人 \cdot d)$；

N——城市人口数，人。

工业用水量 Q_2 根据生产工艺、用水过程，并结合水的重复利用率确定工业用水量，包括生产用水量和企业内生活用水量。工业企业用水量根据生产工艺要求确定。大工业用水户或经济开发区一般单独进行用水量计算，一般工业企业的用水量可根据国民经济发展规划，结合现有工业企业用水资料分析确定。

未预见用水量 Q_3 是指对人口预测、用水普及率、工业用水测算等因素不能周全考虑而可能导致遗漏的用水量，因此在以污水量折算为目标的用水量计算中应根据综合生活用水量和工业企业用水量预测时难以预见因素的程度确定，也可采用两种用水量之和的 8%～12% 计算。

综合生活污水量和工业废水量由用水量结合建筑物内给排水设施水平和排水系统普及程度，以及生产工艺等因素进行折算，综合生活污水量按综合生活用水量的 80%～90% 予以折算确定，即

$$Q_4 = Q_1 \alpha_1 + Q_2 \alpha_2 + Q_3 \alpha_3$$

式中 Q_4——最高日或平均日综合生活和工业污水量，m^3/d；

Q_1——最高日或平均日综合生活用水量，m^3/d；

Q_2——最高日或平均日工业企业用水量，m^3/d；

Q_3——最高日或平均日未预见用水量，m^3/d；

α_1——综合生活污水量折算系数，一般取 0.8～0.9；

α_2——工业企业废水量折算系数，根据工艺和水的重复利用率确定，一般取 0.6～0.8；

α_3——未预见污水量折算系数，可取 0.8 左右。

同样，当污水管理设于地下水位以下时，也应考虑地下水可能通过污水管道和检查井渗

入的污水量，还应考虑合流制管道截流的雨水量。因此城市污水总量为上述折算的综合生活污水量、工业废水量和未预见污水量，以及地下水渗入量、截流雨水量之和。

3. 再生水的水量和水质

（1）再生水量估算 城市污水和工业废水通过深度处理后产生的再生水又被折减，深度处理后的出水量占深度处理单元进水量的比率称为产水率。对于满足一般工业冷却和杂用水的深度处理工艺其最大产水率为 80％ 左右，对于反渗透工艺，产水率只有 60％～75％。

（2）再生水的水质特点 再生水的水质取决于用户对水的质量要求，但其指标值常常受限于深度处理工艺。因此再生水的水质要求应以现行的再生水水质标准选择控制项目和指标限值。

目前，有关再生水的标准有：《城市污水再生利用 分类》（GB/T 18919—2002），《城市污水再生利用 城市杂用水水质》（GB/T 18920—2002），《城市污水再生利用 景观环境用水水质》（GB/T 18921—2002），《城市污水再生利用 地下水回灌水质》（GB/T 19772—2005），《城市污水再生利用 工业用水水质》（GB/T 19923—2005）。这些标准充分考虑了用户需求、污水处理厂排放标准、现有技术水平和处理成本等因素，但这些标准存在分类偏差、使用范围不一，与《污水再生利用工程设计规范》（GB 50335—2002）指标不同，某些名称不一致等问题。2007 年水利部在上述再生水国家标准的基础上，颁布实施了《再生水水质标准》（SL 368—2006）。该行业标准根据再生水利用的用途将再生水水质标准分为五类，即地下水回灌用水标准、工业用水标准、农业林业牧业用水标准、城市非饮用水标准和景观环境用水标准，并规定了相应的控制项目和指标限值，有效地解决了上述水质标准不协调的问题。

三、城市水资源的特点

（一）城市水资源的性质

1. 具有较大的内涵

城市水资源比传统意义上的水资源具有更加广泛的内涵，它既包括传统意义上所指的水资源，如城市及其周围的地表水和地下水、被调来的外来地下水和地表水，还包括海水、城市雨水、生活与工业再生水、建筑中水、低质水，以及污（废）水等。

2. 突出了水资源的使用功能

无论是地下水，还是地表水或其他形式的水，只要能为城市所用就认为是城市水资源。充分体现了高效用水和节约用水的内涵。

3. 隐含了水资源利用中的技术和经济因素

水源能否使用，首先要看其水量和水质是否满足要求，还要考虑利用过程的技术上的可行性和经济上的合理性。从这个意义上讲，即使水质优良、水量丰富的地下水或地表水也并不一定是城市水资源，只有从技术和经济上能够取用的那部分才算作城市水资源。相反，城市污水只要处理技术可行，费用经济合理，水质能够满足用水要求，就是城市水资源。

4. 拓展了水资源的地域范围

城市水资源并不单指城市及其周围的可用水源，还包括能够在技术与经济合理的条件下从区外调用的各种可用水源。

5. 体现了多渠道开源的思想

城市水资源具有较大的内涵，这也表明城市所利用水的多种性。由于将海水或低质水和污水也列为可利用的水源，开拓了水源的来源。

6. 可推动水处理技术的进步

海水、低质水和污水要达到使用的程度，必须进行相应的处理，但目前有些处理技术还不成熟，或者不够经济，影响了其利用的效率。因此，要利用这些水资源就必须开展相关项目的深入研究，从而推动水处理领域的技术不断进步。

7. 有利于环境保护

污水处理后回用，减少了排入环境的污水量，减轻了其对环境的污染，有利于城市的环境保护和可持续发展。

（二）城市水资源的特征

1. 城市水资源的水量特性

作为城市水资源的地下水和地表水部分是传统意义上水资源的一部分，因此具有水资源的一些共同特性。

（1）可恢复性和有限性　大气圈、水圈、岩石圈中的水，彼此之间都有密切的联系。水在这些圈层的循环使水从一种形式转化为另一种形式。一定时期内，某一圈层或某一种形态的水可能减少，但它们只是从该处转化到另一处，或一种状态转化为另一种状态，总水量不会变化。由于水的循环，暂时减少的水可能会再得以补充，这就是城市水资源的可恢复性。

但是，某一特定的含水体（如开采水源地），水量并不一定能够全部得以恢复。此外，传统意义上的水资源仅指淡水资源，但全球淡水量还不足全球总水量的3%，而真正能容易开发利用的河水、湖泊水及地下交替带中的地下水等水资源量约不足地球总水量的0.3%。可见城市水资源是很有限的。

（2）时空分布不均性　由于储水构造、气象、地形、地貌以及人类活动等各不同，因此，水资源在时空上变化很大，不同地区、不同区域、不同年代和不同季节中分布情况极不平衡。常形成空间上、年际上和季节上的分布不均匀。

（3）统一性　从自然界水循环角度考虑，大气降水、地表水、土壤水（非饱和带水）和地下水等是水资源在不同时间和空间上的表现形式，它们之间在不同的条件下相互转化、相互补给。因此，在水资源开发利用中，只有很好地掌握大气降水、地表水、土壤水（非饱和带水）和地下水的相互转化关系和转化规律，才能有效地、持续地利用好城市水资源。如果其中一个环节遭到破坏，就会影响整个水循环过程。可见，城市水资源是一个不可分割的整体，要统一管理、统一规划、统一保护。

（4）多功能性和不可替代性　水是人类生活和生产中重要的物质。如果没有了水，人类将无法生存，工农业生产无法进行，生态环境将变得无法去想象。因此城市水资源是一种不可替代的物质。

（5）利害双重性　人们生活和生产都离不开水，水确实给人类的发展起到了重要的作用。但自然界也常出现洪、涝、旱、碱等自然灾害，给人类带来一定的灾难。因此，一定要掌握水资源的自然规律，按客观规律办事，只有这样才能做到兴利避害，使城市水资源更高地为人类服务。

城市水资源除具有水资源的一般特点外，还有以下一些特殊的特征。

（1）多样性　城市水资源包括一切可被城市利用的水源，既有地下水和地表水，又有海水、大气降水、低质水和污水，它们之间具有一定的联系，在利用过程中常构成一个非常复杂的循环系统。

（2）集中利用性　城市供水和用水的显著特点是集中性。新水集中使用后，同时集中产生出污水。对于地下水和地表水较为缺乏的城市，应同时将污水集中处理后再利用，从而减少对新水量的依赖。

（3）脆弱性　城市水资源的开发和使用过程与人类活动关系密切，因而极易受到污染。有些区外的水源虽然周围无任何污染源，但在供给和使用过程中也可能受到污染。

（4）可复用性　城市水资源中的污水是生活和生产过程中将新水污染后排出的水。处理后回用的污水相对原来的新水而言，是对新水的复用。而传统意义上的水资源利用后被排放，一般不直接回用，排出的这部分水只有通过自然界水循环方式才有可能再被利用。

（5）可再生性　城市污水经过处理达到使用功能后即可再利用，从而成为城市水资源。相对新水而言，这部分处理后达标的水恢复了其原来所具有的使用功能，即污水被再生。污水的再生利用对于缓解当前和今后城市用水与供水的矛盾起到重要的作用，同时对于改善城市环境，防止污染具有十分积极的意义。

2. 城市水资源的水质特征

城市水资源类型众多，归纳越来具有如下水质特征。

（1）不同类型城市水资源水质差别较大　城市水资源的内涵广泛，并且体现了水的循环利用，因此水质十分复杂。对于常规意义的水资源，地表水相对地下水更宜于被污染，污染的地表水超过质量标准后便成为低质水。地下水具有水质相对稳定的特性，除处于特定地质环境时溶解某些矿物成分而超标外，多数地下水的水质指标符合饮用水卫生标准。重复使用的水经多次使用后溶解了大量污染物质，水的性质也会发生明显变化，必须根据用户要求进行深度处理达标后再利用。

（2）低质水的水质指标超过正常使用功能要求　低质水是解决严重缺水城市用水的有效水资源，但这些水中含有大量的特殊成分，水的性质也具有明显的改变，如高硫酸盐水的pH偏小，苦咸水中碱度较高，高硬度水中钙镁离子含量增高。这些水质严重影响生活和工业设备的正常运行，这些水也必须通过处理后才能使用。

（3）污水的水质成分十分复杂　生活和生产过程中使用的水直接或者间接地溶解一些污染物质，归纳起来主要有病原体污染物、耗氧污染物、植物营养物、有毒污染物、石油类污染物、放射性污染物，酸、碱、盐无机污染物，热污染等。污水中污染物的种类和含量与生活和生产工艺密切相关，如生活污水中有机污染物占多数，而重金属含量较小，工业废水中含有大量的重金属等有毒污染物、石油类污染物、耗氧污染物等。随着再利用频次增多，污水的成分也将更加复杂化。

（4）再生水的水质与用途相适应　污水成分复杂化影响其使用的范围，要全部处理到原水的水质状态技术经济明显不合理，因此再生水的水质是根据不同用途的水质标准为目标。

（5）城市水资源的水质与技术经济密切相连　不同类型的城市水资源具有不同的水质，多数水需经过处理达标才能使用，而处理成本费用随原水水质与再生水水质相关。对于特定的城市，应考虑多种水资源的综合利用，以使技术上可行，经济上合理，避免一味追求污水的再生回用率而增加单位产品的成本，也应杜绝大量使用常规水资源而造成水资源的浪费和导致水环境的恶化。

3. 城市水资源的能源特征

水（H_2O）是由氢、氧两种元素组成的无机物，自然界的水通常是溶解了酸、碱、盐等物质的复杂溶液。水是一种可以在液态、气态和固态之间转化的物质，在转化过程中将吸收或者释放热量。

在20℃时水的热导率为0.006J/(s·cm·K)，冰的热导率为0.023J/(s·cm·K)，在雪的密度为$0.1×10^3 kg/m^3$ 时，雪的热导率为0.00029J/(s·cm·K)。水的密度在3.98℃时最大，为$1×10^3 kg/m^3$，温度高于3.98℃时，水的密度随温度升高而减小，在0～3.98℃

时，水不服从热胀冷缩的规律，密度随温度的升高而增加。水在 0℃ 时，密度为 $0.99987 \times 10^3 kg/m^3$；冰在 0℃ 时密度为 $0.9167 \times 10^3 kg/m^3$。因此冰可以浮在水面上。

水的热稳定性很强，水蒸气加热到 2000K 以上也只有极少量离解为氢和氧。常见液体和固体物质中水的比热容最大，在 1 个大气压（$1 \times 10^5 Pa$），20℃ 时水的比热容为 $4.182kJ/(kg \cdot K)$，其值随着温度和压力的变化而变化（见表 2-2）。

表 2-2 液态水的比热容　　　　　　　单位：kJ/(kg·K)

压力 /×10⁵Pa	温度/℃								
	0	20	50	100	150	200	250	300	350
1	4.217	4.182	4.181						
5	4.215	4.181	4.180	4.215	4.310				
10	4.212	4.179	4.179	4.214	4.308				
50	4.191	4.166	4.170	4.205	4.296	4.477	4.855	3.299	
100	4.165	4.151	4.158	4.194	4.281	4.450	4.791	5.703	4.042
150	4.141	4.137	4.148	4.183	4.266	4.425	4.735	5.495	8.863
200	4.117	4.123	4.137	4.173	4.252	4.402	4.685	5.332	8.103
250	4.095	4.109	4.127	4.163	4.239	4.379	4.639	5.201	7.017
300	4.073	4.097	4.117	4.153	4.226	4.358	4.598	5.091	6.451

水的较高比热容决定了一定质量的水吸收（或放出）较多的热后自身的温度却变化不大，有利于设备和环境的温度调节；同样，一定质量的水升高（或降低）一定温度就会吸热（或放热），这有利于用水作冷却剂或取暖。因此，水具有很好的能源（热和冷能）利用价值。

水中溶解物质影响水的热理性质，因此不同城市水资源具有各异的能源使用价值，归纳起来具有如下特性。

(1) 城市水资源具有储能的功效　任何城市水资源均具有水溶液的热理性质，但不同类型的水资源由于其溶解成分不同，热理参数不尽相同，导致热能量有所不同。

不同类型的水资源储存能源类型不同，如地表水具有吸收环境热量的功效，可使环境温度保持在一定的范围；地下水储存和运移于地下恒温层时，其温度保持稳定，因而具有稳定水温的功能，当高温水灌入后，冷热水及其含水层间进行热量交换，最终达到了含水介质的温度，这就是地下水冷能利用的基础。储存和循环于地下恒温层以下的地下水，受地温梯度变化的影响，随着循环深度的增加水的温度逐步增高，开采这种地热水或者蒸汽可直接用于供热、发电等。可见地下水具有储存冷热能的双重功效。

城市污水在使用过程中吸收环境的热量，通过相对封闭的收集管网系统进入污水处理厂后还能保持高于环境温度的状态，甚至在冬季北方城市污水也能保持在 5~8℃。处于火山和岩浆活动地带的含 H_2S 水一般水温高于 20℃，主要是吸收了和储存了地热能。这些水资源均具有能量利用的价值。

(2) 城市水资源具有传递能量的作用　水在管道和设备接触过程中，在温度梯度作用下进行热量交换，把热量通过水的吸收带出至环境，达到冷却、稳定设备工作温度的效果，这就是应用十分广泛的循环水冷却系统。

水源热泵技术是城市水资源能量传递的最新技术，目前应用渐趋成熟。它通过热交换可将通过输入少量高品位能源（如电能），实现低温位热能向高温位的转移。水体可分别作为冬季热泵供暖的热源和夏季空调的冷源，即在夏季热泵将环境中的热量取出来，释放到水体中去，由于水源温度低，所以可以高效地带走热量，以达到夏季给环境制冷的目的；而冬季环境温度低于水的温度，通过水源热泵机组从水源中提取热能后送到环境中供热。由于地下水的水温常年稳定，因此便于热泵机组稳定运行，而地表水、污水等水体温度受环境影响较大，给热泵的运行稳定性保持方面带来不便。

（3）城市水资源具有水量和能量双重利用特性　目前，城市水资源的利用方针是在满足用户水质要求的前提下优先保证水量的使用，但有些水源同时具有较高的温度，这就为实现水资源的量和能的双重利用奠定了基础。如地下低温热水，其水质指标基本能够满足水厂原水水质，而本身也具有高于20℃的水温。如果在进入水厂之前通过热交换器将热量提取出来利用，交换后水的温度显著降低，其水质仍然是符合水质标准的原水，这样就达到了水量和能量的双重利用，大大提高了水的使用价值。

虽然城市水资源具有水量和能量的双重利用性，但实际利用时应从水质稳定、水量保护、环境的热平衡等因素考虑合理选用其利用方式。

所谓水质稳定是指提取热能后能否保持水的基本性质，能否满足原水的水质要求。因为温度是影响水性质的最活跃因素，降低水温后改变了一些盐类的溶度积常数，对应离子可能会接近饱和甚至过饱和而易于生成沉淀。因此过度地提取热量后有可能不利于净水工艺的正常运行，这就有必要深入研究满足净水工艺前提下的热量交换率。

所谓水量保护是指循环于地下的热水受循环条件限制水量可能有限，这样的水一般不能以水量为主要目标，提取热能后应该采取回灌等措施保持热水资源。

保持环境热平衡对生态环境保护、地下水水质稳定等具有重要意义。过度向海水和河流等水体中排放冷却循环热水可使水体温度升高，从而引起热污染，打破水体中微生物、化学成分间的平衡，导致生态环境的恶化。向地下含水层中过度注入热水或者冷水，也会改变地下水环境中的反应平衡，从而可能引起地下水的水质发生重大变化。

第二节　城市水资源利用

一、城市供水对水资源的要求

（一）城市供水对水量的要求

1. 城市可供水量

城市可供水量是指不同水平年、不同保证率条件下通过工程设施可提供的符合一定标准的水量，包括区域地表水（含海水）、地下水、区外调水、低质水和再生水回用等。不同水平年是指规划年限，工程意义上一般分为现状水平年、近期（一般5～10年）、远期（一般10～20年）和远景（一般20年以上），实际应用时按城市总体规划和给水专项规划规定的年限确定。城市可供水量的保证率是指设计频率条件下的水资源可供给量。

城市可供水量具有如下特点。

（1）城市可供水量虽然有多种，但一般优先选择符合水源水水质标准的地表水和地下水作为水源，其他类型的水作为辅助水源。

（2）地表水受季节和环境的影响较大，因此要充分论证不同水平年的供水保证率，特别要注意地表水污染而引起资源量的水质性减少。

（3）地下水相对地表水而言水量和水质较为稳定，但要严禁超采。因此要首先通过水文地质勘察确定水源地的允许开采量，计算的地下水可供水量必须小于允许开采量。

（4）区外调水是解决城市当地水资源严重不足的有效措施，但要注意区域（或者流域）水资源的调配政策，通过区域技术、经济、法规、政策等论证后才能确定其可供城市水量，否则会出现争水矛盾，这样城市水资源可供水量也难以保障。

（5）低质水是解决严重缺水城市水资源供需矛盾问题的重要水源，根据不同用途处理达标后可作为工业和生活的补充水源。对于水资源严重短缺的城市，低质水还是重要的工业供水水源。对于污染的地表水和地下水，在开发利用时要注意论证水源污染的原因，调查污染源，分析和评价开采期内水质的恶化趋势。

（6）再生水回用是实现水循环利用的有效措施，其来源于城市，水源相对充足，只要根据用途处理达标即可使用，成为城市水资源的重要组成部分。目前存在处理成本高、工艺产水率偏低、有机物等某些指标难以达到用户水质标准等问题，制约了其广泛应用。随着技术的不断进步，水处理成本将逐步降低，其应用前景将更加广阔。

（7）水资源城市存在于自然和城市社会循环中，具有自然和社会属性。自然界的水资源要通过工程措施才能成为城市所利用的水资源。同样，循环于社会使用过程中的水资源也要通过收集、处理、输送环节实现其利用价值，跨流域、跨行政区调水将受到国家地方政策的支持，因此城市水资源受技术、经济、社会多种因素的制约，但最终要通过工程措施来实现利用。

（8）城市可供水量和工程规划设计所确定的水平年有关。在水资源严重短缺的城市，一般首先考虑满足近期的城市需水量为原则来论证可供水量，并应加大再生水的利用量。

（9）城市水资源的供水保证率与可供水量具有密切的关联，对于自然属性的水资源，特别是地表水资源，不同保证率所对应的可供水量差别很大。一般水资源量的保证率是和城市规模、用水重要程度、供水系统的调度灵活性等方面有关。《室外给水设计规范》（GB 50013—2006）规定，用地下水作为供水水源时，应有确切的水文地质资料，取水量必须小于允许开采量，严禁盲目开采，而且地下水开采后，应不引起水位持续下降、水质恶化及地面沉降，可见地下水的允许开采量就是地下水可供水量的保证率下限。用地表水作为城市供水水源时，其设计枯水流量的年保证率应根据城市规模和工业大用户的重要性选定，宜采用90%～97%。同时，又规定了地表水取水构筑物设计枯水位的保证率应采用90%～99%，说明地表水可供水量的保证率要同时考虑地表水的水量和水位的保证程度。

（10）在确定城市可供水量时还应充分考虑城市应急水源的水量。分析城市各类水源的保证程度，根据城市水资源供需平衡分析成果，紧密结合城市供水应急预案确定应急供水规模，依据城市水资源分布情况确定应急水源和应急供水措施。

2. 城市用水量

（1）城市用水量组成　《城市用水分类标准》（CJ/T 3070—1999）根据《国民经济行业分类和代码》（GB/T 4754—1994）将城市用水分为居民家庭用水、公共服务用水、生产运营用水、消防及其他特殊用水4大类。其中居民家庭用水是指城市范围内所有居民家庭的日常生活用水，共包含3类用水范围；公共服务用水为城市社会公共生活服务的用水，包含12类用水范围；生产运营用水是指在城市范围内生产、运营的农、林、牧、渔业、工业、建筑业、交通运输业等单位在生产、运营过程中的用水，包含23类用水范围；消防及其他特殊用水是指城市灭火以及除居民家庭、公共服务、生产运营用水范围以外的各种特殊用水，包含消防用水、地下回灌用水和其他特殊用水3类用水范围。

上述城市用水分类共有4大类41种类型，种类十分繁多，它适用于城市公共供水企业和自建设施供水企业的供水服务和核算，对节水行业考核也具有较强的针对性。但是，对于城市供水规划和设计领域，由于很难对各城市各行业的用水精确地进行调查和统计，特别是在规划阶段城市内的行业种类也存在很大的不确定性，因而得不到如此精细的规划设计基础资料，使得执行该标准会面临很大的困难。根据规划和设计工作的特点和需求，把城市用水理解为直接供给城市内居民生活、生产和环境用水三个范围，可将城市用水分为生活用水、工业用水和环境用水三大类。

生活用水包括城市居民住宅用水、公共建筑用水、市政用水、供热用水和消防用水。居民住宅用水也称为居民生活用水，是指饮用、洗涤、冲厕等室内用水和庭院绿化、洗车等居住区自用水。公共建筑用水包括机关、学校、医院、商场、宾馆旅店、文化娱乐场所及物流等公共建筑的生活用水、办公饮水和热水用量等。居民生活用水量和公共建筑用水量统称为综合生活用水量。市政用水主要是指浇洒城市道路、广场和公共绿地用水。供热用水是指供热系统的初期用水和运行过程中的补充水。消防用水是城市道路消火栓以及其他市内公共场所、企事业单位内部和各种建筑物的灭火用水，市政给水工程设计时消防用水量专指根据城市人口规模和灭火时间所确定的消防水量，即城市道路消火栓的消防出水量。

工业用水量包括工业企业生产用水和工作人员生活用水量。工业生产用水一般是指工矿企业在生产过程中，用于冷却、空调、制造、加工、净化和洗涤等生产用水。在计算整个城市的工业用水量时，由于工业生产用水占绝大比例，所以在统计资料缺乏的情况下，可忽略工作人员生活用水量，可根据工业企业类别及其生产工艺要求确定综合工业用水量。对于大工业用水户或经济开发区宜单独进行企业生产和生活用水量计算。在工业区规划阶段，由于企业类型具有不确定性，生产工艺用水定额难以确定，可根据国民经济发展规划，结合现有类似工业企业用水资料分析确定，也可按单位规划面积企业用水指标进行估算。

环境用水主要是景观与娱乐用水，包括观赏性景观用水和娱乐性景观用水和湿地环境用水。用水方式为补充河湖以保持景观和水体自净能力的水、人工瀑布和喷泉用水、划船滑冰与游泳等娱乐用水、维持湿地沼泽环境的补充水，还包括城市内的大型生态林草地、高尔夫球场用水等。

(2) 城市用水量计算

① 居民生活用水量计算　居民生活用水量 Q_1 以设计年限的人口数乘以相应的用水量标准计算。即

$$Q_1 = \frac{n_1 N K_d}{1000}$$

式中　Q_1——居住区居民生活用水量，m^3/d；

$\qquad$ n_1——居住区居民生活用水量定额，$L/(cap \cdot d)$；

$\qquad$ N——居住区人口数，人；

$\qquad$ K_d——日变化系数，计算平均日用水量时取 1.0，计算最高日用水量时取 $1.1 \sim 1.5$。

利用上式计算居民生活用水量时，居民生活用水定额应根据当地国民经济和社会发展规划、城市总体规划和水资源充沛程度，在现有用水定额基础上，结合给水专业规划和给水工程发展的条件综合分析确定；在缺乏实际用水资料情况下可采用表 2-3 选取。

② 公共建筑用水量计算　公共建筑用水种类繁多，难以统计和归类确定其用水量定额，一般将居民生活用水量和公共建筑用水量合并计算，即综合生活用水量 Q_2。即

$$Q_2 = \frac{n_2 N K_d}{1000}$$

式中　Q_2——居住区综合生活用水量，m^3/d；

n_2——居住区综合生活用水量定额，L/(cap·d)；

N——居住区人口数，人；

K_d——日变化系数，计算平均日用水量时取 1.0，计算最高日用水量时取 1.1～1.5。

表 2-3　居民生活用水定额　　　　　　单位：L/(cap·d)

城市规模 分区　　用水情况	特大城市		大城市		中、小城市	
	最高日	平均日	最高日	平均日	最高日	平均日
一	180～270	140～210	160～250	120～190	140～230	100～170
二	140～200	110～160	120～180	90～140	100～160	70～120
三	140～180	110～150	120～160	90～130	100～140	70～110

注：1. 居民生活用水指城市居民日常生活用水。

2. 特大城市指市区和近郊区非农业人口 100 万及以上的城市。

3. 大城市指市区和近郊区非农业人口 50 万及以上，不满 100 万的城市。

4. 中、小城市指市区和近郊区非农业人口不满 50 万的城市。

5. 一区包括贵州、四川、湖北、湖南、江西、浙江、福建、广东、广西、海南、上海、云南、江苏、安徽、重庆。

6. 二区包括黑龙江、吉林、辽宁、北京、天津、河北、山西、河南、山东、宁夏、陕西、内蒙古河套以东和甘肃黄河以东的地区。

7. 三区包括新疆、青海、西藏、内蒙古河套以西和甘肃黄河以西的地区。

8. 经济开发区和特区城市，根据用水实际情况，用水定额可酌情增加。

同理，利用上式计算综合生活用水量时，综合生活用水定额也应根据当地国民经济和社会发展规划、城市总体规划和水资源充沛程度，在现有用水定额基础上，结合给水专业规划和给水工程发展的条件综合分析确定；在缺乏实际用水资料情况下可采用表 2-4 选取。

表 2-4　综合生活用水定额　　　　　　单位：L/(cap·d)

城市规模 分区　　用水情况	特大城市		大城市		中、小城市	
	最高日	平均日	最高日	平均日	最高日	平均日
一	260～410	210～340	240～390	190～310	220～370	170～280
二	190～280	150～240	170～260	130～210	150～240	110～180
三	170～270	140～230	150～250	120～200	130～230	100～170

注：1. 综合生活用水指城市居民日常生活用水和公共建筑用水。但不包括浇洒道路、绿地和其他市政用水。

2. 特大城市指市区和近郊区非农业人口 100 万及以上的城市。

3. 大城市指市区和近郊区非农业人口 50 万及以上，不满 100 万的城市。

4. 中、小城市指市区和近郊区非农业人口不满 50 万的城市。

5. 一区包括贵州、四川、湖北、湖南、江西、浙江、福建、广东、广西、海南、上海、云南、江苏、安徽、重庆。

6. 二区包括黑龙江、吉林、辽宁、北京、天津、河北、山西、河南、山东、宁夏、陕西、内蒙古河套以东和甘肃黄河以东的地区。

7. 三区包括新疆、青海、西藏、内蒙古河套以西和甘肃黄河以西的地区。

8. 经济开发区和特区城市，根据用水实际情况，用水定额可酌情增加。

从综合生活用水量的概念看，似乎综合生活用水量和居民生活用水量的差值就是公共建筑用水量 Q_3，即

$$Q_3 = Q_2 - Q_1 = \frac{NK_d}{1000}(n_2 - n_1)$$

式中 Q_3——公共建筑用水量，m^3/d；

Q_2——居住区综合生活用水量，m^3/d；

Q_1——居住区居民生活用水量，m^3/d。

其他符号意义同前。

然而，由于公共建筑用水种类繁多，城市规划的公共建筑分布也不一定与城市人口密度相关联，因此上式对公共建筑的计算只是粗略的结果。

③ 浇洒道路和绿地用水量 浇洒道路和绿地用水量 Q_4 是根据用水量定额与其面积计算。即

$$Q_4 = \frac{n_3 F_1 + n_4 F_2}{1000}$$

式中 Q_4——浇洒道路和绿地用水量，m^3/d；

n_3——浇洒道路用水量定额，可按 $2.0\sim3.0 L/(m^2 \cdot d)$ 计算；

n_4——浇洒绿地用水量定额，可按 $1.0\sim3.0 L/(m^2 \cdot d)$ 计算；

F_1——道路面积，m^2；

F_2——绿地面积，m^2。

浇洒道路和绿地用水量定额的选取根据路面、绿化、气候和土壤等条件确定，也与城市卫生状况、生活习惯、城市管理水平等因素有关。

④ 供热用水量 供热用水量 Q_5 指北方城市供热系统的初期用水和运行过程中的补充水。初期用水是指充满供热管网的水。这部分水量很大，但新建管网充满水后，每年消耗的供热用水只是补充水。

⑤ 消防用水量 室外消防用水量 Q_6 按同一时间内的火灾次数和一次灭火用水量计算及延续时间等，即

$$Q_6 = 3.6 n_5 n_6 t$$

式中 Q_6——室外消防用水量，m^3；

n_5——同一时间内的火灾次数；

n_6——一次灭火用水量定额，L/s；

t——火灾延续时间，h。

消防用水量及延续时间按国家现行标准《建筑设计防火规范》及《高层民用建筑设计防火规范》等设计防火规范执行。同一时间内的火灾次数和一次灭火用水量与城市人口规模有关，不应小于表2-5的规定。火灾延续时间按建筑物的重要程度、建筑物类型、仓库和物品的可燃性级别确定。如居住区、工厂和丁、戊类仓库的火灾延续时间按 2h 计算；甲、乙、丙类物品仓库、可燃气体储罐和煤、焦炭露天堆场的火灾延续时间按 3h 计算；易燃、可燃材料露天、半露天堆场（不包括煤、焦炭露天堆场）按 6h 计算。商业楼、展览楼、综合楼、一类建筑的财贸金融楼、图书馆、书库，重要的档案楼、科研楼和高级旅馆的火灾延续时间按 3h 计算，其他高层建筑可按 2h 计算。自动喷水灭火系统可按火灾延续时间 1h 计算。

⑥ 工业用水量计算 工业用水量 Q_9 的计算方法很多，逐个统计城市企业工艺生产用水和职工人数的基础上计算工业用水量，称为统计法；在统计资料缺乏的情况下，可根据工业企业用水量变化趋势预测未来的工业用水量，称为趋势法；根据工业企业类别及其生产工艺要求确定与用水量相关的统计数据为基础进行工业用水量预测，称为相关法；根据企业用水与排水平衡原理计算工业用水量，称为平衡法；在工业区规划阶段，由于企业具有不确定性，生产工艺用水定额难以确定，可根据国民经济发展规划，结合现有类似工业企业用水资料分析确定，称为类比法；也可按单位规划面积企业用水量指标进行估算，称为规划指标法。

表 2-5 城镇及居住区室外消防用水量

人数/万人	同一时间内的火灾次数/次	一次灭火用水量/(L/s)	人数/万人	同一时间内的火灾次数/次	一次灭火用水量/(L/s)
≤1.0	1	10	≤40.0	2	65
≤2.5	1	15	≤50.0	3	75
≤5.0	2	25	≤60.0	3	85
≤10.0	2	35	≤70.0	3	90
≤20.0	2	45	≤80.0	3	95
≤30.0	2	55	≤100.0	3	100

a. 统计法。工业生产用水量 Q_7 取决于产品种类、生产过程、单位产品用水量，以及给水系统等。即

$$Q_7 = \frac{24mMK_Z}{T}$$

式中　Q_7——工业用水量，m^3/d；

m——生产过程中每单位产品的用水量标准，$m^3/$单位产品；

M——产品的平均日产量；

T——每日生产时数，h；

K_Z——总变化系数，其中 $K_Z = K_d K_h$（K_d 通常为 1；K_h 冶金工业 1.0～1.1；化学工业 1.3～1.5；纺织工业、食品工业、皮革工业 1.5～2.0；造纸工业 1.3～1.8）。

工业企业生活及淋浴用水量 Q_8 可用下式计算：

$$Q_8 = \frac{24(A_1 B_1 K_1 + A_2 B_2 K_2)}{1000 T_1} + \frac{24(C_1 D_1 + C_2 D_2)}{1000 T_2}$$

式中　Q_8——工业企业生活用水及淋浴用水量，m^3/d；

A_1——一般车间最大班职工人数，人；

A_2——热车间最大班职工人数，人；

B_1——一般车间职工生活用水量标准，L/(人·班)；

B_2——热车间职工生活用水量标准，L/(人·班)；

C_1——一般车间职工最大班使用淋浴的职工人数，人；

C_2——热车间最大班使用淋浴的职工人数，人；

D_1——一般车间的淋浴用水量标准，L/(人·班)；

D_2——高温、污染严重车间的淋浴用水量标准，L/(人·班)；

T_1——每班工作时数，h；

T_2——淋浴时间，h。

工业用水量 Q_9 为工业生产用水量 Q_7 与工业企业生活及淋浴用水量 Q_8 之和。实际计算时要统计计算每个企业的生产用水和生活用水，合并所有企业工业用水量即为城市工业用水量。值得注意的是，由于企业内部水有重复利用，上述计算的工业企业用水量中包含了重复利用的水量，对城市供水系统有需求的是补充水量，因此要从总水量中扣除重复利用水量，或者以重复利用率进行折算。

b. 趋势法。根据工业用水量的历年数据计算其变化率，以此推算设计水平年的工业用水量。即

$$Q_9 = Q_0 \left(1 + \frac{m}{100}\right)^n$$

式中 Q_9——设计水平年的工业用水量，m^3/d；

  Q_0——基准年的工业用水量，m^3/d；

  m——工业用水量年平均变化率，%；

  n——从基准年至设计水平年的间隔时间，年。

利用上式计算时，如果是以补充水的历年资料计算，则所计算的结果为新鲜补充水的工业用水量；如果是以工业总用水量的历史资料计算，则应分析技术改造、设备更新、结构调整等因素对水重复利用率增加的因素调整工业用水量的变化率。

c. 相关法。工业用水量与工业产值有一定的关系，因此可用预测规划的工业产值计算设计水平年的工业用水量。即

$$Q_9 = q_0 M$$

式中 Q_9——设计水平年的工业用水量，m^3/d；

  q_0——工业万元产值用水量，$m^3/$万元；

  M——设计水平年预测或规划工业产值，万元。

上式适用于近期工业用水量的计算。实际上，万元产值用水量随着设计年限增长变化会很大，因此也应根据技术改造、设备更新、结构调整等因素进行调整。如果可知从基准年至设计水平年的工业万元产值用水量的变化率，则工业用水量可用下式进行计算：

$$Q_9 = q_1 \left(1 - \frac{\lambda}{100}\right)^n M$$

式中 Q_9——设计水平年的工业用水量，m^3/d；

  q_1——基准年的工业万元产值用水量，$m^3/$万元；

  λ——从基准年至设计水平年的万元工业用水量变化率，增加为负，减少为正，%；

  n——从基准年至设计水平年的间隔时间，a；

  M——设计水平年预测或规划工业产值，万元。

d. 平衡法。企业在生产过程中由于蒸发、冷凝、渗漏、进入产品等方式总要消耗部分水量，使用后的部分废水要排出，这两部分水量要得到实时的补充才能维持正常的生产。因此，可根据产品的耗水量和工艺排水量之和计算补充水量，补充水量与重复利用水量即为工业企业的总用水量。

e. 类比法。在城市或工业区规划阶段，企业还未入驻，但规划入驻企业类型基本确定，其生产工艺用水定额可参照现有类似工业企业用水资料分析确定。按照规划的企业规模为基础，结合类比的工业用水量定额即可计算城市或工业区的工业用水量。

f. 规划指标法。在规划阶段，实测或者收集工业企业用水量资料较为困难，可以单位规划工业用地面积与单位工业用地用水量指标估算。即

$$Q_9 = q_2 F$$

式中 Q_9——设计水平年的工业用水量，m^3/d；

  q_2——单位工业用地用水量指标，$10^4 m^3/(km^2 \cdot d)$；

  F——设计水平年规划工业用地面积，km^2。

单位工业用地用水量指标可根据《城市给水工程规划规范》（GB 50282—1998）的规定选取，详见表2-6。该指标包括了工业用地中职工生活用水及管网漏失水量，其中的一类工业用地是指对居住和公共设施等环境基本无干扰和污染的工业用地，如电子工业、缝纫工业、工艺品制造工业等用地；二类工业用地是指对居住和公共设施等环境有一定干扰和污染

的工业用地，如食品工业医药制造工业纺织工业等用地；三类工业用地是指和公共设施等环境有严重干扰和污染的工业用地，如采掘工业、冶金工业、大中型机械制造工业、化学工业、造纸工业、制革工业、建材工业等用地。

表 2-6　单位工业用地用水量指标　　　单位：$\times 10^4 \, m^3/(km^2 \cdot d)$

用地代号	工业用地类型	用水量指标
M1	一类工业用地	1.20~2.00
M2	二类工业用地	2.00~3.50
M3	三类工业用地	3.00~5.00

⑦ 环境用水量计算　环境用水主要是景观与娱乐用水，包括观赏性景观用水和娱乐性景观用水和湿地环境用水。具体用水方式的环境用水量计算方法有所不同。

a. 河湖补充水量计算。对于补充城市河湖的水和划船滑冰与游泳等娱乐用水，主要是补充蒸发、渗漏的水量。虽然蒸发量可根据水面蒸发公式计算，但渗漏量却考虑河湖基底的渗透条件、水深、水力坡度等因素的影响，计算起来十分复杂，况且这些因素很难考量，计算结果误差也会很大。但是，城市河景观河湖却在蒸发和渗漏的共同作用下水位发生下降，因此，对于特定的景观水体，只要确定其水位下降与水量的关系，就能计算出蒸发和渗漏的总水量，也就是补充河湖的水量。

值得注意的是，由于河流的基底形态各不相同，不能简单地按面积与水位降的乘积计算补充水量，而要根据水位-流量-坡度三者的关系确定补充水量。

b. 人工瀑布和喷泉用水量计算。城市人工瀑布和喷泉水系统多为循环水系统，对于这种景观水，如果长期连续运行，可以看作景观容积水不变，因此其补充也是蒸发和渗漏。对于质量较好的瀑布和喷泉，其渗漏量为很小一部分，甚至可以忽略，补充水量为储水循环池的液面蒸发量和瀑布和喷泉部分的蒸发量之和。

c. 维持湿地沼泽环境的补充水。湿地沼泽环境中水量的散失主要来源于液面蒸发、土地蒸发、植物蒸腾、生物生存消耗等，不同的湿地沼泽具有不同的生态系统，维持这种生态系统的水量和水位也不相同，因此其补充水量很难准确计算。

由于湿地沼泽生态系统中的水生植物和生物具有多样性，因此首先考虑维持该系统中生物多样性为目标确定其最低水量和水位高低。但这将是非常复杂的量化工作。简单地，对于河流湿地、湖泊湿地，可以依据所要保护的敏感指示物种对水环境指标的需求确定，但应注意高低水位限制；对于封闭或半封闭的低洼、沼泽等类型的湿地，在对其水文循环进行一定时段的观察和调查之后，可以依据水平衡原理进行计算。

d. 城市生态植物用水量计算。城市内的大型生态林草地、高尔夫球场用水为典型的城市生态植物用水。植被的耗水量包括维持植被正常生长的土壤最小含水量和植被的蒸散耗水量两部分。森林、草地、灌木等植被的潜在蒸散量可以用 Penman-Monteith 公式计算，即

$$E_0 = \frac{sR_n + \rho C_p(e_s - e_a)/r_a}{\lambda[s + \gamma(1 + r_c/r_a)]}$$

式中　E_0——植被的潜在蒸散量，mm；

λ——蒸散量潜热，MJ/kg；

R_n——净辐射，$MJ/(m^2 \cdot s)$；

s——饱和水汽压与温度曲线的斜率，$kPa/℃$；

ρ——空气的密度，kg/m^3；

C_p——空气的定压比热容，MJ/(kg·℃)；

e_s——饱和水汽压，kPa；

e_a——实测水汽差，kPa；

r_a——空气动力学阻抗，s/m；

r_c——表面阻力，s/m；

γ——空气的干湿系数，kPa/℃。

植被的实际蒸发量受到植被分布、种类、密度等因素的影响而与植被的潜在蒸发量有所不同，因此需按下式计算。即

$$E_a = K_c E_0$$

式中 E_a——植被的实际蒸散量，mm；

K_c——植被蒸散系数；

E_0——植被的潜在蒸散量，mm。

城市生态植物蒸散用水量 Q_{10} 的计算公式为：

$$Q_{10} = \frac{E_a F}{1000}$$

式中 Q_{10}——城市生态植物蒸散用水量，m³/a；

E_a——植被的年实际蒸散量，mm；

F——植被的面积，m²。

植被正常生长的土壤最小含水量 Q_{11} 可用下式计算：

$$Q_{11} = \theta F M$$

式中 Q_{11}——植被正常生长的土壤最小含水量，m³/a；

M——土壤的平均厚度，m；

F——植被的面积，m²；

θ——土壤的体积含水量，m³/m³ 土壤。

土壤的体积含水量 θ 可用下式计算：

$$\theta = (\rho' - \rho)/\rho_w$$

式中 θ——土壤的体积含水量，m³/m³ 土壤；

ρ'——土壤的湿容重，g/cm³；

ρ——土壤的容重，g/cm³；

ρ_w——土壤中水的密度，g/cm³。

由于不同植被生长所需的土壤环境不同，包括土壤最低厚度、最小含水量等，城市中植被的种类繁多，分布杂乱，因此实际准确计算城市生态植被的正常生长的土壤最小含水量有很大的困难。尽管如此，但在规划期内城市植被的组合还是相对固定的，其土壤总的含水量需求相对稳定，所以可以用每年补充的生态植物蒸散用水量 Q_{10} 作为城市生态植物用水量进行估算。

⑧ 未预见用水量及管网漏失水量　未预见用水量是指在给水设计中对难以预见的因素（如规划的变化及流动人口用水、环境用水变化等）而预留的水量。城市给水工程设计时，未预见用水量可按上述用水量（消防用水量除外）的 8%～12% 估算。

管网漏失水量系指给水管网中未经使用而漏掉的水量，包括管道接口不严、管道腐蚀穿孔、水管爆裂、闸门封水圈不严以及消火栓等用水设备的漏水。根据有关报导，管网漏失水率在 15% 左右。为了加强城市供水管网漏损控制，合理利用水资源，提高企业管理水平，降低城市供水成本，保证城市供水压力，推动管网改造工作，建设部于 2002 年 9 月 16 日颁

布了行业标准《城市供水管网漏损控制及评定标准》（CJJ 92—2002）。该标准规定了城市供水管网基本漏损率不应大于 12％，同时规定了可按用户抄表百分比、单位供水量管长及年平均出厂压力进行上浮 3 个百分点和下浮 2 个百分点的修正。这样，管网漏失水量按用水量的 10％～15％计算较为合理。

3. 水资源供需平衡分析

由于水资源在空间和时间上分布的不均匀性，国民经济发展对水资源开发利用的不平衡性，以及水污染使水质恶化等，已给世界范围内很多地区带来水资源的供需问题。进行水资源的供需平衡分析，揭示水的供需之间的矛盾，预测未来可能发生的问题，可以未雨绸缪，使区域内的水资源能更好地为国民经济、人民生活服务，为人类生存创造更良好的生态环境。

（1）水资源供需平衡分析的含义　水资源供需平衡分析是在一定范围内不同时期的可供水量和需水量的供给与需求，以及它们之间的余缺关系进行分析的过程。

水资源供需平衡分析的范围是指流域、经济区域或行政区域，对于城市水资源的供需平衡分析，多指城市所属的行政区域，但跨流域调水的城市，其范围还涉及被调水资源所在的流域和行政区，所以合理分区是进行水资源平衡分析的重要工作。

不同时期是指设计水平年，由于城市给水工程设计是以城市总体规划为基础，因此城市水资源平衡分析的时期一般也与城市总体规划的期限相一致。

从上述概念还可以看出，水资源供需平衡分析的过程包括可供水量分析、需水量分析，以及供需平衡（余缺关系）三个方面的工作，也包含供水量的供水方式和需水量的使用。供水量与供水工程和供水方式相联系，因为只有通过工程措施可以取得的符合用水标准的水量才能算作可供水量。需水量与用户对水资源的使用方式相关，高效利用水资源一定是一个可持续的过程，在这个过程中水得到循环利用和综合利用，其需水量包含用水、排水的过程，而排出的水通过再生又成为可供水量，从而形成十分复杂的水量平衡关系。

（2）水资源供需平衡分析的步骤　水资源供需平衡分析的步骤如下所述。

① 确定水资源平衡区域。划分时尽量按流域和水系划分。对于地下水应以完整的水文地质单元划分，在此基础上尽量照顾行政区划的完整性。

② 合理确定计算时段。根据城市总体规划所确定的水平年确定水资源的计算时段。对于国民经济发展重点区域和供水十分重要的区域，要尽量把时段划分得小一些，但时段过小时资料不易获得。因此可一般以年为时段单位。

③ 区域条件分析。查清区域水资源开发利用的现状，包括天然水资源数量、质量及工程供水现状，国民经济各部门的用水量、耗水量、回归水量、污废水排放量以及河流、地下水水质现状；区域内水资源供需现状及存在的问题等。

④ 区域可供水量分析计算。分析不同水平年的天然水资源及工程供水能力，计算每个分区的可供水量。

⑤ 区域需水量分析计算。分析区内各部门不同水平年的需水量及耗水量，包括流域自身的需水量如水发电、航运、环境、旅游、生态等用水量和流域的工业用水量、生活用水量、近郊农业用水量等。

⑥ 区域水资源平衡分析方法选择。首先选择平衡分析方法，如时间序列法、典型年法、动态模拟分析法等。

⑦ 区域水资源平衡的一次分析。要分析区域内不同水平年的水资源余缺情况和供需平衡存在的问题，通过一次平衡分析了解和明晰现状供水能力与外延式用水需求条件下的水资源供需缺口。确定在现有供水工程条件下，未来不同阶段的供水能力和可供水量缺口；确定

在国家节水、经济和环境保护等政策条件下，未来不同阶段的水资源需求自然增长量。

⑧ 区域水资源平衡的二次分析。在一次供需分析的基础上，在水资源需求方面通过节流等各项措施控制用水需求的增长态势，预测不同水平年需水量；通过当地水资源开源等措施充分挖掘供水潜力；通过调节计算分析不同水平年的供需态势。通过供给和需求两方面的调控，基本实现区域水资源的供需平衡，或者使缺口有较大幅度的下降。

⑨ 区域水资源平衡的三次分析。若二次平衡分析后仍有较大的供需缺口，应进一步调整经济布局和产业结构、加大节水力度，论证跨流域调水条件和制定调水方案。

⑩ 研究实现水资源供需平衡的对策措施。从区域水资源条件、可供水量、需水量、供水工程的经济合理性等方面研究制定维持区域水资源平衡的技术经济措施，选择实施优选方案，力争以最小的经济代价实现水资源的供需平衡。

（二）城市供水水源的水质要求

1. 常规水源水质量标准

为确保城市集中式生活饮用水和各单位自备生活饮用水水源的水质，建设部颁布了城镇建设行业标准《生活饮用水水源水质标准》（CJ 3020—1993），见表 2-7。

表 2-7 生活饮用水水源水质标准（CJ 3020—1993）

序号	项目	标准限值	
		一级	二级
1	色度	色度不超过 15 度，并不得呈现其他异色	不应有明显的其他异色
2	浑浊度/度	≤3	
3	嗅和味	不得有异臭、异味	不应有明显的异臭、异味
4	pH 值	6.5～8.5	6.5～8.5
5	总硬度（以碳酸钙计）/(mg/L)	≤350	≤450
6	溶解铁/(mg/L)	≤0.3	≤0.5
7	锰/(mg/L)	≤0.1	≤0.1
8	铜/(mg/L)	≤1.0	≤1.0
9	锌/(mg/L)	≤1.0	≤1.0
10	挥发酚（以苯酚计）/(mg/L)	≤0.002	≤0.004
11	阴离子合成洗涤剂/(mg/L)	≤0.3	≤0.3
12	硫酸盐/(mg/L)	<250	<250
13	氯化物/(mg/L)	<250	<250
14	溶解性总固体/(mg/L)	<1000	<1000
15	氟化物/(mg/L)	≤1.0	≤1.0
16	氰化物/(mg/L)	≤0.05	≤0.05
17	砷/(mg/L)	≤0.05	≤0.05
18	硒/(mg/L)	≤0.01	≤0.01
19	汞/(mg/L)	≤0.001	≤0.001
20	镉/(mg/L)	≤0.01	≤0.01
21	铬（六价）/(mg/L)	≤0.05	≤0.05
22	铅/(mg/L)	≤0.05	≤0.07

序号	项目	标准限值	
		一级	二级
23	银/(mg/L)	≤0.05	≤0.05
24	铍/(mg/L)	≤0.0002	≤0.0002
25	氨氮(以氮计)/(mg/L)	≤0.5	≤1.0
26	硝酸盐(以氮计)/(mg/L)	≤10	≤20
27	耗氧量(KMnO₄法)/(mg/L)	≤3	≤6
28	苯并[a]芘/(μg/L)	≤0.01	≤0.01
29	滴滴涕/(μg/L)	≤1	≤1
30	六六六/(μg/L)	≤5	≤5
31	百菌清/(mg/L)	≤0.01	≤0.01
32	总大肠菌群/(个/L)	≤1000	≤10000
33	总α放射性/(Bq/L)	≤0.1	≤0.1
34	总β放射性/(Bq/L)	≤1	≤1

该标准规定了34项水质指标、二级水质分级，以及各指标的标准限值和水质检验方法等内容。明确规定该标准由城乡规划、设计和生活饮用水供水等有关单位负责执行，生活饮用水供水单位主管部门、卫生部门负责监督和检查执行情况。各级公安、规划、卫生、环保、水利与航运部门应结合各自职责，协同供水单位做好水源卫生防护区的保护工作。

该标准中所列的一级水源水是指水质良好，地下水只需消毒处理，地表水经简易净化处理（如过滤）、消毒后即可供生活饮用者；二级水源水是指水质受轻度污染，但经过常规净化处理（如絮凝、沉淀、过滤、消毒等），其水质即可达到《生活饮用水卫生标准》（GB 5749）规定，可供生活饮用者。

指标值超过二级标准限值的水源水，不宜作为生活饮用水的水源。但采用相应的净化工艺进行处理后水质符合《生活饮用水卫生标准》（GB 5749）的规定时可以利用，但要取得省、市、自治区卫生厅（局）及主管部门批准。

依据该标准的规定，我国《地表水环境质量标准》（GB 3838—2002）中的Ⅰ类水体主要适用于源头水、国家自然保护区；Ⅱ类水主要适用于集中式生活饮用水地表水源地一级保护区、珍稀水生生物栖息地、鱼虾类产卵场、仔稚幼鱼的索饵场等，可作为集中式城市供水水源的源水。Ⅲ类水主要适用于集中式生活饮用水地表水源地二级保护区、鱼虾类越冬场、洄游通道、水产养殖区等渔业水域及游泳区，不能直接利用，但通过处理达到《生活饮用水卫生标准》（GB 5749—2006）时可以取用，而当水体环境质量超过Ⅲ类时就不适宜用于水源水。

《地下水质量标准》（GB/T 14848—1993）中的Ⅰ类水主要反映地下水化学组分的天然低背景含量，适用于各种用途；Ⅱ类水主要反映地下水化学组分的天然背景含量，适用于各种用途，Ⅰ类和Ⅱ类水均适用生活饮用水源。Ⅲ类水以人体健康基准值为依据，主要适用于集中式生活饮用水水源及工、农业用水。根据污染的概念，当水质指标超过背景值时就认为地下水遭受到了污染。因此，对于地下水而言，超过Ⅱ类水质标准即为污染水，就不适应于直接利用于生活饮用水的水源。

2. 饮用矿泉水水质标准

近年来随着我国经济的快速发展，人民生活水平不断提高，人们对饮用水质量的需求也在不断提高，许多地区在开发利用矿泉水资源作为高质量生活饮用水。还有的城市水源，由于其地处特殊的地质构造区域，正常建设的城市供水水源地所开采的地下水却能满足饮用天然矿泉水的标准。为此，有必要对饮用矿泉水进行详细介绍。

饮用天然矿泉水是从地下深处自然涌出的或经钻井采集的、含有一定量的矿物质、微量元素或其他成分，在一定区域未受污染并采取预防措施避免污染的水；在通常情况下，其化学成分、流量、水温等动态指标在天然周期波动范围内相对稳定。

2008 年 12 月 29 日国家监督检验检疫局、国家标准化管理委员会联合发布了《饮用天然矿泉水国家标准》（GB 8537—2008），规定了饮用天然矿泉水的产品分类、要求、检验方法、检验规则以及标志、包装、运输和储存要求。该标准适用于饮用天然矿泉水的生产、检验和销售。

该标准根据产品中 CO_2 含量分为 4 类，即含气天然矿泉水、充气天然矿泉水、无气天然矿泉水、脱气天然矿泉水。

该标准规定了感官指标、理化界限指标、理化限量指标、污染物指标和微生物指标五类指标，共 37 项，详见表 2-8～表 2-12。其中理化界限指标要求必须有一项（或一项以上）指标达到规定的指标值。

表 2-8 饮用天然矿泉水感官要求

项目	要求
色度	≤15 度(不得呈现其他异色)
浑浊度	≤5 NTU
嗅和味	具有矿泉水特征性口味,不得有异臭、异味
肉眼可见物	允许有极少量的天然矿物盐沉淀,但不得含有其他异物

表 2-9 饮用天然矿泉水达限指标

项目	要求/(mg/L)
锂	≥0.20
锶	≥0.20(含量在 0.20～0.40 时,水源水水温应在 25℃以上)
锌	≥0.20
碘化物	≥0.20
偏硅酸	25.0(含量在 25.0～30.0 时,水源水水温应在 25℃以上)
硒	≥0.01
游离二氧化碳	≥250
溶解性总固体	≥1000

表 2-10 饮用天然矿泉水限量指标

项目	要求/(mg/L)	项目	要求/(mg/L)
硒	<0.05	锰	<0.4
锑	<0.005	镍	<0.02
砷	<0.01	银	<0.05
铜	<1.0	溴酸盐	<0.01
钡	<0.70	硼酸盐(以 B 计)	<5
镉	<0.003	硝酸盐(以 NO_3^- 计)	<45
铬	<0.05	氟化物(以 F^- 计)	<1.5
铅	<0.01	耗氧量(以 O_2 计)	<3
汞	<0.001	^{226}镭放射性/(Bq/L)	<1.1

表 2-11　饮用天然矿泉水污染物限定指标

项目	要求/(mg/L)	项目	要求/(mg/L)
挥发性酚(以苯酚计)	<0.002	矿物油	<0.05
氰化物(以 CN^- 计)	<0.010	亚硝酸盐(以 NO_2^- 计)	<0.1
阴离子合成洗涤剂	<0.3	总 β 放射性/(Bq/L)	<1.50

表 2-12　饮用天然矿泉水微生物指标

项目	要求	项目	要求
大肠菌群	0 MPN/100mL	铜绿假单胞菌	0 CFU/250mL
粪链球菌	0 CFU/250mL	产气荚膜梭菌	0 CFU/50mL

检验微生物指标时，取样 $1\times250mL$ （产气荚膜梭菌取样 $1\times50mL$ ）进行第一次检验，当符合表 2-12 要求时报告为合格；检验结果 ≥2 时报告为不合格；当检验结果 ≥1 且 <2 时需按表 2-13 要求采取 n 个样品进行第二次检验。表 2-13 中 n 为批产品应采集的样品件数； c 为最大允许可超出 m 值的样品数； m 为每 250mL （或 50mL ）样品中最大允许可接受水平的限量值 （CFU）； M 为每 250mL （或 50mL ）样品中不可接受的微生物限量值 （CFU），等于或高于 M 值的样品均为不合格。

表 2-13　微生物指标第二次检验要求

项目	样品数		限量	
	n	c	m	M
大肠菌群	4	1	0	2
粪链球菌	4	1	0	2
铜绿假单胞菌	4	1	0	2
产气荚膜梭菌	4	1	0	2

3. 其他水源的水质要求

除常规地表水和地下水外，低质水和再生水也是城市重要的城市供水水源。低质水和再生水均不能直接使用，而要通过处理达到用户用途的水质要求。理论上，任何水均可以处理达到用户使用的水质要求，但限于目前的处理技术水平，特别是考虑处理成本问题，低质水和再生水也不是无限制地加以利用，所以其水源的水质和处理技术和经济成本有密切关系。也就是说，作为低质水和再生水的源水，其水质受到用途水质标准与处理技术和成本的控制。

再生水一般可用于城市杂用、景观环境用水、地下水回灌、工业用水等，目前国家出台了相应的水质标准，明确了各种用途的水质要求。低质水一般处理后用于工业用水和能源用水，但目前还没有专门针对其颁布水质标准。但是，低质水也要通过处理后达到用途的水质标准才能使用，因此可参照再生水的水质标准作为处理工艺的出水水质标准，其标准值可参照有关章节。

处理技术与成本控制低质水和再生水的源水水质原理是，根据源水的水质情况，结合当前技术水平和用户对水的要求初步确定水的处理工艺；以出水水质达标和成本最低为目标，以工艺参数和进水水质为决策变量，以工艺参数的可控条件为约束条件，建立处理工艺的优化模型；求解优化模型，反求出进水水质指标的最大浓度和可行的工艺参数；根据水质指标的最大浓度即可确定水源的水质，这就是低质水或者再生水的水源水质要求，那些处理起来超过当前处理工艺和技术水平，或者经济成本过高的水源就不适宜作为城市水资源使用。

（三）水资源能源利用对水的要求

1. 水量要求

水作为能量的载体，其水量直接影响能量的储存和传递，因此利用水的热能和冷能时要保证一定的水量。如水源热泵系统要求水源的水量充足，能满足用户制热负荷或制冷负荷的需要。如果水量不足，机组的制热量和制冷量将随之减少，达不到用户要求。地热能利用系统也要求地下热水稳定，达到交换热所需水量的最低要求。所以，水资源能源利用的用水量与热利用的热交换负荷有密切的关系，也与交换设备的效率有关。

2. 水质要求

水资源的能源利用有直接利用和间接利用两种方式。直接利用是将热水或者冷水直接作为工业或生活水源使用，这种情况下，水质必须满足工业或者生活用水的水质要求。间接利用是热水或冷水通过热交换器换热后利用，其特点是热源与用户非接触，因此其水质要求与工业或者生活用水的水质无关，而只需满足换热设备对水质的要求即可。

水源含砂量高时对机组和管阀会造成磨损，用于补充热源而进行的地下水回灌水时会造成含水层堵塞。水的化学成分对设备也具有很大的影响，如偏酸性的水会对设备和管道造成腐蚀，高硬度的水会在设备和管道中沉积水垢，当水中游离 CO_2 和溶解氧含量较高时会加重水对设备和管道的腐蚀。因此，要根据换热工艺和设备制定水源水的水质标准，水质不满足时要进行必要的处理。

3. 水温要求

不同类型的热源含有不同的温度，地热能一般温度为 $20\sim100℃$，可以直接利用，也可间接利用；河流、湖泊等地表水体的温度随着季节不同而不同，但冬季高于环境温度，而夏季低于环境温度，可通过水源热泵机组采暖和制冷；城市污水和工业废水的温度也可能通过水源热泵用于采暖和制冷。

一般认为高于 $20℃$ 的地热能即可直接利用。对于江河、湖泊等地表水，以及城市污水等热源，多是通过水源热泵机组利用其能量，当温度不足时，会消耗电、油、气等常规能源补充热量以达到采暖或制冷的需求，所以温度过低的水其能效就不合理。

对于热泵系统，首先要有足够的水温才能维持设备机组的正常运行，其次稳定的水温可使设备稳定运转，也可以保持较高的设备工效。因此，水资源的能源利用时应尽量选择有足够且稳定水温的水源。

二、城市水资源利用方式与特点

（一）城市水资源利用途径

城市水资源的问题在 20 世纪中后期已明显地出现在人类面前。其中最主要的问题是可供城市的水资源量严重不足。

面对这种情况，我国在 20 世纪 70 年代就提出"开源与节流并重"的城市供水用水方针，指出了解决城市水资源不足的两条途径。但经过近 10 年的时间，由于城市迅猛发展，工业生产和居民用水量不断增加，城市需水量也逐年增长。而同时没有特别重视环境保护工作，致使现有的水源也遭受了严重的污染，从而使原本不足的水源量因水质性减少更显不够。另一方面，节约用水工作刚刚起步，人们的节水意识还很淡薄。因此，这一时期实施了

"开源"，而并没有同时做到"节流"。

20 世纪 80 年代，面对越来越明显的城市水资源危机，我国将城市供水用水的方针调整为"开源与节流并重，近期以节流为主"，强调了节约用水的重要性。随后，全国建立健全了节水管理机构，开展了一系列的节水宣传教育工作。

20 世纪末，为彻底解决城市水资源危机的问题，根据我国国情，国家提出了做好城市供水、节水和水污染防治工作必须坚持"开源与节流并重、节流优先、治污为本、科学开源、综合利用"的方针。这个方针反映了城市水资源利用中必须实现水源开发—供水—用水—排水—水源保护的良性循环，实现城市水资源的可持续利用。

实现城市水资源的可持续利用，首先要科学开源。城市供水首选水源地表水或地下水，要做到合理开发利用这些水源，并加强水源的保护工作，防止由于水源污染而造成的水资源水质性减少。同时要合理调配取水方案，使水源发挥其最大的利用效率。此外，在可供城市淡水数量有限的情况下，要充分利用其他水源，如低质水、海水等，以增加城市的可供水数量。

城市生活与生产用水后将产生大量废水，这些废水约为用水量的 80%，数量十分可观。将其处理后达到用水水质要求后，可用于生产和生活。这相对于使用以前的地表水或地下水，实现了水的重复使用，提高了水的利用率。这样既满足了城市用水需求，又减少了污水排放对环境造成的影响，实现了资源与环境的协调。

总之，实现城市水资源高效利用的途径是，合理开发利用水资源、加强水源保护、实现城市污水资源化利用以及开发其他替代水源等。

（二）城市水资源利用方式

1. 城市供水水源的利用特征

供水水源是城市供水工程的基础，它制约着供水工程的规模，也影响着供水工程的方案及工程投资等。因此，了解城市供水水源的特征，合理选择水源具有重要的意义。

最常用的城市供水水源是地下水和地表水两大类。地下水包括潜水、承压水和泉水；地表水包括江河、湖泊、水库和海水等。由于形成、储存和循环条件不同，地下水与地表水具有不同的特征，详见表 2-14。地下水和地表水源作为城市供水水源时，从工程上看各有其优缺点，详见表 2-15。

表 2-14 给水水源的利用特征对比

水源类型	补给特征	储存特征	水质特征	水量特征	防污染能力
地下水	大气降水或地表水入渗补给	储存运移于含水介质空隙中，泉水出露于地面与含水层或含水通道交汇处	水质透明、色度低、水温较稳定。溶解性总固体、硬度相对较高	径流量相对于地表水较小。径流量受季节变化影响相对较小	承压水或包气带较厚的潜水具有较强的防污染能力。潜水或泉水易受污染
地表水	多为大气降水或地下水径流补给	储存运移于地面，直接暴露于大气中	浑浊度较高、水温随气温变化，有机物与细菌含量较高，有时呈现较高的色度。溶解性总固体、硬度相对较低	径流量一般较大，受季节变化明显	水质极易受到污染，且随季节及流经地区污染物排放情况的变化而变化

表 2-15　采用地下水和地表水源的优缺点

水源类型	优点	缺点
地下水	(1)取水条件及构筑物简单,便于施工和运行管理; (2)通常无需澄清处理,投资及运行费用较低; (3)当条件允许时,可靠近用户建立水源,从而降低输水管投资,节省运行费用,也提高了给水系统的安全可靠性; (4)可分期修建取水构筑物,降低系统折旧费等运行管理成本; (5)便于卫生防护,易于采取人防措施; (6)分布地区广,操作灵活,适于恒温用水	(1)开发时前期投入的勘察工作量较大; (2)埋深较大的地区,取水工程常需很高的动力消耗; (3)与地表水相比,可开采量相对较小
地表水	(1)水量充沛,常能满足大量用水的需要; (2)取水口高于城市时,可实现重力供水或低扬程加压供水,动力费用较低; (3)可利用水文资料推求设计径流量,无需长时间的水文测验工作	(1)水质水量受季节变化影响明显; (2)水体浊度较高,易受污染,需净化处理后才能使用; (3)取水头部等主要构筑物需一次建成,不利于工程分期建设

此外,对于水资源不足的城市,宜将城市污水处理后用作工业用水、生活杂用水及河湖环境用水、地下水人工回灌用水等。缺乏淡水资源的沿海或海岛城市宜将海水直接或经处理后作为城市水源,特别缺水地区采用低质水,但其水质应符合相应的标准规定。

相比而言,再生水的源水是使用过的地表水和地下水,其水量一般可达供水量的 80%左右,水量相对充沛稳定,因此它是除地表水和地下水以外的最有利用潜质的城市水资源。海水具有水量丰富、稳定的特性,可作为工业冷却水系统和洗涤工艺等工业用水,但其海水中含盐量高,对设备和管道具有化学和生物腐蚀作用,使得广泛使用受到限制。低质水中微污染的地表水和地下水经处理达标可以作为正常的城市与工业用水,但污染严重的地表水和地下水可能因处理成本和处理技术限制而制约其大量使用。对于高盐度水、高硬度水、高H_2S水、高硫酸盐水等低质水,一般在严重缺水地区或者以利用其能源为主的用户使用为宜。

2. 水源选择的原则

水源选择要结合城市远近期规划和工业、城市整体布局,从给水系统的安全和经济诸方面综合考虑,具体应遵循以下原则。

(1) 地表水和地下水是常规的水资源,它们清洁、水质符合水质标准,特别是地下水温度稳定,是城市工业和生活用水的首选水源。

(2) 所选水源应是水质良好、水量充沛、便于保护。生活饮用水源要符合《生活饮用水卫生标准》中关于水源水质的规定;工业企业生产用水的水源水质按不同行业和生产工艺对水质的要求而定;对于工业和生活用水取同一水源的给水系统,应根据《生活饮用水卫生标准》中关于水源水质的规定选择水源。给水水源的水量要按设计保证率(一般为90%～97%),满足现状和远期发展的用水需求。城市给水水源要便于水质和水量保护,防止水源污染和其他水源开采对新建水源产生水量减少、水质恶化等不良后果的发生。

(3) 所选水源不仅要考虑现状,还要考虑远期变化。对于水质,要充分调查现状水源的污染防护问题,预测未来水源的污染发展趋势。对于水量,除满足现状或近期生活、生产需水量外,还应满足远期发展所必需的水量。对于水资源较缺乏的地区,可只满足某一规划期的需水量,但要提出远期水源解决方案的建议。

(4) 地下水源的取水量应不大于其允许开采量,地表水源取水量不大于水体的可取水量。例如天然河流(无坝取水)的取水量应不大于该河流枯水期的可取水量。在河流窄而深,水流速度较小,下游有浅滩、浅槽或取水河段为深槽时,可取水量占枯水流量的30%～

50％，在一般情况下，则为 15％～25％。当取水量占枯水流量比例较大时，应对可取水量作充分论证。

（5）地下水作给水水源时，应按泉水、承压水、潜水的顺序选择。地表水源须优先考虑天然河道中取水的可能性，而后再考虑需调节径流的河流和水体。

（6）地下水与地表水源均可利用时，要从技术和经济两方面综合考虑选择之。符合卫生要求的地下水，应优先作为饮用水源。有条件时，可采用生活与工业用水选择不同水源的方式。地下水源与地表水源相结合、集中与分散相结合的多水源供水以及分质供水不仅能发挥各类水源的优势，而且对于降低给水系统投资、提高给水系统运行可靠性均能发挥独特作用。

（7）要充分考虑城市给水水源与农业、水利航运或其他水源的相互协调。

（8）取水、输水、净化设施要安全经济、维护方便，并具有较好的施工条件。

（9）再生水可作为工业用水、生活杂用水、景观用水及地下水人工回灌等用途，为重要的城市供水水源，低质水作为辅助水源使用，但在使用时要评价和控制其环境和健康风险。

（10）确定水源类型、取水地点和取水量等，应取得有关部门的许可。

3. 供水水源利用方式

（1）水资源量和质的利用方式 地下水接受大气降水或地表水入渗补给，储存运移于含水介质空隙中，水质透明、色度低、水温较稳定，径流量受季节变化影响相对较小、承压水或包气带较厚的潜水具有较强的防污染能力。因此，通过取水构筑物取水后输送至配水厂经消毒后即可供给城市生活和工业用水。对于特殊地层的地下水，其溶解性总固体、硬度相对较高，有些还常有总铁和锰超标的情况，需在水厂进行软化、除铁、除锰等处理后才能使用。

地表水存在于地表河流、水库、湖泊等地势低洼处，多为大气降水径流补给，也有地下水径流补给、冰川消融水补给等。它的水量受气候影响明显，其水质受季节变化影响敏感，在污染源存在时水质受到污染物、污染负荷、水体自净功能等因素共同影响，其水温与气温变化规律密切。因此，不同的地表水要采用相适应的地表水取水构筑物，以保证取水量能够满足设计需水量的要求，泥沙、浊度等满足净水厂工艺的限制。由于地表水体储存运移于地面，直接暴露于大气中、浑浊度较高、有机物与细菌含量较高，有时呈现较高的色度，所以多数地表水要经过处理后才能使用。处理的目标指标要根据地表水的水质指标和饮用水卫生标准，或者其他用途的水质指标而定。但由于地表水中细菌数远多于地下水，处理时需消耗较多的消毒剂。地表水中溶解性总固体和硬度相对较低，一般无需进行软化。

海水可以直接利用于印染、制药、制碱、橡胶及海产品加工等行业的生产用水，也可通过海水淡化技术将海水的盐去除而生产饮用水和一般工业用水。目前海水淡化利用技术还存在设备腐蚀严重、电耗高、膜更新周期短、淡水产率低等技术经济问题。

低质水是含有某种成分较高，或者受到污染的地表水和地下水，通过取水构筑物取水后必须经过处理达标后才能使用。由于低质水的化学成分与常规的地表水和地下水不同，因此其处理工艺具有工艺流程较长、处理成本较高的特点。

再生水是将污废水通过深度处理工艺进一步处理后达到使用水质标准的水。目前我国污水处理厂的出水执行《城镇污水处理厂污染物排放标准》（GB 18918—2002），工业废水排放除国家行业已有排放标准外，执行《污水综合排放标准》（GB 8978—1996）。

《城镇污水处理厂污染物排放标准》（GB 18918—2002）根据城镇污水处理厂排入地表水域环境功能和保护目标，以及污水处理厂的处理工艺，将基本控制项目的常规污染物标准值分为一级标准、二级标准、三级标准。一级标准又分为 A 标准和 B 标准，但一类重金属污染物和选择控制项目不分级。一级标准的 A 标准是城镇污水处理厂出水作为回用水的基本要求。当污水处理厂出水排入稀释能力较小的河湖作为城镇景观用水和一般回用水等用途时，执行一级标准的 A 标准；城镇污水处理厂出水排入 GB 3838 地表水Ⅲ类功能水域（划定的饮用水水源保护区和游泳区除外）、GB 3097 海水二类功能水域和湖、库等封闭或半封闭水域时，执行一级标准的 B 标准；城镇污水处理厂出水排入 GB 3838 地表水Ⅳ类、Ⅴ类功能水域或 GB 3097 海水三、四类功能海域，执行二级标准；非重点控制流域和非水源保护区的建制镇的污水处理厂，根据当地经济条件和水污染控制要求，采用一级强化处理工艺时，执行三级标准，但必须预留二级处理设施的位置，分期达到二级标准。

《污水综合排放标准》（GB 8978—1996）根据污染物的性质及控制方式分为两类，称为第一类污染物和第二类污染物。第一类污染物不分级，第二类污染物分为三级。该标准规定，排入 GB 3838 Ⅲ类水域（划定的保护区和游泳区除外）和排入 GB 3097 中的二类海域的污水执行一级标准；排入 GB 3838 Ⅳ类、Ⅴ类水域和排入 GB 3097 中的三类海域的污水执行二级标准；排入设置城市二级污水处理厂的城镇排水系统的污水执行三级标准；GB 3838 Ⅰ类、Ⅱ类水域、Ⅲ类水域中的保护区和 GB 3097 中的一类海域不得排入污水。

可见，处理的污废水出水水质是根据排入纳水体的环境功能确定的，对于非一次设计投产的再生水处理系统，其进水水质即为前段一、二处理后的出水水质，因此其进水水质就是前段处理工艺所执行的排放标准。有时再生水的用途对水质要求较低，或者设计的再生水处理率较高时，污水一、二级处理的出水水质可适当放宽，以体现节能、节药和节水。对于常规处理和深度处理同时设计和建设的处理厂，则可以再生水量和水质为目标，以进厂污废水量和水质为条件优化确定整体处理工艺和各级出水的水质。

（2）水资源的能源利用方式　水资源中蕴藏的能源可通过热交换的方式加以利用。对于地热水，由于其温度一般高于 20℃，有的甚至高达 100℃，可以直接采暖、发电等。地表水、低温地下水、低质水、污水或者再生水的温度一般低于 20℃，但可根据水与环境的温差通过热泵的方式提取能量。有些地下水和工业废热水的温度较高，但其水量和水质还满足城市生活和工业用水，则可以先提取热能后再按一般水资源处理和利用，从而实现了量、质和能的统一利用。

（三）城市水资源利用特点

城市水资源包含地表水、地下水、低质水和再生水等。水源的选择与城市水资源分布情况和充沛程度、人民生活习惯，以及工业行业类型与布局等因素有关。概括起来城市水资源利用具有如下特点。

（1）城市生活用水以地表水和地下水为首选水源。因为常规的地表水和地下水的水质满足或者多数指标可以满足生活饮用水卫生标准，并且这类水符合人们长期养成的日常用水习惯。

（2）工业用水对城市水资源的利用方式是分行业综合利用，相互补充。食品、酒类、纺织、电子产品等对水质要求较高的企业优先使用地表水和地下水；机械、冶金、采掘以及非接触式生产工艺可采用再生水、微污染地表水和地下水等低质水。在同一企业，根据不同的工艺用水对水质要求，也可同时采用几种类型的水；为提高水的循环利用，可采取循环用水，也可采用循序用水。

（3）受污染的地表水和地下水在技术经济合理的情况下是城市重要的水源。目前，对于微污染水的处理技术日趋成熟，这类过去认为是水质性减少的水资源得以高效利用，成为解决城市水资源危机的重要水资源。

（4）高盐度水、高硬度水、高硫酸盐水和含 H_2S 水等低质水，在常规水资源严重缺乏的城市成为解决工业用水的重要途径，但这类水未经处理一般不能直接使用。

（5）跨流域调水是解决城市水资源平衡问题的重要措施，但一般受区域和流域规划、行政管理、水资源许可制度，特别是投资和成本方面制约，实施起来困难较大，周期较长。因此应在当地水资源缺乏优势、限于生产技术和设备水平使水的再生利用率已达极限的情况下方考虑跨流域调水工程为宜。

（6）城市水资源作为资源的内涵包括水量、水质和能量。不同类型的水资源具有不同的内涵，因而取其优势优先利用。如地下热水突出的优势是温度高，但受储存条件和循环条件限制，特别是补给量的影响，其水量较一般的地下水要小得多。多数地热水中含有 H_2S、氟化物、放射性物质等严重影响人体健康的化学成分。因此，对于这类水应以水的能源利用为主，以其量和质的利用为辅。对于一些水量水质均能满足城市与工业用水需求的地下热水，则可实现水资源的量、质和能的统一利用。

（7）不论采取哪种城市水资源的利用方式，都应从技术经济方面充分论证，以使水资源真正成为促使城市可持续发展的主导因素。

（8）城市水资源具有自然属性和社会属性，因此取水量和取水方式要受自然和社会的限制。如开采地下水时，其最大开采量不得超过水源地的允许开采量；河流的取水量不得超过其设计径流量和调节量，且要兼顾上下游的用水分配；所有取水均应满足政府行政管理部门的许可，使用后的排水也应符合环境保护的技术和政策要求。

三、城市水资源利用中的问题

城市水资源是支撑城市人民生活和社会发展的重要基础，然而随着城市的快速发展，水资源短缺的矛盾日趋紧张。其原因一方面是城市发展使总的需水量增加；另一方面由于气候因素和人为因素的影响，常规水资源的量在逐渐减少，还有水资源规划和管理的科学性没能充分体现。具体存在以下问题。

（1）城市水资源开发利用方式不当　水资源短缺主要是降水在地域上的分布不均衡造成的，但也与一些城市对水资源的开发利用不当有关。特别是北方城市，由于地表水资源贫乏，水量和水位随季节变化十分明显，因此不得不超量开采地下水，致使城区及城郊区大面积的地下水位持续下降。如太原市在引黄工程投产以前，地下水超采区的面积达 $4100km^2$（包括兰村泉域、晋祠泉域），严重超采区的面积为 $2134km^2$，地下水超采量为 $9100 \times 10^4 m^3$。太原市的三大供水水源地（兰村水源地、西张水源地和枣沟水源地）的地下水水位每年以近 $2m$ 的速率下降。

（2）城市水体污染严重　我国的工业主要分布在城市及近郊地区。工业"三废"排放使城市地表水和地下水受到不同程度的污染，南方发达城市地表水水质逐年下降，北方城市不仅河水被污染，而且城郊区的浅层地下水也受到了不同程度的污染，使原本短缺的城市水资源因污染而又造成水质性的减少。不少城市因当地水源污染而被迫远距离调水，这不仅增加了供水设施的投资和运营成本，还可能给生态环境带来严重的负面影响。

（3）用水较为单一，水的重复利用率低　由于传统习惯和环境保护政策的贯彻落实不够，一些企业总以传统的地表水和地下水作为主要水源。使用后的污废水不经处理，或者处理不达标就排放，不仅增加了常规水资源的负担，而且污染了环境，形成水资源日趋短缺与水环境不断恶化的恶性循环。此外，一些企业分散分布，受生产工艺、产品用水要求的限制，水只在企业内部循环利用，但形不成统一利用再生水的格局，使城市水资源总的循环利用率较低。排出的污水处理率较低，处理后的污水再生回用受技术和经济等条件的限制，一般也只作为生活杂用和环境景观用水，水的重复利用率还较低，没能发挥水资源的最大使用效益。

（4）缺乏科学的用水规划　科学合理地利用水资源就要首先对城市水资源的类型和特点有很好的把握，更要了解城市工业用水的要求，从而本着发挥水资源最大效益的目标进行科学的用水规划。通过规划解决常规水资源与非常规水资源利用的协调问题，尽可能地减少常规水资源的用量，逐渐推广使用低质水和再生水，促进水的良性循环。

（5）用水浪费严重　尽管城市节水已经取得了明显成效，但用水浪费和效率不高的现象仍然十分严重。生活用水器具与城市供水管网的跑、冒、滴、漏现象十分普遍。全国城市供水管网平均漏失率为12.1％，其中系统内（公共管网）综合漏失率为13.9％，加上用户的支管渗漏，实际损失达到20％，个别省市的系统内综合漏失率是全国平均水平的2～3倍，如上海市为26.2％、海南省为26.0％、湖南省为38.9％、陕西省为39.0％。市政公共用水浪费现象更加惊人，机关事业单位、大专院校、宾馆等的人均生活用水量高达200～900L/d。工业用水效率与国外先进水平相比仍有较大的差距，主要表现在万元产值取水量大，重复利用率低。从国内来讲，不同地区、不同行业和不同企业用水效率的差别也非常悬殊，说明我国的节水潜力是较大的。

（6）供水设施滞后城市的发展　城市供水系统是支撑城市水资源利用的重要基础设施，它的规模应与城市人口、工业布局、社会经济发展等相适应。然而，由于水资源问题、地方经济问题、体制问题等使许多城市的供水系统远远落后于城市的发展，致使水资源供水不足，也导致城市水资源不能得到高效利用。如山西省的供水工程设计年限近期一般为5年，远期10年，但实际实施时由于缺乏资金多数以满足近期水量而建设。建设周期2～3年，工程建成后需水量也达到了近期的规模，从而导致管网偏小、水压不足等运行问题。当城市集中供水系统不能满足城市需水量的情况下，一些工业企业开采自备水源，从而导致区域地下水位持续下降、水质恶化等环境地质问题出现。许多城市由于资金问题不能专门铺设中水管网，阻碍了再生水的有效利用。另外，分质供水技术是实现水资源高效利用的有效方式，但由于经济原因在我国的绝大多数城市还难以实现。

（7）水资源的能源利用还不普及　地热能是一种天然的清洁能源，在当前空气污染日趋严重，温室效应影响日益显现的情况下，开发利用非化石清洁能源是我国乃至全世界能源利用的主方向。地热水是比较早被利用的非化石能源，用作供暖、发电、温室、大棚农业灌溉等。近年来，随着热泵技术的发展，水中所蕴藏的能源也被开发利用，并且成为当前城市节能减排的重要发展能源利用方式之一。然而，由于地热水受独特构造控制，分布区域有限，加之受循环条件，特别是补给条件的影响，可采取水量较小，而且如果长期超采，水的温度就会下降，因此目前还不能成为城市主要的能源加以利用。热泵技术是近年来发展起来的能源利用技术，还存在效益较低、运行受水温和环境温度影响大而常常不稳定的技术问题，因此，水资源的能源利用还不能普及，但它必将成为今后支撑城市清洁能源供应的主力军。

（8）水处理技术需不断进步　低质水和再生水等非常规水资源一般通过处理达标后才能使用，但限于处理技术和成本居高不下的条件，推广使用这些非常规水资源受到严重的制约，因此，开发低成本而高效的水处理技术和设备是提高水重复利用率的关键。

四、城市水资源高效利用的内容和意义

（一）城市水资源高效利用的含义

所谓城市水资源的高效利用，是指在水源和水源地的选定过程中要统筹考虑、全面规

划，正确处理与给水工程有关的各部门的关系；在水源选定及取水工程建设过程中要从技术经济两方面综合考虑，以求合理地综合利用和开发水资源；在水源利用过程中要以水量、水质和能量统一利用为原则，以全面发挥水的特性。

所谓统筹考虑，是指根据当地水资源的类型、充沛程度、分布位置，全面分析城市需水量、用水对象、用水特点的基础上，合理制定城市水资源的利用方式、地表水和地下水的比例、常规水资源和再生水的比例、低质水的利用途径等。

全面规划就是在统筹研究上述水资源供（用）水相关问题的基础上，紧密结合城市总体规划成果，制定城市水资源利用规划，解决现状和规划期内城市水资源的高效利用问题。

城市水资源利用涉及水源、供水系统、用户，还涉及这些资源和工程设施的管理部门，它们组成了一个十分复杂的技术和管理体系。科学合理地协调相互关系，才能使系统高效运行。其中水源问题是这个复杂体系中的关键，当地水资源的充沛程度直接影响整个城市的供水和用水方式。如常规水资源充沛的城市，其居民生活用水量定额就会较高，缺水的城市必然要加大再生水利用量，严重缺水城市不得不利用低质水，甚至靠区外调水解决城市水资源的供需矛盾。区外调水工程涉及更加复杂的问题，如水资源的流域平衡、行政区域水资源平衡、行政许可、生态环境影响，以及投资运营等。供水系统的合理性和普及程度决定了水资源的利用途径，管网系统的漏损率决定了供水企业的供水效率，也体现了城市水资源的利用效率。用户是实现水资源高效利用的主体，生活用水习惯、工业企业对水量和水质的需求等都会影响水资源的利用方式和效率。因此，必须科学合理地处理好与给水工程有关的各部门的关系。

综合利用和开发水资源就是要根据城市水资源的情况科学制定水资源综合利用方案，调配各种类型水资源的利用比例，不断增大水的重复利用率，以充分发挥水的利用效率。在水源选定及取水工程建设过程中要从技术经济两方面综合考虑，以保护性为前提开发水资源，实现水资源的可持续利用。总之，在水资源危机日趋严重的情况下，城市水资源高效利用的总体原则应该是综合利用优先、科学开发为重，努力做到综合利用与科学开发的统一。

城市水资源具有量、质、能的综合特性，要在水资源利用过程中综合考虑水量、水质和能量的利用，以全面发挥水的特性，为人民生活和生产服务。因此，水资源的能源利用是打破水资源利用传统理念，有效地拓展了城市水资源的基本内涵，对解决城市能源危机、改善环境、造福社会具有重要意义。

（二）城市水资源高效利用要点

城市水资源高效利用具体表现在以下几方面。

（1）城市水资源是一切可为城市生活和生产活动所用的水源，其范畴包括城市及其周围的地表水和地下水、被调来的外来水源、海水、城市雨水、生活与工业再生水、建筑中水、低质水，以及污（废）水等。城市水资源包含空间、属性和使用功能三方面的类型。从空间角度可分为本地水资源和区外水资源，从属性方面可分为地下水、地表水、城市雨水、建筑中水、低质水、再生水、污（废）水等。从满足城市集中式供水水源水量要求角度考虑，城市水资源的主要类型可归纳为地下水、地表水、低质水及再生水四种，低质水主要包括高盐度水、高硬度水、高硫酸盐水和含 H_2S 水，以及受污染的地表水和地下水。

（2）常规地表水和地下水是优先利用的水源，但在城市水危机日趋严重的情况下，城市水资源利用的基本原则是综合利用优先、科学开发为重，努力做到综合利用与科学开发的统一。要根据城市水资源充沛程度、城市水资源的类型、供水系统、用户用水对水量和水质的要求综合利用各种城市水资源，不断提高水的利用效率。

（3）地表水和地下水在利用过程中要以保护为前提。对于地表水，要通过充分论证科学地选定取水口位置，并选取合理的取水构筑物，以高效优质取到设计水量；对于地下水，要在水文地质勘察成果的基础上，科学选择水源地，精心设计取水构筑物，合理布局井群系统、优化取水设备和水井联络，以发挥每个水井的取水效率。同时，必须遵循地下水总开采量小于允许开采量的原则，防止造成地下水衰竭、水质恶化、地面塌陷、地面沉降等不良后果的产生，并要论证防止水源污染的措施。在沿海地区应注意控制过量开采地下水而引起的地下水水质恶化、海水入侵等问题，应尽可能考虑利用海水作为某些工业企业的给水水源。

（4）海水作为特殊的地表水，在淡水缺乏的沿海城市可推广使用，但要解决直接利用和间接利用中的腐蚀、除盐、结垢、海生物影响等关键问题。

（5）区外调水是解决严重缺水城市水资源危机的有效措施，但工程的实施涉及水资源、行政管理、流域平衡、生态环境等因素，而且投资成本较高，因此要充分论证、科学分析、全面规划。要协调同一河流多处取水工程的上下游水量关系；同一河流修建多个调节水库时，要注意协调水库蓄水量及供水量的关系；对于同一水库，要注意城市供水量、养鱼、发电、旅游及生态环境等方面的相互协调，解决城市或工业大量用水与农业灌溉用水的矛盾。

（6）再生水的水源是城市使用后形成的污水，占用水量的80%左右，水源稳定、水量可靠，是重要的城市第二水源。因此要不断加大再生水的应用领域，努力提高再生水的利用效率。

（7）污水和低质水均不能直接使用，处理技术水平和成本决定着其使用领域和程度。污水再生回用技术和低质水的处理技术是实现城市水资源高效利用的重要保证。微污染的地表水和地下水是潜在的城市优质供水水源，因为微污染水的处理技术已日渐成熟，但严重污染的水源利用还因处理技术和成本因素而面临挑战。

（8）城市水资源具有量、质、能的综合特性，要在水资源利用过程中综合考虑水量、水质和能量的利用，以全面发挥水的特性，实现真正的高效利用。

（9）再生水和低质水利用时可能对人体健康和生态环境产生不良影响，因此要研究这些水利用的环境健康风险，确保安全利用。

（三）城市水资源高效利用的意义

城市水资源是城市发展的重要基础，但随着社会经济发展和人口的增长，城市水资源的供需矛盾越来越突出。在利用过程中存在开发利用方式不当所导致的地下水位持续下降，甚至引发不良环境地质问题的严重后果；存在着城市水体污染严重，使本来缺乏的水资源因污染而造成水资源量的水质性减少；存在着用水种类单一，再生水利用量低，过分依赖地表水或地下水的情况，使水的重复利用率较低，加重了城市常规水资源的供给负担；一些城市缺乏科学的用水规划，供水设施滞后城市的发展，影响水的分类分质供给；由于节水意识不强，用水浪费和跑、冒、滴、漏现象十分严重；特别是水处理技术和处理成本居高不下，制约了对非常规水资源的利用。所有这些问题造成了城市水资源不能合理规划和高效利用的严重问题，从而引发城市水危机的严峻形势。

城市水资源具有自然属性和社会属性，自然属性决定了其固有的资源分布、水量、水质和能量分配的不均匀性，而这种不均匀性如果不能合理调配就无法满足城市用水需求，这就需要通过其社会属性通过科学管理实现高效利用。高效利用的科学性体现在先进的取水技术、输水技术、处理技术、配水技术和技术经济，也包括科学的管理技术。只有从水源利用的各个环节体现科学性，实现水资源的量、质、能的综合利用，自然属性通过社会属性的调节，才能从根本上实现城市水资源的高效利用，这些辩证的理论和技术方法无疑对保护城市水资源、高效利用水资源、全面综合利用水资源、促进社会的可持续发展提供强有力的保障。

参考文献

[1] 严煦世，范瑾初 . 给水工程 . 第 4 版［M］. 北京：中国建筑工业出版社，1999.

[2] 董辅祥 . 给水水源及取水工程［M］. 北京：中国建筑工业出版社，1998.

[3] 王大纯，张人权，史毅虹 . 水文地质学基础［M］. 北京：地质出版社，1980.

[4] 崔玉川 . 城市与工业节约用水手册［M］. 北京：化学工业出版社，2002.

[5] 董辅祥，董新东 . 城市与工业节约用水理论［M］. 北京：中国建筑工业出版社，2000.

[6] 赵乐军，刘琳，康福生等 . 关于现行再生水水质标准和规范执行情况的讨论［J］. 给水排水，2007，33（12）：120-124.

[7] 姜德娟，王会肖，李丽娟 . 生态环境需水量分类及计算方法综述［J］. 地理科学进展，2003，22（4）：369-378.

[8] 李广贺 . 水资源利用与保护 . 第 2 版［M］. 北京：中国建筑工业出版社，2010.

[9] GB 8537—2008. 饮用天然矿泉水［S］. 北京：中国标准出版社，2008.

[10] GB 50013—2006. 室外给水设计规范［S］. 北京：中国标准出版社，2006.

[11] CJ 3020—1993. 生活饮用水源水质标准［S］. 北京：中国标准出版社，1993.

[12] GB 5749—2006 . 生活饮用水卫生标准［S］. 北京：中国标准出版社，2006.

[13] GB 8978—1996. 污水综合排放标准［S］. 北京：中国标准出版社，1996.

[14] GB 18918—2002. 城镇污水处理厂污染物排放标准［S］. 北京：中国标准出版社，2002.

[15] GB/T 14848—1993. 地下水质量标准［S］. 北京：中国标准出版社，1993.

[16] GB 3838—2002. 地表水环境质量标准［S］. 北京：中国标准出版社，2002.

[17] GB/T 18919—2002. 城市污水再生利用　城市杂用水水质标准［S］. 北京：中国标准出版社，2002.

[18] SL 368—2006. 再生水水质标准［S］. 北京：中国标准出版社，2006.

第三章

地下水资源合理开发利用

第一节 地下水资源的分类与特征

一、地下水资源分类

地下水资源是指有使用价值的各种地下水量的总称，它属于整个地球水资源的一部分。所谓地下水具有使用价值，包括水质和水量两个方面，通常衡量地下水是否能成为有使用价值的资源，首先是看其水质是否符合利用的要求，然后再看可利用的量有多少。因此，研究地下水资源应同时考虑水质和水量。但由于地下水量的计算确定比评价水质复杂，因此考查地下水资源时，一般是指在水质符合要求的前提下的地下水量。

（一）国外地下水资源分类

国外学者为了研究地下水资源形成的基本规律和它的开采利用价值，对地下水资源进行了多方面的研究，提出了各种分类法。如 H. A. 普洛特尼科夫提出了地下水储量分类法；前苏联的宾德曼等在1973年提出了地下水储量和资源分类法；法国提出了与前苏联不同的地下水储量和资源分类法；美、日等国则提出了侧重研究地下水开采资源的分类法。

20世纪50年代，我国曾采用 H. A. 普洛特尼科夫的地下水储量分类，将地下水储量分为动储量、调节储量、静储量和开采储量四类。动储量是指单位时间流经含水层横断面的地下水体积，即地下水的天然流量；静储量是指地下水位年变动带以下含水层中储存的重力水体积；调节储量是指地下水位年变动带内重力水的体积；开采储量是指技术经济合理的取水工程能从含水层中取出的水量，并在预定开采期内不至于发生水量减少、水质恶化等不良后果。以上四种储量中前三种储量代表天然条件下含水层中地下水的储量，最后一种代表开采条件下的地下水储量。

上述分类（习惯上称为"四分法"）反映了地下水量在天然状态下的客观规律，在我国地下水资源评价中曾起过一定的作用。但这种分类法存在如下缺点，主要是：①此种分类不适用于松散沉积物中的深层承压水；②分类没有说明水量计算必须按一定的单元进行，因此当按地下含水系统评价时结果较为满意，不考虑全系统而仅就水源地分别计算，往往与实际资源量形成很大误差；③四类储量相互重叠，不易区分，应用时不易掌握；④储量没有明确地下水开发之后补给和排泄条件的变化对补给量的影响。

（二）我国地下水资源分类

在总结"四分法"应用经验教训的基础上，从地下水资源的基本特性出发，我国《供水水文地质勘察规范》（TJ27—78）中将地下水资源分为补给量、储存量和允许开采量（或称可开采量），此种分类法习惯上称为"三分法"，此分类法目前已得到广泛的使用。地下水资源量分类关系见图 3-1。

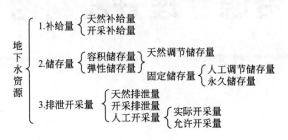

图 3-1　地下水资源量分类关系

1. 补给量

补给量是指天然状态下或开采条件下，单位时间从各种途径进入单元含水层的水量。包括降水入渗量、地表水渗入量、地下水侧向流入和垂向越流，以及各种人工补给量等。地下水补给量可分为天然补给量和开采补给量（或称补给增量）。实际上许多地区的地下水都已有不同程度的开采，纯天然状态已不复存在，因此所谓天然补给量实际上是现实状态下的补给量。开采补给量是指由于在地下水开采过程中改变了地下水的水文地质条件，从而获得的大于天然补给量的那部分补给量。常见的开采补给量来源于以下几种情况。

（1）来自地表水的补给增量　在靠近地表水体开采地下水时，由于地下水位下降，水力坡度增大，降落漏斗扩展到地表水体时，可使原来补给地下水的地表水补给量增大，或使原来不能补给地下水甚至排泄地下水的地表水体补给主含水层。

（2）来自降水入渗的补给增量　由于开采地下水形成降落漏斗，使漏斗范围内储水空间增大，可接受较大的降水入渗补给量。开采强度较大时，由于地下水分水岭向外扩展，增加了降水入渗补给面积，使原来属于相邻均衡地段或水文地质单元的一部分降水入渗补给量变为本采区的补给量。

（3）来自相邻含水层越流补给增量　由于地下水开采，主含水层的水位降低，与相邻含水层的水位差增大，可使越流量增加，或者使原来向相邻含水层越流排泄转为相邻含水层向主含水层越流补给。

（4）来自相邻地段含水层增加的侧向补给量　由于降落漏斗的扩展夺取原本属于另一均衡段或水文地质单元的地下水量。这部分补给量要慎重考虑，因为本采区袭夺的补给量过大时会影响到已建水源地的正常开采。

（5）来自人工增加的补给量　由于地下水开采，水位差会增大，各种人工用水的回渗量增加而获得的补给量。

需要注意的是，补给增量的大小不仅与水源地所处的自然环境有关，同时与取水构筑物的类型、结构和开采方案和开采强度有关。当开采条件有利、开采方案合理、开采强度较大时，补给增量可远远大于天补给量。但是，开采时的补给增量不是无限制的，在多数情况下，它实际上是夺取了主含水层以外的或其他均衡区、水文地质单元的地下水量。从区域总水资源的观点看，本水源地的无限制地开采会对其他地区水资源产生不良的影响。因此，在计算补给增量时应全面考虑，合理袭夺补给增量，不能盲目无限制地扩大水源的开采。

2. 储存量

储存量是指储存在单元含水层中的重力水体积。根据含水层埋藏条件不同，又可分为容积储存量、弹性储存量，容积储存量又有天然调节储存量和固定储存量之分。

（1）容积储存量 是指在大气压下，含水层空隙中容纳的重力水体积。对于潜水含水层的储存量，只计算容积储存量。

（2）弹性储存量 是指在压力降低到大气压时承压含水层中能够释放出来的重力水体积。对于一个承压含水层，除了容积储存量以外，还有弹性储存量。

（3）天然调节储存量 是指在一个地下水补给周期中，含水层中最高与最低水位之间的容积储存量。天然调节储存量是地下径流的一部分，这是因为在地下水枯水期受天然排泄消耗时天然调节储存量即转化为地下水径流量而被天然排泄，而在丰水期水位上升，可使枯水期被排泄的水量得到补充。此外，当地下水开采量远超过天然补给量时，天然调节储存量将被视为人工调节储存量被开发利用。

（4）固定储存量 是指在一个地下水补给周期中最低水位以下含水层中的容积储存量。还可进一步分为人工调节储存量和永久储存量。所谓人工调节储存量是指在地下水周期补给的条件下，采取人工的方法，暂时支出的固定储存量（也称为暂时储存量），但这部分固定储存量在地下水丰水期或采用人工回灌地下水时，地下水接受大量的补给而可得到补充偿还；所谓永久储存量是指采用经济合理的取水构筑物也无法获得的容积储存量，或者是虽然通过经济合理的取水构筑物能够获得这部分容积储存量，但在整个开采期内地下水的动态（水质和水量）发生恶化和其他危害。

由于地下水的水位常常是随时间而变化的，因而也使地下水储存量随时而异，反映了地下水补给与排泄的不均衡性。在补给时期，地下水的补给量大于排泄量，多余的水便在含水层中储存起来。在非补给季节，地下水的消耗量大于补给量，则减少含水层中的储存量来满足地下水的排泄。可见，地下水的储存量在地下水的运动和在地下水开采过程中起着调节作用。在天然条件下，地下水的储存量呈周期性的变化，多表现为年周期，同时还有不同长短的多年周期。在开采条件下，如果开采量小于补给量，储存量仍能呈现周期性的变化；当开采量超过补给量时，由储存量来补偿这部分超过的开采量，因此储存量会出现逐年减少的趋势性变化。

3. 排泄开采量

排泄开采量是指地下水从补给区到排泄区范围内的排泄总量，分为天然排泄量、开采排泄量和人工开采量。天然排泄量是指以天然方式从含水层中消耗的水量。开采排泄量是指开采状态下含水层的排泄量。人工开采量包括实际开采量和允许开采量两种情况。

（1）实际开采量 是指没有考虑后果的前提下，通过一定的取水构筑物从含水层中实际开采出的地下水量。

（2）允许开采量 是指通过技术经济合理的取水构筑物，在整个开采期内出水量不会减少、动水位不超过设计要求、地下水的水质和水温变化在允许范围内、不影响已建水源地的正常开采、不发生危害性的工程地质现象的前提下，单位时间内从水文地质单元或取水地段开采含水层中可以取得的水量。

允许开采量的大小是由地下水的补给量和储存量的大小决定的，同时还受技术经济条件的限制。地下水在人工开采以前，由于天然的补给排泄，形成一个不稳定的天然流场。丰水期补给量大于消耗量，含水层内储存量增加，水位抬高，流速增大；丰水期过后，消耗量大于补给量，储存量减少，水位下降，流速减小。补给与消耗不平衡的发展过程具有一定的周期性（年周期和多年周期），从一个周期的时间来看，这段时间的总补给量和总消耗量是接近相等的。如果不相等，含水层中的水就会逐渐疏干，或者水会储满而溢出地表形成泉水和沼泽。所以在天然条件下地下水的补给和消耗总是处在动态平衡状态。

人工开采地下水时，增加了地下水的排泄点和排泄量，从而改变了地下水的天然排泄条件，使地下水运动也发生变化，即在天然流场上又叠加了一个人工流场。人工开采破坏了补给与消耗之间的天然动态平衡，但随之一种开采状态的动态平衡被建立起来。在开采最初阶段，由于增加了一个人工开采量，地下水的储存量会减少而保持人工开采量，随之开采地段的地下水位下降，形成一个降落漏斗。随着降落漏斗扩大，流场发生了显著变化，则使天然排泄量减少，补给量增加，即获得了补给增量。在开采状态下地下水资源量与水位之间的关系可以用下面的水均衡方程式表示：

$$(Q_{补}+\Delta Q_{补})-(Q_{排}-\Delta Q_{排})-Q_{开}=-\mu F\frac{\Delta h}{\Delta t} \tag{3-1}$$

式中　$Q_{补}$——开采前的天然补给量，m^3/d；

　　$\Delta Q_{补}$——开采时的补给增量，m^3/d；

　　$Q_{排}$——开采前的天然排泄量，m^3/d；

　　$\Delta Q_{排}$——开采时的天然排泄量的减少量，m^3/d；

　　$Q_{开}$——人工开采量，m^3/d；

　　μ——含水层的给水度；

　　F——开采时引起水位下降区域的面积，m^2；

　　Δt——开采的时间，d；

　　Δh——在 Δt 时间段内开采影响范围内的平均水位降，m。

由于开采前的天然补给量与天然排泄量在一个周期内近似相等，即 $Q_{补}\approx Q_{排}$，所以式（3-1）可简化为：

$$Q_{开}=\Delta Q_{补}+\Delta Q_{排}+\mu F\frac{\Delta h}{\Delta t} \tag{3-2}$$

此方程表明开采量实质上是由三部分组成的，即：

① 增加的补给量（$\Delta Q_{补}$），也就是开采时夺取的额外补给量。

② 减少的天然排泄量（$\Delta Q_{排}$），例如由于开采以后水位下降而蒸发消耗减小，泉流量减少甚至消失，侧向流出量的减少等。这部分量实质上就是由取水构筑物截获的天然补给量，它的最大极限等于天然排泄量，接近于天然补给量。

③ 可动用的储存量 $\left(\mu F\dfrac{\Delta h}{\Delta t}\right)$，是含水层中永久储存量所提供的一部分。

确定地下水的允许开采量时要特别注意以下原则：

① 允许开采量中补给增量部分只能合理地夺取，不能影响已建水源地的正常开采和已经开采含水层的水量。

② 允许开采量中减少的天然排泄量部分应尽可能地截取，但也应考虑已经被利用的天然排泄量。例如天然排泄量中的泉水如果已被利用，就不允许由于增加开采后泉的流量减小甚至枯竭。

③ 截取天然补给量的多少与取水构筑物的种类、布置地点、布置方案及开采强度有关。如果开采方案不良，只能截取部分天然补给量，因此应选择最佳开采方案，才能最大限度地截取天然补给量。开采中截取量的最大极限就是天然补给量，所以计算允许开采量时，只要天然排泄量尚未加以利用，就可以用天然补给量或天然排泄量作为开采截取量的部分。

④ 对于消耗型水源地，允许开采量中可动用的储存量应慎重确定。首先要看永久储存量是否足够大，再看现时的技术设备所及的最大允许降深，然后算出从天然低水位至允许最大降深动水位这段含本层中的储存量，按设计开采期平均分配到每年的开采量中，作为允许开采量的一部分。

（三）地下水资源之间的关系

地下水各种资源量之间相互关联，并且是不断转化、交替的。永久储存量是指储存水的那部分空间始终含有水，而并不是说那部分水本身永久储存不变，它仍然可转化为排泄量而流走，再由补给的水补充。只有极少数在特殊条件下形成的地下水（如处于封闭构造下的沉积水）才得不到补给量。

大多数自然条件下的地下水都是补给量转化为储存量，储存量又转化为排泄量，处在不断的水交替过程中。在开采条件下，开采水都是由储存量中转化而来的，由于储存量的减少可以夺取更多的补给量来补充，同时又截取了部分天然补给量，减少了天然排泄量。

地下水资源量之间的转化关系为：

$$Q_{天补} - Q_{天排} = \pm \Delta Q_{储} \tag{3-3}$$

若在均衡期内 $\Delta Q_{储} \to 0$，则 $Q_{天补} \approx Q_{天排}$；

在开采状态下：

$$Q_{实开} = \Delta Q_{补} + \Delta Q_{排} + \Delta Q_{储} \tag{3-4}$$

$$Q_{允开} = \Delta Q'_{补} + \Delta Q_{排} + \Delta Q'_{储} \tag{3-5}$$

或

$$Q_{允开} = \Delta Q'_{补} + \Delta Q'_{天补} + \Delta Q'_{储} \tag{3-6}$$

式中
$Q_{天补}$——天然补给量，m^3/d；

$\quad Q_{天排}$——天然排泄量，m^3/d；

$\quad \Delta Q_{储}$——储存变化量，m^3/d；

$\quad Q_{实开}$——实际开采量，m^3/d；

$\quad Q_{允开}$——允许开采量，m^3/d；

$\quad \Delta Q_{补}$——补给增量或开采夺取量，m^3/d；

$\quad \Delta Q'_{补}$——合理的开采夺取量，m^3/d；

$\quad \Delta Q_{排}$——由于开采而减少的天然排泄量，m^3/d；

$\quad \Delta Q'_{储}$——可以动用的储存量，m^3/d；

$\quad Q'_{天补}$——由于开采截取的天然补给量，以 $Q_{天补}$ 为极限，m^3/d。

二、地下水资源特征

分析地下水资源的特征，对于精准把握地下水资源评价原则，合理评价地下水资源，准确计算地下水允许开采量，科学合理地利用地下水资源具有重要意义。根据地下水资源的属性、储存、运移、动态特征等，可得出地下水资源具有如下主要特征。

（1）可宝贵性　绝大部分地下水尤其是浅层地下水均来源于大气降水。大气降水的溶解性总固体很低，一般只有几十毫克/升，在向含水层向下入渗过程中，与周围岩土接触，通过溶滤作用等一系列复杂的物理化学作用，可以使岩土中一些组分转移到水中，而这些组分多半是对人体有益的，从而可使水的溶解性总固体逐渐增加到零点几克/升到 1g/L 左右，有的甚至超过 1g/L。

另外，大气降水和地表水在向地下水渗入的过程中，或在含水层中运动过程中，水中的一些悬浮杂质与细菌可以得到过滤，可达到自然净化。地下水不像地表水那样容易受到污染，而且水温比较恒定，因此，更适合于作为生活饮用和工业用水水源。地下水的分布要比地表水广泛得多，在水文网稀疏不利于设计，甚至地表水资源欠缺的地方，地下含水层的存在往往能弥补地表水之不足。

除了空间分布上的调节作用以外，地下水在供水时间上也有很好的调节作用。一般地说，除有些岩溶和宽大裂隙含水岩组外，水在含水层中运移相当缓慢，接受补给后，以很小的速度运移到排泄区排出，所以在含水层中储留的时间长，有些泉甚至能够长年保持一定的流量，从而延长了供水时间。相比而言，地表水流动快，调节性差，多数河流为季节性河流，只有那些以地下水作为其枯水期补给源的河流才能常年流水，所以必须依靠工程调节设施才能保证持续供水。地下含水层在时间上对水量进行调节，实际上起了地下水库的作用，这对供水是很有利的。这种空间和时间上的调节作用，对缺少降水的干旱地区供水尤为重要。

（2）系统性　地下水在一定的地质、水文地质条件控制下，形成水文地质单元。一个独立的水文地质单元具有共同的补给、径流和排泄方式，具有密切的水力联系，从而形成地下水含水系统，表现出了输入、运移、调节、输出等典型的系统性。

岩溶水的系统性表现得较为典型。在地下水系统的流域范围，即岩溶大泉或泉群的补给范围内都有统一的补给与排泄条件。排泄区岩溶水一般都在地形急剧变化的部位以大泉或泉群的形式排出。由泉口顺水流溯源而上，可以是一条或几条集中的地下脉状相连的通道，有的一直能通向地表。这些区域形成岩溶含水系统的补给、径流区。有时地下通道和地表河流连接，地表水流成为断头河潜入地下，河流的流域也就成为地下水系统流域的一部分。

裂隙水系统大体可分两类：一类是沿断层破碎带发育的带状含水体；另一类是区域性裂隙构成的层状含水体。裂隙水系统的给水能力在很大程度上取决于构造条件，除断层破碎带富水性地段在导水断层及其次级断层附近外，通常多为向斜盆地，单斜断块盆地，或者是被其他弱透水地层掩阻的自流斜地等。

孔隙水的含水系统一般缺乏集中的排泄点，而且含水系统的边界也不容易确定，但是它同样也是按含水系统发育的，因为各种成因类型的沉积物都有其特定的结构，根据沉积条件在一定范围内发育。这个范围有时构成一个单独的含水系统，但更常见的则是不同成因类型沉积物互相衔接，交替发育，但具有统一的补给、径流和排泄方式，从而构成统一的含水系统。

地下水资源的系统性除地下水含水系统本身外，由于含水系统的补给、径流与排泄过程中都要与外界发生水力联系，如大气降水入渗补给的含水系统，其储存量、排泄量以及允许开采量与降水量、降水频率以及入渗条件等密切相关。这种系统性增加了含水系统的复杂性。

既然地下水是按一定的含水系统发育，而同一含水系统的水是一个整体，那么地下水资源评价也应按整个含水系统，即以完整的水文地质单元来进行。同时，由于地下水含水系统与外界环境密切关联，因此在对整个含水系统进行资源评价时，一定要用系统理论的观点去分析研究。

（3）流动性　地下水在含水层中流动的方向是从补给区至排泄区，但其径流过程却并不是按直线方向，有些含水层是裂隙，水的流动沿着裂隙发育的方向进行；交替发育的松散含水层局部存在隔水层或者隔水边界时水流便会受阻而改变方向；断层存在的裂隙岩溶水可能受到断层的导水沿着断裂带流动，阻水断层则可将水的流动局部阻隔。

地下水的流动性使得它不仅可以在补给区开采，也可以在径流区或排泄区开采。由于人工开采地下水资源后，其补给条件和边界条件可能发生变化，使地下水流动状态也发生改变，形成新的动态平衡系统。所以，地下水的天然流量，也不能完全反映地下水资源可被开采利用的数量。当采取合理的开采方案和取水构筑物后，地下水允许开采量可大大超过其天然径流量。

地下水的流动速度决定于补给区至排泄区的水位差和径流路径，还与含水层的空隙、结构、边界条件等密切相关，因此通常以地下水的水力坡度和含水层的渗透系数表征其流动速度。

由于地下水的流动性，才使地下水资源实现补给量、储存量、排泄开采量的转化，才能取得激发补给量，从而获得区外的额外补给，得到最大允许开采量，有利于持续取水。

（4）储存和调蓄性　含水介质是地下水的储存空间，地下水储存运移于含水介质的空隙中。在参与自然界水循环的过程中，受补给与排泄的动态平衡的控制，含水介质不仅为这种动态过程提供了场所，而且通过地下水储存量的变化维持补排的动态平衡过程。

地下水资源的储存容量与含水系统的空间规模、含水层空隙类型及空隙发育程度等因素有关。地下水的调蓄能力直接受其储存量的影响。因此如果储存容量大，在补给期，尤其是丰水期就能大量地储存水，可在枯水期正常供水开采。反之，若储存容量小，则调蓄功能就弱，枯水期它所能提供的水量必定随季节和年份有较大的波动，甚至地下水位下降幅度增大，井群的降落漏斗不断扩大，此时地下水含水层不能提供正常的设计开采量。

地下水储水空间巨大、流动缓慢的特性使得地下水资源具有较强的调蓄性。如山西临汾龙子祠泉，泉水流量出现高峰比雨季滞后半年；又如娘子关泉，当年的泉水流量和前7年的降雨量有关；一些地区浅部裂隙泉水，流量变化与前2～3年的降雨量有关。地下水资源的这一特征，可以保证常年连续供水。在枯水期，当供水量较大时，可以采用合理的开采方案，使地下水的开采量大于补给量，腾出地下库容；在丰水期，除维持正常供水开采量外，含水层水量还能得以补充。当然，这种"以丰补歉"型的开采模式要在充分论证地下水资源动态平衡的前提下进行，否则容易出现资源不足，地下水位持续下降的严重后果。

（5）可恢复性　地下水含水系统具有一定的储水能力，地下水在参与自然界水循环的过程中，其质与量都经常同外界进行着相互间的交替，因此，地下水资源可以通过大气降水入渗，地表水入渗，或从相邻含水系统的流入等途径不断地得到补给和更新，在合理开采的条件下，地下水资源可以得到恢复。

地下水的补给绝大部分来自大气降水，由于大气降水在时间分配上不连续，在空间分布上不均匀，在入渗过程中，又受到地形、植被、表土覆盖，以及包气带岩层的透水性等诸因素的影响，使不同地区和不同时间内地下水获得的补给量相差极大。在地表水补给的情况下，地下水的补给量则受到地表水体规模大小、稳定性和互通条件等因素控制。因此，在一定的条件下，地下水资源从外界只能获得有限的补给。所以，所谓地下水资源的可恢复性绝不是无限的。它一方面取决于补给量的多少；另一方面还决定于含水介质本身的性质，如降水或地表入渗系数、含水层的孔隙性等。如果开采期内不合理开采造成严重的地面沉降，说明含水介质骨架已被压密，尽管丰水期补给量很多，但地下没有足够的储水空间，这时含水层也不能有效地得到恢复。

（6）储能性　地下水来源于降水入渗和地下水入渗补给，由于水具有较高的热焓，大气降水和地表水受太阳辐射影响储存了热量，随着入渗将热能带入地下含水层中。含水岩组由松散岩石组成，热传导性较差，使得含水岩组具有隔热保温的作用，可将水中热能储存于地下水中。

对于循环于侵入岩体、断层等地下热源附近的地下水，受地下高温热源的传热，将地下热源储存于地下水中，这便形成地下热水。

目前，以上两种热源均被利用，前者通过地源热泵和水源热泵系统应用于城市供热和制冷，后者通过地热井开采，利用于发电、供热、蔬菜大棚等，成为清洁的新能源应用典范。

（7）水质稳定性　地下水储存和运移于地下含水层中，与地表相对隔绝，因此与地表水相比，不与污染物直接接触，具有不易污染的特点。尽管地下水与大气降水具有补给联系，但其入渗一般通过包气带，一些污染成分通过被吸附而降低浓度，甚至去除，而含水层之上还有隔水层存在，因而污染物较难进入含水层而污染地下水。对于地表水补给地下水的情况，主要通过含水层的自净作用降低地下水被污染的概率。

此外，地下水的化学成分与水的循环、地质环境密切相关，天然状态下不同成因的地下水具有相对稳定的含量比值，反过来也可通过这种比值判断地下水的成因。

总之，一方面地下水具有天然防护功能而不易被污染；另一方面，地下水具有与其成因相关的化学成分，因此，地下水具有良好的水质稳定性。

（8）复杂性　地下水资源储存于地下，其资源形成过程与分布情况无法直接从地面观察到，只能通过地下水露头点和勘探揭露才能以点的形式观察到，要了解整体的分布情况，必须靠每点上的数据分析、推断来确定，有的必须依靠长期观测的资料加以分析判断。然而，由于技术、设备和资金所限，这些露头点的调查和勘探孔数量十分有限，勘探精度往往达不到全面了解地下水的分布特征。以降水入渗补给地下水为例，这一过程是看不见的，只能根据泉流量的变化，井及钻孔等水位的变化等综合判断这一过程。由于影响降水入渗的因素很多，因此入渗补给量往往不容易作出精确的判定。但是，因为影响降水入渗的各种气象和水文要素虽然每年有所变化，可是从长期来看，任何地区都可以得出代表其平均状态的多年平均值，利用这种规律，通过长期不间断的观测，仍能取得基本符合实际情况的数据，但这一工作所消耗的时间和资金相当大。

地下水资源的形成过程和储存运移也非常复杂，因而增加了勘查工作的复杂性。还以降水入渗为例，地下水接受的渗入补给不仅取决于降水本身的性质，而且与地质结构、含水系统的储蓄能力，以及人工开采等因素有关，因此要准确查明地下水资源的形成及其时空变化规律是极为困难的。通常为了查明水在含水层中运移的情况，首先应判定其运移方向，其次测定其渗透速度或实际流速，以及渗透断面，通过这些数据表征含水系统某一区段的导水性质，试图计算渗流的水量。这些工作比在地表水流中直接测定流速及流量要复杂得多。当含水系统被开采时，等于增加了新的排泄点，这一人为增加的排泄量，破坏了含水系统原有的均衡状态，在补排量与储存量的关系控制下，建立新的均衡。这一过程比天然状态下的过程复杂程度大大提高。

此外，从地下水水质来看，由于地下水从补给区至排泄区的运动过程中，地下水所处的环境（如酸碱环境、氧化还原环境等）会发生变化，地下水中原有的化学成分，以及与含水介质发生交替后的化学成分之间会发生一系列的物理化学作用，从而导致地下水化学成分的复杂性。

第二节　地下水资源评价

一、地下水资源量的计算

不同分类的地下水资源量有多种，具有评价意义的地下水资源量主要有地下水补给量、储存量和允许开采量，下面分别介绍其计算方法。

（一）补给量的计算

地下水的补给量包括天然补给量和开采条件下的补给增量。

1. 地下径流量的计算

无论在天然或开采条件下，进入含水层的地下径流量，可按式（3-7）计算：

$$Q_j = KIBH \tag{3-7}$$

式中　Q_j——地下径流量，在含水层厚度较小和地下水位变化较大的地区，宜分别计算枯、丰水期的地下径流量，m^3/d；

　　K——渗透系数，一般采用抽水试验资料确定，当剖面上岩性变化不大时，取平均值，岩性相差较大时，取厚度的加权平均值；缺乏实际试验资料量时，可参考表 3-1 取经验数值，但要充分考虑到勘察阶段对水文地质参数的要求，m/d；

　　B——计算断面宽度，计算断面一般应选择在强烈渗透地段的下游、地下水的排泄带、径流畅通地段或抽水时地下水汇集的范围内；当断面宽度有限时，一般应包括全部断面，当宽度很大而需水量不大时，可选择其中有代表性的地段，m；

　　H——对于潜水为潜水位标高，应取勘察期间年最低水位以下的平均厚度；对于承压水为含水层厚度；对于层间水，应取勘察期间年均水位以下的平均厚度，m；

　　I——水力坡度，采用补给边界处垂直于计算断面的水力坡度，一般应由地下水等水位线图确定。

表 3-1　渗透系数 K 经验数值

岩性	渗透系数 $K/(m/d)$	岩性	渗透系数 $K/(m/d)$
黏土	0.001	中细砂	17
亚黏土	0.02	中砂	20
亚砂、亚黏土	0.1	中粗砂	22
亚砂土	0.2	粗砂	20～30
粉砂	2～3	砂砾石	45～50
粉细砂	5～8	砂卵石	＞100
细砂	6～8		

2. 大气降水入渗补给量

大气降水入渗补给是地下水最基本的补给来源。常采用以下几种计算方法。

（1）降水入渗系数法　计算公式为：

$$Q_s = F\alpha P/365000 \tag{3-8}$$

式中　Q_s——降水入渗补给量，m^3/d；

　　F——降水入渗补给的面积，m^2；

　　α——年平均降水入渗系数，降雨入渗系数受包气带岩性、地下水埋深和降雨量影响；

　　P——多年平均降水量或设计保证率下的年降水量，当雨量观测点分布均匀时，可采用算术平均值；分布不均匀时，必须取加权平均值，mm。

（2）水位动态法　地下径流条件差，降水入渗补给为主的潜水分布区，入渗补给量在潜水中的积聚后表现为水位上升，这时可按勘察年间的动态资料，按式（3-9）计算降水入渗补给量：

$$Q_s = \mu F \sum \Delta h / 365 \tag{3-9}$$

式中　Q_s——降水入渗补给量，m^3/d；

　　　μ——给水度，可由长期观测资料、抽水试验资料、室内试验确定。无试验资料时，可参照表 3-2 选定；

　　　F——接受降水入渗的面积，m^2；

　$\sum \Delta h$——一年内，每次降水引起地下水位升幅之总和，m。

表 3-2　不同岩性给水度 μ 值

岩性	给水度 μ	岩性	给水度 μ
黏土	0.02~0.035	粉细砂	0.07~0.10
亚黏土	0.03~0.045	细砂	0.08~0.11
亚砂土	0.035~0.06	中细砂	0.085~0.12
黄土	0.025~0.05	中砂	0.09~0.13
黄土状亚黏土	0.02~0.05	中粗砂	0.10~0.15
黄土状亚砂土	0.03~0.06	粗砂	0.11~0.15
粉砂	0.06~0.08	砂卵砾石	0.13~0.20

（3）均衡法　地下径流条件良好的潜水分布区，水位升幅是地下水流入量和降水入渗量的综合反映，这时可按均衡关系计算入渗量。

在水源地内选一个代表性地段，沿潜水流向布三个观测孔，取相邻两孔中间断面之间地段为均衡段。在均衡段内，任何时段的水量均衡关系应满足式（3-10）：

$$\mu F \Delta h / \Delta t = Q_1 - Q_2 + Q_s \tag{3-10}$$

式中　Q_1——均衡段的流入量，m^3/d；

　　　Q_2——均衡段的流出量，m^3/d；

　　　Q_s——均衡段的入渗量，m^3/d。

$$Q_1 = KB(h_1^2 - h_2^2)/(2l_1) \tag{3-11}$$

$$Q_2 = KB(h_2^2 - h_3^2)/(2l_2) \tag{3-12}$$

把各项代入均衡式中，整理得

$$Q_s = \frac{1}{2}\mu B(l_1 + l_2)\frac{\Delta h}{\Delta t} - \frac{1}{2}KB\left(\frac{h_1^2 - h_2^2}{l_1} - \frac{h_2^2 - h_3^2}{l_2}\right) \tag{3-13}$$

式中　　　μ——给水度；

h_1、h_2、h_3——上、中、下游观测孔同一时间的潜水水位标高，m；

　　　Δt——计算时段的时间间隔，d；

　　　Δh——Δt 时段的地下水位升幅，m；

　l_1、l_2——上游至中游、中游至下游观测孔距离，m；

　　　B——计算断面宽度，m。

应用该式时，如果计算面积大，各项数据有明显差异时，将各区计算结果总和相加。

3. 地表水体入渗补给量

在开采与地表水体有密切水力联系的含水层时，除地表水体天然入渗量外，更应考虑在开采条件下，促使大量地表水体转化为地下水所增加的补给量。如果以地表水入渗补给为主，则应以开采条件下，地表水体入渗补给量作为论证开采量保证程度的主要依据。根据地表水体的特征及开采井与地表水体的关系，其入渗补给量采用以下方法计算。

（1）河流断面流量差法　对于常年性河流，选择上、下游两个断面，两断面之间的河流入渗量可利用式（3-14）计算：

$$Q_h = Q_1 \pm Q_2 - Q_3 + Q_4 - Q_5 - Q_6 \tag{3-14}$$

式中　Q_h——河水入渗补给量，m^3/d；

Q_1——河流上游断面流量，m^3/d；

Q_2——支流流入或流出量，m^3/d；

Q_3——从河流抽取的水量，m^3/d；

Q_4——向河流内排放的水量，m^3/d；

Q_5——河水面蒸发量，m^3/d；

Q_6——河流下游断面流量，m^3/d。

（2）稳定平面流法　在河水水位随季节变化不大时，把河水年平均水位作为原始水位，把开采区的动水位看成是明渠的水位。可按稳定的平面流公式近似计算河水的入渗量。

$$Q_h = BK \frac{H_2 - h}{l_2} \times \frac{H_2 + h}{2} = BK \frac{H_2^2 - h^2}{2l_2} \tag{3-15}$$

式中　Q_h——河水入渗量，m^3/d；

B——河水对供水井群的补给宽度，m；

K——渗透系数，m/d；

H_2——河水水位至含水层底板高度，m；

h——供水井群动水位高度，m；

l_2——井群至河水边直线距离，m。

（3）分段累积法　当河水水位随季节变化较大时，要考虑水位变化历程对入渗量的影响，将一年的河水位概划为若干阶段，定出每一阶段的水位和经历时间，再按式（3-16）计算入渗量。

$$Q_h = \frac{KF_c}{\pi^2 a}[(H_1^2 - H_0^2)T(\tau_1) + (H_2^2 - H_1^2)T(\tau_2) + \cdots + (H_n^2 - H_{n-1}^2)T(\tau_n)] \tag{3-16}$$

式中　　　　Q_h——河水对地下水的入渗补给量，m^3/a；

F_c——河水入渗面积，m^2；

a——压力传导系数，m^2/d；

K——渗透系数，m/d；

H_0——枯水期末 t_0 时的含水层厚度，m；

H_1，H_2，$\cdots$，H_n——自含水层从隔水层底板算起的不同时间 t_1、t_2、$\cdots$、t_n 的河水位，m；

$T(\tau)$——同概率积分有关的函数，可按表3-3查得。其中 $\tau = a(t - t_0)/l^2$，$t - t_0$ 为计算时段，d，l 为河水入渗的平均宽度，m。

表3-3　$T(\tau)$-τ 关系

τ	0.01	0.03	0.1	0.2	0.5	1.0
$T(\tau)$	0.534	0.934	1.72	2.54	3.72	4.54

（4）水量均衡法　在湖泊、水库、水塘等地表水体分布地区，地表水体的入渗补给量可根据大气降水量、地表水汇流量、水面蒸发量和水体增减的平衡关系按式（3-17）计算：

$$Q_h = xW/365 \pm \Delta Q - E \pm \Delta V/365 \tag{3-17}$$

式中　Q_h——湖泊、水库等闭合水体的入渗补给量，m^3/d；

x ——年平均降水量，m；

W ——水体的分布面积，m^2；

ΔQ ——水体的流入量与流出量之差，纯闭合型水体流出量为零，m^3/d；

E ——水面蒸发量，m^3/d；

ΔV ——水体容积的年变化量，m^3/d。

（5）单位长度入渗量法　对于渠道，水面相对较窄，水面蒸发量可忽略不计，可选择一段比较平直的、具有代表性的渠道，选择其中两个断面测量流量，上、下两断面的流量之差即为该渠道的入渗补给量，可用式（3-18）计算：

$$Q_h = ql = K(B + Ch_0) \tag{3-18}$$

式中　Q_h ——渠道的入渗补给量，m^3/d；

K ——渠道的渗透系数，m/d；

B ——渠道的水面宽度，m；

h_0 ——渠道内水深，m；

C ——与渠道边坡坡度 m、B/h_0 有关的系数；

q ——渠道单位长度入渗量，$m^3/(d \cdot m)$。

4. 灌溉水入渗补给量

地表水和地下水灌溉田地后入渗补给地下水形成灌溉水入渗补给量，也称为田间回归量。主要由地下水位升幅法和灌溉定额法计算。

（1）地下水位升幅法　地下水位升幅法是基于田间灌溉后引起地下水位升高数据计算入渗补给量，计算公式为：

$$Q_g = \frac{\mu \Delta h A}{365} \tag{3-19}$$

式中　Q_g ——灌溉水入渗补给量，m^3/d；

μ ——给水度；

Δh ——灌溉引起的地下水位升幅，m；

A ——灌溉面积，m^2。

（2）灌溉定额法　灌溉定额法是根据不同作物的灌溉定额用水量与入渗率的乘积计算入渗补给量。计算公式为：

$$Q_g = \frac{amA}{365} \tag{3-20}$$

式中　Q_g ——灌溉水入渗补给量，m^3/d；

a ——入渗率，无量纲；

A ——灌溉面积，m^2；

m ——灌溉定额，m。

显然，不同的作物有不同的灌溉用水量定额，不同的土壤也具有不同的入渗率，因此具体计算时应仔细调查分析，分区计算，然后再合计灌溉总面积内的田间回归量。

5. 相邻含水层垂向越流补给量

相邻含水层的垂向越流补给量，通常可分为天然状态下和开采状态下的垂向越流补给量。对于开采量评价而言，开采状态下的垂向越流补给量随开采降深的加深及下降漏斗的扩大而增加，在有的地区是不可忽视的补给量。相邻含水层垂向越流补给量，可按式（3-21）计算：

$$Q_y = K_u F_u \frac{H_u - h}{M_u} + K_e F_e \frac{H_e - h}{M_e}$$ (3-21)

式中　　Q_y——相邻含水层垂向越流补给量，m^3/d；

K_u、K_e——开采层上、下部弱透水层垂直渗透系数，m/d；

M_u、M_e——开采层上、下部弱透水层的厚度，m；

F_u、F_e——开采层上、下部越流面积，m^2；

H_u、H_e——与开采层相邻上、下含水层水位，m；

h——开采层的水位或开采漏斗的平均水位，m。

应用式（3-21）计算时，要首先分析越流的产生过程，当只有主含水层之上的含水层越流时，只考虑式（3-21）的前部分；当只有主含水层之下的含水层越流时，只考虑式（3-21）的后部分；当主含水层上下均有越流时，应用式（3-21）计算总的越流量。

6. 综合补给量的计算

在水文地质条件复杂的地区，若分别确定各项补给量有困难时，可根据计算地段的均衡方程，利用地下水的排泄量和开采区含水层中储存量年差资料计算综合补给量。可按下列关系式计算：

$$Q_{zb} = E + Q_y + Q_j + Q_k \pm \Delta V / 365$$ (3-22)

式中　　Q_{zb}——开采区含水层接受的日平均补给量，m^3/d；

E——开采区日平均地下水蒸发量，m^3/d；

Q_y——开采区地下水日平均溢出量，m^3/d；

Q_j——流出区外的日平均径流量，m^3/d；

Q_k——开采区含水层日平均开采量，m^3/d；

ΔV——开采区连续两年同一天含水层中地下水储存量年差（当年储存量大于上年者取正值，反之取负值）。

（二）储存量的计算

储存量包括容积储存量和弹性储存量。潜水含水层及承压含水层要计算容积储存量，承压含水层还要单独计算弹性储存量。若有两个以上不同岩性的含水层或含水层在水平方向和垂直方向岩性变化较大时，应分层或分区进行计算。计算范围应与勘察范围或含水层分布范围一致，计算深度不低于勘探深度。

1. 容积储存量

可用式（3-23）计算：

$$W = \mu V$$ (3-23)

式中　　W——地下水的储存量，m^3；

μ——含水岩石的给水度（小数或百分数）；

V——潜水单元含水层的体积，m^3。

2. 弹性储存量

可按式（3-24）计算：

$$W_弹 = \mu^* F h$$ (3-24)

式中　　$W_弹$——承压水的弹性储存量，m^3；

μ^*——储水（或释水）系数，无量纲；

F——单元承压含水层的面积，m^2；

h——承压含水层自顶板算起的压力水头高度，m。

（三）允许开采量的计算

地下水允许开采量的计算是地下水资源评价的关键。目前的计算方法很多，如水量均衡法、解析法、数值法、比拟法和模拟法等。各种方法的基本原理、适用条件和优缺点等详见表3-4。

表3-4 常见地下水允许开采量计算方法

序号	方法名称	基本原理	适用条件	优缺点
1	开采试验法	在选定的水源地范围内，根据水文地质条件选择合适的布井方案，凿探采结合孔，在旱季按确定的开采降深和开采量进行较长时期的抽水试验。根据抽水试验的结果来确定允许开采量。开采动态分为稳定状态和非稳定状态	适用于水文地质条件复杂、一时难以查清补给条件的潜水或承压水、新水源地或旧水源地的扩建	求得的允许开采量准确可靠，但要投入较多的人力物力
2	相关外推法	根据开采地下水的历史资料或不同流量和降深的抽水试验资料，用数理统计方法找出流量和降深或其他自变量之间的相关关系，并依据这种相关关系外推未来开采时的开采量或外推增大开采量后的水位降深	适用于有多年开采历史资料的稳定型或调节型开采动态，且有补给余地的旧水源地扩大开采时的地下水资源评价	节省勘探实际工程量，但流量或降深的外推范围不能太大，否则会改变了原有开采的规律性，导致错误的结论
3	水量均衡法	运用物质不灭原理，通过全面研究某一均衡区在一定均衡期（一般为一年）内地下水的补给量、储存量和消耗量之间的数量转化关系的平衡计算，来评价地下水的允许开采量	适用于地下水补给排泄条件较简单，水均衡要素容易确定，且开采后变化小的地区	原理明确，计算公式简单，但计算项目有时较多，特别是在开采条件下各项要素的变化和边界条件难以准确确定，从而使精度受到影响
4	补偿疏干法	当所需的开采量很大而在旱季无法补给或补给甚微时，旱季进行疏干性开采，借用部分储存量来维持开采，被疏干的部分含水层为接受雨季补给而腾出了空间，增大了补给量，因而获得的开采量远远大于天然补给量	适用于蓄水构造范围小、含水层较薄，地下水补给集中在雨季或受间歇性河流补给的地区	采用调节型开采动态，使评价的允许开采量比用一般的方法大，但该法条件苛刻，一是可借用的储存量必须满足旱季连续开采，二是雨季必须将借用的储存量全部而不是部分补回
5	水文分析法	用测流的方法计算地下水在某一个区域一年内总的流量。此量若接近于补给量或排泄量，则可用它作为区域的允许开采量	适用于岩溶管流地区、基岩山区水文地质参数难以取得的地区	计算方法简便，弥补了其他方法对水文地质参数的依赖，但当岩石空隙发育不均匀时，允许开采量会带来较大的误差
6	平均布井法	在做好大面积分区分层的基础上，根据单井非稳定流或稳定流理论计算全区的允许开采量	适用于区域或分区内均质各向同性的松散含水层	在水文地质条件较简单的地区评价精度较高，但要依赖于精确的水文地质参数和符合实际的分区
7	试验推断法	由于勘察设备能力所限，抽水量或水位下降达不到设计要求时，根据单井或群井长期稳定的抽水试验资料中出水量与水位降深值之间的关系推算开采量	适用于地下水资源丰富，有条件做长期抽水试验的地区	投入相对较少的钻探和试验工作量，可取得较大流量时的结果，但出水量与水位降深的关系曲线类型对开采量的计算影响较大

续表

序号	方法名称	基本原理	适用条件	优缺点
8	大井计算法	井群开采后在外围形成一个统一的降落漏斗,将形状不规则的井群概化为一个理想的"大井",选用有关的单井流量计算公式,其出水量即为井群的开采量	适用于水文地质条件较为简单,含水层较为均匀的地区	计算方法极为简单,并在实际检验中常能得到较为满意的效果,但对井群的概化需一定经验
9	泉水评价开采量法	当丰水期时,由于大气降水或地表水补给,泉水流量随时间而增加;当枯水期时,泉水得不到补给而消耗储存量,此时泉水流量随时间而逐步减少。泉水流量的变化反映了含水层中补排的均衡关系,因此可以泉流量随时间变化关系评价开采量	适用于泉水作为水源,以及水文地质资料较少但有泉出露地区	评价方法简便,投入的勘察工作量较小,但需年内连续的泉水流量和较长的泉水观测资料
10	解析法	根据水文地质条件和布井方案,选用相应的地下水动力学公式计算各井的涌水量,确定不发生不良后果的开采量即为允许开采量	含水介质条件、边界条件和取水条件均符合水流公式假设条件的地区	当条件符合水流公式假设条件时,计算精度较高,并可对开采条件下的地下水位做出预报,但该法应用条件较为苛刻
11	数值法	以数学方程描述不同初始条件和边界条件下的地下水流运动,通过一定的数学变换,求得计算区内有限个结点上的地下水位数值解,满足设计降深条件下的总模拟开采量即为允许开采量	适用于水文地质条件可概化为符合地下水流数学模型假设条件的地区	评价灵活,可以处理复杂的条件,其精度可满足生产要求,但该法需较多的资料,计算工作量较大
12	电网络模拟法	利用地下水在多孔介质中渗流的达西定律与电流的欧姆定律相似的原理,用电流模型来模拟地下水渗流。按设计开采方案,模拟出满足设计降深条件下的总模拟开采量即为允许开采量	适用于可概化为符合地下水流数学模型假设条件的地区,与数值法相类似	可模拟较复杂的介质条件和边界条件,结果直观、连续、调整灵活,但需电子元件较多,组装工作量较大

二、地下水资源评价的内容和原则

(一) 地下水资源评价的内容

地下水资源评价的内容包括地下水水量评价、水质评价、开采技术条件评价、环境效益评价、防护措施评价等。

1. 地下水水量评价

对于局部水源地有两种水量评价方法:一是根据水文地质条件布置经济技术合理的取水构筑物,预测出稳定的允许开采量,或允许降深内规定期限的允许开采量,即最大允许开采量的评价;二是按具体的供水要求布置几种不同的取水方案,通过计算,比选出最佳方案,若为稳定型和调节型开采动态,应评价其保证程度;或为消耗型开采动态,则应评价不同开采期内的水位降深情况。

对于区域地下水资源评价,应计算出两种开采量:一是潜在的开采量(或称最大允许开采量），即区域内水位降深不超过允许降深条件下能开采出的全部补给量和补给增量，以及允许降深内范围内的储存量，它只反映了区域地下水潜在的保证性，并不能真正地开采出来；二是可望开采量（或称可实现开采量），指一定的取水构筑物系统在具体开采条件下的区域开采量。

2. 地下水水质评价

按照不同用水户的水质要求，进行物理性质和化学成分是否符合标准的评价。当城市生活用水水源与工业用水水源为同一水源时，一般进行生活饮用水卫生标准评价与一般工业用水水质评价，并应以生活饮用水卫生标准评价为主。

3. 开采技术条件评价

要计算在整个开采利用地下水资源的过程中，地下水位的最大下降值是否满足开采区内各点水位下降的最大允许值。开采技术评价结果与取水构筑物的布置（水平、垂向）及单井涌水量有密切的关系，如果某一开采方案下地下水水位降深超过了最大允许降深，要调整开采方案重新计算，直到满足降深条件时的开采方案才是合理的开采方案。

4. 环境效益评价

要阐明在开采利用地下水资源之后，由于区域地下水下降而引起的生态平衡的变化以及地面沉降等不良的环境地质问题，并且要论证当地下水开采利用之后水源地地下水水质的变化趋势，以及拟建水源地的开采对其他已建水源地水量和水质的影响等。

5. 防护措施评价

根据水文地质条件及含水层的防污性能，提出开采利用地下水资源时是否需要特殊的防护措施，以及为保证本水源地的正常开采利用而采取的水质水量防护的具体措施。

（二）地下水资源评价的原则

1. 水质水量统一评价原则

地下水资源就是指符合一定水质标准要求的水量，因此在进行地下水资源评价时必须是水量和水质同时考虑。因为国民经济各部门对水质、水量的要求各有不同，若有水质不符合其要求的地下水，即使水量很大也没有利用价值。同样，若水质符合要求，但水量很少，也不能满足生产要求。

2. "三水"转化的统一评价原则

地下水广泛参与自然界水循环，与大气降水、地表水有着密切联系，在一定条件下可以相互转化，当开采地下水时，这种转化总是朝着有利于向开采量转化的方向发展。例如傍河取水时，其保证稳定开采的补给增量主要是袭夺河水的激化补给量。因此，地下水资源评价时应用地表水和地下水互相转化的观点分析和计算开采与补给的新平衡。

但应特别注意，当以"三水"转化观点评价时，往往要对与评价区地下水资源有关的大气降水、地表水一并作出评价，不注意时往往会出现同一个量重复计算的情况。例如傍河水源地，由于地下水开采会使河水的补给量减少，如果把分别计算的地表水和地下水资源总加起来作为总的水资源，就会出现重复量。因此在评价区域地下水资源时，应注意不仅要评价地下水开采过程地下水的变化，还要预测地下水开采过程中河川径流量、水位和水质的变化，将该区的地表水与地下水统一评价、统一规划。

3. 以丰补歉、调节平衡的原则

要充分发挥地下水储存量的调节作用及地下水库的特点。只要含水层有一定的储存能力，就可以充分利用储存量的调节作用，可取多年平均补给量作为可开采量。在旱季或旱年，可借用储存量来满足开采量，到雨季或丰水年，除维持正常的开采量外，将旱季或旱年动用的储存量补偿回来。这样的开采方案，在旱年可能出现水位持续下降的趋势，而到丰水年又可以回升，从而达到多年平衡。对于储存量大、雨季降水量较大的水源地，取旱季或旱年最小的补给量作为地下水资源的评价依据是偏保守的。

对于特定的城市供水水源地，因要持续不断地开采设计水量，以丰补歉的基本条件应该是从水文地质条件看，地下含水层具有足够的储存空间，以便于枯水期借用一定水量，而在丰水期也能够得以补给储存使水量恢复。另一重要条件是在丰水期除满足正常设计开采水量的前提下，还有水量能够补充枯水期所欠的水量。

4. 考虑人类活动影响的原则

人类活动都有可能引起地下水的补给量增加或排泄量的减少。如评价区内修建水库，开挖渠道及运河等人工水利工程建设都会渗漏补给地下水。此外，在地下水位埋藏较浅的地区，由于开发地下水造成水位大幅度降低，导致蒸发量减少，从而将蒸发排泄量转化为允许开采量。

5. 安全生产防止不良后果的原则

由于开采地下水使水位下降，可能在水源地或区域引起一些不良后果，如对农业开采井水量的影响、对已建相邻水源地正常开采的影响、地面沉降、水质恶化等。因此评价地下水资源时必须同时对发生不良后果的可能性做出评价。以不产生不良后果，达到安全生产为原则。

三、地下水资源评价的步骤与方法

（一）地下水资源评价步骤

（1）收集区域和水源地所有的气象、水文、地质、水文地质资料，分析边界条件。

（2）分析已收集的资料，如通过钻孔资料了解含水层层数和层位、厚度、岩性岩相变化、相邻含水层越流等；通过气象、水文及包气带岩性特征等资料分析地下水的补给源、补给途径、估算补给量；利用抽水试验资料分析含水层的渗透性和富水性等；利用钻孔的水位资料了解区域及水源地的地下水流场；分析地下水长期观测资料了解区域和水源地的水位、水质动态情况。

（3）概化水文地质模型。根据分析资料的结果，确定主含水层（或评价目的层），概化成简单明了的物理模型。

（4）根据评价精度要求和概化后的物理模型确定评价方法，选择计算公式，进行补给量、储存量和允许开采量计算。

（5）允许开采量保证程度分析。主要是利用开采条件下的补给量或调节储存量与允许开采量的相对数量而定。一般而言，若前者大于后者时，所确定的允许开采量是有保证的。

（6）进行地下水水质评价。

（7）开采技术条件的评价、环境效益评价、防护措施的评述等。

（二）地下水量评价方法的选择

目前，城市给水水源地的地下水资源评价面临两种情况：一种是地下水尚未开采或虽已开采但规模不大的地区，地下水基本上保持天然状态；另一种是地下水已经大量开采地区，地下水天然状态已局部或全部受到了破坏。对于前一种情况，一般根据勘察资料分析确定水源地类型，依据当地的水文地质条件，布置取水方案，选择适合水源地类型的计算方法进行评价。对后一种情况，主要根据地下水动态资料选择相应的评价方法，合理调整开采方案，满足城市供水的要求。具体要注意以下几方面的问题。

(1) 稳定型水源地，常采用开采试验法，试验推断法，平均布井法，数理统计法，水量均衡法等稳定流理论进行评价计算。用多年的平均补给量论证水源地稳定动平衡开采的保证程度。对已开采水源地也可利用数值法进行评价。

(2) 调节型水源地，常采用疏干补偿法，降落漏斗法，允许开采模数法，多因素分析法，大井计算法及地下水文分析法等方法进行调节评价，有条件的地区可采用有限差分、有限单元的数值法进行非稳定流理论的计算评价，必要时采用电网络模拟的方法进行评价。

(3) 疏干型水源地，常采用非稳定理论进行计算评价，确定疏干的期限及控制降深，在开采期内要进行长期观测，及时了解地下水的动态变化规律，及时对开采方案进行调整计算，延长水源地开采的时间。

(4) 在城市供水地下水资源评价中，注意不同研究程度地区地下水资源评价方法及其使用的经济合理性问题的研究。

(5) 选择地下水资源方法时，要与勘察阶段相联系。具体选择方法如下。①规划阶段，主要是为建设项目的总体设计提供水源依据。可用比拟法、水文分析法、均衡法或平均布井法，对地下水资源进行概略计算和评价。②初勘阶段，主要为供水选择水源地提供初步设计依据。可利用解析法、水文分析法或水均衡法对地下水按源进行系统计算，初步评价地下水可开采量，并对新建水源地的可能性做出评价。③详勘阶段，主要为建设水源地进行技术设计和施工设计提供依据。可根据群孔干扰抽水或试验性开采抽水试验资料，利用数值法、电模拟法、开采试验法或解析法，对可开采量做出评价，预测开采一定时期内水质、水量的变化趋势。④开采阶段，为调节开采制度，改造及扩建水源地提供设计依据，同时为科学管理提供依据。可根据多年开采动态及各项专题研究资料，对地下水资源进行系统的多年均衡计算和评价。研究地下水开采方案的经济合理性。论证保证程度，以及有关人工补给。研究如何提高利用率，防止污染及资源保护等问题。

四、地下水水质评价

地下水水质评价是地下水资源评价的重要组成部分，因只有水质合乎要求的地下水量才是可资利用的地下水资源。同时，水质评价也是供水对水源的要求。各种不同目的用水的水质标准是地下水水质评价的准则。评价时不仅考虑水质现状是否符合水质标准，还应考虑是否有改善的可能，以及经过处理后能否达到用水的要求。

(一) 水质评价原则

(1) 地下水水质评价应根据供水要求进行。作为生活饮用水，应根据现行的《生活饮用水卫生标准》进行评价（目前执行标准为 GB 5749—2006）。作为工业用水，应根据有关工业部门的水质标准进行评价。

(2) 水质评价应着重于可开采利用的地下水。对于明显不能利用的地下水，如咸水或严重污染的地下水，可不作详细水质评价。对于某些项目超标地下水，经过处理或者和末超标水混合后能符合水质标准的也应全面进行水质评价。

(3) 对环境影响地下水水质的地区，应在查明地下水中某些元素或成分过多或不足的原因和水质分布规律的基础上进行评价。

(4) 水质评价应适应所进行的勘察阶段的精度要求。

（二）饮用水水质评价

生活饮用水水质评价时应考虑水的物理性质、溶解的普通盐类、有毒成分及细菌成分，特别注意地下水是否受到细菌和毒性污染。城市给水水源的水质评价一般根据水质化验资料对照《生活饮用水卫生标准》逐项进行评价。

（三）工业用水水质评价

水在工业中应用主要有锅炉用水、冷却用水、产品或原料处理清洗用水以及作为产品原料的用水等。不同的生产用水对水质的要求不同，水质评价指标也各不相同，需要分别做出评价。一般锅炉用水水质评价指标及评价标准见表3-5。

表 3-5 一般锅炉用水水质评价指标及标准

成垢作用				起泡作用		腐蚀作用	
按锅垢总量（H_0）		按硬垢系数（K_n）		按起泡系数（F）		按腐蚀系数（K_k）	
指标	水质类型	指标	水质类型	指标	水质类型	指标	水质类型
<125	锅垢很少的水	<0.25	软垢水	<60	不起泡的水	>0	腐蚀性水
125～250	锅垢少的水	0.25～0.5	软硬垢水	60～200	半起泡的水	<0，但 K_k+ 0.0503Ca^{2+}>0	半腐蚀性水
250～500	锅垢多的水	>0.5	硬垢水	>200	起泡的水	<0，但 K_k+ 0.0503Ca^{2+}<0	非腐蚀性水
>500	锅垢很多的水						

式中 H_0——锅垢总重量，mg/L；
S——水中悬浮物含量，mg/L；
C——胶体（$SiO_2+Fe_2O_3+Al_2O_3$）含量，mg/L

$$H_0=S+C+72rFe^{2+}+51rAl^{3+}+40rMg^{2+}+118rCa^{2+}$$

$$K_n=\frac{H_n}{H_0}$$

式中 H_n——$H_n=SiO_2+40rMg^{2+}+68（rCl^-+2rSO_4^{2-}-rNa^+-rK^+）$（括号内为负值略去不计）；
H_0——硬锅垢重量，mg/L；
SiO_2——硅酸的含量，mg/L

$$F=62rNa^++78rK^+$$

式中 F——起泡系数

酸性水：
$$K_k=1.008（rH^++3rAl^{3+}+2rFe^{2+}+2rMg^{2+}-rHCO_2^--2rCO_3^{2-}）$$

碱性水：
$$K_k=1.008（2rMg^{2+}-rHCO_3^-）$$
（Ca^{2+}的单位为mg/L）

注：rFe^{2+}、rMg^{2+}、rNa^+……分别为 Fe^{2+}、Mg^{2+}、Na^+……离子含量，单位为 mmol/L。

第三节 地下水水源地选定

一、地下水水源地类型

（一）按开采方式分类

地下水水源地按开采方式可分为集中式水源地和分散式水源地两种。

（1）集中式水源地 多为城市公用事业给水水源地，一般在一定范围内集中布置取水构筑物，连续开采。

（2）分散式水源地 多为工业自备井给水水源地，特点是开采井靠近用水地点分散布置，根据生产工艺要求连续或分时段进行开采。

（二）按开采动态特征分类

按水源地的开采动态特征可分为稳定型水源地、调节型水源地和疏干型水源地三种类型。

（1）稳定型水源地　地下水资源能够直接地、长期稳定地获得地表水或地下水的渗入补给。当水源地开采之后，随着水源地内水位的下降和降落漏斗的扩大，可使开采补给量大幅度地增加，排泄量随之减少，从而达到开采条件下的开采量与补给量的平衡。在合理开采的过程中，地下水的动态趋于稳定状态。

（2）调节型水源地　依靠储存量的调节作用来弥补非补给时期的消耗量，所消耗的储存量能在补给期内很快得到补偿。

（3）疏干型水源地　一般距补给区较远或位于埋藏较大的承压含水层地区，由于增加的开采补给量和减少的天然消耗量不能满足开采量的要求，使得储存量逐年消耗，如不采取人工补给措施，这种水源地终将开采枯竭。设计时要合理计算在一定的开采期间内，不超过设计降深时的允许开采量。

除上述两种分类外，生产中还常根据水源地开采量的大小，分为大型地下水水源地、中型地下水水源地和小型地下水水源地。

二、水源地的选定方法

水源地选定是否合理，对于保证城市用水量和水质、整个给水工程方案和投资、保证水源地长期经济和安全地运转，以及避免产生各种不良的环境地质作用等具有重要的意义。对于大中型集中给水水源地，水源地的选定主要是解决取水地段的具体位置。对小型分散供水的水源地，水源地选定主要是解决取水构筑物布置的具体位置。在选择水源地的位置时，一般应考虑以下技术和经济方面的条件。

（1）为满足需水量要求和节省给水工程投资，给水水源地应尽可能选择在含水层层数多、厚度大、渗透性强、分布广的强富水性地段，如冲洪积扇的中上部砾石带和轴部，冲积平原的古河床，厚度较大的层状或似层状裂隙岩溶含水层，延续深远的断裂及其他脉状基岩含水带。水源地内地下水水质优良，符合生活饮用水卫生标准和一般工业用水水质标准，以减少水处理投资成本。

（2）为保证水源地的长期持续开采，水源地尽量采用稳定型或调节型开采动态。因此，水源地应尽可能选择在可以最大限度拦截区域地下径流的地段；接近补给水源和能充分夺取各种补给量的地段，以增加开采补给量，维持稳定或调节型动态。例如可选在基岩地区的区域性阻水界面的上游一侧、松散地层分布区河流岸边、岩溶地区的区域地下径流的排泄区附近。

（3）为保证水源地投产后能按预计开采动态正常运转，避免过量开采产生的种种不良后果，在选择水源地时，要从区域水资源综合平衡观点出发，充分考虑地下水资源的系统性，尽量避免出现新旧水源之间，工业和农业用水之间，供水与矿山排水之间的矛盾。

（4）为长期保证开采水的质量，水源地应选择在不易引起水质污染或便于实施水源保护的地段。如把水源地选择在远离城市或工矿排污区的上游，远离已污染（或天然水质不良）的地表水体或含水层地段，避开易于使水井淤塞、涌沙或水质长期混浊的流沙层或岩溶充填带。为减少垂向污水渗入的可能性，最好把水源地选择在含水层上部有厚度较大的稳定隔水层分布的地方。

（5）水源地应选在良好的工程地质条件地段，避免引起地面沉陷、塌陷、地裂等不良的工程地质问题。并考虑便于施工、运行和维护。

（6）在水文地质条件允许的情况下，为节省建设投资，水源地应尽可能靠近供水区；为降低取水成本，水源地应选择在地下水位浅埋或自流地段；河谷水源地要考虑水源地的防洪问题。

（7）水源地应选择在防洪条件良好的地段，要根据防洪标准建立防洪体系。傍河取水的水源地应校核防洪堤的防洪标准能否满足水源地防洪的标准要求，如果不能满足，则要从技术经济角度考虑建立水源地的合理性。

（8）水源地选择应特别注意对已建设施安全稳定性的影响，预测未来开采条件下由于地下水位下降可能对建（构）筑物的影响程度。对于傍河取水的水源地，要特别注意地下水开采对防洪堤坝稳定性的影响，应根据保证堤坝稳定性的前提下确定地下水位的最大下降值，预测与之对应的最大开采量，如果不能满足设计取水量的要求，则该水源地选择方案不能成立。

（9）水源地选择时要充分考虑与城市规划的协调一致，充分考虑最大限度地利用现有给水设施的可能性。当未来需水量增加时，要有扩建的可能。

第四节　地下水取水构筑物的合理布置

取水建筑物的合理布局，是指在水源地的允许开采量和取水范围确定之后，以技术、经济合理的取水建筑物布置方案，最有效和最少产生有害作用地开采地下水。取水建筑物合理布局，主要包括取水井平面或剖面上的布置（排列）形式和井间距离与井数等方面的问题，但取水构筑物形式的合理选取也是十分重要的。

一、地下水取水构筑物的种类及适用条件

地下水取水构筑物主要有管井、大口井、渗渠等常见的单一取水建筑物，还有一些适用于某种特定水文地质条件的联合取水工程，如开采深埋岩溶含水层的竖井-钻孔联合工程；开采复杂脉状含水层（带）的竖井-水平或倾斜钻孔联合工程、竖井-水平坑道工程；开采岩溶暗河水的拦地下河堵坝引水工程等。目前我国城市供水常用的取水建筑物类型及适用条件见表3-6。

取水建筑物类型的选择，主要决定于含水层（带）的空间分布特点以及含水层（带）的埋藏深度，厚度和富水性能，同时也与设计需水量大小，施工条件与方法，选用的抽水设备类型等因素有关。正确选择取水建筑物类型，是实现地下水合理开发利用的重要内容，它不仅关系到能否以最少投资取得最大出水量的问题，同时，也关系到水源地建成后能否长期正常运转和低成本取水的问题。在埋藏条件复杂的基岩裂隙-岩溶水地区，正确地选择井型常常是能否成井的关键。

二、取水井的平面布置

水井的平面布置主要决定于地下水分布、水文地质条件、设计开采量，以及技术经济条件等。一般有以下几种具体情况。

（1）径流条件良好的地区，为充分拦截地下径流，水井应布置成垂直地下水流向的井排形式。视断面地下径流量的多少，可布置一个至数个井排。例如，在我国许多山前冲洪积扇

表 3-6　地下水取水构筑物及其适用条件

种类	适用条件	尺寸和深度	特点
管井	(1)适用于基岩山区和平原、河谷区的各类含水层； (2)含水层厚度大于 5m,其底板埋藏深度大于 15m; (3)只要深井泵性能允许,不受地下水埋深限制,均可使用管井； (4)适用于任何砂层、卵石层、砾石层、构造裂隙、岩溶裂隙等含水层,应用最为广泛	常用的管井直径为 150～600mm,井深一般为 20～500m,最大井深可达 1000m 以上	(1)不受井深和地下水位埋深的限制,单井出水量可达 500～6000m³/d; (2)便于机械化施工,成井快、占地少； (3)不适合于弱透水性含水层,缺水地区施工用水困难
大口井	(1)一般含水层厚度在 5m 左右,地下水埋深小于 10m,底板埋藏深度小于 15m 的地区； (2)适用于任何砂、卵石、砾石层； (3)渗透系数最好大于 20m/d; (4)多数大口井采用未贯穿整个含水层的非完整井,由井壁和井底同时进水	常用井径为 2～8m,井深多为 6～15m,一般小于 40m	(1)可以土法施工,由于井径大,可起到增流、集水的双重作用,单井出水量可达 500～10000m³/d; (2)不适用于顶板埋深和厚度过大的含水层； (3)由于多为非完整井,故不能充分利用地下水源
辐射井	(1)在大口井内径向设置穿孔辐射管,称为辐射井,宜于开采水量丰富,含水层较薄的地下水和河床渗透水； (2)一般常用于厚度较薄的中砂、粗砂地层	常用井径为 4～8m,井深多为 6～15m	(1)由于增设了辐射管,单井出水量增加,可达 5000～10000m³/d; (2)施工相对困难
复合井	(1)松散岩层地下水位较高、厚度较大的多层含水层； (2)深埋岩溶含水层的竖井-钻孔联合工程； (3)复杂脉状含水层(带)的竖井-水平或倾斜钻孔联合工程； (4)竖井-水平坑道工程	大口井(竖井)部分井径为 2～8m,垂直或水平、倾斜钻孔过滤器直径 200～300mm	(1)松散岩层中可同时开采浅层和深层地下水,使单井出水量增大； (2)可以基坑结合钻孔开采深埋的基岩裂隙水或岩溶水； (3)现有大口井或竖井可改造成复合井
渗渠	(1)含水层厚度较薄,一般小于 5m,地下水埋深较浅,一般小于 2m 时； (2)渗渠渠底埋深小于 6m 时； (3)适用于中砂、粗砂、砾石或卵石层； (4)适宜于开采河床渗透水	水平铺设在含水层中的集水管(渠),常用管径为 0.6～1.0m,通常埋深为 4～6m	(1)出水量一般为 10～30m³/d·m; (2)地下水取水构筑物中,单位取水量的造价最高； (3)长期使用中,会因河床细颗粒泥沙淤积而减少水量

中、上部的水源地,主要靠上游地下径流补给的河谷水源地,一些巨大阻水界面所形成的裂隙-岩溶水源地等,多采用此种水井布置形式。如果预计地表水体将构成水源地的主要补给源时,则开采井排应平行于这些水体的延长方向布置；当含水层四周为环形透水边界包围时,开采井也可以布置呈环形、三角形、矩形等集中孔组形式。

(2)在地下径流滞缓的平原区,当开采量以含水层的储存量(或垂向渗入补给量)为主时,则开采井群一般应布置成网格状、梅花形或圆形的平面布局形式。在以大气降水或季节性河流补给为主、纵向坡度很缓的河谷潜水区,其开采井则应沿着河谷方向布置,视河谷宽度,布置一到数个纵向井排。

（3）在岩层导、储水性能分布极不均匀的基岩裂隙水分布区，水井的平面布局主要受富水带分布位置的控制，应该把水井布置在补给条件最好的强含水裂隙带上，往往形成不规则的布置形式。

（4）在满足地下水分布、水文地质条件等前提条件下，开采井应该尽量集中以便于配电、集中管理，还可减少水井联络管的长度。

三、取水井的垂向布局

取水井的垂向布局分为井孔完全揭露含水层的完整井和井孔深度小于含水层厚度的非完整井两种基本形式。对于厚度不大的（一般小于30m）孔隙含水层和多数的基岩含水层（主要含水裂隙段的厚度也不大），一般均采用完整井形式取水，因此不存在水井在垂向上的多种布局问题。而对于厚度较大的（大于30m）含水层或多层含水组，可根据技术、经济上的合理性分析确定采用完整井取水，还是采用非完整井井组分段取水。一般应从以下几方面考虑。

（1）在含水层厚度较大、补给条件一般、投资充足的情况下，可采用完整井。

（2）在含水层厚度较大、补给条件良好的地区，可采用非完整井形式取水，只要取用过滤器的合理长度，对出水量无大的影响。过滤器的合理长度与水井的水位降深和出水量明显有关，同时还与含水层厚度、渗透性、过滤器直径等因素有关。过滤器的合理长度可以通过分段堵塞抽水试验直接确定，也可根据抽水试验建立的经验公式计算确定。根据各地分段取水的实际经验，当含水层的厚度较大时，过滤器的合理长度可取20~30m。

（3）为了充分吸取大厚度含水层整个厚度上的水资源，可以在含水层不同深度上采取分段（或分层）取水的方式。一般是采用井组形式，每个井组的井数决定于分段（或分层）取水数目。一般多由2~3口水井组成，井组内的3个孔可布置成三角形或直线形。分段取水时在水平方向的井间距离可采用3~5m，当含水层颗粒较细，或水井封填质量不好时，为防止出现深、浅水井间的水流串通，可把井距增大到5~10m。

（4）分段取水设计时，正确决定相邻取水段之间的垂向间距（即相邻两个非完整井过滤器顶部与底部的高差，见图3-2）十分重要，其取值原则是：既要减少垂向上的干扰强度，又能充分汲取整个含水层厚度上的地下水资源。表3-7列出了在不同水文地质条件下分段取水时，垂向间距（a）的经验数据。如果要确定 a 的准确值，则应通过井组分段（层）取水干扰抽水试验确定。许多分段取水的实际材料表明，上、下滤水管的垂向间距在5~10m的情况下，其垂向水量干扰系数一般都小于25%，完全可以满足供水管井设计的要求。

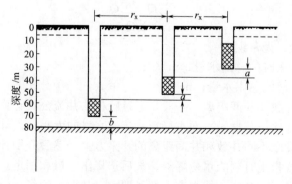

图 3-2 垂向分段取水井组布置示意

表 3-7   分段取水井组设计参数

序号	含水层厚度/m	井组配置数据			
		管井数/个	过滤器长度/m	水平间距/m	垂直间距 a/m
1	30～40	1	20～30		
2	40～60	1～2	20～30	5～10	≥5
3	60～100	2～3	20～25	5～10	≥5
4	>100	3	20～25	5～10	≥5

第五节 井群系统设计

一、井数和井间距确定

水井的平面及垂向布局确定之后，取水建筑物合理布局所要解决的另一个问题是，在满足设计需水量的前提下，本着技术上可行，经济上合理，开采安全的原则来确定水井的数量与井间距离。

（一）井群系统的井数确定

对于集中式供水水源地，有干扰开采、非干扰开采和部分井之间干扰，部分井之间非干扰等三种基本布井方式。

对于非干扰开采，其相邻开采井的间距不小于单井的影响半径，井数可按式（3-25）计算确定：

$$n = \frac{Q_{需}}{24Q_{单设}} + n'$$ (3-25)

式中 n——开采井井数，眼；

$Q_{需}$——设计总需水量，m^3/d；

$Q_{单设}$——单井设计开采量，m^3/h；

n'——备用井数。根据《室外给水设计规范》（GB 50013—2006）的规定，一般可按 10%～20% 的设计水量确定，但不得少于一口井。

对于干扰开采，其相邻开采井之间的井距小于单井的影响半径，在与非干扰相同降深的情况下，由于井群的相互干扰，出水量减少。水量减少的程度以干扰系数 α 表示，即

$$\alpha = \frac{\sum Q - \sum Q'}{\sum Q}$$ (3-26)

式中 α——干扰系数，无量纲；

$\sum Q$——非干扰开采时的总出水量，m^3/d；

$\sum Q'$——干扰开采时的总出水量，m^3/d。

这种供水方式的井数和井间距离，一般是通过解析法井流公式计算而确定的。首先，根据水源地的水文地质条件，井群的平面布局形式，需水量的大小，设计上允许的水位降深等已给定条件，拟定出几个不同井数和井间距离的开采方案，然后分别计算每一布井方案的水井总出水量和指定点或指定时刻的水位降深，最后选择出水量和指定点（时刻）水位降深均满足设计要求，井数最少，井间干扰强度不超过要求（从取水的经济效益考虑，干扰井群的干扰系数 α 以小于 20%～25% 为宜），建设投资和开采成本最低的布井方案，即为技术经济

上最合理的井数与井距方案。

同样，还要按 $10\%\sim20\%$ 的设计水量确定不少于一口的备用井。设计单井出水量相同的干扰井群系统的井数可按式（3-27）估算，即

$$n=\frac{Q_{需}}{24(1-\alpha)Q_{单设}}+n' \tag{3-27}$$

式中符号意义同前。

（二）井间距确定方法

对于非干扰井群，井间的最小距离为单井的影响半径，只要不小于单井的影响半径，各井间就不会产生干扰。对于干扰井群，其井间距应小于单井的影响半径。但是，为了便于配电、管理和减少联络管长度，理论上干扰井间的距离应尽量小，而过小的井距会使井间的干扰加大，影响单井的出水量，或增大动水位降深值，致使总出水量小于设计出水量，也不利于节能高效开采地下水。

非干扰井群的布置，受限于开采范围和水文地质条件，一般开采井应布置于水文地质勘察所确定的开采范围之内。因此，井的间距在满足影响半径控制条件下，在布井范围内通过调整井的布局合理确定井间距离。

干扰井群的井距与布井方案密切相关。在水源地水文地质勘察成果确定的开采范围内，考虑井间干扰强度满足设计规范，同时考虑边界水位降落漏斗不会沿出布范围边界的条件下，通过干扰计算确定。如果布井方案不能满足规范所规定的干扰系数时，或者水位降落漏斗超出开采范围时应重新布局。通过这样的反复计算调整，最终满足条件的布井方案下各井间的距离就是合理的井距。

（三）井数与井距同时确定方法

对于水文地质条件简单清晰，水文地质参数明了的水源地，基于地下水力计算理论，通过解析法可同时确定合理的开采井数和井距。如某傍河水源地开采井位于河流的右侧一定距离 a，此时河流为开采井的直线补给边界，在布井长度 L 范围内拟直线布置 n 口开采井，井间的距离为 2δ（见图 3-3）。合理井数与井距的确定过程如下所述。

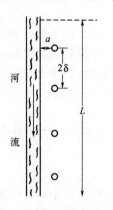
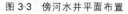

图 3-3 傍河水井平面布置

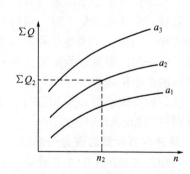

图 3-4 总出水量（ΣQ）与井数（n）的关系曲线

（1）根据水源地水文地质勘察成果确定含水层的分布范围、地形、水文网分布与其他技术经济条件，确定出开采布井地段的长度（L），并拟订出几个与河岸不同距离（a）的井排布置方案。

（2）采用直线补给边界、直线井排的水井涌水量公式计算出与河岸距离不同的每一排方案。在不同井数 n 条件下的井排总出水量（ΣQ），其公式为：

$$\Sigma Q = \frac{2\pi(\varphi_H - \varphi_{h_0})}{\frac{1}{n}\ln\frac{L}{2\pi r_0 n} + \frac{2\pi a}{L}} = f(n,a) \tag{3-28}$$

式中　n——直线井排上的水井数目，眼；

　　　L——取水地段的长度，m；

　　　a——直线井排到河流水边线的距离，m；

　　　r_0——水井半径，m；

φ_H、φ_{h_0}——补给边界和井壁上的势函。

再将计算结果绘制如图 3-4 所示的井排总出水量（ΣQ）与至河岸距离（a）及井数（n）的关系曲线。

（3）根据设计需水量 ΣQ 和初步确定的井排与河岸距离（a），从图 3-4 上反求合理井数。具体方法为：从设计需水量（ΣQ_i）作一条水平线，该水平线与确定 a 值曲线交点的横坐标值（n_i），即为在此需水量和 a 值条件下的井数。如果该交点处于 a 值曲线的缓变区间内，则说明在此种井数下，井间干扰过大，应改用其他 a 值的布井方案，直到在该种 a 值条件下，水井总出水量（ΣQ）随着井数（n）增加而有显著增加时，才可认为此时的井数是既能满足设计需水量，又能充分发挥水井生产能力的合理井。

（4）根据已选定的合理井数（n）及已给定的取水地段长度（L），最后计算井间距离（2δ），即；$2\delta = L/n$。

（5）按以上步骤确定出 L、a、n、2δ 值后代入相应条件下的井排出水量公式（3-28），再次核算设计井的总出水量是否满足设计需水量要求。

（6）由于上述计算过程中没有考虑备用井，因此要核定井数 n 条件下总出水量是否满足设计出水量和备用水量的要求，如若不满足，则增加井数重新计算。

二、开采井的水力计算

（一）单井的水力计算

开采井的出水量是水源地设计所关心的，因为它不仅决定井数，还直接影响水源地建设和运行效益。单井出水量大时，可显著减少开采井的数量，凿井和配套资金就会减少，管理也较为方便。因此，水源地单井出水量的计算是非常重要的。针对水源地设计目的，单井水力计算所解决的问题是，给定最大允许水位降深时计算水井的可能出水量；给定井的出水量时计算可能的水位降深。

目前，城市供水主要采用管井，其单井水力计算的方法有理论公式法和经验公式法两种，下面分别加以归纳介绍。

1. 单井水力计算的理论公式法

（1）稳定流情况下的水力计算　稳定流情况是开采井的水位和流量不随时间变化，从而可得到稳定持续设计开采量的工况。根据裘布依公式，对于承压含水层完整井，稳定流量和水位的关系可用式（3-29）表示，对于无压含水层完整井可用式（3-30）表示。即

$$Q = \frac{2\pi KM}{\ln R/r_w}S \tag{3-29}$$

式中　Q——开采井的稳定流量，m³/d；

　　　　S——井中的稳定动水位降深，m；

　　　　K——开采井所在含水层的渗透系数，m/d；

　　　　M——含水层厚度，m；

　　　　r_w——开采井半径，m；

　　　　R——影响半径，m。

$$Q = \frac{\pi K (H^2 - h^2)}{\ln R / r_w} \qquad (3\text{-}30)$$

式中　Q——开采井的稳定流量，m^3/d；

　　　　H——潜水（无压水）的静水位，m；

　　　　h——潜水（无压水）的稳定动水位，m。

　　其他符号意义同前。

　　根据马斯克特公式，对于承压含水层非完整井，稳定流量和水位的关系可用式（3-31）表示，即

$$Q = \frac{2.73 KM}{\frac{1}{2\overline{h}}\left(2\lg\frac{4M}{r_w} - A\right) - \lg\frac{4M}{R}} S \qquad (3\text{-}31)$$

式中　$\overline{h}$——过滤器长度 l 与含水层厚度 M 之比，$\overline{h} = \dfrac{l}{M}$；

　　　　A——与 $\overline{h}$ 有关的参数。

　　其他符号意义同前。

　　式（3-31）中，当 $\overline{h} = 1$ 时，$A = 0$，为承压水完整井水力计算公式。当含水层厚度很大时，则按巴布希金公式计算，即

$$Q = \frac{2.73 Kl}{\lg\dfrac{1.32l}{r_w}} S \qquad (3\text{-}32)$$

　　潜水（无压）非完整井的出水量 Q 用式（3-33）计算，即

$$Q = \pi KS \left[\frac{l + S}{\ln\dfrac{R}{r_w}} + \frac{2M}{\dfrac{1}{2\overline{h}}\left(2\ln\dfrac{4M}{r_w} - 2.3A\right) - \ln\dfrac{4M}{R}} \right] \qquad (3\text{-}33)$$

式中　Q——开采井的稳定流量，m^3/d；

　　　　S——井中的稳定动水位降深，m；

　　　　M——动水位至含水层底板距离与过滤器长度之半的差值；

　　　　$\overline{h}$——过滤器长度 l 之半与 M 之比，$\overline{h} = \dfrac{0.5l}{M}$；

　　　　A——与 $\overline{h}$ 有关的参数。

　　其他符号意义同前。

　　（2）非稳定流情况下的水力计算　非稳定流情况是开采井的水位和流量随时间变化，当流量不变时水位也会随着时间延长而持续下降。反过来，当水位不变时，井的出水量会随着时间的延续持续减少。根据泰斯公式，承压水完整井的降深与出水量的关系为：

$$S = \frac{Q}{4\pi T} W(u) \qquad (3\text{-}34)$$

式中　Q——开采井的出水流量，m^3/d；

S——以定流量 Q 抽水 t 时间后，观测点处（距井中心距离为 r）的水位降深，m；

$W(u)$——井函数，为一收敛级数，可根据 u 值查表得到。其中 $u=\dfrac{r^2}{4at}$，a 为压力传导

系数，为含水层的导水系数 T 与储水系数的比值。t 为抽水延续时间。

当抽水时间很长时，$u<0.1$ 时，式（3-34）可简化为雅柯布公式（3-35），可见随着抽水时间的延长，距井中心 r 处的水位降深与井的出水量呈直线关系。对于特定观测点，其斜率与含水层的渗透系数、厚度、储水系数、抽水持续时间等因素有关。

$$S=\frac{Q}{4\pi T}\ln\frac{2.25at}{r^2} \tag{3-35}$$

同理，潜水（无压）含水层完整井的水力关系为，

$$h=\sqrt{H^2-\frac{Q}{2\pi K}W(u)} \tag{3-36}$$

式中　h——潜水（无压）含水层观测点处（距井中心距离为 r）的水位，m；

H——潜水（无压）含水层的静水位，m；

$W(u)$——井函数，为一收敛级数，可根据 u 值查表得到。其中 $u=\dfrac{r^2}{4at}$，a 为水位传导系

数，$a=\dfrac{Kh}{\mu}$，μ 为含水层的给水度。

当抽水时间很长时，$u<0.1$ 时，式（3-36）也可简化为式（3-37）。即

$$h=\sqrt{H^2-\frac{Q}{2\pi K}\ln\frac{2.25at}{r^2}} \tag{3-37}$$

2. 单井水力计算的经验公式法

管井的理论水力计算公式往往是对水文地质条件概化后得出的，如在推导完整井的裘布依公式时需做如下假设：含水层是均质等厚且是各向同性；天然水位水平；一口完整井抽水；在距井轴 R 处有定水头补给；地下水运动服从达西定律。

从以上假设可见，由于在边界有定水头补给，裘布依公式中的影响半径 R 应该是定值，它不随着抽水量增大或者水位下降而变化。但从多数抽水试验资料分析，R 值并非定值，它随着抽水量的增大而增大。这就说明了实际上多数的含水层并不符合理论公式的假设条件。

另一方面，抽水中井的出水量 Q 与水位降深有着密切的联系，抽水试验中得到的 Q-S 曲线综合了井的各种复杂因素的影响，避开影响半径 R、渗透系数 K 等水文地质参数，不必考虑边界条件，也反映含水层及井结构特性，所以可利用 Q-S 曲线进行井的出水量和水位降深的分析计算，这就是经验公式法。

（1）常见 Q-S 曲线类型　工程实践中常见的 Q-S 曲线有直线型、抛物线型、幂函数型和半对数型。Q-S 方程分别见式（3-38）~式（3-41）。即

$$Q=qS \tag{3-38}$$

$$S=aQ+bQ^2 \tag{3-39}$$

$$Q=n\sqrt[m]{S} \tag{3-40}$$

$$Q=a+b\lg S \tag{3-41}$$

式中　q，a，b，n，m——待定系数。

（2）Q-S 曲线与水文地质条件的关系　Q-S 曲线是通过抽水试验获得的井出水量与水位降深之间的关系，它包含了水井附近的水文地质条件，也包含了水井的结构等特性。所以

通过 Q-S 曲线特性分析，可以粗略推断水源地的水文地质条件。

对于 Q-S 曲线为直线型的水井，常处于均质等厚且是各向同性的含水层，天然水位水平，在边界处有定水头补给。抛物线型常见于补给条件好，含水层厚，水量较大的水源地。幂函数型反映了含水层渗透性较好，厚度较大，但补给条件较差。半对数型常出现在地下水补给较差的含水层，或者抽水井靠近隔水边界。

（3）待定系数的求法

① 图解法　Q-S 曲线中的待定系数可用图解法和数学法求得。所谓图解法是通过抽水试验资料作图求得待定系数的方法。

对于直线型，Q-S 曲线为一过原点的直线，可利用一次的抽水试验资料以 S 为横坐标，Q 为纵坐标作过原点的直线，此直线的斜率即为待定系数 q。

对于抛物线型，两边同除以 Q，得到 $\dfrac{S}{Q}=a+bQ$，利用两次抽水试验资料，以 Q 为横坐标，S/Q 为纵坐标作直线，斜率即为 b，直线在纵轴上的截距即为 a。

对于幂函数型，两边取常用对数，则得到 $\lg Q=\lg n+\dfrac{1}{m}\lg S$，利用两次抽水试验资料，以 $\lg S$ 为横坐标，$\lg Q$ 为纵坐标作直线，斜率即为 $1/m$，直线在纵轴上的截距即为 $\lg n$。

对于半对数型，利用两次抽水试验资料，以 $\lg S$ 为横坐标，Q 为纵坐标作直线，斜率即为 b，直线在纵轴上的截距即为 a。

② 数学法　数学法是根据 Q-S 曲线方程，利用两次及以上的抽水试验资料应用解方程组或者最小二乘法求得待定系数的方法。

a. 利用两次抽水试验资料求待定系数。对于直线型，可利用两次抽水试验资料求两次系数对比，即 $q_1=\dfrac{Q_1}{S_1}$，$q_2=\dfrac{Q_2}{S_2}$，理论上 $q_1=q_2$。

对于抛物线型，两次抽水试验资料可得到如下方程组，即

$$\begin{cases} S_1=aQ_1+bQ_1^2 \\ S_2=aQ_2+bQ_2^2 \end{cases} \tag{3-42}$$

解方程组（3-42）得，$a=\dfrac{S_1Q_2^2-S_2Q_1^2}{Q_1Q_2^2-Q_2Q_1^2}$；$b=\dfrac{Q_1S_2-Q_2S_1}{Q_1Q_2^2-Q_2Q_1^2}$。

对于幂函数型，两边取常用对数，利用两次抽水试验资料可得到如下方程组，即

$$\begin{cases} \lg Q_1=\lg n+\dfrac{1}{m}\lg S_1 \\ \lg Q_2=\lg n+\dfrac{1}{m}\lg S_2 \end{cases} \tag{3-43}$$

解方程组（3-43）得，$m=\dfrac{\lg S_1-\lg S_2}{\lg Q_1-\lg Q_2}$；$\lg n=\dfrac{\lg Q_1\lg S_2-\lg Q_2\lg S_1}{\lg S_1-\lg S_2}$。

对于半对数型，利用两次抽水试验资料可得到如下方程组，即

$$\begin{cases} Q_1=a+b\lg S_1 \\ Q_2=a+b\lg S_2 \end{cases} \tag{3-44}$$

解方程组（3-44）得，$a=\dfrac{Q_1\lg S_2-Q_2\lg S_1}{\lg S_1-\lg S_2}$；$b=\dfrac{Q_1-Q_2}{\lg S_1-\lg S_2}$。

b. 利用多次抽水试验资料求待定系数。多次抽水试验资料可能出现点据分散，因而不易判定 Q-S 曲线的类型，常用最小二乘法求待定系数。以抛物线型为例，设 S_i 为抽水试验

的实测降深值，S_i' 为降深的拟合计算值。根据最小二乘法原理有：

$$\sum (S_i - S_i')^2 = \min \tag{3-45}$$

用式 (3-45) 分别对 a 和 b 求导并得到极值方程组，即

$$\begin{cases} \dfrac{\partial}{\partial a}[\sum (S_i - S_i')^2] = 0 \\[2mm] \dfrac{\partial}{\partial b}[\sum (S_i - S_i')^2] = 0 \end{cases} \tag{3-46}$$

令 $S_0 = \dfrac{S}{Q}$，则 Q-S 抛物线变为 $S_0 = a + bQ$，代入式 (3-46) 中得到

$$\begin{cases} \dfrac{\partial}{\partial a}[\sum (S_{0i} - a - bQ_i)^2] = 0 \\[2mm] \dfrac{\partial}{\partial b}[\sum (S_{0i} - a - bQ_i)^2] = 0 \end{cases} \tag{3-47}$$

展开式 (3-47) 得

$$\begin{cases} -2\sum (S_{0i} - a - bQ_i) = 0 \\ -2Q_i \sum (S_{0i} - a - bQ_i) = 0 \end{cases} \tag{3-48}$$

$$\begin{cases} \sum S_{0i} - \sum a - \sum bQ_i = 0 \\ \sum S_{0i}Q_i - \sum aQ_i - \sum bQ_i^2 = 0 \end{cases} \tag{3-49}$$

解方程组 (3-49)，并注意到 $\sum a = aN$（N 为抽水试验次数），则得到待定系数 $b = \dfrac{N\sum S_i - \sum S_0 \sum Q_i}{N\sum Q_i^2 - (\sum Q)^2}$，$a = \dfrac{\sum S_0 - b\sum Q_i}{N}$。

同理，直线型 Q-S 曲线的待定系数为 $q = \dfrac{\sum Q_i S_i}{\sum S^2}$；幂函数型 Q-S 曲线的待定系数为 $m = \dfrac{N\sum (\lg S_i)^2 - (\sum \lg S_i)^2}{N\sum (\lg S_i \lg Q_i) - \sum \lg S_i \sum Q_i}$，$\lg n = \dfrac{m\sum \lg Q_i - \sum \lg S_i}{mN}$；半对数型 Q-S 曲线的待定系数为 $b = \dfrac{N\sum (Q_i \lg S_i) - \sum Q_i \sum \lg S_i}{N\sum (\lg S_i)^2 - (\sum \lg S_i)^2}$，$a = \dfrac{\sum Q_i - b\sum \lg S_i}{N}$。

（4）Q-S 曲线类型的判定　从上述待定系数求法可以发现，确定 Q-S 曲线类型是求解待定系数的前提。既然能够确定四种曲线类型，那么利用抽水试验的数据作图就可明显地看出曲线的种类。但是，除直线外，抛物线、幂函数和半对数如果以 S 为横坐标，Q 为纵坐标作图，拟合的曲线从形态上并没有明显区别，因而很难判定曲线类型。

但是，从前述待定系数的图解法可以看出，只要将曲线进行适当处理即可变为直线。基于这种变换考虑，反过来如果利用抽水试验的数据以上述直线化变换后在直角坐标上点据成直线，则该 Q-S 曲线的类型即为符合直线变换的曲线类型。这种方法称为图解法。

图解法直观明了，但往往四种类型均要一一试验图解，工作量非常大。实际应用中常先采用所谓曲度 n 值法判定曲线类型，再按此曲线进行图解确定。曲度 n 值法是利用两次抽水试验资料进行分析。选取资料时应尽量选取两次降深或流量相差较大者。

设同一抽水试验的两次相差较大的流量和降深分别为 Q_1，S_1 和 Q_2，S_2。Q_1 和 Q_2 单位为 L/s，S_1 和 S_2 单位为 m。令 $n = \dfrac{\lg S_2 - \lg S_1}{\lg Q_2 - \lg Q_1}$，通过 n 值进行如下的判定：

当 $n = 1$ 时，Q-S 曲线为直线；

$1 < n < 2$ 时，Q-S 曲线为幂函数曲线；

$n = 2$ 时，Q-S 曲线为抛物线；

$n>2$ 时，$Q\text{-}S$ 曲线为半对数曲线；

$n<1$ 时，一般说明抽水试验资料有误。

（二）井群系统的水力计算

集中式城市供水水源的取水量往往不能通过单井取得，需要两眼及以上的水井共同抽水，这就组成了井群。井群中的水井共同工作，有的井之间还可能相互影响，因此组成了井群系统。井群系统的水力计算就是要确定处于互阻影响下的开采井的井距、井数及各井的出水量，同时为合理布置井群进行技术经济比较提供依据。

井群系统的水力计算方法有理论公式法和经验公式法两种。理论公式法适用于水文地质条件清楚，水文地质参数可确定的情况，但实际应用时不能完全概括各种复杂的影响因素，且有的水文地质参数难以获得，计算结果往往准确性差，因此使用上有一定的局限性。经验法以现场抽水试验数据为依据，能反映各种影响因素，且避开了水文地质参数，计算结果往往比较符合实际情况。所以，除一些水文地质条件简单的情况可用理论公式法进行计算外，一般多采用经验法进行井群系统的水力计算。

1. 理论公式法

（1）承压含水层完整井井群计算　设在均质等厚承压含水层任意方式布置 n 眼完整井进行干扰抽水，其出水量分别为 Q_1，Q_2，$\cdots$，Q_n。根据水位叠加原理，各井水位降深为该井单独抽水的水位降深 S 与其他各井单独抽水在第 1 号井引起的水位降落值的总和。即

$$S'_1 = S_1 + t_{1-2} + t_{1-3} + \cdots + t_{1-n} \tag{3-50}$$

式中　　　　　　　S'_1——干扰抽水时 1 号井的水位降深，m；

　　　　　　　　　S_1——1 号井单独抽水时的水位降深，m；

t_{1-2}，t_{1-3}，$\cdots$，t_{1-n}——2 号、3 号、n 号井单独抽水时在 1 号井引起的水位附加降深，m。

上式中的 S_1，t_{1-2}，t_{1-3}，$\cdots$，t_{1-n} 均可用承压水完整井的裘布依公式表示，则式（3-50）变换为，

$$S'_1 = \frac{1}{2.73KM}\left(Q_1\lg\frac{R}{r_1} + Q_2\lg\frac{R}{r_{1-2}} + Q_3\lg\frac{R}{r_{1-3}} + \cdots + Q_n\lg\frac{R}{r_{1-n}}\right) \tag{3-51}$$

式中　　　　　　　r_1——1 号井的半径，m；

r_{1-2}，r_{1-3}，$\cdots$，r_{1-n}——2 号、3 号、n 号井至 1 号井中心的距离，m。

其他符号意义同前。

同理，2 号井、n 号井的干扰降深分别由式（3-52）、式（3-53）表示，即

$$S'_2 = \frac{1}{2.73KM}\left(Q_1\lg\frac{R}{r_{2-1}} + Q_2\lg\frac{R}{r_2} + Q_3\lg\frac{R}{r_{2-3}} + \cdots + Q_n\lg\frac{R}{r_{2-n}}\right) \tag{3-52}$$

$$S'_n = \frac{1}{2.73KM}\left(Q_1\lg\frac{R}{r_{n-1}} + Q_2\lg\frac{R}{r_{n-2}} + Q_3\lg\frac{R}{r_{n-3}} + \cdots + Q_n\lg\frac{R}{r_n}\right) \tag{3-53}$$

从式（3-51）、式（3-52）和式（3-53）可以看出，只要给定各井的设计水位降深，就可以联立 n 个方程求解出各井的干扰出水量；反之，只要给定各井的设计出水量，就可以联立 n 个方程求解出各井的水位降深。

（2）无压含水层完整井井群计算　潜水（无压）含水层完整井所组成的井群系统同样可以用水位叠加原理写出各井的干扰降深（以水位表示）表达式，如 1 号井为，

$$H^2 - h'^2_1 = \frac{1}{1.37K}\left(Q_1\lg\frac{R}{r_1} + Q_2\lg\frac{R}{r_{1-2}} + Q_3\lg\frac{R}{r_{1-3}} + \cdots + Q_n\lg\frac{R}{r_{1-n}}\right) \tag{3-54}$$

$$H^2 - h_2'^2 = \frac{1}{1.37K}\left(Q_1 \lg \frac{R}{r_{2-1}} + Q_2 \lg \frac{R}{r_2} + Q_3 \lg \frac{R}{r_{2-3}} + \cdots + Q_n \lg \frac{R}{r_{2-n}}\right) \tag{3-55}$$

$$H^2 - h_n'^2 = \frac{1}{1.37K}\left(Q_1 \lg \frac{R}{r_{n-1}} + Q_2 \lg \frac{R}{r_{n-2}} + Q_3 \lg \frac{R}{r_{n-3}} + \cdots + Q_n \lg \frac{R}{r_n}\right) \tag{3-56}$$

式中　H——静水位，为已知数，只要给定各井的设计水位降深 S_i，则以 $h_i = H - S_i$ 代入方程，就可以联立 n 个方程求解出各井的干扰出水量；反之，只要给定各井的设计出水量，就可以联立 n 个方程求解出各井的水位 h，代入 $S_i = H - h_i$ 即可得到各井的干扰降深。

值得注意的是，干扰抽水的前提条件是井间距离小于影响半径 R，所以当计算某开采井的干扰降深时，一定要确定哪些井与计算井的距离小于 R。只有井距小于 R 的开采井才列入计算式中，否则会出现水位叠加项成为负值的情况，不符合实际情况，从而产生错误的计算结果。

2. 经验公式法

(1) 基本原理　经验公式法是基于 Q-S 曲线和干扰抽水试验资料确定井距、降深和出水量的井群水力计算方法，它具有不受布井方式限制，不需要水文地质参数，但密切结合水文地质条件等优点。该法利用出水量减少系数概括井群互阻影响的各种因素，因此出水量减少系数也称为干扰强度，其表达式为：

$$\alpha_i = \frac{Q_i - Q_i'}{Q_i} \tag{3-57}$$

$$Q_i' = (1 - \alpha_i)Q_i \tag{3-58}$$

式中　α_i——互阻影响时 i 号井的出水量减少系数（干扰强度）；

　　　Q_i——无互阻影响时 i 号井的出水量；

　　　Q_i'——互阻影响时水位降深（包括其他井的附加降深）不变时 i 号井的出水量。

当 $\alpha_i = 0$ 时，$Q_i' = Q_i$，说明无干扰；当 $\alpha_i = 1$ 时，$Q_i' = 0$，说明干扰最大。一般 α_i 介于 0 与 1 之间。当第 i 号井受多眼开采井干扰时，其干扰强度会叠加，因而出水量减少更加明显，说明式 (3-58) 中的 α_i 实际上是所有井对 i 号井的干扰，即 $\sum \alpha_i$。此时第 i 号井的出水量可表示为：

$$Q_i' = (1 - \sum \alpha_i)Q_i \tag{3-59}$$

(2) 干扰系数的算法　从上述可见，只要求得互阻井的干扰系数 α_i，就可以根据式 (3-59) 计算各井的干扰出水量，从而也可根据 Q-S 曲线计算各井的水位降深。

假设在均质承压含水层中有两眼完整井，其结构和井径相同。当 1 号井单独抽水稳定后，其出水量为 Q_1，降深 S_1，对 2 号井的附加降深为 t_2；同样，当 2 号井单独抽水稳定后，其出水量为 Q_2，降深 S_2，对 1 号井的附加降深为 t_1。两眼井同时抽水，且保持各井的水位降落值不变，则两眼井的出水量因互相影响减少至 Q_1'、Q_2'，两眼井的水位削减值相应减至 t_1'、t_2'。

根据假设条件分析，两眼井的 Q-S 曲线为直线，即 $Q = qS$。根据直线关系，可以认为 Q_1' 是由于降深 $(S_1 - t_1')$ 引起，Q_2' 是由于降深 $(S_2 - t_2')$ 引起。于是，

$$Q_1' = q_1(S_1 - t_1') \tag{3-60}$$

$$Q_2' = q_2(S_2 - t_2') \tag{3-61}$$

两眼井的干扰强度分别为，

$$\alpha_1 = \frac{Q_1 - Q_1'}{Q_1} = \frac{q_1 S_1 - q_1(S_1 - t_1')}{q_1 S_1} = \frac{t_1'}{S_1} \tag{3-62}$$

$$\alpha_2 = \frac{Q_2 - Q_2'}{Q_2} = \frac{q_2 S_2 - q_2 (S_2 - t_2')}{q_2 S_2} = \frac{t_2'}{S_2} \tag{3-63}$$

上式中 S_1 和 S_2 为单独抽水时的降深，是可测的，但 t_1' 和 t_2' 是在两眼井共同抽水时产生的附加降深，因而是不可测的。所以接下来的任务是用可测的变量替代不可测的变量，从而求出各井的干扰强度。

根据裘布依公式，单独抽水和干扰抽水的情况下，当1号井抽水，2号井观测时，其出水量可分别以抽水井和观测井的流量和水位降深表示，即

$$Q_1 = \frac{2\pi KM S_1}{\lg R/r_w} = \frac{2\pi KM t_2}{\lg R/r_{1-2}} \tag{3-64}$$

$$Q_1' = \frac{2\pi KM(S_1 - t_1')}{\lg R/r_w} = \frac{2\pi KM t_2'}{\lg R/r_{1-2}} \tag{3-65}$$

同理，2号井的出水量与水位降深也可写成式（3-64）和式（3-65）的形式。两式相比得，

$$\frac{Q_1'}{Q_1} = \frac{t_2'}{t_2} \tag{3-66}$$

$$\frac{Q_2'}{Q_2} = \frac{t_1'}{t_1} \tag{3-67}$$

将式（3-60）和（3-61）及 $Q = qS$ 分别代入式（3-66）和式（3-67）得，

$$\frac{q_1(S_1 - t_1')}{q_1 S_1} = 1 - \frac{t_1'}{S_1} \tag{3-68}$$

$$\frac{q_2(S_2 - t_2')}{q_2 S_2} = 1 - \frac{t_2'}{S_2} \tag{3-69}$$

式（3-68）与式（3-66）相等，同理式（3-69）与式（3-67）相等，于是得到方程组（3-70），即

$$\begin{cases} 1 - \dfrac{t_1'}{S_1} = \dfrac{t_2'}{t_2} \\ 1 - \dfrac{t_2'}{S_2} = \dfrac{t_1'}{t_1} \end{cases} \tag{3-70}$$

解方程组（3-70）得，$t_1' = t_1 \dfrac{S_1(S_2 - t_2)}{S_1 S_2 - t_1 t_2}$，$t_2' = t_2 \dfrac{S_2(S_1 - t_1)}{S_1 S_2 - t_1 t_2}$。代入式（3-62）和式（3-63）得两眼井的干扰强度，

$$\alpha_1 = \frac{(S_2 - t_2)t_1}{S_1 S_2 - t_1 t_2} \tag{3-71}$$

$$\alpha_2 = \frac{(S_1 - t_1)t_2}{S_1 S_2 - t_1 t_2} \tag{3-72}$$

对于其他类型的 Q-S 曲线可以同样的推导方法求得干扰强度 α_i，如幂函数曲线型的干扰强度为，

$$\alpha_1 = 1 - \sqrt[m]{1 - \frac{t_1'}{S_1}} \tag{3-73}$$

$$\alpha_2 = 1 - \sqrt[m]{1 - \frac{t_2'}{S_2}} \tag{3-74}$$

（三）水力计算时需注意的几个问题

1. 渗透系数

理论公式法进行单井和井群的水力计算时，渗透系数是一个很关键的水文地质参数。一般应根据多孔抽水试验进行计算。因为单孔抽水时，抽水孔中的水位波动不易准确观测，更重要的是由于水跃值的存在，观测到的井中水位并不是真正的井壁附近含水层的水位，因而可能偏离实际水力计算公式理论。主孔抽水一个观测孔观测时，承压含水层完整井的水力计算公式为式（3-75），含水层厚度 M、观测孔距抽水孔的距离 r_1、抽水量 Q 和观测孔中的水位降深 S 均可较为准确地测定，但是影响半径不可测，因而利用式（3-75）反求得的渗透系数不够准确。

$$Q = 2.73 \frac{KMS_1}{\lg R/r_1} \tag{3-75}$$

式中　Q——主孔（抽水孔）的抽水量，m^3/d；

　　　S_1——观测孔中的水位降深，m；

　　　K——含水层的渗透系数，m/d；

　　　M——含水层的厚度，m；

　　　r_1——观测孔距抽水孔的距离，m；

　　　R——影响半径，m。

如果在抽水井附近有可观测到水位降深的两个水位观测孔，距主孔中心的距离分别为 r_1、r_2，水位降深分别为 S_1、S_2，则主孔的抽水量 Q 可用式（3-76）计算，即

$$Q = 2.73 \frac{KM(S_1 - S_2)}{\lg r_2/r_1} \tag{3-76}$$

式（3-76）中只有可测的 r_1、r_2、S_1、S_2、Q、M，没有影响半径 R，这样就避开了影响渗透系数计算精度的因素，从而可以准确地计算出渗透系数。

$$K = \frac{Q \lg r_2/r_1}{2.73M(S_1 - S_2)} \tag{3-77}$$

当水源地前期论证时没有抽水试验资料，只能通过勘探得到的含水层岩性经验数值表（表 3-1）或者水文地质手册等结合经验粗略确定。值得注意的是，多数含水层不是单一的，而是有多层不同渗透性能含水层组成的，但其具有统一的地下水位。对于具有这类性质的多层承压含水层（即多层不同岩性的含水层具有明显的分界，但总体上只有一个隔水底板和一个隔水顶板），渗透系数可用式（3-78）计算，对于层状无压力含水层（即多层不同岩性的含水层具有明显的分界，但总体上只有一个隔水底板无隔水顶板）可用式（3-79）计算。

$$K = \frac{K_1 M_1 + K_2 M_2 + \cdots + K_n M_n}{M_1 + M_2 + \cdots + M_n} \tag{3-78}$$

式中　　　　　K——含水层的综合渗透系数，m/d；

K_1，K_2，$\cdots$，K_n——各分层含水层的根据岩性确定的渗透系数，m/d；

M_1，M_2，$\cdots$，M_n——各分层含水层的厚度，m。

$$K = \frac{K_1\left(\dfrac{h+M_1}{2}\right) + K_2 M_2 + \cdots + K_n M_n}{\dfrac{h+M_1}{2} + M_2 + \cdots + M_n} \tag{3-79}$$

式中　　　　　　　K——含水层的综合渗透系数，m/d；

K_1，K_2，$\cdots$，K_n——各分层含水层的根据岩性确定的渗透系数，m/d；

M_1，M_2，$\cdots$，M_n——各分层含水层的厚度，m；

h——以地面下第一层含水层底为基准的井中动水位，m。

2. 影响半径

影响半径是一个复杂的水文地质参数，在均质各向同性，且有定水头补给的含水层中是一个定值，它不随抽水时间和降深的变化而改变，与含水层的岩性较为密切。在无限含水层中，抽水井中水位不断下降，水位降落漏斗不断扩大，最终降落漏斗扩展到假想的补给边界时，地下水的补给量与井的抽水量达到平衡，此时井中水位不再下降，边界处的水位也保持静水位状态，这种情况下类似于前述有定水头补给的状态。但是，当井中抽水量增大时，这种水量的补给平衡便会被打破，水位又不断下降，降落漏斗又继续扩展，直到找到新的动态平衡为止。因此，影响半径是随着抽水量和水位降深变化而变化的。

影响半径的确定有抽水试验法和经验法。对于有三眼井做的抽水试验（一眼井抽水，两眼井同时观测），抽水孔的流量与1号观测孔的水力关系可由式（3-75）表示，式中观测孔至抽水孔的距离 r_1、观测孔中的水位降深 S_1、抽水孔的出水量 Q、含水层的厚度 M 均可测，渗透系数 K 则可用两个观测孔资料由式（3-77）较为准确地求得。于是，根据式（3-75）和式（3-77）得到基于多孔抽水试验的影响半径计算公式，即

$$R = r_1 10^{\frac{S_1 \lg(r_2/r_1)}{S_1 - S_2}} \tag{3-80}$$

利用两眼井抽水试验资料可直接用式（3-75）计算 R，但由于 K 和 M 均需确定，因此计算精度不能保证。无条件进行抽水试验的水源地，也可查表3-8后根据经验确定影响半径。

表 3-8　含水层影响半径经验值

含水层岩性	粒径/mm	所占重量/%	影响半径 R/m
粉砂	0.05~0.1	<70	25~50
细砂	0.1~0.25	>70	50~100
中砂	0.25~0.5	>50	100~300
粗砂	0.5~1.0	>50	300~400
极粗砂	1~2	>50	400~500
小砾石	2~3		500~600
中砾石	3~5		600~1500
粗砾石	5~10		1500~3000

对于补给条件不好的无限含水层，抽水时随着水位降深增大而扩大，因此对于以试验井抽水试验资料计算得的影响半径，如果设计水位降深大于试验时的最大降深时（一般根据 Q-S 曲线可外推1.5~2倍），则应进行影响半径的校正，校正公式见式（3-81），可采用试算法求解 R。

$$R \lg \frac{R}{r} = \frac{SR_0}{S_0} \lg \frac{R_0}{r_0} \tag{3-81}$$

式中　R，R_0——设计井的影响半径和试验所得影响半径，m；

S，S_0——设计降深和试验时的最大降深，m；

r，r_0——设计井和试验井的半径，m。

3. 井径与出水量的关系

理论公式法中单井的水力计算以裴布依公式为基础，以承压水完整井的水力计算公式

(3-29) 为例, 井径 r_w 增大一倍, 井的出水量 Q 增加 10%; 井径 r_w 增大 10 倍, 井的出水量 Q 增加 40%。可见理论上井径的增大对出水量增加的影响较小。然而多数实验表明, 当井径小于一定数值时, 实际的井出水量与理论计算的出水量差别较大, 理论上是井径由小至大出水量平衡增加, 但实际上是井径小时出水量明显减小, 随着井径的增大出水量快速增加。

造成理论与实际情况下井径与出水量关系矛盾的原因是, 理论公式是在对水文地质条件高度概化的前提下推求的, 忽视了过滤器附近地下水流态变化的影响。事实上, 井的半径越小, 其周围渗流速度越大, 紊流态产生的水头损失急剧增加, 导致在同样降深情况下出水量显著减小。

考虑到水源地开采井的井径一般为 300~600mm, 根据实验结果, 在此范围内 Q-r_w 曲线为弯曲度较为平缓的曲线。在透水性较好的承压含水层可近似看作直线, 因此可用线性比值关系校核; 在无压含水层中 Q-r_w 曲线的弯曲度相对较大, 因此用式 (3-82) 进行校核计算。

$$\frac{Q_2}{Q_1}=\frac{\sqrt{r_2}}{\sqrt{r_1}}-0.021\left(\frac{r_2}{r_1}-1\right) \tag{3-82}$$

式中　Q_2, Q_1——大井和小井的出水量, m^3/d;

　　　r_2, r_1——大井和小井的井径, m。

4. 井的允许流速

过滤器是管井的进水通道, 其外侧填充不同级配的人工砾石, 在洗井抽水时, 一些小的砂粒通过人工填砾和过滤器进入井中被抽出, 不同级配的填砾也进行了分选, 一段时间后便形成稳定的人工反滤层。反滤层既可在井壁附近形成地下水从含水层进入井中的渗流通道, 又能有效地阻止含水层中细小颗粒进入井内, 从而保持清澈的井水。

当抽水量增大时, 地下水从含水层向井中渗流的速度增大, 原来形成的反滤层可能会破坏, 颗粒运移并重新排列。此时泥沙会涌入水井, 部分细小颗粒被阻隔在过滤器外侧阻挡了水的进入, 造成水井涌沙、出水量减少的现象, 严重的使水井报废。因此, 在设计和运行时都要对进入井中的流速加以限制。

对于特定水源地, 地下水进入井内的流速与抽水量有关, 抽水量越大, 流速越快。为了保证形成的人工反滤层不被破坏, 在设计和运行时均要限制通过过滤器进入井内的流速, 即允许流速。在设计抽水量一定的情况下, 进入井内的流速与过滤器外径成反比, 也与过滤器的有效长度成反比。因此, 要获得较大的流速耐冲击能力, 设计时需将过滤器直径适当增大。当然这要从技术经济方面综合考虑。但是, 在成井后 D 和 L 均已固定, 实际抽水量受限于式 (3-83), v 越大则实际抽水量可越大。这就需要确定一个最大允许流速。即

$$\frac{Q}{\pi DL}\leqslant v_f \tag{3-83}$$

式中　v_f——通过井壁的进水的流速, m/s;

　　　Q——井的抽水量, m^3/s;

　　　D——过滤器外径 (包括填砾层厚度), m;

　　　L——过滤器的有效长度, m。

阻止泥沙进入井内的因素虽然有人工反滤层和过滤器, 但从泥沙来源于含水层的角度看, 含水层也是最关键的因素。含水层越细泥沙就越多, 但越粗的含水层泥沙进入井内的概率就越小, 越粗的含水层其渗透性就越好, 因此最大允许流速应该与含水层的渗透系数有

关，一般可用西恰特公式计算。即

$$v_f = \frac{\sqrt{K}}{15} \qquad (3\text{-}84)$$

式中 K——含水层的渗透系数，m/s。

5. 水跃值

在开采井抽水量，由于地下水从含水层通过反滤层和过滤器进入井内时会产生损失，使得井内的水位与井外壁的水位出现差值，这种水位差称为水跃值。显然，水跃值越大，说明反滤层和过滤器对水的阻力越大。水跃值根据阿勃拉莫夫公式计算，即

$$\Delta S = \alpha \sqrt{\frac{QS}{\pi KdL}} \qquad (3\text{-}85)$$

式中 ΔS——水跃值，m；

Q——井的抽水量，m^3/d；

S——抽水时井中的水位降深，m；

K——渗透系数，m/d；

d——过滤器的直径，m；

L——过滤器的有效长度，m；

α——与过滤器结构有关的系数。

上式中 α 对于计算结果影响较大，但它也是非常不确定的经验因素。取值时考虑过滤器的结构和完整性综合考虑。根据有关经验，完整井的包网和填砾过滤器取 $0.15 \sim 0.25$；条孔和缠丝过滤器取 $0.06 \sim 0.08$。对于非完整井，要根据过滤器的不完整程度适当增加。为了减少经验因素，在水源地勘察时，成井下管的同时要在井壁外侧设置一根水位观测管，抽水试验时通过测定内外水位差即可得到勘探井的水跃值，利用式（3-85）反求出 α，其结果作为设计井 α 取值的依据。

计算水跃值的意义在于，理论公式所计算的井中水位降深是指井壁外侧的，但单井抽水时所观测到的却是井内的水位，两者相差 ΔS，这就给水力计算带来误差。通过计算水跃值修正计算降深才能得到准确的出水量或者水文地质参数。

另一方面，利用理论公式计算开采井的降深，往往得到的只是井壁外侧的水位降深，不能作为配泵的动水位依据，必须考虑附加水跃值，否则会由于扬程考虑不足而影响水泵的效率和出水量。

计算水跃值的意义还在于考核成井质量。从式（3-85）可以看出，虽然通过与过滤器结构有关的系数 α 调整了 ΔS，但渗透系数 K 也起到关键的影响作用。当利用这种水井的抽水试验求得渗透系数 K 时，它却是含水层、人工填砾、过滤器，特别是成井时护壁泥浆的综合值。当填砾级配不当、过滤器选择形式不妥，特别是护壁的泥浆没有清洗完全时会导致 K 值远远小于实际含水层渗透系数的情况，从而得到更大的水跃值。这种情况下，当 ΔS 越大，说明设计存在缺陷或者成井质量不佳。

对于基于 Q-S 曲线的经验公式法水力计算，ΔS 越大的水井抽水试验所得到的 Q-S 曲线越偏离实际的水文地质条件。水源地勘察时如果利用这种水井做抽水试验，其 Q-S 曲线不能代表整个水源地的实际情况，因而会产生单井和井群系统设计的误导。

6. 越流补给

有些水源地的含水层是含水层与隔水层交替分布的，形成含水岩组，但过滤器安装部位有时不能全部与含水层对应，有些为了节省成井的成本，只在富水性较好的含水层设置过滤器。对于层间隔水层具有弱透水性（此隔水层称为弱透水层）的含水岩组，安装过滤器的含

水层称为主含水层，当水井抽水时，由于水位降落使上下相邻含水层的水通过层间弱透水层补给主含水层，从而形成越流系统。

越流系统可额外获得上下相邻含水层的补给，因而井的出水量比单独抽取主含水层地下水要大一些。对于定水头的越流系统，在不考虑弱透水层本身的弹性释水时，稳定流的出水量计算公式为式（3-86），非稳定流的计算公式为式（3-87）。

$$Q = \frac{2\pi(\varphi_R - \varphi_r)}{K_0\left(\dfrac{r}{B}\right)} \tag{3-86}$$

$$Q = \frac{4\pi K U}{w\left(u, \dfrac{r}{B}\right)} \tag{3-87}$$

式中　φ_R——外边界 R 处的势函数。潜水 $\varphi_R = \frac{1}{2}KH_0^2$，承压水 $\varphi_R = KMH_0$，H_0 为影响半径 R 处的水位；

φ_r——计算点 r 处的势函数。潜水 $\varphi_r = \frac{1}{2}Kh_r^2$，承压水 $\varphi_r = KMh_r$，h_r 为距井中心 r 处的水位；

$K_0\left(\dfrac{r}{B}\right)$——零阶二类修正贝塞尔函数。其中 B 为越流因数，$B = \sqrt{\dfrac{Tm'}{K'}}$，其中 K' 为相邻弱透水层的渗透系数，m' 为相邻弱透水层的厚度，T 为主含水层的导水系数；

$w\left(u, \dfrac{r}{B}\right)$——越流系统井函数；

U——水头函数，潜水 $U = \frac{1}{2}(H_0^2 - h^2)$，承压水 $U = M(H_0 - h)$。

7. 边界对井出水量的影响

前面的单井水力理论计算公式均是假定含水层具有定水头补给边界或者是无限含水层的情况下推导出来的，实际上边界形态十分复杂，形态各异。为便于计算，有文献将其归纳为线性透水边界、线性隔水边界、直交隔水边界、直交补给边界、直交隔水补给边界、平行补给边界、平行隔水边界、平行隔水补给边界、扇形隔水边界、扇形隔水补给边界等几种特殊的边界。

有边界的存在，水井的实际出水量与不考虑这些边界时的出水量具有明显的偏差，对应的水位降深差别尤为明显。如线性隔水边界，即在承压含水层中有一眼完整井，距离 b 处有一直线隔水边界（$b \leqslant R/2$），这种情况下井的出水量与水位降深的稳定流关系为：

$$Q = \frac{2\pi KM}{\ln\dfrac{R^2}{2br_w}} S \tag{3-88}$$

为方便与裘布依公式对比分析，将式（3-88）写成如下形式，即

$$Q = \frac{2\pi KM}{\ln\dfrac{R}{r_w} + \ln\dfrac{R}{2b}} S \tag{3-89}$$

对比发现，式（3-89）的分母比承压水完整井的裘布依多了 $\ln\dfrac{R}{2b}$，因此在同样降深 S 的情况下井的出水量将减小，并且 b 值越小（即隔水边界距井越近），井的出水量减小幅度

越大。这就说明了隔水边界的存在改变了地下渗流场，使出水量与水位降深的规律偏离了理想状态下的情况。当 $b=R/2$ 时，式（3-89）就完全成为裘布依公式，说明在井所涉及的范围内隔水边界对地下渗流场几乎没有影响。所以，在应用理论公式进行井的水力计算和分析时，首先要查明水源地的水文地质条件，确定边界性质、边界与井的相对位置和距离，然后针对性地选择相关水力计算公式。

8. 干扰强度的修正

干扰强度 α_i 是在互相抽水过程中其他井对 i 号井附加降深的影响，显然其他井的降深越大，它们对 i 号井的干扰强度就越大。另外，干扰井之间的距离也是影响 α_i 的重要因素。在降深相同的情况下，距离越小则干扰强度就越大。

在水源地井群系统设计时，一般根据两眼井的互阻抽水试验资料作为设计依据进行单井的水力计算和井群的水力计算。通过试验井抽水试验资料所做的 Q-S 曲线外推最大降深情况下的出水量作为设计开采井的设计出水量依据。由于井数及布井范围所限，设计开采井的距离并不可能与两眼试验井的距离相同。因此在设计时需进行干扰强度 α_i 的修正。

（1）干扰强度的降深修正　根据前面推导，由于 $\alpha_i=\dfrac{t_i'}{S_i}$，因此要确定设计井外推后干扰强度的变化，就要分别确定 S_i 和 t_i'。S_i 是根据 Q-S 曲线类型以试验井最大降深的 $1.5\sim 2.0$ 倍后确定的（记为 $S_{设}$），但 t_i' 是两井共同抽水时的附加降深，一般难以测定，因此无法外推。但由于 $t_1'=t_1\dfrac{S_1(S_2-t_2)}{S_1S_2-t_1t_2}$，$t_2'=t_2\dfrac{S_2(S_1-t_1)}{S_1S_2-t_1t_2}$，因此可通过每次降深的两眼井干扰抽水试验资料计算 t_i'，然后建立 t_i'-S_i 的关系，根据此曲线计算外推降深 $S_{设}$ 下的 t_i'。

（2）干扰强度的井距修正　当设计井间的距离与试验井距离不同时要进行干扰强度 α_i 的修正，公式为，

$$\alpha_i'=\alpha_0\frac{\lg\dfrac{R}{L'}}{\lg\dfrac{R}{L_0}} \tag{3-90}$$

式中　α_i'——井距修正后的干扰强度；

$\quad\quad \alpha_0$——试验井距下的干扰强度；

$\quad\quad L'$——设计井间的距离，m；

$\quad\quad L_0$——试验井间的距离，m；

$\quad\quad R$——影响半径，m。

三、井群系统的设计步骤

井群系统设计是基于水源地供水水文地质勘察成果的取水工程设计工作。在设计之初应首先明确设计任务，掌握水源地的水文地质条件、了解水资源量和水质情况，在此基础上合理选择取水构筑物，进行单井的结构设计和水力计算，根据水源地范围和抽水试验成果在井群水力计算的基础上科学布局井群系统。具体设计步骤归纳如下所述。

（一）井群系统的取水任务

地下水是储存于含水层中的渗流，具有渗流速度缓慢、补给相对迟缓的特点，因此除个别岩溶地区单井出水量很大，绝大多数的水源地单井出水量每天为几十至几千立方米，因此取水工程往往靠多个井共同抽水来维持。当城市需水量确定后，水源地的设计规模就能够确

定。水源地的设计取水量是一个总量，它需多眼井共同承担，因此每眼井均有不同的取水任务。考虑到水源地的含水层结构、储存、边界、性质等因素，多数设计开采井的出水量不同，所以井群系统的取水任务应明确到每眼设计开采井的出水量。

（二）水源地情况分析

要完成水源地的取水任务，必须查清水源地的水文地质条件、水资源状况等。既然井群的取水任务要落实到单井，那么查清水源地的水文地质条件尤为重要。

1. 水文地质条件分析

集中供水水源地的设计应基于供水水文地质勘察进行。因此首先要收集由专业部门编制的水源地供水水文地质勘察报告，注意勘察精度要符合设计阶段的要求。通过勘察报告了解水源地的区域地形、地貌、水文和气象、交通和区域地质与水文地质状况；查清水源地内含水层的埋藏与分布、厚度、岩性，特别注意含水层的边界性质；了解地下水的运动规律，明确补给、径流和排泄特征；掌握水源地的地下水动态特征。

2. 抽水试验成果分析

抽水试验的成果是井群系统设计的重要基础。通过勘察报告了解含水层的渗透系数、影响半径等水文地质参数，分析整理抽水试验出水量与水位降深资料，判断资料的可靠性，明确是否做了三次降深的抽水试验，并且稳定延续时间符合规范要求。对于非稳定流抽水试验，要注意地下水位下降速度与水位恢复特征。

3. 水质现状与变化趋势分析

要通过水质化验了解水源地的水质状况，进行水质评价以判定地下水是否满足需水要求。要对水源地周围进行污染源调查，掌握污染源迁移规律，对是否造成水源地污染做出预测，并提出水源地保护措施和要求。

4. 地下水资源评价

地下水资源评价包括水质评价、水量评价、开采技术条件评价、环境效益评价和防护措施评价等。水质评价就是根据前述对水源地水质现状资料按水的用途进行评价。一般城市集中供水水源地的水质评价多以饮用水卫生标准进行评价，对于城市与工业混用的水源，要进行生活饮用水卫生评价和工业用水（主要是锅炉用水）水质评价。近年来，由于地下水污染导致有的水源地几项指标不合格，但通过后序净水工艺可以处理达标，这种水源也可以作为集中供水水源地。

供水水文地质勘察中地下水水量评价是根据水源地的水文地质条件布置经济技术合理的取水构筑物，预测出稳定的允许开采量，即最大允许开采量的评价；或者是按具体的供水要求布置几种不同的取水方案，通过计算比选出最佳方案，然后评价其保证程度或开采期内的水位降深。这两种资源评价方法直观上给出了水源地的布井方案，井群设计时可按此勘察成果进行布置，但由于井群布置还要考虑管理、配电、交通、井群联络等技术经济因素，实际布井时可在勘察报告确定的布井方案框架内结合水文地质条件和技术经济因素进行布置。这种方案可能不同于勘察报告的方案，但通过校核补给量是否大于允许开采量、水位降深是否满足最大允许降深等条件可以确定设计井群是否合理。

开采技术条件评价是要了解在整个开采利用地下水资源的过程中，地下水位的最大下降值是否满足开采区内各点水位下降的最大允许值。由于开采技术评价结果与井群的布置有密切的关系，因此要了解勘察报告提出的开采技术条件与布井方案的关系，对于考虑技术经济因素调整为与勘察报告不一致的井群要复核每眼井的最大降深。当某一开采方案下地下水水位降深超过了最大允许降深，要调整布井方案，直到满足不超过最大允许降深为止。

要特别重视水源地及其附近有无环境问题产生可能性的因素，这是环境效益评价的要点。对于开采地下水后可能引起区域地下水位下降而破坏生态平衡，或者产生地面沉降等不良的环境地质问题存在时，要论证当地下水开采利用之后水源地地下水水质的变化趋势，并重点将最大允许水位降深值作为井群设计时最大外推水位降深的依据。

防护措施评价是根据对前述水质现状与变化趋势分析的基础上进行的。勘察报告中针对开采方案可能已经提出了防护措施，但是，如果井群设计时调整了布井方案，实际开采时由于地下水流场发生变化，污染物向水源地的迁移规律也不同于勘察报告，所以要进一步结合设计布井方案提出针对性的水源防护措施。

5. 建议的布井方案

尽管勘察报告在资源评价时给出了布井方案，在结论中也可能推荐出建议实施的布井方案，但由于要考虑技术经济性，特别是布井数量可能与勘察报告不一致，因此不能不加分析地套用勘察报告中资源评价时的布井方案和建议的布井方案，只能将其作为参考，根据水文地质条件和井群计算成果确定合理的布井方案。

（三）单井设计

1. 单井的水力计算

单井水力计算的目的是确定单井的设计出水量，计算单井的水位降深，同时设计出水量也是确定井径（过滤器直径）的基础工作。

（1）Q-S 曲线选择 根据抽水试验资料绘制 Q-S 曲线时一般需要三次降深的抽水试验资料，但要注意的是三次试验必须是同一试验井同一时间段的抽水试验资料。为提高效率，确定 Q-S 曲线时先用曲度 n 值法初步确定曲线的类型，然后绘制相应类型的 Q-S 曲线，通过曲线的斜率和截距求出待定系数，也可通过最小二乘法求出待定系数。

为了增加设计的精度，提高水源的安全保证程度，水源地内至少要有两眼井分别做了抽水试验。两眼井可能出现不同的 Q-S 曲线类型，为了体现水源安全，要选择同样降深情况下出水量偏小的 Q-S 曲线作为代表水源地 Q-S 关系的计算曲线。

（2）设计降深确定 根据 $S_设 = \xi S_{max}$，结合 Q-S 曲线类型，并考虑供水安全和含水层埋藏条件确定外推系数 ξ，其中 S_{max} 为多次抽水试验中降深最大的那组水位降深值。供水安全对外推系数 ξ 的影响主要是指 ξ 不宜过大，要紧密结合 Q-S 曲线类型确定。含水层埋藏条件对外推系数 ξ 影响是指不同类型的含水层具有保持其水力传导和性质的限定条件，外推后的水位降深不能改变这种条件。一般应考虑的条件是，潜水含水层水位降深不得超过其厚度的 1/3，承压水含水层的水位降深不得低于其隔水顶板。

（3）设计出水量推求与修正 将外推后的设计降深 $S_设$ 代入确定的 Q-S 曲线，计算设计降深下的单井出水量。但要特别注意，设计井的井径与试验井的井径不同时，要进行出水量的修正。修正后的出水量才是单井的设计出水量，以此作为后序过滤器设计和井群设计的基础。

2. 井结构设计

（1）井壁管设计 井壁管的功能是支撑井壁、隔离水质不良含水层和封闭无供水意义含水层或隔水层，以防止这部分水和泥沙进入井中。此外，井壁管连接过滤器使其达到指定含水部位。井壁管既受到环状的地下应力作用，又受上下井壁管和过滤器的垂直压力，因此要有足够的强度。

常用井壁管材料有钢管、铸铁管、钢筋混凝土管、塑料管等。集中式城市供水水源地的开采井常用钢管作为井壁管，主要有无缝钢管、焊接钢管（螺旋），厚度一般为 6～12mm。对于腐蚀性较强的地下水，常采用铸铁管和硬质塑料管，但井深不宜过大，一般不超过

250m，以保证强度的适宜性。

井壁管不进水，因此理论上其内径大小不影响井的出水量，但动水位以上部分的井壁管的内径主要决定于抽水设备的最大外径。一般井壁管的内径应大于水泵井下部分最大外径50mm。当井深较大，由于地质条件和施工技术等原因可能导致成井斜度较大时，井壁管口径宜适当增大，其内径大于水泵井下部分最大外径100mm为宜。另外，除变径结构外，一般情况下井壁管宜和过滤器的口径相配。

(2) 过滤器设计　过滤器的功能是使含水层中的水通过并进入井中，它具有阻挡泥沙入井、保持含水层稳定、支撑井壁管的作用，因此过滤器的构造、材质、施工安装质量等对井的出水量、含沙率、使用寿命具有很大的影响。通常对过滤器的要求是应具有足够的强度和抗腐蚀性，具有良好的透水性和过滤性，但这本身存在矛盾，要保持良好的透水性需要较大的孔隙率，但在圆管材料上孔洞过密时其强度必然下降。所以过滤器设计的原则是必须将强度、抗腐蚀性、透水性、过滤性四者兼顾，工程上主要通过选用不同管材、加工形状各异孔洞、外敷过滤材料等方法加以实现。

① 过滤器选型　目前过滤器材质主要是钢管、铸铁管和钢筋混凝土管。过滤器的主要类型有钢筋骨架过滤器、圆孔（条孔）过滤器、缠丝过滤器、包网过滤器、填砾过滤器（单层和双层）、砾石水泥过滤器等；从形态上又分为柱状过滤器、笼状过滤器、筐状过滤器等。

选择过滤器时要根据含水层性质分类选取，对于具有裂隙、溶洞的基岩含水层宜选钢筋骨架过滤器、缠丝过滤器或填砾过滤器；卵石、碎石、砾石含水层一般选用钢筋骨架过滤器、缠丝过滤器或填砾过滤器；粗砂、中砂含水层可选择包网过滤器、缠丝过滤器或填砾过滤器；细砂、粉砂含水层一般选取填砾过滤器；对于裂隙发育但含水层结构稳定的岩溶裂隙含水层有时可以不设过滤器。

② 过滤器直径确定　过滤器的直径一般根据试验井的出水量和降深情况参照确定，并尽可能与试验井的过滤器口径相同。当水源地范围有限而需减少井数，最大允许水位降深限制，或者技术经济考虑等原因需要增大单井的设计出水量时，往往要通过增大过滤器直径来实现较大的单井出水量。这时的过滤器直径可用井的允许流速控制选取，即

$$d \geqslant \frac{Q}{\pi L v_f} - 2b \tag{3-91}$$

式中　d——过滤器直径，m；

$\quad\quad v_f$——通过过滤器进水的最大允许流速，其中 $v_f = \sqrt{K}/15$，K 为含水层的渗透系数，m/s；

$\quad\quad Q$——井的抽水量，m^3/s；

$\quad\quad b$——过滤器外填砾厚度，m；

$\quad\quad L$——过滤器的有效长度，m。

由于此时各井的干扰出水量还未能确定，式 (3-91) 中的流量 Q 可取单井水力计算中的外推出水量，如果计算的过滤器最小直径与单井水力计算时的井径与出水量修正时确定的井径有偏差，则应结合流量 Q 进行相互对比分析，相互修正，直到 d 和 Q 协调为止。

③ 过滤器孔隙大小的确定　对于圆孔和条孔过滤器，其孔眼直径或宽度决定于含水层的粒径，适宜的大小能在洗井时将含水层中细小颗粒和泥浆通过孔眼冲进井内，利于在过滤器周围形成天然反滤层。这种反滤层对保持含水层的渗透稳定性，提高过滤器的透水性，改善管井的工作性能，保持水质稳定，延长使用寿命等方面具有很大的作用。

对于不填砾的过滤器，其孔眼直径或宽度可由含水层的不均匀系数 d_{60}/d_{10} 为依据进行选取。当 $d_{60}/d_{10} < 2$，圆孔过滤器孔眼直径为 $(2.5 \sim 3.0)d_{50}$，条孔过滤器孔眼宽度为

$(1.25\sim1.5)d_{50}$，包网过滤器则为$(1.5\sim2.0)d_{50}$；当$d_{60}/d_{10}>2$，圆孔过滤器孔眼直径为$(3.0\sim4.0)d_{50}$，条孔过滤器孔眼宽度为$(1.5\sim2.0)d_{50}$，包网过滤器则为$(2.0\sim2.5)d_{50}$。

对于缠丝过滤器，其孔隙大小根据含水层的颗粒组成与均匀性确定。含水层为碎石土类时过滤器孔眼宜采用d_{20}，砂土类含水层宜采用d_{50}。缠丝过滤器骨架管上应设$6\sim8$mm的纵向垫筋，其间距按保证缠丝距管壁$2\sim4$mm间隙控制。缠丝后的孔隙率可按式（3-92）计算，即

$$p=\left(1-\frac{d_1}{m_1}\right)\left(1-\frac{d_2}{m_2}\right) \tag{3-92}$$

式中 p——缠丝面孔隙率；

d_1——垫筋宽度或直径，mm；

m_1——垫筋中心距离，mm；

d_2——缠丝宽度或直径，mm；

m_2——缠丝中心距离，mm。

对于填砾过滤器，其孔隙按填砾的级配确定，一般骨架管缝隙宜采用填砾的D_{10}确定。但是填砾的规格和要求要根据含水层岩性和级配确定，具体分类如下所列。

a. 砂土类（粒径<2mm，有砾砂、粗砂、中砂、细砂、粉砂）含水层在$d_{60}/d_{10}<10$的前提下填砾的规格为$D_{50}=(6\sim8)d_{50}$。

b. 当碎石土类（粒径>2mm，有漂石、块石、卵石、碎石、圆砾、角砾）含水层的$d_{20}<2$mm时填砾规格为$D_{50}=(6\sim8)d_{20}$。

c. 当碎石土类含水层的$d_{20}\geqslant2$mm时可不填砾，或者填充粒径为$10\sim20$mm的滤料。

d. 不论哪种情况，填砾的滤料不均匀系数d_{60}/d_{10}应小于2。

e. 填砾厚度按含水层的岩性确定，一般为$75\sim150$mm。滤料的填充高度应超出过滤器的上端一定高度，以防止形成反滤层过程中滤料分选移动而压实后低于隔水顶板。对于非均质或多层含水层其孔眼大小、缠丝规格、滤料规格、填充高度等均要根据各层含水层的情况分层设计，如果不分层填砾应全部按细颗粒含水层的要求进行设计。对于双层填砾过滤器，其外层滤料按前述方法确定，内层滤料的规格为外层滤料的$4\sim6$倍。滤料厚度外层宜为$75\sim100$mm，内层宜为$30\sim50$mm。

f. 滤料的数量可按式（3-93）进行估算：

$$V=0.785\alpha(D_1^2-D_2^2)L \tag{3-93}$$

式中 V——滤料数量，m³；

D_1——填砾段井径，m；

D_2——过滤器外径，m；

L——填砾段长度，m；

α——超径系数，根据含水层岩性和施工措施而定，一般为$1.2\sim1.5$。

④ 过滤器孔隙间距的确定 理论上过滤器孔隙越大，间距越小透水性就越好，但孔隙过大或孔间距过小时其强度会骤然下降，因此过滤器孔隙间距首先应由所采用管材的允许孔隙率确定。从材质方面考虑，钢管的允许孔隙率为$30\%\sim35\%$，铸铁管为$18\%\sim25\%$，钢筋混凝土管为$10\%\sim15\%$，塑料管为10%。

过滤器孔隙间距还决定于加工工艺，相同的孔隙率下不同的排列方式也会直接影响过滤器的强度。从材料强度与加工工艺综合考虑，过滤器骨架的孔隙率一般宜取$15\%\sim30\%$。

⑤ 过滤器的安装部位 为有效地利用含水层，取得最大的单井出水量，过滤器应与含水层相对应，从而形成完整井。但是，对于厚度超过30m且富水性较强的含水层，采用非

完整井时，出水量减少率并没有太大的变化，因而为了节省投资可采取非完整井。对于层状非均质含水层过滤器的累积长度不宜小于 30m，而对于裂隙、岩溶含水层过滤器的累积长度宜为 30～50m。

有些富水性好的基石裂隙或岩溶含水层可不设过滤器，从而形成实际意义的完整井，但其井径不宜小于 130mm。当岩层破碎时应设过滤器，其安装部位的确定以满足过滤器能够形成稳定井壁且能阻挡破碎带中细小砂粒进入井中为目标。在经济技术条件允许情况下井尽量采取统一口径，由于经济技术条件影响必须变径时，应分别对应变径部位的含水层设置相应的过滤器。

（3）沉淀管设计　沉淀管位于井的底部，其作用是用以沉淀和储存进入井内的细小砂粒和从地下水中析出的沉淀物质。沉淀管的长度根据含水层岩性和井的深度综合确定，一般取 2～10m，对于含水层颗粒级配不均匀性越大且颗粒越细小者应取较大值。在考虑含水层岩性的前提下，井深小则沉淀管可取小值，井深大则可取大值，一般当井深小于 20m 时沉淀管长度可取 2m，当井深大于 90m 时可取 10m。

（4）井的深度设计　井的深度取决于设计出水量、地下水的水质和含水层富水性等因素。科学合理地确定井深不仅保障井的出水量和水质，而且可节省工程造价。一般井的深度根据水文地质勘察成果确定，更精确的方法是参照水源地内的钻探和物探工作成果。沉淀管一般设于地质条件稳定的隔水层中，因此井的深度应该是最底层含水层底板至地面的距离与沉淀管长度之和。

（5）管外封闭　为了稳固井管、隔绝来自地面或地下水质不良含水层的污染成井时要对井管外进行封堵。所有井口的外围、水质不良含水层、非开采含水层、基岩地区不取水的覆盖层、覆盖层井管底部与稳定岩层间、非开采含水层井管变径间的重叠部位等均需进行管外封闭。封闭时常采用黏土、速凝水泥等透水性很弱的材料。

（四）井群设计

1. 井数的确定

每眼井的取水任务明确后就可以确定井数。但是由于井群系统中各井间有相互干扰，单井的出水量为共同抽水时的干扰出水量，比单井单独抽水时出水量要减小一些。由于每眼井的出水量在单井设计时已经确定，可据此进行井数的准确确定。

考虑到井群系统的布局紧凑，井间的距离小于影响半径，总的出水量要减小的情况，根据有关规范，先取其最大出水量减少系数计算未来井群开采时单井的实际出水量作为计算井数的基数。根据有关规范，出水量减少不得超过总出水量的 $25\%～30\%$，并考虑一定量的备用井，按设计总出水量的 $10\%～20\%$，并不得少于 1 眼。即

$$n = \frac{Q}{(1-\sum \alpha_i)Q_i} + n' \tag{3-94}$$

式中　n——设计井数；

　　　n'——备用井数；

　　　Q——水源地的设计总取水量，m^3/d；

　　　Q_i——单井设计出水量，m^3/d；

　　$\sum \alpha_i$——单井的最大出水量减少系数。

值得注意的是，式（3-94）是在假定单井出水量相同的情况下得出的，实际设计中可能遇到水源地内的水文地质条件不一致，特别是可能有隔水边界附近的水井，因此实际上各井的设计出水量不同。这时 Q_i 可取其中最小的单井设计出水量，以提高取水的安全性。布井

和计算完成后，再根据$\sum\alpha_i$是否满足规范和设计要求重新调整，结合水文地质条件和布井方案决定是否增减井数。

2. 井群布置

（1）影响半径校正　井群的布置与水源地的水文地质条件有关，影响半径是决定井间干扰与否的标准，只有井距小于影响半径的井间才会产生干扰。但是，对于定水头补给边界的含水层影响半径不会随着降深的增加而增大，而对于实际中常见的无限含水层、隔水边界等影响的水井抽水时影响半径将会随着降深的增加而增大。在单井设计时为了提高单井的效率，增加单井的出水量，已经根据$Q\text{-}S$曲线进行了降深的外推，这样影响半径就会随之增大。基于这种考虑，在井群布置前应首先进行影响半径的修正，具体修正方法见式（3-81）。

（2）井群布局　在供水水文地质勘察报告和有关批件所规定的范围内进行开采井的布置，需把握以下原则：①总体布局要以勘察报告为指导，水井的位置要密切联系水源地的水文地质条件；②水井距给定范围边界的距离要以干扰抽水后水位降落漏斗不外扩为前提，以保证不会影响到周围已建水源井的正常开采；③结合水源井联络方案，本着技术经济的原则，尽量集中布置，或者分组集中布置，以便于配电和管理。尽量布置在道路附近，以便于维护；④要考虑布置一定数量的备用井，备用井要和开采井的设计与布置相一致，要考虑到将来实际运行时的互为备用；⑤干扰井的间距要根据单井设计时修正后的影响半径确定。

3. 井群水力计算

（1）理论计算法　根据井群布置方案，首先确定哪些井间相互干扰，哪些井不干扰。选择相互干扰的井群参与水力计算。其次要根据勘察成果确定含水层的类型，选择相应的理论计算公式组成$Q\text{-}S$的方程组。

每眼井的设计出水量参照单井水力计算时的最大设计出水量考虑干扰折减确定，解方程可以求得每眼井的干扰降深；反之，首先根据水源地允许开采量相应的地下水位降深条件确定每眼井的最大降深值，代入理论计算方程组，联立求解得到每眼井的干扰流量。

对照每眼井的出水量之和是否满足水源地设计总出水量的要求，其次再校核总水量减少系数是否超过规范规定的要求。如果出水量不足，在允许开采量相应降深条件下适当增加降深后再进行计算，或者调整布井方案；如果总出水量减少系数超过规范要求，则要减小降深或者调整布井方案后再重新计算，直到同时满足出水量和水位降深条件为止。

（2）经验公式法　经验公式法主要是计算各井的干扰强度，同样是在布井方案确定的基础上进行。首先计算所布置开采井的出水量减少系数α，计算时要注意，由于试验井与设计井的降深和井距不同，α要进行降深修正。由于试验井与设计井的距离不同，修正后的α还要进行井距的修正。

其次，计算每眼井的总干扰强度$\sum\alpha_i$。然后根据单井水力计算时确定的出水量计算每眼井的干扰出水量，即$Q_i(1-\sum\alpha_i)$。

最后，计算井群总出水量的水量减少系数。若超过规范要求时，要重新调整布井方案，重复上述过程，直到满足条件为止。

（五）设计校核

1. 单井最大出水量校核

开采井通过过滤器采集含水层中的水以形成出水量，因此管井的设计出水量应该小于过滤器的最大进水能力，这在单井出水量设计时要作为控制条件，否则水井不会有持续的设计出水量。过滤器的最大进水能力可用式（3-95）计算，即

$$Q = n\pi DL v_l$$

$$(3\text{-}95)$$

式中 Q——过滤器的最大进水能力，m^3/s；

　　D——过滤器外径，m；

　　L——过滤器的有效长度，按实际长度的 85％ 计，m；

　　n——过滤器进水面层的有效孔隙度（一般按 50％ 考虑），m；

　　v_1——通过过滤器进水的最大允许流速，m/s，一般不超过 0.03m/s，当地下水具有
腐蚀性和容易结垢时按 $0.015 \sim 0.02$m/s 计。

2. 允许流速校核

虽然在确定过滤器直径时考虑到了进入井壁的允许流速，但那是在单井设计计算时以设
计出水量为基础考虑的，实际运行时由于配泵流量与设计流量（大于等于干扰流量）不一定
正好相等，当配泵流量大于设计出水量时要再进行井壁的允许流量校核，以防止过大的流速
破坏天然反滤层。

3. 水位降深校核

水位降深校核考虑的是开采过程中要保持含水层性质，即水位降深对潜水含水层不超过
其厚度的 1/3，承压含水层不超过其隔水顶板。

水位降深校核还要考虑设计的水位降深是否超过勘察报告中确定的最大允许降深，这是
计算水源地允许开采量的前提条件，而总的设计开采量不可超过水源地的允许开采量，因而
不可逾越。

需注意的是，采用经验法进行井群的水力计算时重点是计算各井的干扰出水量，更要进
行水位降深的校核。特别是当配泵与水力计算成果不匹配时，要以实际的泵流量为基础，考
虑水泵的特性曲线确定实际出水量后计算水位降深进行校核。

4. 特殊构筑物稳定影响校核

对于松散层中的开采井，当地下水位下降后可能造成构筑物基础下沉，从而影响其稳定
性。例如傍河取水的水源地，河流是其主要补给源，当开采量达到一定量时地下水的降落漏
斗扩展到河流以获取稳定的水位和水量。但是，如果开采井与河流之间有防洪堤存在，堤下
地下水位低于未开采前的水位，使原来由含水层颗粒与地下水共同支撑堤坝重量改变为由含
水层颗粒支撑，当堤坝重量足以压缩含水层颗粒时就会产生堤的下沉、开裂。

井群系统设计完成后，要针对性地对上述可能产生对特殊构筑物稳定性有无影响的判定
和校核。方法是调整井的布局，使开采井与特殊建筑物之间保持安全距离，应用土力学理论
计算基础压缩量，建立基础压缩量与地下水位之间的关系，以此作为推断开采井最大降深的
依据，然后重新进行井群的水力计算。

第六节　井群联络系统的水力平衡

一、井群联络

（一）井群联络系统

井群系统运行时是多眼水井同时抽水向水厂输送，考虑经济的合理性不可能每眼水井至
水厂均铺设一条输水管，而是从最远的井开始向水厂铺设一条主输水管，其余井的输水管连
接主输水管，从而形成枝状的联络管网系统，称为井群联络系统。

（二）井群联络对出水量的影响

在许多实际工程中，井群供水常出现实际水量远小于设计水量的情况，单井的出水量超过设计出水量，水泵故障率高，水井使用寿命短等现象。造成这些现象的主要原因是井群联络系统水力不平衡。造成井群联络系统水力不平衡的具体原因如下所述。

（1）水泵选型的偏差　实际水井配泵的型号和特性与设计不可能完全吻合，运行时井中的水泵扬程或大于设计扬程，或小于设计扬程。为了在输水管节点处水压处于平衡，依水泵 Q-H 特性曲线，水泵扬程大的井要减小扬程，而出水量会增加；水泵扬程小的井要增大扬程，而水量会减少。出水量大的水井可能超过单井设计出水量，导致水位降深增大，进入过滤器流速可能超过允许流速，长期运行可能出现涌沙现象，严重的甚至使水井报废。这种情况下水泵本身也长期在高效区外运行，效率降低、损坏故障等问题不断出现。由于水泵扬程不足致使出水量小的水井不能发挥单井的设计出水量功能，这些受高水泵扬程水井影响的井数多时，水源地总的出水量就会出现远小于设计出水量的情况。

（2）管径不合理　联络管的管径或大或小，其沿程损失不同。表现在节点处出现水压不平衡，这种管路的不平衡会反馈到水泵，水泵会根据 Q-H 特性曲线调整出水量，同样也会出现有的水井出水量多，降深大，而有的水井出水量减小的不良后果。

（3）水井分散　个别水井距离主输水管远，管道的沿程损失较大，反馈到水泵对出水量影响较大，如果管径调整不合理，水力不平衡会较为严重。

（4）井口标高相差较大　井群中的井口不可能处于同一地平面上，往往井口标高高低不一。基于水力平衡考虑，过高或者过低的水井选配泵较为困难，直接影响联络系统的整体水力条件。

二、井群联络系统水力平衡原理

在设计中，初次平差以配水厂中清水池为控制点，水力计算按枝状管网计算，给出推荐使用水泵。在井群联合工作运行时，引入"虚环"的概念，用虚环平差原理校核。

井群系统水力计算对象要素包括井的水力特性、水泵水力特性、联络管、主输水管等。水井的水力特性用 Q-S 曲线表示，水泵的水力特性用 Q-H 特性曲线表示，联络管和主输水管的水力特性用管路的沿程损失公式表示。

（一）水井的水力特性

由单井抽水试验可得到直线型、抛物线型、半对数型和幂函数型四种曲线，这四种曲线均可表征开采井的水位降深 S 与出水量 Q 的关系。如直线型的水位降深可表示为 $S = Q/q$，抛物线型的水位降深可表示为 $S = aQ + bQ^2$。

各开采井的静水位与动水位的关系为：

$$Z_i = Z_{0i} - S_i \tag{3-96}$$

式中　Z_i——i 号井的动水位，m；

　　　Z_{0i}——i 号井的静水位，m；

　　　S_i——开采时 i 号井的水位降深，m。

（二）水泵的水力特性

管井常用的水泵有深井泵和潜水泵，潜水泵的特性曲线为：

$$H_{pi} = H_{0i} - S_{pi}Q_{pi}^2 \tag{3-97}$$

式中　H_{pi}——i 号井水泵的水压（扬程），m；

　　　　Q_{pi}——i 号井水泵工作时的出水量，L/s；

　　　　H_{0i}——$Q_{pi}=0$ 时的水泵水压，m；

　　　　S_{pi}——水泵的水力摩阻。

（三）管路的水力特性

井群的管路包括水泵扬水管、联络管和主输水管。水从井中抽取通过管道输送至水厂过程中要产生沿程损失和局部损失。其中扬水管水头损失的计算长度为动水位至井口的距离，联络管水头损失的计算长度为井口至主输水管的管道长度（对于未直接与主输水管相连的联络管，其水头损失的计算长度为井口至下一级联络管和管道长度），主输水管水头损失的计算长度为最后一个联络节点至水厂清水池之间的管道长度。

管路的水头损失由沿程损失和局部损失组成。沿程损失是水在管道中受到摩擦阻力而使水头降低的程度，局部损失是水流通过阀门、弯头、三通、四通、变径等处产生的损失。管路的水头损失与流经管道的流量有关，还与管道的粗糙程度、水的黏滞性、水温等因素有关。对于特定的水流，管道沿程损失可表示为：

$$h = sq^n \tag{3-98}$$

式中　h——管道的水头损失，m；

　　　　q——流经管道的流量，L/s；

　　　　s——管道摩阻。$s=al$，其中 a 为管道比阻，l 为管道长度，m。

比阻 a 的计算比较复杂。不同管道中流速液态不同比阻也不相同。如内壁无特殊防腐措施的金属管道，或者旧铸铁管和旧钢管在流速 $v \geqslant 1.2\text{m/s}$ 时比阻 a 仅和管径及内壁的粗糙度有关，而和雷诺数 Re 无关。而对于内壁光滑的管道（如塑料管）比阻 a 与 Re 数有关，而与管道内壁的粗糙度无关。对于旧铸铁管和旧钢管，$v \leqslant 1.2\text{m/s}$ 时比阻 a 和管径、管内壁粗糙度以及 Re 数均有关系。可见利用式(3-98)进行管道的沿程水头损失计算较为复杂。为此许多学者推导了不同的计算公式，如舍维列夫公式、巴甫洛夫斯基公式、海曾-威廉公式、柯尔勃洛克公式等，实际计算时根据管材、流速等合理选用。

局部水头损失随管件不同而不同，但可用式(3-99)计算，即

$$h_s = \xi \frac{v^2}{2g} \tag{3-99}$$

式中　h_s——管道的局部水头损失，m；

　　　　v——流经管件的流速，m/s；

　　　　g——重力加速度，m/s²；

　　　　ξ——局部阻力系数，参见《给水排水设计手册（第二版）. 第 1 册. 常用资料》。

（四）井群系统的水力平衡关系

假定 i 号井与 j 号井联结于节点 u，则节点 u 处的水压相等。即

$$Z_i + H_{pi} - \sum h_{iu} = Z_j + H_{pj} - \sum h_{ju} \tag{3-100}$$

输水管上两节点 u 和下游节点 v 的水压满足式(3-101)，即

$$H_v = H_u - h_{uv} \tag{3-101}$$

式中　H_v——节点 v 处的水压标高，m；

　　　　H_u——节点 u 处的水压力标高，可理解为与式(3-100) 相等，m；

　　　　h_{uv}——节点 u 和节点 v 之间的管段水头损失，m。

与水泵相连联络管的流量为水泵的流量，与水泵不直接相连的联络管和主输水管上的节点流量满足质量守恒，即

$$q_u + \sum q_{uv} = 0 \tag{3-102}$$

式中　q_u——节点 u 的节点流量，L/s；

　　　q_{uv}——节点 u 到节点 v 间的管段流量，离开节点的流量为正，流向节点的流量为负。

值得注意的是，由于联络系统是输水系统，沿程无用户流量，所以式(3-102)中除水井和清水池处的节点外，其余节点 $q_u = 0$。

（五）水力平衡原理

把井群系统中的每眼水井看作供水厂，联络管和输水管看作枝状供水管网，则井群系统就类似于多水源枝状管网供水系统。根据多水源系统平差计算原理，引入"虚环"概念，如果按最大用水时平差，可将 n 眼水井通过虚线相连，就构成了 $n-1$ 个虚环；如果按最大转输平差，则要考虑清水池，从而构成 n 个虚环。由于中途没有用户用水，n 眼水井的出水量全部转输至清水池，因此除水井和清水池外，其余节点的流量均为零。

按最高用水时平差虚节点的流量平衡条件为：

$$Q_{pi} + Q_{pj} = \sum Q_{ij} \tag{3-103}$$

式中　Q_{pi}——i 号井的流量，L/s；

　　　Q_{pj}——j 号井的流量，L/s；

　　　Q_{ij}——i 号井和 j 号井构成虚节点的流量，L/s。

按最大转输时平差虚节点的流量平衡条件除满足式(3-103)外，还要满足式(3-104)，即

$$\sum_{i=1}^{N} Q_{pi} = Q_q \tag{3-104}$$

式中　Q_{pi}——i 号井的流量，L/s；

　　　Q_q——进入清水池的水量，L/s；

　　　N——开采井数。

按最高供水时，虚环的水头损失平衡条件需满足式(3-100)，按最大转输时虚环的水头损失平衡条件除满足式(3-100)外，靠近清水池的虚环还需满足式(3-105)，以保证水能够进入清水池。

$$-H_{pi} + \sum h + H_q = 0 \tag{3-105}$$

式中　H_{pi}——靠近清水池的 i 号井的水压标高，m；

　　　$\sum h$——靠近清水池虚环中 i 号井联络管和主输水管的沿程损失之和，m；

　　　H_q——清水池的水面标高，m，实际工程中一般为保证进入清水池的水压，取清水池最高水位标高的基础上增加 5~10m。

此外，不论是按最大供水还是按最大转输平差时，系统中的任一点（水井和联络管、输水管上）的水压需高于地面标高，以保证水能够流向清水池。

三、井群联络系统水力平衡计算步骤

依据上述原理，井群联络系统水力平衡计算步骤如下，计算框图如图 3-5 所示。

（1）依据设计单井出水量和已定的联络管线，按照经济流速假定联络管和输水管的管径。扬水管的管径先按水泵配置的管径定，计算后如果井内水头损失过大可再调整。

（2）以配水厂中清水池为控制点，按枝状管网水力计算原理，计算出各井所需扬程，各

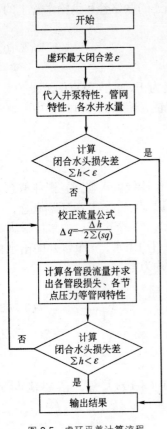

图 3-5 虚环平差计算流程

管段的水力参数。

（3）根据初步计算出的水井扬程和流量给出推荐潜水泵，并从所给水泵参数资料中找到或拟合计算出水泵特性曲线方程式。

（4）将各井中潜水泵的特性曲线方程式代入联立的虚环方程式和节点方程式，求出各水井的水量、各管段流速和水头损失。

（5）观察计算结果，比较各水井的实际出水量是否满足设计允许单井出水量，水泵是否在高效范围内工作。

（6）如果不满足设计要求，则调整管径，重选水泵，返回第四步；如果满足要求，则输出计算结果。

四、井群联络系统水力平衡计算实例

（一）工程背景

某县城区地下水水源地位于山前倾斜平原地带，设计开采井 3 眼（编号分别为 K_1、K_2、K_3）。井距远大于影响半径。抽水时井间相互不干扰。井深 150m，各配深井泵，设计出水量分别为 $20m^3/h$、$50m^3/h$、$50m^3/h$。3 眼井共同抽水时，动水位分别为 89.8m、80.0m、76.0m，流入清水池（地下式）的总水量为 $82.92m^3/h$，水量减少了 $37.08m^3/h$，水量减少系数为 30.9％。经勘察发现管道无破损漏水现象，要求通过水力平衡计算调整水源联络管的管径和重新配泵。

（二）现状井群联络系统水力模拟

K_1、K_2、K_3 井的孔口标高分别为 1113.50m、1085.10m、1071.90m，清水池地面标高为 1099.00m。三眼井的布局参见图 3-6。三眼井分别配置 150QSG20-98/15、200QSG50-

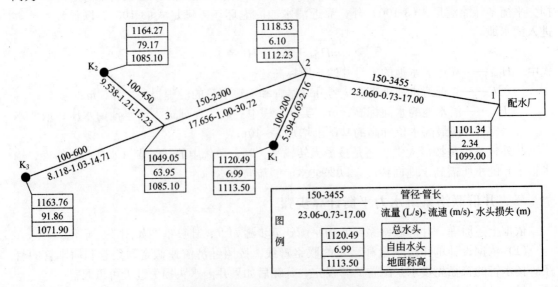

图 3-6 现状水源联络系统水力模拟结果

130/10、200QSG50-130/10 型潜水泵。联络管管径和长度等要素见表 3-9。表 3-9 中的设计流量是水泵的高效点流量，计算流量是沿着水流方向计算的管段流量。

表 3-9 现状水源联络系统要素

管段编号	起止节点	设计/计算流量/(L/s)	管长/m	管径/mm	管材
1	2-1	33.33	3455	150	铸铁管
2	K₁-2	5.56	200	100	铸铁管
3	3-2	27.78	2300	150	铸铁管
4	K₂-3	13.89	450	100	铸铁管
5	K₃-3	13.89	600	100	铸铁管
6	K₁ 井内钢管	5.56	89.8	80	钢管
7	K₂ 井内钢管	13.89	80	100	钢管
8	K₃ 井内钢管	13.89	76	100	钢管

根据井群布置情况和井群联络系统要素表数据，模拟 3 眼井共同抽水时的水力平衡关系，结果见表 3-10。对比表 3-9 和表 3-10 可发现，K_1、K_2、K_3 井的设计出水量分别为 20m³/h、50m³/h、50m³/h，但模拟运行时出水量实际上分别为 19.42m³/h、34.34m³/h、29.22m³/h，三眼井出水量分别减少 2.99％、31.33％和 41.56％，模拟总出水量仅为设计出水量的 69.15％。实际出水量与模拟结果基本相同，表明该模型是可靠的。

表 3-10 现状水源联络系统水力模拟结果

管段编号	起止节点	管长/m	管径/mm	运行时流量/(L/s)	井流量增减系数/%	流速/(m/s)	水头损失/m
1	2-1	3455	150	23.060		0.734	16.988
2	K₁-2	200	100	5.394		0.687	2.164
3	3-2	2300	150	17.656		0.999	30.719
4	K₂-3	450	100	9.638		1.214	15.226
5	K₃-3	600	100	8.118		1.034	14.707
6	K₁ 井内钢管	89.8	80	5.394	−2.99	1.073	3.199
7	K₂ 井内钢管	80	100	9.538	−31.33	1.214	2.707
8	K₃ 井内钢管	76	100	8.118	−41.56	1.034	1.863

从表 3-11 可见，3 号节点的自由水头高达 63.948m，K_2 和 K_3 井的自由水头高达 79.174m 和 91.855m，但清水池处（1 号节点）的自由水头才有 2.341m。说明该水源地出水量减少的主要原因是联络管管径不匹配造成的。长期这样运行不仅水量不能满足设计要求，而且由于水泵不在高效范围运行，造成运行费用高，故障率高的后果，因此必须进行井群系统的重新设计和改造。

表 3-11　现状水源联络系统水力模拟节点压力结果

节点编号	地面标高/m	自由水头/m	总水头/m
1	1099.00	2.341	1101.341
2	1112.23	6.099	1118.329
3	1085.10	63.948	1149.048
K₁	1113.50	6.993	1120.493
K₂	1085.10	79.174	1164.274
K₃	1071.90	91.855	1163.755

（三）井群联络系统水力平衡计算

由前面分析可知，造成水井总出水量减少的原因是联络管管径不匹配，因此进行井群系统水力平衡计算时各井所配泵型号和参数不变。根据水泵样本查得各水泵的 H-Q 值后，采用最小二乘法求得 K₁ 井水泵特性曲线，见式（3-106），K₂、K₃ 的水泵特性曲线见式（3-106）。

$$H=136.96-1.2638\times10^6 Q^2 \tag{3-106}$$

$$H=190.32-3.1262\times10^5 Q^2 \tag{3-107}$$

采用经济流速来控制管径大小。适当增大联络管，特别是主输水管的管径，并且将原来的铸铁管换成 PE 给水管，而井内的扬水管保持不变。各井的设计出水量不变，均为水泵的最高效流量。由于井群联络方式和布局没有调整，因此各管段的计算流量也不变。初算选配联络管的流量、管径及管长等情况见表 3-12。

表 3-12　调整后水源联络系统要素

管段编号	起止节点	设计/计算流量/(L/s)	管长/m	管径/mm	管材
1	2-1	33.33	3455	250	PE 给水管
2	K₁-2	5.56	200	110	PE 给水管
3	3-2	27.78	2300	250	PE 给水管
4	K₂-3	13.89	450	160	PE 给水管
5	K₃-3	13.89	600	160	PE 给水管
6	K₁ 井内钢管	5.56	89.8	80	钢管
7	K₂ 井内钢管	13.89	80	100	钢管
8	K₃ 井内钢管	13.89	76	100	钢管

将三眼水井连成两个虚环，并在程序中代入水泵特性曲线方程和水井水力模型，模拟计算出水井实际出水量。经虚环平差程序模拟计算得出的运行时管段流量见表 3-13，节点的地面标高、自由水头和总水头结果见表 3-14，水力模拟计算结果见图 3-7。

表 3-13　调整后水源联络系统水力模拟结果

管段编号	起止节点	管长/m	管径/mm	运行时流量/(L/s)	井流量增减系数/%	流速/(m/s)	水头损失/m
1	2-1	3455	250	33.33		0.829	8.825

续表

管段编号	起止节点	管长/m	管径/mm	运行时流量/(L/s)	井流量增减系数/%	流速/(m/s)	水头损失/m
2	K_1-2	200	110	5.494		0.708	1.112
3	3-2	2300	250	27.846		0.693	4.101
4	K_2-3	450	160	14.411		0.878	2.333
5	K_3-3	600	160	13.435		0.818	2.704
6	K_1井内钢管	89.8	80	5.494	−1.19	1.093	3.399
7	K_2井内钢管	80	100	14.411	+3.75	1.835	6.179
8	K_3井内钢管	76	100	13.435	−3.28	1.711	5.102

表 3-14 现状水源联络系统水力模拟节点压力结果

节点编号	地面标高/m	自由水头/m	总水头/m
1	1099.00	10.058	1109.058
2	1112.23	5.653	1117.883
3	1085.10	36.884	1121.984
K_1	1113.50	5.495	1118.995
K_2	1085.10	39.217	1124.317
K_3	1071.90	52.788	1124.688

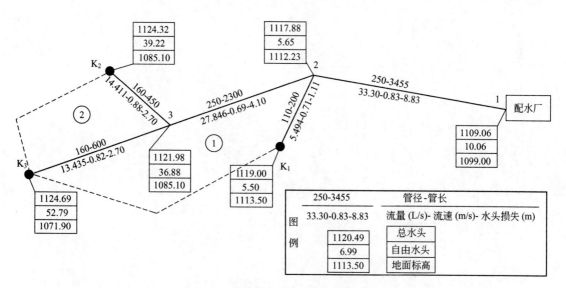

图 3-7 水源联络系统改造后水力计算结果

由表 3-13 和表 3-14 的模拟数据结果可见，调整管径后模拟运行时 K_1、K_3 井的出水量比各自水泵最高效流量分别减少了 1.19% 和 3.28%，但 K_2 井的出水量增加了 3.75%。在水泵不变的情况下，进入清水池的总水量基本保持各井水泵高效出水量之和，清水池的自由水头也由原来的 2.34m 增高到 10.06m。由此得出，各水井的水泵型号和水源井联络管的管径选择都比较合适，也体现了虚环平差模拟计算程序的可靠性和实用性。

参考文献

[1] 严煦世，范瑾初. 给水工程. 第 4 版［M］. 北京：中国建筑工业出版社，2001.

[2] 崔玉川. 城市与工业节约用水手册［M］. 北京：化学工业出版社，2002.

[3] 房佩贤，卫中鼎，廖资生等. 专门水文地质［M］. 北京：地质出版社，1987.

[4] 李广贺. 水资源利用与保护. 第 2 版［M］. 北京：中国建筑工业出版社，2010.

[5] 姜德娟，王会肖，李丽娟. 生态环境需水量分类及计算方法综述［J］. 地理科学进展，2003，22（4），369-378.

[6] 雅·贝尔著，许涓铭等译. 地下水水力学［M］. 北京：地质出版社，1985.

[7] 管井技术规范（GB 50296—2014）.

[8] 崔建国，张润斌，王俊岭. 地下水取水井群系统的水力平衡计算［J］. 太原理工大学学报，2005，36（3），354-357.

[9] 中国市政工程西南设计研究院. 给水排水设计手册. 第 2 版. 第 01 册. 常用资料［M］. 北京：中国建筑工业出版社，2004.

第四章 ▶▶

地表水的合理利用

第一节　地表水的利用条件

　　作为城市给水水源的地表水主要有河流、湖泊、水库及海水等，地表水中的水流及其特性与建于其中的取水构筑物互相作用、互相影响。一方面，径流变化、泥沙运动、河床演变、冰冻情况、水质、河床地质与地形等一系列因素对于取水构筑物的正常工作条件及其安全可靠性有着决定性的影响；另一方面，取水构筑物的建立又可能引起地表水自然状况的变化，从而反过来又影响到取水构筑物本身及其他有关用水部门。因此，了解地表水的基本水文特征，全面综合地考虑地表水的取水条件，对于选择取水构筑物位置，确定取水构筑物形式、构造以及对取水构筑物的施工与运行管理都具有重要意义。

一、河流的利用条件

（一）河流的流量和水位条件

　　河流的水位、流量及流速等受季节变化较为明显，其年际间的悬殊差别和年内高度集中的特点不仅是水旱灾害的根本原因，也给水资源的开发利用带来较大影响。因此，水资源的综合开发和合理利用，应达到兴利避害的双重目的。影响河流径流的因素很多，主要有地区的气候、地质、地形、地下水、土壤、植被、湖沼等自然地理条件以及河流流域的面积与形状。考虑取水工程设施时，除须了解所在河流的一般径流特征之外，还须掌握下列有关的流量、水位特征值：①河流历年的最大（小）流量和最高（低）水位；②河流历年的月平均流量、月平均水位以及年平均流量和年平均水位；③河流历年洪峰及洪峰流量；④河流历年冬春两季流冰期的最大、最小流量及最高、最低水位；⑤潮汐、形成冰坝冰塞时的最高水位及相应的流量；⑥上述相应情况下河流的最大、最小和平均水流流速及其在河流中的分布状况；⑦考虑径流特征值的随机性，按水文分析中的有关方法，计算多年平均的水位、流量及不同设计保证率的水位、流量等。

（二）河流泥沙情况

　　多数河流含有大量泥沙，泥沙运动对取水工程设计、给水水源运行管理产生重大影响。

河流中的泥沙状况受各种自然地理因素（如气候、土壤、地形、植被）、人类活动情况及河流自身状况的综合影响。河流中泥沙的来源有两方面：一方面主要来源于地面的侵蚀和冲刷，故气候因素对泥沙的形成起着重要作用，致使河流泥沙含量的季节性变化很大；另一方面来源于水流对河床和河岸的冲刷，这与河床质的组成有关。

多泥沙河流中水的浊度较高，特别是在洪水季节，泥沙过大时会直接影响取水构筑物的正常运行，这给取水构筑物的选型、结构、工艺设计带来严重挑战，也直接影响后序处理工艺的运行工况。

（三）河床演变

由于水流与泥沙的运动，常常发生河床演变。河流的泥沙运动实际上是河床与水流互相作用的一种表现形式。由于河流的径流情况和水力条件随时间和空间不断地变化着，因此河流的挟沙能力也在不断地改变。这样，在各个时期和河流的不同地点会产生不同的冲刷和淤积，从而引起河床形态不同程度的演变。

在环流的作用下，河床的形态演变有多种形式。按时间序列划分，可分为单向变形和往复变形两种。单向变形是在长时期内，河床缓慢地朝某一方向的发展变化趋势，如地壳隆起地区河流下切河床，某些河流下游河床的不断淤高等均是单向变形的典型实例。往复变形是在较短时期内河床周期性地冲淤变化，导致河床两岸均有不同程度侵蚀而致的变形，如洪水期和枯水期间某些河段的冲淤交替进行而改变河床。

河床形态演变按河床变形的方向考虑，可分为纵向变形和横向变形。纵向变形是沿流程纵深方向上的变形，表现为河床纵断面和横断面上的冲淤变化。横向变形是水流垂直方向上的变形，表现为河岸的冲刷和淤积，使河床平面位置发生摆动。一般这两种变形是交织在一起的。平原河流多发育于冲积平原的冲积层，按河流的平面形态与演变特点，可将河段分为顺直微弯型河段、弯曲型河段、分汊河段和游荡性河段四种基本类型。

由此可见，设计或使用取水构筑物时，应在掌握河流径流变化、泥沙运动情况的基础上，根据河流形态（如河流外形、沙洲或浅滩的形成、分布与变化、河床地形）、河床地质、支流汇入情况及人类活动的影响等预测河床演变趋势和速度。

（四）冰冻情况

在严寒地区河流可能会产生冰冻现象。河流的冰情是以冬季流冰、封冻和春季流冰期的一系列冰冻现象表征的。流冰及其碎冰屑极易黏附于进水口的格栅上，使进水口严重堵塞，严重时甚至使取水中断。流冰易在水流缓慢的河湾和浅滩处堆积，随着冰块数量增多、聚集和冻结而逐渐形成冰盖导致河流完全封冻。春季河流解冻时，通常多因春汛引起的河水上涨使冰盖破裂，形成春季流冰，其冰块的冲击、挤压作用往往极强，对取水构筑物的安全影响很大，有时冰块堆积于取水构筑物附近，可能堵塞取水口。

（五）河流的水质

河流的水质多变，受环境与季节影响十分明显。河流水质主要受自然因素和人为因素的影响。自然因素主要有气候、地形、土壤、地质构造、植被、湖沼等自然地理条件、径流情况及河流的补给条件等，人为因素如蓄水库、污水排放、耕地、流域内矿产资源的开发等。因此，在取水工程设计时，要十分重视环境调查工作，不仅掌握现状河流水质情况，还要根据未来自然环境变化、污染源分布规划等预测取水口及其保护区的水质变化规律。

二、湖泊和水库的利用条件

（一）湖泊和水库的形态

湖泊的地貌形态由于水流、风、冰川、风浪、湖流、水生植物和动物的活动等的作用会发生演变。如在风浪作用下，湖的凸岸一般产生冲刷，而在湖的凹岸（湖湾）多产生淤积；从河流、溪沟中水流带来的泥沙，风吹来的泥沙，湖岸破坏的土石和水生动植物的尸体，都沉积在湖底，颗粒粗的多沉积在湖的沿岸区，颗粒细的则沉积在湖的深水区。

与湖泊不同的是，水库实际上是人工形成的相对封闭的水体，按其构造可分为湖泊式水库和河床式水库两种。湖泊式水库面积宽广，水深较大，库中水流和泥沙运动都接近于湖泊的状态，具有湖泊的水文特征；河床式水库淹没的河谷较狭窄，库身狭长弯曲，水深较浅，水库内水流泥沙运动接近于天然河流状态，具有河流的水文特征。

（二）湖泊和水库的容量

湖泊、水库的储水量与库容有关，也与湖面、库区的降水量、入湖（入库）的地面、地下径流量，以及湖面、库区的蒸发量、出湖（出库）的地面和地下径流量等因素有关。

水库具有防洪调度的功能，有些承担防洪任务较重的水库，在洪水季节一般降低水位而迎接洪水入库，这会影响取水工程的正常取水。因此，对于新建水库，要在水库设计之初就应将取水量、取水方式、取水要求的最低水位等一并考虑，通过扩大兴利库容保障取水；而对于改造利用的已建水库，则要掌握水库的设计功能，复核兴利库容、洪水水位、校核洪水位等参数，再结合水库的综合利用方式确定取水工程设计方案。

（三）湖泊和水库的水位

湖泊和水库的水位变化主要是由水量变化而引起，随着降水和入库径流量的变化，其年变化规律基本上属于周期性变化。如以雨水为补给的湖泊，一般最高水位出现在夏秋雨季，最低水位出现在冬末春初；干旱地区的湖泊和水库，其高水位一般出现在融雪及雨季期间，然后由于强烈的蒸发引起水位下降，甚至完全干涸。

湖泊中水的增减现象也是引起湖泊水位变化的一个因素。所谓增减水现象，是由于漂流（由于对湖面的摩擦力、与风同时产生的波浪的背压力）将大量的水从湖的背风岸迁移至湖的向风岸，结果在湖的背风岸引起水位下降，向风岸引起水位上升。在水深较大的湖泊，由于增减水现象的出现，还会在其水下形成与漂流方向相反的补偿流，如果补偿流的流势大，则湖泊水位变化较小。在有浅滩面积较大的湖岸，由于底部摩擦力的作用，补偿流的水量不足补偿增水现象水位升高所需要的水量，因此水位变化较剧烈，从而造成水浅滩大的湖湾向风岸。

（四）湖泊和水库的水质

湖泊、水库是以河流、地下水、地面径流作为补给水的，因此其水质与补给水来源的水质有密切关系。因而各个湖泊、水库具有不同的化学成分，甚至同一湖泊（或水库）的不同位置，其化学成分也不完全一样。

天然湖泊水中各主要离子间一般保持一定的比例关系，可以此说明湖泊的形成与演化进程。但由于污染物的进入增多，这种比例关系变得越来越无规律。但是，湖水水质化学变化常常具有生物作用，因此，可以用生物学指标特别是微生物指标考察湖水的质量演变。此外，有些水深较浅的湖泊，当冬季刮大风时湖水浊度可大大超过夏季暴雨时的湖水浊度。

水库的水质相对湖泊而言随着季节的变化较为明显，因为水库水要进行人为放水和蓄水的调度。许多水库还设计有主动排沙功能，坝下库底沉积的泥沙可通过冲沙装置主动排出，从而减少泥沙量，降低水的浊度。同时，由于调度过程中水的交替，使水中微生物生存环境发生改变，从而表现出不同于湖泊的微生物环境体系，水质也会有所不同。

三、海水的利用条件

海水水量很大，但它含有较高的盐分，一般为 3.5%。盐分主要是氯化钠，其次是氯化镁和少量的硫酸镁、硫酸钙等。此外，海水的硬度很高。如不经处理，一般只宜作为工业冷却用水。

海水的成分使其具有较强的腐蚀性。但对不同的材料具有不同的腐蚀性能，如海水对碳钢的腐蚀率较高，对铸铁的腐蚀则较小。因此海水管道宜采用铸铁管和非金属管。

海生物对取水设施产生不利影响。如海红（紫贻贝）、牡蛎、海蛭、海藻等大量繁殖，造成取水头部、格网和管道阻塞，不易清除，对取水安全有很大威胁。特别是海红极易大量黏附在管壁上，使管径缩小，降低输水能力。

海水潮汐和波浪出现频繁。潮汐平均每隔 12 小时 25 分钟出现一次高潮，在高潮之后 6 小时 12 分钟出现一次低潮。在风的作用下，会引起海水的波浪。风力大，历时长，则会形成巨浪，产生很大的冲击力和破坏力。

此外，海滨地带会形成泥沙淤积。特别是淤泥质海滩，漂沙随潮汐运动而流动，可能造成取水口及引水管渠严重淤积。

第二节　地表水资源评价

地表水资源，从广义上讲是指存在于地球表面不同形态的水体总量，包括河流水、湖泊水、冰川水、沼泽水和海洋水等。从狭义上讲，是指从大气中降落下来的水，扣除陆面、水域、植物等的蒸发散以及补给浅层地下水后的地表产水量。通常评价的地表水资源量是指后者，即地表水体的动态水量，即天然河川径流量。

一、水资源分区

各地区水资源的数量、质量及其年际、年内变化规律各不相同，为了提高水资源量的计算精度，在水资源评价中应对所研究的区域依据一定的原则和计算要求进行分区，即划分出水资源计算的基本单元。

（一）水资源分区的原则

地表水资源量计算量应遵循以下基本原则。

（1）水文、气象特征和自然地理条件相近，基本上能反映水资源的地区差别。

（2）尽可能保持河流水系的完整性。

（3）结合流域规划、水资源合理利用和供需平衡分析及总资源量的估算要求，兼顾水资源开发利用方案，保持供排水系统的连贯性。

（二）水资源分区方法

水资源分区有按流域水系分区和行政分区两种方法。采用哪种方法分区，应根据水资源评价成果汇总要求和水资源量分析计算条件及要求而定。

（1）为了便于计算总水资源量，满足水利规划和开发利用的基本条件，评价成果要求按流域水系汇总，即水资源分区要按流域水系划分。划分的基本单元大小，应视所研究总区域范围酌情而定。

（2）为了计算评价各行政区的水资源量，评价成果要求按行政分区汇总，即按行政分区划分水资源汇总基本单元。

（3）分区基本单元要适宜，过大时单元面积内产汇流条件差异较大，影响水资源量的计算精度。

（4）不同的成果汇总分区应便于水资源总量计算，并能够满足水利规划及开发利用的基本要求，但有些基本单元不能完全满足水资源分区的原则（尤其是行政分区），要进一步划分小区或称计算单元，以提高分区水资源量的计算精度。

（5）计算单元的划分主要考虑产汇流条件的差异。在气象要素变化较大，地形、地貌、土壤变化比较复杂的地区，降水、蒸发及下垫面等条件不尽相同，产汇流条件差异较大。此时，应按河流及水文站位置、河川径流特征、水文地质条件和开发利用情况等进一步划分计算单元，计算单元越小，单元面积内产汇流条件差异越小，但单元面积上水文资料的完整性、代表性、系统性有可能降低。所以，计算单元的划分还要充分考虑水文资料情况，既满足产汇流条件的一致，又兼顾水文资料符合精度要求。

二、降水量分析计算

（一）分析内容

水资源分区确定之后需对分区内年降水量特征值、地区分布、降水量的年内分配和多年变化进行分析研究。一般要求编制下列图表：①雨量站分布图；②选用雨量站观测年限，站网密度表；③选用站降水量特征值统计表；④多年平均年降水量等值线图；⑤多年降水量变差系数 C_v 值等值线图；⑥多年降水量偏差系数 C_s 与变差系数 C_v 比值分区图；⑦同步期降水量等值线图；⑧多年平均连续最大四个月降水量占全年降水量百分率图；⑨主要测站典型年降水量分配表；⑩水资源分区及行政分区降水量特征值统计表。

（二）资料的收集和审查

为了进行降雨量分析，需收集下列基础资料并进行认真审查。

（1）了解并搜集研究区域内水文站、雨量站、气象台（站）的降水资料。要选用资料质量好、系列较长、面上分布均匀，能反映地形、气候变化的测站作为分析的依据。在降水量变化梯度较大的地区应适当加密选择用站，同时应满足分区计算的要求。

（2）计算分区降水量和分析其空间分布特征，应采用同步资料系列；分析降水量的时间变化规律，应搜集尽可能长的资料系列；资料系列长度的选定，应考虑评价区大多数测站的观测年数，避免过多的插补延长，同时兼顾系列的代表性和一致性，并做到与径流资料系列的同步。

（3）收集部分系列较长的区域外围站资料，以便正确绘制边界区的等值线，为分区拼接协调创造条件。

(4) 选用适当比例尺的地形图作为工作底图,并要求底图清晰、准确,能够清晰反映地形条件,以便考虑地形对降水的影响,从而较准确地勾绘降水等值线图。

(5) 搜集以往有关分析研究成果,如水文手册、图集、水文气象研究文献等,以此作为统计、分析、编制和审查等值线图时的重要参考资料。

(6) 对所选用的资料应进行认真审查分析,注明资料来源,对有测站迁移、合并、插补等影响质量的情况要作必要的说明。降水量特征值的精度取决于降水量的可靠程度,因此,对所选用资料要进行真实性和一致性的审查,特别是极大值和极小值及建国前的资料作为审查的重点。审查方法可以通过本站历年和各站同年资料对照分析,看有无规律可循,特大值或特小值应注意分析原因,是否在合理范围之内;对突出的数值,要深入对照其汛期、月、日的有关数据,是否与周围点据相协调,有无漏测等原因。此外也应对测站位置和地形影响进行审查、分析。

(三) 单站降水资料的统计分析

在各站降水资料选定后,需对资料分别进行插补延长、代表性分析和统计参数的分析确定。

(1) 资料的插补延长 收集的降水资料往往存在系列较短、序列不连续的情况,为了减少样本的抽样误差,提高统计参数的精度,对缺测年份的资料应当插补,对较短的资料系列应适当延长,但展延资料的年数不宜过长,最多不超过实测年数,相关线无实测点据控制的外延部分一般不宜超过实测点数变幅的30%。

资料插补延长的主要方法有直接移用法、相关分析法、汛期雨量与年降水量相关关系移置法、等值线图内插法、取邻站均值法、同月多年平均法、水文比拟法等。

(2) 资料的代表性分析 所收集的资料作为样本资料,其统计特性(如参数)要能很好地反映总体的统计特性。如果实测样本系列处于总体偏丰或偏枯时期,则样本系列对总体就缺乏代表性,用这样的样本进行计算会产生较大的误差。若样本的代表性好,则抽样误差就小,年降水成果精度就高。但是,降水系列总体的分布是未知的,原则上仅由几年的样本系列是无法来评定其代表性的。据统计学原理可知,样本容量越大,抽样误差越小,但也不排除短期样本的代表性高于长期样本的可能性,只不过这种可能性较小而已。因此,样本资料的代表性好坏,通常通过其他长系列的参证资料来分析推断。

资料系列代表性分析方法主要有,长短系列统计参数对比法、年降水量模比系数累积平均过程线分析法、年降水量模比系数差积曲线分析法等,通过分析丰、枯交替变化规律,评价系列的代表性。代表性好的系列应包含了丰水期、平水期和枯水期,且与长系列相比,参数值相差不大(一般相对误差不超过5%~10%)。当参证站年降水量的周期变化规律求得后,则认为设计站年降水量也具有相同的周期变化。因此,参证站某时期的年降水量具有较好的代表性,则设计站这段时期也具有较好的代表性。

(3) 统计参数的分析确定 在年降水量分析中确定的统计参数有均值、离差系数 C_v 和偏差系数 C_s。目前,我国普遍采用适线法分析确定统计参数。

均值一般采用多年系列的算术平均值,对观测记录较短的测站,应以延长后系列计算均值,对逐年延长有困难的短系列站,可以用比值法修正均值。均值计算公式为:

$$\overline{P} = \frac{1}{n} \sum_{i=1}^{n} p_i \tag{4-1}$$

式中 $\overline{P}$——降水量的多年平均值，mm；

p_i——降水量的年样本值，mm；

n——收集或延长后的样本总数。

年降雨量离差系数 C_v 是用来表示系列数值离散程度的特征常数，C_v 值在地区上差别较小，一般选择记录较长的测站进行估算，实测资料不得少于 20 年。

离差系数 C_v 应先用矩法初步估算，计算公式为：

$$C_v = \frac{1}{\overline{P}}\sqrt{\frac{\sum(p_i-\overline{P})^2}{n-1}} \tag{4-2}$$

再用适线法进行调整、确定。适线时，系列中特大值一般不作处理，应照顾多数点据，并按枯水年点据趋势定线，突出点据仅作参考。适线结果应使系列的特大、特小值的理论重现期基本合理，不宜太稀遇。

离差系数 C_v 值分布大致是南方小，北方大；沿海小，内陆大；平原小，山区大。其值大都介于 0.1～1.0 之间，当资料太少或受特大值的影响时，C_v 值有可能大于 1.0。

偏差系数 C_s 是作为区别系列数值分布情况的特征参数，计算公式为：

$$C_s = \frac{\sum\limits_{i=1}^{n}(p_i-\overline{P})^3}{(n-3)C_v^3} \tag{4-3}$$

式(4-3) 中计算 C_s 时采用离差的三次方，人为地夸大了实际离差情况。因此，一般只计算实测资料的均值和 C_v，而 C_s 值采用经验性的方法确定，即取 $C_s = nC_v$。n 值的变化范围一般为 2.0～3.0，个别地区可达 3.5。根据以往分析，我国大部分地区可选用 $n = 2.0$，当地区资料系列在 40 年以上时，可用式(4-3) 进行计算。

（四）降水量的地区分布

经过资料审查、插补展延、代表性分析和统计参数分析确定，获得了各站点以及各站点所代表附近区域的降水的变化规律，在此基础上，可利用各站降水特征分析研究分区范围的降水特性。应完成如下降水量地区性分布的表征成果：①多年平均年降水量等值线图；②多年降水量离差系数 C_v 值等值线图；③多年降水量偏差系数 C_s 与离差系数 C_v 比值分区图；④同步期平均年降水量等值线图，如评价估算起止期年平均降水量等值线图以及相应的 C_v 等值线图，多年平均汛期降水量等值线图，多年平均各月降水量等值线图等。

勾绘等值线时应了解区域降水的主要成因，水汽来源，冷暖锋活动情况，地形对降水的影响等，在此基础上，对本区域降水的时空分布趋势及其量级变化作进一步分析，从而确定等值线的勾勒趋势，完成并修正降水等值线。

（五）分区降水量计算

分区降水量一般是指通过一定的方法推求的面平均降水量。常用的面雨量计算方法有算术平均法、等雨量线法、泰森多边形法、网格法等。

分区面雨量计算方法各具优缺点，具体如下所述。

（1）算术平均法是将各雨量站的点雨量数据进行算术平均得到面雨量的方法。此法简单、快捷，但当雨量站分布不均时会导致计算误差较大。在流域内地形起伏不大，且雨量站分布较均匀时，可获得良好的结果。

（2）等雨量线法是通过点雨量数据在地形图上勾绘等雨量线从而计算雨深的方法。一般来说，等雨量线法是计算区域平均降水量最完善的方法，因为它考虑了地形对降水的影响，对于地形变化大，且流域内又有足够数量的雨量站，能够根据降水资料结合地形的变化绘制出等雨量线图，则可采用此方法，但是此法虽然精度有保证，但工作量巨大，耗时太长。

（3）泰森多边形法是根据离散分布的点雨量来计算平均降雨量的方法，即将所有相邻点雨数据连成三角形，作这些三角形各边的垂直平分线，于是每个点雨周围的若干垂直平分线便围成一个多边形。用这个多边形内所包含的一个唯一点雨的降雨强度来表示这个多边形区域内的降雨强度。泰森多边形法在精度上能够保证，但当个别雨量站因突发原因资料不能使用时，则造成计算的困难。

（4）网格法是将一个有一定密度的固定网格覆盖在流域面上，通过计算网格节点上的雨量来计算流域面雨量的方法。此方法计算的精度高、速度快，但初次计算基础工作量较大。

根据点雨量序列数据分析计算出的面雨量也可组成面雨量序列数据。采用选用站同步期资料系列，选取合适的计算方法，可分析计算出逐年不同水资源分区的面平均降水量，从而也能建立不同分区的降水量系列。同单站分析一样，利用这些序列可计算各分区的降水量特征值，分析分区降水量的变化特征及变化趋势。

（六）降水量年内分配与多年变化

1. 降水量的年内分配

降水量的年内分配是供水工程设计时的重要内容。当设计降水量为基础的年径流量满足设计取水量需求时，还要考察降水和径流在年内每个月是否均匀，通过供用水曲线确定工程调节措施。

降水量的年内分配通常采用多年平均连续最大 4 个月降水量占全年降水量百分率及其出现月份分区图、代表站典型月降水量年分配过程两种方式表示。

不同降水类型的区域，分区选择代表站，统计分析各代表站不同典型年年降水量的月分配过程，列出"主要测站典型年降水量分配表"和"代表站分时段平均降水量统计表"，以示年内分配及其在地区上的变化。

降水量年内分配时典型年的选择原则是：①年降水接近设计频率的年降水量；②降水量年内分配具有代表性；③月分配对供用水和径流调节不利；④选出的典型年其年内分布应是非奇异的。即年内分布规律应符合多年平均规律。

2. 降水量的多年变化

降水量的多年变化以各代表站年降水量离差系数 C_v 值或绘制 C_v 值等值线图、年降水量丰枯分级统计两种方法表示。年降水量离差系数 C_v 值反映年降水量的年际变化，C_v 值大，说明年降水系列比较离散，即年降水量的相对变化幅度大，对水资源的开发利用也就不利。

选择长系列站，结合系列代表性分析，分析年降水量同丰同枯、连丰连枯出现的时间及变化规律。结合频率分析计算，将降水量划分为 5 级：丰水年（$P < 12.5\%$），偏丰水年（$12.5\% \leqslant P < 37.5\%$），平水年（$37.5\% \leqslant P < 62.5\%$），偏枯水年（$62.5\% \leqslant P < 87.5\%$），枯水年（$P \geqslant 87.5\%$），逐年评定丰枯等级，分析各分区丰枯遭遇情况，及丰枯变化规律。

三、单站径流量的分析计算

径流量计算主要是指天然径流量，即在径流形成过程中，基本上未受到人类活动，特别是水利设施影响的地表水径流量。

实际上大部分河流由于人类活动的影响，流域自然地理条件发生改变，影响了地表水的产汇流过程，从而影响径流在空间和时间上的变化，因此水文站实测水文资料不能真实反映地表径流的固有规律。为全面准确估算各河系、地区的河川径流量，需要对实测水文资料进行还原计算，得出天然径流量。

（一）径流量分析内容

了解和掌握天然年径流的变化规律，要求对年径流特征值、地区分布、年内分配和多年变化进行分析研究。需编制下列图表：①水文站分布图；②多年平均径流深、离差系数 C_v 等值线图；③年径流偏差系数 C_s 与离差系数 C_v 比值分区图；④同步期年径流深和 C_v 等值线图；⑤多年平均最大 4 个月径流占全年径流的百分率图；⑥选用测站天然年径流量特征值统计表；⑦选用测站历年各月天然径流量统计表；⑧主要测站历年径流量还原计算表；⑨主要测站年径流年内分配表；⑩选用测站集水面积、资料年份统计表。

（二）单站天然径流量的计算步骤

1. 资料的收集和审查

在径流量分析之前，首先要收集有关资料，包括研究区域及其外围的有关水文站的年流量资料，尽量选用正式刊印的水文年鉴资料，其次是专门站、临时站的资料；流域自然地理（如地质、土壤、植被、气象等）资料和流域水利工程（如水库工程指标、水库蓄变量、蒸发和渗漏等）资料，以及工、农业用水资料等。

针对收集资料的情况，要对测站沿革、断面控制条件和测验方法、精度及集水面等水文资料进行仔细地审查。径流资料的审查方法与降水量资料的审查基本相同。资料整理时应选择适当比例尺的地形图作为工作底图（与降雨量分析相同）。

2. 径流资料的还原

为使河川径流计算成果基本上反映天然状态，并使资料系列具有一致性，对水文测站以上受水利工程等影响而减少或增加的水量应进行还原计算，得出天然径流量。

径流量还原计算方法主要有分项调查法、分析切割法和降雨径流相关法。

（1）分项调查法 是将影响天然径流的各种因素逐项调查后进行还原，还原后的天然径流量可用下列水量平衡方程计算：

$$W_{天然} = W_{实测} + W_{灌溉} + W_{工业} \pm W_{库蓄变} + W_{库蒸发} \pm W_{引水} + W_{分洪} + W_{库漏} \qquad (4\text{-}4)$$

式中　$W_{天然}$——还原后的天然径流量；

$\quad W_{实测}$——水文站实测水量；

$\quad W_{灌溉}$——灌溉耗水量；

$\quad W_{工业}$——工业耗水量；

$\quad W_{库蓄变}$——计算时段始末水库蓄水变量；

$\quad W_{库蒸发}$——水库水面蒸发量和相应陆地蒸发量的差值，也称附加蒸发量；

$\quad W_{引水}$——跨流域引水增加或减少的测站控制水量，引入为负，引出为正；

$\quad W_{分洪}$——河道分洪水量；

$\quad W_{库漏}$——水库渗漏量。

在进行还原计算时，水库蓄变量、水库附加蒸发量、跨流域引水量、大中型灌区引水量一般可应用实测资料进行计算；小型灌区引水量、一些跨流域引水量，由于没有监测资料，可通过调查实灌面积和净定额进行估算；河道的决口分洪量，应通过洪水调查或洪水分析计算来估算；水库渗漏量应包括坝身渗漏、坝基渗漏和库区渗漏三部分，在有坝下反滤沟实测资料的水库，可作为计算坝身渗漏的依据，但坝基和库区渗漏难以直接观测，只能用间接方法粗略估算。如利用多次观测的水库水量平衡资料，建立水库水位与潜水流量关系曲线，由水库水位求得潜流，即坝基和库区渗漏量。也有根据蓄水量采用渗漏系数来估算的。

在山区，随着地下水开采量的快速增加，减少了泉水涌出量和河川基量，还应进行泉水量的还原。还原方法有：①当泉水流量比较稳定时，直接用多年平均泉水量与现状泉水流量之差作为还原量；②用降水量和泉水量滞后相关法，即以若干年（如 5 年，具体数据依据泉水运动规律而定）滑动平均泉域降水量和泉水量滞后相关关系进行还原。

在平原区，由于河网化、提（引）灌溉、决口积涝等直接改变了平原测站断面以上河川径流量；而汇水范围内井灌和渠溉却改变了流域内潜水位的天然状况和下垫面的产流条件，使产流量减少或增加。若分项调查统计的资料精度较差，必然影响还原成果的可靠性。所以平原区还可采用切割法和降雨径流相关法。

（2）分析切割法　在同一图纸上对照绘制降雨、径流逐日过程线，选取降雨径流相应的洪水过程，将非降雨形成的径流部分，如灌溉退水、城市排污水等从洪水过程中切掉，使之成为与降雨相应的洪水径流过程。将全年几次降雨形成的径流量累加，即为全年的天然径流量。由于平原区在非汛期产流量少，所以一般只需绘制汛期降雨、径流过程线进行分析切割。

（3）降雨径流相关法　在大量开采地下水的年份，地下水水位急剧下降，降雨有可能大量补给地下水，使地面产流量减少；在大量引入外流域水量灌溉的年份，地下水位急剧上升，降水入渗量可能减少，降水的产流量增加，这两种情况均会影响径流系列的一致性。因此，可利用井灌较少及未受外流域引水影响年份的资料，绘制降雨径流相关图，将此降雨径流关系用于大量开采地下水和大量外域引水的年份，由降水量推求径流量，把受人类活动影响的径流资料进行修正，保证系列的一致性。

还原后的年径流量应进行上下游、干支流、地区间的综合平衡，以分析其合理性。分项还原法进行的还原计算，对工农业、牧业、城市用水定额和实际耗水量应结合当地发展、气候、土壤、灌溉方式等因素，进行部门、地区之间及年际间的比较，检查各项用水量的合理性。对还原计算前后降雨径流关系，应进行对比分析，以检验还原计算后关系是否改善。

3. 年系列资料的插补延长

当选用站只有短期实测径流资料，或资料虽长而代表性不足，或资料年限不符合评价要求年限，为了提高计算精度，保证成果质量，必须设法插补展延年、月径流系列。通常利用选用站与参证站的相关分析进行径流系列插补展延。选择合适的参证资料是该法的关键。参证资料应符合下列条件。

（1）参证站资料与选用站的年、月径流资料在成因上有密切联系，这样才能使相关展延的成果精度有保证。

（2）参证站资料与选用站年、月径流资料有一段相当长的同步期观测期（$n > 10$ 年），建立的相关关系，其相关系数 $r \geqslant 0.8$。

（3）参证站资料必须具有足够长的实测系列且代表性较好，除用以相关关系的同步期资料外，还要有用来展延选用站的年、月径流量系列。

在利用径流资料插补展延系列时，常把邻近站、上下游站、干支流站作为参证站，建立它们之间的年径流量相关关系。当设计站实测年径流系列短，难以建立年径流量相关关系，或水资源评价要求提供历年逐月径流量资料时，可以考虑建立月径流相关关系来展延设计站年、月径流量系列。但用月径流量关系来插补延长径流系列时，一般精度较低。

当不能利用径流量资料插补展延系列时，可将降水资料作为参证资料，常常建立年降水-径流、汛期雨量-年径流量、月降雨-径流的相关关系进行插补和展延径流量系列。

实际工作中也有采用等值线内插法、水文比拟法、历年均值法、趋势法等进行径流量系列的插补展延。

4. 年径流系列代表性分析

分析方法有：①长短系列统计参数对比；②年径流量模比系数累积平均过程线分析；③年径流量模比系差积曲线分析。

具体分析计算原则及方法同降水量系列代表性分析。因为区域径流主要由降水形成，在同期系列中，年径流量的变化趋势应与降水量的变化趋势基本一致。

5. 径流资料的统计分析

在径流系列确定后，计算均值、C_v 值和 C_s 值。统计参数的确定方法同年降水量，其中，均值要符合水量平衡原理，即下游站均值为上游站及区间径流量之和。一般情况下以径流总量和平均流量表示时，均值随汇水面积增加而增大；以径流深表示时，均值随汇水面积增加而减小。C_v 值要求下游站小于上游站和区间值，或介于两者之间。一般情况下，C_v 值随汇水面积的增大而减小；湿润地区 C_v 值小，干旱地区 C_v 值大；高山冰雪补给型河流 C_v 值小，黄土高原及其他包气带较厚、地下潜水位较低的地区 C_v 值则较大。

6. 年径流的计算及地区分布

统计参数确定后，可通过适线法或矩法求得不同频率下的年径流量（设计值）。但在计算时要注意，在设计丰水年（一般 $P \leqslant 20\%$），上游站与区间设计值之和大于下游站的设计值。在枯水年（一般 $P > 50\%$），上游站与区间站设计值之和小于下游站的设计值。同一频率 P 的设计值，应随着汇水区域的增加而增大。

由于径流存在地区分布的不均匀性，因而对于较大研究范围，全区域总径流量与各河或各分区的径流期可能不一定相同，如全区域是丰水年，往往是由部分河系或分区特大洪水造成，其他区域则是平水或枯水年；全区域同时发生大水的机遇是存在的，但机遇较小；全区域同时发生干旱的年份对某些地区则可能较为常见。年径流地区分布的研究，就是力图全面、准确地反映年径流量的上述特性，这对于流域内工程建设项目设计是十分重要的。

年径流量地区分布的表征方法主要有：①多年平均年径流深等值线图；②同步期平均年径流深等值线图；③多年平均和同步期平均年径流 C_s/C_v 分区图；④选用测站天然年径流量特征值统计表。

等值线图的绘制方法及原则与年降水量等值线图绘制方法基本相同。应特别注意的是，在泉补给较充沛的测站，要按扣除泉水以后计算的统计参数值勾绘等值线图，同时在图上标明泉水的出露的地点及泉水流量；在汇水范围内有漏水区时，也应在图上圈出漏水区，以反映地表水资源的实际情况。

为确保径流等值线能比较确切地反映天然年径流量在地区分布上的规律和特征，等值线图的合理性要用以下方法进行检查，最后确定天然年径流等值线图。

（1）用等值线计算控制站以上水量，并与控制站实测水量对照，要求误差不超过 $\pm 5\%$，如不合格，应修正等值线，直到合格为止。

（2）用降雨与径流深等值线比较，主要线条走向应一致，高低值区要对应，避免线条斜交。

（3）用降雨量、径流量、陆面蒸发量图互相协调检查。

通过以上合理性检查，最后确定的天然年径流量等值线图，就能比较确切地反映天然年径流量在地区分布上的规律和特征。

7. 径流量年内分配和多年变化

（1）径流量的年内分配 分析年径流量年内分配，需绘制多年平均最大四个月占全年径流量的百分率图，分析代表站各种典型年径流量月分配过程。典型年的选取原则同降水量，所选典型年、月径流量应进行同频率或者同倍比缩放。

（2）径流量的年际变化　年径流的多年变化通常表现为径流量的变化幅度和变化过程。以降雨补给为主的河流，年径流量的多年变化除受降水量年际变化的影响外，还受流域的地质地貌、流域面积、山区与平原区面积的相对比重等因素影响。一般流域面积越大，流域降雨径流的不均匀性就越大，因而各支流之间的丰枯补偿作用也越大，反映在年际的变化则减小。另外，流域面积越大的河流，其基流量也较大，可减缓多年变化的幅度，这在有泉水出露的河段表现得更为明显。

面积较小的流域往往不闭合，因此，年径流 C_v 等值线图及 C_s/C_v 分区图主要依据中等面积站点绘制，泉水比重大的站点应采用扣除泉水的 C_v、C_s/C_v 值绘图，所以这些参数图反映的是以降水为补给源的河流的 C_v、C_s/C_v 地区分布规律。

此外，区域内年径流的多年变化应呈现与降水量相类似的地带性差异，不同的是径流同时受下垫面等因素的影响，比降水量变化幅度应更大，地区之间的差异也应更加悬殊。

四、分区地表水资源量计算

分区地表水资源是指分区（或设计区域）内降水量形成的地表水体动态水量，即天然径流量，不包括过境水量。前述单站径流量分析计算成果代表了径流站以上汇水区域的地表水资源量，但几个单站的成果不可能完整地与分区结果相吻合，设计区域往往不是一个径流量的汇水区域，即设计区域非完整流域，一般为包含一个或几个不完整水系的特定行政区。所以分区地表水资源的计算方法与单站径流量的分析计算有所不同，但前者以后者为基础。

（一）分区地表水资源量的分析内容

分区地表水资源量计算即为区域内河川径流量的计算，计算内容包括：①分区多年平均年径流量；②不同设计保证率的分区年径流量；③不同设计典型年分区年径流的年内分配；④分区年径流的空间分布。

当分区内有多个计算单元时，应先估算各单元的逐年年径流量，再计算分区的逐年年径流量，然后利用分区年径流系列进行频率分析，以推求区域内地表水的年内、年际变化规律和空间分布规律。

（二）地表水资源的计算方法

根据分区的气候及下垫面条件，综合考虑气象、水文站点的分布，实测资料年限及质量等情况进行分区地表水资源分析计算。常用的方法有：代表站法、等值线法、年降水径流关系法、水文比拟法、水热平衡法等。有条件时，可用某种计算方法为主，而用其他方法计算成果进行验证，以保证计算成果有足够的精度。

1. 代表站法

在设计区域内，选择一个或几个基本能够控制全区、实测径流资料系列较长并具有足够精度的代表站，从径流形成条件的相似性出发，按面积比或综合修正的方法计算设计区域的天然年径流系列，从而推算分区多年平均及不同频率的年径流量。

（1）分区内只能选择一个代表站，该站控制面积与分区流域面积相差不大，自然条件基本相同时，则可认为分区与代表站流域的平均径流深是一致的，可用式(4-5)计算：

$$W_{区} = \frac{F_{区}}{F_{代}} W_{代} \tag{4-5}$$

式中 $W_区$，$W_代$——分区、代表站年径流量，$10^8\,m^3$；

$F_区$，$F_代$——分区、代表站控制流域面积，km^2。

求得分区逐年径流量后，其算术平均值即为多年平均径流量。当 $W_代$ 取多年平均值时，式(4-5) 直接算得设计分区多年平均年径流量。

有时流域上下游均有水文站控制，而分区位于上游水文站下游，且产汇流条件上下游差别较大时，代表站一般选择与设计区域相似的上下游站区间流域。其计算公式为：

$$W_区=\frac{F_区}{F_下-F_上}(W_下-W_上) \tag{4-6}$$

式中 $W_上$，$W_下$——流域上、下游站年径流量，$\times10^8\,m^3$；

$F_上$，$F_下$——流域上、下游站控制流域面积，km^2。

其他符号同前。

（2）分区内能选择两个或两个以上代表站，若分区内气候及下垫面条件差别较大，则可按这些差异将全区划分为两个或两个以上的区域，每个区域分别计算逐年径流量，相加后得全区相应的年径流量，即

$$W_区=\frac{F_{区1}}{F_{代1}}W_{代1}+\frac{F_{区2}}{F_{代2}}W_{代2}+\cdots+\frac{F_{区n}}{F_{代n}}W_{代n} \tag{4-7}$$

式中 $F_{区1}$，$F_{区2}$，$\cdots$，$F_{区n}$——各分区域面积，km^2；

$F_{代1}$，$F_{代2}$，$\cdots$，$F_{代n}$——各代表站控制流域面积，km^2；

$W_{代1}$，$W_{代2}$，$\cdots$，$W_{代n}$——各代表站年径流量，$\times10^8\,m^3$。

若分区内气候及下垫面条件差别不大，仍可将全区作为一个区域看待，逐年径流量可用式(4-8) 计算：

$$W_区=\frac{F_区}{F_{代1}+F_{代2}+\cdots+F_{代n}}(W_{代1}+W_{代2}+\cdots+W_{代n}) \tag{4-8}$$

（3）分区与代表流域的自然条件差别过大，其产流、汇流条件有明显的差异。这时需对全区年径流量计算公式进行修正。一般以区域平均降水量修正，即

$$W_区=\frac{F_区\,\overline{P}_区}{F_代\,\overline{P}_代}W_代 \tag{4-9}$$

式中 $\overline{P}_区$，$\overline{P}_代$——分区、代表流域的区域平均年降水量，mm。

采用式(4-9)，虽然考虑了设计区域与代表流域降水条件的差异，但没有考虑下垫面对产水量的影响，当下垫面条件差别很大时，引入多年平均年径流深进行修正，即

$$W_区=\frac{F_区\,\overline{R}_区}{F_代\,\overline{R}_代}W_代 \tag{4-10}$$

式中 $\overline{R}_区$，$\overline{R}_代$——分区、代表流域的多年平均年径流深，mm。

对于两个或两个以上代表站时，根据具体情况相应地利用区域平均降水量和多年平均年径流深进行修正。

2. 等值线法

在区域面积不大，设计区域内缺乏实测径流资料的情况下，可借用包括该区在内的较大面积的多年平均径流深及年径流离差系数等值线图，利用统计学原理，计算分区多年平均径流量及不同保证率的年径流量。

3. 年降水径流关系法

适用于分区内具有长期面均年降水资料，但缺乏实测径流资料的分区年径流量的计算。

基本方法是，在代表流域内，选择具有充分实测年降水、年径流资料的分析代表站，统计逐年面平均降水量、年径流深，建立年降水-径流关系。如果分区与代表流域的自然地理条件相似，即可依据分区实测逐年面平均降水量，在年降水-径流关系图上查得逐年径流深，乘以分区的面积求得逐年年径流量系列，其算术平均值即为多年平均年径流量，通过频率分析计算可求得计算分区不同保证率的年径流量。

当年降水量径关系点据比较散乱，关系较差时，需选择适当的参数加以改善。如在干旱半干旱地区，可建立汛期降水量与同步期径流量关系来推求。

4. 水文比拟法

适用于分区内无实测径流资料，但参证流域与分区在相同气候区内，两者的面积相差不大（一般在 10%～15% 以内），影响产汇流的下垫面条件相似，且参证流域具有长期实测径流资料。其基本方法是将参证流域的年径流资料移置到分区上来。实际计算中，为了提高计算精度，把两者的面积比及面均降水量比（分区有降水资料时）对多年平均年径流量加以修正，即

$$W_区 = \frac{F_区 \overline{P_区}}{F_参 \overline{P_参}} W_参 \tag{4-11}$$

式中　$W_区$，$W_参$——分区、参证流域多年平均年径流量，$10^8 \, \mathrm{m}^3$；

　　　$F_区$，$F_参$——分区、参证流域面积，km^2；

　　　$\overline{P_区}$，$\overline{P_参}$——分区、参证流域多年平均降水量，mm。

5. 水热平衡法

在代表流域内依据降水、径流和太阳辐射平衡值的实测资料，综合考虑下垫面条件，建立计算陆地蒸发量的经验公式，由分区降水量减去用所建经验公式计算分区的陆地蒸发量，即得设计区域的天然年径流量。

（三）分区地表水资源计算成果的合理性审查

分区地表水资源计算成果应从以下几方面审查其合理性。

（1）各分区资源量计算成果应与上下游、控制站进行平衡分析，如果出现偏差，应检查分析原因。有些计算单元是以水文站为代表站进行计算的，有些是降水径流关系计算的，具体要看是测验误差还是还原计算造成的误差，或者是降水径流关系引起的误差。当误差在 ±3% 的范围内，可不进行平差处理。

（2）各分区平均值径流深应与等值线量算结果接近，要求误差在 ±5% 以内，否则要进行调整。

（3）分区特征值在地区分布上应有一定的规律，上下游、干支流应取得平衡。对个别出突点应进行检查分析，找出问题，进行必要的修正。

第三节　地表水取水构筑物的合理选用

一、地表水取水构筑物的类型及适用条件

地面水取水构筑物按水源分，可分为河流、湖泊、水库、海水取水筑物；按其构造形式分为固定式（岸边式、河床式、斗槽式）和活动式（浮船式、缆车式）两种；在山区河流有

低坝取水构筑物和底栏栅式取水构筑物。

固定式取水构筑物应用最广，它具有取水安全可靠、维护管理方便、适用范围广等优点，但投资较高、水下工程量大、施工工期长。活动式取水构筑物与固定式取水构筑物相比，它的水下工程量小，对取水地的地质要求简单，适用于水位变化大、施工难度大、施工期限短的地方，但不适宜于河岸过于平坦的河流地段。

在实际工程中，选择合理的取水构筑物，不仅对工程造价造成很大影响，而且直接影响取水水量、水质的可靠性和工程的安全性。常见地表水取水构筑物的特点和适用条件详见表4-1，其他取水构筑物详见表4-2和表4-3。

二、取水口位置选择

地表水取水构筑物位置，直接影响取水的水质和水量、取水的安全可靠性、投资、施工、运行管理以及河流的综合利用。因此，取水构筑物位置要根据取水河段的水文、地形、地质、卫生等条件，从水质水量、平面布局、高程布置、防洪安全及枯水期取水可靠等方面全面分析，综合考虑，进行技术经济比较后确定最佳方案。

(一) 江河取水口位置选择的原则

(1) 取水构筑物位置选择应与工业布局和城市规划相适应，全面考虑整个给水系统（输水管线、净水厂、二级泵房等）的合理布置。在保证取水安全的前提下，应尽可能靠近主要用水地区，以缩短输水管线的长度，减少输水的能耗。

(2) 在选择取水构筑物位置时，应充分考虑河流的综合利用，如航运、灌溉、排洪、水力发电等，做到全面考虑，统筹安排。

(3) 设在水质较好的地点，宜位于城镇和工业企业上游，并避免可能造成化学污染和热污染等污染的河段。选择取水口时要特别注意河流上下游综合保护的可行性，一定要结合上游城市总体规划和水环境保护规划，预测未来下游取水口达标水质的保证程度。

(4) 取水口应设在稳定的河床和河岸，并靠近主流，有足够的水深（一般不小于 2.5～3.0m）。稳定的河岸不仅是保证取水量和稳定水质的前提，同时对于固定式取水构筑物和移动式取水构筑物的基础、锚固等具有重要意义。

(5) 取水口应尽量设在顺直的河段上。在弯曲河段上的河岸凸岸，岸坡平缓，容易淤积，深槽主流离岸较远，一般不宜设置取水构筑物。取水口宜设在河流的凹岸，但是，如果在凸岸的起点主流尚未偏离时，或在凸岸的起点或终点主流虽已偏离，但离岸不远有不淤积的深槽时，仍可设置取水构筑物。

(6) 在有边滩、沙洲的河段上取水时，取水口不宜设在可能移动的边滩、沙洲的下游附近，以免逐渐被泥沙堵塞。同时要注意了解边滩、沙洲形成的原因、移动的趋势和速度，预测河床形态的变化对取水构筑物的长期影响。

(7) 在有支流入口的河段上，由于干流和支流涨水的幅度和先后各不相同，容易形成壅水，从而产生大量的泥沙沉积。因此，取水口应离开支流出口处上、下游足够的距离（图4-21）。

(8) 取水构筑物应设在地质构造稳定、承载力高的地段。具有良好的地形及施工条件，交通运输方便，尽量减少土石方量和水下工程量，以节省投资，缩短工期。

(9) 取水口应注意避开河流上的人工构筑物或天然障碍物造成的对工程不利的水流条件。例如，取水构筑物应避开桥前水流滞缓段和桥后冲刷、落淤段。一般设在桥前 0.5～1.0km 或桥后 1.0km 以外的地方；有丁坝存在的河道，在丁坝附近易形成淤积区，因此，

表 4-1 常见地表水取水构筑物一览表

类型	形式	示意图	特点	适用条件
固定式	岸边式	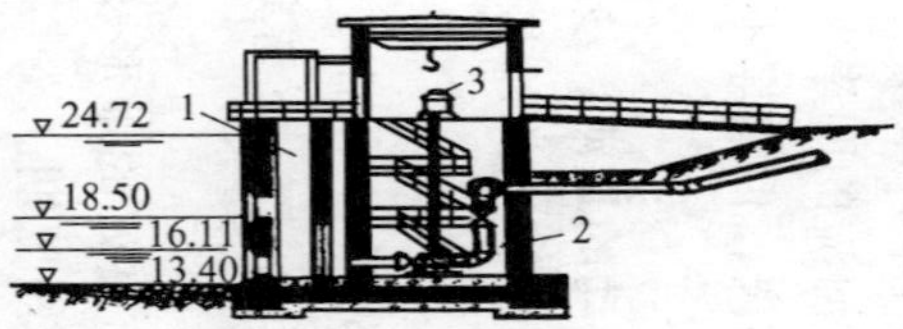 图 4-1 合建式 1—进水间；2—泵房；3—水泵 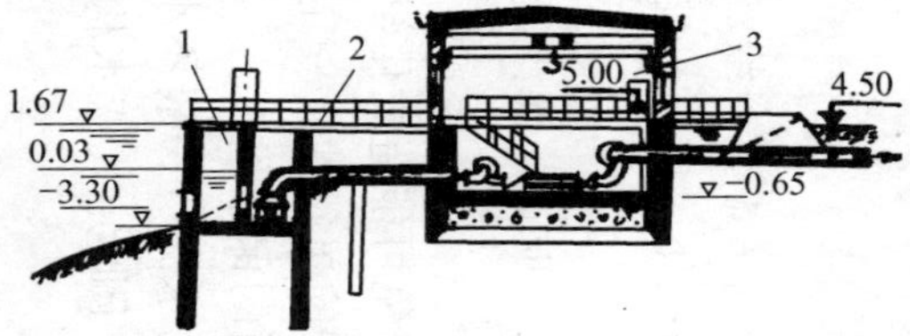 图 4-2 分建式 1—进水间；2—引桥；3—泵房	直接从岸边取水的构筑物，包括进水间和泵房，二者可以合建（图4-1），也可以分建（图4-2）。因取水口离岸近，故吸水管路短，养护管理方便，运行安全可靠，但进水水质较差，施工较困难	河岸较陡，主流近岸，岸边有足够水深，水质及地质条件较好，水位变化幅度不大的情况
固定式	河床式	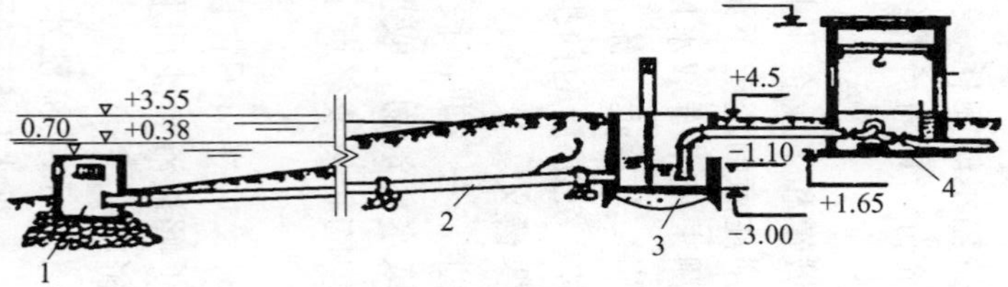 图 4-3 自流管取水构筑物 1—取水头部；2—自流管；3—集水间；4—泵房 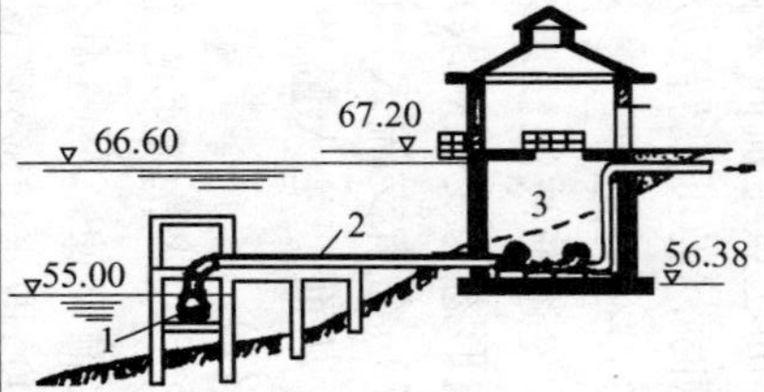 图 4-4 直接吸水式取水构筑物 1—取水头部；2—水泵吸水管；3—泵房 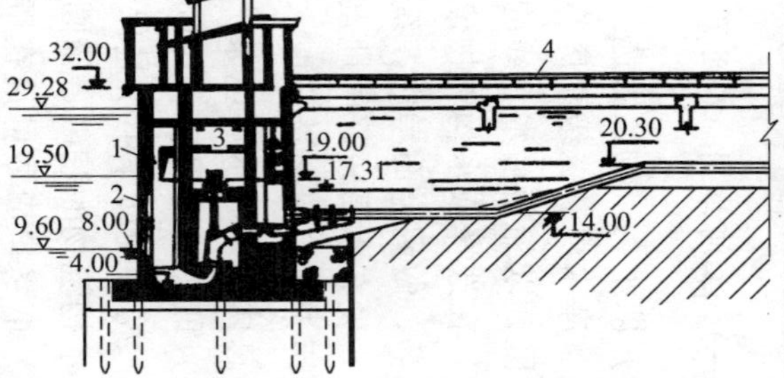 图 4-5 桥墩式取水构筑物 1—进水室；2—格栅；3—泵房；4—引桥	取水位置在离岸较远的河床上，一般取水口和进水泵房采用分建式。因此取水口离岸较远，运护管理也较麻烦，安全性较差，但取水质较好。根据进水管形式不同，可分为自流管取水（图4-3）、虹吸管取水（图4-4）、水泵直接抽水（图4-5）、桥墩式取水（图4-5）等多种形式	适用于河岸平坦，枯水期主流离岸较远，岸边水深不足，水质好，而河心有足够水深等情况

续表

类型	形式	示意图	特点	适用条件
固定式	斗槽式	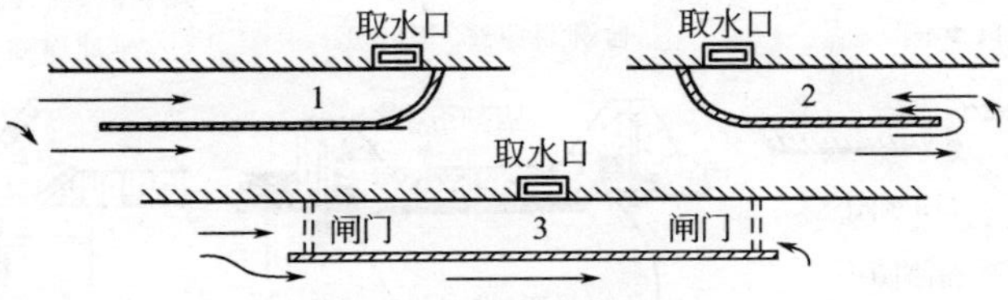 图4-6 斗槽式取水构筑物 1—顺流式斗槽；2—逆流式斗槽；3—双流式斗槽	在岸边式取水构筑物前设置斗槽进水，称之为斗槽式取水构筑物（图4-6），斗槽设置可以采用顺流、逆流、双向流等形式，水流在槽内流速较小、泥沙等容易下沉，能较好地减少泥沙含量	适用于河流含砂量大、水质严重，取水量也较大的情况
	缆车式	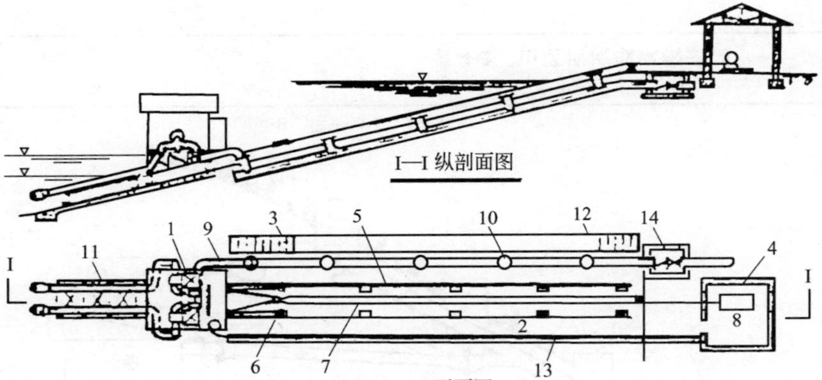 I—I 纵剖面图 平面图 图4-7 缆车式取水构筑物 1—泵车；2—电缆线；3—输水斜管；4—绞车房；5—钢轨；6—挂钩座；7—钢丝绳；8—绞车房；9—联络管；10—叉管；11—缆车；12—人行道；13—电缆沟；14—阀门井	缆车式取水构筑物（图4-7）水下工作量比固定式取水构筑物小，但比浮船筑物大，水位变化时更换接头困难，而短期停水、泵房内场地小、工作条件较差，水源为表层水，水质较好，对风浪适应性比浮船好	河水变化幅度大、河床直、有平坦的河岸地、河段质条件较好，水量较小的情况

续表

类型	形式	示意图	特点	适用条件
固定式	浮船式	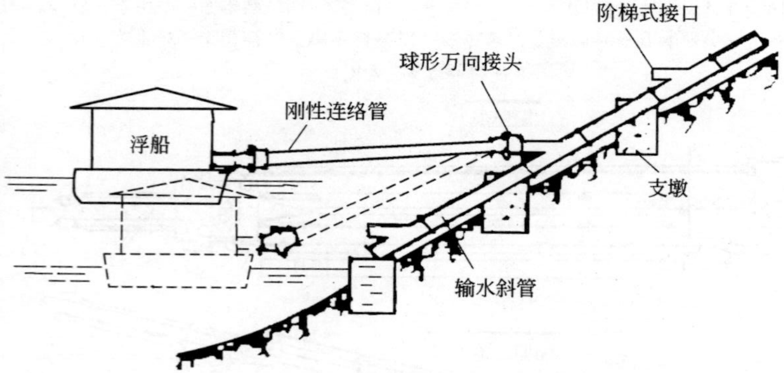 图4-8 浮船式取水构筑物	浮船式取水构筑物(图4-8)无大量水下工作量,施工简单,投资小,使用灵活性大,但对风浪适应性差,泵船和岸联系不便,维修困难,应配以方向接头	河水变化幅度大、风浪小,水流平稳,枯水时水位较低的情况,但同时必须具备河床平坦、稳定,河流中无漂浮杂物方

图4-8中标注:阶梯式接口、球形万向接头、支墩、输水斜管、刚性连络管、浮船

表4-2 山区河流取水构筑物

类型	形式	示意图	特点	适用条件
山区取水构筑物	低坝取水	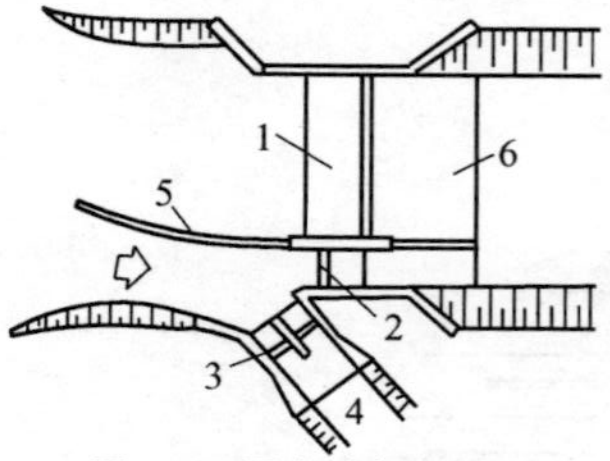 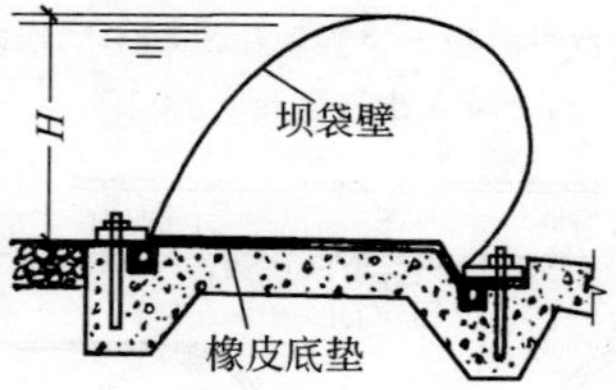 图4-9 固定式低坝取水 图4-10 袋形橡胶坝 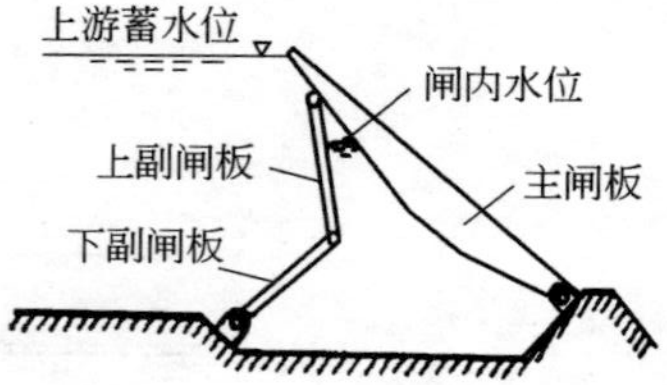 图4-11 浮体闸	有固定式(图4-9)和活动式两种方式。固定式低坝取水,低坝容易淤积泥沙。活动式低坝有水力自动翻板闸、袋形橡胶坝(图4-10)、浮体闸(图4-11)等,不易排除泥沙	山区河河取水深度不足,或取水量占河流枯水比例较大(30%~50%以上),且推移质泥沙少,用低坝抬高水位和拦截足够的水量

图4-9 固定式低坝取水
1—溢流坝;2—冲砂闸;3—进水闸;4—引水明渠;5—导流堤;6—护坦

图4-10 袋形橡胶坝中标注:坝袋壁、橡皮底垫、H

图4-11 浮体闸中标注:闸内水位、上游蓄水位、主闸板、上副闸板、下副闸板

续表

类型	形式	示意图	特点	适用条件
山区取水构筑物	底栏栅取水构筑物	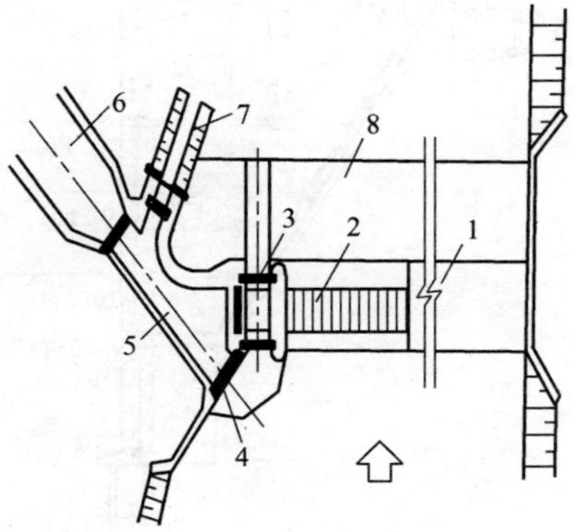 图 4-12 底栏栅式取水构筑物布置 1—溢流坝；2—底栏栅；3—冲砂室；4—进水闸；5—第二冲砂室； 6—沉砂池；7—排砂渠；8—防冲护坦 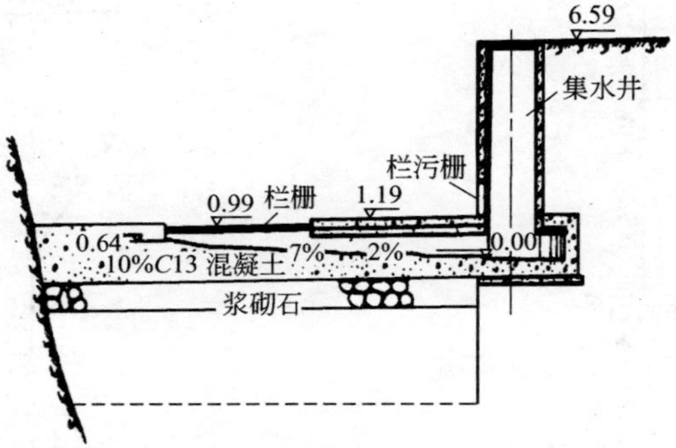 图 4-13 底栏栅式取水构筑物断面图	既可在取水深度不足时取水，又可排除推移质，不致产生淤塞，底栏栅式取水构筑物布置见图 4-12，断面图见图 4-13	洪水期水中大颗粒推移质较多，枯水期则流量很小、水深很浅，甚至断流的纵坡很陡的山区河流

表 4-3　湖泊、水库及海水取水构筑物

类型	示意图	特点	适用条件
湖泊、水库取水构筑物	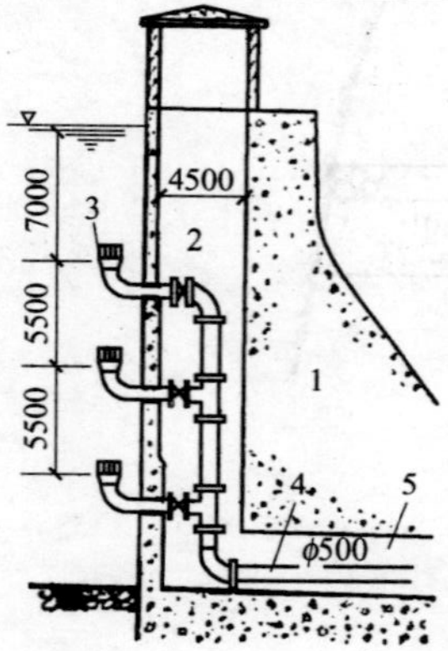 图 4-14　与坝身合建的取水塔 1—混凝土坝；2—取水塔；3—进水口；4—引水管；5—廊道 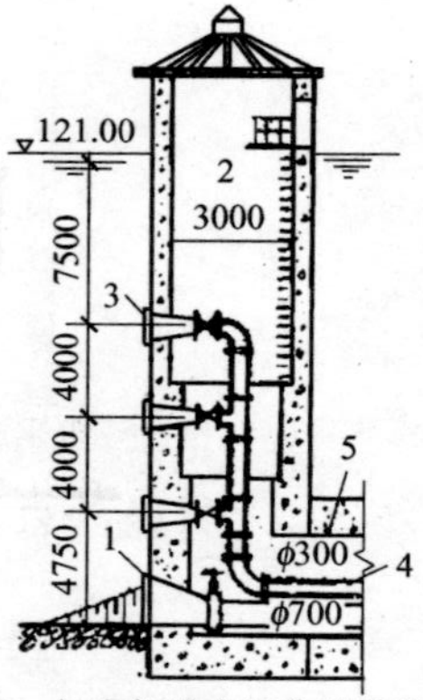 图 4-15　与底部泄水口合建的取水塔 1—底部泄水口；2—取水塔；3—进水口；4—引水管；5—廊道 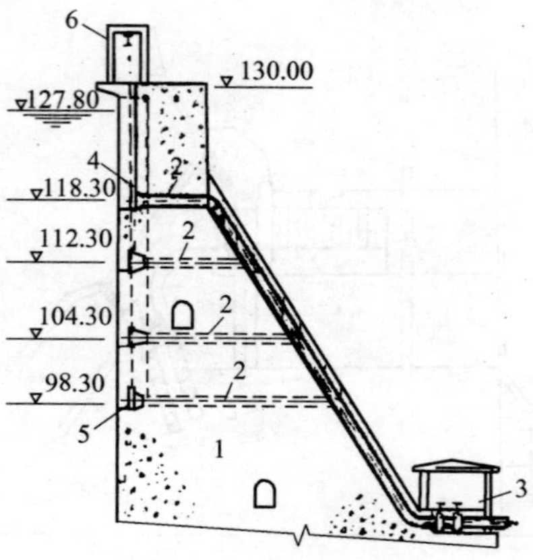 图 4-16　坝身内设引水管取水 1—混凝土坝；2—引水管；3—闸阀室；4—格栅；5—平板钢闸门；6—启闭机架	水质随水深及季节等因素而变化，因此大多采用分层取水。取水构筑物可与坝身（图 4-15）合建或分建	取水量大且从水深大于 10m 以上的大型水库和湖泊取水时，常用隧道或引水渠取水；浅水湖泊和水库因难以在岸边泵房直接取水，可用自流管或吸管虹吸取水，引至岸边吸水井（图 4-16），泵房从吸水井吸水

续表

类型	示意图	特点	适用条件
海水取水构筑物	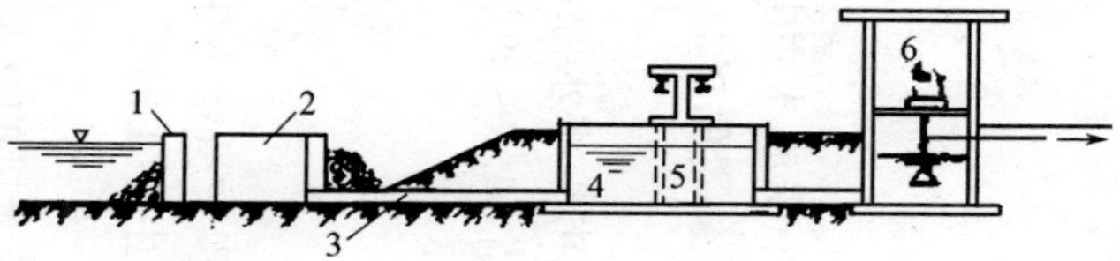 图 4-17 引水渠取海水构筑物 1—防浪墙;2—进水斗;3—引水渠;4—沉淀池;5—滤网;6—泵房 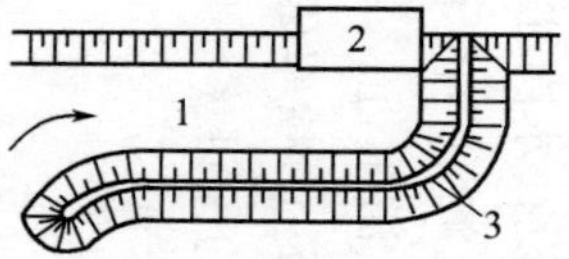 图 4-18 斗槽式海水取水构筑物 1—斗槽;2—取水泵房;3—堤 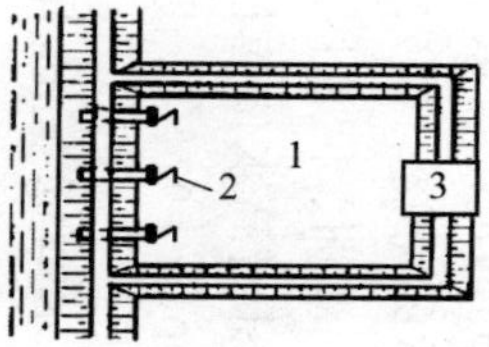 图 4-19 潮汐式取水构筑物 1—蓄水池;2—潮门;3—取水泵房 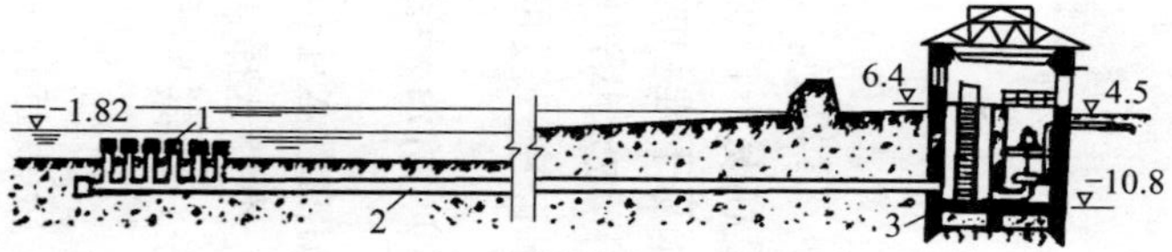 图 4-20 立管式取海水的取水构筑物 1—立管式进水口;2—自流引水管;3—取水泵房	构筑物部件要有很强的防腐蚀性能,并能防止海洋生物的影响。取水构筑物主要设在海湾内风浪较小的地段。构筑物主要有引水渠取水(图4-17),岸边式取水,斗槽式取水(图4-18)和潮汐式取水(图4-19)等,海底引水的取水构筑物见图4-20	当海滩较平缓时,用引水渠取水构筑物;深水海岸,工程地质条件良好时用管渠取水构筑物;当海岸冲砂较多时用斗槽式取水构筑物;涨落潮水位较高的海湾宜用潮汐式取水构筑物

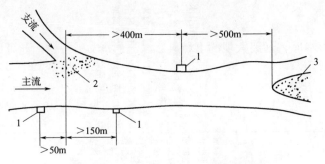

图 4-21 支流入口处主河道取水口位置示意
1—取水口；2—堆积锥；3—沙洲

取水构筑物如与丁坝同岸时，则应设在丁坝上游，与坝前浅滩起点相距 150～200m，也可设于丁坝对岸（图 4-22）；拦河坝上游泥沙易于淤积，设置取水构筑物应注意河床淤高的影响。

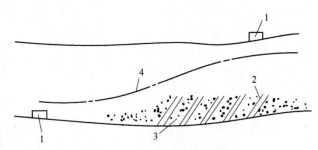

图 4-22 丁坝附近取水口位置示意
1—取水口；2—丁坝系统；3—淤积区；4—主流线

（10）在北方冰冻地区的河流上，取水构筑物应设在水内冰较少和不受流冰冲击的地点，而不宜设在易于产生水内冰的急流、冰穴、冰洞及支流出口的下游，尽量避免将取水构筑物设在流冰易于堆积的浅滩、沙洲、回流区和桥孔的上游附近。

（11）取水构筑物的设计最高水位应按 100 年一遇的频率确定。城市给水水源的设计枯水流量保证率一般可采用 90%～97%。设计枯水位的保证率一般可采用 90%～99%。

（二）湖泊和水库取水口位置选择的原则

在湖泊、水库取水时，取水口位置选择应注意以下几点。

（1）不要选择在湖岸或库岸的芦苇丛生处附近。因这些地方有机物丰富，水生物较多，水质较差，尤其是水底动物（如螺、蚌等）较多，若被吸入后将会产生严重的输水管堵塞现象。

（2）不要选择在夏季主风向的向风面的凹岸处。因为在这些位置有大量的浮游生物集聚并死亡，沉至湖底后腐烂，从而水质恶化，表观上表现为水的色度增加，且产生臭味。藻类如果被吸入水泵提升至净水厂后，会在沉淀池（特别是斜管沉淀池）和滤池的滤料内滋长，使滤料产生泥球，增大滤料阻力。

（3）取水口应选在靠近大坝附近，或远离支流的汇入口，以防止泥沙淤积取水头部。

（4）取水口应建在稳定的、工程地质条件良好的湖岸或库岸处，以防在风浪的冲击和水流的冲刷下，湖岸或库岸发生崩坍和滑坡等地质灾害对取水构筑物的破坏。

（5）取水口应充分考虑到与湖泊或水库上现有取水工程的协调。尤其是水库的大坝附近，常有灌溉取水口、发电引水洞、泄洪闸及溢洪道等，要注意新建取水构筑物对现有设施的影响。

（6）对于狭长形水库，远离大坝的上游具有河流的水文特征，因此可按江河取水构筑物位置选择原则进行取水口定位。

（7）一些水库的功能发生变化，利用水库原有设施进行取水时，取水口位于大坝及其附近，取水构筑物可能是原有设施的一部分，应充分论证这些设施的安全性，结合后序处理工艺，从技术经济角度论证这些既有设施改造取水的可行性。

第四节　既有水利设施改造取水工程

一、水利设施的运行状况

（一）水利设施基本含义

水利设施是指通过人工建筑利用自然水体、以防治自然灾害、改造自然生态环境等为目的的水利工程设施。常见的有水库、堤坝、导洪沟、灌渠、渡槽等。其中水库是最常用的水利设施，一般具有防洪、养殖、发电、蓄能、灌溉、旅游等多种功能。与之相配套的水利设施包括蓄水工程、引水工程、提灌工程等设施。

（二）水利设施存在的问题

我国现有水库8.5万余座，但由于种种原因，在这8.5万多座水库中，病险严重的有3万多座，约占水库总数的40%。病险水库中，大型水库约200多座，中型水库约1600多座，其余为小型水库。这些水库及其配套的水利设施存在以下问题。

（1）多数老旧水库存在病险　全国8.5万余座水库中75%的大型水库、67%的中型水库、90%的小型水库建成于1957～1977年，限于当时的经济和技术等条件，水库设计标准普遍偏低，工程质量差，有些水库甚至没有溢洪道等应急泄水设施，坝体单薄、防洪标准低、管理措施陈旧，大多已处于病险状态。为此，自1998年大水之后，水利部先后确定了两批除险加固水库名单，第一批中央补助的重点病险水库1346座，第二批2000余座。截至2006年年底，第一批除险加固的水库已安排投资313亿元，第二批除险加固的水库已安排投资92亿元。至2007年，大型水库的病险率已由1999年底的42%下降到14%，中型水库病险率由41%下降到25%。这批项目完成除险加固后，相当于新建了540座库容为5000×10^4 m³ 的中型水库，可直接保护下游耕地1.4亿亩，保护人口1.6亿人，新增灌溉面积近2000万亩。

（2）配套设施破坏严重　我国的中小型水库多数是为农田灌溉服务，兼作防洪和发电。建设之初与水库配套的灌渠等设施较为完备。经过几十年运行，现在大部分都到了工程设计年限，进入更新、改造时期，工程老化失修、设备报废严重，难以为继。由于土地政策变化，大部分农田灌溉基础设施被农民破坏而消失，据相关部门调查资料，由于工程老化失修、设备报废等原因，全国小型农田水利工程的平均完好率仅为50%左右，实际灌溉面积远远低于设计灌溉面积。同样，发电设备也由于年久失修而不能使用，特别是由于电网等原因，完好的设备也无法使用，甚至有的发电设备已被拆除。

（3）水库运行困难　多数中小型水库修建之初就是为农田灌溉服务，但由于配套设备的破坏，水库中的水根本输送不到下游灌区。一些尚存的灌渠也由于年久失修，渗漏现象普遍存在，致使灌溉的漏损量很大，从而增加了农田灌溉的成本，使农民承受不起高额的水费而弃用水。普遍存在"只浇救命水，不浇增产水"现象，管理单位征收水费十分困难，不能支持工程正常的运营，形成了恶性循环，严重影响了水库社会效益和经济效益的发挥。

（三）现有水利设施功能转变

为解决长期以来水利设施运营的困难局面，充分发挥其效益，水利管理部门在想方设法寻求发挥水利设施作用的新思路。特别是近年来城市水资源供需矛盾的日趋突出，当地政府也在千方百计地寻找支持城市发展的新水源。供需双方密切配合，形成了如下几种水利设施的利用方案。

（1）水利部门调整水利设施功能，由原来服务于农田灌溉转变为以解决城市供水为主的现有水利设施利用方式。

（2）对于水量充沛，但季节性变化较大的水体，根据城市用水和农田灌溉用水的不同保证率要求调配供水，从而保留了原水利设施的功能，同时也开辟了为城市供水的新途径。

（3）对于总需水量而言水量充沛的水利设施，合理分配水量，同时满足农田灌溉和工业用水量。

（4）在运营方式上，一种是水利设施所有者投资建设取水和输水工程，将水送至城市净水厂，并由水利设施所有者负责取水和输水工程设施的运行、维护和水体保护等，以供水量收取水费；另一种是由城市用户（如自来水公司或者企业）负责建设取水、输水和净水工程，水利设施所有者只负责提供水源和水体保护等，以取水量收取水费；第三种是水利设施所有者和城市与工业用户共同投资建设取水、输水和净水工程，共同经营，以股份制形式进行利润分配。

二、既有水利设施改造的原则

水利设施原设计和建设中并没有考虑城市供水的功能，而城市供水对水质和水量的要求与农田灌溉的要求有很大区别。如城市供水保证率要求90％～97％，而农田灌溉用水的供水保证率可低至50％～75％。这就要求利用现有水利设施改造为城市供水水源时，必须注意以下几项原则：①根据水利设施的天然径流量和调节量校核其可供水量，作为改造功能水量分配的依据；②重新核定水利设施的功能，科学确定现有水利设施的利用方案；③对现有水利设施进行安全性评估，排除病险隐患；④改造工程要严格执行水利设施设计、运行规范和规程，严格执行水利设施保护法规；⑤对于年代久远的水利设施，改造工程尽可能保持原构筑物结构，推荐使用对现有水利设施改造量小，技术经济的改造取水方案；⑥更改的水利设施功能方案中要有对原服务范围内的供用水科学协调和解决途径，并上报有关部门批复，以免处理不当带来社会矛盾；⑦由于城市供水水源对水质和水量的要求较高，必须有十分严格的水源保护措施，因此水利设施功能改变后应有相应切实可行的水源保护措施。

三、既有水利设施改造取水实例

（一）水库和集泉联合供水工程

1. 工程背景

基于特殊的自然地形条件，某县水资源分布和人口密度成反比。位于人口密度较大的丘陵、平川地区的部分乡镇，区域内无地表径流，且地下水资源匮乏，长期处于缺水状态。城

市地下水资源为 $3041.5 \times 10^4 \, m^3/a$，可开采量为 $2445.3 \times 10^4 \, m^3/a$，实际开采量为 $3991 \times 10^4 \, m^3/a$，属严重超采，造成地下水位以年均 2m 左右速度下降。且水质含氟量高（$2.8 \sim 3.6 mg/L$），不符合生活饮用水卫生标准。由于缺水，居民生活、生产条件受到限制，工农业生产发展缓慢，被列为国家级"贫困县"。经预测，2015 年城市需新增供水量 $43000 m^3/d$，2020 年需水量为 $55000 m^3/d$。

2. 现有水利设施基本情况

区域内现有温峪水库、泗交水库和白沙河水库，在温峪水库西南的洞沟一带分布有散泉，散泉水的总枯水流量为 $0.3 m^3/s$（图 4-23）。

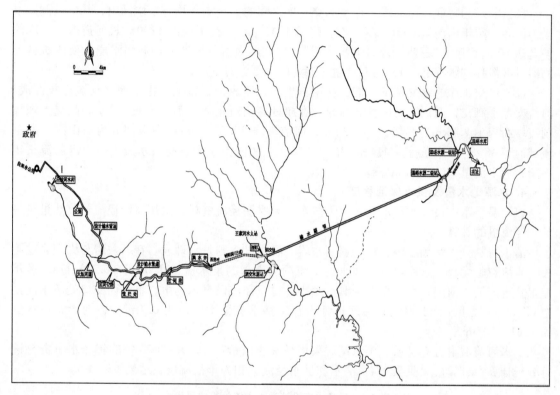

图 4-23 水库与集泉工程示意

（1）温峪水库 温峪水库位于区内东北部的清水河上，属黄河流域，坝址以上控制流域面积 $77.5 km^2$，总库容 $207.5 \times 10^4 \, m^3$。水库大坝设计洪水标准为 30 年一遇，校核洪水标准为 200 年一遇，泵站设计洪水标准为 20 年一遇，校核洪水标准为 50 年一遇。设计保证率为 95% 的情况下，最高日供水量为 $5.42 \times 10^4 \, m^3$，年平均供水量为 $1526 \times 10^4 \, m^3$。大坝为浆砌石重力坝，最大坝高 26.6m。坝顶长 119.5m，顶宽 4.0m。

（2）泗交水库 泗交水库位于区内中部。水库以旅游为主，同时兼顾乡镇供水。水库总库容为 $106.6 \times 10^4 \, m^3$，防洪库容为 $38.1 \times 10^4 \, m^3$，兴利库容为 $22.5 \times 10^4 \, m^3$，死库容为 $46 \times 10^4 \, m^3$。死水位为 877.6m，正常蓄水位 879.275m，设计洪水位 881.275m，校核洪水位 881.675m。大坝为浆砌石重力坝，最大坝高 18.775m。坝顶长 120.1m，宽 3.6m。

（3）白沙河水库 白沙河水库位于区内西部，拦蓄白沙河水和经隧洞引来的泗交河水。总库容 $212.76 \times 10^4 \, m^3$，调洪库容 $132.76 \times 10^4 \, m^3$，兴利库容 $106 \times 10^4 \, m^3$，死库容 $40 \times 10^4 \, m^3$。正常蓄水位 487.84m，设计洪水位 489.2m，校核洪水位 490.1m，死水位 480.90m，汛限水位为 482.50m。大坝为均质土坝，大坝高 22.5m。

（4）朝阳洞　朝阳洞是位于泗交水库下游的输水隧洞，全长 3662m，进口高程 886.0m，出口高程 882.225m，纵坡 1/1000，断面为箱式拱形，宽 1.8m，高 2.1m。最大过水流量为 $2.5m^3/s$，目前基本完好。

3. 水源地的水文特征

（1）温峪水库的水文特征　温峪水库所在的清水河发源于泗交镇小岭村，在垣曲县五福涧村入黄河。全长 63km，流域面积 $180km^2$，平均纵坡 19‰。坝址以上控制流域面积 $77.5km^2$，河流长 16km，大部分为岩石山区，占流域面积的 90%，森林覆盖面积约占 45%。

（2）散泉的特征　在温峪水库至泗交水库之间的大小沟谷均有泉水涌出，其中以洞沟泉最为出名，常年出流量 $0.3m^3/s$ 左右，水温 15℃ 左右。在下游的 1200m 长河道内，河床落差竟达 80m，其间"三步一潭，五步一瀑"，甚至还保留有早期人们利用水能转换成机械能的器具（俗称"水打磨"），为泗交生态旅游区主要景点之一。

（3）泗交水库的水文特征　泗交河由寨里河、王家河、南河、法河四条河流汇集而成。河流发源于泗交镇西沟上游的西普峪村，在旗杆岭附近汇入黄河，全长 75km。泗交大坝控制流域面积 $107.2km^2$。河流长 14.8km，河道坡降 20.5‰。流域内大部分为石山区，占总流域面积 88%。森林覆盖率良好，占 30.3%。流域内大小沟谷有泉水流出，山沟溪流长年不断，清水流量 $0.2\sim0.3m^3/s$。

4. 水源地水量及供水保证程度

（1）温峪水库设计年径流量　由于清水河无实测径流资料，采用清洪径流计算法进行设计年径流量的计算。

清水河从分水岭到温峪村段均属石灰岩，温峪以下则是大理岩。在石灰岩与大理岩过渡段，岩溶裂隙发育，含水丰富，清水河支流洞沟出露的泉水流量达 $0.28\sim0.32m^3/s$，多年流量稳定。清水河另一主支发源于泗交镇小岭村，径流以泉水为主，上游西交口处清水流量在 $0.1m^3/s$ 以上。因此温峪水库坝址处设计年枯水流量平均值为 $0.4m^3/s$，则年总来水量为 $1261\times10^4m^3$。

清水河流域附近有马家庙雨量站。采用马家庙雨量站 1960～2005 年的年降水量资料进行分析计算。计算成果见表 4-4。清水和洪水径流之和为年径流量，结果见表 4-5。

表 4-4　温峪水库设计洪水径流计算成果表

特征参数		设计年频率	年降水量/mm	汛年/%	汛期降水量/mm	汛期径流深/mm	流域面积/km²	洪水径流量/×10⁴m³
均值	733	50%	720.2	67.4	485.4	101.78	77.5	789
C_v	0.23	75%	611.3	60.5	369.8	55.62	77.5	431
C_s/C_v	2	95%	479.3	58.3	279.4	31.98	77.5	247

表 4-5　温峪水库设计年径流计算成果表

设计频率	清水径流量/×10⁴m³	洪水径流量/×10⁴m³	设计年径流量/×10⁴m³
$P=50\%$	1261	789	2050
$P=75\%$	1261	431	1692
$P=95\%$	1261	247	1508

（2）泗交水库设计年径流　泗交水库上建有简易引水设施，用以引取部分水量。年径流计算采用水文比拟法，计算结果见表 4-6。

表 4-6　泗交水库设计年径流计算成果表

设计频率	地表年径流量/×10⁴ m³	现有工程引水量/×10⁴ m³	总年径流量/×10⁴ m³
$P=50\%$	1267.4	494	773.4
$P=75\%$	787.2	349	438.2
$P=95\%$	417.6	169	248.6

（3）径流年内分配　泗交河 1997 年的径流量为 $390.2\times10^4\,m^3$，与 $P=95\%$ 时的年径流量 $417.6\times10^4\,m^3$ 接近，故选取 1997 年径流资料作为设计典型年，进行径流年内分配，结果见表 4-7。

表 4-7　径流年内分配表　　　　　　单位：$\times10^4\,m^3$

月份 水源	1	2	3	4	5	6	7	8	9	10	11	12	合计
温峪水库	107.1	96.5	107.1	103.7	107.1	103.7	188.5	201.8	174.6	107.1	103.7	107.1	1508
泗交水库	14.7	14.2	16.5	14.9	14.6	13.3	36.2	39.9	33.5	16.8	23.9	10.1	248.6

（4）供水量及保证程度　根据《室外给水设计规范》（GB 50013—2006），温峪引水工程的供水保证率应为 90%～97%，考虑到用水城镇的规模和等级，本次按 95% 考虑。

由表 4-5 和表 4-6 可知，在保证率为 95% 的情况下，温峪水库年供水量为 $1508\times10^4\,m^3$，日平均供水量为 $41325\,m^3/d$；泗交水库除现有工程利用水量外，年供水量为 $248.6\times10^4\,m^3$，日平均供水量为 $6811\,m^3/d$，因此两水库年可总供水量为 $1756.6\times10^4\,m^3$，日平均总供水量为 $48136\,m^3/d$，即 $0.56\,m^3/s$。

将洞沟散泉集取后清水流量为 $0.3\,m^3/s$，则总可供水量为 $0.86\,m^3/s$。考虑到温峪水库的兴利库容为 $68.8\times10^4\,m^3$，泗交水库的兴利库容为 $22.5\times10^4\,m^3$，占年总供水量的 5.2%，因此该工程不论从设施还是水量（日平均供水量为 $48136\,m^3/d$），相对于日变化系数为 1.15 的供水对象是有充分保证的。

5. 水源改造利用方案

（1）设计方案　由上述水量分析可知，单一利用某一水源均不能满足城市新增需水量。考虑到白沙河水库靠近城市，水质较难保护，因此拟由温峪水库、泗交水库和集泉工程共同组成系统供给城市 $55000\,m^3/d$ 水量。具体方案如下所述。

在温峪水库右岸建一级站，设计流量 $0.24\,m^3/s$，扬程 74.9～81.0m，压力管道长 1978.4m，将水送至二级站前池。

二级站位于洞沟村附近，储水池除接纳温峪水库一级泵站 $0.24\,m^3/s$ 的清水河流量外，还接纳通过滚水坝拦截附近洞沟泉水 $0.3\,m^3/s$，因此二泵站设计流量 $0.54\,m^3/s$，扬程 46.65m，压力管道长 107.2m，加压后将水送至输水隧洞。

在泗交水库右岸设水源泵站，设计流量为 $0.1\,m^3/s$，扬程 9.34～11.04m，管线沿水库右岸敷设至泗交朝阳洞口，通过 12.85km 隧洞至集水井，从集水井始至自来水公司敷设两条 DN500 的 PE 管道将水送到净水厂处理。

总之，该改造工程利用温峪水库水量 $0.24\,m^3/s$，洞沟散泉 $0.3\,m^3/s$，泗交水库水量 $0.1\,m^3/s$，合计水量 $0.64\,m^3/s$，即 $55296\,m^3/d$，满足城市 $55000\,m^3/d$ 的需水量。在保证率为 95% 时温峪水库的可供水量为 $41325\,m^3/d$，改造利用水量 $20736\,m^3/d$，约占 50%；泗交水库年可供水量 $417.6\,m^3$，改造利用 $0.1\,m^3/s$，即 $8640\,m^3/d$，大于 $6811\,m^3/d$ 的可供水量，

主要是占用部分现有工程的引水量为城市所利用。另外，洞沟散泉集水量约占总水量的1/2，混合后使整体水质变好，有效地减轻了净水厂的处理负荷。

（2）取水构筑物

① 温峪水源一级站　一级站从水库取水，设计流量0.24m³/s，扬程74.9～81.0m。泵房平行于岸边布置，采用干室型泵房。厂内一列式布置3台机组，轴线间距3.8m，机坑长14.2m，宽5.4m，深7.0m，进出水侧设1.8m宽走道板。水泵安装高程为770.69m，机坑地坪高程769.8m。泵房下部采用钢筋混凝土结构，上部采用砖混结构，长27.5m，宽9.5m，高7.6m，建筑面积261.3m²。

② 温峪水源二级站　温峪水源二级泵站的任务是将温峪水库一级泵站0.24m³/s的清水河流量和通过滚水坝拦截的洞沟泉水0.3m³/s水量向输水隧洞输送。二级站设计流量0.54m³/s，扬程46.65m。泵房平行于台地坎边布置，采用分基型泵房。厂内一列式布置5台机组，轴线间距3.6m，机坑长20.5m，宽6m，深1.7m，进出水侧设1.5m宽走道板，水泵安装高程为849.27m，机坑地坪高程848.4m。采用砖混结构，泵房长33.5m，宽9.5m，高7.2m，建筑面积318.3m²。

③ 泗交水源泵站　泗交水源站位于泗交水库右侧，采用岸边式取水泵房，设计流量0.1m³/s，扬程9.5～11.2m。泵房平行于岸边布置。厂内一列式布置两台机组，一用一备。轴线间距2.6m，机坑长6.75m，宽4.26m，深1.8m，出水侧设1.5m走道板。水泵安装高程为881.95m，机坑地坪高程881.2m。泵房下部采用钢筋混凝土结构，上部采用砖混结构，长15.1m，宽6.5m，高4.0m，建筑面积98.2m²。

④ 滚水坝和引水渠　在洞沟三泉汇合下游50m处建滚水坝、进水闸拦引设施，用明渠将泉水引至二级站前池。滚水坝建于基岩上，坝顶高程848.8m，长17m，高2.6m，上游坡比1∶0，下游坡比1∶1，底宽4.5m，为浆砌石圬工结构。在滚水坝的左岸设进水闸，闸孔尺寸为0.9m×1.0m，钢筋混凝土结构。闸后接引水渠，为浆砌石矩形渠道，断面为0.9m×0.9m，纵坡1/1000，长105m。为防止河床泥沙淤积，在坝中部设冲沙闸，闸孔尺寸为0.9m×1.0m，结构同进水闸。

（3）输水工程

① 输水隧洞　共设两条隧洞引水：一条是新建的输水隧洞；另一条是利用原有的朝阳洞。新建输水隧洞沿线共布置两段隧洞，1#隧洞接二级站出水池，出口接拱渡，长383m。2#隧洞进口接拱渡（拱渡连接1#、2#隧洞，为浆砌石结构，跨度18m，矢跨比1/6，拱圈为M7.5水泥砂浆砌粗料石，厚0.5m。槽身断面净尺寸为1.2m×1.2m，渡槽顶设预制C15钢筋混凝土盖板，厚0.12m），出口接倒虹吸进水池，长12.463km。纵坡1/2000，断面为城门洞型，底宽1.5m，洞高1.8m，衬砌形式选用锚喷衬砌。

② 输水管道　从朝阳洞出口的集水井接出输水管两条至自来水公司净水厂，材质为给水PE管，长17.7km，沿公路铺设。由于起终端高差大，沿途地形起伏较大，因此设水锤消除器、减压阀、排气阀及泄水阀等装置。

（二）水库浮船取水工程

1. 工程背景

某水库地处山区与平原衔接的出山口，距某南方城市约10km。该水库于1965年建成使用，水库设计标准为按百年一遇洪水设计，千年一遇洪水校核。水库上游主河道长90.4km，控制流域面积1876km²。水库上游多年平均径流量1.697×10⁸m³，设计总库容1.166×10⁸m³，调洪库容0.49×10⁸m³，防洪库容0.267×10⁸m³，调节库容0.475×

$10^8\,\mathrm{m}^3$。泥沙库容 $0.504\times10^8\,\mathrm{m}^3$。最大水位变幅 835～821m。

该水库是一座以防洪为主，灌溉、发电等综合利用的大型年调节水库。它担负着下游四县（市）农田灌溉、30 余万人和 4 条公路干线的防洪任务。水库水电站为坝后引水式，设计装机 3 台，总容量 3300kW，现装机 2 台，总容量 2500kW，年均发电 $462.57\times10^4\,\mathrm{kW\cdot h}$。

随着城市发展，城市供用水矛盾十分紧张，需从该水库取水 40000m^3/d，处理后作为城市生活用水。

2. 水库的水文特征

水库的年径流全系降雨补给，其年内分配与雨量分配相似，一般汛期水库来水量占全年来水量的 64%。根据序列水文资料，利用皮尔逊Ⅲ型曲线进行适线，得到不同设计频率下的径流量，详见表 4-8。

表 4-8　水库不同保证率来水量

保证率	50%	75%	90%	95%	97%
来水量/($\times10^4\,\mathrm{m}^3$/a)	9182	6071	4592	4203	4048

根据《室外给水设计规范》（GB 50013—2006），用地表水作为城市供水水源时，其设计枯水流量的保证率一般可采用 90%～97%。取设计保证率 $P=95\%～97\%$，入库年径流量为 $(4203～4048)\times10^4\,\mathrm{m}^3$/a。

3. 水库水量分配与保证程度

该水库担负着下游四个县（市）的灌溉任务，因此本次为城市供水而从水库取水必须经科学调配。从水库取水 40000m^3/d 作为城市供水时，该水量只占 $P=95\%$ 时来水量的 34.7%，占 $P=97\%$ 时来水量的 36.1%，只占灌溉保证率（$P=50\%$，$P=75\%$）时来水量的 15.9% 和 24.0%。考虑到该水库为大型水库，调节库容达 $0.475\times10^8\,\mathrm{m}^3$，所以只要水库管理部门合理调配农灌用水量与城市供水量，总体上满足城市供水水量是有保证的。

4. 取水工程方案

水库最大水位变幅 835～821m，水位变化值 14.0m，又考虑到水库建于 1965 年，位于山区与平原衔接的出山口，上游库岸岩体稳定性较差，不宜建设岸边取水构筑物，所以采用浮船式取水构筑物从水库中取水。

（1）浮船位置选择　选择在水库的右岸大坝上游 50m 处，该处库岸为基岩，较为稳定，无明显的淤积。该处水质较好，施工方便，常年保证水深较大，可避免浮船搁浅。

（2）浮船　设一条浮船，采用摇臂式连接。浮船为平底囤船形式。船长 16m，宽 5m，船深 1.4m，采用自重 50t 的钢筋混凝土船。该种船重心低，稳定性好。浮船式取水构筑物布置情况详见图 4-24 和图 4-25。

（3）选泵及布置　设计取水量为 40000m^3/d。选 5 台水泵，4 用 1 备。单台泵流量为 336～460～552m^3/h，扬程为 40～37～30m，配套电机功率为 75kW。水泵安装采用上承式。采用单排布置，水泵轴线成直线。吸水管向水泵的上升坡度为 1%，喇叭口高于河底不小于 0.8m。考虑到浮船经常摇摆和倾斜的特点，所有管道和附件都要用螺栓固定在船体上。

（4）起吊设备　起吊水泵机组用手动吊车，浮船吸水侧设有单轨吊车，起吊吸水头和格网。

（5）联络管和联络接头　摇臂式连接采用两端有套筒接头的焊接钢联络管，它由套筒、钳形管和一根摇臂管组成。摇臂管采用 $DN500$ 钢管，联络采用套筒接头。

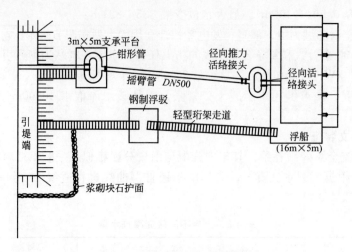

图 4-24　浮船式取水构筑物平面图

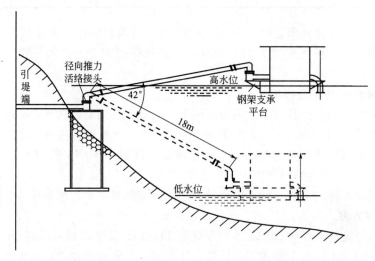

图 4-25　浮船式取水构筑物竖向图

（6）浮船锚固　采用岸边系留式布置。

（三）废弃发电涡管取水工程

1. 工程背景

某水库位于浊漳河南源支流上，坝址距县城约 16km。控制流域面积 405.3km²，年平均径流量 5220×10⁴m³，设计总库容 4946×10⁴m³，兴利库容 2128×10⁴m³。水库灌溉下游两县农田 8.65×10⁴ 亩，90％可以自流灌溉，条件良好。水库基本情况见表 4-9。

表 4-9　水库基本情况

序号	项　目	类　型	单位	指标值		备　注
				原设计	改造后	
1	流域面积		km²	405.3	405.3	
2	平均年径流量		×10⁴m³	5540	5301	
3	年输沙量		×10⁴t	80.4	80.4	

序号	项　目	类　型	单位	指标值		备　注
				原设计	改造后	
4	设计洪峰流量	$P=1\%$	m^3/s	1480	1480	
		$P=0.1\%$	m^3/s	2500	2500	
5	24 小时洪量	$P=1\%$	$10^4 m^3$	3059	3059	
		$P=0.1\%$	$10^4 m^3$	5870	5870	
6	库容	兴利库容	$10^4 m^3$	1280	2128	
		防洪库容	$10^4 m^3$	2246	2420	
		重复利用库容	$10^4 m^3$		778	
		总库容	$10^4 m^3$	3622	3770	
7	水位	死水位	m	962.0	962.0	
		汛限水位	m	964.75	971.0	
		兴利水位	m	969.0	973.0	
		设计洪水位	m	973.9	974.9	$P=1\%$
		校核洪水位	m	974.50	976.1	原 $P=0.5\%$ 现 $P=0.1\%$
8	枢纽工程	坝长	m	685	685	碾压式均质土坝
		坝顶高程	m	975.82	978.0	
		正常溢洪道堰顶高程	m	969.0	969.0	右坝头、基岩、闸门式
		非常溢洪道堰顶高程	m	969.8	970.0	左坝头、土基、自溃式
		输水泄洪洞进口高程	m	961.0	961.0	

该工程于 1958 年动工，水库与灌区同时建成，并同时建设一座发电站。为了提高防洪标准，1963 年进行枢纽改建，扩建输水泄洪洞，增设右岸石基溢洪道。1965 年进行灌区全面加固配套，扩大干支渠道改线。为了把渠系按行政区分开为中心，1979 年进行了大规模的渠道改线，1994 年又进行了水库灌区改建二期工程。

水库 1959 年开始受益，1973 年灌溉面积增达 8.03×10^4 亩。1981 年以来，年浇地面积 $(1.25\sim3.0)\times10^4$ 亩，年均 2.23×10^4 亩。

2. 水库运营中存在的突出问题

从历年的运营情况来看，水库主要存在以下 3 个问题。

(1) 水源问题　水库年来水量 $5301\times10^4\,m^3$，如能合理调度，计划用水，可灌溉 8.65×10^4 亩。但过去长期存在着防洪与兴利的矛盾。1981 年以前，汛限水位 964.75m，低于溢洪道 4.25m。1981 年以后，提高到 969m，与溢洪道堰平。80% 的年份都要放水度汛。按 1960~1985 年统计，平均年灌溉用水量 $1054\times10^4\,m^3$，占来水量的 20%，水库损失水量 $785\times10^4\,m^3$，占 15%。弃水量 $3536\times10^4\,m^3$，高达 65%。年水量利用系数只有 0.35。即使是在大旱年，仍有大量弃水，如 1965 年，弃水 $776\times10^4\,m^3$，占 34%；1978 年弃水 $1506\times10^4\,m^3$，占 41%；1979 年弃水 $844\times10^4\,m^3$，占 33%。这既存在着"有水不用"的问题，也反映出水库调节性能不高。

1988 年对水库又进行改造后，将汛限水位提高到 971.0m，兴利水位提高到 973.0m，有效地提高了水库的调节能力，同时也增加了兴利库容。

（2）规划问题　灌区原计划面积 12.06×10^4 亩。但水源不足，从这些年的运用情况来看，最多只能保证 8.65×10^4 亩。灌溉范围也局限于县城西部，而县城东部缺水地区的灌溉问题难以解决。

另外，该水库原设计的目的主要是用于农业灌溉，但随着农业产业结构的调整，特别是可供县城用水的水资源量逐年减少，该水库也负担起保证县城用水需求的重任，拟从水库取水 $20000\text{m}^3/\text{d}$ 作为城市生活用水。

（3）设施问题　水库原设计建成发电站一座，装有两台发电机组，涡管从大坝穿管而过，管径 $DN600$。由于年久失修，目前发电机组已经报废，但发电涡管和闸门尚未锈蚀。

3. 水库的水文特征

河流的年径流全系降雨补给，其年内分配与雨量分配相似，集中在汛期 6～9 月，占年水量 60% 左右。据已有资料分析，河流年径流的年际变化为：1971 年最大，为 $1.36\times10^8\text{m}^3$；1980 年最小，为 $0.11\times10^8\text{m}^3$。并经常出现连续枯水年。建库以来的 1965～1966 年，1969～1970 年，1983～1984 年等，特别是 1977～1981 年连续 5 年低于均值，这 5 年平均来水量 $0.25\times10^8\text{m}^3$，不达均值的 1/2。而 1977～1985 年，9 年均值 $0.35\times10^8\text{m}^3$，仅为多年平均值的 2/3。

4. 水库的水量及供水保证程度

（1）入库流量分析　根据河流入库断面的水文资料，利用皮尔逊Ⅲ型曲线进行适线，得到不同设计频率下的径流量，详见表 4-10。

表 4-10　水库水文分析结果　　　　　　单位：$\times10^4\text{m}^3/\text{a}$

系列年数	项目	均值/($\times10^4\text{m}^3$)	C_v	C_s/C_v	P/%				
					20	50	75	95	97
33 年	水文年	5301.2	0.6	2.0	7630	4680	2970	1350	1080
	汛期	3351.2	0.8	2.5	4980	2530	1440	807	750

根据《室外给水设计规范》（GB 50013—2006），用地表水作为城市供水水源时，其设计枯水流量的保证率，一般可采用 90%～97%。取设计保证率 $P=95\%～97\%$，入库年径流量为 $(1350～1080)\times10^4\text{m}^3/\text{a}$。此值与历史最小年份（1980 年）的径流量相当，由此可见，入库流量为 $(1350～1080)\times10^4\text{m}^3$ 是有保证的。

（2）供水量的保证程度　从水库取水供县城用水的水量为 $20000\text{m}^3/\text{d}$，此量只占水库设计入库径流量的 54.07%～67.59%，仅占水库兴利库容的 34.3%，可见，只要水库管理部门合理调配农灌用水量与县城供水量，从水库取水 $20000\text{m}^3/\text{d}$ 作为县城供水量是有充分保证的。

5. 水源改造利用方案

（1）取水方案　水库配套的水电站内设有两台水力发电机组，安装于机组仓内。取水口位于水库，通过 $DN600$ 的钢管将水输送至发电机组，尾水通过 $DN600$ 钢管排至溢洪沟内。由于年久失修，目前发电机已经损坏废弃，但通过评估发现取水口、输水管、阀门等主要设备均完好。

原有的涡管取水能力为 $2.0\text{m}^3/\text{s}$，现设计取水量为 $20000\text{m}^3/\text{d}$，因此利用涡管取水足够满足取水量要求。此外，由于取水涡管位于坝下，水库的死水位 962m，完全可以满足在低水位时的取水要求。因此在发电站附近建设取水泵房一座，在发电机组仓内将涡管与泵房的吸水管连接，这样连同原发电机组在水库中的进水口形成了完整的取水头部和输水管，工艺图见图4-26。

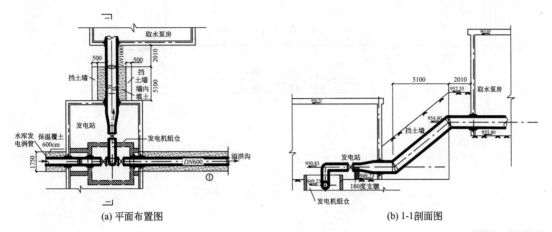

(a) 平面布置图　　　　　　　　　(b) 1-1剖面图

图4-26　发电涡管取水工艺图

（2）取水泵房　从水库到净水厂距离8000m，设计取水量为20000m³/d。采用两条 ϕ400mm的PE输水管（0.8MPa）时，其管路沿程损失为19.12m，考虑净水厂内清水池处自由水头为5.0m，则最小水头应达到24.12m。

净水厂地面标高为945.75m，而水库死水位的标高为962.0m，枯水位为969.0m，兴利水位为973.0m，可知水库死水位、枯水位、兴利水位比净水厂地面分别高出16.25m、23.25m和27.25m。因此，取水泵所需最小扬程为7.87～0.87～−3.13m。可见，当库水位达到枯水位以上时，可重力输水，当库水位在枯水位以下时，则需加压输水。

为此设计25.2m×9.0m泵房一座，设置水泵间、配电室、控制室和值班室。将取水泵房底标高设计为953.8m，水泵管路中心标高设计为954.8m。选3台水泵，两用一备，并考虑适应将来取水量增加而预留一组泵位。详见图4-27和图4-28。

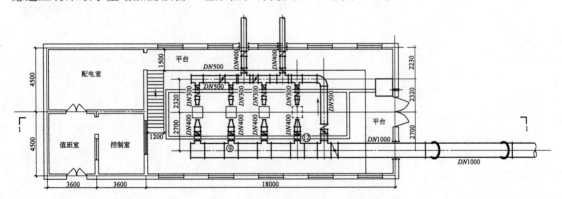

图4-27　发电涡管取水泵房工艺平面图

取水泵房设计为重力输水和压力输水自动转换系统，即在泵房内设置一条 DN1000的横管，其作用是充当吸水井功能，同时可保持水库不同水位情况下的压力，便于水库水的重力输送。在这条横管上连接有4条水泵吸水管（其中一条预留）和一条重力输水管。当水库水位可以满足重力输水时，停止水泵运行，水从重力输水管中输出；当水库水位不能满足重力输水时，关闭重力输水管上的阀门，开启水泵进行压力输水。水泵采用变频调速装置控制运行，可根据水库水位的变化进行频率调整，这样可保证全年的节能高效取水。

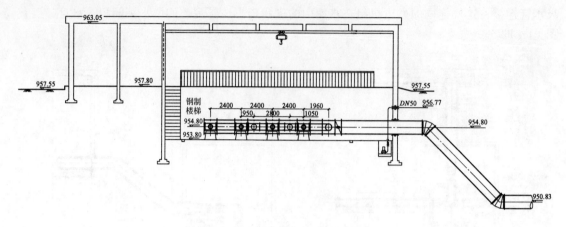

图 4-28 发电涡管取水泵房工艺剖面图

参考文献

[1] 黄廷林，马学尼 . 水文学 . 第 4 版 [M]. 北京：中国建筑工业出版社，2006.

[2] 范堆相 . 山西省水资源评价 [M]. 北京：中国水利水电出版社，2005.

[3] 王树谦，陈南祥 . 水资源评价与管理 [M]. 北京：水利电力出版社，1996.

[4] 武鹏林，武福玉，高李宁 . 工程水文理论与计算 [M]. 北京：地震出版社，1998.

[5] 山西省水利厅 . 山西省水文计算手册 [M]. 郑州：黄河水利出版社，2011.

[6] 山西省水利厅 . 山西省水文计算手册编制方法与技术 [M]. 郑州：黄河水利出版社，2011.

[7] 谢平，陈广才等 . 变化环境下地表水资源评价方法 [M]. 北京：科学出版社，2009.

第五章 ▶▶

地表水与地下水的联合运用

地表水与地下水的转换是水循环的重要过程，自然界中几乎所有的地表水体都和地下水发生着作用。但由于水循环自身的复杂性，以及介质空间和运动状态的不同，长期以来地表水和地下水的运动过程与模拟研究分别在各自相对独立的领域中发展。地表水模型的研究也有涉及地下水部分，但大多用近似于黑箱的处理方法，很少实质性地进行地下水运动过程的模拟。地下水模型中包括一些简单的河流信息处理功能，但无法处理复杂的降雨空间信息和地表径流信息。

随着气候变化和人类活动的影响，特别是大规模地下水抽取和跨流域调水工程实施，区域地表水和地下水的交互作用也越来越频繁，已经到了需要从过程上把两者作为一个整体系统进行研究的阶段。

地下水与地表水作为陆地上最为重要的淡水形式，在时空上相互转化，是一个不可分割的整体。传统的水资源规划管理往往将地下水与地表水分离开来，单独进行模拟分析，或只对地下水（地表水）模型的上部（下部）边界在时空上进行概化，这样的简化势必会失去水文循环中一些重要的动态因素，使得建立的模型在反映流域水循环物理过程方面大打折扣。为了更加合理地反映水文循环过程，应当将地下水与地表水作为一个整体进行模拟分析，为水资源规划管理提供更加可靠、准确的依据，这也是实现地表水和地下水联合运用的基础。

第一节　地表水与地下水联合运用的方式与目标

一、联合运用的方式

随着城市经济的发展和人口的不断增加，城市需水量逐年增长，而对于同一地区而言，其城市水资源量甚至逐年下降。因此，原来靠单一水源供水，会向多水源供水发展。当单一利用地表水或地下水供水不能满足城市需水量时，必须进行地下水和地表水的联合供水。

实现两种水源的综合利用，包括时间和空间上不同层次的综合。通常有 3 种联合运用方式：①通过地表水灌溉，多余的灌溉回归水补给地下水，而这部分水成为相邻区域地下水的主要补给源，可实现地下水的正常开采；②在同一区域，在丰水季节用地表水，在枯水季节用地下水；③在一个区域内单一利用地表水或地下水均不能满足城市的需水量时，需分别开采地下水和利用地表水，各自的用量需根据技术经济条件，特别是水资源状况确定。

城市水源工程方案不仅决定着供水量、水质，以及输水管长度和输水成本，还直接影响着净水工程（如净水厂位置、净水工艺、净水成本）及整个配水工程等，对整个给水系统的工程投资和运行管理等产生重大影响。例如，当采用地下水为主要给水水源时，一般情况下无需作净水处理，在适宜的水文地质条件下可实现就近取水，但当地下水位埋深较大时，开采成本可能较高；当采用地表水作为主要给水水源时，除加压输水至净水厂外，还需作净水处理，而且为了避免污染，取水口远离城市，需长距离输水，但其供水量一般较大。可见，为满足城市需水量，采用地下水与地表水的比例，是一个科学调配问题，只能用系统理论分析方法加以合理地解决。

由于我国水资源的匮乏和在地域上分布的不均匀性，为满足城市供水而进行的地表水与地下水的联合运用，可能是跨地区、跨流域的调配，它必然涉及社会、工程、经济与生态环境等多个领域。另外，水资源本身又具有动态性、随机性的特点，使城市供水工程成为多目标、复杂的系统工程。

二、联合运用的目标

（一）宏观目标

地表水与地下水的联合运用要达到以下宏观目标：
(1) 实现区域最大的供水总量，水质不产生严重的恶化现象；
(2) 利用含水层的储水能力，更好地调节整个供水系统；
(3) 根据用水、投资及水资源平衡等，可分阶段选择用水种类；
(4) 最大限度地避免地表水、特别是水库的蒸发损失；
(5) 根据城市需水量曲线，调节用水的种类；
(6) 不同水质混合供水，分质用水，提高水的利用率；
(7) 缩短输水路线，减少相应的投资和运行费用；
(8) 通过人工构筑物改变河流的水力特性，增加地下水的补给量；
(9) 在地下水超采的地区，限制地下水的开采，减少地面沉降；
(10) 增加区外地表水的引水量，减少地下水超采，增加地下水补给，阻止地下水位的持续下降，努力达到水资源的供需平衡。

（二）城市供水水源联合运用目标

(1) 在尽可能满足各水源灌溉、防洪、发电等要求的前提下，优先保证城市供水量；
(2) 维持区域水资源平衡，实现可持续供水；
(3) 在水质符合要求和水资源管理政策法规允许的前提下，尽可能充分利用城市附近的地下水，不足部分用地表水；
(4) 合理选取水源，满足城市供水保证率的要求；
(5) 使整个给水系统的工程投资和运行费用最小。

三、联合运用的条件

（一）水资源条件

1. 水资源量与需水量

城市可供水水源区域内地表水和地下水的总量决定着城市的发展，但随着城市的发展，城市需水量不断增加，这就造成了水资源量与需水量之间的矛盾。从经济方面考虑，城市应该优先选取附近的水源，不足时才采取区外调水。原因是区外调水距离长，成本高，同时还受水源所在地需水量的限制，因而并不能无限地满足调水城市的需水量。

另一方面，可供城市的水源又分为地表水和地下水。对于地下水严重超采的地区应限制地下水的开采量，而要优先使用地表水；对于地表水较为丰富的城市，要在水源水质保障的前提下尽可能地使用地表水。为了合理利用水资源，满足不同用户需求，应推行分质供水，改变目前不分工业和生活用水，全部按饮用水处理供给的现状，分别计算生活需水量和工业需水量，结合分质供水方案合理调度使用地表水和地下水。

城市生活和工业产生的污废水经处理后可再生资源化利用，这部分水是解决城市与工业供用水矛盾的重要水源。再生水的使用，可有效地减缓对新鲜水的依赖，对当地水资源平衡，减少区外调水具有十分积极的作用。

由此可见，为满足城市需水量应采取当地地下水、地表水和再生水的联合使用，不足时可采取区外调度地表水和地下水作为供水保障。

2. 地下水允许开采量

联合运用时要特别注意正确地确定地下水的开采量，并非是地表水缺多少就开采多少，否则将造成严重的后果。联合运用应遵循充分利用与慎重开采地下水资源的原则。为使地下水资源既不遭人为破坏，又能永续利用，要科学地确定地下水资源允许开采量，合理地限定地下水资源开采强度，以此作为开发利用地下水资源的依据。

3. 水资源平衡

区域水资源处理动态平衡过程中，其中地表水和地下水的资源量的相对大小受气候、降水、地表水和地下水利用方式、开采利用程度、需水量变化，以及水资源管理政策等因素的影响。动态过程中体现着地表水和地下水的相互转化，区域内不同水源地水资源的分配变化。

由于水资源动态平衡关系存在，因此不合理地开发和利用水资源将会破坏整个流域或者水文地质单元的平衡，特别是当气象条件不利于水资源量补给时，区域的严重超采将会导致整个平衡系统打破，在建立新的平衡系统中就会出现如地表水枯竭、地下水降落漏斗不断扩大的严重后果，产生严重的水资源供需矛盾。为了维持平衡，有可能不得不进行区外调水，从而造成较大的经济负担。

参与水资源平衡的有地表水、地下水和再生水，地表水和地下水可以是区内，也可以是区外，但再生水一般是区内的水资源。相对区外调水，再生水具有水量大（用水量的80%左右）、来源广（生活污水和工业废水）的优点，因而它们是缓解城市供用水矛盾，维持区域水资源平衡的不可忽视的因素，应加强再生水利用，以减少对新鲜水的依赖。

（二）技术条件

1. 取水条件

地表水易受污染，因此取水口位置选择要考虑水质是否合格，同时还要考虑建成后的取水口水源是否利于保护。一般来说，河流的上游水质较好，如果取水口的上游水源保护距离内无污染源，则是理想的取水口位置。但是，有些河流两岸遍布了工业项目，如果要在这些地方建立取水口，则这些企业就必须搬迁，这将会给社会造成很大的经济负担。

相对而言，地下水的情况比地表水更加复杂。由于地下水的分布受水文地质条件控制，并不能理想地使水源地靠近城市或者远离城市。一些远离城市的地下水水源地输水距离长、管理不便，相对使用地表水制水成本很高时，则应优先使用地表水。此外，一些区域的地下水埋藏深度较大，开采动力费用很大，则不应该优先使用地下水。

距离城市较远的地表水取水口和较深的地下水开采井均会给水资源利用工程形成较大的工程造价，而较近的取水口或较浅的开采井又不利于水质或者水量的保障。在处理这样的矛盾过程中，合理的取水条件是保证水资源高效利用、实现联合运用的前提。

2. 输水条件

在水源地距离城市较远的情况下，输水工程对整个给水工程的造价影响很大，因此联合运用时应优先考虑使用较近的水源地。由于输水工程方案受地形、建筑物、铁路、水利工程、重要工业区等影响，因此会出现即使距离较近的输水方案其工程造价也会很高的情况。所以输水条件对地表水和地下水的选取和运用影响也很大，建立联合运用模型时要充分考虑。

3. 处理工艺技术

地表水必须通过处理达标后才能供给生活和工业使用，但处理工艺决定于处理规模和原水水质，一些地表水在不同季节水质的变化较大，也会影响处理工艺。不同的处理工艺其成本不同，当处理成本较高，与选用地下水，甚至与区外调用地下水相比不经济时，可放弃使用该地表水。

地下水中也会有一些有害成分必须去除，如铁离子、锰离子超标的情况常在地下水中出现，选取这类地下水源时需要进行处理达标后才能使用。当处理成本较高时同样也可能不便采用地下水，甚至是当地的地下水。

可见，处理工艺反向制约水源的选择。在进行地表水、地下水选择时必须考虑后序处理工艺的发展水平、处理能力和效果，在联合运用时要从处理工艺的技术和经济两方面综合考虑。

（三）经济条件

水源的选取不仅决定本身的经济成本，而且还影响到后序处理工艺、水厂构筑物等。首先，分布不同的水源距离城市不同，输水方案和工程造价就不相同，远距离输水的成本甚至可占到整个给水工程投资的60％以上。其次，水源地选定后，地表水取水口水质变化较大、地下水中有超标离子等情况会加大后序处理工艺的投资，特别是水源有潜在污染风险时，还要额外考虑突发污染事故时的应急处理单元，这些均会增大水厂的投资。

基于上述情况，在选择水源时会重视经济上的考虑：一方面，工程投资能力决定了水源的选取。有些资金较紧的项目应优先考虑当地的水资源、优质的水资源，不足部分要加大再生水的利用率；另一方面，在资金保障的前提下要选取技术可行、经济上合理的水源选取方案，保证水资源的供需平衡。为保护当地水资源必要时可适当调用区外水源，并加大再生水的利用力度。

（四）管理水平

1. 调度模型

水资源调度是一项十分复杂的系统工程，一般在充分论证各种因素的前提下通过建立水资源调度模型才能科学合理地选取水源。调度模型中涉及的水资源状况、社会、经济、技术、工程方案相关的技术条件等因素要逐一考量，并要注意它们之间的相互关系。

调度模型从形式和功能上分为物理模型和数学模型，物理模型是数学模型的基础。建立物理模型时要进行必要的概化，但数学模型描述概化后的物理模型时也不可避免地产生误差。因此，要充分研究模型结构、参数的合理性。选取模型时尽量采用国内外较为成熟的模型和软件，并根据工程实际进行条件与应用优化。

2. 调度水平

地表水和地下水联合调度系统建立后，需要根据系统的要求和水资源工程方案开展调度工作。技术经济理念始终贯穿于调度过程中，但模型建立时不可避免地存在误差，系统最终给出的调度方案有时并不能真正体现出技术经济的合理性，这就要求有经验和具有高度分析能力的技术和管理人员不断分析、判断、检验和校正。

3. 用户需求

供水的对象是居民和工业，对于主要解决城市居民生活用水的给水工程要做到以人为本，在选取水源时要尽量满足居民的生活习惯，如南方居民习惯于用硬度小的水，北方居民习惯于用地下水等。这些习惯不可避免地影响居民的用水量，最终决定城市总需水量的精确计算，因此要在建立调度模型时充分考虑。

四、联合运用的意义

为促进一个流域、地区的水资源供需平衡，应对地表水和地下水进行合理地开发、利用和管理，因为在区域内地表水与地下水是统一的水资源，在一定的条件下可以互相转化，同时存在着互补关系。地表水与地下水联合运用，对合理利用水资源，综合治理旱、涝、碱害，保证农业高产、稳产具有重要意义。对于城市供水，实现地表水和地下水的联合运行可有效地保证区域水资源的动态平衡，保证城市需水量，保障水资源的持续利用。此外，地表水和地下水联合运用还有如下优势：

（1）改变了水资源的单一运用，开辟了第二水源，自然而主动地提高了水的重复利用率；

（2）地表水可弥补地下水供水量之不足，有效地防止区域地下水降落漏斗的形成与扩展；

（3）在地下水较丰富的地区，适量开采地下水，可有效地防止次生盐碱化；

（4）合理地开采地下水可形成地下储水空间，可调蓄区域水资源；

（5）适当降低地下水位对加大降水入渗，减少地面径流具有积极意义，并可起到一定的防涝作用；

（6）将水资源作为一种自然资源的整体来考虑，对地表水和地下水资源进行有机的规划与协调利用；既要考虑两者之间的不同特性，又要考虑它们的相互依赖；

（7）联合运用过程充分发挥水文循环中地表、地下两个阶段相互作用和地下水运动的特点，将地表水和地下水的设施合理地联合起来，实现它们的协调利用。

第二节 地表水与地下水联合运用模型和技术方法

一、联合运用优化技术研究现状

近50年来，国内外众多专家学者对地表水与地下水联合运用开展了深入地研究，形成了基于不同规划理论的水资源联合运用优化技术。

（一）线性与非线性规划技术

由于求解方法的通用性，以及与分布参数模拟模型耦合的易操作性，线性规划在联合运用模型中得到了广泛的应用，如参数线性规划、随机线性规划和多阶段线性规划等。

初期的非线性规划模型多是先线性化后再进行求解的。1961 年，Castll 和 Lindebory 首次把线性规划引入联合运用系统，解决了地面水和地下水在 3 个农业用户之间的水量分配。1966 年 Dracup 应用参数线性规划法，确定满足农业用水要求的流域水资源开发计划。

1983 年李寿声等采用美国哈佛大学史密斯教授灌溉模型，并根据我国灌区实际情况，对该模型作了修正，拟定了地面和地下水资源联合运用的线性规划模型。1987 年 Willis 等应用线性规划方法求解了一个地表水库与 4 个地下水含水单元构成的地表水、地下水运行管理问题，地下水运动方程采用有限差分式表达，目标为供水费用最小或当供水不足情况下缺水损失最小。

1992 年彭世彰等针对河套灌区的地面水与地下水联合运用问题，建立了多决策变量的非线性规划管理模型，模型中考虑了地下水位调控、作物计划湿润层土壤水分调蓄、供排水和作物面积等众多约束。通过运用模型以达到控制地下水位、防治土壤盐碱化、获得农作物稳产高产的目的。1999 年 Hakan 等建立了非线性优化与模拟耦合模型，以解决地表水和地下水联合管理的问题。地下水位降深及河流与含水层的交互作用采用响应方程进行表述，直接作为管理模型的约束条件。采用 δ 形式近似模型对非线性问题进行线性化。

2005 年 Vedulaa 等建立了水库-渠道-含水层系统的地表水与地下水联合利用模型，并通过关联约束将水库水量平衡约束、土壤含水量平衡约束以及地下水流方程约束联系起来，最终形成一个确定性线性规划模型。其中地下水模型采用迦辽金有限元法进行离散后，形成一组线性方程嵌入到优化模型中。

2006 年 Khare 等建立了地表水（渠道水）和地下水联合利用的线性规划模型，目标函数是通过优化作物种植结构以获得最大经济效益，并对 6 种方案的种植结构所获得的经济效益进行了分析。模型采用 LINDO 进行求解。

2008 年 Bharati 等通过动态耦合经济模型与水文模型，建立了沃尔特流域地表水、地下水联合运用模型。其中经济模型采用 GAMS 非线性优化引擎进行求解；水文模型采用在沃尔特流域应用十分广泛的分布式水文模型 WaSim-ETH。两模型通过参数信息和结果数据之间的传递和反馈进行动态耦合。

2009 年李彦刚等以灌区经济效益最大为目标，以供需水平衡方程、可供水量、地下水位等为约束条件，采用非线性规划技术建立了地表水与地下水联合调度模型。

2010 年刘行刚等采用线性规划方法建立了黄水河流域地表水、地下水联合调度模型，目标为供水量最大，并通过地表水与地下水之间的渗漏损失量将水库水量平衡方程与分布式地下水数值模拟模型耦合起来。

2011 年岳卫峰等通过将基于线性规划的优化模型与基于分布参数的地下水模拟模型相耦合，研究了引黄灌区可持续发展的地表水、地下水联合利用模式。同年 Lu 等将非精确粗糙区间模糊线性规划方法应用到农业灌溉系统的水资源联合分配策略当中，并将计算结果同区间值模糊线性规划的结果进行了对比分析。

（二）动态规划技术

动态规划方法是最优化技术中适用范围最广的基本数学方法之一，它可用于分析系统的多阶段决策过程，以求得整个系统的最优决策方案。对于地表水、地下水联合调度问题而言，由于水库问题具有时间上的季节性、周期性及多阶段的特点，故可采用动态规划模型。另外，动态规划还可以解决一些能表示成多阶段决策过程的静态优化问题，如最优线路问题、资源分配问题等。

1961 年 Buras 和 Hall 首次将动态规划引入到地面水和地下水的联合运用系统，建立了一个地面水和地下水联合运用模型。同年，Buras 又建立了一个考虑地表来水为独立随机变量的动态规划模型。

1982 年 Noel 等将联合运用问题表达为离散时间、线性二次控制问题，应用动态系统最优控制理论求解。1991 年 Onta 等采用随机动态规划方法建立了地表水和地下水联合运用的多步骤规划模型：第 1 步建立随机动态规划模型，确定多个联合运行方案；第 2 步建立集中参数的模拟模型，对联合运行方案进行评价；第 3 步采用多重标准决策制定方法选出最满意的联合运行方案。同年，林学钰等在对河南平顶山市地表水与地下水的联合管理研究中，运用动态规划方法对白龟山水库进行了优化调度。

2004 年 Karamouz 等采用动态规划方法建立了德黑兰城市水资源联合利用模型，并利用相关数据建立了模拟含水层水位变化的数学模型以推求含水层响应函数，最后通过对不同联合利用方案的对比分析，阐明了水资源联合利用对于该地区的重要性。

2006 年李彦彬等将动态规划与大系统分解协调技术相结合，建立了灌区地表水和地下水联合调度模型，该模型具有简化系统复杂性，减少计算工作量的特点。

2008 年权锦等针对石羊河流域资源型缺水和中下游水资源分配不合理的状况，建立了以供水公平为目标的地表水与地下水联合调度模型。地表水模型采用水库群联合调度的水量平衡模型，地下水采用均衡模型，并采用轮库调度增优动态规划方法对地表水资源进行分配，然后将其对地下含水层的补给反馈给地下水系统进行水均衡分析，再将地下含水层对地表水系统的反补给（泉水溢出量）反馈给地表水系统并对地表水资源进行重新分配。

2009 年 Yang 等针对多目标地表水和地下水联合利用模型各目标之间的冲突问题，采用多目标遗传算法对模型进行求解，其中地表水库群联合调度采用动态规划方法，地下水采用数值模拟方法计算井群开采量。模型将动态规划和数值模拟程序嵌入到多目标遗传算法中同时进行计算。由于动态规划易受到"维数灾"的影响，尤其是随着分布参数模型的广泛应用，其在联合运用模型中的使用越来越受到限制。

（三）多目标规划技术

初期的规划模型多采用诸如供水量最大或经济效益最大等单一目标。20 世纪 70 年代后，随着水资源多目标管理问题的提出，在地表地下水联合运用系统中也引入了政策的、社会的、环境的和经济的目标。

1977 年 Haimes 等应用多层优化方法在区域地表地下水联合运用系统中考虑了环境目标和经济目标。

1992 年 Matsukawa 考虑了发电、供水、地下水开采费用以及总供水效益构成的多目标的水库、河流与地下水系统联合运用问题。

1994 年谢新民等研究了地表与地下水资源系统多目标管理模型与模糊决策问题。

1995 年 Ejaz 等建立了一个优化/模拟模型，并在地表水质约束情况下考虑了河流纳污能力最大和联合利用地表地下水量最大 2 个相互冲突的目标。最后通过假定不同的河流流量，得出一系列非劣解集合。

1998 年 Emch 等建立了沿海地区地表水和地下水联合利用的非线性多目标管理模型，其中地下水模拟模型是基于有限元的拟三维数值模拟模型，非线型优化模型利用 MINOS 求解，并通过耦合两模型进行联合求解。

2002 年 Azaiez 在进行人工补给地下水的情况下建立了地表、地下水资源联合调度的多目标模型，并假设供水量是定值，而需水量是随机变量。

2003 年劭景力等通过建立双层含水层地下水流数值模拟模型，求得地下水系统单位脉冲响应函数，并考虑水资源与社会、经济和环境的关系，建立了地表水与地下水联合调度线性多目标管理模型。

2008年刘行刚等采用大系统优化理论和多目标规划方法以灌区调水量最小和经济效益最大为目标函数建立地表水、地下水联合调度模型，同时用主目标法求解模型。

2009年Bazargan-Lari等考虑到多目标优化模型的复杂性、非线性，尤其是目标或约束条件之间的相互冲突，引入冲突消解理论，并采用非劣分层遗传算法对地表水和地下水联合利用模型进行了求解。其中地下水模型采用MODFLOW和MT3D模拟程序，综合考虑了水量与水质。

（四）大系统分解协调技术

随着近代控制理论与大系统理论的发展，大系统分解协调技术被广泛应用于地表水和地下水联合运用问题中。

1974年Yu等运用大系统分解协调技术研究了地面水和地下水的联合管理运行问题。

1977年Haimes等研究了由河流、含水层和下游水库组成的联合运用系统，各子系统操作上级分配的地表水量，并决定地下水开采，上级协调器则协调各区开采的相互影响。

1983年Bredehoeft将大系统优化理论用于灌溉农业的管理。

1987年茹履绥在进行井渠双灌区扩建规划时，对地表水、地下水大系统进行了按水源和按地域分解的重叠分解技术，对按水源分解的供水系统采用调节计算，而对按地域分解的系统进行逐层优化，将灌溉可用水量作为重叠分解最高协调层的协调变量。

1989年曾赛星等在对内蒙古河套灌区地表水和地下水联合优化调度中，运用大系统分解—协调方法建立了灌区优化灌溉制度及地面水、地下水联合运用的谱系模型，模型中第一层子系统优化采用动态规划方法确定各种作物的灌溉制度；第二层平衡协调模型，通过线性规划方法确定了各时段地面水引水量、地下水抽水量及最优种植模式，以求达到灌区年净效益最大的目标。

1992年Matsukawa将该理论应用于加利福尼亚Mad流域，求解了河流与地下水系统联合运用问题。

1993年刘建民等在京津唐地区建立了水资源大系统供水规划和调度优化三级递阶模型和三层递阶模拟模型，提出了模拟技术与优化技术相结合的求解方法，并对已建水库群和地下水含水层进行了优化调度。1996年石玉波等基于系统的递阶结构及复杂关联，提出一种分解协调优化方法。利用该方法研究了水库与含水层构成的联合运用系统优化运行问题，并采用响应函数法耦合管理模型和地下水模拟模型。

1999年齐学斌等采用大系统分析协调算法，建立了商丘试验区引黄水、地下水联合调度大系统递阶管理模型，模型具有3个层次、8个子系统。并针对各子系统的特点，建立了相应的优化管理模型。

2006年张展羽等研究了一种基于含水层海水入侵模拟模型（子模型）和作物优化配水模型（子模型）的沿海缺水灌区水资源优化调配耦合模型，用数值方法求解了含水层海水入侵模拟子模型，并首次将基于分解协调的人工鱼群算法应用于作物优化配水的计算，通过地下水抽水量实现了子模型的耦合。

2008年刘旭等运用大系统分解协调原理，以查哈阳灌区为例，建立了具有两层结构基于RAGA大系统分解协调的灌区水资源优化调度模型。对地表水和地下水统筹考虑，满足工业、生活、农业和生态环境等不同用水需求，实现区域水资源合理调度。

（五）模拟技术

美国哈佛大学水规划小组在 20 世纪 60 年代初期首先采用数学模拟方法解决地表水与地下水的联合运用问题。初期的地下水模型多采用集中参数进行模拟。随着地下水分布参数数值模型的发展，联合运用模型开始以分布参数地下水模型为基础。

1972 年 Young 等将地下水有限差分数值模型作为地下水系统的物理模型，并考虑了地下水开采与河流流量的关系。

1984 年翁文斌等以北京市大石河流域为对象，进行了地面和地下水资源的联合模拟计算，并利用微机进行多方案优选和多参数计算。模拟系统包括 2 个地面水库、1 个地下水库、1 段河床中的潜流蓄水。

1991 年 Seshadri 将管理区与有限差分的剖分网格统一起来，并在每个单元上考虑地表地下水的联系作为上边界，因而将质量守恒方程描述的河流系统与用偏微分方程的有限差分方程组描述的地下水系统统一起来。

2003 年 Barlow 等采用 MODFLOW 自带的河流程序包对美国东北部典型冲积河谷地区河流与含水层的交互作用进行了模拟，以权衡河流－含水层系统地下水开采与河流流量衰减之间的关系。2003 年尹大凯等利用 Visual MODFLOW 建立了宁夏银北灌区井渠结合灌溉的三维数值模拟模型，并对 4 种地表地下水联合利用方案进行了数值模拟。

2004 年 Peranginangin 等利用改进的 T-M 水均衡模型，对 M-S 水量计算程序进行了改进，并建立了用于地表水、地下水联合管理的水量计算模型。该模型可计算土壤含水量、地下水补给量、地下水排泄量以及地下水变化量等。由于分布参数系统较为精确地描述了地下水系统的动态变化过程，在大规模、非均质复杂地下含水层系统与地表水系统的联合运用问题中得到了越来越多的应用。不足之处是对资料要求较高，尤其是对水文地质参数的空间分布要求比较详细。

2006 年 Sarwar 等采用模拟技术建立了地表水和地下水联合利用模型，对不同联合利用模式下的地下水位进行了动态模拟。模型通过水均衡方程计算出地下水补给量，以此作为地下水数值模型的输入项，利用 FEFLOW 对地下水位进行了模拟。

2008 年邓洁等对河渠与地下水的相互关系进行了综述，建立了一维明渠流和三维非稳定地下水耦合控制方程，并结合该模型在美国佛罗里达州南部地区的应用对模型具体的运行进行了讨论。

2010 年 Safavi 等采用训练后的人工神经网络构建了地下水位预测模型，并将其与优化模型相结合，构建了灌区地表水和地下水联合利用的优化－模拟模型，模型采用遗传算法求解。

（六）随机优化技术

1974 年，Madock 提出一种随机用水需求下的河流含水层系统的运行管理问题。

1989 年 Hantush 建立了考虑参数不确定性的机遇约束模型，以描述系统及其输入的不确定性。

2001 年 Azaiez 等建立了单一阶段单一决策的多水库与含水层联合运用模型，其中流入主水库的水量和当地灌溉需水量均为随机。为了降低含水层被抽空、水质恶化和海水入侵的风险，高惩罚成本被引入到模型中，并最终形成一个带有线性约束的非线性随机问题。模型采用一套迭代程序进行求解。

2002 年 Azaiez 进一步将模型发展为多阶段决策模型，其中目标函数还考虑了缺水情况下的机会成本。

（七）地下水-地表水耦合模拟

人们对耦合模型的重视与研究起于 20 世纪 70 年代，Pinder 和 Sauer，Smith 和 Woolhiser，Freeze 对耦合模型进行了早期的研究工作。

1969 年 Freeze 和 Harlan 首次提出了流域尺度上水文响应耦合模型的概念和理论框架。

1974 年 Pikul 和 Street 发现将一维的 Richards 方程与 Boussinesq 方程进行耦合，可以准确地模拟地下水水位。

1991 年 Govindaraju 和 Kavvas 提出了一种包含一维地表渠系水流和三维变饱和地下水流的耦合模型。

1996 年 Woolhiser 和 Smith 通过将地表水流模型耦合到 Smith-Parlange 渗透模型，研究了地下水体中非均质的影响。

1999 年 Liang 和 Xie 等将一维动态的地下水参数作为地表水模型中水面深度的函数，实现地下水与地表水模型的耦合。

2001 年 Vanderkwaa 和 Loague 针对于 Oklahoma-Chickasha 地区的 R-5 流域，提出了一种耦合水文模型 (InHM)，将三维的变饱和地下水模型与二维的地表水模型进行耦合。

2003 年 Gunduz 和 Aral 通过求解单一全局矩阵的方法将一维的地表渠系水流与三维的非稳定变饱和地下水模型进行耦合。

2006 年 Kollet 和 Maxwell 提出了一种不基于假想界面交换通量的方法，将地表水模块作为地下水模块的上部边界条件，实现两者耦合。

2008 年 Li 利用 HydroGeoSphere 模型对 Toronto 地区 Duffins Creek 流域的地下水与地表水系统进行耦合模拟分析，取得了较好的效果。随着对水文循环机制认识的不断深入，以及计算机、计算方法等技术的迅速发展，许多具有不同复杂程度和适应能力的耦合模型不断被开发出来。

国内地下水与地表水耦合模型发展较晚，2002 年谢新民、郭宏宇等提出了一种基于"四水"转化水文模型和地下水数值模拟的二元耦合模型，并将其运用到安阳市平原区水资源评价，取得了不错的研究成果。

2004 年熊立华、郭生炼，2005 年贾仰文进行了分布式流域水文模型的研究，从水循环的物理机制入手，将产汇流、土壤水运动、地下水运动及蒸发过程等联系起来一起研究并考虑水文变量的空间变异性问题。

2005 年王新娟、许苗娟等运用 FEFLOW 软件在北京市西郊区建立了三维地下水流数值模拟模型，在此基础上进行了西郊地区河道入渗和砂石坑入渗模拟研究，提出了地表水、地下水联合调蓄方案。同年，曲兴辉、谷秀英分析了基于费用和供水量准则的地表水与地下水联合调控模型。

2007 年胡立堂、王忠静对国内外的地下水、地表水耦合模型进行了归纳分析。

2008 年权锦，董增川建立了以供水公平为目标的地表水与地下水联合调度模型。同年，邓洁、魏加华对一维明渠流和三维的地下水流耦合模型进行了研究，并将模型应用于美国佛罗里达州南部地区，取得了不错的效果。

二、联合运用模型分类

地表水和地下水资源联合运用，是在考虑地表水和地下水各自水文规律及相互作用的基础上，以水资源的可持续利用和经济社会可持续发展为目标，通过一系列政策、法律、经济技术等措施，合理开发利用地表及地下水量，实现有限水资源的经济、社会和生态环境综合效益最大。

联合运用模型包括描述水资源系统特征的物理模型（水文模型），表达水资源系统优化管理目标和各种社会、环境、经济约束的优化模型以及两者之间的耦合方法三部分。联合运用的物理模型一般为数值模型，包括利用经验公式、明渠圣维南原理的连续性和动力波方程等建立的地表水流模型和根据达西定律和水量平衡原理建立的地下水流模拟模型；联合运用的优化模型为采用各种规划方法建立的水资源优化管理模型。模型之间常用的耦合方法有嵌入法和响应函数法等。

每一个联合运用模型都是针对具体地表水和地下水联合运用情况而提出的，从不同角度出发有着不同的分类方法，概括起来大致有以下4种。

（1）按实际利用的水源性质可划分为河流与含水层联合运用模型、水库与含水层联合运用模型、湖泊与含水层联合运用模型以及引水渠道与含水层联合运用模型。其中含水层可为潜水含水层、承压含水层或者混合含水层等。

（2）按模型采用的优化方法可划分为动态规划法、线性与非线性规划法、随机规划法、混合整数规划法、大系统分解协调法以及多目标规划法等。

（3）按模型中参数与时间、空间的关系可划分为确定性联合运用模型和随机性联合运用模型，及集中参数联合运用模型和分布参数联合运用模型。

（4）按模型设定的目标数量可划分为追求单一效益的单目标联合运用模型和综合考虑社会、经济、环境效益的多目标联合运用模型。

三、多水源多目标联合调度管理模型

随着社会经济的不断提高，人类对水的需求越来越高，地表水资源量严重不足，这已成为困扰社会经济发展的重要因素之一，并带来了一系列的生态环境问题。如何将地表水和地下水联合运用，缓解地表水资源短缺及避免地下水漏斗的产生是目前人类亟待解决的问题之一。我国地域广阔，水土资源分布不足，特别是北方地区水源不足，地下水超采严重，形成大面积地下水下降漏斗，部分地区发生地面沉降，一些城市缺水，工农业之间、地区之间、各用水部门之间的用水矛盾也日益突出。同时，由于水资源管理体制和措施不够完善，调配不合理，也存在水资源浪费现象。为了合理使用水资源，解决缺水地区水资源的不足和适应工农业发展的需要，除了节约用水，增辟水源外，对地表水和地下水实行联合运用，也是进一步发挥水资源效益的有效途径。

对于特定区域而言，地表水和地下水联合运用不仅可以增加区域水资源的利用量，同时还可以使其他用水条件得以改善。合理开发利用地下水，可以控制调节地下水位，防止区域土壤次生盐碱化；抽取地下水灌溉，可以兼作排水，减少水平排水工程的负担；控制地下水位的埋深，给农作物生长创造有利条件。

进行地表水与地下水联合运用，既要使区域尽可能获得最大的经济效益，又要将地下水位控制在合理的范围内。值得注意的是，地下水位随着开采量及入渗量的不同而不断发生变化，不能简单地将地下水量在不同水平年下作为不同的定值与地表水进行联合调度，而不考虑地下水可开采量的动态变化，否则将得出不符合实际的结果。

在地表水与地下水联合调度时应着重考虑地下水位随地表水入渗、降水入渗、开采及蒸发的变化而变化，将地下水位控制在合理范围内。既要考虑充分利用地下水源，又要将地下水在不同的水平年下控制在合理范围内以实现多年采补平衡的目标，这是一个多目标优化配水问题。针对这些问题，建立基于隶属函数的多目标联合调度优化模型，并使用交互式切比

雪夫算法进行多目标模型的求解。

（一）多水源多目标联合调度原理

随着我国水资源短缺形势日趋严峻，单独利用一种水源已经很难满足人民生活及经济发展的需要，开源节流是缓解我国当前水危机的一项重要途径。本书多水源是指地表水与地下水，联合调度的研究即为在满足水资源可持续利用的条件下，高效地利用地表水与地下水的研究。

对于储存地下水的含水层而言，其作用类似水库，它可以储蓄地下水，这样就为地下水资源的调配提供了前提。在枯水年份，为了生活和生产的需要，可以在充分利用地表水的前提下，多开采地下水源，而在丰水年份，则对地下水进行补给，通过多年调度能够实现地下水的采补平衡。

目前，我国许多地方由于长期过量开采地下水，引起大面积地下水位长期下降，导致一些地方出现地面沉降、地裂隙，海水、咸水入侵和土地沙漠化等环境问题；另外，由于盲目大量引地表水灌溉，造成许多地区地下水位长期抬升，导致蒸发型盐碱地大面积增加。地表水与地下水联合调配是实现水资源持续利用，保护和改善生态环境的一个重要途径。地表水与地下水联合调配模式有以下几种。

(1) 人工回灌地下水　地表水与地下水联合调配的模式之一是人工回灌地下水。这种方法对于华北地区具有普遍意义。华北地区地下水开发程度普遍很高，但地表水库调节能力有限，每年仍有较大数量的弃水。如山东半岛，20世纪80年代以来，地下水开发程度已达90%以上，但地表水开发利用程度较低，仅35%左右，即使是一般水平年也有40多亿立方米地表径流流入大海。山东半岛的山前冲积平原和山间河谷冲积层，实际上是一个巨大的天然水库，具有埋藏浅、易采易补的特点。如果将这些弃水通过一定方式人工回灌于地下，充分利用地下水的调蓄功能，不仅使地下水位得到恢复，而且还可保持地下水的开发程度，为城市与工业用水服务。

(2) 系统规划联合调配　西北地区因有巨厚第四系松散地层广泛分布（如准噶尔盆地南部、柴达木盆地南部、塔里木盆地南部以及祁连山北麓等辽阔的平原地带），大都是地下水富集场所，而且地表水与地下水相互转化交换强烈，构成了河流-地下水一体化的水资源系统，这实际上给水资源的联合调配提供了非常好的天然条件。但由于缺乏系统规划，缺乏水质、水量与生态环境相互关联的整体认识，出现了严重的生态环境问题。一方面因大规模开采地下水或不断提高河水利用量，减少了地下水补给，造成大面积地下水位下降；另一方面因大规模长期地表水灌溉，造成地下水水位大面积抬升产生土壤次生盐渍化。

(3) 井渠结合　井渠结合是水资源合理利用的有效工程模式，也是改善农业环境和防治耕地盐碱化的重要措施。不少地区土壤盐碱化往往是人为作用造成的，特别是不适宜引灌的地区，进行大水漫灌，使地下水位大幅度上升，导致土壤次生盐碱化与沼泽化的普遍发展，造成严重危害。如果以地表水和地下水联合持续利用为原则，采用井渠结合的模式，不仅能互相调剂，节省水源，而且井灌区又能起到井灌井排、调控地下水位、防止土壤盐碱化的作用。对咸水、微咸水分布地区，井渠结合还能起到抽咸补淡、改良水质的作用。近年来华北平原土壤盐渍化有所改善，主要就是实行了井灌井排和流域治理。

(4) 经济生态适应性　从最大限度获得经济效益的角度而言应多利用水资源，但是过度地开采地下水将会导致地面沉降等一系列环境问题，地表水还要考虑流域范围内的统筹利用问题。过度利用地表水和地下水均可能产生不利的生态问题。这是一对矛盾目标，因此进行地表水与地下水联合调度时，必须同时考虑经济与生态两个目标，因此联合调度模型为多目标决策模型。

（二）多水源多目标典型年联合调度模型

1. 地下水动态模拟模型

地下水动态模拟模型是建立地表水与地下水联合调度的重要子模型。可将地下水的供水看作是地下水库，在一定的约束条件下进行水量的调度。这就需要通过模型计算出地下水在水量补给和消耗的过程中，地下水位或地下水埋深的变化。通常有两种方法：基于水均衡原理建立的灰箱模型和按照地下水非稳定流原理建立的有限元或有限差分模型。

（1）灰箱模型 灰箱模型是按照研究区水均衡原理建立的，以简化和减少大面积地下水动态模拟的计算工作量。研究区大小的划分主要取决于水文地质条件及行政区划。其计算原理及步骤如下所述。

① 假设各子区间边界为不透水边界，按水量平衡原则计算其地面地下水的垂直交换量：

$$W_h + W_q + W_r - W_e - W_d = F\Delta H\mu \tag{5-1}$$

式中　W_h——灌溉回归量，$10^4\,\mathrm{m}^3$；

　　　W_q——渠系渗漏补给量，$10^4\,\mathrm{m}^3$；

　　　W_r——降水入渗补给量，$10^4\,\mathrm{m}^3$；

　　　W_e——潜水蒸发量，$10^4\,\mathrm{m}^3$；

　　　W_d——地下水开采量，$10^4\,\mathrm{m}^3$；

　　　F——子区的面积，hm^2；

　　ΔH——地下水位变化值，m；

　　　μ——给水度。

② 打开各子区边界，认为其为透水边界，符合渗流力学规律，按达西定律计算其水平交换。其计算原理见图 5-1 和式(5-2)。

$$Q_{ij} = -Q_{ji} = k_{ij}A_{ij}\frac{\Delta H_{ij}}{L_{ij}}T \tag{5-2}$$

式中　i，j——i，j 子区；

　　　Q_{ij}——在 T 时段内由 i 子区流向 j 子区的水量；

　　　k_{ij}——渗透系数；

　　　L_{ij}——i，j 子区间的距离；

　　　A_{ij}——i，j 单元间的过水断面面积，按两单元交界的地下水含水层厚度 d 与交界线长度之积表示；

　　ΔH_{ij}——i，j 单元地下水位差。

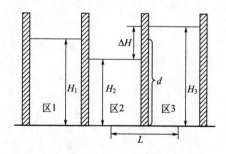

图 5-1 地下水水平交换计算原理

（2）非稳定流模型　由于灰箱模型不能反映各控制节点的地下水位变化状态，因此对具有决策意义的重要方案和分区可以采用非稳定流模型来模拟计算地下水的状态，但其模型和求解较为复杂。二维地下水非稳定流模型如下。

$$\frac{\partial}{\partial x}\left(T_x\frac{\partial}{\partial x}\right)+\frac{\partial}{\partial y}\left(T_y\frac{\partial}{\partial y}\right)+R(x,y,t)=\mu\frac{\partial h}{\partial t} \tag{5-3}$$

式中　T_x，T_y——x，y 方向的含水层的导水系数；

$\quad\quad\quad h$——与坐标 x，y 和时间 t 有关的地下水水头；

$\quad\quad\quad \mu$——含水层储水系数，近似认为给水度；

$\quad R(x,y,t)$——可控与不可控的补给和排泄量；

$\quad\quad\quad t$——时间变量。

该模型的求解方法有解析法和数值解法，一般采用有限差分法和有限单元法。

2. 多水源联合调度的多目标模型

如前所述，要想真正实现地表水与地下水的联合调度，需要把地下水量的供给问题看作是地下水库调度问题。建模的过程中必须注意如下问题。

（1）将旬作为基本时段，先以旬为时段进行调度，然后根据各种用水时段包含旬的序数得出相应时段分配的地下水量。

（2）由于子区间有水力联系，计算子区的地下水位变化时需要考虑相邻子区的地下水位情况。因此，所有子区必须同时进行调度。

（3）对地表水的优化调度，是将已知的总水量在时间、空间上进行分配，而地下水库则必须根据来水过程以及各约束逐步进行调度，调度完毕后才可计算出其总供水量。

根据上述问题建立多目标优化模型。设区域共分 n 个子区，每个子区有 m_i（$i=1$，2，$\cdots$，n）种用水，每种用水有 t_{ij}（$i=1$，2，$\cdots$，n；$j=1$，2，$\cdots$，m_i）个阶段。目标函数共有 $n+1$ 个，包括全区最大的经济效益以及各子区最佳地下水埋深。

经济指标：

$$\max y_1=\frac{\sum\limits_{i=1}^{n}\sum\limits_{j=1}^{m}f(Q_{ij})(Y_m)_{ij}A_{ij}(Pr)_j}{\sum\limits_{i=1}^{n}\sum\limits_{j=1}^{m}(Y_m)_{ij}A_{ij}(Pr)_j} \tag{5-4}$$

式中　Q_{ij}——第 i 个子区第 j 种用水分配的总水量，$\times 10^4\,\mathrm{m}^3$；

$\quad f(Q_{ij})$——相对效益函数，利用水量生产函数计算；

$\quad (Y_m)_{ij}$——第 i 个子区第 j 种用水产品的标准产量，个/hm^2；

$\quad\quad A_{ij}$——第 i 个子区第 j 种用水的服务面积，hm^2；

$\quad (Pr)_j$——第 j 种用水产品的价格，元/个。

地下水埋深指标：

$$\max y_1=\begin{cases}0 & h_i\leqslant h_{\min},h_i\geqslant h_{\max}\\[2mm]\dfrac{h_i-h_{\min}}{h_{ol}-h_{\min}} & h_{\min}<h_i<h_{ol}\\[3mm]\dfrac{h_i-h_{\max}}{h_{ou}-h_{\max}} & h_{ou}<h_i<h_{\max}\\[2mm]1 & h_{ol}\leqslant h_i\leqslant h_{ou}\end{cases} \tag{5-5}$$

式中　h_i——第 i 个子区联合调度以后的地下水埋深，m；

$\quad h_{\min}$——地下水允许的最小埋深，m；

h_{ol}——地下水最佳埋深的下限，m；

h_{ou}——地下水最佳埋深的上限，m；

h_{max}——地下水允许的最大埋深，m。

地下水埋深指标如图 5-2 所示。

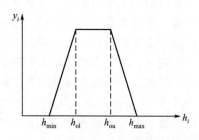

图 5-2 地下水埋深指标

地下水量的平衡方程如式(5-6) 所示：

$$h_{it} = g\left[(W_k)_{it}, (W_q)_{it}, (W_r)_{it}, (W_e)_{it}, (W_d)_{it}, h_{i,t-1}, h_{j,t-1}\right] \tag{5-6}$$

式中　　　　　　　　　　h_{it}——第 i 个子区在第 t 个调度时段末的地下水位；

$g(*)$——地下水动态模拟模型，如上述灰箱模型或非稳定流模型；

$(W_k)_{it}, (W_q)_{it}, (W_r)_{it}, (W_e)_{it}, (W_d)_{it}$——第 i 个子区在第 t 个调度时段内的地下水回归水补给、渠系渗漏补给、降水补给、潜水蒸发和开采量；

$h_{i,t-1}$——第 i 个子区在第 $t-1$ 个调度时段末的地下水位；

$h_{j,t-1}$——相邻的 j 子区的此时段的地下水位。

用水的某时段内的地下水的分配水量由式(5-7) 计算。

$$CK_{i,j,k} = \sum_{t=t_{j,k}}^{t'_{j,k}} (W_d)_{i,t} \tag{5-7}$$

式中　$CK_{i,j,k}$——第 i 个子区的第 j 种用水在第 k 个阶段的地下水供水量；

$(W_d)_{i,t}$——第 i 个子区第 t 旬分配的水量；

$t'_{j,k}$，$t_{j,k}$——第 j 种用水的第 k 个阶段所包含的旬序号的上下限。

此外，模型中变量还需要满足各种必要的约束条件，如供水量大小的约束，地下水位的约束等。

本模型以全区的效益以及调度完毕后各子区的地下水位或埋深为优化目标，对地表水与地下水进行时间及空间上的优化配置，以期尽可能获得最大的效益。模型中各个目标可能存在矛盾，如果使经济目标极大化，必然需要更多的地下水，因而使得地下水位目标变得较差；如果某一子区保持在最佳的地下水位，其总效益必然受到影响。这是一个多目标决策的问题，需要选择一种合理的决策方法，从众多的非劣解中找出满意解。通过权重可以将多目标问题变成单目标问题，进而进行优化计算。计算中，如果同时对地表水变量与地下水变量进行优化，模型复杂，计算量大，因此实际使用中可近似地先进行地表水的优化配置，在此基础上进行地下水的优化调度。

3. 交互的多目标决策分析过程

(1) 多目标问题求解方法　多目标问题一般的数学表达式如下：

$$\max(\min)g = \{f_1(\overline{x}), f_2(\overline{x}), \cdots, f_n(\overline{x})\}^T \tag{5-8}$$

$$\text{s. t} \quad \overline{x} \in X$$

式中　$\overline{x}$——$\overline{x} \in R^n$，是由决策变量组成的向量；

$f_n(\overline{x})$——目标函数，x 是决策变量的可行域。

　　像这样的多目标优化问题的解一般不是唯一的，而是有多个（有限或无限）解，其中每一个决策变量的改善必将导致其他一个或多个决策变量的值变差，因而组成非劣解集。

　　从理论上讲，任何一个多目标问题均能看成是一个单目标的目标效用求优问题。使用效用函数体现决策者在非劣解集中的偏好。决策者效用函数在多目标求解过程中的作用导致了求解多目标规划问题的不同方法，根据效用函数在决策分析过程中的作用，可以将多目标问题的各种求解原理分成以下 3 类：①假设存在决策者的效用函数，并且可以用数学公式表达；②假设存在一个稳定的效用函数，但并不试图将它明确地表达出来，只假设该函数的一般形式；③不假设存在一个稳定的效用函数，无论是显式的还是隐式的。

　　这三种求解原理可以引出以下三类不同的求解方法。

　　① 决策者偏好的事先估计。这是多重效用分析中的一种经典的方法。其做法是先确定反应决策者偏好的效用函数，然后利用这一效用函数或者有限的方案进行排序，或者在无限个方案中寻优。

　　② 决策者的偏好在求解过程中通过交互逐步明确。根据假设效用函数的有无，这种方法又可以分为两种：假设存在隐式的效用函数和假设没有效用函数。前者根据对效用函数的假设，再通过决策者对某些问题的回答而引入决策偏好，最终求出最优或最满意解，决策者并没有意识到其效用函数的存在。对于后者，最典型的方法就是目标规划，由决策者给出在非劣解集内各目标的期望水平，然后寻找距目标期望水平最近的点。

　　③ 决策偏好的事后估计。这种方法的思路是尽可能地将非劣解集空间内的所有信息提供给决策者，决策者通过对比、评估，挑选出其中最满意的解，并不要求假设决策者的效用函数。

　　多目标决策分析原理与技术发展至今，人们不仅确定了多目标决策支持系统的方法论，而且又把注意力集中到构筑决策支持系统的各项技术方法上。因此，在该领域现在正在研究和将来发展的主要有人类的行为模式、先进的计算机技术的应用、多目标决策支持系统与人工智能和专家系统理论相结合的构模技术。

　　（2）求解多目标模型的切比雪夫方法　切比雪夫方法首先是由美国佐治亚大学经济管理学教授 Steuer 于 1983 年提出的，是一种通过与决策者的交互而逐步缩小决策空间，最终达到满意解的方法。切比雪夫方法的应用条件和范围如下：①目标函数可以是线性函数，也可以是非线性函数；②可行域是凸域；③在可行域内不存在这样一个点，在这点各个目标值同时达到最优。

　　切比雪夫方法的特点归结起来有 4 个，即全面性、高效性、实用性和客观性。

　　① 全面性。切比雪夫方法能对非劣解空间进行搜索，然后向决策者提出在非劣解集中差异最大的若干方案，这些方案代表各种截然不同的规划方向。与理想点和目标规划相比，它不会丢掉决策者没有意识到的、潜在的满意解。

　　② 高效性。它不仅可以用来解一般的线性规划和混合整数规划，而且可以用来求解目标非线性的问题，特别合适用于求解大型模型。

　　③ 实用性。该方法便于与决策者的交互，便于计算机化，便于做多目标决策支持系统。通过切比雪夫交互过程，使得取得决策者偏好这一比较困难的工作变得相当容易，充分发挥了人与计算机的特长；人脑的思维便于处理半结构和非结构化的问题，而计算机便于处理结

构化问题。但需要模型研制人员在模型和软件方面做较多的工作。

④ 客观性。切比雪夫方法提交决策者的方案完全是由计算机随机生成的，不包括任何规划人员的主观因素，影响决策方案的唯一因素就是决策者的偏好。

用切比雪夫方法求解多目标模型的全过程包含两方面的内容：①对模型的处理，将一般的多目标模型概念形式转化成用广义切比雪夫距离表示的形式；②交互的求解过程，通过与决策者的交互，逐步缩小目标空间，以求得最满意解。

（3）多目标决策模型求解过程的实现　整个多目标求解过程在微机上可以用科学运算语言 Matlab 实现，程序由 6 个模块组成，即：①单目标优化模块；②模型目标值范围下的归一化处理模块；③权重的随机生成及筛选模块；④方案计算模块；⑤结果显示模块；⑥交互和决策模块。

本部分的详细内容可参见参考文献 [6]。

四、分解协调优化方法

对于水库与地下含水层构成的联合运用系统，其优化管理问题的关键是各种取水、蓄水设施的运行策略，以及供水量在不同分区的时程分配。

假如按行政单元将用水区划分为 M 个子系统，其下伏含水单元为地下水源。地表水可以在子系统间分配，地下水仅供相应子系统使用，子系统之间的水量分配构成供水关联约束，子系统开采等决策对其他子系统地下水状态的影响构成水力联系，因而所研究的问题是具有多重关联的递阶管理问题。

（一）联合运用系统描述

1. 系统数学描述

假定地表水系统为用水区上游的水库，时段水均衡方程描述为：

$$V_{t+1} = V_t + I_t - Q_t - L_t - O_t \tag{5-9}$$

式中　V_t，V_{t+1}——t 时段和 $t+1$ 时段的蓄水量；

$\quad\quad I_t$——t 时段入流量；

$\quad\quad Q_t$——t 时段供水量；

$\quad\quad L_t$——t 时段水库损失量；

$\quad\quad O_t$——水库弃水量。

地下水系统概化为非均质各向同性潜水含水层，系统状态以降深分步表达，控制变量为地下水开采量 $Q_G(X_i, t)$，地表水灌溉量 $Q_S(X_j, t)$ 和人工回灌量 $Q_A(X_k, t)$。系统表达为

$$\begin{cases} LS(X, t) = V - \sum_{i=1}^{M} Q_G(X_i, t)\delta(X - X_i) + \sum_{j=1}^{MS} Q_S(X_j, t)\delta(X - X_j) + \\ \sum_{k=1}^{MA} Q_A(X_k, t)\delta(X - X_k) \\ S(X, t)_{t=0} = 0 \\ S(X, t)_{\Gamma_1} = g(X, t) \\ DS(X, t)_{\Gamma_2} = q(X, t) \end{cases} \tag{5-10}$$

式中　$S(X, t)$——t 时段点 X 的降深；

$\quad\quad \Gamma_1$，Γ_2——第一类和第二类边界；

$$L\text{——算子 }L=T\frac{\partial^2}{\partial X^2}-\mu\frac{\partial}{\partial t};$$

$$D\text{——}D=T\frac{\partial}{\partial n}=;$$

T——导水系数；

μ——给水度；

V——天然补排量。

2. 广义响应函数

联合运用系统对不同控制变量的响应函数为广义响应函数。由式(5-10) 可见 L，D 均为线性算子，可将式(5-10) 进行分解

$$\text{I}\begin{cases}LS_0(X,t)=V\\S_0(X,t)_{t=0}=0\\S_0(X,t)_{\Gamma_1}=g(X,t)\\DS_0(X,t)_{\Gamma_2}=q(X,t)\end{cases}\tag{5-11}$$

$$\text{II}\begin{cases}LS_1=\sum_{i=1}^{M}Q_G(X_i,t)\delta(X-X_i)\\S_1(X,t)_{t=0}=0\\S_1(X,t)_{\Gamma_1}=0\\DS_1(X,t)_{\Gamma_2}=0\end{cases}\tag{5-12}$$

I 描述的系统称为零输入系统，其响应为零输入响应。II 描述的系统称输入系统，是在人工开采下对初始零状态产生的响应，其响应为零状态响应。同理可写出在地表灌溉以及人工回灌下系统的零状态响应III、IV。根据线性系统的迭加原理，如子模型 I、II、III、IV 的解分别为 $S_0(X,t)$，$S_1(X,t)$，…，$S_3(X,t)$，则原问题式(5-10) 的解为

$$S(X,t)=S_0(X,t)+S_1(X,t)+S_2(X,t)+S_3(X,t)$$

对问题 II 引入的伴随算子 L^* 并求解伴随方程，可得零状态响应函数，其离散形式为

$$S_1(k,n)=\sum_{j=1}^{M}\sum_{i=1}^{n}\beta(k,j,n-i+1)Q_G(j,i)\tag{5-13}$$

式(5-13) 中 $\beta(k,j,n-i+1)$ 为开采引起的单位脉冲响应函数。同理，可得灌溉引起的单位脉冲响应函数 $\alpha(k,j,n-i+1)$ 和由人工回灌引起的单位脉冲响应函数 $\nu(k,j,n-i+1)$。称 α、β、ν 为水库-含水层联合运用系统的广义响应函数。则地下水系统状态表达为

$$S=S_0+B^TQ\tag{5-14}$$

式中 $B=[\alpha,\beta,\gamma]^T$，$Q=[Q_S,Q_G,Q_A]^T$。

（二）联合运用系统的递阶优化模型

1. 目标函数

系统目标为满足给定需求前提下系统运行费用最小，可表达为：

$$\min F(Q,W,G,WA)=\sum_{t=1}^{T}aQ_t+\sum_{m=1}^{M}\sum_{t=1}^{T}AC_mWA_{m,t}+$$
$$\sum_{m=1}^{M}\sum_{t=1}^{T}GC_m(D_{m,t}+S_{m,t}+L_m)WG_{m,t}\tag{5-15}$$

式中 Q_t ——t 时段水库供水量；

a ——水库单位运行费用；

AC_m ——m 子系统人工回灌设施单位运行费用；

$WA_{m,t}$ ——m 子系统 t 时段人工回灌量；

GC_m ——m 子系统将单位地下水量提升单位高度费用；

L_m ——m 子系统平均初始扬程；

$S_{m,t}$ ——m 子系统开采等决策在本子系统产生的降深；

$D_{m,t}$ ——其他子系统开采等决策在 m 区产生的降深；

$WG_{m,t}$ ——m 子系统 t 时段开采量。

2. 约束条件

(1) 与水库有关的约束

① 水量均衡　水量应满足时段水均衡方程，即满足式(5-9)。

② 库容约束

$$V_{\min} \leqslant V_t \leqslant V_{t\max} \tag{5-16}$$

式中 $V_{\min}$ ——死库容；

$V_{t\max}$ ——各时段允许的最大蓄量。

(2) 各子系统供水关联约束

$$Q_t = \sum_{m=1}^{M} (WS_{m,t} + WA_{m,t}) \tag{5-17}$$

式中 $WS_{m,t}$ ——m 子系统 t 时段直接利用的地表水量；

$WA_{m,t}$ ——m 子系统 t 时段直接利用的地下水量。

此式的意义是区内 t 时段的供水量为直接利用地表水和地下水的总量。

(3) 与第 m 子系统有关的约束

子系统水力联系约束为：

$$D_{m,t} = \sum_{\substack{j=1 \\ j \neq m}}^{M} \sum_{i=1}^{t} \beta(m,j,t-i+1)WG_{j,i} \tag{5-18}$$

(4) 地下水约束

① 地下水状态方程

$$S_{m,t} = S_{0m,t} + \sum_{i=1}^{t} \beta(m,m,t-i+1)WG_{m,i} - \sum_{i=1}^{t} \nu(m,m,t-i+1)$$

$$WA_{m,t} - \sum_{i=1}^{t} \alpha(m,m,t-i+1)WS_{m,t}\Delta \tag{5-19}$$

② 地下水含水层降深约束

$$SM_{m,t} \leqslant S_{m,t} + D_{m,t} \leqslant \overline{SM}_{m,t} \tag{5-20}$$

③ 抽水设备最大扬程约束

$$S_{m,t} + D_{m,t} + L_m \leqslant L_{m,\max} \tag{5-21}$$

④ 地下水开采量约束

$$DIN_{m,t} \leqslant WG_{m,t} \leqslant GM_m \tag{5-22}$$

(5) 本区需水约束

$$WG_{m,t} + WS_{m,t} \geqslant DEM_{m,t} \tag{5-23}$$

式中　$L_{m,\max}$——m 子系统最大允许扬程；

$\overline{SM}_{m,t}$——m 子系统地下含水单元的最大最小允许降深；

$DEM_{m,t}$——m 系统 t 时段总需水量；

$DIN_{m,t}$——m 区 t 时段地下水最低需求量；

GM_m——m 子系统最大出水量。

3. 模型求解

引入 Lagrange 乘子 λ_t，将供水关联约束式(5-18) 引入目标函数，同时用关联预估法预估各子系统的关联输入 $D_{m,t}$（$m=1,\cdots,M,\ t=1,\cdots,T$），使各子系统的水力联系解耦，则式(5-15) 的 Lagrange 函数是加性可分的。

$$L(Q,WA,WG,\lambda)=F(Q,WA,WG)+\sum_{t=1}^{T}\lambda\Big[\sum_{m=1}^{M}(WS_{m,t}+WA_{m,t})-Q_t\Big]$$

$$=\sum_{m=1}^{M}f_m(WA,WG)+f_{M+1}(Q)+\sum_{m=1}^{M}\sum_{t=1}^{T}\lambda(WS_{m,t}+WA_{m,t})-\sum_{t=1}^{T}\lambda Q_t \qquad (5\text{-}24)$$

$$=\sum_{m=1}^{M+1}L_m$$

根据非线性规划的对偶定理，分别写出各子系统的优化问题：

水库子系统

$$\min L_{M+1}(Q,\lambda)=\sum_{t=1}^{T}(qQ_t-\lambda Q_t)$$
$$s,t,\theta_t\in R_{M+1} \qquad\qquad (5\text{-}25)$$
$$R_{m+1}@(1),(8)$$

第 m 用水区子系统

$$\min L_m(W_m,\lambda)=\sum_{t=1}^{T}AC_mWA_{m,t}+\sum_{t=1}^{T}GC_m(D_{m,t}+S_{m,t}+L_m)$$
$$WG_{m,t}+\sum_{t=1}^{T}\lambda(WS_{m,t}+WA_{m,t})$$
$$W_{m,t}\in R_M \qquad\qquad (5\text{-}26)$$
$$R_m@(10),(11),(12),(13),(14),(15)$$

式中，$W_{m,t}@(WS_{m,t},WA_{m,t},WG_{m,t})^T$。式(5-25) 的水库子系统优化问题为一线性规划问题，可用单纯型法求解。式(5-26) 表达的 m 个子系统优化问题具有二次型函数，可用二次规划的 Wolfe 求解。

在递阶级改进协调因子 $D_{m,t}$ 和 λ 的值，迭代计算公式为

$$\lambda^{k+1}=\max\Big\{0,\lambda^k+\theta_2\Big[\sum_{m=1}^{M}(WS_{m,t}+WA_{m,t})-Q_t\Big]\Big\} \qquad (5\text{-}27)$$

$$D_{m,t}^{l+1}=D_{m,t}^{l}+\theta_1\Big[\sum_{\substack{j=1\\j\neq m}}^{M}\sum_{i=1}^{t}\beta(m,j,t-i+1)WG_{j,i}-D_{m,t}^{l}\Big] \qquad (5\text{-}28)$$

式中　l,k——$D_{m,t}$、λ 的迭代次数；

θ_1,θ_2——迭代加速因子。

地表水、地下水联合管理模型由三级递阶结构表达，第一级由 M 个用水区优化模型构成，进行本区运行决策；第二级由水库子系统优化模型和用水区水力关联协调模型两部分构成，水库

子系统模型进行水库优化运行决策，关联协调模型协调子系统间的水力联系；第三极通过关联平衡协调水库与各用水区优化问题，使之满足供水关联约束。其递阶结构见图5-3。

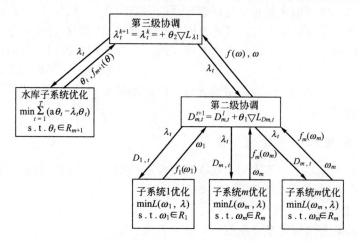

图 5-3 地表水、地下水联合运用的递阶结构

算法步骤：

（1）在第三极对 Lagrange 乘子赋初值，$\lambda_t^k \geqslant 0$ （$t=1, \cdots T$），$1 \Rightarrow k$；

（2）将 λ_t^k 代入水库优化子系统问题 $M+1$，求水库系统的优化运行方案及相应供水量 Q_t，费用 $f(Q)$，反馈到第三级；

（3）将 λ_t^k 代入第二级用水区协调，并在第二级预估 $D_{m,t}^l$，$1 \Rightarrow l$；

（4）将 λ_t^k 和 $D_{m,t}^l$ 代入第一级 M 个优化问题，确定各子系统的开采计划，人工回灌计划和引用地表水量 W_m （$m=1, \cdots, M$），将 W_m 及费用 $f(W_m)$ 反馈到第二级；

（5）按式（20），在第二级改进 $D_{m,t}^l$ 的预估值，对于给定的迭代误差限 ε_1，如果 $\sum_m \sum_t D_{m,t}^{l+1} - D_{m,t}^l \leqslant \varepsilon_1$，则转步骤（6），否则 $D_{m,t}^{l+1} \Rightarrow D_{m,t}^l$，$l+1 \Rightarrow l$，转步骤（4）；

（6）将各决策 W_m 及相应费用 $f(W_m)$ 反馈到第三级；

（7）按式（5-19），在第三级改进 λ_t^k 的估计值，对于给定的迭代误差 ε_2、ε_3，如果 $\sum_t \lambda_t^{k+1} - \lambda_t^k \leqslant \varepsilon_2$ 或 $f^{k+1}(Q, W, \lambda) - f^k(Q, W, \lambda) \leqslant \varepsilon_3$，则结束。此时的水库运用策略、各子系统开采策略、回灌策略即为最优；否则 $\lambda^{k+1} \Rightarrow \lambda^k$，$k+1 \Rightarrow k$，转步骤（2）。

本部分的详细内容可参见参考文献［7］。

五、耦合模拟模型

陆面蒸发散、河道水流等地表水文过程和地下水在一定地形、地质、气候条件下是相互作用、具有内在联系的有机整体。然而长期以来利用水文模型模拟复杂的水文循环系统时，由于观测资料的缺失或所关注问题的侧重点不同，模型构建侧重于水文过程的某些方面，对其他过程过于简化甚至忽略，导致了水文系统不完整，可能引起系统偏差。如从陆地水文学角度建立的地表水模型主要侧重于近地表水文过程，对地下水过程一般简化为线性水库演算方法，只考虑进入含水层的水量而未考虑地下水对土壤水传输及对地表水的作用。从水文地质学角度建立的地下水模型，一般只考虑饱和带水流和存储作用，对降雨入渗过程采取简化处理，未考虑非饱和带土壤水与地下水之间的动态联系，也缺乏对降雨-径流这一重要水文过程的模拟。

Freeze 等于 1969 年首次提出了基于物理机制的地表水与地下水流耦合理论体系。近年来，随着对变化环境下（气候及下垫面变化）水文响应及水资源演变规律研究的重视，大气降水-土壤水-地表水-地下水之间转化与反馈作用研究显得尤为重要。随着遥感、地理信息系统等现代信息技术、计算机模拟技术及水文四维化观测手段的发展，建立更复杂的水文全过程模拟系统，客观描述水文循环过程成为可能。因此，为更精确模拟水文循环过程，反映水循环过程各要素之间的动态联系，把地表水文过程与地下水动力过程相耦合，建立了一系列地表水与地下水耦合模型，对水资源精确评价、区域水资源开发利用和综合管理以及生态环境保护具有重要的意义。

（一）地下水-地表水耦合模拟模型

根据不同的分类标准，地下水与地表水耦合模拟模型具有不同的分类，下面从耦合模型的求解方法和耦合方式对耦合模型进行分类。

1. 按求解方法分类

根据模型的求解方法可将耦合模型分为以下几类。

（1）水均衡法模型　通过水量均衡的原则模拟地下水与地表水系统的水量交换，没有从水文循环的物理机制分析地下水与地表水的相互作用，只是从宏观上确定了地下水与地表水的交换量，不能对整个流场进行分析，Ferone 和 Devito，以及肖长来和张力春等都使用该方法对地下水与地表水的相互作用进行分析。

（2）解析法模型　一般对实际的自然条件进行简化处理，利用已有的解析法模型进行模拟，由于实际自然条件往往复杂多变，很难直接应用解析法模型，过度简化会造成实际的物理模型失真，很大程度上限制了解析法模型的运用，Hunt 通过解析法分析了河流流量与附近抽水井的关系。

（3）数值法模型　数值模拟方法是求解地下水与地表水耦合模型的常见形式，通常的做法是将比较成熟的地下水模型和地表水模型联立，通过中间参数（交换通量等）连接两个模型，对耦合模型进行迭代求解，如 SWAT-MODFLOW 模型、CLM-ParFlow 模型等。

2. 按耦合方式分类

根据模型的耦合方式可以将耦合模型分为以下几类。

（1）边界条件耦合模型　早期的耦合模型通常将地下水与地表水的转换关系在时空上进行简化，以简单概化的边界条件形式表现于地下水或地表水模型中，通常使用已有的地表水模型（地下水模型）对地表水水量（地下水水量）进行模拟，将模拟结果作为地下水模型（地表水模型）的边界条件，从而实现对地下水和地表水的模拟。这种耦合方式是基于水文循环的水均衡原则，宏观上对地下水与地表水的水量交换进行耦合，没有从地下水与地表水相互作用的物理机制上进行耦合。

（2）交换通量耦合模型　一般的耦合模型是基于传导性的概念，即假设在地下水系统与地表水系统之间存在一个确定的界面，通过界面以交换通量的形式连接地下水与地表水，交换通量取决于通过界面的水力梯度和界面性质。Panday 和 Huyakorn 提出了一种基于物理机制的分布式地下水、地表水耦合模型，将三维变饱和、非稳定地下水模型与二维的非稳定地表水模型耦合，并以洼地储存量的概念考虑了地表地形的影响，以滞留储存量的概念考虑了地表植被、城市建筑物的影响，且对各种气候因素进行了详细分析。由于在实际的自然条件下，并不存在具有如此性质的假想界面，很难通过勘测数据来确定界面的性质，通常的做法是认为假想界面均匀分布具有统一的水力性质，因此多数情况下假象界面的各种参数作为一种拟合参数。

（3）整体边界耦合模型 由于交换通量耦合模型在耦合方式上存在假想界面的缺陷，Kollet 和 Maxwell 提出了一种不基于传导性概念的耦合模型，将具有自由表面的地表水系统作为地下水系统的上部整体边界条件，从而避免使用假想界面和交换通量进行耦合。通过将该耦合模型与 ParFlow，MODHMS，HSPF 等多种模型进行实验对比，结果显示出良好的稳定性和准确性，且分别在饱和产流、超渗产流情况下分析了水面埋深、垂向离散大小、渗透系数、地下非均质对耦合模型的影响，通过测试显示该耦合模型具有良好的并行效率。

（二）国内外典型的地下水-地表水耦合模拟模型

1. HydroGeoSphere 模型

由加拿大 Waterloo 大学、Laval 大学及 Hydrogeologic 公司联合研制开发的地下水、地表水耦合模拟模型——HydroGeoSphere，能够全面耦合模拟赋存于孔隙介质、裂隙介质、双重连续介质中地下水、地表水的水流运动、溶质运移和热量传递的三维过程。HydroGeo-Sphere 模型包括两个部分：地下水模块——FRAC3DVS 和地表水模块——MODHMS。HydroGeoSphere 从物理机制上对地下水和地表水进行耦合，在每个时间段对两者进行联立同时求解，还提供了多种形式的网格剖分工具，平面网格可以包含三角形、矩形元素，三维网格包含六面体、三棱柱、四面体栅格元素，在垂向上可以对含水层进行局部分层加密处理，平面上也可以对局部进行网格加密处理。HydroGeoSphere 通过控制体积有限元或有限差方法求解耦合的数学模型，具有先进的迭代技术和强大的计算功能，能够方便设置合适的时间段以及输出选项，以及强大的可视化功能。

HydroGeoSphere 模型对地下水与地表水有两种耦合方式，即普通节点方式与双重节点方式。首先将二维平面地表水模型叠置在地下水模型的顶部，对地下水、地表水模型进行相同的空间和时间离散，表层的地表水模型节点与地下水模型顶部节点具有完全一致的空间坐标，即耦合模型表层的节点同时具有地表水和地下水属性，每个地表水节点与相应的地下水节点进行水力联系。普通节点方式是假设地表与地下水体之间保持水头的瞬间一致性，在模型的计算过程中不对地表与地下水体之间的水量交换进行计算。双重节点方式没有假设两个系统间的水头连续性，而是通过达西流关系来描述地表与地下水体之间的水量交换。

2. InHM 模型

InHM（Integrated Hydrologic Model）模型由 Waterloo 大学的 VanderKwaak（1999）研制开发，它能以有限元或有限差的方式同时求解地下和地表水流，同时提供双重的地下水流介质（孔隙和裂隙）。InHM 模型以 Richards 方程来描述变饱和的地下水流，以扩散波和 Manning 方程来描述地表水流，地表与地下水体之间的水量交换以水头差的函数进行计算。

3. MODHMS 模型

MODHMS 模型是基于 MODFLOW 的地下水-地表水水流及水质耦合模拟模型，它以有限差的方式求解地下水、地表水及渠道水流。MODHMS 以 Richards 方程来描述三维变饱和的地下水流，以扩散波近似的 Saint Venant 方程来描述地表水流，且将蒸发、蒸腾模块嵌入到耦合模型之中。

4. 分布式流域水文模型

分布式流域水文模型是针对于集总式流域水文模型而言的，它能够全面地考虑降雨和下垫面的空间不均匀性，将产汇流、土壤水运动、地下水运动及蒸发过程等联系起来一起研究，并考虑水文变量的空间变异性问题。分布式流域水文模型的主要思路是：将流域划分成若干网格，对每个网格分别输入降雨、蒸发、植被、土壤和高程等参数，分别计算产流量，在考虑水流在每个小单元体内纵向运动时，还要考虑各个小单元之间水量的横向交换，根据各网格的坡度、糙率和土壤等情况将径流演算到流域出口断面得到流域的径流过程，目前比较成熟的分布式流域水文模型有 TOPKAPI、MIKE SHE、SHETRAN 等。

5. CLM-ParFlow 模型

Maxell 和 Miller 将 Common Land Model（CLM）与 ParFlow 模型通过包气带进行耦合，对包气带参数进行分工计算。以 ParFlow 模块计算包气带的土壤湿度，通过 Van Genuchen 关系表示相对渗透率和饱和度，将这些参数传递到 CLM，以 CLM 计算包气带的下渗通量、蒸发通量和根系吸水量，且将这些参数传递到 ParFlow 模型。对于表层的地表水运动和饱水带的地下水运动分别利用 CLM 和 ParFlow 模型进行模拟。

6. SWAT-MODFLOW 模型

Kim 和 Chung 等将 SWAT 模型与 MODFLOW 模型进行耦合，针对它们在地下水模拟和地表水模拟上的不足，将 SWAT 模型分为两个模块：输入模块和计算模块，首先对 SWAT 输入参数，将输入模块运行结果（地下水补给量）传递到 MODFLOW，然后运行 MODFLOW，将输出结果（含水层蒸发量、对地表水排泄量等）传递到 SWAT，最后运行 SWAT 计算模块。且将其运用到 Korea 的 Musimcheon 流域，实例表明该耦合模型能够很好地模拟地下水补给、排泄的时空分布，地下水水位以及与地表水的相互作用。

（三）地下水-地表水耦合模拟模型的不足之处

现有的地下水与地表水耦合模拟模型主要存在以下几个问题。

（1）由于地下水与地表水系统的时间步长和空间尺度不一致，对它们进行完全一致的空间离散和时间离散时，很容易出现数值求解的不稳定性，需要对数据进行时空上的整合。

（2）一些耦合模型在耦合机制的处理上存在一些缺陷，如假想界面等，或对耦合过程进行了大量的简化，如对源汇项进行简单的耦合，造成耦合模型的失真。

（3）一些耦合模型只是针对某一地区或特定的问题建立的，虽取得了较好的效果，但由于尺度效应和实际条件的变化，并不具有普遍适应性。如一些针对于平原区建立的耦合模型并不一定适用于山区，一些用于水量模拟的耦合模型，不能用于溶质运移、热量传递的模拟。

（4）多数耦合模型在模型建立过程中对勘察监测资料的要求很高，且存在一些缺乏实际物理意义的耦合参数，参数的确定和模型运算时间长，模型识别和校正难度较大，对计算机性能要求高，不利于模型的推广。

（四）地下水-地表水耦合模拟模型的发展趋势

地下水与地表水耦合模拟模型的研究要求综合考虑地表的地形、水文气象、土壤植被等条件，水文地质条件，人为因素以及地下水与地表水的相互作用。随着"3S"技术（GIS、RS、GPS）的快速发展和应用，耦合模型与"3S"技术的结合是今后的发展方向之一。随着其他新方法（水化学、同位素、智能化）在水循环研究中的运用，利用交叉学科对耦合模型的研究也是今后的发展方向。随着社会经济的发展以及人们对地下水、地表水与周围生态环境整体观念的加强，流域水资源管理、协调经济发展与生态环境水问题将是耦合模型发展的必然趋势。

与单一的地下水或地表水模型相比，地表水与地下水耦合模型结构更为复杂，且由于引入了更多参数，模型参数的确定将更为困难，应加强地表水与地下水耦合模拟中参数的确定和模型的验证工作。除常规水文观测资料外，需要增加地表水与地下水动态观测资料，并结合水文试验等手段，才能实现模型可靠的运行与分析计算。

计算机和并行技术的快速发展大幅度减少了模型运行时间，高速发展的信息技术

（"3S"技术）提供更多能描述水文过程时空变化的数据，使模型参数化分析和增强模型应用的可靠性成为可能。随着经济和社会的发展，人类对有限的水资源的需求日益增加，建立具有基于物理机制、地表水-地下水水文过程完全耦合、可以模拟水循环中各水文过程及其相互作用的水文模型是今后的研究发展方向，将为水资源综合管理提供强有力的支撑。

第三节 联合运用技术应用实例

一、联合运用的条件

地下水与地表水联合调度是根据地下水和地表水的动态特征，利用含水层空间的调蓄能力进行的。图 5-4 表示了河川径流量与地下水径流量在典型水文年的过程曲线。河川流量动态变化大，而地下径流量则较稳定，而且后者的流量高峰期要比前者滞后一段时间。这些特征就为二者的联合运行提供了条件。

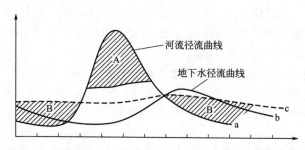

图 5-4 典型河流和地下水径流过程曲线

曲线 a—河川径流量过程线；曲线 b—地下水径流量过程线曲线；曲线 c—总需水量过程线；
A—地表水弃水量；B—仅有地表水供水产生的缺水量

地下水与地表水联合运行的方法是，在枯水期（或干旱年份），在地表水供水不足的情况下，要超量开采地下水来补充供水量，并且腾出地下含水层储水空间，在丰水期（或丰水年份），充分利用地表弃水进行地下水人工补给，以补偿枯水期已超采了的地下水量。这样，两水联合运行的结果将产生由地表水和地下水（包括由弃水回灌而产生的地下水人工补给量）组成的有保证的稳定供水量，并形成由弃水补给地下水可利用的水资源增量。地表弃水对地下水的人工补给量取决于弃水量的多少、渗漏补给或人工回灌的能力以及含水层储水空间的大小。因此，如果弃水量大，入渗补给条件好，加上含水层储水空间足够大时，充分开发地下库容，可以起到水资源多年调节的作用。

二、水源条件

据参考文献［5］，许昌市供水公司现有 3 个水厂，分别是董庄水厂、周庄水厂、麦岭水厂。董庄水厂已经停止开采地下水，成为麦岭水厂调压站。周庄水厂以大陈闸库水为水源，从北分水闸引水，经白灌渠流至周庄水厂处理，然后送入自来水管网。周庄水厂供水能力为 $10 \times 10^4 \, \mathrm{m^3/d}$，2000～2003 年供水量一般为 $3 \times 10^4 \, \mathrm{m^3/d}$。麦岭水源地开采第四系深层孔隙地下水，含水层富水性强，补给充沛，调蓄性强，多年水位稳定，水质良好。现有生产井总数达到 45 眼，近几年平均开采量为 $2.95 \times 10^4 \, \mathrm{m^3/d}$。经过供水水文地质勘探和水资源评价，水源地允许开采量为 $14 \times 10^4 \, \text{m}^3/\text{d}$，其中 B 级 $8.5 \times 10^4 \, \text{m}^3/\text{d}$，C 级 $5.5 \times 10^4 \, \text{m}^3/\text{d}$。

大陈闸水库库容为 $1225 \times 10^4 \, \text{m}^3$，现有水资源除部分用于农田灌溉和向许昌市供水外，大部分以弃水形式泄于下游河道。弃水方式有 3 种：①在汛期为了安全度汛，通过节制闸排入北汝河下游河道（弃水），多年平均弃水量为 $18.51 \, \text{m}^3/\text{s}$；②通过北分水闸排放至白灌渠，向周庄水厂供水和用于农灌，多年平均放水量为 $2.23 \, \text{m}^3/\text{s}$，1989 年最大放水量为 $7.10 \, \text{m}^3/\text{s}$；③通过方窑闸排入一干渠，再经过一、二、三支渠等配套渠系灌溉区内范湖、麦岭、茨沟、丁营、姜庄等乡镇农田，多年平均放水量为 $0.43 \, \text{m}^3/\text{s}$，最近几年因灌溉渠网损坏，没有放水。

周庄水厂和麦岭水厂分别以地表水和地下水为水源，都有扩大开采的潜力，不管是目前供水条件下，还是未来麦岭水厂达到最大允许开采量后，两水厂可以发挥各自优势，联合调度供水，共同保证许昌市区对水量和水质的需求。

三、联合调度的必要性

周庄水厂源水水质不能保证，2000 年与 2001 年枯水期因北汝河水在上游被严重污染，周庄水厂供水因此受到严重影响，2000 年中断供水 40 天。北汝河水在自北分水闸引水口经白灌渠流向周庄水厂的过程中，也会受到沿途各种人为活动的影响与污染，尤其是枯水季节水质难以保证。经过周庄水厂处理后的水，虽然可以保证其水质符合国家饮用水标准，但口感上不如麦岭水源地地下水好。

麦岭水厂开采规模接近或达到最大允许开采量后，如气候性干旱，降水减少，农灌开采增加，则会出现超采情况，水位将持续下降，漏斗范围和深度扩大。麦岭水厂深层含水层埋藏深度 $100 \sim 150 \, \text{m}$，不易受外界人为活动的污染，补给充沛，循环交替迅速，水质好。

麦岭和周庄水厂在水源和水质上的差异，需要两水厂采取联合调度方法，以保证供水量最大，水质最好，社会和经济效益最佳。

四、地表水与地下水联合调度方案设计

（一）现状开采条件下均衡分析

浅层地下水主要接受大气降水入渗、河流侧渗、灌溉回渗、侧向径流和深层水顶托越流补给，以蒸发、越流、农田灌溉开采和农村生活用水开采、侧向径流等形式排泄。深层地下水的补给来源主要是浅层地下水的向下越流，其次是区外地下水的侧向径流，麦岭水源地开采是其主要排泄方式。

将浅层水和深层水视为一个完整的地下水系统，以一个水文年为均衡期，对各均衡时段补给量、排泄量和储存量变化量进行均衡计算，得到年均衡计算成果表（表 5-1）。均衡计算结果表明：

（1）降水入渗是地下水的主要补给来源，占地下水总补给量的 $70\% \sim 85\%$，不同降水条件下，降水补给量相差很大。河流侧渗、灌溉回渗、侧向径流等补给量年际相差不大。

（2）蒸发和人工开采是地下水的主要排泄方式，蒸发排泄量占地下水总排泄量的 $35\% \sim 50\%$，开采（包括农灌开采和村民生活用水开采以及麦岭水厂开采）占地下水总排泄量的 $40\% \sim 50\%$。降水入渗和蒸发排泄是促使地下水位变化的主要因素，丰水年降水入渗量大，地下水得到充足补给后水位上升，随着水位提高，潜水蒸发量增加，从而使地下水始终保持在动平衡状态。

表 5-1　麦岭水源地浅层水和深层水均衡计算成果

年份			2000 年	2001 年	2002 年	2003 年
年降水量/mm			1120.8	622.6	588	935
降水保证率/%			5.1	76.9	82.1	10.3
补给项/ ($\times 10^4 \mathrm{m}^3/\mathrm{d}$)	降水入渗	$Q_降$	20.958	11.39	9.928	21.26
	河渠补	$Q_{河渠补}$	1.922	2.341	1.683	2.285
	井灌回渗	$Q_{井回}$	0.309	1.032	0.517	0.259
	地表水灌回渗	$Q_{表渗}$	0.062	0.125	0.063	0.031
	侧向补给	$Q_{侧补}$	1.051	1.815	1.256	1.005
	小计	$Q_{入总}$	24.302	16.703	13.447	24.84
支出项/ ($\times 10^4 \mathrm{m}^3/\mathrm{d}$)	蒸发	$Q_蒸$	9.329	6.895	5.229	7.329
	农灌开采	$Q_{农开}$	2.050	6.854	3.427	1.713
	人蓄工业开采	$Q_{人工开}$	0.596	0.596	0.596	0.80
	水源地开采	$Q_开$	4.398	3.285	3.245	3.609
	河排	$Q_{河排}$	1.225	0.629	0.666	0.988
	侧向排泄	$Q_{侧排}$	0.829	0.589	0.590	0.633
	小计	$Q_{排总}$	18.427	18.848	13.753	15.072
均衡差/($\times 10^4 \mathrm{m}^3/\mathrm{d}$)		ΔQ_1	+5.875	−2.145	−0.306	9.768
储存水变化量/($\times 10^4 \mathrm{m}^3/\mathrm{d}$)		$\Delta Q_储$	+5.788	−4.458	−2.798	10.186
年平均水位变幅/(m/a)		$\dfrac{\Delta h}{\Delta t}$	1.8/2.3	−1.3/−1.4	−0.8/−1.0	2.97/2.79

表 5-2　开采条件下地下水均衡计算结果

降水条件	补给量/($\times 10^4 \mathrm{m}^3/\mathrm{d}$)					排泄量/($\times 10^4 \mathrm{m}^3/\mathrm{d}$)					均衡差/ ($\times 10^4 \mathrm{m}^3/\mathrm{d}$)
	$Q_降$	$Q_回$	$Q_{河排}$	$Q_{径流}$	小计	$Q_{农开}$	$Q_{当地}$	$Q_{侧排}$	$Q_{开采}$	小计	
平水年 (742.2mm)	11.387	0.928	1.895	3.078	17.288	3.072	0.288	0.547	14.00	18.150	−0.619
丰水年 (842.8mm)	13.98	0.928	1.895	3.078	19.881	3.072	0.288	0.547	14.00	18.150	+1.731
枯水年 (650.6mm)	9.49	0.928	1.895	3.078	15.391	3.072	0.288	0.547	14.00	15.150	−2.759

（3）麦岭水源地在现状开采条件下，丰水年地下水总补给量大于排泄量，水位上升，枯水年补给量略小于排泄量，水位略有下降。如 2002 年为偏枯水年，年降水量为 588mm，麦岭水源地开采量为 $3.245 \times 10^4 \mathrm{m}^3/\mathrm{d}$，地下水处在负均衡状态，水位略有下降。考虑到降水条件的多年变化，现状开采条件下地下水能够保持动平衡状态。

（4）麦岭水源地开采量如增加达到 $9 \times 10^4 \mathrm{m}^3/\mathrm{d}$，特丰水年（2000 年）地下水水位也能保持相对稳定。偏枯水年总排泄量多出总补给量 $6 \times 10^4 \mathrm{m}^3/\mathrm{d}$ 左右，全区年均水位降幅最大为 2.5m。考虑到随着水位下降，蒸发量将逐步减小，水位降幅将在 1.5m 左右。连续出现偏枯水年 2 年，地下水水位将下降至蒸发极限深度以下（4.0m），不再有蒸发量，均衡区总排泄量与总补给量仍保持平衡状态。而当再遇到丰水年时，补给量大于排泄量，水位上升幅度在 1.0～1.5m。麦岭水源地开采量小于 $10 \times 10^4 \mathrm{m}^3/\mathrm{d}$ 时，丰水年和枯水年地下水补给与排泄均基本能保持在均衡状态。

（5）麦岭水源地开采量如增加达到 $14 \times 10^4 \, \text{m}^3/\text{d}$ 后，连续几年开采后，地下水水位将降至蒸发极限深度以下，蒸发量变为零。表 5-2 是不同降水条件下的均衡计算结果。只要降水量接近或小于多年平均降水量，地下水补给与排泄将处在负均衡状态，预测平水年水位降幅为 $1.0 \sim 1.5 \, \text{m}$ 左右，枯水年水位降幅为 $1.5 \sim 2.0 \, \text{m}$ 左右。

（二）水源联合调度方案

联合调度方案的设计目标是使麦岭水源地枯水年能维持较大开采量，而丰水年通过增大周庄水厂供水，减少麦岭水厂开采而使地下水水位得到一定恢复。考虑到今后供水量的增长，做如下假定。

（1）麦岭水厂和周庄水厂总供水能力为 $30 \times 10^4 \, \text{m}^3/\text{d}$。麦岭水厂最大供水能力为 $14 \times 10^4 \, \text{m}^3/\text{d}$，周庄水厂最大供水能力目前为 $10 \times 10^4 \, \text{m}^3/\text{d}$，未来随着许昌市工农业和居民生活用水需求的增加，供水能力逐步增加到 $16 \times 10^4 \, \text{m}^3/\text{d}$。

（2）大陈闸库区可以保证向周庄水厂提供 $16 \times 10^4 \, \text{m}^3/\text{d}$ 的水源。

（3）许昌市需水量和自来水公司供水量都逐步递增。城市未来总需水量达到 $(35 \sim 40) \times 10^4 \, \text{m}^3/\text{d}$，其中 $30 \times 10^4 \, \text{m}^3/\text{d}$ 的需水量由周庄水厂和麦岭水厂提供，其余需水量要靠南水北调工程解决。

（4）为保证供水水质最佳，麦岭水厂和周庄水厂供水量应各占 50% 左右。

（5）在目前生产条件和管理水平下，麦岭水厂和周庄水厂单位供水量经济成本无显著差异。

周庄水厂和麦岭水厂联合调度方案见表 5-3。

表 5-3　周庄水厂和麦岭水厂联合调度方案

开采条件	总需水量 /($\times 10^4 \, \text{m}^3/\text{d}$)	丰水年		平水年		枯水年	
		周庄	麦岭	周庄	麦岭	周庄	麦岭
现状	10	5	5	4	5	4	5
未来 1	15	7	8	6	9	5	10
未来 2	20	10	10	7	13	6	14
未来 3	25	12	13	11	14	10	15
未来 4	30	16	14	15	15	14	16

（三）均衡法预测水位

以均衡计算为基础，预测各种供水方案下麦岭水源地地下水水位动态变化。预测方程为：

$$Q_{总补} - Q_{总排} = \mu \frac{\Delta h}{\Delta t} F \tag{5-29}$$

式中　$Q_{总补}$——浅深层水总补给量；

　　　$Q_{总排}$——浅深层水总排泄量；

　　　Δh——Δt 时段内，浅深层水位变化值；

　　　Δt——浅深层水均衡计算时段（水文年）；

　　　μ——浅层水给水度；

F——计算区面积。

在不同降水和不同开采条件下，根据式(5-29)计算出来的麦岭水源地水位升降变幅见表5-4。从表5-4可以看出，在丰水年（水源地附近年降水量大于840mm），麦岭水厂即使按$14 \times 10^4 \, m^3/d$的最大开采量进行开采，地下水的补给与排泄也能保持正均衡状态，水位会有不同程度的上升。在平水年（年降水量为650.6mm），麦岭水厂总开采量小于或等于$9 \times 10^4 \, m^3/d$时，补给与排泄保持正均衡状态，总开采量超过$9 \times 10^4 \, m^3/d$时，补给与排泄保持负均衡状态，开采量达到$14 \times 10^4 \, m^3/d$时，全区年均水位降幅0.8～1.3m。在枯水年（年降水量为650.6mm），麦岭水厂总开采量超过$5 \times 10^4 \, m^3/d$时，补给与排泄处在负均衡状态，开采量达到$14 \times 10^4 \, m^3/d$时，全区年均水位降幅1.0～1.5m，开采量达到$16 \times 10^4 \, m^3/d$时，全区年均水位降幅1.5～2.0m。

表5-4 麦岭水源地水位动态预测

丰水年		平水年		枯水年	
开采量/($\times 10^4 \, m^3/d$)	水位升降/m	开采量/($\times 10^4 \, m^3/d$)	水位升降/m	开采量/($\times 10^4 \, m^3/d$)	水位升降/m
5	+1.5～+2.0	5	+0.2～+0.5	5	-0.5～-0.8
8	+1.0～+1.5	9	均衡	10	-0.8～-1.0
10	+0.8～+1.0	13	-0.5～-1.0	14	-1.0～-1.5
13	+0.5～+0.8	14	-0.8～-1.3	15	-1.3～-1.8
14	+0.3～+0.5	15	-1.0～-1.5	16	-1.5～-2.0

考虑到降水的年际变化，按较高的降水保证率水平分析预测连续三年不同气候组合条件下的水位变化。假定连续三年的大气降水呈现如下规律：①枯水年—枯水年—丰水年；②枯水年—平水年—丰水年；③平水年—枯水年—枯水年。

假定均衡期内均衡条件有如下情况：①未来开采量达到$14 \times 10^4 \, m^3/d$时，地下水水位将下降至蒸发极限深度以下，蒸发量为零；②未来农业开采地下水量不再增加；③降水入渗量因水位埋深增大而减少，与目前相同降水入渗条件相比，减少幅度为25%～30%。

根据式(5-1)计算出来的麦岭水源地三年后的水位变幅如表5-5所列。

表5-5 麦岭水源地三年气候组合条件下水位变幅预测结果

开采条件	枯—枯—丰	枯—平—丰	平—枯—枯
	水位升降/m	水位升降/m	水位升降/m
现状	+0.4～+0.5	+1.2～+1.5	-0.8～-1.2
未来1	-0.8～-0.6	+0.2～+0.5	-1.5～-2.0
未来2	-1.2～-1.5	-0.8～-1.5	-1.2～-1.5
未来3	-1.8～-2.5	-1.5～-2.5	-2.0～-3.0
未来4	-2.7～-3.5	-2.2～-3.0	-4.0～-5.5

（四）水厂运行调度方案

从以上预测地下水位情况看，麦岭水源地开采$14 \times 10^4 \, m^3/d$时，丰水年地下水位上升0.3～0.5m，在枯水年开采$14 \times 10^4 \, m^3/d$时地下水位下降1.0～1.5m，而开采$16 \times 10^4 \, m^3/d$时地下水位只下降1.5～2.0m。如遇连续三年偏枯（即平—枯—枯），开采$14 \times 10^4 \, m^3/d$时地下水位才下降1.2～1.5m，开采$16 \times 10^4 \, m^3/d$时，地下水位下降4.0～5.5m。可见，麦岭水

源地具有良好的储存与恢复功能。因此，为满足城市 $(15\sim30)\times10^4\,\mathrm{m^3/d}$ 需水量，实际运行时周庄水厂与麦岭水厂可根据不同季节采取不同的取水和供水方式，实行年内供水联合调度，总体原则如下所述。

（1）当需水量小于 $20\times10^4\,\mathrm{m^3/d}$ 时，地下水位降幅小于 $1.5\mathrm{m}$，开采麦岭水源地的水量可占到 $65\%\sim70\%$，以尽量满足供水管网的水质（口感和味道），符合人们的饮用习惯。

（2）当需水量 $(20\sim30)\times10^4\,\mathrm{m^3/d}$ 时，由于北汝河汛期水量大，水质好，周庄水厂提高供水量，麦岭水厂则适当减少开采量。但为使到达供水管网的水质（口感和味道）符合人们的饮用习惯，以地下水为水源的麦岭水厂仍应保持一定开采量。周庄水厂可按总需水量的 60% 比例供水，麦岭水厂则按总需水量的 40% 比例供水。

（3）北汝河枯水期（每年的 11 月至次年的 4 月份），河水水量较小，而水质较差，周庄水厂适当减少供水量，麦岭水厂则扩大地下水的开采量，这样，不仅可以保证供水有较好的口感和味道，而且对麦岭水源地来说，实现了以丰补欠的效果。此间，周庄水厂可按总需水量的 40% 比例供水，麦岭水厂则按总需水量的 60% 比例供水。

参考文献 👆

[1] 曾献奎，卢文喜，王伟卓等．潮致地下水环流对黄河口外海含氮量的影响 [J]．人民黄河，2009，31（11）：47-49.

[2] 齐学斌，庞鸿宾，赵辉等．地表水地下水联合调度研究现状及其发展趋势 [J]．水科学进展，1999，10（1）：89-94.

[3] 王蕊，王中根，夏军．基于分布式模拟的流域水平衡分析研究 [J]．地理科学进展，2008，27（4）：37-41.

[4] 凌敏华，陈喜，程勤波．地表水与地下水耦合模型研究进展 [J]．水利水电科技进展，2010，30（4）：79-84.

[5] 姜宝良．地表水与地下水联合优化管理调度研究——以河南省许昌市为例 [M]．北京：中国大地出版社，2006.

[6] 张巧玉．地表水与地下水联合利用技术研究——以石津灌区为例 [D]．郑州：华北水利水电学院，2009.

[7] 石玉波，周之豪．区域地表水地下水联合运用的分解协调优化方法 [J]．水科学进展，1996，7（3）：239-240.

第六章

跨流域调水工程

跨流域调水工程是为了解决水资源空间分布不均的必然产物，这在古今中外概莫能外。在中国，最早的跨流域调水发生在春秋时期，距今已有 2500 多年的历史。世界上其他国家最早的跨流域调水工程可以追溯到公元前 2400 年以前，为满足今埃塞俄比亚高原南部的灌溉和航运的需要，古埃及兴建了世界上第一条从尼罗河引水的跨流域调水工程。

受不同时期经济社会发展及其自然环境等因素的影响，跨流域调水工程建设在不同的历史发展阶段具有不同的内涵。相比较而言，早期的调水工程多以军事、航运结合灌溉为主。随着区域经济社会的快速发展，水资源稀缺程度加剧，到了 20 世纪前后，跨流域调水工程的功能逐渐让位于以城市生活和工业用水为主，并兼顾农业灌溉用水的需要。自 20 世纪中叶开始，世界范围内跨流域调水工程的数量及规模渐次加大。据不完全统计，目前世界上已建、在建和拟建的大规模、长距离、跨流域调水工程已达 160 多项，分布在 20 多个国家和地区。自新中国成立以来，特别是改革开放以后，我国为解决缺水城市和地区的水资源紧张状况，陆续建设了数十座大型跨流域调水工程，这些跨流域调水工程建设为确保实现我国经济社会可持续发展的目标发挥了十分重要的基础保障作用。

第一节　跨流域调水的作用与特点

一、调水工程的概念

调水是解决水资源时空分布不均的有效方式。广义地讲，调水工程就是为了将某水源地多余的水调出或为某缺水地补偿水资源，从而更有效地利用水资源。一般是指从水源地（河流、水库、湖泊、海湾）取水并通过河槽、渠道、倒虹（或渡槽）隧洞、管道等工程输送给用水区或用水户而兴建的工程。在两个或多个流域之间通过开挖渠道或隧洞，利出自流或提水方式，把一个流域的水输送到另一个流域或多个流域，或者把多个流域的水输送到一个流域，称为"跨流域调水"，为之兴建的工程称为"跨流域调水工程"。

二、调水工程的分类

目前，世界上已建和在建的调水工程就其规模、用途、技术方案、控制区域的自然地理条件千差万别，其调水工程的分类还没有专门的方法。大部分研究人员采用流量法，有的还考虑了调水距离，还有的提出应根据渠底和水深来分类。*И. А.* 希克洛曼诺夫等在其《世界的用水保障与调水问题》专著中指出，为了便于开展与调水工程有关的水文研究，最好将调水工程按以下不同的标准体系进行分类。

（一）按照水文地理划分

1. 局域（地区）调水工程

指在同一条河流上建设的工程。通常这样的工程调水量不大，从河流中取水送到所灌溉的农田或输送到城市供水系统。地表水的这种区域再分配在干旱地区最为常见。一些大型的改良沼泽化土壤的排水渠道，以及各种向最近的水道干线排放、向城市和居民点区域供水的灌区系统也归于此类。局域调水工程的线路长度一般不超过 100～200km。例如，土库曼斯坦从锡尔河取水供给费尔干斯克河谷的总灌区、印度和巴基斯坦等国家的土壤改良灌区，向美国洛杉矶、旧金山，法国巴黎，科威特的科威特市等城市供应清洁水的水道均属局域调水工程。

2. 流域内调水工程

指在具有独立出入湖泊、海湾或海洋的河流流域范围内，或在其水文地理网的任何区段之间，越过当地流域分水岭进行径流再分配的工程。其工程特点是发展经济需要的取水、用水和排放用过的水是在同一水文地理范围内进行的。流域内调水工程的线路长度一般不超过 500km，例如，加拿大比斯河和哥伦比亚河流域的调水发电工程等。

3. 跨流域调水工程

指在具有独立出入海洋和湖泊的河流流域之间进行水量的再分配。目前世界上运行的大量跨流域调水工程就属于这一类。这类调水工程线路长度变化范围较大，从几十公里到上千公里，例如中国的南水北调工程、引黄济青工程等。

（二）按照自然地理条件划分

在取水、输水区和用水区，调水可能是在同一个自然气候区域范围内进行地区内的水量再分配，也可能是在两个或两个以上自然气候区域之间进行水量交换的跨地区调水。

（三）按照行政区域划分

各种形式的河川径流调配可以是在不超过一个国家国界的国内进行，也可能是在两个或几个相邻国家进行水量交换。例如 20 世纪 60 年代美国设计的将加拿大的河水调往美国乃至墨西哥的"北美水电联盟工程"。

（四）按照目标用途划分

调水工程按照目标用途分为供水、航运、水力发电、灌溉、过湿地区排水以及解决所有或几个地区水问题的综合系统。

（五）按照规模划分

调水工程的分类是多种多样的，但从调水系统的工程技术复杂性、造价和对环境影响的可能性来看，输水量（W）和输水距离（L）是调水工程最重要的特性。因此，所有调水工程最好按年调水量（m^3/a）与调水线路长度（km）的乘积 WL 作为综合指标进行分类，见表 6-1。

表 6-1　调水工程按照规模分类

调水类别	调水量 $W/(\times10^8\,\text{m}^3/\text{a})$	调水线路长度 L/km	调水规模的综合指标 $WL=(\text{m}^3/\text{a})\cdot\text{km}$
小型	<10	<100	<1000
中型	$10\sim25$	$100\sim400$	$1000\sim10000$
大型	$25\sim50$	$400\sim1000$	$10000\sim50000$
特大型	$50\sim100$	$1000\sim2500$	$50000\sim250000$
巨型	>100	>2500	>250000

三、跨流域调水的作用和意义

水是人类不可缺少的生产、生活要素，也是重要的自然资源和环境要素。水资源有可储存和可转移性。水可以被海洋、湖泊、冰川和地下含水层等自然储存；也可以被人类以水库、蓄水池等各种工程措施储存。由于人类社会对水的需求要适时适量，导致水的利用价值因时因地而异。

水资源的价值有两方面的含义：一方面是因人类获取水资源而付出的代价；另一方面是利用水资源而创造的效益。在丰水季节和丰水地区，人类获取水资源付出的代价较小，甚至无需特别付出就可以获得充沛的水资源；在干旱缺水的地区，由于水资源来之不易，获取水要付出相当大的投入，以致出现水贵如油的局面。由于上述水资源开发利用的特点，人类采用各种工程措施调整水资源的时空分配。为调整水资源在年内分配的不均匀性和水在年际的剧烈变化，人们修建了年调节和多年调节水库；为使水资源的空间分布得到合理调整，把水资源量相对富裕流域的多余水量调入水资源匮乏的流域使用，人们修建了各种规模的跨流域调水工程。

跨流域调水是结构复杂、形式多样，涉及多水源、多地区、多目标、多用途的多维、跨学科、复杂的系统工程问题，没有其他的水资源项目比它的影响因素更多、产生的问题更复杂，形成的矛盾更难解决，决策过程更漫长。

跨流域调水涉及政治、经济、法律、文化、环境、生态等一系列问题。在自然科学方面，包括地形、地质、水文、气象、水质、水资源、规划和工程等；在社会科学方面，包括政治、行政、经济、生态、环境、法律、文化和宗教等。对历史上调水工程项目的调查、分析表明，跨流域调水项目既包括共同的问题，也有具体工程的特殊问题。水资源在时间和空间分布的不平衡是导致水资源供需矛盾的一个重要因素，也是在不同流域或地区间实施跨流域调水的一个重要前提。如何分析评价水资源时空分布的特点，对不同流域、不同地区的各种水源进行综合调配，充分预见调水系统运行后对生态、环境的影响，是实现水资源跨流域合理优化配置的基础。基于传统的水量平衡方法，把一个流域相对富裕的水量，跨流域调入水资源匮乏地区的传统理念，已经很难指导现代复杂系统情况下，跨流域调水的工程实践。

跨流域调水的作用与意义大体可归纳为如下几点。

（1）跨流域调水是解决水土资源分布不均的重要手段　我国水资源时空分布极不均衡，水土资源不相匹配，降水及径流的年内分配集中，年际变化较大，水资源开发利用强度不同，区域水资源效益或是没有得到充分发挥，或是已经开发殆尽。跨流域调水可有效调整水土资源配置，缓解区域水资源的供需矛盾，保障经济社会发展对水资源量与质的需求。

（2）跨流域调水是解决区域水资源匮乏的重要措施　水资源时空分布、水土资源的自然匹配、降水及径流的集中出现是不以人们的意志为转移的自然现象，因此区域水资源的匮乏是人类不得不面对的客观现实。跨流域调水是以人的意志重新调整区域水资源的分布。水资源量与质的合理调配，是解决我国缺水地区水资源不足的根本途径。节约用水、保护水源、防治水污染是实施跨流域调水的基础和前提，加强水资源规划与管理是实现跨流域调水效益的重要保证。

（3）跨流域调水是区域共同发展、实现国民经济可持续发展的重要保证　由于跨流域调水重新调整水、土资源配置比例，调整水、土资源的关系，水、土资源会发挥更好的经济效益。因此，跨流域调水为经济社会的良好发展创造了条件。跨流域调水工程有利于促进我国洪、涝、旱、碱等与水有关的自然灾害综合治理。跨流域调水不仅可以补给缺水地区的水资源，发挥抗旱减灾效益，还可以通过调整洪、涝等无效水在时间和空间上的分布，变害为利，发挥跨流域调水工程的综合效益。

四、跨流域调水系统的特点

跨流域调水系统是由两个或两个以上的流域整合成的一个水资源大系统，具有高度的复杂性，其主要特点可归纳为以下几点。

（1）跨流域调水系统具有多流域和多地区性　跨流域调水系统涉及两个或两个以上流域和地区的水资源科学再分配，因而如何正确评估各流域、各地区的水资源供需状况及其社会经济的发展趋势，如何正确处理流域之间、地区之间水权转移和调水利益上的冲突与矛盾，对工程所涉及的各个流域和地区实行有效的科学规划与管理，是跨流域调水系统规划管理决策研究中所面临的一个重要问题。

（2）跨流域调水系统具有多用途和多目标特性　大型跨流域调水系统往往是一项涉及供水、航运、灌溉、防洪、发电、旅游、养殖以及改善生态环境等多目标和多用途的集合体，因而如何处理各个目标之间的水量分配冲突与矛盾，使工程具有最大的社会经济和生态环境效益，是跨流域调水系统决策中的又一重要课题。

（3）跨流域调水系统具有水资源时空分布上的不均匀性　水资源量在时间和空间分布上的差异，是导致水资源供需矛盾的一个重要因素，也是在地区之间实行跨流域调水的一个重要前提条件。因而，如何把握水资源时空分布上的这种特性，对多流域、多地区的多种水资源（如当地地表水和地下水、外调水等）进行合理调配，则是提高跨流域调水系统水资源利用率的重要途径之一。

（4）跨流域调水系统中某些流域和地区具有严重缺水性　在跨流域调水系统内，必须存在某些流域和地区在实施当地水资源尽量挖潜与节约用水的基础上水资源量仍十分短缺，难以满足这些地区社会经济发展与日益增长的用水需求，由此表现出严重缺水性。如何对缺水流域和地区进行科学合理的节水与水资源供需预测，正确评价其缺水程度，则是控制工程规模、提高系统效益、促进节水与水资源合理配置和整个社会经济发展的重要途径之一。

（5）跨流域调水系统具有工程结构的复杂多样性　跨流域调水系统中工程结构的复杂多样性主要表现在以下几方面。

① 蓄水水库或湖泊之间存在多种串联、并联以及串、并混联的复杂关系，与一般水库系统相比，不仅要考虑各水库的水量调节和上、下游水库之间的水量补偿作用，还要考虑调水量在各水库之间（不只局限于上、下游水库之间）的相互调节与转移，因而，跨流域调水系统内水库间的水量补偿调节与反调节作用更加复杂多变。

② 系统的骨干输配水设施（如渠道、管道、隧洞等）一般规模较大，输水距离较长，常遇到高填深挖、长隧洞与大渡槽、坚硬岩石和不良土质（如膨胀土、流沙等）地带等，所有这些都将给规划设计和施工管理增添较大的难度。

③ 系统内往往会涉及众多较大规模的河道、公路、铁路等交叉建筑物,这不仅增加了规划设计和施工管理的难度,还会给防洪、交通运输等带来影响,需进行合理布局和统筹安排,将其影响程度降到最低点。

④ 有些采用提水方式进行的调水工程,常常会面临高难度的高扬程、大流量等提水泵站规划设计与运行管理问题。如何对这些提水泵站规模与布局进行合理优化规划,则是待研究的另一重要问题。

(6) 跨流域调水工程的投资和运行费用大 因跨流域调水工程结构复杂,涉及范围大,影响因素多,工程规模相对较大,因而投资相当巨大。远距离调水系统管理难度大,运行费用也会相对较高。科学确定满足社会经济发展要求的合理工程供水范围与调水规模,则是减少工程投资和运行管理费用的重要途径之一。

(7) 跨流域调水系统具有更广泛的不确定性 跨流域调水系统的不确定性和其他一般水资源系统一样,主要集中在降水、来水、用水、地区社会经济发展速度与水平、地质等自然环境条件、决策思维和决策方式等方面。比较而言,跨流域调水系统的不确定性程度更大、范围更广、影响更深,从而使其比一般水资源系统具有更大的风险性。

(8) 跨流域调水系统具有生态环境的后效性 任何人工干涉自然生态环境的行为(如各种水利工程等),都将导致自然生态环境的改变。跨流域调水系统由于涉及范围、影响环境程度较一般水利工程大得多,势必导致更多因素的自然生态环境变化,有些生态环境的变化甚至是不可逆转的,这就表现出生态环境的后效性。如何预见和防治生态环境方面的后效性,则是需要研究的又一重要问题。因此,有必要始终坚持"先节水后调水,先治污后通水,先环保后用水"和调水有利于保护改善生态环境的原则,进行跨流域调水的规划和管理。

总之,跨流域调水系统是一项涉及面广、影响因素多、工程结构复杂、规模庞大的系统工程,跨流域调水工程的决策本质上是一类不完全信息下的非结构化冲突性大系统多目标群决策问题。因而,需要从战略高度,对工程涉及的社会、政治、经济、文化、科技、民生和生态环境等多个方面进行统一规划、综合协调、合理评价和科学管理,才能取得工程本身所应产生的巨大的经济、社会和生态环境效益。

第二节 跨流域调水的工程特征

跨流域调水是一项宏大的水利工程,工程的实施可解决区域水土资源分布不均、区域水资源匮乏制约城市社会经济发展的重要保证。由于工程涉及资源、社会、环境、地理、气象、生态、经济等各方面的内容,因此工程特征各异。本节主要通过国内外几个典型的跨流域调水工程情况展示跨流域调水的工程特征。

一、国外跨流域调水工程

河川径流是人类最早利用的水资源,也是上、中、下游地区重新分配水资源的必由之路。但是,由于社会经济发展,仅凭流域内调水已难以满足经济发达地区的用水需求,迫切需要跨流域调水。于是,在 20 世纪中叶,跨流域调水规划便应运而生了。据不完全统计,目前世界已建、在建和拟建的大规模、长距离、跨流域调水工程已达 160 多项,分布在 24 个国家。其中已建的调水工程调水量较大的是巴基斯坦西水东调工程,年调水量 $148 \times 10^8 \, \text{m}^3$;距离较长的是美国加利福尼亚北水南调工程,输水线路长 900km,调水总扬程

1151m，年调水量 $52\times10^8\,m^3$。

（一）美国调水工程

从 20 世纪初至 20 世纪末，美国联邦政府和地方州政府组织兴建了大量的水利工程。美国本土年径流量 $1.7\times10^{12}\,m^3$，已建水库库容约 $1\times10^{12}\,m^3$，有效库容约 $6000\times10^8\,m^3$，对地表水资源有了较强的调控能力。美国国会在 1992 年通过了《垦务法》，并在内政部设立垦务局，主要负责西部地区 17 个州的水资源开发治理任务。迄今为止，美国已建跨流域调水工程 10 多项，主要为灌溉和供水服务，兼顾防洪与发电，年调水总量达 200 多亿立方米，著名工程有：联邦中央河谷工程、加利福尼亚州北水南调工程、向洛杉矶供水的科罗拉多河水道工程、科罗拉多-大汤普森工程、向纽约供水的特拉华调水工程和中央亚利桑那工程等。

这些工程在除害和兴利两方面都起了很大作用：一是有效提高了主要江河的防洪能力；二是水资源得到了有效的开发利用，同时水电、航运、环境、旅游等也得到长足发展。调水工程建设的成功，使美国西南部大片荒漠变为繁荣的经济高增长区，不仅使农业和牧业稳定发展、农产品的出口量不断增加，而且绿化美化了环境，诸如航天航空、原子能、飞机制造、石油化工、机器制造、电影工业等也发展迅速，使西南地区和西海岸成为美国石油、电子、军事等尖端新兴工业的中心。如果没有这些调水工程，不仅西部的发展受到制约，东部一些地区以及纽约等大城市的发展也会受到影响。可以设想，没有这些调水工程，就没有今天的洛杉矶、菲尼克斯和拉斯维加斯这批新兴城市，也不会有南加州等处今天的繁荣和大片绿洲。所以调水工程对美国经济宏观布局、生产要素和资源的合理配置组合都起到了重要作用，同时也是维系经济可持续发展的命脉。

1. 北水南调工程

加利福尼亚州的北水南调工程是美国最具代表性的调水工程，也是全美最大的多目标开发工程。加利福尼亚州位于美国西南部，西临太平洋，面积 $41\times10^4\,km^2$，人口 2300 万。北部湿润，萨克拉门托河等水量丰沛。南部地势平坦，光热条件好，是美国著名的阳光地带，但干旱少雨，圣华金河流域及以南地区水资源短缺。全州年径流量 $870\times10^8\,m^3$，其中 3/4 在北部，而需水量的 4/5 在南部。为了开发南部，联邦政府建设了中央河谷工程，加州政府建设了北水南调工程，两项工程相辅相成，共同把加州北部丰富的水资源调到南部缺水地区。

加利福尼亚北水南调工程是联邦政府与加州政府的合建项目。联邦政府在中央河谷工程中建有沙斯塔等 20 座水库，7 座水电站，总装机 $132\times10^4\,kW$，混凝土衬砌输水管道 800km，以及抽水泵站等等，计划年调水 $90\times10^8\,m^3$。加州政府承建的调水工程包括奥洛维尔等 4 座水库，衬砌输水渠道 1102km，水电站 8 座，总装机 $153\times10^4\,kW$，抽水泵站 19 座，电动机总功率 $178\times10^4\,kW$，其中干线抽水泵站 7 座，抽水总扬程 1154m。著名的埃德蒙斯顿泵站，一级扬程 587m。加州北水南调计划年调水 $52.2\times10^8\,m^3$。

加州调水工程是一项宏大的跨流域调水工程，输水渠道南北绵延千余公里，纵贯加州，其输水能力各渠段不同，设计最大渠段输水流量达 $509\,m^3/s$，年调水总量达 140 余亿立方米，为加州南部经济和社会发展，生态环境的改善提供了充足的水源，现已发展灌溉面积 133 多万平方千米，使加州南部成为果树蔬菜等经济作物生产出口基地，并保证了以洛杉矶为中心的 1700 多万人口的生活和工业等用水。现在加利福尼亚州是美国人口最多的州，洛杉矶成为美国第三大城市。

2. 中央河谷工程

中央河谷地区是美国加利福尼亚州中部的大地槽，位于内华达山脉与沿岸山脉之间，为一南北长 700km，东西宽 90km 的平坦的冲积平原。河谷内大部分径流集中在萨克拉门托 (Sacramento) 河和圣华金 (San Joaquin) 河内。中央河谷是加州著名的农业地带，可耕地面积约 $400 \times 10^4 hm^2$。由于土地肥沃，是美国最大的水果生产基地，还盛产棉花、谷物以及蔬菜等。雨水北丰南缺，河谷北部多年平均降雨量为 760mm，南部只有 200～400mm，部分地区不到 100mm，素有"荒漠"之称。河谷内耕地 2/3 位于南方，而北方的水资源却占了全河谷的 2/3。河川径流量有 70% 产生于河谷以北，而河谷以南的需水量占全河谷总需水量的 80% 以上。河谷内 3/4 的降水量主要集中在 12 月～次年 4 月的冬春两季，而农业的主要需水季节则为夏秋季。

（1）调水主线　中央河谷工程 (Central Valley Project) 的主要目的是将河谷北部萨克拉门托河的多余水量调至南部的圣华金流域，平均引水量为 $292m^3/s$，每年调水 $53 \times 10^8 m^3$，以解决河谷南北水量不平衡的问题。按照设计，初期工程主要调水路线是：在丰水的河谷北部萨克拉门托河上游兴建沙斯塔水库 (Shasta，总库容 $55.5 \times 10^8 m^3$)，将汛期多余的洪水拦蓄起来，在灌溉季节将水经萨克拉门托河下泄至萨克拉门托-圣华金三角洲，经三角洲横渠 (Delta Cross) 过三角洲到南部的特雷西 (Tracy) 泵站，经该泵站将水分成两股，一股入康特拉-科斯塔 (Contra Costa) 渠输水到马丁内斯水库 (Martinez)，向旧金山地区供水；另一股通过三角洲门多塔 (Delta-Mendota) 渠流入弗里恩特水库 (Friant，总库容 $6.4 \times 10^8 m^3$)，最后通过弗里恩特-克恩渠 (Friant-Kern) 把水调向南部更缺水的图莱里 (Tulare) 湖内陆河流域。

为满足工农业生产及城市迅速增长的需水要求，陆续在萨克拉门托河的北部大支流亚美利加 (American) 河上兴建了斯莱公园水库 (Sly Park)、福尔瑟姆水库 (Folsom，总库容 $15.5 \times 10^8 m^3$) 和宁巴斯水库 (Nimbus)；在加州北部单独入海的特里尼蒂 (Trinity) 河上兴建特里尼蒂水库 (总库容 $30.9 \times 10^8 m^3$)，同时开凿了 17.4km 长的克利尔河 (Clear Creek) 隧洞将水调入萨克拉门托河，增加向南部的可调水量。

为提高从三角洲向南调水的能力，在输水干渠中段还建了一座旁引水库，即圣路易斯水库 (San Luis，总库容 $25.1 \times 10^8 m^3$)，与加利福尼亚水道共用，同时兴建了圣路易斯渠与普莱森特瓦利渠 (Pleasant Valley)，向沿途两岸供水。

除了干渠引水外，在萨克拉门托河上游还兴建了科宁渠 (Corning)、奇科渠 (Chico) 和蒂黑马-科卢萨渠 (Tehama Colusa)，向沿渠两岸地区供水；在圣华金河下游支流马德拉河 (Madera) 上兴建马德拉渠，除满足沿渠两岸用水需要外，将多余的水引入弗里恩特-克恩渠。

1979～1985 年，在圣华金河流域下游支流斯坦尼斯劳斯 (Stanialaus) 河上开始兴建新梅洛内斯 (New Melones) 水电站，该电站水库总库容 $29.85 \times 10^8 m^3$，工程以防洪为主，为三角洲地区的径流调节起了重要作用。

（2）主要建筑　中央河谷工程共建有 19 座水库、8 条输水引水渠道、11 座水电站及 9 座泵站，其中关键工程是三角洲横渠、特雷西泵站、三角洲-门多塔渠道。在胡桃沟 (Walnut Grove) 附近开挖三角洲横渠，进入斯诺特格拉司 (Snodgrass)，经 80km 而引入特雷西泵站，流量 100～130m³/s。1951 年起由 6 台 $1.65 \times 10^4 kW$ 的水泵提高 60m，进入三角洲-门多塔渠道，流向东南，经 188km 而于弗雷斯诺以西 48km 处注入门多塔塘，由此调水到圣华金河，此段流量减少 91m³/s。康特拉—科斯塔渠在奥克莱附近，源出岩沟 (Rock Slough)，截萨克拉门托及圣华金河之水，流量 100m³/s，由 4 级泵站将水提高 39m，向西分水，纵深达 72.5km，灌溉高地农田，并向海湾工业区供水，流入马丁内斯 (Martinez) 坝所形成的水库。

另外还有一些重要的分水渠系工程，如萨克拉门托河谷西部的科宁渠，在雷德布拉夫附近引萨克拉门托河水，流量 $14.2m^3/s$，有泵站可提水 $16.8m$，再向南 $34km$ 到达蒂黑马县。河谷右侧还开挖了蒂黑马-科卢萨渠，系自流引水，从雷德布拉夫开始往南延伸至科卢萨—约洛县界，长 $203km$，初始过水能力 $56.6m^3/s$。河东还有奇科渠，在维纳附近扬水灌溉奇科县农田，经 $32km$ 注入比尤特河。

（3）工程特点　中央河谷工程具有如下特点：①在调水工程的起点，都建有控制性大型骨干水库，使水源得到充分的保证；②水库多数建有水电站，在引水、防洪、发电等方面发挥多目标效益，中央河谷工程的发电量为抽水用电量的 3 倍；③为了适应灌区地形上的要求并使渠系工程量减少，采取该抽则扬的手段，特雷西水泵站都具有很大的规模，跨过分水岭后可利用水头发电，同时较多地采用了可逆式抽水蓄能机组；④在跨流域调水工程系统中，又重复套入了跨流域调水措施，例如中央河谷工程的首部从特里尼特河调水入萨克拉门托河；⑤调水工程规模宏大，用混凝土衬砌渠道作远距离调水，有的调水距离超过 $700km$，工程配套，水资源利用的效益显著；⑥中央河谷工程与另几个调水工程一样，已装备了遥控和集中控制系统，有些主要渠道的控制性工程已做到无人管理的程度。

（4）工程效益　中央河谷工程主要在灌溉、水力发电、城市及工业用水、防洪、抵御河口盐水入侵、环境和发展旅游等方面取得巨大的经济效益和社会效益。

① 灌溉效益　工程对发展河谷地区农业灌溉起到很大的作用，在控制范围内的可灌面积约为 $153.3\times10^4hm^2$，包括补水灌区在内，1982 年实灌 $110\times10^4hm^2$。

② 水力发电效益　工程中的水电站所发出的电能，约有 1/3 用于泵站抽水，其余并入电网销售。水电收入是偿还工程投资的重要来源。

③ 城市及工业用水　工程的水源也承担城市及工业用水任务。例如，康特拉—科斯特渠将水送到马丁内斯、安蒂奥克、匹兹堡等城市，为钢铁、炼油、橡胶、造纸、化工等工厂及居民供水。

④ 防洪功效　沙斯塔、弗里恩特、福尔瑟姆等大型水库及其他小水库都留有一定的防洪库容，为减小中央河谷地区的洪涝灾害发挥了主要作用。

⑤ 防盐水入侵　旧金山海湾的海水经常倒灌入萨克拉门托—圣华金三角洲，对洲内 $14.4\times10^4hm^2$ 土地造成盐化影响。从沙斯塔等水库流出来的流量，经三角洲横渠输送到三角洲地区，有抗拒盐水入侵的能力，有利于土地耕种。

⑥ 旅游效益　工程内旅游胜地很多，如沙斯塔水库、威士忌顿水库等，每年吸引大批游客前来参观游览。

（二）巴基斯坦西水东调工程

巴基斯坦位于南亚次大陆西北部，面积 $79.6\times10^4km^2$，大部分地区为亚热带气候，其南部为热带气候，年均降水不足 $300mm$，干旱半干旱地区占国土面积的 60% 以上。巴基斯坦以农业为主，耕地集中在印度河平原，由于气候干旱等原因，农业生产在很大程度上依赖灌溉。印度河是巴基斯坦最主要的河流，发源于中国，经克什米尔进入巴基斯坦，全长 $2880km$，年径流量 $2072\times10^8m^3$。

1947 年巴基斯坦独立后，印度河干流及其 5 条支流上游划归印度和克什米尔地区，下游划归巴基斯坦。由于印度河东部 3 条支流的径流为印度所控制，使得巴基斯坦原本依靠这 3 条河水灌溉的大片耕地失去水源，与印度引发了争水矛盾。经过长期谈判后，巴印两国于 1960 年签订了《印巴印度河用水条约》，规定西部印度河干流和支流杰赫勒姆河、杰纳布河来水归巴基斯坦使用，东部印度河支流拉维河、比阿斯河和萨特莱杰河来水归印度使用。巴基斯坦为此规划实施了从西三河向东三河调水的西水东调工程。

巴基斯坦西水东调工程是当今世界上调水规模最为宏大的工程之一，年调水量 $148 \times 10^8 m^3$，灌溉农田 $153.3 \times 10^4 km^2$。西水东调工程主要由大型调蓄水库、控制性枢纽和输水渠道三部分组成。具体在印度河干流和支流杰赫勒姆河上分别兴建了塔贝拉和曼格拉水库，总库容 $209.5 \times 10^8 m^3$；同时在各引水渠首和引水渠穿越河道处共建设 6 座控制枢纽，并从西水东调工程的 3 处引水口延伸出总长度为 593km 的 8 条输水渠道向下游自流引水。整个工程于 1960 年开工，大部分工程于 1971 年前陆续完成。

西水东调工程的成功实施，进一步改善了巴基斯坦印度河平原的灌溉体系，有力地推动了东三河流域广大平原地区的农牧业和工业发展，并使巴基斯坦由原来的粮食进口国逐渐实现粮食自给，而且每年还可以出口小麦 $150 \times 10^4 t$、大米 $120 \times 10^4 t$。

（三）埃及调水工程

毁誉参半的埃及尼罗河阿斯旺高坝于 1970 年建成，坝高 111m，总库容 $1690 \times 10^8 m^3$，是世界上最大的水坝之一，耗资 10 亿美元。大坝截流后，尼罗河水在其南部依山形成一个群山环抱的人工湖，取名为"纳赛尔湖"。

阿斯旺大坝在灌溉、防洪、航运、发电等方面获得了显著效益，但其对环境的影响却引起了多方面的非议。大坝建成后，产生了一系列环境变化，主要是：浮游生物入海量锐减，河口地区的沙丁鱼捕获量减少 97%；大坝拦住了泥沙，下游大量农田失去了尼罗河中的淤泥肥源而变得贫瘠；尼罗河洪峰减少，使沿河土壤的盐碱不能流失，土地年复一年地盐碱化；地中海沿岸海水入侵加重，地下水的水质变坏；环境变化，增加了血吸虫病的传播；从埃及和苏丹的努比亚地区迁出了 10 万人，世界粮食机构不得不运送大量粮食解救饥饿中的努比亚人。因此，1972 年在斯德哥尔摩召开的联合国人类环境会议认为，该工程"从结果来说是失败的工程"。

在一片否定和怀疑的议论声中，埃及人坚持了自己的选择，因为埃及国土面积中 96% 是沙漠，水无疑是它的生命线。埃及人意识到，国家经济腾飞的根本出路在于大修水利、征服沙漠。阿斯旺高坝建成后，埃及又开始建造和平渠和谢赫·扎那德水渠，分别将纳赛尔湖水引向西奈半岛和埃及西部沙漠。

阿斯旺高坝为埃及带来了巨大的经济效益：520.4×10^4 亩的水洼地变成了良田，并且新垦农田 535.5×10^4 亩，使埃及可耕地面积增加 25%；高坝水电站的 12 台机组每年发电 $100 \times 10^4 kW \cdot h$，满足了埃及电力需求的 40%；高坝抵御了大大小小共 16 次洪水对埃及的侵袭。

（四）前苏联调水工程

前苏联已建的大型调水工程达 15 项之多，年调水量达 480 多亿立方米，主要用于农田灌溉。规划中的调水工程也较多，有 100 多个研究所进行调水工程的方案与技术研究。这些工程中较著名的有：伏尔加-莫斯科调水工程、纳伦河—锡尔河调水工程、库班河—卡劳期河调水工程、瓦赫什河—喷什河调水工程、北水南调工程等。

值得一提的是，北水南调工程自涅瓦河调水，引起斯维尔河流量减少，使拉多加湖无机盐总量、矿化度、生物性堆积物增加，水质恶化。其原因是：跨流域调水工程范围内有许多污染源，未有效地采取控制污染的措施。在水量调出区的下游及河口地区，因下游流量减少，引起河口咸水倒灌，水质恶化，破坏了下游及河口区的生态环境。

（五）加拿大调水工程

加拿大水资源丰富，已建调水工程的 80％用于水电。1974 年动工兴建的魁北克调水工程引水流量 1590m³/s，总装机容量达 $1019×10^4kW$，年发电量 $678×10^8kW·h$，该工程还用于灌溉和城市供水。

该国其他著名调水工程有：丘吉尔河－纳尔逊河、奥果基河－尼比巩河工程等。此外，北美水电联盟计划，设想把阿拉斯加和加拿大西北地区的多余水调往加拿大其他地区及美国的 33 个州、大湖地区和墨西哥北部诸州，灌溉美国和墨西哥 $260×10^4hm^2$ 耕地，并向美国西部城市供水。这个计划需要 1000 多亿美元，工期长达 20 年，并且完工后需 50 年方能收回投资。

（六）澳大利亚调水工程

为解决澳大利亚内陆的干旱缺水，澳大利亚在 1949～1975 年期间修建了第一个调水工程——雪山工程，该工程位于澳大利亚东南部，运行范围包括澳大利亚东南部 $2000km^2$ 的地域，通过大坝水库和山涧隧道网，从雪山山脉的东坡建库蓄水，将东坡斯诺伊河的一部分多余水量引向西坡的需水地区。沿途利用落差（总落差 760m）发电供首都堪培拉及墨尔本、悉尼等城市民用和工业用电，总装机 $374×10^4kW$，同时可提供灌溉用水 $74×10^8m^3$。该工程总投资 9 亿美元，主要工程包括 16 座大坝，7 座电站，2 座抽水站，80km 的输水管道，144km 隧道。

（七）法国调水工程

法国为了满足灌溉、发电和供水需要，于 1964 年动工兴建了迪朗斯－凡尔顿调水工程。工程于 1983 年建成，设计灌溉面积 $6×10^4km^2$，年发电量 $5.75×10^8kW·h$，并供 150 万人饮水。此外，法国还有勒斯特－加龙河等调水工程。

（八）印度调水工程

印度的调水始于灌溉调水，已完成的有：恒河区工程，灌溉面积 $24×10^4km^2$，北方邦拉姆刚加河拉姆刚加坝至南部各区工程，灌溉面积 $60×10^4km^2$，巴克拉至楠加尔工程，灌溉面积 $160×10^4km^2$，纳加尔米纳萨加尔工程，灌溉面积 $80×10^4km^2$，通过巴德拉工程，灌溉面积 $40×10^4km^2$。调水灌溉给这些地区带来了生机，产生了巨大的效益。

二、我国跨流域调水工程现状

我国是世界上开展调水工程建设最早的国家之一。新中国成立以来，特别是改革开放以后，为解决缺水城市和地区的水资源紧张状况，我国陆续建设了数十座大型跨流域调水工程。这些调水工程大都分布在东南沿海和西北地区，其中 20 世纪 70 年代以前修建的调水工程多以农业灌溉为主要目标。随着国民经济和社会的飞速发展，许多城市水资源相对稀缺程度加剧、水污染严重，因此后期上马的调水工程多以解决城市生活和工业用水为主，而且原来许多以农业灌溉为主的工程也逐步让位于城市供水。较为典型的当属引滦入津、江水北调和引黄济青等调水工程。

（一）引滦入津调水工程

引滦入津调水工程是目前我国华北地区规模最大的跨流域调水工程。工程从滦河干流中游引水至天津市，以满足天津城市生活、工业和蔬菜基地供水的需要，设计年引水量 $10 \times 10^8 \, \text{m}^3$。

引滦入津工程主要包括两部分：引滦枢纽工程和引滦入津输水工程。引滦枢纽工程由潘家口水利枢纽、大黑汀水利枢纽和枢纽分水闸三部分组成。引滦入津输水工程输水线路总长 234km，沿途设三级泵站和两座调蓄水库。引滦入津调水工程于 1983 年建成通水。

引滦入津工程的建成，结束了天津市中心城区和部分城镇居民近百万人长期喝苦咸水、高氟水的历史，大大提高了人民群众生活质量；缓解了城乡用水矛盾，改善了投资环境，为天津市的经济发展提供了极为重要的物质基础；减少了地下水开采，有效控制了地面沉降，净化美化了城市生态环境，提升了城市文化品位。

（二）江水北调工程

江水北调工程是江苏省的一项大型跨流域调水工程，也是南水北调东线规划中的先期工程。工程以长江北岸的江都和高港水利枢纽为起点，通过抽提和自流方式引取长江水至苏北里下河地区和淮北灌区，以满足苏北地区农业灌溉、滩涂开发和生活工业用水需求。工程以农业灌溉为主，主要分为两部分：一是东引部分，利用泰州引江河、新通扬运河两条渠线引水，以自流灌溉为主，其中于 1999 年完成的泰州引江河一期工程引水规模为 $300 \text{m}^3/\text{s}$；二是北调部分，以京杭大运河、泰州引江河和徐洪河为主要输水线路，利用洪泽湖、骆马湖和微山湖的调节作用，从长江引水，形成长约 400km 的调水线路，一级抽水规模为 $400 \text{m}^3/\text{s}$。

（三）引黄济青调水工程

引黄济青调水工程是从黄河引水向青岛市供水的大型调水工程。工程主要向青岛城市生活和工业供水，并兼顾沿途部分农业用水，设计年引水量 $2.43 \times 10^8 \, \text{m}^3$。引黄济青工程从黄河下游滨州市附近的打渔张引黄闸取水，经 13km 的引水渠和沉沙池后，再经过 253km 的明渠送水至棘洪滩水库。输水线路沿途建有 5 座提水泵站，总装机 $2.192 \times 10^4 \, \text{kW}$。该工程于 1986 年开工建设，1989 年建成通水，棘洪滩水库以上调水工程总投资 7.67 亿元，净水厂、干管工程投资 1.89 亿元。

（四）云南滇中调水工程

滇中地区地处云南腹地、滇中高原与横断山脉交接地带，位于金沙江、珠江、红河、澜沧江四大水系分水岭，水资源先天不足，大量水资源分布在滇中边缘，难于利用。该地区包括昆明、楚雄、大理、红河、丽江、曲靖、玉溪 7 个州（市）中的 49 个县（市、区）。国土面积约 $10 \times 10^4 \, \text{km}^2$，占全省总面积的 25.6%。2002 年人口为 1622.6 万人，约占全省总人口的 37.4%，是云南省政治、经济、文化、教育、科技的中心区域。

滇中调水工程主要任务是解决城市、工业、生态和农业灌溉用水的需要。按照初步规划，滇中调水工程从拟建的金沙江虎跳峡库区引水具有明显的优越性：一是虎跳峡电站已被推荐为近期开发工程；二是虎跳峡水利枢纽在正常蓄水位 2012m 时，可实现部分自流引水到滇中高原。工程年调水规模 $34 \times 10^8 \, \text{m}^3$。水利部已于 2004 年下达中央前期工作经费 600 万元，用于滇中调水工程规划的编制工作，该规划已完成并通过云南省政府组织的审查。工程总投资 629 亿元，受水区包括云南丽江、大理、楚雄、昆明、玉溪及红河 6 个州市的 30 个县区，面积 3.05 万平方公里。

（五）陕西引汉济渭工程

引汉济渭工程从汉江干流黄金峡水库引水入渭河，初步考虑由黄金峡水库死水位 440m 抽水至 643m，取水点位于黄金峡库区的金水沟附近，经 16.23km 隧洞引水至三河口水库进行联合调节，然后由三河口水库死水位（612～617m）取水，以约 63km 的越岭隧洞自流进入黑河金盆水库，正常蓄水位 594m。

引汉济渭工程方案主要由黄金峡枢纽、三河口水库、黄金峡水源泵站、干支渠输水渠道、电站及抽水站的输变电等工程组成。

（六）吉林中部调水工程

吉林省中部城市引松供水工程供水范围为长春市、四平市、辽原市及所属的九台市、德惠市、农安县、公主岭市、梨树市、伊通县、东辽县、长春双阳区 11 个市、县、区的城区，以及供水线路附近可直接供水的 25 个镇。

工程现状基准年采用 2003 年、设计水平年为 2020 年，远景水平年为 2030 年。设计水平年多年平均引水量为 $7.31 \times 10^8 m^3$，远景水平年多年平均引水量 $8.66 \times 10^8 m^3$。丰满水库进水口设计引水流量 $38 m^3/s$。工程从丰满水库坝上取水，由输水总干线、输水干线和输水支线等组成。输水线路总长 550.6km，其中输水干线线路全长 266.3km，输水支线全长 284.3km。工程静态总投资 123.68 亿元，总投资 132.12 亿元，建设期贷款利息 8.45 亿元。

（七）辽宁大伙房输水工程

辽宁大伙房输水工程包括从辽宁东部山区水源地向抚顺大伙房水库调水的一期工程和从大伙房水库向受水城市输水的二期工程组成，主要向位于辽河中下游地区的抚顺、沈阳、本溪、辽阳、鞍山、营口等城市供水，受益人口达到 1000 万。

已经开工的一期工程引水隧道长 85.3km，直径 8m；二期工程输水管道长约 231km，将于 2008 年年底与一期工程同步建成。工程输水总规模为 $17.78 \times 10^8 m^3$，每年将向沈阳供水 $8.11 \times 10^8 m^3$，工程总投资 103 亿元。

除以上这些调水工程外，我国的南水北调工程、山西万家寨引黄入晋工程、山西大水网工程是较为典型的调水工程，下面分别重点介绍。

三、南水北调工程

（一）南水北调工程总体布局

经过 20 世纪 50 年代以来的勘测、规划和研究，在分析比较 50 多种规划方案的基础上，分别在长江下游、中游、上游规划了三个调水区，形成了南水北调工程东线、中线、西线三条调水线路（见图 6-1）。通过三条调水线路，与长江、淮河、黄河、海河相互连接，构成我国中部地区水资源"四横三纵、南北调配、东西互济"的总体格局。

1. 东线工程

利用江苏省已有的江水北调工程，逐步扩大调水规模并延长输水线路。东线工程从长江下游扬州江都抽引长江水，利用京杭大运河及与其平行的河道逐级提水北送，并连接起调蓄作用的洪泽湖、骆马湖、南四湖、东平湖。出东平湖后分两路输水：一路向北，在位山附近经隧洞穿过黄河，输水到天津；另一路向东，通过胶东地区输水干线经济南输水到烟台、威海。一期工程调水主干线全长 1466.50km，其中长江至东平湖 1045.36km，黄河以北

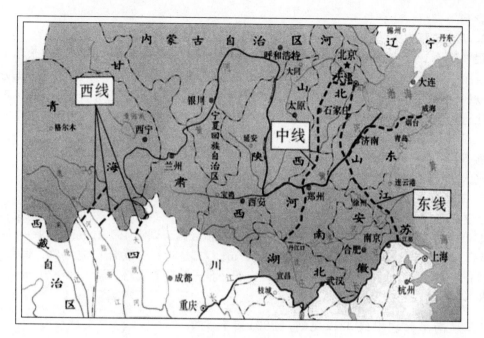

图 6-1　南水北调工程总体布局

173.49km，胶东输水干线 239.78km，穿黄河段 7.87km。规划分三期实施。

2. 中线工程

从加坝扩容后的丹江口水库陶岔渠首闸引水，沿线开挖渠道，经唐白河流域西部过长江流域与淮河流域的分水岭方城垭口，沿黄淮海平原西部边缘，在郑州以西李村附近穿过黄河，沿京广铁路西侧北上，可基本自流到北京、天津。输水干线全长 1431.945km（其中，总干渠 1276.414km，天津输水干线 155.531km）。规划分两期实施。

3. 西线工程

在长江上游通天河、支流雅砻江和大渡河上游筑坝建库，开凿穿过长江与黄河分水岭巴颜喀拉山的输水隧洞，调长江水入黄河上游。西线工程的供水目标，主要是解决涉及青海、甘肃、宁夏、内蒙古、陕西、山西 6 省（自治区）黄河上中游地区和渭河关中平原的缺水问题。结合兴建黄河干流上的大柳树水利枢纽等工程，还可以向临近黄河流域的甘肃河西走廊地区供水，必要时也可相机向黄河下游补水。规划分三期实施。

三条调水线路互为补充，不可替代。本着"三先三后"、适度从紧、需要与可能相结合的原则，南水北调工程规划最终调水规模 $448 \times 10^8 \text{m}^3$，其中东线 $148 \times 10^8 \text{m}^3$，中线 $130 \times 10^8 \text{m}^3$，西线 $170 \times 10^8 \text{m}^3$，建设时间约需 40～50 年。整个工程将根据实际情况分期实施。

（二）南水北调西线工程规划

1. 可调水量分析

规划从通天河调水（75～80）$\times 10^8 \text{m}^3$，从雅砻江调水（45～50）$\times 10^8 \text{m}^3$，从雅砻江、大渡河支流调水 $40 \times 10^8 \text{m}^3$，共调水（160～170）$\times 10^8 \text{m}^3$。

调水量约占引水坝址径流量的 65%～70%，还有 35%～30%的水量下泄，从当地生态环境角度考虑，规划的下泄水量和调水量都是合适的。从全河看，调水所占比例不大，通天河调水 $80 \times 10^8 \text{m}^3$，占金沙江渡口站径流量的 14%；雅砻江调水 $65 \times 10^8 \text{m}^3$，占全河径流量的 11%；大渡河调水 $25 \times 10^8 \text{m}^3$，占全河径流量的 5%，因此调水不会对本地水资源利用造成影响。

2. 调水工程方案

最初选了 12 个有代表性的调水线路方案，其中大渡河调水 2 个，雅砻江调水 4 个，通天河 3 个，雅砻江、大渡河联合调水 1 个，分为自流和抽水两种引水方式。最后根据方案的工程规模、可调水量、工程地质条件、技术可行性、海拔高程、施工条件及经济指标等因素综合比选，确定三条河调水方案。

大渡河：达一贾联合自流方案。

雅砻江：仁一章自流方案和阿一贾自流方案。

通天河：同一雅一章自流方案和侧一雅一贾自流方案。

3. 工程总体布局

上述三条河五个较好的引水方案有两种组合，形成了三条河调水的两种布局方案：一是达一贾联合自流线路，调水 $40\times10^8\,m^3$；仁一章自流线路，调水 $45\times10^8\,m^3$；同一雅一章自流线路，调水 $75\times10^8\,m^3$，共调水 $160\times10^8\,m^3$。二是达一贾联合自流线路，调水 $40\times10^8\,m^3$；阿一贾自流线路，调水 $50\times10^8\,m^3$；侧一雅一贾自流线路，调水 $80\times10^8\,m^3$，共调水 $170\times10^8\,m^3$。

（三）南水北调中线工程规划（2001 年修订）

1. 规划目标、依据、原则与任务

（1）规划目标　解决京津华北地区城市缺水问题，缓和城市挤占生态与农业用水的矛盾，基本控制大量超采地下水、过度利用地表水的严峻形势，遏制生态环境继续恶化的趋势。

（2）规划依据　规划的基本依据是 2000 年国家计委、水利部组织进行的，并经两部委会同建设部、国家环保总局、中国国际工程咨询公司审定的《南水北调城市水资源规划》。该规划在充分考虑节水治污的前提下，预测中线工程受水区主要城市 2010 水平年缺水量 $78\times10^8\,m^3$，2030 水平年缺水量 $128\times10^8\,m^3$。

（3）规划原则　坚持可持续发展战略，正确处理经济发展同人口、资源、环境的关系，改善生态环境和美化生活环境，实现水资源优化配置。

（4）规划任务　按上述原则与依据，确定调水规模和工程方案，研究中线工程建设与运行管理体制，合理测算供水价格。

（5）规划水平年　近期为 2010 年，后期为 2030 年，远景为 2050 年。

2. 主要规划内容和规划结论

（1）受水区需调水量规划　中线工程规划受水区包括唐白河平原及黄淮海平原的西中部，南北长逾 1000km，总面积 $15.1\times10^4\,km^2$。在这一区域内，因经济社会发展，水资源的需求量仍将继续增加，通过进一步加强节约用水、提高水价、增加投入、综合管理等措施，到 2010 年和 2030 水平年，缺水量分别为 $128\times10^8\,m^3$ 和 $163\times10^8\,m^3$。其中，2010 年与 2030 年的城市缺水量分别为 $78\times10^8\,m^3$ 和 $128\times10^8\,m^3$。中线工程近、后期调水量按城市缺水量确定。

（2）水源工程方案比选

① 引汉与引江的方案比较　从长江三峡库区大宁河、香溪河、龙潭溪抽水，经丹江口水库北调的各种方案，水源部分的投资为丹江口水库大坝加高投资的 $2\sim5$ 倍。由于要提水，成本水价较丹江口水库大坝加高的水价高 9 倍左右。考虑到丹江口水库大坝加高调水量近期可达到 $97\times10^8\,m^3$，完全可以满足 2010 年城市净缺水 $78\times10^8\,m^3$ 的需求，与从长江干流调

水的方案相比，投资小、工程简单、工期短、运行费低，故推荐中线近期工程仍从汉江引水。后期，丹江口水库可调水量可达（130～140）$\times 10^8 \mathrm{m}^3$。将根据受水区需调水量要求，再研究后期或远景从长江干流增加调水量的方案。

② 丹江口水库大坝加高与不加高调水的方案比较　加高大坝调水，最小调节库容达到 $98 \times 10^8 \mathrm{m}^3$，对近期调水量可以进行完全调节，基本做到按需供水；不加坝调水，调出的水量小，到达用户的年净供水量约 $65 \times 10^8 \mathrm{m}^3$，与净需调水量 $78 \times 10^8 \mathrm{m}^3$ 的差距较大，而且95％保证率的净供水量不足 $30 \times 10^8 \mathrm{m}^3$，调水过程极不平稳，难以满足城市供水要求。

加坝后，水库的蓄洪能力大大提高，可以使汉江中下游遇1935年洪水时不分洪，为分蓄滞洪区5万余公顷耕地、70多万人口提供了长治久安的发展条件。若仍维持目前的防洪方案，蓄滞洪区安全建设需要的投资和需要搬迁的人口，将超过丹江口水库大坝加高的投资和移民。

大坝加高增加了发电水头，使因调水而损失的电量得到一定的补偿。如不加坝调水，减少电量约 $10 \times 10^8 \mathrm{kW \cdot h}$，加坝调水减少的发电量约 $5 \times 10^8 \mathrm{kW \cdot h}$，较好地兼顾了水源区的发电收益。

大坝加高后，将居住在157m高程附近的大量移民外迁安置，一方面可显著减轻人类活动对水库水质的影响，使水库水质满足城市供水标准更有保障；另一方面可大大改善库区的环境容量，加快库区群众脱贫的步伐。

另外，还研究了丹江口水库正常蓄水位抬高到161m的方案。由于汛限水位没有改变，该方案调出的水量与过程基本与不加坝调水方案相同，不能满足城市供水的需水量和高保证率的要求。综合比较结果，仍推荐丹江口水库按最终规模加坝调水的方案。

（3）可调水量规划

① 汉江流域水资源　汉江流域地表水资源总量566m³，现状总耗水量 $39 \times 10^8 \mathrm{m}^3$，其中丹江口水库大坝以上，地表水资源量 $388 \times 10^8 \mathrm{m}^3$，预计2010年上游耗水量约 $23 \times 10^8 \mathrm{m}^3$，中下游需水库下泄补充 $162 \times 10^8 \mathrm{m}^3$，在剩余的 $203 \times 10^8 \mathrm{m}^3$ 水中规划可调走 $97 \times 10^8 \mathrm{m}^3$。

② 丹江口水库可调水量及水量分配　将丹江口水库、汉江中下游及受水区作为一个整体进行供水调度及调节计算，在近期可调水量 $97 \times 10^8 \mathrm{m}^3$ 中，有效调水量 $95 \times 10^8 \mathrm{m}^3$。受水区城市生活供水保证率达95％以上，工业供水保证率达90％以上。

近期有效调水量分配如下：北京 $12 \times 10^8 \mathrm{m}^3$，天津 $10 \times 10^8 \mathrm{m}^3$，河北 $35 \times 10^8 \mathrm{m}^3$，河南 $38 \times 10^8 \mathrm{m}^3$（含刁河灌区现状引水）。

（4）调水对汉江中下游的影响　调水后，汉江干流河段的枯水流量有所加大，兴隆以下河段中水历时延长，沙洋河段、仙桃河段多年平均水位均有所上升，但部分河段中水历时减少，黄家港河段、襄樊河段水位有所降低；中下游河床总体上将向单一、稳定、窄深、微弯型发展，河床冲刷强度减弱，航运条件有所改善，但整治流量较现状有所降低，整治工程量将有所增加；干流供水区的供水保证率均有明显提高，但部分取水泵站的耗电量也将有所增加。因此，调水工程实施后对汉江中下游的影响有利有弊，且其不利影响都可以通过工程措施予以减缓或消除。

3. 近期工程规划方案

通过多方案比较，推荐的近期工程规划方案为：丹江口水库大坝加高；汉江中下游建兴隆枢纽、引江济汉工程、部分闸站改扩建、局部航道整治（四项工程）；总干渠以明渠为主，辅以局部管道。

(1) 丹江口水库大坝加高工程　丹江口水库大坝按原规划加高，正常蓄水位170m，相应库容$290.5 \times 10^8 m^3$；校核洪水位174.35m，总库容$339.1 \times 10^8 m^3$；航运过坝建筑物按300t级改建。

大坝加高增加水库淹没处理面积370km²，淹没线以下人口24.95万人、房屋$709 \times 10^4 m^2$、耕园地$1.56 \times 10^4 hm^2$。水库淹没范围涉及河南省淅川县，湖北省丹江口市、郧县、张湾区、郧西县。

(2) 汉江中下游工程　从提高汉江水资源有效利用率和改善中下游生态环境考虑，确定汉江中下游近期实施工程项目为建设兴隆枢纽、部分闸站改扩建、局部航道整治和引江济汉工程。

(3) 输水工程建设方案　输水工程推荐以明渠为主，局部渠段采用泵站加压管道输水的组合方案。明渠线路采用高线布置，渠首位于丹江口水库已建成的陶岔引水闸，线路北行至方城垭口穿长江与淮河的分水岭，至郑州的孤柏嘴穿越黄河，进入海河流域后，线路先向西绕行，经焦作潞王坟，再基本沿京广铁路线西侧向北延伸；北京段位于总干渠末端，流量最小，全段采用管道输水，管道线路长74.8km，终点为北京市的团城湖；天津干渠线路推荐"新开淀北线"方案，起点为西黑山，终点延伸至外环河，采用明渠与管道结合的输水方式，即进入天津市境内和穿越清南分洪区及其相邻段采用管道，其余仍采用明渠，明渠线路长93.14km，管道线路长60.68km。输水总干渠包括天津干渠线路总长1420km，各类建筑物共1750座。

陶岔渠首引水规模350～420m³/s，穿黄工程输水规模265～320m³/s（穿黄工程拟按后期规模500m³/s一次建设），进北京和天津的输水规模均为60～70m³/s。

(4) 施工总工期　中线工程建筑物多，工程量巨大，但线路长，建筑物相对分散，施工场地宽广，有条件分项、分段同时施工。开工至建成通水的总工期受穿黄工程控制，约需56个月。

丹江口水库大坝工程施工总工期为60个月，其中包括施工准备工期9个月。大坝加高期间，基本不影响水库正常运行，故不是输水总干渠通水的控制条件。

(5) 工程投资　工程投资按部颁定额和取费标准进行估算，基本预备费取15%，采用2000年年底市场价格水平，工程静态总投资920亿元（包括工程建设投资、水库淹没及工程占地处理投资、环境保护及水土保持投资）。

(6) 经济分析　中线近期工程直接效益主要有供水和防洪两方面，初步估算年平均效益达456亿元。中线工程的实施，将促进北方缺水地区经济社会的发展，有效遏制生态环境不断恶化的状况，改善人民的生活质量。

经分析，中线工程近期实施方案国民经济和财务指标均达到或超过国家规定的标准，工程在经济上是合理的、财务上是可行的。

中线近期工程投资920亿元，使用45%银行贷款，55%资本金。按照"保本、微利、还贷"的原则，在水费偿还占工程投资20%贷款（其他由基金偿还）的条件下，还贷期全线平均水价为0.6元/m³，河南省平均水价0.27元/m³，河北省0.59元/m³，北京市1.2元/m³，天津市1.19元/m³，用户可以承受。

(7) 环境影响评价　中线工程建成后的有利影响主要集中在受水区，不利影响主要集中在水源地区。对于受水区，可较大程度地缓解京、津、华北平原水资源短缺的状况，有利于改善该地区生态环境，促进经济社会持续发展；对水源地区生态环境的不利影响都可通过采取措施得到减免，在环境保护方面尚未发现影响工程决策的制约因素。

（四）南水北调东线工程规划（2001年修订）

1. 东线工程总体布局

（1）供水范围及供水目标　供水范围是黄淮海平原东部和胶东地区，分为黄河以南、胶东地区和黄河以北三片。主要供水目标是解决调水线路沿线和胶东地区的城市及工业用水，改善淮北地区的农业供水条件，并在北方需要时，提供生态和农业用水。

（2）水源条件　长江是东线工程的主要水源，质好量丰，多年平均入海水量达9000多亿立方米，特枯年6000多亿立方米，为东线工程提供了优越的水源条件。淮河和沂沭泗水系也是东线工程的水源之一。规划2010年和2030年水平年多年平均来水量分别为$278.6 \times 10^8 \mathrm{m}^3$ 和 $254.5 \times 10^8 \mathrm{m}^3$。

（3）调水线路　东线工程利用江苏省江水北调工程，扩大规模，向北延伸。规划从江苏省扬州附近的长江干流引水，利用京杭大运河以及与其平行的河道输水，连通洪泽湖、骆马湖、南四湖、东平湖，并作为调蓄水库，经泵站逐级提水进入东平湖后，分水两路，一路向北穿黄河后自流到天津；另一路向东经新辟的胶东地区输水干线接引黄济青渠道，向胶东地区供水。从长江至东平湖设13个梯级抽水站，总扬程65m。

东线工程从长江引水，有三江营和高港两个引水口门，三江营是主要引水口门。高港在冬春季节长江低潮位时，承担经三阳河向宝应站加力补水任务。

从长江至洪泽湖，由三江营抽引江水，分运东和运西两线，分别利用里运河、三阳河、苏北灌溉总渠和淮河入江水道送水。洪泽湖至骆马湖，采用中运河和徐洪河双线输水。新开成子新河和利用二河从洪泽湖引水送入中运河。骆马湖至南四湖，有三条输水线：中运河—韩庄运河、中运河—不牢河和房亭河。南四湖内除利用湖西输水外，须在部分湖段开挖深槽，并在二级坝建泵站抽水入上级湖。南四湖以北至东平湖，利用梁济运河输水至邓楼，建泵站抽水入东平湖新湖区，沿柳长河输水送至八里湾，再由泵站抽水入东平湖老湖区。

穿黄位置选在解山和位山之间，包括南岸输水渠、穿黄枢纽和北岸出口穿位山引黄渠三部分。穿黄隧洞设计流量200m³/s，需在黄河河底以下70m打通一条直径9.3m的倒虹隧洞。

江水过黄河后，接小运河至临清，立交穿过卫运河，经临吴渠在吴桥城北入南运河送水到九宣闸，再由马厂减河送水到天津北大港。

从长江到天津北大港水库输水主干线长约1156km，其中黄河以南646km，穿黄段17km，黄河以北493km。胶东地区输水干线工程西起东平湖，东至威海市米山水库，全长701km。自西向东可分为西、中、东三段，西段即西水东调工程；中段利用引黄济青渠段；东段为引黄济青渠道以东至威海市米山水库。东线工程规划只包括兴建西段工程，即东平湖至引黄济青段240km河道，建成后与山东省胶东地区应急调水工程衔接，可替代部分引黄水量。

2. 工程规模及调水量

（1）调水工程规模　根据供水目标和预测的当地来水、需调水量，考虑各省市意见和东线治污进展，规划东线工程先通后畅、逐步扩大规模，分三期实施。

第一期工程：主要向江苏和山东两省供水。抽江规模500m³/s，多年平均抽江水量89×10⁸m³，其中新增抽江水量39×10⁸m³。过黄河50m³/s，向胶东地区供水50m³/s。

第二期工程：供水范围扩大至河北、天津。工程规模扩大到抽江600m³/s，过黄河100m³/s，到天津50m³/s，向胶东地区供水50m³/s。

第三期工程：增加北调水量，以满足供水范围内2030年水平国民经济发展对水的需求。

工程规模扩大到抽江 800m³/s，过黄河 200m³/s，到天津 100m³/s，向胶东地区供水90m³/s。

（2）第一期工程北调水量及分配　第一期工程多年平均抽江水量 89.37×10⁸m³（比现状增抽江水 39.31×10⁸m³）；入南四湖下级湖水量为 31.17×10⁸m³，入南四湖上级湖水量为 19.64×10⁸m³；过黄河水量为 5.09×10⁸m³；到胶东地区水量为 8.76×10⁸m³。第一期工程多年平均毛增供水量 45.94×10⁸m³，其中增抽江水 39.31×10⁸m³，增加利用淮水6.63×10⁸m³。扣除损失后的净增供水量为 39.32×10⁸m³，其中江苏 19.22×10⁸m³；安徽3.29×10⁸m³；山东 16.81×10⁸m³。增供水量中非农业用水约占 68％。

第一期工程完成后可满足受水区 2010 年水平的城镇需水要求。长江—洪泽湖段农业用水基本可以得到满足，其他各区农业供水保证率可达到 72％～81％，供水情况比现状有较大改善。

（3）第二期工程北调水量及分配　第二期工程多年平均抽江水量达到 105.86×10⁸m³（比现状增抽江水 55.80×10⁸m³）；入南四湖下级湖水量为 47.18×10⁸m³，入南四湖上级湖水量为 35.10×10⁸m³；过黄河水量为 20.83×10⁸m³；到胶东地区水量为 8.76×10⁸m³。第二期工程多年平均毛增供水量 64.78×10⁸m³，其中增抽江水 55.80×10⁸m³，增加利用淮水8.98×10⁸m³。扣除损失后的净增供水量为 54.41×10⁸m³，其中江苏 22.12×10⁸m³；安徽3.43×10⁸m³；山东 16.86×10⁸m³；河北 7.0×10⁸m³；天津 5.0×10⁸m³。增供水量中非农业用水约占 71％。如北方需要，除上述供水量外可向生态和农业供水 5.0×10⁸m³。

第二期工程完成后可满足受水区 2010 年水平的城镇需水要求。长江—洪泽湖段农业用水基本可以得到满足，其他各区农业供水保证率可达到 76％～86％，供水情况比现状均有显著改善。

（4）第三期工程北调水量及分配　第三期工程多年平均抽江水量达到 148.17×10⁸m³（比现状增抽江水 92.64×10⁸m³）；入南四湖下级湖水量为 78.55×10⁸m³；入南四湖上级湖水量为 66.12×10⁸m³；过黄河水量为 37.68×10⁸m³；到胶东地区水量为 21.29×10⁸m³。多年平均毛增供水量 106.21×10⁸m³，其中增抽江水 92.64×10⁸m³，增加利用淮水13.57×10⁸m³。扣除损失后的净增供水量为 90.70×10⁸m³，其中江苏 28.20×10⁸m³；安徽 5.25×10⁸m³；山东 37.25×10⁸m³；河北 10.00×10⁸m³；天津 10.00×10⁸m³。增供水量中非农业用水约占 86％。如北方需要，除上述供水量外可向生态和农业供水 12×10⁸m³。

第三期工程完成后可基本满足受水区 2030 年水平的用水需求。城镇需水可完全满足，除特枯年份外，也能满足区内苏皖两省的农业用水。

3. 调水工程规划

东线工程主要利用京杭运河及淮河、海河流域现有河道、湖泊和建筑物，并密切结合防洪、除涝和航运等综合利用的要求进行布局。在现有工程基础上，拓浚河湖、增建泵站，分期实施，逐步扩大调水规模。

（1）第一期工程

① 黄河以南　以京杭运河为输水主干线，并利用三阳河、淮河入江水道、徐洪河等分送。在现有工程基础上扩挖三阳河和潼河、金宝航道、淮安四站输水河、骆马湖以北中运河、梁济运河和柳长河 6 段河道，疏浚南四湖，安排徐洪河、骆马湖以南中运河影响处理工程，对江都站上的高水河、韩庄运河局部进行整治。

抬高洪泽湖、南四湖下级湖蓄水位，治理东平湖并利用其蓄水，共增加调节库容13.4×10⁸m³。新建宝应（大汕子）一站、淮安四站、淮阴三站、金湖北一站、蒋坝一站、泗阳三站、刘老涧及皂河二站、泰山洼一站、沙集二站、土山西站、刘山二站、解台二站，蔺家坝、台儿庄、万年闸、韩庄、二级坝、长沟、邓楼及八里湾 21 座泵站，共增加抽水能力 $2750m^3/s$，新增装机容量 20.66×10^4kW。更新改造江都站及现有淮安、泗阳、皂河、刘山、解台泵站。

② 穿黄工程　结合东线第二期工程，打通一条洞径 9.3m 的倒虹隧洞输水能力 $200m^3/s$。

③ 胶东地区输水干线　开挖胶东地区输水干线西段 240km 河道。

④ 鲁北输水干线　自穿黄隧洞出口至德州，扩建小运河和七一、六五河两段河道。

⑤ 专项工程　包括里下河水源调整、泵站供电、通信、截污导流、水土保持、水情水质管理信息自动化以及水量水质调度监测设施和管理设施等工程。

(2) 第二期工程　第二期工程增加向河北、天津供水，需在第一期工程基础上扩大北调规模，并将输水工程向北延伸至天津北大港水库。

黄河以南工程布置与第一期工程相同，再次扩挖三阳河和潼河、金宝航道、骆马湖以北中运河、梁济运河和柳长河 5 段河道；疏浚南四湖；抬高骆马湖蓄水位；新建宝应（大汕子）、金湖北、蒋坝、泰山洼二站、沙集三站、土山东站、刘山及解台三站、蔺家坝、二级坝、长沟、邓楼及八里湾二站 13 座泵站，增加抽水能力 $1540m^3/s$，新增装机容量 12.05×10^4kW。

穿黄工程结合第三期工程，按 $200m^3/s$ 完成。黄河以北扩挖小运河、临吴渠、南运河、马厂减河 4 段输水干线和张千渠分干线。

(3) 第三期工程　黄河以南，长江—洪泽湖区间增加运西输水线；洪泽湖—骆马湖区间增加成子新河输水线，扩挖中运河；骆马湖—下级湖区间增加房亭河输水线；继续扩挖骆马湖以北中运河、韩庄运河、梁济运河、柳长河；进一步疏浚南四湖；新建滨江站、杨庄站、金湖东站、蒋坝三站、泗阳西站、刘老涧及皂河三站，台儿庄、万年闸及韩庄二站，单集站、大庙站、蔺家坝二站，二级坝、长沟、邓楼及八里湾三站 17 座泵站，增加抽水能力 $2907m^3/s$，新增装机容量 20.22×10^4kW。

扩大胶东地区输水干线西段 240km 河道。黄河以北扩挖小运河、临吴渠、南运河、马厂减河和七一、六五河。

4. 治污规划

东线工程治污规划划分为输水干线规划区、山东天津用水保证规划区和河南安徽水质改善规划区。主要治污措施为城市污水处理厂建设、截污导流、工业结构调整、工业综合治理、流域综合整治工程 5 类项目。

根据水质和水污染治理的现状，黄河以南以治为主，重点解决工业结构性污染和生活废水的处理，结合主体工程和现有河道的水利工程，有条件的地方实施截污导流和污水资源化，有效削减入河排污量，控制石油类和农业面源污染；黄河以北以截污导流为主，实施清污分流，形成清水廊道，结合治理，改善区域环境质量，实现污水资源化。

为体现先治污后通水的原则，按照工程实施进度要求，将污染治理划分为 2007 年和 2010 年两个时间段。2007 年前以山东、江苏治污项目及截污导流项目为主，同时实施河北省工业治理项目；2008～2010 年以河北、天津污水处理厂项目及截污导流项目为主，同时实施河南、安徽省治污项目。规划项目实施后，预测输水水质可达到Ⅲ类或优于Ⅲ类水标准。

治污工程总投资 240 亿元，由东线工程分摊截污导流工程投资 24.9 亿元，其中第一期工程 17.25 亿元，第二期工程 7.65 亿元。

5. 环境影响分析

东线工程的环境影响是利大于弊，不利影响也可采取措施加以改善。工程实施后，有利于改善北方地区水资源供需条件，促进经济社会的可持续发展；有利于改善供水区生态环境，提高人民生活质量；有利于补充沿线地下水，对地面沉降等起到缓解作用；有利于城镇饮水安全，改善高氟区居民饮水质量；有利于改善供水区投资环境，具有显著的社会效益。

对可能产生的不利环境影响，进行了多年监测试验和分析研究，得出以下结论。

（1）东线工程调水量占长江径流量的比重很小，调水对引水口以下长江水位、河道淤积和河口拦门沙的位置等影响甚微；第一期工程仅比现状增加引江 100m³/s，不会因此而加重长江口盐水上侵的危害，遇长江枯水年的枯水季节，可采取避让措施，不加重长江口的盐水上侵。

（2）黄淮海平原已经形成比较完善的排水系统，并积累了丰富的防治土壤盐碱化的经验。北方灌区土壤次生盐碱化能够预防和控制。

（3）根据实验和调水实践，调水不会把南方的血吸虫扩散到北方。

（4）调水对输水沿线湖泊的水生生物是有利的，对长江口及其附近海域水生生物不会有明显影响。

四、山西省万家寨引黄入晋工程

山西省位于华北黄土高原，是中国水资源短缺最为严重的省份之一，人均水资源占有量只有 466m³，仅为全国人均水平的 17%。十年九旱的山西水资源主要靠大气降水补充，但多年来平均年降水量仅为 500mm，比全国平均年降水量少 16%。降水少，蒸发量大，水土流失严重，导致山西水资源严重缺乏。为解决太原、大同、朔州三地区水资源严重紧缺的矛盾，保护太原市的生态环境，于 1993 年 5 月正式实施大型跨流域调水工程——万家寨引黄入晋工程。工程建成后，可以解决山西很多电厂、煤矿等的生产用水和居民的生活用水，被誉为山西的生命工程。

引黄一期工程于 1993 年 5 月 22 日奠基，1997 年 9 月 1 日主体工程开工，建设过程中实施了项目法人责任制、招标投标制、建设监理制。经参建各方的共同努力，2002 年 10 月 18 日实现全线试通水，2003 年 10 月 26 日向太原市供水，2005 年 6 月 30 日按批准设计建成。

（一）工程概况

万家寨引黄工程位于山西省西北部，西起晋蒙交界的万家寨水库，南至太原，东至大同。该工程从黄河万家寨水库取水，分别向太原、大同和朔州三个能源基地供水，以解决其严重的缺水危机。引黄工程输水线路总长约 449.16km，设计引水流量 48m³/s，年输水量 12×10⁸m³，其中向太原年供水 6.4×10⁸m³，向大同、朔州供水 5.6×10⁸m³。工程包括总干线、南干线、北干线、连接段四部分。详见图 6-2。

总干线输水线路长 44.35km，从万家寨水库引水，通过隧洞、泵站、申同嘴水库引水至下土寨村分水口。设计输水流量 48m³/s，年输水量 12×10⁸m³。

南干线从下土寨分水口向南，经偏关、平鲁、朔州、神池、至头马营出口进入汾河，输水线路长 101.56km。设计输水流量 25.8m³/s，年输水量 6.4×10⁸m³。

连接段从南干线头马营出口起，下接太原呼延水厂，输水线路长 139.35km，其中汾河水库以上采用天然河道输水，长 81.20km，设计流量 25.8m³/s，汾河水库以下采用管道（洞）输水，长 58.15km，设计流量 20.5m³/s。

北干线自下土寨分水口穿过吕梁山，经大梁水库、朔州至大同赵家小村水库，线路总长163.90km，设计流量 22.2m³/s，年引水量 5.6×10⁸m³。

引黄工程分二期建设，一期工程完成总干线、南干线、连接段工程，将黄河水引至太原市，实现向太原年供水 3.2×10⁸m³。二期工程完成北干线及剩余的机电设备安装工程，实

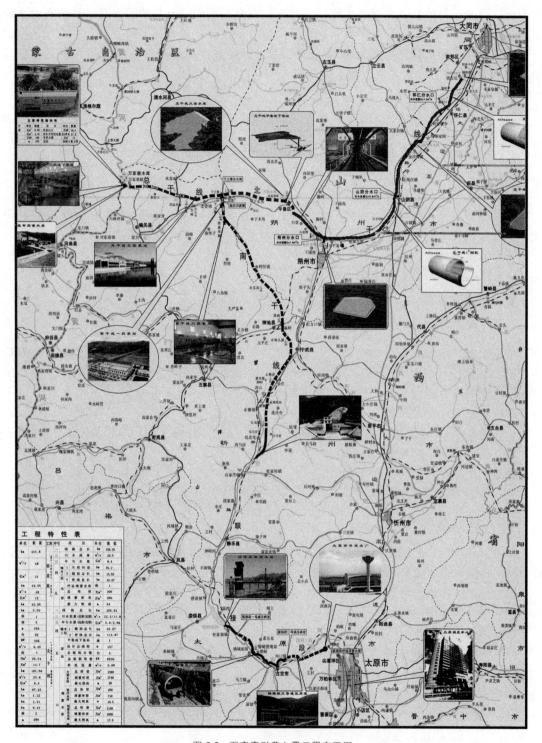

图 6-2　万家寨引黄入晋工程布置图

现向大同、朔州供水 $5.6 \times 10^8 \mathrm{m}^3$ 和向太原年供水 $6.4 \times 10^8 \mathrm{m}^3$ 的目标。

　　本工程属长距离、大流量和高扬程引水工程，输水系统以多级泵站和隧洞、管道封闭输水为主，工程运行实行全线自动化控制，包括计算机监控系统、水力量测系统、通信系统，用于全线供水的运行、调度、监控，采集全线的水力量测量和监控泵站内主要设备的运行。

在太原设引黄工程控制调度中心大楼，监视和控制全系统的运行并协调各泵站和所有输水设施的运行。

引黄一期工程概算总投资 103.54 亿元，引进世界银行贷款 3.25 亿美元。引黄工程在万家寨水库 8 月、9 月排沙期间，停止运行，年引水时间 10 个月。

（二）总干线工程

由万家寨水库至下土寨分水闸全长 44.35km，设计输水流量为 48m³/s。主要建筑物有泵站 3 座，申同嘴日调节水库和全长 42.64km 的输水建筑物，共组成 20 座建筑物。

（1）输水隧洞 11 条，其中：有压隧洞 4 条，无压隧洞 7 条，总长约 42.05km。

（2）渡槽 4 座，总长约 0.59km。

（3）泵站 3 座，设计总扬程 356m，每座泵站各装机 10 台，单机流量 6.45m³/s。其中一、二级泵站为地下泵站，设计扬程均为 140m；三级泵站为地面泵站，设计扬程 76m；三座泵站进出水系统轴线水平，总长约 1.46km。

（4）申同嘴日调节水库 1 座，调节库容为 14.7×10⁴m³，总库容为 20.24×10⁴m³。

（5）分水闸 1 座，竖井式闸门井，井深 34m。

（三）南干线工程

从下土寨分水口向南至头马营出口进入汾河，输水线路长 101.56km。设计输水流量 25.8m³/s，由 16 座建筑物组成。

（1）无压输水隧洞 7 条，总长约 97.42km。

（2）渡槽 3 座，总长约 1.12km。

（3）地面泵站 2 座，设计扬程均为 140m，每座泵站各装机 6 台，单机流量 6.45m³/s。

（4）埋涵 2 座，总长约 1.31km。

（5）明渠 1 座，总长约 0.44km。

（6）7# 隧洞出口控制闸 1 座。

（四）连接段工程

从汾河水库取水隧洞出口起，至扫石村附近穿 7# 隧洞，接太原市呼延水厂，线路全长 58.15km，设计输水流量 20.5m³/s，由 187 座建筑物和 42.79km PCCP 输水管道组成。

（1）汾河水库进水塔。

（2）汾河水库取水隧洞。

（3）减压阀室 3 座。

（4）有压输水隧洞 6 条，洞内安装 PCCP 管，总长约 7.99km。

（5）无压输水隧洞 1 条，总长 13.52km。

（6）穿河段 11 段，总长 2.35km。

（7）检修阀室 9 座，流量计井 9 个，排气阀井 69 个，检查井 37 个和排水阀井 39 个。

（五）全线自动化系统

引黄工程全线自动化系统由三部分组成：计算机监控系统、水力量测系统（HMS）、通信系统。其中水力量测系统设备的采购和安装纳入计算机监控系统一起进行。

引黄工程计算机监控系统采用开放式的分层分布系统结构，全系统由 12 个计算机监控子系统组成，一期工程由 6 个子系统组成，计算机监控系统的每个子系统均为开放式分布系统，各子系统的计算机设备采用局域网将各节点联结成网，各子系统之间采用广域网相连，其中总干一、二级泵站计算机监控系统，总干三级泵站和备用调度控制中心计算机监控系统，南干一级和南干二级泵站计算机监控系统经路由器通过 SDH 光纤核心环网相连；太原调度中心计算机监控系统经路由器通过微波通道与光纤核心环网相连；连接段计算机监控系统通过局域网直接与太原调度中心计算机监控系统相连。

通信系统工程设计包括以下部分：光纤通信系统、数字微波通信系统、移动通信系统、一点多址微波系统、交换和调度系统，电气、土建和铁塔系统，通信网监测监控系统。

五、山西大水网工程

(一) 山西大水网建设背景

山西省是我国重要的能源重化工基地，然而水资源却十分紧缺。由于地处华北黄土高原，降水量较少且很不均匀，使水资源分布不能与用水对象相协调。主要表现在以下几方面。

(1) 地表水利用不足，水资源配置能力偏低 "十一五"期间山西省加大了水利建设投资，35 项应急水源工程基本完工，加上已除险加固的百座病险水库和岩溶大泉引水工程，全省境内地表水供水能力达到 $37 \times 10^8 \mathrm{m}^3$，但由于水资源区域间调配能力不足，未能实现对水资源的有效配置，导致总体安全保证程度和应急保障程度较低，目前全省境内地表水的利用量仅 $20 \times 10^8 \mathrm{m}^3$ 左右。

(2) 黄河水资源利用不足，开发力度亟须提高 国务院分配山西年可耗用黄河水量 $43.1 \times 10^8 \mathrm{m}^3$，2010 年山西省在黄河干流年提水量仅为 $8 \times 10^8 \mathrm{m}^3$，而其他沿黄各省都已达到或超过分配指标，这导致了山西省沿黄地区发展面临水瓶颈制约。更为严重的是，如果分配给山西的指标长期未能充分利用，将直接影响山西省今后在黄河水量分配中的水权占有。

(3) 地下水超采依然严重，供水结构有待优化 地下水是山西省经济社会发展最为宝贵的战略资源，一般年份应充分涵养，干旱年份保障应急。多年来山西省用水结构以地下水为主，地下水超采严重，2010 年超采量仍达 $5 \times 10^8 \mathrm{m}^3$。这种用水结构如得不到根本扭转，一旦出现类似光绪年间连年特大干旱，河流干涸，地下无水可抽，将失去以地下水资源保障经济安全、社会稳定的最后手段。

(4) 防洪抗旱减灾体系薄弱，应对气候变化和突发公共安全事件能力不强 主要河流的防洪标准偏低，平川地区河道一般仅能防御 5 年一遇至 20 年一遇的洪水。河道人为设障，挤占河道，泥沙淤积，导致河道行洪和洼地蓄洪能力普遍下降。此外，全省尚有近 400 座小型水库存在不同程度安全隐患，水闸等工程老化失修严重。山洪等自然灾害监测与防御能力严重不足，非工程防洪措施未得到普遍重视。这些条件直接影响有效地应对气候变化而产生的暴雨洪水灾害，降低处置公共安全事件的能力。

(5) 水土流失及水污染趋势加剧，生态环境保护面临严峻挑战 山西省目前还有 $5.52 \times 10^4 \mathrm{km}^2$ 的水土流失面积有待治理，人为水土流失加剧的趋势尚未得到有效遏制。水资源的不合理开发及水污染加剧，导致河道断流，河流纳污、自净能力基本丧失，部分河段水体已失去使用功能。浅层地下水遭受大面积污染，深层地下水已出现水质变差的现象。

(二) 山西大水网工程规划

1. 大水网工程的功能

大水网将以纵贯全省南北的黄河北干流和汾河两条天然河道为主线，形成覆盖六大盆地、11 个中心城市、70 个县（市、区）、受益人口 2400 万的十大骨干供水体系，使黄河、汾河、沁河、桑干河、滹沱河、漳河六大河流及各河流上的大中型水库相连通。

大水网建设主要有两大功能：一是将蓄起来的水和黄河干流的水配置到需要水的区域；二是河库连接后，提高各区域特别是城市和经济中心区用水的保证率，尤其是特大干旱年份用水的保证率。

从水资源调度功能上看，骨干水网基本建成后，全省包括引黄水在内的地表水年供水量将达 $61 \times 10^8 \mathrm{m}^3$，地下水年供水量将由目前的 $35 \times 10^8 \mathrm{m}^3$ 减到 $25 \times 10^8 \mathrm{m}^3$，全省年总供水量将由目前的 $63 \times 10^8 \mathrm{m}^3$ 提高到 $86 \times 10^8 \mathrm{m}^3$，可保障全省转型跨越发展和建设山川秀美新山西的用水需求。

2. 大水网工程布局

(1) 基本原则　结合山西省水源条件、河流水系分布特点及已建、在建水利工程布局，按照河湖连通、科学调度的水资源优化配置思路，以骨干水源工程为龙头，以天然河道和输水工程为通道，以地表水、地下水、岩溶泉水优化配置为中心，以正常年份、一般干旱年、严重干旱年和特大干旱年不同水源调度为手段，构建覆盖全省重点保障区域的供水体系。

在此基础上，以黄河、汾河、沁河、桑干河、滹沱河、漳河六大主要河流和区域性供水体系为主骨架，通过继续完善或完成已建、在建工程，新建水源及水系连通工程，构建以黄河干流为取水水源、汾河干流为输水通道、大中型蓄水工程及泉水为水源节点、桑干河等天然河流及提调水输水线路为水道的水网框架，形成覆盖全省六大盆地和主要经济中心的大水网。

(2) 工程布局　大水网的总体布局为"两纵十横"（见图 6-3）。第一纵为黄河北干流线，北起偏关县老牛湾，经已建的万家寨水利枢纽，规划的碛口、古贤水利枢纽，南至风陵渡，全长 763km。第二纵为汾河—涑水河线，以汾河为主干，通过已建成的万家寨引黄工程南干线将黄河与汾河连通，远期通过黄河古贤供水工程将汾河与涑水河连通，全长约 800km。

第一横为朔州—大同线，自万家寨引黄北干线连通黄河、桑干河、册田水库，向大同和朔州供水。第二横为忻州—阳泉线，自万家寨引黄南干线连通滹沱河，经王家庄水库引水至龙华口水电站，通过龙华口调水工程向盂县供水，并可作为阳泉市应急供水水源。第三横为晋中北线，自潇河上游通过已建的松塔水电站调节向西连通汾河，向东通过已建的昔阳西水东调工程连通滹沱河支流松溪河，向晋中北部供水。第四横为吕梁山线，北起黄河天桥水电站，南至昕水河，东达汾河，通过中部引黄工程向吕梁山区 4 市的 16 个县（市、区）供水。第五横为晋中—长治线，通过晋中东山供水工程、吴家庄水库、辛安泉供水改扩建工程等将清漳河、浊漳河与汾河连通，满足晋中南部与长治盆地区需水要求。第六横为黄河古贤—临汾—运城线，通过拟建的黄河古贤供水工程将黄河古贤水利枢纽与汾河、涑水河连通，满足临汾盆地区和涑水河区需水要求。第七横为临汾—晋城线，通过引沁入汾工程和张峰水库供水工程连通汾河、沁河、丹河，满足临汾盆地和晋城市需水要求。第八横为黄河禹门口—翼城线，西起黄河禹门口，经禹门口东扩工程，东至汾河流域翼城县，可以满足汾河下游谷地区需水要求。第九横为黄河—运城线，通过浪店提黄工程与小浪底引黄工程将黄河和涑水河连通，向运城盆地供水。第十横为黄河三门峡—小浪底线，包括黄河干流三门峡水库和小浪底水库库区河段，以黄河水源为依托，可满足芮城、平陆两县需水要求。

3. 骨干工程

山西大水网主要包括 10 大骨干工程。

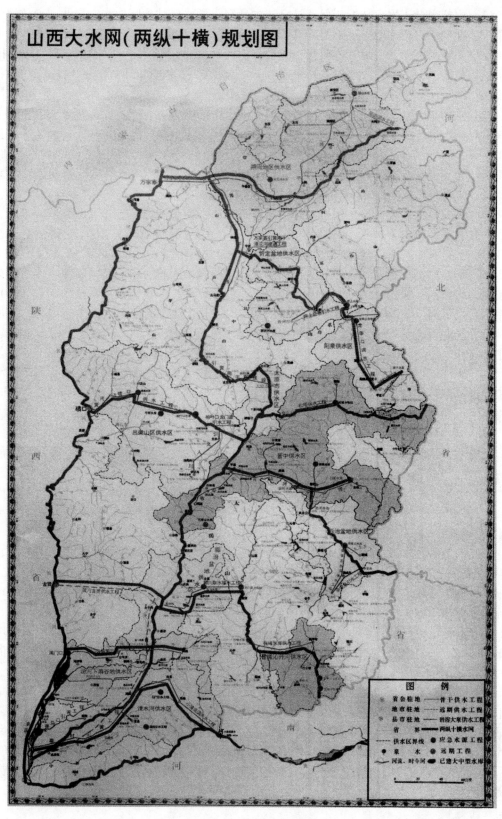

图 6-3 山西大水网工程规划

（1）中部引黄工程　从忻州保德县已建的黄河天桥水电站库区取水，自北向南依次经过吕梁市西部的兴县、临县、离石、中阳、石楼到临汾市隰县，供水区范围辐射到吕梁市柳林、交口、汾阳、孝义，临汾市蒲县、大宁、汾西和晋中市介休、灵石 16 个县（市、区）。输水工程包括总干、东干、西干及 4 条支线，输水线路总长 384.5km。设计扬程 200m，提水流量 23.55m³/s，年引水能力 $6×10^8$ m³。

（2）晋中东山供水工程　以漳河为水源，向晋中南部太谷、祁县、平遥、介休和灵石 5 县（市）供水。分两期实施，一期从石匣水库和关河水库取水，经云竹水库，西至平遥县源神庙水库，南到灵石县，在满足调出区用水的前提下，向晋中南部汾河流域的太谷、祁县、平遥、介休、灵石 5 县（市）供水，设计年供水量 $0.6×10^8$ m³；二期建设西安泽城调水工程，设计年供水量 $0.5×10^8$ m³。输水线路总长 255km。

（3）辛安泉供水改扩建工程　地处山西省长治市，为长治城区、郊区、潞城、屯留、黎城、平顺、壶关和长治 8 个县（市、区）供水。工程从溯头水电站取水，输水工程总长 156km。设计引水流量 5m³/s，年引水能力 $1.58×10^8$ m³。

（4）小浪底引黄工程　位于运城市东部，从垣曲县境内黄河小浪底水库库区取水，穿越中条山，将黄河水送到涑水河流域。一是解决垣曲、绛县、闻喜、夏县、盐湖 5 县（区）工业用水和涑水河以东 $63×10^4$ 亩灌区的用水问题，二是为涑水河上游提供生态用水，三是必要时可为运城城区生活和工业用水补充水源。供水线路总长 59.2km，调蓄工程包括已建的吕庄水库和新建的板涧河水库。设计引水流量 20m³/s，年引水能力 $2.47×10^8$ m³。

（5）滹沱河连通工程　通过建设万家寨引黄南干线周家堡支洞口至滹沱河支流阳武河连通工程，将滹沱河与黄河连通，以解决忻定盆地供水区特大干旱年供水不足的问题，同时还可将黄河水的供水范围扩大至阳泉市。

（6）龙华口调水工程　通过建设滹沱河干流王家庄水库及输水工程，将滹沱河水调入龙华口水电站，从龙华口水电站提水至盂县县城，再通过管线工程至阳泉市区。设计调水能力 $0.5×10^8$ m³，可提高盂县的供水能力，并可作为阳泉市应急供水水源。

（7）吴家庄水库　坝址位于黎城县浊漳河干流上，设计总库容 $3.64×10^8$ m³，兴利库容 $2.43×10^8$ m³，年供水能力 $0.4×10^8$ m³。工程建成后，通过多水源联合调度，可基本满足长治盆地用水需求。

（8）西范灌区东扩工程　位于运城市西北部，从禹门口一级站扩建工程提引黄河水，经北赵连接工程引水到西范灌区一级站。解决万荣县东部、闻喜北垣、稷山汾南灌区南部、新绛阳王等地干旱缺水问题，并兼顾改善原西范灌区及汾南灌区灌溉。总灌溉面积 $61.8×10^4$ 亩，其中新增 $23.33×10^4$ 亩，改善西范灌区 $26.87×10^4$ 亩、汾南灌区 $11.6×10^4$ 亩。

（9）油篓山拦河闸　工程位于忻州市原平城区东 2.5km 的滹沱河干流上，控制流域面积 5360km，是一座以城乡供水、农业灌溉为主的中型水库，总库容 $3289×10^4$ m³，年供水能力 $3000×10^4$ m³。

（10）黄河古贤水利枢纽和山西古贤供水工程　黄河古贤水利枢纽是一座以防洪减淤为主，兼顾发电、供水和灌溉的大型综合利用工程，总库容 $146×10^8$ m³，水电站总装机容量 $210×10^4$ kW，年发电量 $72×10^8$ 度，是水利部"十二五"重点工程。山西古贤供水工程以黄河古贤水利枢纽为供水水源，供水范围包括临汾和运城盆地的 19 个县（市、区），设计引水流量 161m³/s。"十二五"期间山西省将积极配合水利部和黄委会做好黄河古贤水利枢纽工程审批立项工作，并做好山西古贤供水工程前期工作，争取"十二五"期间开工建设。

山西大水网建成后，全省供水结构将实现由地下水为主到地表水为主的根本性转变，包括引黄水在内的地表水供水能力增加到 $61 \times 10^8 m^3$，地下水开采量由 $35 \times 10^8 m^3$ 减少到 $30 \times 10^8 m^3$，年供水能力达到 $91 \times 10^8 m^3$。

4. 大水网配套建设县域供水工程（小水网工程）

为确保大水网工程建成后如期发挥效益，大水网受水区各县的配套供水工程要与大水网工程同步建成、同期发挥效益。重点做好大水网万家寨引黄、东山供水、中部引黄、小浪底引黄、辛安泉供水、禹门口东扩六大骨干工程涉及的 6 个市、44 个县（市、区）配套供水工程建设。

第三节　跨流域调水对生态环境的影响

一、跨流域调水对生态环境的有利影响

跨流域调水工程可改善缺水地区的生态状况和人类的自然生存环境，促进人与自然的和谐发展；提高抗旱和防洪能力，最大限度地减少灾害损失；改变缺水地区的经济结构，促进缺水地区的工业发展，从而增加工农业净产值。总之，调水工程对富水地区和缺水地区生态环境的有利影响是显而易见的。

（一）对调入水地区生态环境的有利影响

1. 生态效益

调水使受水地区增加了广阔的水域，导致大气圈与含水层之间的垂直水气交换加强，有利于水循环。输水渠道沿线所到之处都会发生地表水与地下水的相互作用和变化：在运河河床下切不深的地段将出现运河水量的渗漏损失和毗邻地区的浸润现象；而在切入较深的地段，将形成浸润漏斗面和出现运河排泄地下水的现象，增大地面径流，增加调水量，改善和缓解缺水地区生态和环境的不良状况。

水源对因缺水而引发的地区性生态危机，将获得起死回生的生态效益、环境效益。这也是我国南水北调工程所要求的主要目的之一。俄罗斯北水南调工程缓解了里海水位从 20 世纪 30 年代以来的下降趋势，挽救了该地区的生态危机。

2. 环境效益

调水使营养盐带入调水水体，有利于饵料生物和鱼类的生产与繁殖、促进渔业的发展；调水量增加，使径污比增高、水质控制条件趋于稳定，改善水质；增加水域面积，在此基础上可建立风景区和旅游景点，改善和美化生态环境。

3. 减灾效益

受水区因调水而不再超采地下水，有利于地表水、地下水的合理调度，增加地下水入渗和回灌，控制和防止地面沉降对环境的危害。加利福尼亚某地区从 1940 年起每年超采水量 $180 \times 10^4 m^3$，开采深度 $305 \sim 754m$，地面下沉影响约 $9000 km^2$ 农田耕作。调水后有效地防止了地面沉降，并起到保水固土作用。

（二）对调出水地区生态环境的有利影响

因修建调出水地区工程，对该地区生态环境也将产生有利的影响。如南水北调中线的汉江丹江口枢纽工程，大坝将加高，防洪库容增大，防洪能力提高。在和三峡水库联合运行的有利条件下，通过合理调度，可避免像 1935 年的汉江特大洪水的灾害，那年湖北江汉平原

有 8 万人葬身洪流。

（三）调水工程效益实例

白洋淀自 20 世纪 50 年代以来先后出现多次干淀，最为严重的是 80 年代连续 5 年淀内水彻底干涸，使淀区的生态平衡遭到严重破坏。为了缓解这种情况，从 80 年代以来多次实施从上游水库向白洋淀补水。从 1981 年至 2003 年间，王快、西大洋、安格庄三大水库累计补给白洋淀净水量 $5102 \times 10^8 m^3$。

2004 年河北省被迫启动"引岳济淀"工程，从千里之外急调岳城水库之水济淀；2005 年白洋淀再度干淀，保定市于 2006 年 4 月在安格庄、王快水库开闸放水，向白洋淀补水 $5300 \times 10^4 m^3$，使淀区水位达到 7.25m，暂时摆脱了干淀危机。但不足 7 个月，淀区水位再次下降 0.75m 而干淀，数千万立方米的水在这里眨眼已经杳无踪迹。

为了缓解干淀困局，保护华北生态环境，2006 年水利部门决定实施跨流域"引黄济淀工程"。2006 年 11 月 24 日至 2007 年 3 月 5 日期间引取黄河水 $7121 \times 10^8 m^3$，向白洋淀实施生态输水，入淀水量约 $1 \times 10^8 m^3$，暂时缓解了干淀危机。考虑为 2008 年北京奥运会储备必要的水源，再次实施了引黄补淀调水，总调出水量 $4.3 \times 10^8 m^3$，到白洋淀 $1.56 \times 10^8 m^3$，衡水湖 $0.65 \times 10^8 m^3$，大浪淀 $0.58 \times 10^8 m^3$。这些措施在一定程度上改善了白洋淀的水质，对维护白洋淀生态、遏制白洋淀生态退化起到了良好作用。

多次跨流域调水工程的实施，不仅解决了白洋淀缺水的燃眉之急，使其生态环境得到持续性保护，也产生了多方面的积极影响。

首先，在生态环境方面，2009 年引黄工程完成时，白洋淀核心区水质已经达到 Ⅲ 类标准，水质明显好转，地下水位下降趋势也得到明显遏制。补水后的白洋淀，水环境得到明显改善，为动植物的生长繁育创造了良机，原有生物种类、数量大幅增加，大部分濒临绝迹的珍稀动植物重现淀内，白洋淀的物种多样性和湿地生态系统完整性得到了很好修护。

其次，水资源配置方面，引岳济淀跨越漳河、子牙河、大清河三大河系，实现了首次跨水系补水。引黄济淀跨越黄河、海河两大流域，为跨流域水资源合理配置进行了有益实践，形成了黄河与海河南系各河之间水资源有效配置的渠道，并为南水北调中线通水后在海河流域平原区优化配置水资源创造了条件。

此外，调水工程的成功实施也产生了良好的社会影响：一方面公众对调水工程的高度认可促进了公众节水环保意识的提高；另一方面生存环境的改善保障了淀区 23 万群众的生产生活，推动了淀区及周边地区的可持续发展。

二、跨流域调水对生态环境的不利影响

跨流域调水工程的一大特点就是水资源的再分配。随着研究的深入，许多学者提出，大型跨流域调水工程无论是从生态环境的角度还是从社会经济的角度都具有一定的风险因素。综合已经收集的资料，跨流域调水工程对生态环境的不良影响大概有以下几个方面。

（一）对调入水地区生态环境的不利影响

1. 卫生防护

输水管线传播疾病是最大的不利影响。病毒病菌随水流运输传播，使伤寒、痢疾、霍乱等传染病得以蔓延。美国芝加哥密执安湖引水工程是近代最早和最有争议的调水工程之一。1948 年芝加哥受到流行性伤寒的侵袭，后经查明，原因是密执安湖的供水管道进口遭到了污染。美国还有一些调水工程实施后，传播着一种脸板蚊，曾使脑炎猖獗。在亚洲一些调水

工程中，曾传播日本乙型脑炎蚊。在非洲一些调水工程中，曾给调入水地区传播了大量疟蚊。南非奥兰治河调水工程沿途取水都用于灌溉和生活，随着农业的发展，血吸虫的宿主钉螺和人口密度的相应增加，扩大和加重了血吸虫病的发病率。

2. 水体污染

明渠输水易受污水侵害，以致污染输入并传送而影响下游。汉江是长江最大的支流，地表水量为 $590 \times 10^8 m^3$，原本有我国最干净的一条江的美誉。但近年来，由于上游陕西旬阳境内沿岸的铅锌选矿厂等任意向汉江排放废污水，污染物严重超标，使得南水北调中线工程源头水质受到污染威胁。

3. 湖库区生态

调水沿线常有多处洼淀或湖库调蓄，使原来的自然环境中增添了庞大水域，这对于河流水文特征、库区水状态、地下水位、渗漏、消落区的稳定状况、水生生物、岸边生物、水体水质、气温、降水、渔产等生态环境均有可能造成不利影响。

4. 输水沿线生态

调入区输水沿线（沿河或渠道）不可避免地产生水的渗漏，对两岸环境将产生不利影响。如巴基斯坦西水东调工程中有 3 条灌溉渠，总长 663km，引水 $1493 m^3/s$，系自流引水，其水位平均高出两岸 1m，排灌系统规划不完善，每年渗漏竟达数十亿立方米，引起两岸各数百米宽的地带产生沼泽化。同时由于排水不足，导致土地渍涝、土壤盐碱化、肥力遭破坏和粮食减产，每年影响 $24000 hm^2$ 耕地。随后采取了防渗衬砌、平整土地及管井排水等措施加以补救。

我国华北黄土地本来就缺水，但常因排水不畅，易引起土壤盐碱化，危害农作物种植和生长。南水北调工程引来源源不断的水后，应加强监测，避免发生同样的问题。

5. 水资源损耗量

调水会刺激受水区不断增加用水量，需要不断地增加调水，加之粗放化的灌溉方法和掠夺式农业经营，造成土地盐碱化，更为严重的是消耗水量骤然增大，导致河川径流入海量减少。

消耗水量的大小与当地气象条件、用水构成和用水方式有关，其中除气象条件外，其余两项均与人类活动有直接关系。据俄罗斯专家阿尔巴耶夫估计，由于水库蓄水、引水工程、受灌溉和非灌溉土地的农业耕作完善化等活动影响，全球每年增加的蒸发水量约 $87000 \times 10^8 m^3$，加上城市和工业蒸发消耗 $1500 \times 10^8 m^3$，合计约 $88500 \times 10^8 m^3$，相当于每天增加蒸发水量 $240 \times 10^8 m^3$，约等于地球表面蒸发量的 2%，陆地蒸发量的 12%。与 1970 年相比，蒸发损失水量增加了 3～4 倍。我国北方海河、黄河、淮河流域就是如此。据我国华北地区蒸发能力及其变化趋势分析显示，1956～1998 年华北地区降水量和蒸发量都呈同步递减趋势，20 世纪 90 年代分别比 1956～1998 年平均值低 9%～12% 和 3%～23%，同期海河和黄河入海量比 20 世纪 50 年代大幅度降低。虽然目前没有确切调查资料证明蒸发量增加的原因在于大规模、长距离、跨流域调水，但是取水量和用水量增加是确定不疑的，尤其是农业灌溉、水库蓄水和引水水量。我国海河、黄河断流就是一例，其流域灌区取水量均在90% 以上。

6. 土壤盐碱化

输水线和受水区会因大量渗漏补给地下水，渠道发生盐碱化，尤其是高位输水地段，情况更加严重。巴基斯坦西水东调工程就曾出现过此类问题，后经 20 年实施斯卡普计划，一方面采取水利措施降低地下水水位；另一方面结合农作物、土壤改良等措施防治土地渍涝和盐碱化，取得良好效果。

（二）对调出水地区生态环境的不利影响

1. 气候生态

如果调水水量设计不当，枯水年将影响调出水地区的环境用水。俄罗斯北水南调工程，以亚洲地区 8 条流入北冰洋河流的总水量 $19500 \times 10^8 \mathrm{m}^3$ 的 $1\% \sim 3\%$，作为调出水量，不料因减少了流入喀拉海的淡水量和热水量，竟影响到了喀拉海的水温、积水量、含盐量、海面蒸发以及能量平衡。还导致极地冰盖扩展、增厚，春季解冻时间推退，地球北部原本短暂的生长季节，也缩短了半个多月，西伯利亚森林死亡，风速加大、春雨减少、秋雨骤增，严重影响了农业生态环境。同时使北冰洋海域通航条件变差，渔产减少。

2. 河床稳定性

若利用原河道调水，势必增加流量和流速，引起河床不稳定。如巴基斯坦调水工程，由于在天然河道中设置了拦河坝，致使大量泥沙沉淀，河床升高并高出两岸地面 $1 \sim 2\mathrm{m}$，既影响了河道的自然排水能力，又阻断了地面排水出路。

3. 区域干旱化

大规模、长距离、跨流域调水，不仅会导致调水江河径流量减少，产生河口咸水倒灌，破坏河口生态。如前苏联北水南调工程自涅瓦河调水，使拉多加湖无机盐、矿化度堆积物增多；美国加利福尼亚调水使萨拉门托河与圣华金河流入旧金山湾的淡水减少 40%，导致海湾水质恶化，引起海水入侵三角洲，而且还导致调水区干旱化，其中最典型的例子就是前苏联的咸海。20 世纪 60 年代以后，前苏联在咸海上游阿姆河和锡尔河流域发展了棉花灌溉面积 $790 \times 10^4 \mathrm{hm}^2$，是当时世界上最大的灌溉系统；20 世纪 70 年代前苏联曾对 5 条调水的河流进行了流量变化调查和预测分析，发现 5 条河流流量都有不同程度的减少，其中预测减少最多的是阿姆河和库拉河，80 年代和 90 年代分别减少了 59% 和 95%，44% 和 78%。20 世纪 80 年代咸海水量比 60 年代减少了 87%，咸海面积萎缩了近 50%，蓄水量减少 79%，湿地减少了 85%。喜水植物毁灭，$33 \times 10^4 \mathrm{hm}^2$ 森林资源完全被破坏，沙漠吞没了 $200 \times 10^4 \mathrm{hm}^2$ 耕地和周围 $15\% \sim 20\%$ 的牧场。

美国加利福尼亚调水工程，虽然使加利福尼亚成为美国重要的农产品生产和出口基地，但调水区的河川径流量骤减，使加利福尼亚 95% 的湿地消失，水生态系统遭到严重破坏，依存于湿地的候鸟和水鸟由 6000 万只减少到 300 万只，鲍鱼减少了 80%。

跨流域调水工程虽然是局部的，但却是水资源配置的战略性工程，其影响将是长期的。在发挥巨大的直接经济、社会、环境效益时，也可能存在着不利的因素，有的已被认识并采取对策。由于发展过程和大自然的复杂性，有的还要在工程实践中再认识。

参考文献 👆 ··

[1] 水利部南水北调规划设计管理局，山东省胶东调东局．引黄济青及其对我国跨流域调水的启示 [M]．北京：中国水利水电出版社，2009.

[2] 陈元．我国水资源开发利用研究 [M]．北京：研究出版社，2008.

[3] 郭潇，方国华．跨流域调水生态环境影响评价研究 [M]．北京：中国水利水电出版社，2010.

[4] 汪明娜．跨流域调水对生态环境的影响及对策 [J]．环境保护，2002，(3)：32-35.

[5] 夏军．跨流域调水及其对陆地水循环及水资源安全影响 [J]．应用基础与工程科学学报，2009，17 (6)：831-842.

[6] 方妍．国外跨流域调水工程及其生态环境影响 [J]．人民长江，2005，36 (10)：9-10.

[7] 中国南水北调网站．www.nsbd.gov.cn.

[8] 山西省人民政府．山西大水网工程规划．太原：2011.

第七章

城市污水再生利用

第一节　城市污水再生利用方式

水资源在自然循环的过程中，在局部某个环节被人类所取用，从而进入了水的社会循环圈内。在社会循环圈内，被取用的水资源经过不同的利用过程，最终被排放入自然环境，这个排放的过程被认为是水资源社会循环的终点。

在人类利用的过程中，一些杂质和污染物被带入了水体中，降低了水的使用价值。而在以往"粗放型"的水资源利用过程中，这些使用价值降低的污水，经过处理后，将很快被排放入自然水体，而没有再加工利用。这个粗放的排弃过程具有双重负面作用：一方面，排放的污水（即使是经过二级处理）中仍然含有较多的污染物，加重了自然环境中的污染负荷，当超过环境容量时，将引发不可逆的环境污染；另一方面，大量的排弃意味着需要补充新鲜水量，加重了水资源危机的程度。

在水资源高效利用理念深入人心的今天，城市污水作为重要的新型水资源，其再生利用的应用已经非常的普遍。城市污水再生利用的过程，已经成为水资源社会循环中的一个不可忽视的重要环节。在人类的广泛共识中，解决人类水危机的方法只能依靠"开源节流"。而污水再生利用这个环节的作用，正是开源节流的体现。既开发利用了新的水资源，又减少社会循环中水资源的排弃量。多次的再生利用，使得在没有提高自然循环中水开采量的前提下，可利用水资源的总量成倍地增长，也使得水资源总用量中排弃的比例降低。随着再生利用技术的发展和成本的下降，污水再生利用将为社会带来巨大的经济效益；同时，在再生利用过程中，减少了进入水循环的污染物总量，也产生明显的环境效益。

一、污水再生水的类型

污水再生水是指对人类生产、生活利用后排放出的污水，经过污水处理加工过程，达到相关行业使用标准，具有再次使用价值的水体。

时至今日，再生水的用途已经非常的广泛，而且随着水资源紧张局面的加剧，再生水还在不断拓宽其使用的范围。现阶段，污水再生水主要面向的服务对象可归纳为：农业灌溉用水、工业生产工艺用水、娱乐设施用水、回灌补充地下水、城市给水（包括城市杂用和生活饮用）。

虽然使用的用途和行业无法细数，但是根据再生水使用的方式，可以将污水再生水简单归结为两种类型：直接回用的再生水和间接回用的再生水。

（一）直接回用

再生水的直接回用是指经过适当处理的污水再生水，不经过其他的缓冲和自净流程，有计划地直接用于合适的需水用户。

目前，再生水直接回用的领域主要集中在农业生产用水、工业生产用水、娱乐设施经营用水、城市杂用水以及饮用水水源补充等方面。这些领域往往对水质要求都不是过于苛刻，因此，当水质达到行业的基本要求后，可不采用新鲜的高质水资源，而优先采用再生回用水作为补充。

经过多年的发展，我国再生水回用已经步入稳健发展的阶段，原先相对缺乏的再生水相关标准和规范也逐渐健全。相关行业用水政策的颁布，对再生水的应用推广起到推波助澜的作用。再生水在农业灌溉、工业循环冷却、城市杂用等行业的使用已经颇具规模，而且这些行业依然是下一阶段再生水回用的潜力行业。

（二）间接回用

相对于直接回用，再生水的间接回用是指在人类生活或生产过程中产生的污废水，经处理后排入自然环境中，经水体缓冲、土壤渗滤、天然生物作用等较长时段自然净化过程后，再次被使用。这个自然净化的过程包括：较长时间的储存、沉淀、稀释、日光照射、曝气、生物降解、土壤过滤、热作用等。将再生水排入自然环境，其实就是利用自然的环境容量和自净能力，使水质较排放时有进一步的提高。间接回用和直接回用服务于同一类行业时，对其要求的水质没有降低，但间接回用其处理成本会略低于直接回用。

间接回用的主要应用方式又分为补给地表水和人工补给地下水两种方式。

补给地表水，是指污水经再生后排入地表水体，经过水资源自然循环中的自净作用再进入给水系统。而补给地下水是指，污水经处理后采用人工回灌的方式，对地下水源进行补给，经过地层中复杂的物理、化学、生化作用净化后再抽取上来送入给水系统。

（三）再生水回用类型的选择因素

从一般的观点来看，再生水回用类型的选择应决定于技术因素。选择直接回用还是间接回用，应当考虑水质情况、处理技术、环境容量、综合投资、运行成本以及应急预案等技术要点，还有必要对排入自然环境的环境风险进行一定评估。

但经过多年的实际案例来看，除从专业技术的角度进行考虑外，还应当在相关法规和行业规划的允许范围内，综合考量公众的认知和接收程度。同时，在选用再生水间接回用时，要严格执行法律法规，加强环境监管，杜绝经济利益驱使下的违规操作。

二、污水再生利用途径

近几十年，随着世界经济的快速发展，人民生活品质的提高，人类社会需水量迅速增大，水资源危机的波及范围也早已全球化。由原先经济落后地区和水资源总量匮乏地区水资源紧张，转变到世界范围可利用资源紧张。因此，世界大部分国家，特别是水资源短缺问题突出的国家，都对水工业发展的总体策略进行了调整。拓宽渠道增加可利用水资源总量，以及重视水资源的可持续利用，都是相关管理部门提倡的措施。

在这种水资源利用高效化的大环境下，城市污水的再生利用早已成为全世界水工业工作者的共同课题。努力增加城市污水再生回用的途径，提高再生水在总用水量中所占的比率，也是再生水回用推广者的重要任务。

（一）国外城市污水再生利用途径

作为世界经济最发达的国家，人口众多的美国是世界上需水量最大的国家之一，同时也是污水再生利用最早规模化应用的国家之一。尤其在其地下水超采严重且淡水资源匮乏的西南部和中南部地区，污水处理回用工程项目相当的普及。

在缺水相当严重的美国佛罗里达地区，20世纪70年代开始建设污水处理回用工程，以满足生活杂用水的需求。在西南部的加利福尼亚地区，每年有近 $4.5\times10^8\,m^3$ 的城市污水被回用作农业灌溉、工业冷却等用途，占到该州全年污水总量的8%左右。美国各个州的再生水标准不同，但相对都较为严格和慎重。美国国家环保总署（EPA）于20世纪90年代早期就制定了污水再生回用导则，以指导和促进再生水回用的推广。根据EPA列举的500多项污水回用工程案例的用途分析，美国城市污水回用的主要途径是以农业灌溉和工业冷却为主，其他途径所占比例相对较小（见表7-1）。

表7-1 美国城市污水回用用途分类

用途类型	水量比例	用途类型	水量比例
农业灌溉（包括景观用水）	62.0%	娱乐、养鱼、野生水生物	1.5%
工业用水	31.5%	总计	100%
回灌地下水	5.0%		

日本地处海岛，人口密度高，人均淡水资源处于世界较低水平。正是由于自然资源的相对匮乏，日本对于水资源的高效利用一贯非常重视。

从1960年起，日本沿海缺水城市就开始对城市污水处理厂处理后的污水加工回收利用，主要用作工业和生活杂用。到了20世纪90年代初，日本就制定了相关的水质标准，并在全国范围推进污水回用工程的建设，其城市污水再生水就已经成为相对稳定的水源。时至今日，在东京、名古屋、大阪等城市，都建有完善的回用水专用管道，以方便居民生活杂用。截至1996年，日本全国建有再生水回用设施2100多处，其水量占全国生活用水量的0.8%，城市污水再生回用的主要用途为生活杂用和工业用水，农业灌溉和补充河道、景观用水也占到不小的比例（见表7-2）。

表7-2 日本城市污水回用用途分类

用途类型	水量比例	用途类型	水量比例
生活杂用	40%	补充河道水量、景观用水	12%
工业用水	29%	融雪用水	4%
农业灌溉	15%	合计	100%

注：引自《城市污水再生及热能利用技术》。

除了美国和日本外，南非、荷兰、俄罗斯以及南美和中东的很多水资源短缺的国家都在大力推进再生水的回用工程建设。

（二）我国污水回用主要途径

相比于国外的发达国家，我国城市污水再生水回用的发展起步要迟一些。从1985年后的三个五年计划开始，我国投入大量科研力量，进行了污水资源化的技术攻关，陆陆续续建成一些再生水回用的示范工程。这些示范工程主要集中于再生水用于工业用水、农业灌溉、城市杂用等。

2000 年后，再生水回用的相关技术规范陆续出台，我国再生水回用的法律法规开始逐渐健全。2002 年，建设部在总结我国前一阶段科研成果和借鉴国外先进经验的基础上，牵头颁布了《污水再生利用设计规范》(GB/T 50335—2002)，对污水再生利用工程中的水源、回用分类、回用工艺、安全措施、监测控制等内容进行了规范，加速了再生水回用在国内的推广进程。2012 年 12 月，住房和城乡建设部组织编写了《城市污水再生利用技术指南（试行稿）》，使得全国范围内中小城市在推行再生水回用的过程中，也拥有了技术支持。在指南中，根据近 30 年我国再生水发展的经验，对我国再生水利用的主要途径进行了技术上规范。我国再生水回用的主要途径为工业利用、农田灌溉、城市杂用、景观环境利用、绿地灌溉以及地下水回灌等。

三、污水再生利用系统

城市污水再生利用系统一般包括污水收集系统、污水处理再生系统（含二级处理和深度处理工艺）、再生水输配系统以及用户系统四部分组成（见图 7-1）。

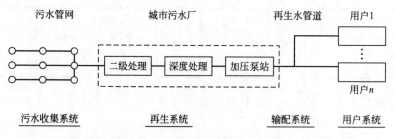

图 7-1　城市污水再生利用系统示意

（一）污水收集系统

作为再生的对象，一般情况下，城市污水主要是依托于市政排水管道进行收集，通过管网的转输，将收集的城市污水输送至污水处理厂进行集中处理。

污水收集系统的排水管渠建设时一般是需要根据城市总体规划统一布置和建设，排水管渠的断面尺寸一般是按照设计远期所规划的最高日最高时流量进行设计，按照现状的水量情况进行复核。

确定收集系统管径的污水流量包括了城市居民生活污水和工业污水，当系统采用合流制管道时，还应考虑初期的雨水流量。但是，我国城市排水管道建设的趋势是采用雨污分流的排水体制，雨水设置专用管道收集后加以利用，因此，早期管道改建后或新建排水管道都主要以收集污水为主。由于污水外露产生的环境问题以及带给人的感官不适，因此，污水收集管道不宜采用明渠。

污水中污染物种类繁多，且各用户产生的污染物浓度不同，这带给后端的再生处理系统很大的麻烦。建设部制定的《污水排入城市下水道水质标准》(CJ 3082—1999)（表 7-3）一定程度上稳定了进入处理设施的水质，也为城市污水再生利用创造了有利条件。CJ 3082—1999 中规定了用户向城市下水道排放污水时污水中 35 种有害物质的最高允许浓度；一些特殊行业的排水户，同时还需要遵守相关专业的专业标准。

表 7-3 污水排入城市下水道水质标准 (CJ 3082—1999)

序号	项目名称	单位	最高允许浓度	序号	项目名称	单位	最高允许浓度
1	pH 值		6.0～9.0	19	总铅	mg/L	1
2	悬浮物	mg/(L·15min)	150(400)	20	总铜	mg/L	2
3	易沉固体	mg/L	10	21	总锌	mg/L	5
4	油脂	mg/L	100	22	总镍	mg/L	1
5	矿物油类	mg/L	20	23	总锰	mg/L	2.0(5.0)
6	苯系物	mg/L	2.5	24	总铁	mg/L	10
7	氰化物	mg/L	0.5	25	总锑	mg/L	1
8	硫化物	mg/L	1	26	六价铬	mg/L	0.5
9	挥发性酚	mg/L	1	27	总铬	mg/L	1.5
10	温度	℃	35	28	总硒	mg/L	2
11	生化需氧量	mg/L	100(300)	29	总砷	mg/L	0.5
12	化学需氧量	mg/L	150(500)	30	硫酸盐	mg/L	600
13	溶解性固体	mg/L	2000	31	硝基苯类	mg/L	5
14	有机磷	mg/L	0.5	32	阴离子表面活性剂	mg/L	10.0(20.0)
15	苯胺	mg/L	5	33	氨氮	mg/L	25.0(35.0)
16	氟化物	mg/L	20	34	磷酸盐(以 P 计)	mg/L	1.0(8.0)
17	总汞	mg/L	0.05	35	色度	倍	80
18	总镉	mg/L	0.1				

注：括号内数值适用于有城市污水处理厂的城市下水道系统。

（二）污水处理再生系统

污水处理再生系统是污水再生利用的核心环节，根据污水水质，采用物理法、化学法、生化法等处理手段，进行一级处理（预处理）、二级处理、深度处理以达到用户的水质要求。

一级处理和二级处理也常称为常规处理。主要是为了去除水中的悬浮物、溶解性有机物和氮、磷等营养盐类。深度处理，主要是以回用为目的的去除二级处理未能完全去除的水中有机污染物、悬浮物、色度、矿化度等指标。

污水再生处理工艺方案往往是根据处理后水的用途水质选择不同的处理工艺进行组合处理。方案的选择要根据污水水质水量及变化规律、出水水质及处理程度、处理厂的地形/地质条件、投资额度以及建成后运行成本等多方面因素综合考虑。

城市污水处理再生系统一般设于城市污水处理厂内，通过再生处理工艺处理达标后，再送入再生水输配系统送至用户加以利用。当企业或单位内部污水再生回用时，再生处理系统也可建于企业或单位内，利用自建的收集和输送管道进行利用。

污水再生处理系统中，可以设置溢流和事故排放管道，以方便非正常工况条件下水量超越构筑物使用。但是，当溢流排放时，排放水质也应当满足相应水体污染物排放标准。

城市污水处理厂的典型流程见图 7-2。

（三）再生水输配系统

城市污水在污水处理厂内集中再生处理之后，需要设置再生水的专用输配系统，将水量输送至用户系统内，以完成最后的利用。

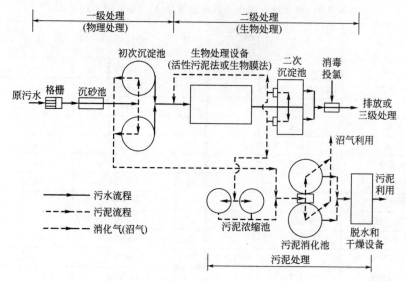

图 7-2 城市污水处理厂的典型流程

由于城市污水厂往往处于区域的海拔最低点，因此，再生水输送时一般需要加压提升，才能满足压力的要求。再生水加压设施多与再生处理系统一起建于污水处理厂内，可以置于产水池内的潜污泵形式设置，也可以专设地上、地下式的干式安装泵房。再生水供水水泵不得少于 2 台，并应参照供水水泵要求设置备用泵。当局部用户系统前水压不够时，也可自行设置中途加压系统。

再生水的输配水管道应采用独立设置的专用管道，不应当与其他管道相连，不应对其他管道的水质产生影响，特别是饮用水。

由于再生水的水质限制，输配管道应多采用非金属的承压管道；若采用金属管道时，应当对金属管道进行防腐处理。管道管径的计算方式可参照给水管网进行。

（四）用户系统

再生水用户系统处于整个污水再生利用系统的最末端，用户系统内根据具体情况，依照用户的需要、工艺的不同，设置内部的配水系统和取用设备。当个别用户用水的水质较再生水标准水质高时，可在用户系统内设置加工设施，以满足个别需要。

处于整个系统末端的用户系统，应当对再生水使用可能潜在的风险有明确的认识，并设有控制预案和措施。一般情况下，再生水应减少在与人体密切接触的行业使用，如洗浴、游泳、食品加工、医疗、洗衣等行业；特殊情况下使用时，应当严格确保其净化程度符合要求。

第二节 城市污水再生利用水质

一、污水处理的目标与水质

（一）处理目标与参考标准

城市污水处理再生系统是整个污水再生利用系统的核心部分，由于处于整个城市排水收集系统的末端，因此，一般情况下，污水处理再生系统都设置与城市污水处理厂内。

城市污水处理厂所承担的任务和主要的目标就是对城市污水进行污染物的削减。因此，一般来说，对于污水处理厂处理工艺的选择首先要遵循的原则是满足污染物排放标准，在我国即需要满足《城镇污水处理厂污染物排放标准》（GB 18918—2002）。当处理厂兼有再生水厂的功能时，且污染排放标准中指标较再生水水质指标低时，处理工艺可参照再生回用水水质的标准选取。

当污水处理厂内再生回用量小于收纳污水的总量时，需要从经济性等角度考虑工艺设置，再生回用部分以达到相关用途再生水水质标准进行处理，而多余部分在水质达到《城镇污水处理厂污染物排放标准》（GB 18918—2002）中相关排放标准后，即可提前排放。

当污水再生回用的用途较多，且用户行业水质标准高低不同时，可根据需求调研确定各用途水量比例，再根据处理成本分析综合确定工艺。以再生水质满足一般用途或者较多用途为原则，个别水质要求高的用户可在用户系统中进行再加工。

当回用水用途比较集中和单一时，再生处理的工艺可直接参照该用途再生水利用行业的专项标准进行选择。

在企业或单位中设置的再生水回用系统，可以其回用用途水质选择处理工艺，但当再生水需最终排放入自然环境或者城市下水道时，还必须满足《污染物综合排放标准》（GB 8978—1996）或《污水排入城镇下水道水质标准》（CJ 343—2010）中的相关条文，有行业污染物排放标准的特殊行业还需同时执行行业标准。

（二）处理厂污染物排放标准

《城镇污水处理厂污染物排放标准》（GB 18918—2002）是我国对城镇污水处理厂排放污染物进行管理的规范。兼顾污水再生回用功能的污水处理厂，也至少应当满足该标准的要求。

GB 18918—2002 中根据污染物的性质，将污染物指标分为了基本控制项目指标和选择性控制项目指标两类。

基本控制项目包括了常规污染物和部分的一类污染物。常规污染物是处理厂采用一般处理工艺就可去除的工艺；而一类污染物是《污染物综合排放标准》（GB 8978—1996）中确定的，不分行业、排放方式以及受纳水体类别，在车间或处理设施口采样必须满足浓度限值的指标。基本控制项目合计 19 项。

选择性控制项目多为一些对环境有较长时间影响或毒性较大的污染物，合计 43 项。

根据处理厂排放水域的环境功能和保护目标，基本控制项目中常规污染物分为了一级、二级、三级标准，其中，一级标准又分为 A、B 两级。部分一类污染物和选择性控制项目不分级。指标具体限制见表 7-4～表 7-6。

表 7-4　基本控制项目最高允许排放浓度日均值（GB 18918—2002）　单位：mg/L

序号	基本控制项目	一级标准		二级标准	三级标准
		A 标准	B 标准		
1	化学需氧量（COD）	50	60	100	120①
2	五日生化需氧量（BOD$_5$）	10	20	30	60②
3	悬浮物（SS）	10	20	30	50
4	动植物油	1	3	5	20
5	石油类	1	3	5	15
6	阴离子表面活性剂	0.5	1	2	5

续表

序号	基本控制项目		一级标准		二级标准	三级标准
			A 标准	B 标准		
7	总氮(以 N 计)		15	20	—	—
8	氨氮(以 N 计)		5(8)	8(15)	25(30)	—
9	总磷 (以 P 计)	2005 年 12 月 31 日前建设的	1	1.5	3	5
		2006 年 1 月 1 日起建设的	0.5	1	3	5
10	色度(稀释倍数)/倍		30	30	40	50
11	pH 值		6~9			
12	粪大肠菌群数/(个/L)		10^3	10^4	10^4	—

① 下列情况下按去除率指标执行：当进水 COD 大于 350mg/L 时，去除率应大于 60%；BOD 大于 160mg/L 时，去除率应大于 50%。

② 括号外数值为水温>12℃时的控制指标，括号内数值为水温≤12℃时的控制指标。

表 7-5　部分一类污染物最高允许排放浓度日均值 (GB 18918—2002)　单位：mg/L

序号	项目	标准值	序号	项目	标准值
1	总汞	0.001	5	六价铬	0.05
2	烷基汞	不得检出	6	总砷	0.1
3	总镉	0.01	7	总铅	0.1
4	总铬	0.1			

表 7-6　选择性控制项目最高允许排放浓度日均值 (GB 18918—2002)　单位：mg/L

序号	选择控制项目	标准值	序号	选择控制项目	标准值
1	总镍	0.05	23	三氯乙烯	0.3
2	总铍	0.002	24	四氯乙烯	0.1
3	总银	0.1	25	苯	0.1
4	总铜	0.5	26	甲苯	0.1
5	总锌	1.0	27	邻二甲苯	0.4
6	总锰	2.0	28	对二甲苯	0.4
7	总硒	0.1	29	间-二甲苯	0.4
8	苯并[α]芘	0.00003	30	乙苯	0.4
9	挥发酚	0.5	31	氯苯	0.3
10	总氰化物	0.5	32	1,4-二氯苯	0.4
11	硫化物	1.0	33	1,2-二氯苯	1.0
12	甲醛	1.0	34	对硝基氯苯	0.5
13	苯胺类	0.5	35	2,4-二硝基氯苯	0.5
14	总硝基化合物	2.0	36	苯酚	0.3
15	有机磷农药(以 P 计)	0.5	37	间甲酚	0.1
16	马拉硫磷	1.0	38	2,4-二氯酚	0.6
17	乐果	0.5	39	2,4,6-三氯酚	0.6
18	对硫磷	0.05		邻苯二甲酸二丁酯	0.1
19	甲基对硫磷	0.2		邻苯二甲酸二辛酯	0.1
20	五氯酚	0.5		丙烯腈	2.0
21	三氯甲烷	0.3		可吸附有机卤化物(AOX 以 Cl 计)	1.0
22	四氯化碳	0.03			

从指标限制中可以看到，当城镇污水处理厂排入《地表水环境质量标准》（GB 3838—2002）中规定的Ⅳ类、Ⅴ类功能水域或者《海水质量标准》（GB 3079—1997）中三、四类功能海域时，可执行二类排放标准。

当城镇污水处理厂排入 GB 3838—2002 中规定的Ⅲ类功能水域（划定的饮用水保护区和游泳区除外）、GB 3079—1997 中二类功能海域和湖、库等封闭或半封闭水域时，执行一级 B 标准。

当城镇污水处理厂排入 GB 3838—2002 中规定的Ⅲ类功能水域（划定的饮用水保护区和游泳区除外）、GB 3079—1997 中二类功能海域和湖、库等封闭或半封闭水域时，执行一级 B 标准。

当城镇污水处理厂出水引入稀释能力较小的河湖作为城镇景观水和一般回用用途时，执行一级 A 标准。

从目前污水处理厂运行调查情况来看，近年来设计建设的污水处理厂均按照 GB 18918—2002 中相关要求设计，而早期的污水处理厂设计基本均以满足二级排放标准作为工艺选择的参数。在环保部以及多个重点流域环境保护的"十二五"规划中，都明确要求"十二五"期间城镇污水处理厂要进行升级改造，达到一级 B 的排放标准，特别是东部经济发达地区。

从 GB 18918—2002 指标的限值中看，一级 A 的排放标准即可满足生活杂用等一般用途的回用。因此，在回用水没有特殊行业用途的情况下，城镇污水处理厂兼做再生水厂时可以以一级 A 排放标准进行设计，然后对比农业灌溉、工业回用、城市杂用、地下回灌等用途的再生水回用水质标准，选择直接回用的行业。当个别行业标准高于一级 A 的指标限值时，再进行局部加工即可。

二、回用水水质的基本要求

我国目前主要再生水回用途径基本可分为农业灌溉、工业回用、城市杂用、地下回灌以及补充饮用水源等几个大类。由于行业特点，各类行业对使用再生水作为水源时，对回用水水质都有不同的基本要求。表 7-7 为再生水主要用途应重点关注的水质指标。

表 7-7 再生水主要回用途径重点关注的水质指标

主要用途		应重点关注的水质指标
工业	冷却和洗涤用水	氨氮、氯离子、溶解性总固体(TDS)、总硬度、悬浮物(SS)、色度等指标
	锅炉补给水	TDS、化学需氧量(COD)、总硬度、SS 等指标
	工艺与产品用水	COD、SS、色度、嗅味等指标
景观环境	观赏性景观环境用水	营养盐及色度、嗅味等指标
	娱乐性景观环境用水	营养盐、病原微生物、有毒有害有机物、色度、嗅味等指标
绿地灌溉	非限制性绿地	病原微生物、浊度、有毒有害有机物及色度、嗅味等指标
	限制性绿地	浊度、嗅味等感官指标
农田灌溉	直接食用作物	重金属、病原微生物、有毒有害有机物、色度、嗅味、TDS 等指标
	间接食用作物	重金属、病原微生物、有毒有害有机物、TDS 等指标
	非食用作物	病原微生物、TDS 等指标
城市杂用		病原微生物、有毒有害有机物、浊度、色度、嗅味等指标
地下水回灌	地表回灌	重金属、病原微生物、SS、TDS 等指标
	井灌	重金属、病原微生物、SS、TDS 有毒有害有机物等指标

（一）农业灌溉

农业灌溉主要包括农作物、牧草、树木、农副产品洗涤及冷冻等用水。其工作内容包括将污水施于土地以便得到处理与满足植物生长两个方面。

1. 有利条件

（1）农业灌溉用水量大，以北京市为例，农业灌溉用水量将近为工业与生活用水量的两倍。污水经适当处理后用于农灌，不仅可以解决工农业争水的矛盾，而且可以把节约下来的大量优质水用于城市生活用水，有利于经济合理地利用水资源。

（2）既可利用污水的肥效（城市污水中含氮、磷、有机物等），还可利用土壤-植物系统的自然净化功能减轻污染。

（3）灌溉用水的水质要求较低，一般不需要对污水进行深度处理，制水成本相对较低。

2. 水质基本要求

农业灌溉的水质要求是不传染疾病，不破坏土壤的结构和性能，不使土壤盐碱化。土壤中重金属和有害物质的积累不得超过有害水平，使用再生水灌溉不影响农作物的产量和质量，对地下水不造成污染。

根据灌溉用水水质要求，城市污水用于农灌，必须经过适当处理，未经处理的污水一般不允许以任何方式用于灌溉。1975年联合国卫生组织曾经提出，城市污水至少要经过一级处理才能用于灌溉，如有可能最好进行二级生化处理。目前，经济发达的国家已基本实现了这些要求，有些国家和地区甚至达到了更高要求。

（二）工业回用

1. 主要用途

（1）冷却用水　冷却水在工业生产用水中占很大比重，一般占70％～80％或更多，且水质要求相对较低，因而是城市污水工业回用的大户和主要对象。

（2）锅炉补充水　由于水质要求高，特别是超高压锅炉，因此，在近期内还不可能普遍地利用。

（3）工艺用水　由于在不同的工业之间、同一工业不同工厂之间和同一工厂不同工艺之间，其水质要求差别很大。因此，应根据工艺过程对水质的要求而定。一般食品加工、医药等工业水质要求比较严格，因而限制了再生水的利用。而木材、采矿等工业则对水质要求不高，因而非常适合利用再生水。

工业回用有着广阔的前景，经过多年的发展，使用再生水的工业企业数量逐年提高，但回用水量在总用水量的比值还很小。因此，其潜力是很大的。不同工业对污水回用的可能性见表7-8。

表7-8　代表性工业再生水回用可行性

工业类型	再生回用可行性
钢铁	二级处理出水水质适用于焦炭与炉渣的冷却、气体洗涤与热轧工序 对冷轧并为减少轧钢机用水，二级出水可能要求进行补充处理（混凝、沉淀、过滤），主要用以减少悬浮物含量。酸洗与清洗水需用软化或脱盐水
石油	对二级出水进行补充处理，除去悬浮物与浊度，可以用作脱盐、清洗、运送产品等工艺用水
食品加工与医药	因为所有清洗、运送与漂白工序用水都需有饮用水水质，二级出水回用作食品加工与医药工业的工艺用水是不适合的

工业类型	再生回用可行性
炸药与肥皂	二级出水回用作炸药与肥皂工业的工艺用水,可能要求补充处理(混凝、沉淀、过滤)。为达到特定需要的水质,有时需要软化与脱盐
动力、锅炉补给与冷却补充	二级出水回用作冷却与锅炉补充水。钢铁与石油工业的冷却水量大大超出了这些工业部门的工艺用水量。补充处理视供水设备而定,一般对锅炉补给水,需要补充处理以除去溶解固体与硬度

2. 有利条件

再生水用于工业时使工业用水户紧邻供水源,就近可得,不必长距离引水,从而节省投资成本,运行管理也很方便。由于近 80% 的用水量可产生为再生水量,因而水源稳定。经城市污水厂的二级处理出水稍加补充处理可满足许多工业部门用水的水质要求,且其处理成本远比长距离引水低得多,水量和水质均有保证,不会出现枯水期用水紧张的问题。此外,再生水利用促进了水的循环使用,减少了工业废水排放量,也有利于环境保护。可将节省下来的大量自来水供城市居民使用,可极大地减轻城市对新鲜水量的需求。

3. 水质基本要求

(1)冷却用水 根据冷却系统的类型和换热器金属材料的性质而有所不同。一般有如下水质要求:①在热交换过程中,不产生结垢;②对冷却系统不产生腐蚀作用;③不产生过多的泡沫;④不存在有助于微生物生长的过量营养物质。

(2)锅炉补充水 水质要求随锅炉压力增加而提高、随锅炉压力下降而降低。由于对水的硬度、溶解性固体等项水质指标要求非常高,因此,必须经过深度处理。

(3)工艺用水 不同类型工业的水质要求差异很大,回用水质须符合有关行业的用水水质要求和水质标准。

(三)城市杂用水

1. 生活杂用水

生活杂用水(指不直接与人体接触的生活用水)范围主要包括居住建筑、公共建筑和工业企业非生产区内用于冲洗卫生用具、浇花草、空调、冲洗车、浇洒道路等。

2. 环境、娱乐和景观用水

环境、娱乐和景观用水主要包括浇洒城镇公园或其他公共场所、公路两侧、墓地等处的草地和高尔夫球场,浇灌树木、苗圃,供钓鱼和划船的娱乐湖,供游泳和滑水的娱乐湖,补充河道、人工湖、池塘以保持景观和水体自净能力,以及人工瀑布、喷泉用水等。

从卫生和健康角度考虑,污水处理后作城市杂用水应进行严格的消毒;从输水的经济性出发,冲洗车辆和浇洒道路用水应设置集中取水点,环境、娱乐和景观用水供水范围不能过度分散,应因地制宜以大型风景区、公园、苗圃、城市森林公园为回用目标;从环境质量考虑,景观用水应保持城市地面水的环境质量,注意防止水体富营养化的发生,在使用中可因地制宜地采用水生植物净化措施或人工曝气处理措施,以维护水体的水质符合要求。

(四)地下回灌

1. 目的

地下回灌,是借助于某些工程设施,将经适当处理后的污水直接或用人工诱导的方法引入地下含水层去,其目的主要有:①补充地下水量,稳定或抬高地下水位,提高含水层的供水能力；②控制地面沉降或地面塌陷，避免因过量开采地下水造成的严重环境地质问题；③滨海和岛屿地区，可以使地下咸水淡化和防止海水入侵；④冷源（热源）储备，以改善生产用水条件，减少用水量或能耗；⑤为污水间接回用的缓冲途径。

2. 水质基本要求

地下回灌的水质要求，取决于当地地下水的用途、自然和卫生条件、回灌过程和含水层对水质的影响及其他技术经济条件。回灌水的水质应符合以下 3 个条件：①水质应优于原地下水水质，或达到生活饮用水水质标准；②回灌后不会引起区域地下水的水质变化和污染；③不会引起井管或滤水管的腐蚀和堵塞。

（五）补充饮用水

城市污水处理后回用于补充饮用水可包括直接回用与间接回用两个类型。

从技术上讲，直接回用于饮用水是可行的，处理厂最后出水被直接注入生活用水配水系统。回收的污水必须经多级、深度处理，使水质严格达到《生活饮用水卫生标准》才能饮用。纳米比亚于 1968 年建起了世界上第一个再生饮用水工厂，日产水 6200m³，水质达到世界卫生组织和美国环保局公布的标准。在南非的约翰内斯堡每天有 $9.4×10^4$ m³ 饮用水来自再生水工厂。但是，污水处理后用作生活饮用水是一个非常严肃的问题，很多国家和地区的人民对于直接饮用再生水从思想上无法接受，这也是再生水在直接饮用方面进展较小的原因。

间接回用于饮用水是在河道上游地区的污水经净化处理后又排入水体或渗入地下含水层，然后又作为下游或该地区的饮用水源。英国的泰晤士河、法国的塞纳河、德国的鲁尔河和美国的俄亥俄河等河道中，再生水量所占比重自 13%～82% 不等。在干旱地区每逢特枯水年，再生水在河中的比重更大，美国的弗吉尼亚州的奥克尼水库，在 1980～1981 年干旱期间，再生水的比例曾高达 90%。由于人类水资源的有限以及居住区域分布的限制，间接回用的情况有时是无法避免的，是被动的。

三、污水再生利用的水质标准

以美国、日本、以色列等国家为代表的发达国家在污水再生利用领域起步较早，相关行业的再生水用水水质指标提出得相对较早。我国的再生水工业起步相对较晚，在早期的再生水利用中，基本以参照国外相关标准或先进经验为主。2000 年以后，随着我国污水再生工业技术储备完善，相关部门也开始制定了一些再生水回用作主要用途的水质标准。

（一）再生水农业灌溉水质标准

根据世界各国污水再生利用案例来看，农业灌溉是城市污水再生利用的主要途径。从农业灌溉水质的基本要求来看，由于农作物生长需要一定的有机物、营养盐；病原体微生物在灌溉后的新环境中，会受到环境影响逐步死亡；而且土地内微生物代谢和渗滤本身就是污水处理的方法之一。因此，再生水回用作灌溉用水可以说是最安全的用途。

世界上经济发达国家，如美国、以色列等，都制定了相应的再生水灌溉水质标准（见表 7-9 和表 7-10），而且水质通常是根据灌溉对象区别对待，要求比较严格。而我国在 2007 年之前，没有专门的再生水用作农业灌溉的水质标准，一般都是参考《农田灌溉水质标准》进行限定。2007 年后，如选用再生水作为灌溉用水的话，需达到《城市污水再生利用·农田灌溉用水水质》（GB 20922—2007）的要求见表 7-11。

从包括中国在内的几个典型国家的再生水农业灌溉水质标准来看，再生水回用作农业灌溉是最容易达到水质要求的，基本上二级排放标准就能够达到大部分类型农作物的要求。相对于其他作物来看，露地蔬菜这些可能直接食用的经济作物对回用水的要求比较高，当污水处理厂出水达到一级 A 标准时，才能满足该类农作物的水质要求。GB 20922—2007 中对病原体微生物的指标要求较高，这就要求再生水需要消毒后再进行灌溉。使用再生水灌溉时，需要对水体的矿物质含量进行要求，以免出现因灌溉导致土地盐碱化的情况发生。

除了农田灌溉外，有些地方也使用再生水进行水产养殖，这也属于农业应用的范畴。现在我国再生水标准中没有再生水用作水产养殖的专项规范，应以《国家渔业水质标准》（GB 11607—89）进行约束。

表 7-9　美国华盛顿州灌溉回用水水质标准

灌 溉 项 目	处 理 要 求	大肠菌群数/(个/100mL)
饲料、纤维、谷物、森林	一级、消毒	<230
产奶牲畜牧场	二级、消毒	<23
草坪、运动场、高尔夫球场、墓地	二级、消毒	<23
果园（地表灌溉）	二级、消毒	<23
食用作物（地表灌溉）	二级、消毒	<2.2
食用作物（喷灌）	二级、过滤、消毒	<2.2

表 7-10　以色列灌溉回用水水质标准

灌 溉 项 目	BOD /(mg/L)	SS /(mg/L)	溶解氧 /(mg/L)	大肠菌群数 /(个/mL)	余氯 /(mg/L)	其他要求
干饲料、纤维、甜菜、谷物、森林	<60	<50	>0.5	—	—	限制喷灌
青饲料、干果	<45	<40	>0.5	—	—	
果园、熟食蔬菜、高尔夫球场	<35	<30	>0.5	<100	>0.15	
其他农作物、公园、草地	<15	<15	>0.5	<12	>0.5	需过滤处理
直接食用作物	即使是再生水也不能用于灌溉					

表 7-11　基本控制项目及水质指标最大限值（GB 20922—2007）　　单位：mg/L

序号	基本控制项目	灌溉作物类型				
		纤维作物	旱地作物	水田谷物	露地蔬菜	
一	一般化学指标					
1	五日生化需氧量（BOD₅）	60	45	35	35①	15②
2	化学需氧量（CODcr）	120	100	90	90①	50②
3	悬浮物	50	40	30	30①	15②
4	溶解氧	0.5	0.5	0.5	0.5	
5	pH 值（无量纲）	5.5～8.5	5.5～8.5	5.5～8.5	5.5～8.5	
6	溶解性固体（TDS）	非盐碱地区 1000 盐碱地区 2000		1000	1000	
7	氯化物	350	350	300	300	
8	硫化物	1.0	1.0	1.0	1.0	
9	游离余氯	1.5	1.5	1.5	1.5①	0.5②

续表

序号	基本控制项目	灌溉作物类型				
		纤维作物	旱地作物	水田谷物	露地蔬菜	
10	石油类	10	10	5.0	1.0	
11	挥发酚	1.0	1.0	0.5	0.5①	0.1②
12	阴离子表面活性剂	5.0	5.0	2.0	2.0	
二	毒理学指标					
13	汞	0.001	0.001	0.001	0.001	
14	镉	0.01	0.01	0.01	0.01	
15	砷	0.1	0.1	0.05	0.05	
16	铬（六价）	0.1	0.1	0.1	0.1	
17	铅	0.1	0.1	0.1	0.1	
三	卫生学指标					
18	粪大肠菌群数/（个/100mL）	4000	4000	4000	250①	12②
19	蛔虫卵数/（个/L）	2	2	2	2①	1②

① 加工、烹调及去皮蔬菜。

② 生食类蔬菜、瓜类及草本水果。

（二）工业回用

再生水回用作工业用水时，用水量最大的地方就是水质要求较低的工业冷却和洗涤用水，而对于锅炉补充水则相对要求较高。表 7-12 为国外一些国家和地区冷却回用水水质标准或运行水质情况。

在我国污水再生利用系列规范里，《城市污水再生回用·工业用水水质》（GB/T 19923—2005）中对冷却、洗涤、锅炉补充以及一般的工艺用水做出了水质规定。

循环冷却水由于需要反复的接触高温物体，水体中组分容易浓缩，容易结垢，因此需要对硬度、盐类物质以及悬浮物等指标要求相对较高；而采用直流循环工艺，有机物及盐类等指标可较循环式高。

再生水用作锅炉补给水水源时，对于硬度和盐类等指标的要求较循环冷却水要高很多。达到表 7-13 中的要求后，还应当再进行除盐、软化等处理后，达到相关锅炉用水标准后才可使用。对于低压锅炉，水质应当参照《工业锅炉水质》（GB 1576—2001）的限值；对于中压锅炉，水质应按照《火力发电机组及蒸汽动力设备水汽质量标准》（GB 12145—2008）的要求进行处理。

规范中给出了再生水用作工艺与产品用水时的基本水质，达到此标准后，还应当通过试验或者参考相似案例，才可用作工艺生产。

表 7-12　国外冷却回用水水质标准或运行水质情况

水质指标	日本工业用水协会	日本川崎市回用水	美国直流循环	美国伯利恒钢厂	美国得克萨斯州
pH 值	6.5～7.8	6.9	5～8	7.6～7.7	
电导率/（μS/cm）	<300				
Cl⁻/（mg/L）	<50	172	600～500	100	300～570

水质指标	日本工业用水协会	日本川崎市回用水	美国直流循环	美国伯利恒钢厂	美国得克萨斯州
浑浊度/(mg/L)	<10	21	5000～100		
总铁/(mg/L)	<0.5	0.56	0.5		
总硬度/(mg/L)	<100	156	850～650		240～300
总酸度/(mg/L)	<70				
COD/(mg/L)	<5	17(Mn)	<75	64	
BOD/(mg/L)	<1	11		12	8～10
NH₃-N/(mg/L)	<1	9.2	<1		
总磷/(mg/L)		0.32	<4		15～26
总固体/(mg/L)		528	<1000	450	

表 7-13 再生水用作工业用水水源的水质标准 (GB/T 19923—2005)

序号	控制项目		冷却用水		洗涤用水	锅炉补给水	工艺与产品用水
			直流冷却水	敞开式循环冷却水系统补充水			
1	pH 值		6.5～9.0	6.5～8.5	6.5～9.0	6.5～8.5	6.5～8.5
2	悬浮物(SS)/(mg/L)	≤	30	—	30	—	—
3	浊度/NTU	≤	—	5	—	5	5
4	色度/度	≤	30	30	30	30	30
5	五日生化需氧量(BOD_5)/(mg/L)	≤	30	10	30	10	10
6	化学需氧量(COD_{Cr})/(mg/L)	≤	—	60	—	60	60
7	铁/(mg/L)	≤	—	0.3	0.3	0.3	0.3
8	锰/(mg/L)	≤	—	0.1	0.1	0.1	0.1
9	氯离子/(mg/L)	≤	250	250	250	250	250
10	二氧化硅(SiO_2)	≤	50	50	—	30	30
11	总硬度(以 $CaCO_3$ 计)/(mg/L)	≤	450	450	450	450	450
12	总碱度(以 $CaCO_3$ 计)/(mg/L)	≤	350	350	350	350	350
13	硫酸盐/(mg/L)	≤	600	250	250	250	250
14	氨氮(以 N 计)/(mg/L)	≤	—	10①	—	10	10
15	总磷(以 P 计)/(mg/L)	≤	—	1	—	1	1
16	溶解性总固体/(mg/L)	≤	1000	1000	1000	1000	1000
17	石油类/(mg/L)	≤	—	1	—	1	1
18	阴离子表面活性剂/(mg/L)	≤	—	0.5	—	0.5	0.5
19	余氯②/(mg/L)	≥	0.05	0.05	0.05	0.05	0.05
20	粪大肠菌群/(个/L)	≤	2000	2000	2000	2000	2000

① 当敞开式循环冷却水系统换热器为铜质时，循环冷却系统中循环水的氨氮指标应小于 1mg/L。

② 加氯消毒时管末梢值。

（三）城市杂用和景观用水

城市杂用中的冲厕、道路清洗、车辆清洗、建筑施工、绿化灌溉以及景观环境补水采用再生水时，其水源均可直接采用污水处理厂消毒后的一级 A 标准出水。

1. 城市杂用水水质标准

对于冲厕、道路清洗、车辆冲洗、建筑施工时使用污水再生水作为水源时的水质要求，我国在《城市污水再生回用·城市杂用水水质》（GB/T 18920—2002）进行了规定（表7-14）。可以看出，这些城市杂用水由于与居民接触的概率相对较大，因此对于色度、嗅味、浊度等感官指标和有毒有害有机物、病原体微生物等指标要求较高。

表 7-14　城市杂用水水质标准（GB/T 18920—2002）

序号	项目	冲厕	道路清扫、消防	城市绿化	车辆冲洗	建筑施工
1	pH 值	6.0~9.0				
2	色度/度	≤30				
3	嗅	无不快感				
4	浊度/NTU	≤5	≤10	≤10	≤5	≤20
5	溶解性总固体/(mg/L)	≤1500	≤1500	≤1000	≤1000	—
6	五日生化需氧量(BOD$_5$)/(mg/L)	≤10	≤15	≤20	≤10	≤15
7	氨氮/(mg/L)	≤10	≤10	≤20	≤10	≤20
8	阴离子表面活性剂/(mg/L)	1.0	1.0	1.0	0.5	1.0
9	铁/(mg/L)	≤0.3	—	—	≤0.3	—
10	锰/(mg/L)	≤0.1	—	—	≤0.1	—
11	溶解氧/(mg/L)	≥1.0				
12	总余氯/(mg/L)	接触30min后≥1.0,管网末端≥0.2				
13	总大肠菌群/(个/L)	≤3				

2. 城市绿化灌溉水质标准

对于污水再生用作城市绿化水源的水质要求，在 GB/T 18920—2002 原本已有规定。但由于我国城市规划中对绿地类别的划分更加细致，2010 年颁布的《城市污水再生回用·绿地灌溉水质》（GB/T 25499—2010）中专门就非限制性和限制性绿地使用再生水水质作出了区分（表7-15）。对于居民可不受限制通行，发生身体接触概率更大的非限制性绿地来说，再生水使用时感官和病原体微生物指标要求更加严格。

表 7-15　再生水用于绿地灌溉水质基本控制项目及限值（GB/T 25499—2010）

序号	控制项目	单位	限值
1	浊度	NTU	≤5(非限制性绿地),10(限制性绿地)
2	嗅	—	无不快感
3	色度	度	≤30
4	pH 值	—	6.0~9.0
5	溶解性总固体(TDS)	mg/L	≤1000
6	五日生化需氧量(BOD$_5$)	mg/L	≤20

序号	控制项目	单位	限值
7	总余氯	mg/L	0.2≤管网末端≤0.5
8	氯化物	mg/L	≤250
9	阴离子表面活性剂(LAS)	mg/L	≤1.0
10	氨氮	mg/L	≤20
11	粪大肠菌群	个/L	≤200(非限制性绿地),1000(限制性绿地)
12	蛔虫卵数	个/L	≤1(非限制性绿地),2(限制性绿地)

注：粪大肠菌群的限值为每周连续 7 日测试样品的中间值。

3. 城市景观环境水质标准

对于城市杂用大类中，景观环境使用再生水补充时，无论是观赏类和娱乐类的河道、湖泊和水景，都可完全或者大部分由再生水组成。由于水体处于封闭或半封闭的状态，因此对于有机物、营养盐等指标要求较高，防止其富营养化；同时，根据河道、湖泊以及水景封闭程度的不同，指标要求也应当区别对待。

对于娱乐类河道、湖泊和水景来说，人体非全身性的接触概率要远大于观赏性的景观环境。因此，在浊度和病原体微生物指标上，需要提高一个档次。

考虑到与天然水体相比，景观环境中水体自净能力较弱，应当采取一些人工措施和原则来控制水质。当环境温度较高的时候（高于 25℃），水体水质容易恶化，可增加补水频率，以减少水体在景观中的停留时间（静止停留时间不宜超过 3 天）；补水时可采用低进高出的形式，增强水体内部流场的循环；可使用表面曝气、机械提升跌水曝气等手段，增加水体溶解氧，提高其自净能力，以增长水体停留时间。

我国城市污水再生利用系列规范中的《城市污水再生回用·景观环境用水水质》（GB/T 18921—2002），是采用城市污水再生水作为景观环境补充水源时应当参照的水质标准。对于以城市污水为水源的再生水除满足表 7-16 的水质指标外，还应满足化学毒理学指标（共 50 项）。

表 7-16 景观环境用水的再生水水质标准（GB/T 18921—2002）

序号	项 目	观赏性景观环境用水			娱乐性景观环境用水		
		河道类	湖泊类	水景类	河道类	湖泊类	水景类
1	基本要求	无飘浮物,无令人不愉快的嗅和味					
2	pH 值(无量纲)	6～9					
3	五日生化需氧量(BOD₅)	≤10	≤6		≤6		
4	悬浮物 SS	≤20	≤10		—①		
5	浊度/NTU	—①			≤5.0		
6	溶解氧	≥1.5			≥2.0		
7	总磷(以 P 计)	≤1.0	≤0.5		≤1.0	≤0.5	
8	总氮	≤15					
9	氨氮(以 N 计)	≤5					
10	粪大肠菌群/(个/L)	≤10000	≤2000		≤500		不得检出
11	余氯②	≥0.05					
12	色度/度	≤30					
13	石油类	≤1.0					
14	阴离子表面活性剂	≤0.5					

① "—" 表示对此项无要求。

② 氯接触时间不应低于 30min 的余氯。对于非加氯消毒方式无此项要求。

注：1. 对于需要通过管道输送再生水的非现场回用情况采用加氯消毒方式；而对于现场回用情况不限制消毒方式。

2. 若使用未经过除磷脱氮的再生水作为景观环境用水，鼓励使用本标准的各方在回用地点积极探索通过人工培养具有观赏价值水生植物的方法，使景观水体的氮磷满足本表的要求，使再生水中的水生植物有经济合理的出路。

（四）地下水回灌

地下水回灌对于水质的要求是比较高的。目前行业内在执行相关标准的同时，也遵循一个基本原则，就是回灌的水质要比回灌目标层的水质要好。

不涉及饮用水源的地下回灌时，当采用再生水为水源时，应该满足《城市污水再生利用·地下水回灌水质》（GB/T 19772—2005）中的水质规定（表7-17）。由于地层渗滤对于污染物有净化效果，因此采用地表回灌时指标可以比采用井灌时高一些。采用井灌时，为了防止水井和含水层堵塞以及不腐蚀机械设备，水质标准至少应达到 GB/T 19772—2005 中井灌的标准；而这个标准中除有机物指标外，其他的项目均达到了《地下水水质标准》（GB/T 14848—1993）中Ⅲ类地下水的标准，也就是适合作集中式生活饮用水源的标准。当井灌目标层水质高于 GB/T 19772—2005 中井灌水质标准，回灌水也应调高标准。

当回灌层为饮用水含水层时，须采用满足饮用水标准的回用水进行回灌。

表 7-17 再生水地下水回灌基本控制项目及限值（GB/T 19772—2005）

序号	基本控制项目	单位	地表回灌[1]	井灌
1	色度	稀释倍数	30	15
2	浊度	NTU	10	5
3	pH 值	—	6.5～8.5	6.5～8.5
4	总硬度（以 $CaCO_3$ 计）	mg/L	450	450
5	溶解性总固体	mg/L	1000	1000
6	硫酸盐	mg/L	250	250
7	氯化物	mg/L	250	250
8	挥发酚类（以苯酚计）	mg/L	0.5	0.002
9	阴离子表面活性剂	mg/L	0.3	0.3
10	化学需氧量（COD）	mg/L	40	15
11	五日生化需氧量（BOD_5）	mg/L	10	4
12	硝酸盐（以 N 计）	mg/L	15	15
13	亚硝酸盐（以 N 计）	mg/L	0.02	0.02
14	氨氮（以 N 计）	mg/L	1.0	0.2
15	总磷（以 P 计）	mg/L	1.0	1.0
16	动植物油	mg/L	0.5	0.05
17	石油类	mg/L	0.5	0.05
18	氰化物	mg/L	0.05	0.05
19	硫化物	mg/L	0.2	0.2
20	氟化物	mg/L	1.0	1.0
21	粪大肠菌群数	个/L	1000	3

[1] 表层黏性土厚度不宜小于 1m，若小于 1m 按井灌要求执行。

第三节 城市污水处理与再生利用技术

污水处理，实质上就是采用必要的处理方法与处理流程，将污水中的污染物分离出去，或将其转化为无害的物质，从而使污水得到净化。

一、污水处理方法分类

现代污水处理方法按其作用机理，可分为物理处理法、化学处理法和生物处理法三类。

（一）物理处理法

物理处理法是通过物理作用分离、回收污水中主要呈悬浮状态的污染物质（包括油膜和油珠），在处理过程中不改变污染物的化学性质。

根据物理作用的不同，物理处理法采用的处理方法与设备如下所述。

（1）筛滤截留法——格栅、筛网、滤池、微滤机等；

（2）重力分离法——沉砂池、沉淀池、隔油池与气浮池等；

（3）离心分离法——旋流分离器与离心机等。

此外，以热交换原理为基础的处理方法也属于物理处理法，其处理单元有蒸发、结晶等。

（二）化学处理法

化学处理法是通过化学反应和传质作用来分离、回收污水中呈溶解、胶体状态的污染物或将其转化为无害物质的方法。

在化学处理法中，以投加药剂产生化学反应为基础的处理单元有混凝、中和、氧化还原等；而以传质作用为基础的处理单元则有萃取、汽提、吹脱、吸附、离子交换以及电渗析和反渗透等。运用传质作用的处理单元既具有化学作用，又具有与之相关的物理作用，所以也可以从化学处理法中分出来，成为另一类处理方法，称为物理化学处理法。

（三）生物处理法

生物处理法是通过微生物的代谢作用，使污水中呈溶解状态、胶体状态以及某些不溶解的有机甚至无机污染物质，转化为稳定、无害的物质，从而达到净化的目的。此法根据作用微生物类别的不同，又可分为好氧生物处理和厌氧生物处理两种类型。

好氧与厌氧两类生物处理法大体上又分活性污泥法和生物膜法两种，每种又有许多形式。传统上好氧生物处理法常用于城市污水和有机生产污水的处理，厌氧生物处理法则多用于处理高浓度有机性污水与污水处理过程中产生的污泥。

稳定塘及污水土地处理系统也系污水生物处理设施，属于自然生物处理的方法。

二、污水处理的级别

污水中的污染物是多种多样的，只用一种处理方法往往不能把所有的污染物质全部除去，而是需要通过由几种方法组成的处理系统或处理流程，才能达到处理要求的程度。

按处理程度，污水处理一般可分为一级、二级和三级处理三种类型。

（一）一级处理

污水的一级处理，其主要任务是去除污水中呈悬浮状态的固体污染物质，故多采用物理处理法中的各种处理单元。污水经一级处理后，悬浮固体的去除率为 $70\%\sim80\%$，而 BOD 的去除率却只有 30% 左右，一般达不到排放标准，还必须进行二级处理。有些特殊情况或特殊水，把一级处理作为最终处理后，出水排放或用于灌溉农田。

（二）二级处理

污水的二级处理，主要任务是大幅度去除污水中呈胶体和溶解状态的有机污染物质（即BOD 物质），去除率可达 90％以上，处理后污水的 BOD 一般可降至 20～30mg/L。二级处理通常采用生物法作为主体工艺，所以人们往往把生物处理与二级处理看作同义语。一般情况下，经二级处理后，污水即可达到排入水体的标准。

应该指出，在污水的二级处理中，所产生的污泥也必须得到相应的处理，否则将会造成新的污染。

在进行二级处理前，一级处理经常是必要的，故一级处理又叫预处理。一级和二级处理法，是城市污水经常采用的处理方法，所以又叫常规处理法。

（三）三级处理

污水的三级处理，目的在于进一步除去二级处理所未能去除的污染物质，其中包括微生物未能降解的有机物，以及氮、磷等能加速水体富营养化过程的可溶性无机物等。三级处理的方法是多种多样的，化学处理法和生物处理法的许多处理单元都可以用于三级处理，如生物脱氮除磷法、混凝沉淀、砂滤法、活性炭吸附法、离子交换法和电渗析法等。通过三级处理，BOD 可从 20～30mg/L 降至 5mg/L 以下，同时能够去除大部分的氮和磷。

三级处理是深度处理（或高级处理）的同义语，但两者又不完全相同。如前所述，三级处理是在常规处理之后，为了去除更多有机物及某些特定污染物质（如氮、磷）而增加的一项处理工艺。而深度处理（或高级处理）则往往是以污水回收、再用为目的，而在常规处理之外所增加的处理工艺流程。污水回用的范围很广，回用水水质的要求不尽相同，深度处理一般系指回用对象对水质要求较高时所采用的处理工艺流程，如活性炭过滤、反渗透和电渗析等。

污水处理的三种基本方法和处理程度的大致功能对应关系，如图 7-3 所示。

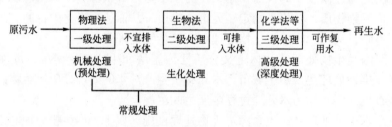

图 7-3 污水处理方法和功能

三、污水处理与再生利用的物化技术

（一）物理处理法

1. 格栅和筛网

（1）格栅

① 功能 格栅是由一组平行的金属栅条制成的框架，斜置在污水处理流程前端的进水渠、管断面上，或泵站集水池的进口处，用以去除污水中可能堵塞水泵机组及管道阀门的大块悬浮物与漂浮物，并保证后续处理设施的正常运行。

② 类型 格栅按其形状可分为平面格栅和曲面格栅两种；按栅条间隙，可分为粗格栅

（50～100mm）、中格栅（10～40mm）和细格栅（3～10mm）三种。新设计的污水处理厂一般都采用粗、中两道格栅，甚至采用粗、中、细三道格栅；按栅渣清除方式，可分为人工清除格栅和机械清除格栅两种。每天的栅渣量大于 $0.2m^3$ 时，一般应采用机械清除格栅。

（2）筛网 筛网一般用薄铁皮钻孔或用金属丝编制而成，孔眼直径为 0.5～1.0mm。用以去除污水中不能被格栅截留的细小悬浮物，如纤维、纸浆、藻类等。

筛网过滤可用于污水的预处理，也可用于污水的深度处理。其类型按孔眼大小可分为粗筛网和细筛网；按工作方式可分为固定筛和旋转筛。

选用时应注意以下事项：①当污水呈酸性或碱性时，筛网的设备应选用耐腐蚀材料制作；②筛网尺寸应按需截留的微粒大小选定，最好通过试验确定；③污水中如含油类物质，应先除去油污，以防堵塞网孔。

2. 均和调节

（1）目的 污水的水量和水质并不总是恒定均匀的，往往随着时间的推移而变化，例如生活污水随生活作息规律而变化，工业废水则随生产过程而变化。但是污水处理的设备和流程都是以一定的水质、水量而设计的，偏离设计参数就会降低处理效率，甚至运转困难。因此在污水处理系统之前宜设置均和调节池（简称调节池），用以进行水量的调节和水质的均和。调节的目的可归纳如下：①均化水质水量，保证处理系统的连续进水和避免冲击负荷；②避免高浓度有毒物质进入生物处理系统危害微生物（采用生物处理时）；③适当调节 pH，减少中和所需的药剂量（污水呈酸性或碱性时）；④均化排入城市下水道的污染物和污水排放量（排入城市下水道时）；⑤调节水温；⑥当处理设备发生故障时，可起到临时事故储水池的作用。

（2）调节池类型 根据调节池的功能，调节池分为均量池、均质池和均化池。均量池的主要作用是均化水量；均质池的主要作用是均化水质；均化池既能均量，又能均质。

3. 沉砂

（1）功能 通过沉砂池从污水中分离比重较大的无机颗粒，例如砂粒、煤屑等。它一般设在泵站、倒虹管及沉淀池之前，这样既能保护机件和管道免受磨损，减轻沉淀池的负荷，且能使无机颗粒与有机颗粒分离，便于分别处理和处置。

沉砂池的工作原理以重力分离为基础，即将进入沉砂池的污水流速控制在只能使相对密度大的无机颗粒下沉，而有机颗粒可随水流出的程度。

（2）沉砂池类型 沉砂池，可分为平流式、竖流式和曝气沉砂池三种基本形式。

① 平流式沉砂池 平流式沉砂池是最常用的一种沉砂池，它截流效果好，工作稳定，构造简单，而且易于排除沉砂，如图 7-4 所示。这种池子的水流部分，实际上是一个加深加宽的明渠，其两端设有闸板，以控制水流，池底设 1～2 个储砂斗，利用重力排砂，也可用射流泵或螺旋泵排砂。

② 竖流式沉砂池 竖流式沉砂池是一个圆形池，污水由中心管进入池内后自下而上流动，无机物颗粒借重力沉于池底，处理效果一般较差。

③ 曝气沉砂池 普通沉砂池的主要缺点是在其截留的沉砂中含有约 15％的有机物，使沉砂的后续处理难度增加，而且对被少量有机物包覆的砂粒截留效果也不高。采用曝气沉砂池可在一定程度上克服上述缺点。图 7-5 所示为典型曝气沉砂池的剖面图。

曝气沉砂池是一长形渠道，沿池壁一侧距池底 0.6～0.9m 的高度处安设曝气装置，而在下部设集砂斗，池底有 $i=0.1～0.5$ 的坡度，以保证砂粒滑入。在曝气作用下，污水在池内螺旋前进。较重的砂粒兼受重力和离心力的作用从水中分离，且旋流中砂粒相互摩擦并承受曝气的剪切力，使其表面黏附的有机物脱离砂粒随水流出，因此沉砂量大，且有机物只占

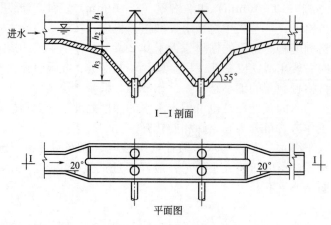

图 7-4　平流式沉砂池

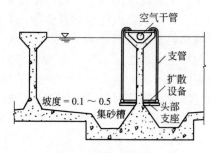

图 7-5　曝气沉砂池

5％左右。

延长污水的停留时间，可使曝气沉砂池起到预曝气作用。

4. 沉淀

沉淀是利用重力作用将密度大于水的悬浮颗粒从水中分离出去的操作。

（1）沉淀池类型

① 按在污水处理流程中的位置，沉淀池主要分为初次沉淀池和二次沉淀池。

a. 初次沉淀池。是指在生物处理法中位于生物处理构筑物前作预处理的沉淀池。其功能主要是对污水中密度大的固体悬浮物进行沉淀分离。对于一般的城市污水，初次沉淀池可以去除约 30％的 BOD_5 与 55％的悬浮物。

b. 二次沉淀池。是指设置在生物处理构筑物后的沉淀池，也称作最后沉淀池。其功能主要是对污水中以微生物为主体的、密度小的、因水流作用易发生上浮的固体悬浮物进行沉淀分离。

② 按池内水流方向的不同，沉淀池可分为平流式、竖流式和辐流式 3 种。图 7-6 为 3 种形式沉淀池的示意。

a. 平流式沉淀池。池型呈长方形，污水从池一端流入，按水平方向在池内流动，从另一端溢出。水流经过池子的时候，水中的悬浮物质即沉于池底，并经排泥设备而去除。

b. 竖流式沉淀池。池型一般为圆形或方形，污水从设在池中央的中心管进入，从中心管的下端经反射板折向上升，沉淀后污水从池周溢出。池底锥体为储泥斗，它与水平方向的倾角常不小于 45°，排泥一般依靠静水压力。

c. 辐流式沉淀池。亦称辐射式沉淀池。池型多呈圆形，小型池子有时亦采用方形或多

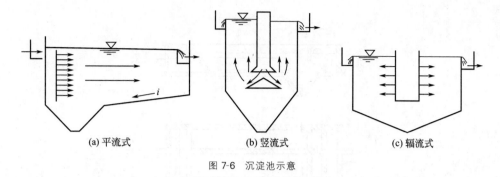

(a) 平流式　　　　　(b) 竖流式　　　　　(c) 辐流式

图 7-6　沉淀池示意

角形。污水一般由池中心管进入，在整流板的作用下污水在池内沿辐射方向流向池的四周，沉淀后污水由池周溢出。泥斗设在中央，池底向中心倾斜，污泥通常用刮泥（或吸泥）机械排除。

（2）池型比较　平流沉淀池、竖流沉淀池和辐流沉淀池的优缺点和各自的适用条件比较详见表 7-18。

表 7-18　各种沉淀池比较

池型	优点	缺点	适用条件
平流式	(1)沉淀效果好； (2)对冲击负荷和温度变化的适应能力较强； (3)施工简易，造价较低	(1)池子配水不易均匀； (2)采用多斗排泥时，每个泥斗需要单独设排泥管各自排泥，操作量大；采用链带式刮泥机排泥时，链带的支撑件和驱动件都浸于水中，易锈蚀	(1)适用于地下水位高及地质较差地区； (2)适用于大、中、小型污水处理厂
竖流式	(1)排泥方便，管理简单； (2)占地面积小	(1)池子深度大，施工困难； (2)对冲击负荷和温度变化的适应能力较差； (3)造价较高； (4)池径不宜过大，否则布水不均匀	适用于处理水量不大的小型污水处理厂
辐流式	(1)多为机械排泥，运行较好，管理较简单； (2)排泥设备已趋定型	机械排泥设备复杂，对施工质量要求高	(1)适用于地下水位较高地区； (2)适用于大、中型污水处理厂

5. 隔油

利用隔油池将污水中的油脂隔离去除。隔油池为自然上浮的油水分离装置，常用的有平流式与斜流式两种形式。图 7-7 为典型的平流式隔油池，污水从池的一端流入池内，从另一端流出。在流动过程中，密度小于水而粒径较大的油粒上浮到水面，密度大于水的杂质沉于池底。隔油池出水端设集油管，该集油管一般用 $\Phi 200 \sim \Phi 300$ 的钢管制成，沿其长度在管壁的一侧开弧宽为 $60°$ 或 $90°$ 的槽口。集油管可以绕轴线转动，平时切口向上位于水面之上，当水面浮油达到一定厚度时，转动集油管使切口浸入水面油层之下，浮油即可溢入管内并被导流到室外。

隔油池表面用盖板覆盖，以防火、防雨和保温。

6. 过滤

（1）过滤的目的　过滤是通过具有孔隙的粒状滤料层（如石英砂、无烟煤等）截留水中悬浮物和胶体而使水获得澄清的工艺过程，其主要目的是去除水中呈分散悬浊状的无机质和

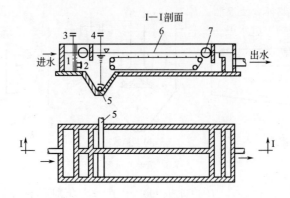

图 7-7　平流式隔油池
1—配水槽；2—进水孔；3—进水间；4—排渣阀；5—排渣管；6—刮油刮泥机；7—集油管

有机质粒子，也包括各种浮油生物、细菌、滤过性病毒与漂浮油、乳化油等。

（2）滤池类型　滤池有多种类型，根据流速、流向、滤料及层数等可分为以下几种类型：按滤速大小，可分为慢滤池、快滤池和高速滤池；按水流经滤床的方向，可分为上向流、下向流、双向流等；按滤料种类，可分为砂滤池、煤滤池（或无烟煤）、煤-砂滤池等；按滤料层数，可分为单层滤池、双层滤池和多层滤池；按水流性质，可分为压力滤池和重力滤池；按进出水及反冲洗水的供给和排出方式，可分为普通快滤池、虹吸滤池、无阀滤池等。

（3）滤池特性和适用范围　各种滤池的特性及适用范围见表 7-19。

表 7-19　各种滤池的特性及适用范围

项目	滤池类型								
	重力虹吸滤池	移动冲洗罩滤池	单(无)阀滤池	压力滤池	双层滤池	粗滤料滤池	上向流滤池	连续流滤池	脉冲滤池
进水中悬浮物允许含量/(mg/L)	<10	<10	<10	10～20	10～30	30～50	50～150	很高	很高
预处理要求	生物处理或混凝沉淀	生物处理或混凝沉淀	生物处理或混凝沉淀	二级处理	二级处理	二级处理	一级处理	一级处理	一级处理
滤层厚度/m	浅	浅 0.25～0.3	<1.0	<1.7(立式较深)	较深	深	深	较浅	浅
滤料粒径	细	细	细	较细	较粗	粗	较粗	细	细
允许水头损失/m			<3.0	1.5～3.0					
清洗方式		自动冲洗	加表面冲洗	加表面冲洗					
配水系统	小阻力	小阻力	小阻力	小阻力	大阻力	小阻力	小阻力	小阻力	小阻力
出水水头				可利用			可利用		
适用范围	大、中型	大型	小型	中、小型	各种规模	中型	各种规模	小型	小型

（4）滤池构造及组成　滤池的种类虽然很多，但其基本构造是相似的，在污水深度处理中使用的各种滤池都是在普通快滤池的基础上加以改进而成的。普通快速滤池的构造如图

7-8所示。滤池外部由池体、进水管、出水管、冲洗水管、冲洗水排出管等管道及其附件组成；滤池内部由冲洗水排出槽、进水渠、滤料层、垫料层（承托层）、排水系统（配水系统）组成。

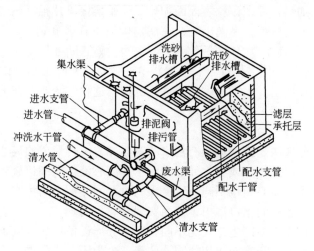

图 7-8 普通快速滤池的构造

（5）滤料 滤料是滤池中最重要的组成部分，它提供了悬浮物接触凝聚的表面和纳污的空间。由于污水的性质比较复杂，故采用的滤料也有多种形式，优良的滤料必须满足以下要求：①应具有足够的机械强度，以防止在冲洗过程中，滤料因碰撞、摩擦而产生严重磨损和破碎现象；②应具有较好的化学稳定性和耐腐蚀性，以免滤料与水发生化学反应而导致水质恶化，尤其不能含有对人体健康和生产有害的物质；③具有一定的大小和合理的级配，以满足截留悬浮物的要求；④外形近乎球形、表面粗糙而有棱角，能提供较大的比表面积和足够的空隙率；⑤可就地取材，货源充足，价格低廉。

目前，在水处理中最常用的滤料有石英砂、无烟煤粒、陶粒、纤维球、高炉渣、石榴石粒、磁铁矿粒、花岗岩粒，以及聚氯乙烯和聚苯乙烯发泡塑料球等。其中以石英砂使用最广泛。

（6）其他过滤技术

① 微滤机 是一种截留细小悬浮物的装置，图7-9所示是微滤机的工作示意。滤前水由进水堰溢流到集水槽，并通过进口阀门流入转鼓中，转鼓的另一端是封闭的。滤网敷在转鼓周围，转鼓内水面较外侧为高，借助于转鼓滤网内外的水位差，使鼓内水能够滤流到转鼓

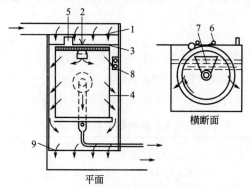

图 7-9 微滤机的工作示意

1—进水堰；2—进口阀门；3—放空阀门；4—转鼓；5—驱动装置；
6—冲洗水管；7—冲洗水集水管；8—水位差测定仪；9—出水堰

外侧。滤后水经出水堰排出。

② 微孔管过滤器　是由聚氯乙烯或多孔陶瓷等组成，如将聚氯乙烯粉末在 200~220℃ 烧结后冷却成型。在加热过程中颗粒表面因加热而开始熔化，并相互黏结起来，同时聚氯乙烯在高温时分解产生大量气体，在逸出时会在滤器中留下许多孔道，作为微孔性过滤介质。微孔管可用来去除不溶性盐类、煤粉等细小颗粒。微孔管可做成各种类型，如可做成 $\phi 80mm \times 900mm$ 的棒状，将多根管组装在滤器中。微孔堵塞时可用压缩空气反吹，或用清水反冲，如严重时还可取出，用钢丝刷带水进行洗刷。这种过滤器存在的问题是微孔易于堵塞，操作麻烦，若常更换则运转费用较高。

7. 离心分离

(1) 原理　离心分离法是指利用装有污水的容器高速旋转形成的离心力去除污水中悬浮固体的方法。当含有悬浮固体（或乳化油）的污水在离心设备中高速旋转时，由于污水与悬浮固体密度不同，所受的离心力也不同，密度大的悬浮固体被甩到污水的外侧，这样可使悬浮固体、污水分别通过各自的出口排出，从而实现分离目的。

(2) 设备类型　按离心力产生方式的不同，离心分离设备可分为旋流分离器和离心机两种。旋流分离器是由液流本身旋转作用使固液分离，分为压力式和重力式两种。

离心机是由设备本身的旋转进行固液分离和液液分离。按分离因数大小，可分为高速离心机（分离因数 $\alpha > 3000$）、中速离心机（$\alpha = 1500 \sim 3000$）和低速离心机（$\alpha = 1000 \sim 1500$）；按几何形状，可分为转筒式（有圆锥形、圆筒形、锥筒形）、管式、盘式和板式离心机；按操作过程，可分为连续式和间歇式两种；按安装角度，可分为立式和卧式离心机。中低速离心机多用于分离污水中的纤维类悬浮物和使污泥脱水，而高速离心机则适用于分离污水中的乳化油脂类物质。

（二）化学处理法

1. 混凝

(1) 概念　混凝的主要对象是污水中的微小悬浮颗粒和胶体颗粒，这些颗粒很难用自然沉淀法从水中分离出去。混凝就是将适当品种适当数量的混凝剂投入污水中，在混凝剂的溶解和水解产物作用下，使污水中的微小悬浮颗粒和胶体颗粒互相产生凝聚作用，成为颗粒较大而且易于沉淀的絮凝体的过程。

(2) 影响混凝效果的因素　在污水的混凝沉淀处理中，影响混凝效果的因素主要有胶体杂质浓度、水中杂质的种类和浓度、水温、水的 pH 值和碱度、混凝剂种类和投加量以及水力学条件等。

(3) 混凝剂与助凝剂

① 混凝剂　是指能够使水中的胶体微粒相互黏结和聚结的物质，具有破坏胶体的稳定性和促进胶体絮凝的功能。混凝剂按其化学成分，可分为无机类和有机类。

a. 常用的无机盐类混凝剂。常用的无机盐混凝剂种类及特性见表 7-20。

表 7-20　常用的无机盐混凝剂种类及特性

名称	分子式	功能与特性
精制硫酸铝	$Al_2(SO_4)_3 \cdot 18H_2O$	(1)含无水硫酸铝 50%~52%； (2)适用于水温为 20~40℃； (3)当 pH=4~7 时,主要去除水中有机物;pH=5.7~7.8 时,主要去除水中悬浮物;pH=6.4~7.8 时,处理浊度高、色度低(小于 30 度)的水； (4)湿式投加时一般先溶解成 10%~20%的溶液

续表

名称	分子式	功能与特性
工业硫酸铝	$Al_2(SO_4)_3 \cdot 18H_2O$	(1)制造工艺较简单； (2)无水硫酸铝含量各地产品不同,设计时一般可采用 20%～25%； (3)价格比精制硫酸铝便宜； (4)用于污水处理时,投加量一般为 50～200mg/L； (5)其他同精制硫酸铝
明矾	$Al_2(SO_4)_3 \cdot K_2SO_4 \cdot 24H_2O$	(1)适用于水温为 20～40℃； (2)当 pH=4～7 时,主要去除水中有机物；pH=5.7～7.8 时,主要去除水中悬浮物；pH=6.4～7.8 时,处理浊度高、色度低(小于 30 度)的水； (3)现已大部被硫酸铝所代替
硫酸亚铁(绿矾)	$FeSO_4 \cdot 7H_2O$	(1)腐蚀性较高； (2)矾花形成较快,较稳定,沉淀时间短； (3)适用于碱度高、浊度高、pH=8.1～9.6 的水,不论在冬季或夏季使用都很稳定,混凝作用良好,当 pH 值较低时(<8.0),常使用氯来氧化,使二价铁氧化成三价铁,也可以用同时投加石灰的方法解决
三氯化铁	$FeCl_3 \cdot 6H_2O$	(1)对金属(尤其对铁器)腐蚀性大,对混凝土亦腐蚀,对塑料管也会因发热而引起变形； (2)不受温度影响,矾花结得大,沉淀速度快,效果较好； (3)易溶解,易混合,渣滓少； (4)适用最佳 pH 值为 6.0～8.4
聚合氯化铝(PAC)	$[Al_n(OH)_mCl_{3n-m}]$	(1)净化效率高,耗药量少,过滤性能好,对各种工业废水适应性较广； (2)温度适应性高,pH 值适用范围宽(可在 pH=5～9 的范围内),因而可不投加碱剂； (3)使用时操作方便,腐蚀性小,劳动条件好； (4)设备简单,操作方便,成本较三氯化铁低； (5)是无机高分子化合物
聚合硫酸铁(PFS)	$[Fe_2(OH)_n(SO_4)_{3-\frac{n}{2}}]_m$	(1)投药量少； (2)适应能力强,对各种水质条件都能获得良好的效果； (3)基本上不用改变原水的 pH 值； (4)絮凝速度快,矾花大,沉降迅速； (5)具有脱色、除菌、除放射性元素、除重金属离子、降解 COD 和 BOD 的功能

b. 常用的有机合成高分子混凝剂及天然絮凝剂。常用的有机合成高分子混凝剂(又称絮凝剂)及天然絮凝剂的种类和特性见表 7-21。

表 7-21 常用的有机合成高分子混凝剂及天然絮凝剂

名称	代号	功能与特性
聚丙烯酰胺	PAM	(1)目前认为是最有效的高分子絮凝剂之一,在污水处理中常被用作助凝剂与铝盐或铁盐配合使用； (2)与常用混凝剂配合使用时,应按一定的顺序先后投加,以发挥两种药剂的最大效果； (3)聚丙烯酰胺固体产品不易溶解,宜在有机械搅拌的溶解槽内配制成 0.1%～0.2% 的溶液再进行投加,稀释后的溶液保存期不宜超过 1～2 周； (4)聚丙烯酰胺有微弱的毒性,用于生活饮用水净化时,应注意控制投加量； (5)是合成有机高分子絮凝剂,为非离子型；通过水解构成阴离子型,也可通过引入基团制成阳离子型；目前市场上已有阳离子型聚丙烯酰胺产品出售

名称	代号	功能与特性
脱絮凝色剂	脱色Ⅰ号	(1)属于聚胺类高度阳离子化的有机高分子混凝剂,液体产品固含量70%,无色或浅黄色透明黏稠液体; (2)储存温度5~45℃,使用pH=7~9,按1:(50~100)稀释后投加,投加量一般为20~100mg/L,也可与其他混凝剂配合使用; (3)对于印染厂、染料厂、油墨厂等工业废水处理具有其他混凝剂不能达到的脱色效果
天然植物改性高分子絮凝剂	FN-A絮凝剂	(1)由691化学改性制得,取材于野生植物,制备方便,成本较低; (2)易溶于水,适用水质范围广,沉降速度快,处理水澄清度好; (3)性能稳定,不易降解变质; (4)安全无毒
天然絮凝剂	F691	刨花木、白胶粉
	F703	绒稿(灌木类、皮、根、叶亦可)

② 助凝剂　当单用混凝剂不能取得良好效果时,需要投加某些辅助药剂以提高混凝效果,这种辅助药剂称为助凝剂。常用的助凝剂见表7-22。

表 7-22　常用的助凝剂

名称	代号	功能与特性
氯	Cl_2	(1)当处理高色度废水及用作破坏水中有机物或去除臭味时,可在投混凝剂前先投氯,以减少混凝剂用量; (2)用硫酸亚铁作混凝剂时,为使二价铁氧化成三价铁可在水中投氯
生石灰	CaO	(1)用于原水碱度不足; (2)用于去除水中的CO_2,调整pH值; (3)对于印染废水有一定的脱色作用
活化硅酸、活化水玻璃、泡花碱	$Na_2O \cdot xSiO_2 \cdot yH_2O$	(1)适用于硫酸亚铁与铝盐混凝剂,可缩短混凝沉淀时间,节省混凝剂用量; (2)原水浊度低、悬浮物含量少及水温较低(约在14℃以下)时使用,效果更为显著; (3)可提高滤池滤速,必须注意加注点; (4)要有适宜的酸化度和活化时间
骨胶		(1)骨胶有粒状和片状两种,来源丰富,骨胶一般和三氯化铁混合后使用; (2)骨胶投加量与澄清效果成正比,且不会由于投加量过大,使混凝效果下降; (3)投加骨胶及三氯化铁后的净水效果比投加纯三氯化铁效果好,降低净水成本; (4)投加量少,投加方便

（4）混凝剂与助凝剂的选择　混凝剂与助凝剂的选择和用量要根据不同污水的试验资料加以确定,选择的原则是价格便宜、易得、用量少、效率高,生成的絮凝体密实,沉淀快,容易与水分离等。

（5）混凝处理工艺　混凝处理工艺是一个综合操作过程,包括药剂的制备、药剂的投加、混合、絮凝反应等。把已形成的絮凝物,通过沉淀予以去除的方法称为混凝沉淀法。图7-10所示为混凝沉淀法的工艺流程。

（6）澄清池　澄清池是用于混凝处理的一种设备。在澄清池内,可以同时完成混合、反应、沉淀分离等过程。其优点是占地面积小、处理效果好、生产效率高、节省药剂用量等;缺点是对进水水质要求严格,设备结构复杂。

澄清池的构造形式很多,从基本原理上可分为两大类:一类是悬浮泥渣型,有悬浮澄清池、脉冲澄清池;另一类是泥渣循环型,有机械加速澄清池和水力循环加速澄清池。目前常用的是机械加速澄清池。

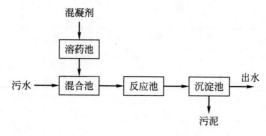

图 7-10 混凝沉淀法的工艺流程

（7）混凝法特点 混凝法与其他的污水处理方法相比较，其优点为：设备简单、操作维护简单、处理效果好、间歇或连续运行均可；缺点是由于不断向污水中投药，经常性运行费用较高，沉渣量较大，且脱水困难。

（8）混凝法的应用 混凝法是污水处理中常采用的方法，可以用来降低污水的浊度和色度，去除多种高分子有机物、某些重金属和放射性物质。此外，混凝法还能改善污泥的脱水性能。

混凝法可以自成独立的处理系统，又可以与其他处理单元过程进行组合，作为预处理、中间处理和最终处理过程。

2. 中和

（1）中和处理目的 中和处理的目的是中和污水中过量的酸或碱，使污水的 pH 达到中性。常用于某些呈酸性或碱性的工业废水排放水体、排入城市下水道之前，或用于化学处理、生物处理之前，使污水的 pH 符合《污水综合排放标准》，或满足后续的化学处理、生物处理的进水水质要求。

（2）中和处理与 pH 值调节的区别 中和处理的目的是使中和后污水达到中性。而 pH调节是为了某种特殊要求，把污水的 pH 值调整到某一特定值（范围）的处理操作，如把pH 由中性或酸性调到碱性，称为碱化；如把 pH 由中性或碱性调到酸性，称为酸化。

（3）酸性污水的中和方法 对于酸性污水，中和处理的方法有酸碱污水相互中和、投药中和、过滤中和、离子交换和电解。一般前三种方法采用较多。各种方法的比较和选择见表7-23 和表 7-24。

表 7-23　酸性污水处理方法比较

中和方法	适用条件	主要优点	主要缺点	附 注
利用碱性污水相互中和	(1)适用于各种酸性污水； (2)酸碱污水中酸的当量最好与碱的当量基本平衡	(1)节省中和药剂； (2)当酸碱基本平衡且污水缓冲作用大时,设备简单,管理容易	(1)污水流量、浓度波动大时,须先均化； (2)酸碱当量不平衡时须另加中和剂作补充处理	必须注意二次污染,如碱性污水中含硫化物时,易产生 H_2S 等有害气体
投药中和	(1)各种酸性污水； (2)酸性污水中重金属与杂质较多时	(1)适应性强,兼可去除杂质及重金属离子； (2)出水 pH 值可保证达到预定值	(1)设备及管理复杂； (2)投石灰或电石渣时污泥量大； (3)经常费用高	(1)除重金属时,pH 值须为8～9； (2)若投 NaOH、Na_2CO_3,须是副产品才经济
普通过滤中和	适用于含盐酸或硝酸的污水,而且水质较清洁,不含大量悬浮物、油脂及重金属等	(1)设备简单； (2)平时维护量不大； (3)产渣量少	(1)污水含大量悬浮物及油脂时须预处理； (2)对于硫酸污水浓度有限制； (3)出水 pH 值低,重金属离子难沉淀	

中和方法	适用条件	主要优点	主要缺点	附 注
升流式膨胀过滤中和	适用于含盐酸或硝酸的污水，而且水质较清洁，不含大量悬浮物、油脂及重金属等，但也可用于浓度在 2g/L 以下的硫酸污水	(1)设备简单； (2)平时维护量不大； (3)产渣量少	(1)污水含大量悬浮物及油脂时须预处理； (2)对于硫酸污水浓度有限制； (3)出水 pH 值低，重金属离子难沉淀； (4)由于滤速大，设备较小，用于硫酸污水易堵塞； (5)对滤料粒经要求较高	有变滤速的改进型
滚筒式中和过滤	适用于含盐酸或硝酸的污水，而且水质较清洁，不含大量悬浮物、油指及重金属等，硫酸浓度还可提高	对滤料无严格要求，粒径可较大	(1)装置较复杂，须防腐； (2)耗动力大； (3)噪声大	

表 7-24　酸性污水中和方法的选择

酸类	污水排出情况	污水含酸浓度/(g/L)	中和方法					
			与碱性污水中和	投药中和		过滤中和		
				石灰	碳酸钙	石灰石滤料	白云石滤料	白垩滤料
硫酸	均匀排出	<1.2	+	+	0	—	+	+
		>1.2	+	+	—	—	+	—
	不均匀排出	<1.2	+	0	0	—	+	+
		>1.2	+	0	—	—	+	—
盐酸及硝酸	均匀排出	一般可≤20	+	+	+	+	+	+
	不均匀排出		+	0	0	+	+	+
弱酸	均匀排出		+	+	—	—	—	—
	不均匀排出		+	0	—	—	—	—

注：1. 表中"＋"表示建议采用，"0"表示可以采用，"—"表示不宜采用。

2. 对升流膨胀石灰石中和滤池，中和硫酸污水时，含酸浓度不宜大于 2g/L。

（4）碱性污水的中和方法　对于碱性污水，中和处理方法有：酸碱污水相互中和、加酸中和、烟道气中和。各种方法的比较见表 7-25。

表 7-25　碱性污水处理方法比较

中和方法	适用条件	主要优点	主要缺点	附 注
利用酸性污水相互中和	(1)适用于各种碱性污水； (2)酸碱污水中酸当量最好与碱当量基本相等	(1)节省中和药剂； (2)当酸碱基本平衡且污水缓冲作用大时，设备简单，管理容易	(1)污水流量、浓度波动大时需先均化； (2)酸碱当量不平衡时，须另加中和剂作补充处理	需注意二次污染，产生有害气体
加酸中和	用工业酸或废酸	酸为副产品时较经济	用工业酸时成本高	

中和方法	适用条件	主要优点	主要缺点	附 注
烟道气中和	(1)要求有大量能连续供给、能满足处理水量的烟气; (2)当碱性污水间断而烟气不间断时,应有备用除尘水源	(1)污水起烟气除尘作用,烟气用作中和剂使污水 pH 值降至 6~7; (2)节省除尘用水及中和剂	污水经烟气中和后,水温、色度、耗氧量、硫化物均有上升	(1)出水其他指标上升有待进一步处理,使之达到排放标准; (2)水量小时,可用压缩 CO_2 处理,操作简单,出水水质不致变坏,但费用高

3. 氧化还原

氧化还原法是通过化学氧化还原作用改变污水中溶解性有毒有害物质性状使之无害化的方法。可用于脱色、消毒、脱臭、去除重金属、氰等无机污染物和酚、醇、酮等有毒有害的有机污染物。

(1) 化学氧化法 向污水中投加氧化剂,氧化污水中的有害物质,使其转变为无毒无害的或毒性小的新物质的方法称为氧化法。氧化法可分为氯氧化法、空气氧化法、臭氧氧化法、光氧化法等。

① 氯氧化法 主要用于氰化物、硫化物、酚、醇、醛、油类的氧化去除,及脱色、脱臭、杀菌、防腐等。氯氧化法处理常用的药剂有液氯、漂白粉、次氯酸钠、二氧化氯等。

② 空气氧化法 是利用空气中的氧去氧化污水中污染物质的一种处理方法,主要用于含铁及含硫污水的处理。

③ 臭氧氧化法 主要用于除臭、脱色、杀菌、除铁、除氰化物、除有机物等。

④ 光氧化法 是利用光和氧化剂产生很强的氧化作用来分解污水中有机物和无机物。常用的氧化剂为氯气,常用的光源为紫外光。实践表明,在加氯的污水中照射紫外线,可使氯的氧化能力加强 10 倍以上。其原理是氯与水作用生成次氯酸分子吸收紫外线后,产生初生态氧,在光照射下,把有机物氧化成 CO_2 和 H_2O。

(2) 化学还原法 向污水中投加还原剂,还原污水中的有害物质,使其转变为无毒无害的或毒性小的新物质的方法称为还原法。

还原法目前主要用于处理含铬、铜、汞等金属离子的污水。常用的还原剂有亚铁盐、金属铁(铁屑、铁粉)、金属锌、二氧化硫、亚硫酸盐等。

4. 化学沉淀法

(1) 概念 化学沉淀法是通过向污水中投加某种化学药剂(沉淀剂),使之与污水中某些溶解物质发生化学反应,生成难溶沉淀物(盐),从而降低污水中溶解污染物浓度的方法。采用化学沉淀法,可以把污水中重金属离子(如汞、镉、铅、锌、铬等)、碱土金属(如钙、镁)离子及某些非金属(砷、氟、硫、硼等)离子予以去除。

(2) 类型 根据使用沉淀剂的不同,主要有氢氧化物沉淀法、硫化物沉淀法、碳酸盐沉淀法、钡盐沉淀法等。

① 氢氧化物沉淀法 许多金属的氢氧化物是难溶于水的,铜、镉、铬、铅等重金属氢氧化物的溶度积一般都很小,因此可采用氢氧化物沉淀法,去除污水中的重金属离子。常用沉淀剂有石灰、碳酸钠、苛性钠等。由于此法采用的沉淀剂来源甚广,价格较低,因而在生产实践中应用广泛。

② 硫化物沉淀法 该法的特点是:a. 与氢氧化物沉淀法相比,能更完全地去除重金属离子;b. 处理费用较高;c. 硫化物沉淀困难,常需投加混凝剂以提高去除效果。

③ 碳酸盐沉淀法　对于高浓度的工业废水，可以用投加碳酸钠的方法予以回收。

④ 钡盐沉淀法　主要用于去除含六价铬的污水。采用的沉淀剂有碳酸钡、氯化钡、硝酸钡等。

5. 消毒

（1）消毒目的　消毒的目的主要是利用物理或化学的方法杀灭污水中的病原微生物，以防止其对人类及畜禽的健康产生危害和对生态环境造成污染。对于医院污水、屠宰工业及生物制药等行业所排污水，国家及各地方环保部门制定的污水排放标准中都规定了必须达到的细菌学指标。在城市污水和工业废水的回用工程中，消毒处理也都成为必须考虑的工艺步骤之一。

（2）消毒与灭菌的区别　消毒是对有害微生物的杀灭过程，而灭菌是杀灭或去除一切活的细菌或其他微生物以及它们的芽孢。

（3）消毒方法

① 分类　大体上可分为两类：物理消毒方法和化学消毒方法。物理消毒方法是应用热、光波、电子流等来实现消毒作用的方法。在水的消毒处理中，采用或研究的物理消毒方法有加热、冷冻、辐射、紫外线以及高压静电、微电解消毒等方法。化学消毒方法是通过向水中投加化学消毒剂来实现消毒。常用的化学消毒剂有氯及其化合物、各种卤素、臭氧、重金属离子等。

② 常用消毒方法比较　常用的消毒方法效率、优缺点及用途比较见表 7-26。

表 7-26　几种常见消毒方法的比较

项目	液氯	臭氧	二氧化氯	紫外线照射	加热	卤素 (Br_2、I_2)	金属离子 （银、铜等）
使用剂量/(mg/L)	10.0	10.0	2～5				
接触时间/min	10～30	5～10	10～20	短	10～20	10～30	120
效率							
对细菌	有效	有效	有效	有效	有效	有效	有效
对病毒	部分有效	有效	部分有效	部分有效	有效	部分有效	无效
对芽孢	无效	有效	无效	无效	无效	无效	无效
优点	便宜、成熟、有后续消毒作用	除色、臭味效果好，现场发生溶解氧增加，无毒	杀菌效果好，无气味，有定型产品	快速、无化学药剂	简单	便宜、成熟、有后续消毒作用，对眼睛影响较小	有长期后续消毒作用
缺点	对某些病毒、芽孢无效，残毒，产生臭味	比氯贵，无后续作用	维修管理要求较高	无后续作用，无大规模应用，对浊度要求高	加热慢，价格贵，能耗高	慢，比氯贵	消毒速度慢，价贵，受胺及其他污染物干扰
用途	常用方法	应用日益广泛，与氯结合生产高质量水	中水及小水量工程	实验室及小规模应用较多	适用于家庭消毒	适用于游泳池	

（4）影响消毒效果的因素　影响消毒效果的因素主要有消毒剂的投加量、反应接触时间、水温、pH、污水水质及消毒剂与水的混合接触方式等。

6. 气浮

（1）目的　气浮法是向污水中通入空气，并以微小气泡形式从水中析出成为载体，使污水中密度接近于水的固体或液体微粒黏附在气泡上，随气泡一起上浮到水面，形成浮渣，通过撇除浮渣达到去除杂质、净化污水的目的。

（2）应用　在污水处理中，气浮法主要用于去除石油加工厂或煤气发生站污水中的乳化油、造纸污水中的纸浆及纤维工业污水中的细小纤维等靠自然沉降或上浮难以去除的污染物质。

（3）工艺特点　常用气浮池的工艺特点见表7-27。

表 7-27　气浮池的工艺特点

优点	(1)气浮池通常只需15～20min即可完成固液分离过程，在水量、水质相同的条件下，比沉淀池具有较高的去除效率和较小的反应器容积，可节省基建投资； (2)气浮具有预曝气作用，出水和浮渣都含有一定量的氧，有利于后续处理或再用，泥渣不易腐化； (3)气浮过程所生成的浮渣，其含水率较沉淀池污泥的含水率低，污泥量少，且表面刮渣也比池底排泥方便； (4)若用气浮池代替活性污泥法中的二沉池，则可以消除污泥膨胀问题； (5)气浮法对去除水中表面活性剂及嗅味等有明显效果； (6)对低温低浊及含藻类多的水源，气浮法比沉淀法可取得更好的净化效果； (7)气浮法所需药剂量比沉淀法省
缺点	(1)电耗较大，每吨水比沉淀法多耗电 0.02～0.04kW·h； (2)减压阀或低压释放器易堵塞，维修工作量较大； (3)浮渣易受较大风雨的干扰

（4）气浮类型　按水中气泡产生方式的不同，可分为布气气浮、溶气气浮和电气浮（将在电解法中介绍）3种类型。

① 布气气浮　是利用机械剪切力，将混合于水中的空气粉碎成细小的气泡，以进行气浮的一种方法。按粉碎气泡方法的不同，布气气浮又分为水泵吸水管吸气气浮、射流气浮、扩散板曝气气浮以及叶轮气浮四种。

② 溶气气浮　是使空气在一定压力的作用下溶解于水中，并达到过饱和状态，然后再突然使污水减到常压，这时溶解于水中的空气便以微小气泡的形式从水中逸出并进行气浮。根据气泡从水中析出时所处压力不同，溶气气浮又可分为以下两种类型：a. 溶气真空气浮，空气在常压或加压条件下溶入水中，而在负压条件下析出；b. 加压溶气气浮，空气在加压条件下溶入水中，而在常压下析出。此法是国内外最常用的气浮方法。

7. 吸附

（1）概念　吸附法是利用多孔固体物质表面吸附污水中的一种或多种污染物质，使污水得以净化的方法。具有吸附能力的多孔固体物质称为吸附剂，而污水中被吸附的物质则称为吸附质。

（2）吸附的类型　根据固体表面吸附力的不同，吸附可分为物理吸附、化学吸附和离子交换吸附三种类型。各种吸附的含义和特点见表7-28。

（3）影响吸附的因素　影响吸附的因素很多，其中主要有吸附剂的性质、吸附质的性质和吸附过程的操作条件等。了解这些因素的目的，是便于选用合适的吸附剂，控制合适的操作条件。

（4）吸附剂

① 种类　污水处理中用的吸附剂有活性炭、磺化煤、沸石、硅藻土、焦炭、木炭、高岭土、硅胶、木屑、炉渣以及金属及其化合物（如锌粒）等。其中，应用较广的是活性炭。

表 7-28 吸附的类型、含义和特点

吸附类型	含 义	特 点
物理吸附	吸附剂与吸附质之间通过分子引力(范德华力)产生的吸附	(1)物理吸附是放热反应,且吸附热小; (2)因无化学反应,低温下就能进行; (3)吸附的选择性不强,也容易解析
化学吸附	吸附剂和吸附质之间通过化学键力结合而引起的吸附	(1)吸热大; (2)有选择性; (3)化学键力大时,吸附不可逆
离子交换吸附	吸附质的离子由于静电引力聚集到吸附剂表面的带电活性中心上,同时吸附剂也放出一个等当量离子的过程	离子所带电荷越多,吸附越强

② 活性炭　是由含碳为主的物质作原料,经高温炭化和活化制得的疏水性吸附剂。外观为暗黑色,具有良好的吸附性能,化学稳定性好,可耐强酸及强碱,能经受水浸、高温、高压作用,不易破碎。

活性炭一般制成粉末状或颗粒状。粉末状活性炭的吸附能力强,制造容易,价格较低,但再生困难,通常不能重复使用。颗粒状活性炭虽价格较贵,但机械强度高,可再生后重复使用,并且使用时劳动条件良好,操作管理方便,因此在污水处理中大多采用颗粒状活性炭。其比表面积可达 $800\sim2000m^2/g$,有很高的吸附能力。

对于污水中一些难去除的物质,如表面活性剂、酚、农药、染料、难生物降解有机物和重金属离子等,活性炭吸附具有较高的处理效率。但由于活性炭价格较高、再生困难、吸附容量较低等原因,在污水处理中选用活性炭吸附工艺宜谨慎。通常将其作为三级处理,用于处理污染物浓度较低的污水。

(5) 吸附操作方式　根据水流状态,吸附操作可分为静态吸附和动态吸附两种。

① 静态吸附操作　是指污水在不流动的条件下进行的吸附操作,是间歇式操作。工艺过程是将一定量的吸附剂投加到污水处理设备中,不断地进行搅拌,达到吸附平衡后,用沉淀或过滤的方法使污水与吸附剂分开。多用于处理水量较小的情况。

② 动态吸附操作　是指污水在不流动的条件下进行的吸附操作,其吸附设备有固定床、移动床和流化床三种类型。固定床是最常用的一种方式,可分为单床式、多床串联式和多床并联式。

(6) 吸附剂再生　吸附剂饱和后(即当吸附剂的吸附容量消耗完毕或出水不能达到要求时),用某种方法将被吸附的物质除去,吸附剂本身的结构不发生变化的过程称为吸附剂的再生。再生后吸附剂可重复使用。

目前吸附剂的再生方法有:加热再生、药剂再生、化学氧化再生、生物再生等。在选择再生方法时,主要考虑吸附质的理化性质、吸附机理、吸附质的回收价值三方面的因素。

8. 离子交换

离子交换法是水处理中软化和除盐的主要方法之一。在污水处理中,主要用于去除污水中的金属离子。离子交换的实质是不溶性离子化合物(离子交换剂)上的可交换离子与溶液中的其他同性离子的交换反应,是一种特殊的吸附过程,通常是可逆性化学吸附。

(1) 离子交换剂　污水处理中用的离子交换剂有磺化煤和离子交换树脂。

① 磺化煤　是利用天然煤为原料,经浓硫酸磺化处理后制成,但交换容量低,机械强度差,化学稳定性较差,已逐渐为离子交换树脂所取代。

② 离子交换树脂　是人工合成的高分子聚合物,它表观上是一些具有某种颜色的小球,

里面有无数四通八达的孔隙，在孔隙的一定部位上有可提供交换离子的交换基团。所以离子交换树脂主要是由母体（也称骨架）和交换基团两部分组成。

（2）离子交换树脂的种类

① 按树脂的类型和孔结构的不同，离子交换树脂可分为凝胶型树脂、大孔型树脂、多孔凝胶型树脂、巨孔型（MR 型）树脂和高巨孔型（超 MR 型）树脂等。

② 按交换基团（也称活性基团）的不同，离子交换树脂可分为阳离子交换树脂、阴离子交换树脂、螯合树脂等。其中阳、阴树脂按照活性基团离解程度的不同，又分为强酸性和弱酸性、强碱性和弱碱性树脂。

（3）离子交换法的应用　离子交换法在城市污水和工业废水处理中的应用实例日益增多。该法能够去除工业废水的汞、镉、铬、锌、铜、磷酸、硝酸、有机物和放射性物质等。由于离子交换法可以起到软化、脱盐、过滤吸附作用，因此，城市污水厂二级处理出水经离子交换法适当处理后可回用于锅炉补给水、工业生产的软化水和脱盐水等。

（4）离子交换系统　离子交换系统一般包括预处理设备（用以去除悬浮物，防止离子交换树脂受污染和交换床堵塞，一般采用砂滤器）、离子交换器和再生附属设备（再生液配制设备等）。

（5）离子交换工艺过程　离子交换工艺过程一般包括交换、反洗、再生、清洗（或正洗）四个阶段或步骤。各步骤依次进行，形成不断循环的工作周期。

（6）离子交换装置　按照运行方式的不同，可分为固定床和连续床两大类。

① 固定床　是离子交换装置中最基本的一种形式。离子交换树脂（或磺化煤）装填在离子交换器中形成一定高度的树脂层。在交换、冲洗、再生、清洗等操作过程中，树脂本身均固定在容器内而不往外输送。固定床依照原水与再生液的流动方向是否一致，可分为顺流再生固定床与逆流再生固定床。

② 连续床　连续床又可分为移动床和流动床。其中移动床按其设备组合划分为三塔式、双塔式和单塔式。

9. 萃取

萃取法是利用一种不溶于水而能溶解水中某种物质（称溶质或萃取物）的溶剂投加入污水中，使溶质充分溶解在溶剂内，从而从污水中分离除去或回收某种物质的方法。此法的实质，是利用溶质在水中和溶剂中有不同溶解度的性质。称所采用的溶剂为萃取剂。

（1）萃取剂的选择原则

① 萃取剂对萃取物有较高的溶解度，而且本身在水中的溶解度要低，即分配系数尽量大些为好；

② 萃取剂要易于回收；

③ 具有适宜的物理性质，如萃取剂与水的相对密度差较大、不易挥发、黏度较低等；

④ 具有足够的化学稳定性，不与被处理物质起化学反应，对设备的腐蚀性小，特别是要求萃取剂的毒性小；

⑤ 来源方便，价格低。

（2）萃取装置　萃取是在萃取装置（设备）中进行的，萃取装置可分为罐式（箱式）、塔式和离心式三大类。常用的萃取装置有混合澄清器、筛板塔、喷洒塔、填料塔、转盘塔、离心萃取机等。

（3）应用　萃取法已成为从有机污水以及重金属污水中回收与去除酚、铜、镉、汞等的一种有效的方法，此法在国内外都获得了广泛应用。

10. 电解

（1）概述　电解质溶液在电流的作用下，发生电化学反应的过程称为电解。与电源负极相连的电极从电源接受电子，称为电解槽的阴极，与电源正极相连的电极把电子转给电源，称为电解槽的阳极。在电解过程中，阴极放出电子，使污水中某些阳离子因得到电子而被还原，阴极起还原剂的作用；阳极得到电子，使污水中某些阴离子因失去电子而被氧化，阳极起氧化剂的作用。污水进行电解反应时，污水中的有毒物质在阳极和阴极分别进行氧化还原反应，结果产生新物质。这些新物质在电解过程中或沉积于电极表面或沉淀下来或生成气体从水中逸出，从而降低了污水中有毒物质的浓度。这种利用电解的原理来处理污水中有毒物质的方法称为电解法。电解法是把电能转化为化学能的过程，因此也称电化学法。

（2）类型　用电解法或电化学法处理污水，按照去除对象以及产生的电化学作用来区分，又可分为电化学氧化法、电化学还原法、电气浮法、电解凝聚法 4 种类型。

① 电化学氧化法　利用阳极的直接电极反应（如 CN^- 的阳极氧化）与某些阳极反应产物（如 Cl_2、ClO^-、O_2 等）间接的氧化作用（如阳极产物 Cl_2 除氰脱色）来使污水中污染物氧化破坏。电化学氧化法主要用于去除水中氰、酚以及 COD、S^{2-} 等。此法优点是操作简便，且不必设置沉淀池和污泥处理设施。缺点是处理费用高于氯氧化法。

② 电化学还原法　电解槽的阴极可以给出电子，相当于还原剂，可使污水中的重金属离子还原出来，沉积于阴极，予以回收利用。电化学还原法主要用于处理电镀污水中的金属离子，其中含铬电镀污水的电解法最为成熟。此法具有处理效果稳定、管理较简单、设备占地面积较小等优点；缺点是消耗电能，消耗钢材，运行费用较高等。

③ 电气浮法　污水电解时，由于水的电解及有机物的电解氧化，在阳极、阴极表面上会有气体（如 H_2、O_2 及 CO_2、Cl_2 等），呈微小气泡析出。它们在上升过程中，可黏附水中杂质微粒及油类浮到水面而分离。利用这一原理的技术称为电气浮法，又称电解浮上法。电解时，不仅有气泡浮上作用，而且还兼有凝聚、共沉、电化学氧化、电化学还原等作用。

电气浮法可用于去除污水中悬浮固体与油状物，脱除重金属离子，也有应用此法从乳酪制造厂污水中回收蛋白质。此法具有去除的污染物范围广、泥渣量少、工艺简单、设备小等优点；主要缺点是电耗大。与其他方法配合使用，则比较经济。

④ 电解凝聚法　电解凝聚（亦称电凝聚或电混凝）是以铝、铁等金属为阳极，在直流电的作用下受到电化学腐蚀，具有可溶性，Al^{3+}、Fe^{2+} 以离子状态溶入溶液中，经过水解反应可生成多核羟基络合物以及氢氧化物，作为混凝剂对水中悬浮物及胶体进行凝聚处理。

电凝聚法可用于去除污水的浊度、色度、铁或硅的化合物和重金属离子等污染物。此法的优点是装置紧凑，占地面积小，可去除的污染物广泛，反应迅速，适用的 pH 范围宽，形成的沉渣密实。缺点是极板需消耗大量金属，电耗也较高。

11. 膜分离法

膜分离法是利用特殊膜（离子交换膜、半透膜）的选择透过性，对溶剂（通常是水）中的溶质或微粒进行分离或浓缩方法的统称。溶质通过膜的过程称为渗析，溶剂通过膜的过程称为渗透。

（1）类型　根据溶质或溶剂透过膜的推动力不同，膜分离法可分为三类：①以电动势为推动力的方法——电渗析和电渗透；②以浓度差为推动力的方法——扩散渗析和自然渗透；③以压力差为推动力的方法——压渗析、反渗透、超滤、微滤和纳滤。

（2）常用膜分离设备

① 微滤器（MF）　膜孔径 $>0.1 \sim 5.0 \mu m$，工作压力 300kPa 左右。可用于分离污水中的较细小颗粒物质（$<15 \mu m$）和粗分散相油珠等，或作为其他处理工艺的预处理，如用作

反渗透设备的预处理，去除悬浮物质、BOD 和 COD 成分，减轻反渗透的负荷，使其运行稳定。

② 超滤器（UF） 膜孔径 0.01～0.1μm，工作压力为 150～700kPa。超滤器可分离污水中细小颗粒物质（<10μm）和乳化油等，回收有用物质（如从电镀涂料废液中回收涂料，化纤工业中回收聚乙烯醇）；在用于污水深度处理时，可去除大分子与胶态有机物质、病毒和细菌等；或作为反渗透设备的预处理，去除悬浮物质、BOD 和 COD 成分，减轻反渗透的负荷，使其运行稳定。

③ 纳滤器（NF） 膜孔径 0.001～0.01μm，操作压力为 500～1000kPa。纳滤器可截留相对分子质量为 200～500 的有机化合物，主要用于分离污水中多价离子和色度粒子，如用纳滤器处理木材制浆碱萃取阶段产生的废液，可去除其中的带色物质木质素和氯化木质素，而 Na^+ 则透过膜回收再用，其脱色率可达 98% 以上。

④ 反渗透（RO） 膜孔径<0.001μm，操作压力>1.0MPa。对于城市污水来说，采用反渗透法对二级出水进行深度处理，既可以去除有机物，又可以除盐，处理后的水可以回用或回灌地下。反渗透在工业废水处理中主要用于去除重金属离子和贵重金属浓缩回收，渗透水也能重复回用。

⑤ 电渗析（ED） 可分为选择性膜（离子交换膜）电渗析和非选择性膜电渗析两类。水处理中采用选择性膜电渗析法，主要用于海水淡化、苦咸水淡化、制取纯水等，或从污水中回收有用物质（如处理含镍污水，回收镍），或污水深度处理时除盐等。

（3）膜分离法的特点 在膜分离过程中，不发生相变化，能量的转化效率高。一般不需要投加其他物质，这可节省原材料和化学药品。膜分离过程中，分离和浓缩同时进行，这样能回收有价值的物质，且不会破坏对热敏感和对热不稳定的物质，可在常温下得到分离。根据膜的选择透过性和膜孔径的大小，可将不同粒径的物质分开，这使物质得到纯化而又不改变其原有的属性。此外膜分离法适应性强，操作及维护方便，易于实现自动化控制。

12. 吹脱与汽提

吹脱和汽提都属于气-液相转移分离法。即将气体（载气）通入污水中，与污水相互充分接触，使污水中的溶解气体和易挥发的溶质穿过气液界面，向气相转移，从而达到脱除污染物的目的。常用空气或水蒸气作载气，习惯上把前者称为吹脱法，后者称为汽提法。

（1）吹脱法

① 吹脱设备 一般包括吹脱池和吹脱塔。前者占地面积较大，而且易污染大气，对有毒气体常用塔式设备。

② 应用 吹脱法主要用于去除污水中的 CO_2、H_2S、HCN、NH_3、CS_2 等溶解性气体及易挥发性有机物等。吹脱出来的废气根据其浓度高低，可直接排放、送锅炉燃烧或回收利用。

（2）汽提法

① 汽提设备 汽提操作一般都在封闭的塔内进行。采用的汽提塔可分为填料塔与板式塔两大类。板式塔按照塔板的结构不同，又可分为泡罩塔、浮阀塔、筛板塔等。

② 应用 汽提法用以脱除污水中的挥发性溶解物质，如挥发酚、甲醛、苯胺、硫化氢、氨等。汽提法在含酚污水及含氰污水中均已获得生产应用。前者是从含酚污水中回收挥发酚；后者是从污水中回收氰化钠以及黄血盐。

13. 磁分离法

（1）概念 磁分离法是通过外加磁场产生磁力，把污水中具有磁性的悬浮颗粒吸出，予以去除或回收，使污水得以净化的方法。此法具有处理能力大、效率高、设备紧凑等优点。

（2）应用 磁分离法不仅可直接用于含磁性物质的污水（如钢铁、选矿、机械工业废水）处理，而且通过磁性接种混凝、铁氧体化等方法，还可用于其他工业废水和城市污水的净化处理，用于去除金属离子、色度、颜料、BOD、COD、细菌、病毒等。

（3）磁分离装置的类型 磁分离装置按装置原理可分为磁凝聚分离、磁盘分离和高梯度磁分离三类；按产生磁场的方法，可分为永磁磁分离、电磁磁分离和超导磁分离三类；按工作方式可分为连续式磁分离和间断式磁分离；按颗粒物去除方式，可分为磁凝聚沉降分离和磁力吸着分离。

四、污水处理与再生利用的生化技术

（一）活性污泥法

1. 基本概念

（1）活性污泥 向生活污水注入空气进行曝气，并持续一段时间以后，污水中即生成一种絮凝体。这种絮凝体主要是由大量繁殖的微生物群体所构成。它易于沉淀分离，并使污水得到澄清，这就是"活性污泥"。

（2）活性污泥法基本流程 活性污泥法是以活性污泥为主体的生物处理方法，活性污泥法工艺由曝气池、二次沉淀池、污泥回流系统和曝气及空气扩散系统等组成，图7-11所示为活性污泥法基本流程。

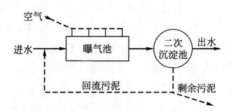

图 7-11 活性污泥法基本流程

污水经过适当预处理（如初沉）后，与从二次沉淀池连续回流的活性污泥同时进入曝气池形成混合液。曝气池是一个生物反应器，通过曝气设备充入压缩空气，使污水与活性污泥充分混合接触，并供给混合液以足够的溶解氧。在好氧状态下，污水中的有机物被活性污泥中的微生物群体分解而得到稳定。随后混合液流入二次沉淀池，在其中活性污泥通过沉淀与污水分离，澄清后的污水作为处理水排出系统。经过沉淀浓缩的污泥从沉淀池底部排出，其中一部分作为接种污泥回流曝气池，多余的一部分作为剩余污泥排出系统。剩余污泥与在曝气池内增长的污泥，在数量上应保持平衡，使曝气池内的污泥浓度相对地保持在一个较为恒定的范围内。

（3）活性污泥组成及其性能指标

① 组成 活性污泥由具有活性的微生物群体、微生物自身氧化的残留物、原污水挟入的不能为微生物降解的惰性有机物质、原污水挟入的无机物质四部分物质组成。

② 性能指标 评价活性污泥的性能除进行生物相观察外，还应使用如下指标。

a. 混合液悬浮固体（MLSS）浓度。又称混合液污泥浓度，表示曝气池混合液中活性污泥的浓度，其单位为 mg/L 或 kg/m³。它是计量曝气池中活性污泥数量多少的指标。活性污泥法中，MLSS 一般为 2～4mg/L。

b. 混合液挥发性悬浮固体（MLVSS）浓度。表示混合液活性污泥中有机性固体物质的浓度，其单位为 mg/L 或 kg/m³。在一般情况下，MLVSS/MLSS 的比值比较固定，对于生活污水，常在 0.75 左右。对于工业废水，其比值视水质不同而异。

c. 污泥沉降比（SV％）。又称 30min 沉淀率，是指曝气池混合液在量筒内静置沉淀 30min 后所形成沉淀污泥的容积与原混合液容积的百分率，以％表示。

污泥沉降比可以反映曝气池正常运行时的污泥量，可用于控制剩余污泥的排放，还能及时反映出污泥膨胀等异常情况，是评价活性污泥的重要指标之一。

d. 污泥体积指数（污泥指数）（SVI）。其物理意义是指曝气池出口处混合液经 30min 静沉后，1g 干污泥所形成的沉淀污泥体积，其单位为 mL/g。

SVI 值能够反映出活性污泥的凝聚、沉淀性能，一般以介于 70~100 之间为宜，SVI 值过低，说明泥粒细小，无机物含量高，缺乏活性；过高，说明污泥沉降性能不好，并且已有产生膨胀现象的可能。

2. 活性污泥法的运行方式及特点

活性污泥法在长期的工程实践过程中，根据水质的变化、微生物代谢活性的特点和运行管理、技术经济及排放要求等方面的情况，又发展成为多种运行方式和池型，下面介绍几种主要的运行方式。

（1）传统活性污泥法　传统活性污泥法是活性污泥法最早的形式，又称普通活性污泥法。其工艺流程如图 7-11 所示。污水与回流污泥从池首端流入，呈推流式至池末端流出。

这种活性污泥法的优点是：污水浓度自池首至池尾是逐渐下降的，由于在曝气池内存在这种浓度梯度，污水降解反应的推动力较大，效率较高；缺点是：由于沿池长均匀供氧，会出现池首曝气不足，池尾供气过量的现象，增加动力费用；由于有机物沿池长分布不均匀，进口处浓度高，因此，它对水量、水质、浓度等变化的适应性较差，不能处理毒性较大或浓度很高的污水。

（2）完全混合活性污泥法　此法的主要特点是应用完全混合式曝气池。污水与回流污泥进入曝气池后，立即与池内混合液充分混合，可以认为池内混合液是已经处理而未经泥水分离的处理水。其工艺流程如图 7-12 所示。

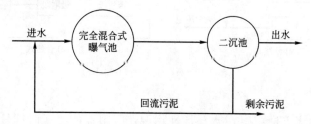

图 7-12　完全混合活性污泥法工艺流程

完全混合式曝气池的优点是：①承受冲击负荷的能力强，池内混合液能对污水起稀释作用，对高峰负荷起削弱作用；②由于全池需氧要求相同，能节省动力；③曝气池和沉淀池可合建，不需要单独设置污泥回流系统，便于运行管理。

完全混合式曝气池的缺点是连续进水、出水可能造成短路；易引起污泥膨胀。

（3）渐减曝气法　这种方式是针对普通活性污泥法有机物浓度和需氧量沿池长减小的特点而改进的。通过合理布置曝气器，使供气量沿池长逐渐减小，与底物浓度变化相对应，见图 7-13。这种曝气方式比均匀供气的曝气方式更为经济。

（4）阶段曝气法　又称分段进水活性污泥法或多段进水活性污泥法。这种方式是针对普通曝气法进口负荷过大而改进的，原污水沿池长分多点进入（一般进口为 3~4 个）曝气池。其工艺流程如图 7-14 所示。

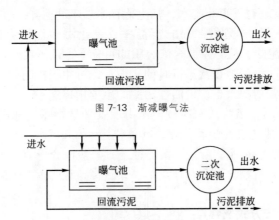

图 7-13　渐减曝气法

图 7-14　阶段曝气法

这种运行方式的优点是：①有机底物浓度沿池长度均匀分布，负荷均衡，克服了池前段供氧不足，后段供氧过剩的缺点，既有利于降低能耗，又能够充分发挥活性污泥生物的降解功能；②污水分段注入，提高了反应器对水质、水量的冲击负荷的适应能力。

缺点是：进水若得不到充分混合，会引起处理效果下降。

（5）吸附-再生法　又称生物吸附法或接触稳定法。这种方式的主要特点是将活性污泥对有机污染物降解的两个过程——吸附与代谢，分别在各自的反应器内进行。

① 工艺流程　吸附-再生法工艺流程如图 7-15 所示。曝气池被一分为二，污水与活性污泥在吸附池内混合接触 15～60min，使污泥吸附大部分的呈悬浮、胶体状的有机物和一部分溶解性有机物，然后混合液流入二次沉淀池。从沉淀池分离出的回流污泥则先在再生池里进行生物代谢，充分恢复活性，再引入吸附池。

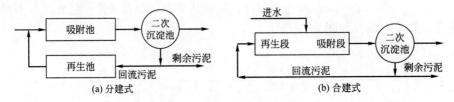

图 7-15　吸附-再生法工艺流程

② 工艺特点

这种运行方式的优点是：a. 污水与活性污泥在吸附池的接触时间较短，吸附池容积较小，由于再生池接纳的仅是浓度较高的回流污泥，因此，再生池的容积亦小，吸附池与再生池容积之和仍低于传统法曝气池的容积；b. 本方法能承受一定的冲击负荷，当吸附池的活性污泥遭到破坏时，可由再生池内的污泥予以补救。主要缺点是处理效果低于传统活性污泥法和不宜处理溶解性有机物含量高的污水。

（6）延时曝气法

① 工艺特点　延时曝气法又称完全氧化活性污泥法，其主要特点是有机负荷低、曝气反应时间长，一般多在 24h 以上，污泥持续处于内源代谢状态，剩余污泥少且稳定、无需再进行厌氧消化处理，可称为污水、污泥综合处理工艺。此外，该工艺还具有处理水质稳定性较高，对原污水水质、水量变化有较强的适应性，无需设初次沉淀池的优点。

主要缺点是池容大、曝气时间长、建设费和运行费用都较高、占用较大的土地面积等。

② 适用范围　延时曝气法只适用于处理水质要求高，又不便于污泥处理的小型城镇污

水和工业废水，水量不宜超过 1000m³/d。一般采用流态为完全混合式的曝气池。

(7) 高负荷曝气法 又称短时曝气法或不完全活性污泥法。工艺的主要特点是负荷率高，曝气时间短，对污水的处理效果差。在系统和曝气池构造方面，本工艺与传统活性污泥法基本相同。

(8) 纯氧（富氧）曝气法 该法用纯氧或富氧空气作氧源曝气，可以提高生物处理的速度。纯氧曝气目前多采用有盖密闭式曝气池，其构造如图 7-16 所示。

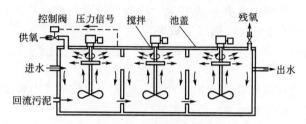

图 7-16 纯氧曝气池构造简图

① 优点 纯氧曝气与空气曝气相比，其主要优点如下所述。

a. 氧的利用率可高达 80%～90%，而空气曝气活性污泥法仅 10% 左右，因此达到同等氧浓度所需的气体体积可大大减少。

b. 活性污泥浓度（MLSS）可达 4000～7000mg/L，故在相同有机负荷时，容积负荷可大大提高。

c. 曝气池混合液的 SVI 值低，仅 100 左右，不易发生污泥膨胀。

d. 处理效率高，所需的曝气时间短。

e. 产生的剩余污泥量少。

② 缺点

a. 纯氧发生器容易出现故障，装置复杂，运转管理较麻烦。

b. 密闭池子结构和施工要求高。

c. 如果进水中混入大量易挥发的烃类化合物，容易引起爆炸。

d. 生物代谢中生成的二氧化碳重新溶入系统，使混合液 pH 值下降，妨碍生物处理的正常运行，影响处理效率。

(9) 氧化沟 氧化沟是延时曝气法的一种特殊形式，其曝气池呈封闭的沟渠形，由于污水和活性污泥混合液在渠内呈循环流动，因此被称为"氧化沟"，又称"环形曝气池"。流程形式如图 7-17 所示。

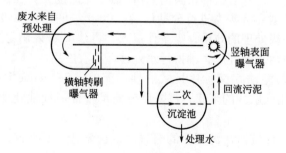

图 7-17 氧化沟系统

① 工艺特点 氧化沟工艺的运行特点主要有以下几方面。

a. 预处理得到简化。由于氧化沟的水力停留时间和污泥龄一般较其他生物处理法长，因此悬浮有机物和溶解性有机物可同时得到较彻底地去除，因而经氧化沟处理后的剩余污泥已得到高度稳定。所以氧化沟通常不必设初沉池，也不需要进行厌氧硝化，可直接进行浓缩与脱水。

b. 占地小。由于在工艺流程中省去了初沉地、污泥消化系统，甚至还省去了二沉池和污泥回流装置，因此污水厂总占地面积不仅没有增大，相反还可缩小。

c. 具有除磷脱氮处理的能力。由于环形曝气的特点，使氧化沟具有推流特性，溶解氧浓度在沿池长方向呈浓度梯度，并形成好氧、缺氧和厌氧条件，因此通过合理的设计与控制，氧化沟系统可以取得较好的除磷脱氮效果。

d. 可简化处理流程。通过将氧化沟和二沉池合建的一体化设计形式，可取消二沉池，从而可大大简化处理流程。

② 氧化沟类型 常用的氧化沟类型主要有卡鲁塞尔氧化沟、交替式氧化沟、Orbal 氧化沟、帕斯维尔氧化沟、改良卡鲁塞尔氧化沟等。

（10）生物吸附氧化法（AB 法） AB 法属两级活性污泥法，通常可不设初沉池，其工艺流程如图 7-18 所示。A、B 两级严格分开，污泥系统各自独立循环，两级串联运行。

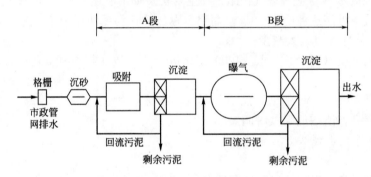

图 7-18 AB 法工艺流程

AB 法实质上是一种改进的两级生物处理法，A 级以高负荷运行，停留时间短，可充分利用活性污泥的吸附絮凝能力将污水中的有机物吸附于活性污泥上，进而氧化分解。B 级以低负荷运行，停留时间长，可继续氧化甚至硝化经 A 级处理后残留于污水中的有机物，以便获得良好的出水水质。

这种活性污泥法中，由于 A 级和 B 级的污泥回流是截然分开的，因而有利于在两级中保持各自的优势微生物种群。

该工艺处理效果稳定，具有抗冲击负荷、pH 值变化的能力，在德国以及欧洲有广泛的应用。该工艺还可以根据经济实力进行分期建设。例如，可先建 A 级，以削减污水中的大量有机物，达到优于一级处理的效果，等条件成熟，再建 B 级以满足更高的处理要求。AB 法在我国的青岛海泊河污水处理厂，淄博污水处理厂等有应用。

（11）间歇式活性污泥法 又称序批式活性污泥法（Sequence Batch Reactor，缩写为 SBR），由于运行中采用间歇式的形式，每一反应池是一批一批地处理污水，故此得名，工艺流程如图 7-19 所示。

① 工艺操作过程 传统活性污泥法的曝气池，在流态上属推流，在有机物降解方面也是沿着空间而逐渐降解的。而 SBR 工艺的曝气池，在流态上属完全混合，在有机物降解上，却是时间上的推流，有机物是随着时间的推移而被降解的。图 7-20 为 SBR 工艺的基本运行模式，其基本操作流程由进水、反应、沉淀、出水和闲置五个基本过程组成，从污水流入到闲置结束构成一个周期，在每个周期里上述过程都是在一个没有曝气或搅拌装置的反应器内

图 7-19　SBR 法工艺流程

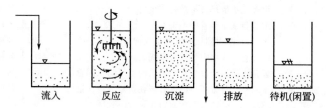

图 7-20　SBR 法工艺的操作过程

依次进行的。

② 工艺特点　SBR 工艺与连续流活性污泥工艺相比的优点是：a. 工艺系统组成简单，不设二沉池，曝气池兼具二沉池的功能，无污泥回流设备；b. 耐冲击负荷，在一般情况下（包括工业污水处理）无需设置调节池；c. 反应推动力大，易于得到优于连续流系统的出水水质；d. 运行操作灵活，通过适当调节各单元操作的状态可达到脱氮除磷的效果；e. 污泥沉淀性能好，SVI 值较低，能有效地防止丝状菌膨胀；f. 该工艺的各操作阶段及各项运行指标可通过计算机加以控制，便于自控运行，易于管理维护。

3. 曝气池类型

曝气池有多种类型，按流态、平面形状、曝气池和二沉池的结构关系可有以下分类。

(1) 从混合液流动形态方面，可分为推流式、完全混合式和循环混合式三类；

(2) 从平面形状方面，可分为长方廊道形、圆形、方形以及环状跑道形四类；

(3) 从曝气池与二次沉淀池之间的关系，可分为曝气-沉淀池合建式和分建式两类。

4. 曝气方法与设备

(1) 曝气方法　曝气方法可分为以下三种。

① 鼓风曝气　是指采用曝气器——扩散板或扩散管在水中引入气泡的曝气方式。曝气系统通常由鼓风机、曝气器、空气输送管道等组成。

② 机械曝气　利用叶轮、转刷等器械对液面进行搅动引入气泡的曝气方式。

③ 鼓风-机械曝气　系由上述两者相结合的曝气方式。

(2) 曝气设备

① 主要技术性能指标

a. 动力效率 (E_P)。每消耗 1kW 电能转移到混合液中的氧量，以 kg/(kW·h) 计；

b. 氧的利用效率 (E_A)。通过鼓风曝气转移到混合液的氧量，占总供氧量的百分比（%）；

c. 氧的转移效率 (E_L)。也称为充氧能力，通过机械曝气装置，在单位时间内转移到混合液中的氧量，以 kg/h 计。

鼓风曝气设备的性能按 a.、b. 两项指标评定，机械曝气装置则按 a.、c. 两项指标评定。

② 对曝气设备的要求　曝气设备应构造简单，其供氧能力要强，搅拌要均匀，能耗少；价格低廉，性能稳定，故障少；不产生噪声及其他公害，且对某些工业废水耐腐蚀性强。

③ 曝气设备的特点和用途　淹没式曝气器和表面曝气设备的特点和用途详见表7-29。

表 7-29　污水的曝气设备

设　　备	特　　点	用　　途
(1)淹没式曝气器 　鼓风机		
细气泡系统	用多孔扩散板或扩散管产生气泡	各种活性污泥法
中等气泡系统	用塑料或布包管子产生气泡	各种活性污泥法
粗气泡系统	用孔口、喷射器或喷嘴产生气泡	各种活性污泥法
叶轮分布器	由叶轮及压缩空气注入系统组成	各种活性污泥法
静态管式混合器	竖管中设挡板以使底部进入的空气与水混合	活性污泥法
射流式	压缩空气与带压力的混合液在射流设备中混合	各种活性污泥法
(2)表面曝气器		
低速叶轮曝气器	用大直径叶轮在空气中搅起水滴并卷入空气	常规活性污泥法
高速浮式曝气器	用小直径叶浆在空气中搅起水滴并卷入空气	
转刷曝气器	浆板通过水中旋转促进水的循环并曝气	氧化沟、渠道曝气

（二）生物膜法

1. 概述

（1）特点　生物膜法是与活性污泥法并列的一种污水好氧生物处理技术。两者的主要区别在于生物膜法是微生物以膜的形式或固定，或附着生长于固体填料（或称载体）的表面，而活性污泥法则是活性污泥以絮体方式悬浮生长于处理构筑物中。

与传统活性污泥法相比，生物膜法具有运行稳定、抗冲击能力强、更为经济节能、无污泥膨胀问题、能够处理低浓度污水等优点。但生物膜法也存在着需要较多填料和支撑结构、出水常常携带较大的脱落生物膜片以及细小的悬浮物、启动时间长等缺点。

（2）生物膜的形成　污水与滤料或某种载体流动接触，在经过一段时间后，后者的表面会形成一种膜状污泥，这种污泥即称之为生物膜。生物膜是微生物高度密集的物质，在膜的表面和一定深度的内部生长繁殖着大量的各种类型的微生物和微型动物，并形成有机污染物-细菌-原生动物（后生动物）的食物链。

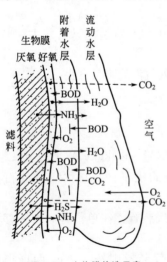

图 7-21　生物膜构造示意

（3）生物膜构造　生物膜形成后，由于微生物不断增殖，生物膜的厚度不断增加，在厚度增加到一定程度后，其内侧较深处由于供氧不足而转变为厌氧状态，形成厌氧性膜。这样，生物膜便由好氧和厌氧两层组成。好氧层的厚度一般为2mm左右，有机物的降解主要是在好氧层内进行。图7-21所示是附着在生物滤池滤料上的生物膜的构造示意。

（4）生物膜净化污水原理　生物膜呈蓬松的絮状结构，具有较大的表面积，能够大量吸附污水中各种状态的有机物质，且在供氧充足时能氧化分解所吸附的有机物。

由图7-21可见，污水流过滤料层时，由于生物膜的吸附作用，在其表面有一层很薄的附着水层。附着水层中的有机物大部分已被生物膜中的好氧菌所氧化分解，因此，当有机物随污水进入流动水层后，在浓度差作用下，有机物会从污水中转移到附着水层中，进而被生物膜所吸附。与此同时，空气中的氧也通过污水经附着水层进入生物膜。生物膜上的微生物利用溶入的氧气对有机物进行氧化分解，使污水在其流动过程中逐步得到净化。微生物的代谢产物如 H_2O 等则通过附着水层进入流动水层，并随其排走，而 CO_2 及厌氧分解产物如 H_2S、NH_3 以及 CH_4 等气态代谢产物则从水层逸出进入空气中。

(5) 生物膜脱落与更新 随着厌氧层厚度的增加，其代谢产物也逐渐增多。当这些代谢产物透过好氧层逸出时，破坏了好氧层生态系的稳定状态，也减弱了生物膜在滤料或载体上的固着力，此时的生物膜呈老化状。老化生物膜净化功能较差，而且在液流的冲刷作用下易于脱落。生物膜脱落后，生成新的生物膜，新生物膜须经过一段时间后才能充分发挥其净化功能。比较理想的情况是：减缓生物膜的老化进程，不使厌氧层过分增长，加快好氧膜的更新，并且尽量使生物膜不集中脱落。

2. 生物滤池

生物滤池是以土壤自净原理为依据，在污水灌溉的实践基础上，经较原始的间歇砂滤池和接触滤池而发展起来的人工生物处理技术。

(1) 构造 生物滤池由池体、滤料、布水装置和排水系统四部分组成。

① 池体 平面形式有矩形、圆形或多边形，池壁可为实墙，也可为可通风的带孔墙。池壁应比滤料表面高出 0.5～0.9m，以便挡风，保证布水均匀。

② 滤料 按形状可分为块状、板状和纤维状，块状滤料有碎石、矿渣、碎砖、焦炭、陶瓷环等，其粒径约为 25～40mm；木板、纸板和塑料板属于板状滤料，其断面形式可做成波纹状、蜂窝状、管状等；软性塑料填料属于纤维状滤料。

③ 布水装置 主要作用是将污水均匀地分配到整个滤池表面上。此外，还应具有：适应水量的变化；不易堵塞和易于清通以及不受风、雪的影响等特征。

④ 排水系统 指填料以下、池底以上的部分，包括渗水装置、集水沟和总排水渠。除排除滤出水外，兼起滤池通风的作用。

(2) 负荷 生物滤池的负荷是一个集中反映生物滤池工作性能的参数，通常分水力负荷和 BOD_5 容积负荷两种。

① 水力负荷 (q) 指单位体积滤料或单位面积滤池每天可以处理的污水水量（如果采用回流系统，则包括回流水量），单位为 $m^3/(m^3 \cdot d)$ 或 $m^3/(m^2 \cdot d)$。

② BOD_5 容积负荷 系指单位体积滤料每天可去除的有机物数量，单位为 $kgBOD_5/(m^3 \cdot d)$。

(3) 类型 生物滤池按其工艺、构造和净化功能可分为普通、高负荷和塔式生物滤池三种类型。各种生物滤池的工作指标见表7-30。

表 7-30 各种生物滤池的工作指标

生物滤池名称	水力负荷/[$m^3/(m^2 \cdot d)$]	BOD_5 负荷/[$kgBOD_5/(m^3 \cdot d)$]	BOD_5 去除率/%
普通生物滤池	1～3	0.15～0.30	80～95
高负荷生物滤池	10～30	0.8～1.2	75～90
塔式生物滤池	80～200	1.0～2.0	65～85

① 普通生物滤池 普通生物滤池适用于处理每日污水量不大于 1000m^3 的城市污水和有机性工业废水。这种处理工艺具有处理效果好、运行稳定、易于管理和节省能源的特点。但它负荷低，占地面积大，不适于处理水量较大的污水，且其滤料易于堵塞。由于普通生物滤池具有以上缺点，目前已不常采用。

② 高负荷生物滤池　高负荷生物滤池是生物滤池的第二代工艺，它是为解决普通生物滤池在净化功能和运行中存在的实际弊端而开发出来的。高负荷生物滤池在构造上与普通生物滤池基本相同，其不同之处在于：在平面上多为圆形；若采用粒状滤料，滤料粒径较大，一般为 40～100mm；多采用连续工作的旋转布水器。

高负荷生物滤池的 BOD_5 容积负荷较大，一般为普通生物滤池的 6～8 倍，因此，它的池体较小，占地面积较少。高负荷生物滤池由于采用了较高的水力负荷 [10～30m³/(m²·d)]，能及时冲刷掉过厚和老化的生物膜，促进生物膜更新并保持较高的活性。但它的 BOD_5 去除率比普通生物滤池低，一般为 75%～90%，滤池中不易发生硝化过程。

③ 塔式生物滤池　塔式生物滤池（简称塔滤）因具有某些特征而受到污水处理工程界的重视，得到比较广泛的应用。

a. 构造。塔式生物滤池一般高达 8～24m，直径 1～3.5mm，径高比介于 1∶(6～8) 左右，呈塔状。在构造上主要由塔身、滤料、布水系统以及通风和排水系统组成，如图 7-22 所示。

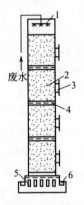

图 7-22　塔式生物滤池
1—布水管；2—滤料；3—检查孔；4—格栅；5—通风机；6—集水槽

b. 工艺特征。塔式生物滤池形式如塔的构造，使滤池内部形成较强的拔风状态，因此通风良好。污水自上而下滴落，水力负荷高，滤池内水流紊动强烈，从而使污水、空气、生物膜三者的接触非常充分，大大地加快了污染物质的传质速度。

塔式生物滤池的水力负荷可达 80～200m³/(m²·d)，为高负荷生物滤池的 2～10 倍，BOD_5 容积负荷达 1000～2000g BOD_5/(m³·d)，较高负荷生物滤池高 2～3 倍。较高的 BOD_5 容积负荷使生物膜生长迅速，而高的水力负荷又使生物膜受到强烈的水力冲刷，从而使生物膜不断脱落、更新，这样，塔式生物滤池内的生物膜能够经常保持较好的活性。但是，为了防止脱落的生物膜产生堵塞现象，进水 BOD_5 值应控制在 500mg/L 以下，否则需采用回流稀释措施。

c. 应用。在塔式生物滤池的各层中生长着种属不同但又适应污水性质的生物群落。这种现象有利于有机污染物的降解并使塔式生物滤池能承受较大的有机物和有毒物质的冲击负荷。因此，该滤池常用于高浓度工业生产污水的第一段处理。它既适于处理生活污水和城市污水，也适于处理各种有机废水，但日处理水量不宜太大。

3. 生物转盘

(1) 构造　生物转盘（又名转盘式生物滤池）是由盘片、氧化槽、转轴及驱动装置等部分所组成。

生物转盘的一般构造如图 7-23 所示，它是将数十面直径为 2～4m，厚度为 1～10mm 的平板式或波纹状盘片，以 20～30mm 的间隔，用中心轴并排连接而成。盘片放置在半圆形的氧化槽内，并以 0.8～3r/min 的速度缓慢回转（边缘线速度为 10～20m/min），约有40％～50％的盘片浸没在水中。盘片材料大多以塑料为主，平板盘片多以聚氯乙烯塑料制成，波纹板材料则多用聚酯玻璃钢。其他一些材料还包括薄钢板、铝板、木、竹等。

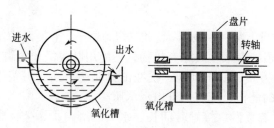

图 7-23　生物转盘示意

（2）净化机理　生物转盘的生物膜形成、生长及降解有机物的机理与生物滤池基本相同。主要的区别是它以一系列转动的盘体代替固定滤料，生物膜生长在转盘上。生物膜交替地与空气和污水接触，当转盘浸没于水中时，污水中的有机污染物为转盘上的生物膜所吸附，而当转盘离开污水时，盘片表面上形成一层薄薄的水层。水层从空气中吸收氧，而被吸附的有机污染物则为生物膜上的微生物所分解。这样，转盘每转动一周，即进行一次吸附-吸氧-氧化分解过程，转盘不停地转动，使污染物不断地分解氧化。同时，转盘附着水层中的氧是过饱和的，它把氧带入接触反应槽，使槽中污水的溶解氧含量不断增加。生物膜逐渐变厚，衰老的生物膜在污水水流与盘面之间产生的剪切力作用下而剥落，并随污水流入下一级转盘，最终在二次沉淀池被截留，由于生物膜脱落而形成的污泥，具有较高的密度，因此，很易于沉淀。

（3）布置形式　生物转盘的布置形式有单轴单级、单轴多级和多轴多级之分，级数多少主要根据污水的水质、水量、净化要求及现场条件等因素确定。在盘片面积不变的情况下，采用多级串联运行能提高净化效果。

（4）特点

① 优点

a. 通过调节转动速度，可以控制污水与盘上生物膜的接触时间和曝气强度。

b. 处理程度较高，BOD_5 去除率一般可达 90％以上。

c. 可处理高浓度污水，承受 BOD_5 的浓度可达 1000mg/L，抗冲击负荷的能力强。

d. 产生的污泥量少，污泥沉淀性能也好，易于分离脱水。

e. 维护简易，动力消耗少，无堵塞、苍蝇、恶臭等问题，噪声也低。

f. 操作简单，没有污泥膨胀和流失问题，没有污泥回流系统，生产上易于控制。

② 缺点

a. 低温对运行影响大，在寒冷地区必须加罩或建在室内，从而增大了基建投资。

b. 流量大的污水需要的转盘组数多，维护管理有一定不便。

c. 对于含有挥发性毒物的污水不宜采用。

d. 盘材昂贵，基建投资大。

（5）应用　生物转盘可用于城市污水和多种工业废水的处理，既可作为二级处理设施，也可用作三级处理脱氮设备。

4. 生物接触氧化

生物接触氧化法又称曝气生物滤池、接触曝气法或固定式活性污泥法，是一种人工通气的淹没式生物滤池，它是在池内设置填料，污水浸没全部填料，采用与曝气池相同的曝气方法，提供微生物所需的氧量。填料上长满生物膜，污水中的有机物被生物膜上的微生物降解，使污水得到净化。

（1）特点

① 优点

a. 生物膜上生物相当丰富，生物量大，能够形成一个密集而稳定的生态系，因而能有效地提高净化效果。不但能有效地去除有机物，还能用以脱氮和除磷。

b. 操作简单、运行方便、易于管理、抗冲击负荷能力强、污泥生成量小、不需要污泥回流、无产生污泥膨胀的危害，能够保证出水水质。

② 缺点　滤料间水流缓慢、接触时间长、水力冲刷力小、生物膜只能自行脱落、剩余污泥往往恶化处理水质、曝气不均匀等。

（2）生物接触氧化池构造　生物接触氧化池由池体、填料及支架、曝气装置、进出水装置及排泥管道等组成（见图7-24）。

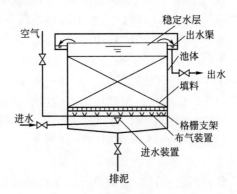

图 7-24　生物接触氧化池构造示意

① 池体　在平面上多呈圆形和矩形或方形，可为钢结构或钢筋混凝土结构。

② 填料

a. 对填料的要求。比表面积大、空隙率大、水力阻力小、强度大、化学和生物稳定性好、能经久耐用。

b. 常用填料。有硬性填料、软性填料和半软性填料。硬性填料是指由玻璃钢或塑料制成的波状板，或由其黏合成的蜂窝状；软性填料由尼龙、维纶、涤纶等组成，又称为纤维填料，这些填料被编结成纤维束，用绳子挂成横拉梅花式或直拉均匀式；半软性填料是以硬性塑料为支架，上面缚以软性纤维。

（3）生物接触氧化池类型　根据充氧与接触方式的不同，可分为分流式和直流式，如图7-25 和图 7-26 所示。

① 分流式接触氧化池　是使污水的充氧和与填料接触分别在不同的隔间内进行。这样可使污水缓慢地流经填料，与生物膜接触，有利于生物的生长增殖。但由此也带来了冲刷力小，生物膜更新速度慢和易堵塞等问题。因此，这种形式的生物接触氧化装置多用于 BOD_5 负荷较低的处理中。

② 直流式接触氧化池　曝气装置设在底部，在填料下直接曝气，使填料区产生向上的升流。这种装置里的生物膜受到上升流的冲击和搅拌，脱落更新快，能使其保持较好的活

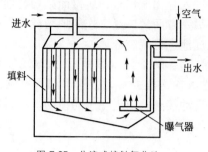

图 7-25　分流式接触氧化池　　　　　图 7-26　直流式接触氧化池

性，并避免堵塞现象的发生。

5. 生物流化床

生物流化床是以粒径小于 1mm 的砂、焦炭、活性炭等颗粒材料作为载体，其载体表面附着生长着生物膜，充氧后的污水以一定速度自下而上流动，使载体处于流化状态。载体上的生物膜可以充分地和污水接触，并有效地降解污水中的有机物，而使污水净化。由于载体处于流动状态，可以防止生物膜引起的堵塞现象。

（1）特点

① 优点

a. 小粒径的载体提供了微生物附栖生长的巨大比表面积，使反应器内能维持高的微生物浓度（可达 $40\sim50g/L$），因而提高了反应器的容积负荷 [可达 $3\sim6kg/(m^3 \cdot d)$ 甚至更高]。

b. 流态化的操作方式创造了反应器内良好的传质条件，无论是氧还是基质的传递速率均明显提高。

c. 较高的生物量和良好的传质条件使生物流化床可以在维持处理效果的同时减小反应器容积，节省投资和占地面积。

d. 与活性污泥法相比，生物流化床具有较强的抵抗冲击负荷的能力，不存在污泥膨胀问题。

② 缺点

a. 设备的磨损较固定床严重，载体颗粒在湍动过程中会被磨损变小。

b. 设计时还存在着生产放大方面的问题，如防堵塞、曝气方法、进水配水系统的选用和生物颗粒流失等。

（2）组成　生物流化床由床体、载体、布水装置、充氧装置和脱膜装置等部分组成。

（3）类型　根据使载体流化的动力来源可以划分为液流动力流化床和气流动力流化床两种。

① 液流动力流化床　亦称为两相流化床，即在流化床内污水（液相）与载体（固相）相接触，如图 7-27 所示。本工艺以纯氧或空气为氧源，污水先经充氧设备充氧，充氧后的

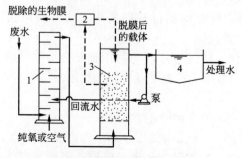

图 7-27　两相流化床工艺流程

1—充氧设备；2—脱膜设备；3—生物流化床；4—二次沉淀池

污水与回流水的混合污水，从底部通过布水装置进入生物流化床，缓慢而又均匀地沿床体横断面上升。一方面推动载体使其处于流化状态；另一方面又广泛、连续地与载体上的生物膜相接触。处理后的污水从上部流出床外，进入二沉池进行沉淀分离。

② 气流动力流化床　亦称三相流化床，即液（污水）、固（载体）、气（动力）三相同步进入床体，如图 7-28 所示。污水与空气同步进入输送混合管，在这里起到空气扬水器的作用。混合液上升，气、固、液三相进行强烈地搅动接触，由于空气的搅动，滤料间产生强烈地摩擦，外层生物膜脱落，本工艺无需另设脱膜装置。

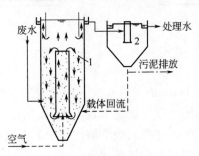

图 7-28　三相流化床流程示意
1—流化床；2—二次沉淀池

（三）污水的自然生物处理

1. 稳定塘

稳定塘又称氧化塘或生物塘，它是天然的或人工修筑的池塘，主要依靠自然生物净化功能使污水得到净化的一种污水生物处理技术。

稳定塘法既可用于处理生活污水，也可用于处理工业废水；既可作为二级处理设施，也可作为三级处理对污水进行精制的设施。

（1）净化机理　污水在塘内的净化过程与自然水体的自净过程极其相近。污水在塘内缓慢地流动、较长时间的储留，通过在污水中存活的微生物的代谢活动和包括水生植物在内的多种生物的综合作用，使有机污染物降解，污水得到净化。其净化全过程，包括好氧、兼性和厌氧三种状态。好氧微生物生理活动所需要的溶解氧主要由塘内以藻类为主的水生浮游植物所产生的光合作用和塘面的大气复氧作用提供。

（2）特点

① 优点

a. 基建投资低。当有旧河道、沼泽地、谷地可利用作为稳定塘时，稳定塘系统的基建投资低。

b. 运行管理简单经济。稳定塘运行管理简单，动力消耗低，约为传统二级处理厂的 $1/5 \sim 1/3$。

c. 能够实现污水资源化，使污水处理与利用相结合。稳定塘处理后的污水，一般能够达到农业灌溉的水质标准，可用于农业灌溉，充分利用污水的水肥资源。

② 缺点

a. 占地面积大。没有空闲的余地时不宜采用。

b. 选址或工程措施不当，可能形成二次污染。如污染地下水，散发臭气和滋生蚊蝇等。

c. 处理效果受气候影响。如季节、气温、光照、降雨等自然因素都影响稳定塘的处理效果。

（3）分类

① 根据塘内溶解氧的来源和有机污染物降解的形式，稳定塘可分为好氧塘、兼性塘、厌氧塘和曝气塘四种。各类稳定塘法的比较及适用范围见表 7-31。

表 7-31　各类稳定塘法的比较及适用范围

项目	类　型			
	好氧塘	兼性塘	厌氧塘	曝气塘
优点	(1)基建投资和运行维护费用低； (2)管理方便； (3)处理程度高	(1)基建投资和运行维护费用低； (2)管理方便； (3)较耐受冲击负荷	(1)占地省(因池子深)； (2)对冲击负荷耐受力强； (3)储存污泥的容积大； (4)所需动力少； (5)作为串联塘的第一级可减少后续塘容积	(1)体积小,占地省； (2)处理程度高； (3)耐冲击负荷； (4)无臭味
缺点	(1)池容大,占地多； (2)可能有臭味； (3)出水中带有藻类,需设法去除	(1)池容大,占地多； (2)夏季常有浮泥层出现； (3)出水水质有波动； (4)可能有臭味	(1)对温度要求高； (2)臭味大	(1)耗费动力,运行维护费用高； (2)出水中含固体物质高； (3)水面起泡沫
适用范围	(1)适于去除营养物； (2)处理溶解性有机物； (3)处理二级处理后的出水	(1)适于处理城市污水与工业废水； (2)为处理小城镇污水最常采用的处理系统	(1)适于处理高温、高浓度污水； (2)适用作串联塘中的第一级	适于处理城市污水与工业废水

② 根据处理水的出水方式，稳定塘又可分为连续出水塘、控制出水塘与储存塘三种类型。

③ 按照串联的级数，稳定塘又可分为单级和多级。

2. 污水土地处理系统

（1）涵义　污水土地处理系统也属于污水自然生物处理范畴，是在人工调控下，将污水投配在土地上，利用土壤-微生物-植物生态系统使污水得到净化的一种污水处理工艺。

污水土地处理系统，除了能够经济有效地净化污水，还能够充分利用污水中的营养物质和水分，强化农作物、牧草和林木的生产，促进水产和畜产的发展。因此，土地处理是使污水资源化、无害化和稳定化的处理利用系统。

（2）意义　传统的二级生物处理，无法解决由于有机化学工业迅速发展带来的大量有毒有害有机物污染问题，也不能解决氮、磷引起的水体富营养化问题。污水深度处理虽然可用于解决这些问题，但处理费用很高，有时还可能引起二次污染。因此，许多国家曾将土地处理系统作为污水高级处理的革新/代用技术予以推广应用。我国在"六五"和"七五"期间，均将土地处理技术列为环保科技攻关项目进行研究。国务院环境保护委员会 1986 年颁发的"关于我国水污染防治技术政策的若干规定"，将污水土地处理利用列为我国的一项重要技术政策予以贯彻实施。但时至今日，人们认识到污水土地处理系统对土壤和地下水有污染的风险，多用于生态系统工程中。

（3）组成　完善的土地处理系统，与以利用污水为主要目的季节性的污水灌溉不同，它是以处理污水为主要目的的全年性的污水处理和利用系统，通常由以下各部分组成：①污水的预处理设施（常规二级处理厂或二级处理水平的塘系统）；②污水的调节、储存设备；③污水的输送、配布及其控制系统与设备；④土地净化田；⑤净化水的收集、利用系统。

其中，土地净化田是土地处理系统的核心环节。

（4）净化机理　污水土地处理系统是一个比较复杂的净化过程，它的净化机理包括以下几方面。

① 物理过滤　土壤颗粒间的孔隙具有能够截留、滤除水中悬浮颗粒的性能。污水流经土壤，悬浮物被截留，污水得到净化。颗粒的大小、颗粒间孔隙的形状和大小、孔隙分布等都会影响土壤物理过滤的净化效率。

② 物理吸附与物理沉积　污水中的部分重金属离子会被土壤胶体表面吸附，并生成难溶性物质被固定在土壤矿物的晶格中。

③ 物理化学吸附　污水中金属离子与土壤中的无机和有机胶体螯合而形成螯合物。

④ 化学反应和沉淀　重金属离子与土壤的某些组分进行化学反应，生成难溶性化合物而沉淀。

⑤ 微生物的代谢作用下的有机物分解　土壤中生存着大量微生物，它们对土壤颗粒中的有机固体和溶解性有机物具有强大的降解与转化能力。

（5）分类　污水土地处理技术可分为三大类：地面漫流、灌溉和快速渗滤，其主要特性见表 7-32。

表 7-32　土地处理方法的特性

土地处理方法	年水力负荷/（m³/a）	每 mgd① 流量所需的土地面积/hm²	目的	适宜的土壤	应用水的去向	应用水的净化效果
地表漫流	1.5～7.5	18～90,加隔离缓冲面积	最大限度的水处理,作物种植是次要的	渗水性小的土壤或水位高的土地	大部分地表径流;有些被蒸腾和至地下水	BOD 和 SS 大为降低;营养物靠土地固定和作物生长期的吸收而减少。TDS 有所增加
灌溉	0.3～1.5	90～440,加隔离缓冲面积等	最大限度的农业生产	适宜于农田灌溉的土壤	大部分蒸腾;部分至地下水;径流少或无	BOD 和 SS 被去除;营养物被作物吸收或土壤固定;TDS 大为增加
高负荷灌溉	0.3～3	44～440,加隔离缓冲面积等	靠蒸腾和渗滤最大限度地处理水,而作物生产作为附带效益	适于农灌的渗水性较大的土壤,可用粗结构的砂质土壤	蒸腾和至地下水;径流少或无	BOD 和 SS 大部分去除;营养物质减少;TDS 大为增加
快速渗滤	3.3～150	0.8～40,附加隔离缓冲面积	使水回注或过滤,可种植作物但效益小	渗水率大的砂和砾石	至地下水,有些蒸腾;无径流	BOD 和 SS 减少;TDS 变化不大

① mgd 为百万加仑/日＝3785m³/d。

（四）厌氧生物处理工艺

1. 特点

厌氧生物处理技术是一种有效去除有机污染物并使其矿化的技术，它将有机化合物转变为甲烷和二氧化碳。与好氧生物处理相比，厌氧生物处理工艺有以下特点。

（1）优点

① 由于厌氧微生物合成代谢产生的生物污泥比好氧生物处理少得多，大大减少了污泥的处理费用。

② 厌氧生物处理工艺中，由于活性微生物浓度不受氧的传质速率限制，因此构筑物内可以维持较高的活性微生物浓度，从而提高了处理构筑物的有机负荷。

③ 不需要曝气设备，大大节省动力消耗，减少了运行费用。

④ 污染基质大部分转化成气体，其中甲烷作为厌氧生物处理的副产品可作为燃料。

⑤ 所需氮、磷营养物较少，有人认为 COD：N：P＝300：5：1 为宜，这一特点对缺少氮、磷营养的工业废水尤为重要。

⑥ 厌氧处理构筑物可以季节性或间歇性运行。

（2）缺点

① 厌氧微生物增长缓慢，因此处理构筑物启动时间较长。

② 对负荷的变化比较敏感，尤其对可能存在的一些毒性物质，需特别加以注意。

③ 厌氧生物处理工艺往往只能作为预处理工艺使用，对厌氧处理后的出水还需进一步处理（好氧生物处理或其他工艺），图 7-29 所示为高浓度有机污水处理的一般性流程。

④ 厌氧生物处理的生产装置和运行经验还不多。至今还在探索发展之中。设计方法也不成熟。

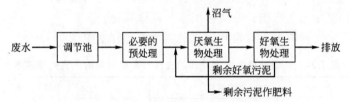

图 7-29　高浓度有机污水处理的一般性流程

2. 类型

厌氧生物处理工艺，可分为厌氧活性污泥法和厌氧生物膜法。厌氧活性污泥法中有普通消化池、厌氧接触工艺和上流式厌氧污泥床；厌氧生物膜法则包括厌氧生物滤池、厌氧流化床工艺和厌氧生物转盘。表 7-33 所列为几种主要厌氧处理工艺的比较。

表 7-33　各种厌氧处理工艺的比较

指　标	普通消化池	厌氧接触工艺	厌氧生物滤池	上流式厌氧污泥床
有机负荷（中温发酵,处理溶解性有机污水）/[kgCOD/(m³·d)]	2～3	5	10	10～15
最大负荷下 COD 去除率/%	70	80	90	90
对悬浮物的允许量	大(可处理城市污水污泥)	大(可处理城市污水污泥)	小(对于块状填料≤200mg/L)	一般(≤500mg/L)
进水 COD 浓度	≥5000mg/L	≥5000mg/L	一般≥1000mg/L,但也可处理如城市污水这样的低浓度有机污水	≥1500mg/L
基建投资	高	较低	高	较低
操作控制	一般	一般	易	一般
对冲击负荷承受能力	低	较高	高	较高

续表

指　标	普通消化池	厌氧接触工艺	厌氧生物滤池	上流式厌氧污泥床
对水温要求	较高	较高	较低	较低
发生堵塞的可能性	小	小	大	小
工艺本身能耗	大	大	小	小

五、污水处理与再生利用工艺

污水经传统二级处理后，虽然绝大部分悬浮固体和有机物被去除，但还残留有难生物降解有机物、氮和磷的化合物、不可沉淀的固体颗粒、致病微生物以及无机盐等污染物质。目前我国城市污水处理厂大多能达到二级排放标准，也就是出水中基本上含有 BOD_5 20～30mg/L；COD 60～100mg/L；SS 20～30mg/L；NH_3-N 15～25mg/L；P 1～3mg/L。

含有这些污染物质的处理水，对于不同行业的再生回用可能不符合回用水质标准；甚至对于某些水体功能分区高的受纳水域，尚未达到其排放的标准，因此需要进行深度处理。

污水深度处理，就是用于除去在常规二级处理过程中未被去除的和去除不够的污染物，以使出水在排放时符合受纳水体的水质标准，而在再用时符合具体用途的水质标准。深度处理要达到的处理程度和出水水质，取决于出水的具体用途。

一般来说，深度处理的去除对象和采用的主要处理技术见表 7-34。

表 7-34　二级处理水深度处理的去除对象和采用的主要处理技术

去除对象		有关指标	采用的主要处理技术
有机物	悬浮状态	SS、VSS	过滤、混凝沉淀
	溶解状态	BOD_5、COD、TOC、TOD	混凝沉淀、活性炭吸附、臭氧氧化
植物性营养盐类	氮	T-N、NH_3-N、NO_2-N、NO_3^--N	吹脱、折点氯化、离子交换脱氮、生物脱氮
			生物脱氮除磷
	磷	PO_4^{3-}-P、T-P	金属盐混凝沉淀、石灰混凝沉淀晶析法、生物除磷
微量成分	溶解性无机盐	Na^+、Ca^{2+}、Cl^-	反渗透、电渗析、离子交换
	微生物	细菌、病毒	臭氧氧化、消毒（氯气、次氯酸钠、紫外线）

（一）悬浮物的去除

1. 必要性

污水中含有的悬浮物，其粒径从数 10mm 到 $1\mu m$ 以下的胶体颗粒是多种多样的。经二级处理后，在处理水中残留的悬浮物是以粒径从数毫米到 $10\mu m$ 的生物絮凝体和未被凝聚的胶体颗粒。这些颗粒几乎全部都是有机性的。二级处理水 BOD 值的 $50\%～80\%$ 都来源于这些颗粒，为了提高二级处理水的稳定度，去除这些颗粒是非常必要的。

此外，对二级处理水进行以回用为目的深度处理，如去除溶解性有机物以及以排放缓流水体为目的的脱氮除磷工艺时，去除残留悬浮物是提高深度处理和脱氮除磷效果的必要条件。

2. 去除悬浮物的方法

去除二级处理水中的悬浮物，采用的处理技术要根据悬浮物的状态和粒径而定，粒径在 $1\mu m$ 以上的颗粒，一般采用砂滤去除；粒径从几百埃米到几十微米的颗粒，采用微滤机一类的设备去除；粒径在 1000Å 至几埃米的颗粒（$1Å=10^{-10}$ m），应采用用于去除溶解性盐类的反渗透法加以去除；呈胶体状的粒子，采用混凝沉淀法去除。

（1）混凝沉淀　混凝沉淀是污水深度处理常用的一种技术。混凝沉淀去除的对象是二级处理水中呈胶体和微小悬浮状态的有机和无机污染物，从表观而言，就是去除污水的色度和浊度。混凝沉淀还可以去除污水中的某些溶解性物质，如砷、汞等。也能够有效地去除能够导致缓流水体富营养化的氮、磷等。

（2）过滤　在污水深度处理中，过滤技术是得到最普遍应用的一种技术，是产生高质量出水的一个关键。二级处理水过滤处理的主要去除对象是生物处理工艺残留的生物污泥絮体，其处理特点如下。

① 一般不需投加药剂。滤后水 SS 值可达 10mg/L，COD 去除率可达 10％～30％。对于胶体污染物，由于难于通过过滤法去除，应考虑投加一定的药剂。如处理水中含有溶解性有机物，则应考虑采用活性炭吸附法去除。

② 反冲洗困难，二级处理水中的悬浮物多是生物絮体，在滤料层表面较易形成一层滤膜，致使水头损失迅速上升，过滤周期大为缩短。絮体贴在滤料表面，不易脱离，因此需要辅助冲洗，即加表面冲洗，或用气水共同反冲，气强度 20L/（m^2・s），水强度为 10L/（m^2・s）。

③ 滤料应适当加大粒径，以加大单位体积滤料的截泥量。

（二）溶解性有机物的去除

1. 必要性

有效的二级处理过程，主要去除污水中所有可生物降解的溶解性有机物质，其去除率一般为 90％左右。但非生物降解的有机物在二级处理过程中一般不能被去除。这些有机物可能产生下列危害：①使下游城市的给水产生臭味；②使出水带色而不适于作多种回用；③使受纳水体玷污，不宜供娱乐之用；④使受纳水体中的鱼有异味，不宜食用；⑤使受纳水体产生泡沫；⑥可能通过下游给水厂，与投加的消毒剂（尤其是氯）反应形成一些对用水居民有长期生理影响的化合物。

为了消除这些危害，有效地去除二级处理水中的溶解性有机物是很必要的。

2. 溶解性有机物的去除方法

二级处理水中的溶解性有机物多是丹宁、木质素、黑腐酸等难降解的有机物，至今尚无比较成熟的处理技术。当前，从经济合理和技术可行方面考虑，采用活性炭吸附和臭氧氧化法是适宜的。

（1）活性炭吸附　活性炭吸附是利用活性炭巨大的比表面积对有机物分子进行吸附。为了避免活性炭层为悬浮物所堵塞或活性炭表面为胶体污染物所覆盖，使活性炭的吸附功能降低，二级处理水在用活性炭进行处理前，需进行一定程度的预处理。采用的前处理技术主要是过滤和以石灰或铁盐为混凝剂的混凝沉淀。

（2）臭氧氧化法　作为深度处理技术，臭氧对二级处理水进行以回用为目的的处理，其主要作用如下所述。

① 去除污水中残存的有机物　臭氧对二级处理水进行处理，能够氧化的有机物有：蛋白质、氨基酸、木质素、腐殖酸、链式不饱和化合物和氰化物等。

② 脱除污水的着色　用臭氧对二级处理水进行脱色处理，为了提高脱色效果，应考虑以砂滤作为前处理技术。

③ 杀菌消毒　臭氧对二级处理水进行杀菌消毒处理，如欲提高处理效果，应考虑以砂

滤去除悬浮物为前处理的技术措施。

（三）溶解性无机盐类的去除

1. 必要性

回用水中如含有溶解性无机盐类物质，可能产生下列问题：①金属材料与含有大量溶解性无机盐类的污水相接触，可能产生腐蚀作用；②溶解度较低的 Ca 盐和 Mg 盐从水中析出，附着在器壁上，形成水垢；③SO_4^{2-} 还原，产生硫化氢，放出臭气；④灌溉用水中含有盐类物质，对土壤结构不利，影响农业生产。

因此，含有大量溶解性无机盐类物质的污水，由于仅通过二级处理技术是不能去除的，在回用前应进行脱盐处理。

2. 脱盐技术

在以回用为目的的污水深度处理中，常用的脱盐技术主要有反渗透、电渗析等膜分离法和离子交换法等。在进行脱盐处理时，必须充分考虑前处理和妥善处置浓缩废液。

（1）反渗透　反渗透是一种分离技术，能够从含有无机盐类的溶液中将水分离出去，使无机盐类浓缩。前处理技术，因原水水质而异，当以城市污水为对象时，可以考虑采用过滤和活性炭吸附等深度处理技术。在反渗透处理工艺中，广泛使用的半透膜，主要有醋酸纤维素膜和芳香聚酰胺膜。如以城市污水为处理对象，操作压力为 $20\sim40kg/cm^2$，每日每平方米半透膜透过的水量约为 $0.5\sim1.0m^3$，脱盐率达 90%，水的回收率达 80%。

（2）电渗析　电渗析处理工艺能够去除水中呈离子化的无机盐类，对二级处理水可考虑不予前处理，较反渗透处理工艺要简单些。通过一次电渗析工艺处理，污水的脱盐率可达 $20\%\sim50\%$，如欲取得更高的脱盐率，则需要采用多级串联式系统或序批循环式系统、部分循环式系统等。以城市污水二级处理水为对象，水回收率可达 90% 以上。

（3）离子交换法　离子交换法脱盐处理主要是以含盐浓度 $100\sim300mg/L$ 的污水为对象的。含高盐浓度的污水也可以考虑用离子交换法进行处理，但是由于树脂的交换容量所限，只能用于小水量，而且需要进行频繁的再生处理。因此，设备费、再生药品费都较高。从经济角度来看，用离子交换法脱盐，污水含盐量不宜超过 $500mg/L$。

（四）污水消毒处理

污水经二级处理后，水质大大改善，细菌含量也大幅度减少，但细菌的绝对值仍很可观，并存在有病原菌的可能。特别是对于一些可能与人体产生直接和间接接触的回用用途，对病原体微生物的要求较高。因此在排放水体或回用前，应进行消毒处理。污水消毒处理的方法如本章前面所述。

（五）脱氮技术

1. 污水中氮的存在形式

在自然界，氮化合物是以有机氮（动物蛋白、植物蛋白）、氨氮（NH_4^+、NH_3）、亚硝酸氮（NO_2^-）和硝酸氮（NO_3^-）以及气态氮（N_2）形式存在的。

在未经处理的污水中，氮主要以有机氮（如蛋白质、氨基酸、尿素、胺类化合物、硝基化合物等）和氨氮形式存在，一般以前者为主。当污水中的有机物被生物降解氧化时，其中的有机氮被转化为氨氮（氨化反应），因此二级处理水中氮的形式主要是氨氮，另外还有少量经硝化反应生成的亚硝酸氮和硝酸氮。

2. 污水二级处理的脱氮效果

现行的以传统活性污泥法为代表的二级处理技术，其功能主要是去除污水中呈溶解状态的有机底物，对于氮只能去除细菌细胞由于生理上的需要而摄取的数量。活性污泥理想的营养平衡式为 BOD：N：P＝100：5：1。如原污水 BOD 值为 150mg/L，通过一级处理 BOD 去除率以 30％计，则按营养平衡式计算，氮的需要量仅为 5～6mg/L，大多数的氮尚未去除。通常，二级处理对氮的去除率为 20％～40％。

3. 氮的危害

含有氮化合物的污水未经脱氮处理排放或回用造成的危害主要有如下几点。

（1）引起水体的富营养化。氮化合物是植物性营养物，排放湖泊、水库一类的缓流水体，会使水中藻类异常增殖，水呈绿-褐色，有损水体外观，降低旅游价值。如果这种水体作为给水水源，会提高制水成本。

（2）农业灌溉用水中，T-N 含量如超过 1mg/L，作物吸收过剩的氮，可能产生贪青倒伏现象。

（3）NH_3 对某些金属有腐蚀作用。

因此，二级处理水排放或回用前有时需进行脱氮处理。

4. 脱氮方法

污水脱氮方法一般可分为化学法（如氨吹脱法、折点加氯法、离子交换法等）和生物法两大类。其各种方法的原理及特点见表 7-35。

表 7-35 各种脱氮工艺的原理及特点

处理方法	原理	特点			
		去除率	最终氮形态	优点	缺点
氨吹脱法	$NH_4^+ \rightleftharpoons NH_3\uparrow + H^+$ 将污水 pH 值提高到 10.8～11.5，使 NH_4^+ 成为 NH_3 释放出来	NH_3-N 去除率 60％～95％	NH_3 气体	(1)基建及运行费用低；(2)流程简单，稳定性好；(3)可以去除高浓度含氨氮污水	(1)氨气对环境产生二次污染；(2)要对水在吹脱塔填料上的结垢，采取必要措施；(3)低温时吹脱效率低
折点加氯法	氯的水合物在当量点与氨反应释放出氮气	NH_3-N 去除率 90％～100％	N_2 气	(1)基建费用低；(2)稳定性好；(3)不受水温的影响	(1)在处理规模大时，运行费用很高；(2)残余氯必须进行处理；(3)有可能生成有害的氯胺
离子交换法	用对 NH_4^+ 有选择性的离子交换树脂除 NH_3-N	NH_3-N 去除率 90％～97％	铵盐	(1)去除率高；(2)不受水温的影响	(1)再生时排出的高浓度含氨液必须进行处理；(2)水中含钙离子时有干扰；(3)运行成本高
生物脱氮法	利用细菌使各种形态的含氮化合物硝化	T-N 去除率 70％～95％，可去除有机氮、NH_3-N、NO_2^--N、NO_3^--N	N_2 气	(1)可去除各种含氮化合物；(2)去除率高、效果稳定；(3)不产生二次污染	(1)运行管理麻烦；(2)低温时效率低；(3)受有毒物质的影响；(4)占地面积大

（1）化学法 由于存在运行成本高、对环境造成二次污染等问题，实际使用规模有一定

的局限性。它们主要用于工厂内部的治理,对于城市污水处理厂很少采用。

(2) 生物法

① 生物脱氮原理 生物脱氮是在微生物的作用下,通过相继进行的氨化反应、硝化反应和反硝化反应,将有机氮和氨态氮转化为氮气的过程。

a. 氨化反应。有机氮化合物,在氨化菌作用下,分解、转化为氨态氮的过程。

b. 硝化反应。是指在好氧条件下,将氨态氮转化为亚硝酸氮和硝酸氮的过程。此作用是由亚硝酸菌和硝酸菌两种菌共同完成的。

c. 反硝化反应。是指在无氧条件下,硝酸氮和亚硝酸氮在反硝化菌的作用下,还原为气态氮的过程。

② 生物脱氮工艺

a. 三段生物脱氮工艺。该工艺是将有机物氧化,硝化及反硝化段独立开来,每一部分都有其自己的沉淀池和各自独立的污泥回流系统。使除碳、硝化和反硝化在各自的反应器中进行,并分别控制在适宜的条件下运行,处理效率高。其流程如图7-30所示。

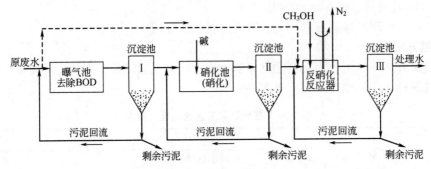

图 7-30 三段式生物脱氮工艺

这种系统的优点是有机底物降解菌、硝化菌、反硝化菌,分别在各自反应器内生长增殖,环境条件适宜,而且各自回流在沉淀池分离的污泥,反应速率快而且比较彻底。但处理设备多,造价高,管理不够方便。

b. 两段生物脱氮工艺。该工艺将BOD去除和硝化两道反应过程放在统一的反应器内进行。其流程如图7-31所示。

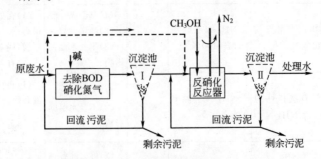

图 7-31 两段式生物脱氮工艺

注:虚线所示为可能实施的另一方案,沉淀池Ⅰ也可以考虑不设。

c. 缺氧-好氧生物脱氮工艺(简称A/O工艺)。工艺流程如图7-32所示,其主要特点是将反硝化反应器放置在系统之首,故又称为前置反硝化生物脱氮系统,这是目前较为广泛采用的一种脱氮工艺。反硝化反应以污水中的有机物为碳源,曝气池中含有大量硝酸盐的回流混合液,在缺氧池中进行反硝化脱氮。在反硝化反应中产生的碱度可补偿硝化反应中所消耗

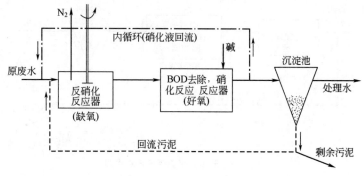

图 7-32 缺氧-好氧生物脱氮工艺

碱度的 50% 左右。

该工艺流程简单，装置少，无需外加碳源，因而基建费用及运行费用较低，脱氮效率一般在 50% 左右；但由于出水中含有一定浓度的硝酸盐，在二沉池中，有可能进行反硝化反应，造成污泥上浮，影响出水水质。

（六）除磷技术

1. 污水中磷的存在形式

城市污水中的磷主要有三个来源：粪便、洗涤剂和某些工业废水。未经处理的污水中磷的存在形式主要有三种：正磷酸盐、聚磷酸盐和有机磷；后两种形式的磷经过水解和生物降解，最后都会转化为正磷酸盐。在二级处理中仅有 10%～30% 的磷可以通过同化作用去除。因此，为了满足排放或回用要求，有时尚需对二级处理水进行除磷处理。

2. 除磷方法

除磷方法可分为物理法、化学法和生物法三大类。物理法因成本过高、技术复杂而很少应用，下面主要介绍化学法和生物法。

（1）化学法 化学法是最早采用的一种除磷方法。它是以磷酸盐能和某些化学物质如铝盐、铁盐、石灰等反应生成不溶的沉淀物为基础进行的，这些反应常有伴生反应，产物常具絮凝作用，有助于磷酸盐的分离。

化学法的特点是磷的去除率较高，处理结果稳定，污泥在处理和处置过程中不会重新释放磷而造成二次污染，但污泥的产量比较大。

（2）生物法 所谓生物除磷，是利用聚磷菌一类的微生物，能够过量地，在数量上超过其生理需要的，从外部环境摄取磷，并将磷以聚合的形态储藏在菌体内，形成高磷污泥，排出系统外，达到从污水中除磷的效果。

生物除磷的基本类型有两种：厌氧-好氧除磷工艺（简称 A/O 法）和弗斯特利普 (Phostrip) 除磷工艺。

① 厌氧-好氧除磷工艺 是由厌氧池和好氧池组成的同时去除污水中有机污染物 (BOD) 及磷的处理系统，其流程如图 7-33 所示。

原污水经格栅、沉砂等预处理后，直接进入厌氧池。在厌氧池中，由沉淀池回流的活性污泥，一旦处于厌氧状态，其中的磷即以正磷酸盐的形式释放到混合液中，进入好氧池，处于好氧状态时，又将混合液中的正磷酸盐大量吸收到活性污泥中，使污水中含磷量达到很低。经过二次沉淀池固液分离后，将含磷的剩余污泥排出，达到除磷和去除有机污染物的目的。

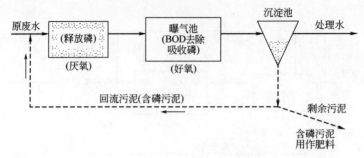

图 7-33　厌氧-好氧除磷工艺流程图

② 弗斯特利普除磷工艺　是将生物除磷与化学除磷相结合的一种工艺，这种工艺能够比较显著地提高除磷的效果，其工艺流程如图 7-34 所示。

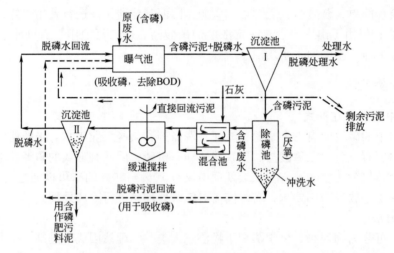

图 7-34　弗斯特利普除磷工艺

（七）同步脱氮除磷技术

针对在一个处理系统中同时去除氮和磷，使用比较多的工艺 A^2/O 工艺、SBR 工艺、巴顿甫（Bardenpho）脱氮除磷工艺、UCT 工艺等。

1. A^2/O 工艺

（1）传统 A^2/O 工艺　A^2/O 的工艺流程如图 7-35 所示。该工艺是在原来 A/O 工艺的基础上，嵌入一个缺氧池，并将好氧池中的混合液回流到缺氧池中，达到反硝化脱氮的目的，这样厌氧-缺氧-好氧相串联的系统能同时除磷脱氮。

该处理系统出水氨氮可在 15mg/L 以下。由于污泥交替进入厌氧和好氧池，丝状菌较少，污泥的沉降性能很好。但由于回流污泥进入厌氧池时携带了硝态氮，将优先夺取污水中易生物降解的有机物，使聚磷菌失去竞争优势，导致生物除磷效果不佳。

（2）改良 A^2/O 工艺　改良 A^2/O 工艺是在传统的 A^2/O 工艺厌氧池前增设了回流污泥预反硝化池，将来自二沉池的回流污泥和部分水先进入预反硝化区（另一部分水直接进入厌氧池），微生物利用进水中的有机物作为碳源进行反硝化，去除由回流污泥带入的硝酸盐，消除了硝态氮对厌氧除磷的不利影响，提高了系统的生物除磷能力，见图 7-35。

改良 A^2/O 工艺中预反硝化区、厌氧区、缺氧区、好氧区可根据不同处理目标，调节进水方式和流量，使得整个工艺去除能力得以提高。

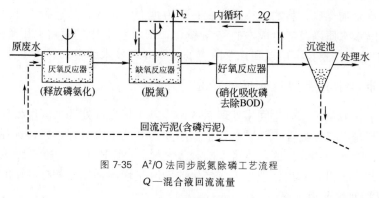

图 7-35　A²/O 法同步脱氮除磷工艺流程
Q—混合液回流流量

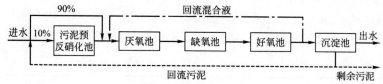

图 7-36　改良 A²/O 工艺流程

2. SBR 工艺

作为开发较早的活性污泥工艺之一，SBR 工艺通过灵活组合，合理设置进水、曝气方式及内部分区，具有很好的脱氮除磷效果，且改良变种工艺还在不断增多。其基本原理及工艺特点见前文介绍。近年来使用较多的改良工艺有间歇式循环延时曝气活性污泥工艺（ICEAS）、间歇进水周期循环式活性污泥工艺（CAST）、连续进水周期循环曝气活性污泥工艺（CASS）、连续进水分离式周期循环延时曝气工艺（IDEA）等。

（八）膜生物联合技术

1. 膜生物反应器

近年来，生物法与膜过滤方法的联合技术（膜生物反应器技术，Membrane Bioreactor）的研究发展非常迅猛。按照膜在生物法所起到的作用，膜生物反应器可分为分离型、萃取型和扩散型三种。分离型的膜生物反应器利用膜分离代替传统的沉淀过滤，既保持反应器中极高的生物浓度，又使泥水分离更彻底。由于使用最多，行业中常说的膜生物反应器常默认为分离型。

2. MBR 分类

按照膜所处位置不同，MBR 工艺可分为浸没式和分置式两种。如图 7-37 所示。

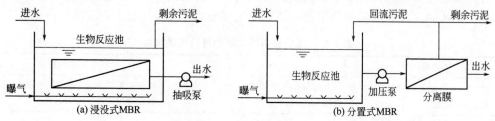

图 7-37　膜生物反应器示意

浸没式 MBR 是将膜浸入生物好氧曝气反应池内，利用曝气形成的强烈紊流减缓膜堵塞，保持较高的膜通量。其优点在于占地小，运行电耗低；但化学清洗相对不便。

与浸没式相对，分置式 MBR 是将膜置于池外，采用错流式过滤进行分离。其优点在于化学清洗方便且更加彻底，膜的使用寿命长；但占地面积较大，且运行电耗高。

根据设计出水水质以及运行成本的综合考虑，MBR 工艺中的膜可采用微滤或者超滤膜。而且，MBR 工艺中，膜技术可以和几乎所有的生物处理技术结合，形式多种多样。

（九）城市污水再生回用处理流程选择

一般情况下，城市污水再生回用处理系统都是以常规二级处理加深度处理工艺的形式设置。深度处理都是以二级处理水为原水，根据所要达到的不同目标水质，选择不同工艺方式净化。近年来，随着一些改良的同步脱氮除磷工艺以及 MBR 工艺的推广应用，以及我国再生回用行业的普及，再生回用处理流程多样化的同时呈现出通用化和标准化的态势。

1. 农业灌溉回用适用流程

针对间接食用、直接食用、不食用等农作物灌溉用水对有机物、病原微生物、色度、嗅味等指标的不同关注，近年来使用较多的处理流程模式和其适用的农产品见表 7-36。

表 7-36　农业灌溉回用再生水的建议处理流程

工艺流程	处理效果	特点及适用范围
城市污水→（同步脱氮除磷）二级处理→（介质过滤）→消毒	常规基本处理，效果一般	处理成本低。用于间接食用和不食用农作物。用于不食用农作物可不过滤
城市污水→（同步脱氮除磷）二级处理→（混凝沉淀）→介质过滤→臭氧→消毒	介质过滤对 SS 有一定去除效果；臭氧可去除色嗅及部分有机物，并强化去除病原微生物	处理成本较高。多用于直接食用
城市污水→（同步脱氮除磷）二级处理→（混凝）→超滤/微滤过滤→臭氧→消毒	使用超滤/微滤对病原微生物和 SS 去除效果好；使用臭氧可去除色嗅。需注意膜污染和膜寿命	投资运行成本较高。多用于直接食用
城市污水→膜生物反应器→（臭氧）→消毒	膜生物反应器对 SS 有良好去除效果，对病原微生物有一定的去除效果；使用臭氧可去除色嗅、部分有机物，并强化去除病原微生物。需注意膜污染和膜寿命	投资运行成本高；占地面积小。可用于直接、间接食用和不食用农作物。用于直接食用农作物需臭氧氧化

二级处理过程可根据进水水质采用各种常规或者同步脱氮除磷二级处理工艺。介质过滤为砂滤、滤布过滤等常规过滤手段。如原水含盐量及重金属较高，可增加除盐和除重金属工艺。

2. 工业回用适用流程

针对循环冷却、洗涤、锅炉补充等工业用水对有机物、氨氮、盐度、总硬度、SS、色度等指标的不同关注，近年来使用较多的处理流程模式和其适用的工业回用用途见表 7-37。

表 7-37　工业回用再生水的建议处理流程

工艺流程	处理效果	特点及适用范围
城市污水→（同步脱氮除磷）二级处理→（臭氧）→消毒	常规基本处理，效果一般。臭氧去除色嗅	投资运行成本低；多用于直流冷却水和一般洗涤用水
城市污水→（同步脱氮除磷）二级处理→（混凝沉淀）→介质过滤→（臭氧）→消毒	介质过滤对 SS 有一定去除效果；使用臭氧可去除色嗅	处理成本低。多用于冷却、洗涤用水，锅炉补充用水需进一步处理
城市污水→（同步脱氮除磷）二级处理→（混凝）→超滤/微滤→（臭氧）→消毒	膜过滤对 SS 去除效果好；臭氧可去除色嗅。需注意膜污染和膜寿命	投资运行成本较高。可用于冷却、洗涤用水，锅炉补充用水根据情况进一步处理

续表

工艺流程	处理效果	特点及适用范围
城市污水→膜生物反应器→（臭氧）→消毒	膜生物反应器对 SS 去除效果好；臭氧可除色嗅。需注意膜污染和膜寿命	投资运行成本较高；膜生物反应器占地面积小。可用于冷却、洗涤用水，锅炉补充用水根据情况进一步处理
城市污水→（同步脱氮除磷）二级处理→（混凝）→超滤/微滤→反渗透→（臭氧）→消毒	使用反渗透对无机盐和各种污染物均有良好去除效果。需注意膜污染、膜寿命及浓盐水排放	投资运行成本高。多用于高含盐量地区和高品质再生水的生产要求

二级处理过程和介质过滤采用原则与农业回用相同。作为锅炉补充水时，锅炉蒸汽压力越高对水质要求越高，可采用进一步脱盐和软化措施。用于工艺和产品用水时可根据试验，在下述工艺中选择。

3. 城市杂用适用流程

在城市杂用大类中，娱乐性和景观性景观环境用水关注点在于营养盐、病原微生物、有机物、色度、嗅味等指标；对于限制性和非限制性绿地灌溉关注点在病原微生物、浊度、有机物、色度、嗅味等指标；而冲厕、道路清扫、车辆冲洗等一般城市杂用与绿地灌溉关注点相似。近年来使用较多的处理流程模式和其适用的场合见表 7-38。

表 7-38 城市杂用类再生水的建议处理流程

工艺流程	处理效果	特点及适用范围
城市污水→（同步脱氮除磷）二级处理→臭氧→（生物滤池）→消毒	根据需要强化氮磷去除；臭氧可去除色嗅；生物过滤可进一步脱氮	处理成本较低；适合观赏性景观用水
城市污水→（同步脱氮除磷）二级处理→（混凝沉淀）→（介质过滤）→（臭氧）→消毒	根据需要强化氮磷去除；混凝沉淀过滤可进一步去除总磷和 SS；臭氧可去除色嗅	处理成本低。多用于观赏性景观补水和限制性绿地灌溉
城市污水→膜生物反应器→臭氧→（生物滤池）→消毒	膜生物反应器对 SS 去除效果好；臭氧可去除色嗅；生物过滤可消除臭氧氧化副产物。需注意膜污染和膜寿命	处理成本高。多用于景观环境补水，用作绿地灌溉和一般城市杂用时可不进行臭氧氧化和生物过滤
城市污水→（同步脱氮除磷）二级处理→（混凝）→介质过滤→臭氧→（生物滤池）→消毒	根据需要强化氮磷去除；混凝沉淀过滤进一步去除总磷和 SS；臭氧可去除色嗅、部分有机物，并强化病原微生物的去除；生物过滤可消除臭氧氧化副产物	处理成本较高。多用于娱乐性景观用水，用作非限制性绿地灌溉和一般城市杂用时可不进行臭氧氧化和生物过滤
城市污水→（同步脱氮除磷）二级处理→（混凝）→超滤/微滤→（臭氧）→消毒	膜过滤对 SS 去除效果好；臭氧可去除色嗅。需注意膜污染和膜寿命	处理成本高。多用于娱乐性景观补水、非限制性绿地灌溉以及一般城市杂用

景观环境用水时，由于最终多排入天然或人工水体内，因此二级处理过程应采用同步脱氮除磷工艺强化氮磷去除，而且还建议根据处理效果后续采用臭氧或臭氧-生物过滤组合工艺去除残留有机物、色度、溴味；而绿地灌溉和一般城市杂用对氮磷要求稍低，其二级处理可根据情况选用常规或者同步脱氮除磷多种工艺。

景观环境用水在保证消毒效果的同时，需防止过度消毒余氯及消毒副产物对水生生物产生影响，因此，条件许可情况下多采用臭氧或紫外消毒技术。而一般城市杂用要充分保证消毒效果，多采用氯、臭氧或紫外与氯的复合消毒工艺。

4. 地下回灌适用流程

地下水回灌中，地表回灌和井灌对有机物、重金属、TDS、病原微生物和 SS 等指标都很重视，但井灌要求的水质明显要高于地表回灌。近年来使用较多的地表回灌和井灌用再生水处理流程模式表 7-39。

表 7-39　地下水回灌再生水的建议处理流程

工艺流程	处理效果	特点及适用范围
城市污水→同步脱氮除磷二级处理→消毒	一般	处理成本低。适合地表回灌
城市污水→同步脱氮除磷二级处理→（混凝沉淀）→介质过滤→消毒	介质过滤对 SS 有一定去除效果	处理成本较低。适合地表回灌
城市污水→膜生物反应器→消毒	膜生物反应器对 SS 有良好去除效果，对病原微生物有一定的去除效果。需注意膜污染和膜寿命	处理成本高。适合地表回灌
城市污水→同步脱氮除磷二级处理→（混凝）→超滤/微滤→反渗透→消毒	反渗透对无机盐和各种污染物均有良好去除效果。需注意膜污染和膜寿命	处理成本高。适合井灌
城市污水→同步脱氮除磷二级处理→（混凝）→超滤/微滤→反渗透→化学氧化→消毒	反渗透对无机盐和各种污染物均有良好去除效果；氧化工艺可高效去除有毒有害有机物。需注意膜污染和膜寿命	处理成本高。适合井灌
城市污水→膜生物反应器→反渗透→消毒	反渗透对无机盐和各种污染物均有良好去除效果。需注意膜污染和膜寿命	处理成本高。适合井灌

由于地下水回灌对地下环境影响很大，因此，二级处理的过程都应采用同步脱氮除磷工艺强化氮磷去除；井灌目标层的水质往往较好，还应后续增加臭氧、臭氧-紫外或臭氧-过氧化氢等化学氧化工艺进一步去除有机物。为了防止盐类对地下环境的污染，回灌水消毒宜采用紫外或臭氧技术。

（十）工业废水深度处理回用的工艺流程

1. 处理流程的组成

由于工业废水的水质差别悬殊，处理要求也很不一致，因此很难形成一种像城市污水那样的典型处理流程或系统。对于无机废水的处理，一般不按一级、二级、三级来区别；而对于有机废水的处理，也有一级、二级、三级处理的名称，但缺乏客观的标准，灵活性很大。

一般情况下，工业废水回用的处理流程大致由下列环节组成：①去除沉降、浮游和漂浮性物质；②去除构成浑浊度的成分和胶状物质；③去除溶解的无机物，包括有毒有害物质；④去除有机物，消除其毒害性；⑤保证水回用的安全性。

2. 几种工业回用水处理流程

对于工业回用水处理而言，采用较多的是物理、化学和物理化学法，但是生物处理法在去除易被微生物分解的悬浮性、溶解性有机物或无机物方面仍具有重要地位。但是，相比于城市污水再生回用来说，工业废水回用处理的另一个特点是很难形成通用定型的模式。表 7-40 为常见工业回用水处理流程一般组合模式。

表 7-40　工业回用水处理流程组合模式

阶段名称	预处理	一级处理		二级处理		三级或深度处理	废渣处理与处置
		化学法	物理法	溶解性物质	悬浮性物质		
阶段符号	A	B	C	D	E	F	G
1 2 3 4 5 6 7 8 9	格栅、沉砂池 调节池、均化池 隔油/除油 pH 值调整	中和 混合反应 化学沉淀	沉淀/澄清 气浮 隔油/除油 冷却	活性污泥 生物膜 氧化塘 厌氧生物处理	沉淀 过滤	沉淀/气浮 过滤 活性炭吸附 离子交换 电渗析 超滤 反渗透 化学氧化 生物处理	浓缩 真空过滤 消化 干燥

(1) 炼厂含油、含酚废水

　　废水→A(1)→A(2)→C(3)→C(2)→D(1)→E(1)→F(2)→F(3)→回用

(2) 石化聚酯、三纶废水

　　　　　　　　　　　　　　　　生活污水
　　　　　　　　　　　　　　　　　↓
　　含油废水→A(1)→C(1)→C(3)→B(1)→A(2)→D(1)→E(1)→出水
　　　　　　　　　　　　　　酸碱清洁水→B(1)──┘

(3) 冶金焦化废水

　　粗苯分离、蒸氨废水→A(3)→C(3)→C(4)→D(1)→F(1)→熄焦、再处理

(4) 印染废水

　　　　　　进水→A(2)→C(1)→E(2)→F(3)→出水

当进水中的有机物较多、色度较高时应加强处理，其流程如下：

　　　　进水→A(1)→A(2)→D(2)→E(1)→F(9)→F(1)→F(3)→F(2)→回用

(5) 毛纺废水

　　　　进水→A(1)→C(1)→A(2)→D(2)→E(1)→F(9)→F(1)→出水

(6) 氯丁橡胶废水

　　　　进水→A(2)→B(2)→B(3)→D(1)→E(1)→出水

(7) 造纸废水

　　　　进水→A(1)→C(1)→D(1)→E(1)→F(1)→出水

六、城市污水再生回用处理厂

　　城市污水再生回用处理厂，是整个城市污水再生回用系统的核心组成。其实质是污水的深度处理厂，但与传统城市二级污水处理厂不同，再生处理厂其产水的最终处置与城市给水厂相似。因此，城市污水再生处理厂兼容了污水处理厂和给水厂的特点。

　　随着我国城市污水再生回用事业的发展，2000 年以来，全国陆续建成很多城市再生水厂，而且在我国很多城市的发展规划中，特别是京、津、沪等大型城市，在"十二五"末进一步提高了再生水在水资源利用中的比例。

　　综合目前的情况来看，我国已建成和在建的再生水处理厂主要采用两种方式：一种是将原有的城市污水处理厂升级改造，增加后续深度处理流程，形成具有再生水制备能力的处理

厂；另一种是与污水厂分离设置，仅设置深度处理工艺的形式，以城市污水厂处理后出水为水源进行深度处理达到再生回用标准，但这些水厂大多与污水处理厂临近，与第一种形式无本质性的区别。两种形式中，第一种形式占据了大多数。

（一）处理厂的总体布置

1. 处理厂的选址

通过调查和需求分析确定要进行污水再生回用处理厂的建设后，应当与项目建设地点的城镇总体规划以及供水、排水、节水、市容环卫、园林绿化等相关的专项规划进行协调，对处理厂的建设地点要综合多方面因素，合理布局。

目前来看，多数的城市污水再生回用处理厂是通过对现状城市常规处理厂改建来完成深度处理回用的。而在我国下一阶段的规划中，再生水回用是与提高城市污水处理普及率工作同步进行的。因此，即使是一次性新建，二级处理和深度处理合建的再生水厂依然是首选模式，其首要任务往往还是对城市污水中的污染物进行削减。因此，再生回用处理厂的选址首先应考虑传统污水处理厂选址时所考虑的所有因素，同时兼顾其回用的特点。

主要的考虑因素包括如下几点。

（1）厂址应当尽可能处于城镇水体下游，以减少排放后对环境的影响；应当处于城市污水收集管网的下游，污水应尽可能够依靠重力流输送至厂址附近；应当处于城市夏季主导风向的下风侧；应当与城市供水水源、供水设施保持必要的安全距离；同时，在可能的前提下，应当兼顾回用水用户位置，离集中用水大户近一些。

（2）厂址应当尽可能符合城市排水专项规划，少占农田或不占良田，兼顾未来城市的发展方向。

（3）厂址选择应当考虑交通运输、电力供应、水文地质、防洪条件等综合因素。良好的客观条件，将大大减少工程建设过程中以及投产运行后的成本。

引人思考的是，与以往尽量选择地质条件好的厂址不同，随着我们科技的进步和工程建设能力的提高，国内已实施案例选址时常出现一种轻视地质条件的趋势。为保证经济发展优先，往往可备选的厂址均是无人问津的、地质条件相对较差的地块。虽然通过严谨的地基处理方式，水厂建设符合国家相关规范，但由此所带来的工程投资的增加有时是巨大的。这需要在方案论证阶段，更加缜密和周全地考量。

2. 处理厂的平面布置

处理厂的平面布置应考虑以下的因素。

（1）处理厂的平面布置应以布置紧凑，尽量减少占地为原则。再生回用处理厂中，可能设置包括预处理、二级处理以及深度处理在内的全套工艺，特别是原有污水厂升级改造形成的长链式的工艺，当直线形不易布置时，应多采用折线形等布置方式。

（2）污水处理厂设计处理规模用城市污水平均日流量表示，构筑物一般以最高日最高时计算。处理厂内再生回用的规模宜控制在处理厂总处理规模的80%以下。

（3）水厂每一构筑物单元池数或格数应至少在2个以上，应保证一格损坏或检修时不影响处理规模；并且每池或格的尺寸应尽量相同。池容确定时应考虑检修或事故时单池水量增加对水质的影响；同时也应避免在运行初期水量过少造成的容积富余局面。

（4）处理厂按照远期设计控制总规模后，可远近结合、分期实施；分期实施时也可以先建满足排放标准的处理流程，预留远期深度处理构筑物的建设位置。

（5）处理厂工艺流程应根据排放标准和回用水质进行确定；生产区和生活区应各自相对集中，并且以绿化等形式进行分隔。

（6）厂区消防的设计和消化池、储气罐、污泥气压缩机房、污泥气发电机房、污泥气燃烧装置、污泥气管道、污泥干化装置、污泥焚烧装置及其他危险品仓库等的位置和设计，应符合国家现行有关防火规范的要求。

（7）污水厂内综合管线（渠）间应全面安排，避免相互干扰。各污水处理构筑物间的管渠连通，在条件适宜时，应采用明渠。污水处理厂处理构筑物应设置超越管渠，超越深度处理构筑物排放时，应该保证水质达到污水处理厂污染物排放标准。

3. 处理厂的竖向布置

处理厂构筑物的竖向布置，是通过从处理构筑物末端向首端逐级推算各构筑物内水位标高的过程。其目的在于确定和优化工艺流程中各构筑物水位的合理高度，以确保处理过程在良好的水力条件下运行，过程能量消耗最小。

在竖向布置时考虑的主要因素如下所述。

（1）竖向布置时应当充分利用地形，达到排水通畅、能耗较低且土方平衡要求。

（2）水力计算时，应当选择距离最长、损失最大的流程并以最大设计流量计算，并且应适当留有安全余地。

（3）为保证构筑物间污水能够顺利自流，需要精确地计算各构筑物之间的沿程、局部损失以及构筑物本身的局部损失。如果有可能的话，应当考虑为水厂远期发展预留水头。

近年来在污水深度处理工艺中，膜法使用的频率越来越高。由于其所需要的正向或反向的压差均有水泵提供，使得处理的运行电耗有所上升。在使用中尽可能利用膜法出水的具有的必要余压，减小构筑物在地下的埋深，在一定程度上减小施工成本。

（4）竖向布置时，土方平衡的考虑应与有利排水的原则结合。排放口应不受洪水顶托，并考虑 0.5～1m 的自由水头；利用水量储藏池的水位应与再生水加压构筑物的布置结合考虑。

表 7-41 为一些常见构筑物水头损失的经验估算值。

表 7-41 处理构筑物水头损失的经验估算值

构筑物	水头损失/m	构筑物	水头损失/m
格栅	0.1～0.25	生物滤池（旋转布水工作高 2m）	2.7～2.8
沉砂池	0.1～0.25	曝气池	0.25～0.5
平流沉淀池	0.2～0.4	混合池	0.1～0.3
竖流沉淀池	0.4～0.5	接触池	0.1～0.3
辐流沉淀池	0.5～0.6		

（二）再生水的储存和输配

1. 再生水的储存

传统污水处理厂处理后的出水会尽快排入水体，而与之不同的是，再生水存在储存的需求。理论上讲，再生回用处理厂内的再生水最好通过独立的配送管道输送到用户并及时使用。不过，由于污水厂生产和用户使用之间往往存在一定的时间差，再生回用处理厂或者配送管网末端的用户处需要修建储存设施。

由于再生水水质和用途的特殊性，存储时应当考虑以下因素。

（1）由于供水形式的相似，再生水储水池的容积可参照给水清水池的计算方法，按照再生水供水和用水曲线进行确定，且容积不宜小于日供水量的 10%。

（2）储水池的建设应与给水清水池一样，考虑防渗和防漏。

（3）再生水储存设施必须有清楚的标识，表明储存的是非饮用水。存储时可采用封闭式或敞开式。当考虑回用水易受污染，且需保持回用水质时，处理后的再生水宜封闭式储存，防止再次污染。

（4）储存过程中，应定期监测存储水质，可通过投加适量消毒剂或药剂，以保持再生水水质。

2. 再生水的输配

再生水输配过程应考虑以下因素。

（1）再生水配送应采用专用的管道系统。其设计原则上与给水管道相似，可参照室外排水设计规范进行。

（2）再生水输配水管道的数量和布置应根据用户的用水特点及重要性确定，一般情况下根据用户位置分布，设置为枝状即可；当供水重要性较高时，可采用环状或枝状双管布置。

（3）从现阶段工程实例来看，管材选用时，$DN600$ 以上管径宜选用钢管；$DN600$ 以下可选用铸铁管或塑料管；管道承压能力应满足供水压力要求。常见再生水输配用管材比较见表 7-42。

表 7-42　常见再生水输配用管材特性及选择建议方案

管材类型	抗腐蚀性能	水质适应性	机械性能	应用情况	常用管径范围
球墨铸铁管	用于再生水输配需要内外防腐蚀处理	水泥内衬不适合低 pH 值、低碱度水和软水，环氧树脂涂层可提高其水质适应性	承压能力强，韧性好、施工维修方便	广泛应用于饮用水和再生水的输配，水泥内衬成本较低、环氧树脂涂层成本较高	$DN300\sim$ $DN1200$
钢管	用于再生水输配需做内外防腐蚀处理	环氧树脂涂层可提高其水质适应性	机械性能好、施工维修方便	用于大口径管道且局部施工复杂时，价格相对较低	$\geqslant DN600$
预应力钢筒混凝土管（PCCP）	具有较好的抗腐蚀性能	水泥砂浆与水接触，不适合低 pH 值、低碱度水及软水	承压能力强，抗震性能好、施工方便	一种新型的刚性管材，抢修、维护比较困难	$\geqslant DN1200$
高密度聚乙烯（HDPE）管	耐腐蚀	水质适应范围广	重量轻、易施工	新型管材，$DN600$ 以上口径价格较高	$\leqslant DN600$
玻璃钢夹砂管（RPMP）	耐腐蚀	水质适应范围广	相对较轻，拉伸强度低于钢管、高于球墨管和混凝土管	适用于大口径输水管道	范围较广

再生水由于具有一定的腐蚀作用，特别是反渗透除盐后水质偏酸性，因此采用金属质管道时应当进行内防腐，例如现阶段常采用喷砂除锈后喷涂环氧树脂防腐涂料。

（4）再生水管道及其配件采用天酞蓝识别色，并应清楚标识"再生水"字样，以区别饮用水管道。应采取措施避免再生水管道与饮用水管道的交叉连接，遵循与饮用水及污水管道分隔的原则。再生水管道与给水管道、排水管道平行埋设时，其水平净距不得小于 0.5m；如无法避免交叉埋设时，再生水管道应位于给水管道的下面、排水管道的上面，其净距均不得小于 0.5m。

（三）处理厂的管理运行

城市污水再生回用处理厂不同于传统的污水处理厂和给水厂，但由于它兼顾了二者的特点，因此，对于再生水处理厂的管理运行来说，也应当吸收和采纳污水厂和给水厂相对成熟的经验。

我国现行的国家行业技术标准中，对于城镇污水处理厂和城镇供水厂都已发布相对完善的运行、维护、安全技术规程，但对于城市再生回用处理厂来说，相关的规范和标准还在酝酿和完善的过程中。

相比于传统城市污水厂，污水再生回用处理厂在日常运行的过程中，应当吸收城市给水厂对于来水水质日常监测的经验，加强对再生水厂进水的监管，建立更完善的水源水质监管平台。由于再生水所具有的回用特性，再生处理过程产水水质稳定性要求也较高，因此，水厂进水水质与工艺运行参数的联动就更为重要。二级处理和深度处理合建的再生水厂进水水质应当满足城镇下水道污水的一般特征；而以污水厂出水为水源的单独再生水处理厂，其进水水质应当符合《城镇污水处理厂污染物排放标准》中的规定。

城镇污水再生处理工艺方案应根据再生水的用途选择不同的单元技术进行组合，在考虑工艺可行性、投资及运行成本等多重因素的同时，应当适当的具有一定的前瞻性，提倡提高管理运行因素在考虑因素中的比重。目前来看，过滤工艺是再生回用中的必要环节，在膜组件国产化趋势下，可多使用膜技术替代传统的介质过滤，也一定程度方便了运行管理，提高了水质的稳定性。

对于再生水供水范围内用户需求不同时，工艺选择应以满足大部分用户水质为基本原则。对于个别水质要求更高的用户，可在处理厂中增设分质处理或由用户自行增加处理。以我国天津地区再生水厂为例，天津地区再生水处理工艺多为混凝沉淀＋超滤/微滤＋臭氧＋消毒工艺，此工艺可满足大部分回用用途的水质需求；对于另一部分要求高的用户，处理厂在厂内设置部分水量的反渗透处理，进行分质处置。

再生水厂在运行中除参照城镇污水厂技术规程建立运行、管理制度外，应当参照城镇供水厂，建立更加严格的质量控制方案和针对事故、灾害的应急方案，以给水供水的态度，对水质、水量、水压进行相关质量控制。

由于处理工艺链的增长，提升加压设备的增设，以及膜、化学氧化等工艺设备的增多，再生水厂由于设备故障造成生产停止的概率大大提高。因此，对于再生水厂，应当更加重视通用机械和设备日常保养、定期维护和大修的逐级检修制度。

对再生水的储藏和输送应制定详细的定期监测和事故应急的制度方案，严格确保再生水不出现因泄漏或标示不清等原因造成的安全事故。对于再生水的供给用户也应当与给水供给相似，建立较为通畅的沟通联系平台，能快速将因施工、设备检修、故障造成的停水向公众公布。

总之，再生水厂的管理运行，直接关系到再生水质的安全可靠，也在一定程度上决定了再生水作为水资源应用的推广普及速度。当然，在水工业者不断提高行业自身的科技、管理水平，促进再生水应用的同时，政府应加强再生水的宣传，提高公众对于再生水的认知程度，也将决定再生水行业的发展速度。

 参考文献

[1] 崔玉川. 城市与工业节约用水手册［M］. 北京：化学工业出版社，2002.

[2] 董辅祥，董欣东. 城市与工业节约用水理论 [M]. 北京：中国建筑工业出版社，2000.

[3] 崔玉川等. 工业用水与废水 [M]. 北京：化学工业出版社，2000.

[4] 崔玉川，马志毅，王效承，李亚新. 废水处理工艺设计计算 [M]. 北京：水利电力出版社，1990.

[5] 崔玉川，刘振江，张绍怡. 城市污水厂处理设施设计计算 [M]. 北京：化学工业出版社，2006.

[6] 崔玉川，杨崇豪，张东伟. 城市污水回用深度处理设施设计计算 [M]. 北京：化学工业出版社，2003.

[7] 北京水环境技术与设备研究中心等. 三废处理工程技术手册（废水卷）[M]. 北京：化学工业出版社，2001.

[8] 汪光焘. 城市节水技术与管理 [M]. 北京：中国建筑工业出版社，1994.

[9] 汪大翚，雷乐成. 水处理新技术及工程设计 [M]. 北京：化学工业出版社，2001.

[10] 王彩霞. 城市污水处理新技术 [M]. 北京：中国建筑工业出版社，1990.

[11] 张自杰. 排水工程（下册）[M]. 北京：中国建筑工业出版社，1996.

[12] 王宝贞. 水污染控制工程 [M]. 北京：高等教育出版社，1990.

[13] 顾夏声等. 水处理工程 [M]. 北京：清华大学出版社，1985.

[14] 李培红，张克峰，王永胜，严家适. 工业废水处理与回收利用 [M]. 北京：化学工业出版社，2001.

[15] 唐受印，汪大翚等. 废水处理工程 [M]. 北京：化学工业出版社，1998.

[16] 章非娟. 工业废水污染防治 [M]. 上海：同济大学出版社，2001.

[17] 于尔捷，张杰. 给水排水工程快速设计手册（排水工程）[M]. 北京：中国建筑工业出版社，1996.

[18] 佟玉衡. 实用废水处理技术 [M]. 北京：化学工业出版社，2001.

[19] 石振华，李传尧. 城市地下水工程与管理手册 [M]. 北京：中国建筑工业出版社，1993.

[20] 张中和. 城市污水高级处理手册 [M]. 北京：中国建筑工业出版社，1986.

[21] 高廷耀，顾国维. 水污染控制工程（下册）[M]. 北京：高等教育出版社，1999.

[22] 上海市环境保护局. 废化物化处理 [M]. 上海：同济大学出版社，1999.

[23] 尹军等. 城市污水再生及热能利用技术 [M]. 北京：化学工业出版社，2006.

[24] 张辰. 污水处理厂改扩建设计 [M]. 北京：中国建筑工业出版社，2008.

[25] GB 50335—2002. 污水再生利用工程设计规范 [S]. 北京：光明日报出版社，2002.

[26] CJ 3082—1999. 污水排入城市下水道水质标准 [S]. 北京：中国标准出版社，1999.

[27] GB 18918—2002. 城镇污水处理厂污染物排放标准 [S]. 北京：中国环境科学出版社，2002.

[28] GB 8978—1996. 污水综合排放标准 [S]. 北京：中国环境科学出版社，1996.

[29] GB 3079—1997. 海水水质标准 [S]. 北京：中国标准出版社，1997.

[30] GB 3838—2002. 地表水环境质量标准 [S]. 北京：中国环境科学出版社，2002.

[31] GB 20922—2007. 城市污水再生利用　农田灌溉用水水质 [S]. 北京：中国标准出版社，2007.

[32] GB/T 19923—2005. 城市污水再生利用　工业用水水质 [S]. 北京：中国标准出版社，2005.

[33] GB/T 18920—2002. 城市污水再生利用　城市杂用水水质 [S]. 北京：中国标准出版社，2002.

[34] GB/T 25499—2010. 城市污水再生利用　绿地灌溉水质 [S]. 北京：中国标准出版社，2010.

[35] GB/T 19772—2005. 城市污水再生利用　地下水回灌水质 [S]. 北京：中国标准出版社，2005.

第八章

海水利用

一般情况下我们所指的水资源是指"狭义"的水资源，即人类可直接利用的淡水资源。但遗憾的是，地球圈内水总量中淡水只占到 2.7％左右，而这部分淡水资源中还有 77％左右的水量分布在地球的冰山和冰川中，剩余可被人类真正有效利用的淡水资源数量极低。尤其是我国，被公认为是淡水资源匮乏的国度。

相反，地球圈中水资源量的 97.3％左右都分布在广阔的海洋中。根据资料，地球表面积的 70.8％为海洋所覆盖，按照其平均深度约为 3800m 估算，海水的体积为 $13.7×10^{15}$ m^3，以其平均密度 1.03kg/L 计，海水总体积为 $14.11×10^{15} m^3$。在淡水资源极度匮乏的现实局面下，拓宽水资源的内涵，将数量巨大但开发程度低的海水资源进行综合有效地开发利用，这将是解决城市（甚至是内陆城市）淡水资源紧缺的一条重要途径。

第一节　海水水质特征与保护

一、海水的主要成分

海水的化学成分十分复杂，主要离子含量均远高于淡水，尤其是 Cl^-、SO_4^{2-}、Na^+ 和 Mg^{2+}，其含量是淡水的数百倍乃至上千倍（见表 8-1）。海水中 Ca^{2+} 含量是淡水的数十倍，pH 值略高于淡水。海水中的盐分主要是氯化钠，其次是氯化镁和少量的硫酸镁、硫酸钙等，见表 8-2。

表 8-1　海水主要成分的平均含量

成分	含量/(mg/L)	占比/%	成分	含量/(mg/L)
Cl^-	18980	55.17	B	4.6
Na^+	10560	30.70	F	1.4
SO_4^{2-}	2560	7.44	Rb	0.2
Mg^{2+}	1272	3.70	Al	0.16～1.9
Ca^{2+}	400	1.16	Li	0.1
K^+	380	1.10	P	0.001～0.1
HCO_3^-	142	0.41	Ba	0.05

续表

成分	含量/(mg/L)	占比/%	成分	含量/(mg/L)
Br$^-$	65	0.19	I	0.05
Sr^{2+}	13	0.04	Cu	0.001~0.09
SiO$_2$	6		Fe	0.002~0.02
NO$_3^-$	2.5	∑99.91	Mn	0.001~0.01
总含盐量	34400		As	0.003~0.02

表 8-2　海水盐分组成

盐的分子式	海水中盐分含量/(g/kg)	盐分含量(质量分数)/%	盐的分子式	海水中盐分含量/(g/kg)	盐分含量(质量分数)/%
NaCl	27.213	77.751	K$_2$SO$_4$	0.863	2.466
MgCl$_2$	3.807	10.877	CaCO$_3$	0.123	0.351
MgSO$_4$	1.658	4.738	MgBr$_2$	0.076	0.217
CaSO$_4$	1.260	3.600	合计	35.000	100.00

二、海水水质标准

我国管辖的所有海域中，各类使用功能的水质在《海水水质标准》（GB 3097—1997）中作了明确的界定。我国《海水水质标准》（GB 3097—1997）具体见表 8-3。

表 8-3　海水水质标准（GB 3097—1997）

序号	项目	第一类	第二类	第三类	第四类
1	漂浮物质	海面不得出现油膜、浮沫和其他漂浮物质			海面无明显油膜、浮沫和其他漂浮物质
2	色、臭、味	海水不得有异色、异臭、异味			海水不得有令人厌恶和感到不快的色、臭、味
3	悬浮物质	人为增加的量≤10	人为增加的量≤100		人为增加的量≤150
4	大肠菌群/(个/L)	≤10000 供人生食的贝类增养殖水质≤700			—
5	粪大肠菌群/(个/L)	≤2000 供人生食的贝类增养殖水质≤140			—
6	病原体	供人生食的贝类养殖水质不得含有病原体			
7	水温/℃	人为造成的海水温升夏季不超过当时当地1℃,其他季节不超过2℃			人为造成的海水温升不超过当时当地4℃
8	pH值	7.8~8.5 同时不超出该海域正常变动范围的0.2pH单位			6.8~8.8 同时不超出该海域正常变动范围的0.5pH单位
9	溶解氧	>6	>5	>4	>3
10	化学需氧量(COD)	≤2	≤3	≤4	≤5
11	五日生化需氧量(BOD$_5$)	≤1	≤3	≤4	≤5

序号	项 目	第一类	第二类	第三类	第四类
12	无机氮(以 N 计)	≤0.20	≤0.30	≤0.40	≤0.50
13	非离子氨(以 N 计)	≤0.020			
14	活性磷酸盐(以 P 计)	≤0.015	≤0.030		≤0.045
15	汞	≤0.00005	≤0.0002		≤0.0005
16	镉	≤0.001	≤0.005	≤0.010	
17	铅	≤0.001	≤0.005	≤0.010	≤0.050
18	六价铬	≤0.005	≤0.010	≤0.020	≤0.050
19	总铬	≤0.05	≤0.10	≤0.20	≤0.50
20	砷	≤0.020	≤0.030	≤0.050	
21	铜	≤0.005	≤0.010	≤0.050	
22	锌	≤0.020	≤0.050	≤0.10	≤0.50
23	硒	≤0.010	≤0.020		≤0.050
24	镍	≤0.005	≤0.010	≤0.020	≤0.050
25	氰化物	≤0.005		≤0.10	≤0.20
26	硫化物(以 S 计)	≤0.02	≤0.05	≤0.10	≤0.25
27	挥发性酚	≤0.005		≤0.010	≤0.050
28	石油类	≤0.05		≤0.30	≤0.50
29	六六六	≤0.001	≤0.002	≤0.003	≤0.005
30	滴滴涕	≤0.00005	≤0.0001		
31	马拉硫磷	≤0.0005	≤0.001		
32	甲基对硫磷	≤0.0005	≤0.001		
33	苯并[a]芘/(μg/L)	≤0.0025			
34	阴离子表面活性剂(以 LAS 计)	0.03	0.10		
35	放射性核素/(Bq/L)	^{60}Co	0.03		
		^{90}Sr	4		
		^{106}Rn	0.2		
		^{134}Cs	0.6		
		^{137}Cs	0.7		

按照海域的不同使用功能和保护目标，海水水质分为以下四类。

（1）第一类 适用于海洋渔业水域，海上自然保护区和珍稀濒危海洋生物保护区。

（2）第二类 适用于水产养殖区，海水浴场，人体直接接触海水的海上运动或娱乐区，以及与人类食用直接有关的工业用水区。

（3）第三类 适用于一般工业用水区，滨海风景旅游区。

（4）第四类 适用于海洋港口水域，海洋开发作业区。

三、海水污染防治

根据近年来国家海洋局发布的中国海洋环境状况公报显示，中国部分近岸海域污染严重，海水污染防治刻不容缓。以 2012 年为例，2012 年未达到第一类海水水质标准的海域面积为 17 万平方公里，高于 2007~2011 年的 15 万平方公里的平均值；渤海符合第一类海水水质标准的海域面积比例已降低至约 47%，第四类和劣于第四类海水水质标准的海域面积比 2006 年增加近 3 倍。

（一）海水保护区

根据我国《海水水质标准》（GB 3097—1997）和环境保护标准 GBPB 2—1999 的要求，我国海水保护的重点区域是：①海洋渔业水域，海上自然保护区和珍稀濒危海洋生物保护区；②水产养殖区，海水浴场，人体直接接触海水的海上运动或娱乐区，以及与人类食用直接有关的工业用水区；③一般工业用水区，滨海风景旅游区；④海洋港口水域，海洋开发作业区。

（二）海水污染防治措施

随着生产的发展，开发和利用海水资源活动日益频繁，为有效防止和控制海水水质污染，保障人体健康，保护海洋生物资源，保持生态平衡，从而保证海洋的合理开发利用，必须重视海水的保护。主要措施如下所述。

(1) 沿海各省、自治区、直辖市，按照海洋环境保护的需要，规定保护的水域范围及其水质类型。

(2) 工业废水、生活污水和其他有害废弃物，禁止直接排入规定的风景游览区、海水浴区、自然保护区和水产养殖场水域。在其他海域排放污染物时必须符合国家和地方规定的排放标准。

(3) 在沿海和海上选择排污地点和确定排放条件时，应考虑海水保护区的特点、地形、水文条件和盛行风向及其他自然条件。

(4) 加强监督，由沿海各省、自治区、直辖市的环境保护机构负责监督执行。

由于海洋是地球圈水循环中的重要环节，因此，很多时候海洋被作为城市污废水排放的重要受纳水体。国家标准《污水综合排放标准》（GB 8978—1996）中对排入水体的主要污染物浓度分为三个等级，根据受纳水体功能不同，其须达到的排放标准亦不同。其中，也对排入各类功能海域的污水水质作出限定，要求排入《海水水质标准》中规定的二类海域的污水，水质须满足一级排放标准；要求排入三类海域的污水，执行二级排放标准；对于一类海域禁止新建排污口，现有排污口应按照水体功能要求执行污染物总量控制，以保证受纳水体水质符合规定用途的水质标准。

第二节　海水取水工程

对于海水在水资源社会循环过程中的利用来说，如何将远离陆地的海水取输至利用设施，是整个海水利用工程系统的关键环节。随着淡水资源短缺形势日益紧张，海水资源利用工程的建设量逐年增大。海水取水工程其任务是确保为海水利用系统提供足够的、持续的、适合的源水，取水方式的选择及取水构筑物的建设对整个利用系统的投资、制水成本、系统稳定运行及生态环境都有重要的影响。

一、取水方式

取水工程采用的方式需要考虑海水利用系统的投资、建设规模、海水利用工艺对水质的要求等因素，需要在对取水海域水文水质、地质条件、气象条件、自然灾害等进行深入调查的基础上，才能进行合理选择。

海水取水方式有多种，目前来说，最常见的分类方式为根据取水头部距岸位置远近，大致可分为海滩井取水、深海取水、浅海取水三大类。通常来讲，海滩井取水水质最好，深海取水其次；而浅海取水则有着建设投资少、适用性广的特点。

海滩井取水是指在海岸线边上建设取水井，从井里取出经海床渗滤过的海水，作为海水淡化厂的源水。通过这种方式取得的源水，由于经过了天然海滩的过滤，海水中的颗粒物被海滩截留，浊度低，水质好，对于反渗透海水淡化厂尤其具有吸引力。

深海取水是通过修建管道，将外海的深层海水引导到岸边，再通过建在岸边的泵房为海水淡化工程供应海水。一般情况下，在海面以下 $1\sim6m$ 取水会含有沙、小鱼、水草、海藻、水母及其他微生物，水质较差，而当取水位处于海面 35m 以下时，这些物质的含量会减少20 倍，原水水质较好，海水处理工艺中可以大幅减少预处理的负担。同时，深海水温更低，对热法海水淡化工艺有一定优势。

浅海取水是最常见的海水淡化取水方式，虽然水质较差，但由于投资少、适应范围广、应用经验丰富等优势，仍在国内外海水利用工程中被广泛采用。

二、海水取水构筑物

（一）海滩井取水

是否采用海滩井取水方式关键取决于取水海岸构造的渗水性、海岸沉积物厚度以及海水对岸边海底的冲刷作用。

一般认为，当取水海岸地质构造为渗水性较强的砂质构造时，当砂粒渗水率达到 $1000m^3/(d \cdot m)$ 以上，沉积物厚度达到 15m 以上，较为适合采用海滩井取水构筑物。

当海水经过海岸过滤，颗粒物被截留在海底，波浪、海流、潮汐等海水运动的冲刷作用能将截留的颗粒物冲回大海，保持海岸良好的渗水性；如果被截留的颗粒物不能被及时冲回大海，则会降低海滩的渗水能力，导致海滩井供水能力下降。

此外，还要考虑海滩井取水系统是否会污染地下水或被地下水污染，海水对海岸的腐蚀作用是否会对取水构筑物的寿命造成影响，取水井的建设对海岸的自然生态环境的影响等因素。

海滩井取水的不足之处主要在于建设占地面积较大、所取原水中可能含有铁锰以及溶解氧较低等问题。墨西哥 Salina Cruz 海岸的反渗透海水淡化厂，产水规模约为 $38000m^3/d$，但其海滩井取水构筑物的占地面积达到 $18000m^2$ 以上。同样在 Salina Cruz 海岸反渗透海水淡化厂，其海滩井取水锰含量过高的问题对后续的反渗透工艺产生了较大的影响，而在美国加利福尼亚北部的 Morro Bay 反渗透海水淡化厂则遇到了取水含铁过高的问题。从多个海滩井取水的海水淡化厂运行经验表明，取得原水的溶氧一般低于 2mg/L（约 $0.2\sim1.5mg/L$），低溶氧的产水输送到自来水管网或浓水排到自然水体需要考虑当地的相关标准或要求，必要时需进行曝气充氧。

由于能够取到优质的源水，海滩井取水方式对小型反渗透海水淡化厂很有吸引力。嵊山 $500m^3/d$ 反渗透海水淡化示范工程，在海滩建钢筋混凝土深井，底部直径为 5m，深为3.7m，省去了海水澄清（沉淀）沉砂工序。由于受到单井取水能力的影响，当淡化厂规模大于 $40000m^3/d$ 时，优势不明显。至 2005 年，全球仅有 4 座规模大于 $20000m^3/d$ 的海水淡化厂采用了海滩井取水方式，其中规模最大的是位于马耳他的 Pembroke 反渗透海水淡化厂，其制水量为 54000m³/d。

（二）深海取水

深海取水方式适合海床比较陡峭，最好在离海岸 50m 内，海水深度能够达到 35m。在设定取水深度下设置取水头部，将水引致在岸上或者海上设置的取水井中，再通过干式或湿式安装的水泵动力设施将取水井中海水提升至海水利用设施处。

毫无疑问，如果在离海岸距离较远处才能达到 35m 深海水的地区，采用这种取水方式投资巨大，除非是由于工艺特殊要求需要取到浅海取不到的低温优质海水，否则不宜采用这种取水方式。由于投资较大等因素，这种取水方式一般不适用于较大规模取水工程。

美国是全球开发利用深层海水最早且最广泛的国家，因此其海水取水方式多为深海取水方式。尤其是在夏威夷岛区域，为方便进行利用海洋温差发电的研究和生产，修建了若干深海取水构筑物。属于岛国的日本由初期的利用海水温差发电逐渐发展到深层海水的多元加工产业的盛行，使得日本各地均规划和建设有深层海水的取水设施。据不完全统计，截至2008 年，日本管辖海域共规划 43 处深层海水取水设施，其中，已完工并进入运营阶段的有16 处。

根据目前情况来看，美国、日本以及我国台湾地区的深海取水构筑物基本均采用陆地型，即取水井及动力设施设置于岸边。设于深海的取水头部与取水井间以取水管路连接。

（三）浅海取水

一般常见的浅海取水形式有海岸式、海岛式、海床式、引水渠式、潮汐式等。

1. 海岸式取水

海岸式取水多用于海岸陡、海水含泥沙量少、淤积不严重、高低潮位差值不大、低潮位时近岸水深度＞1.0m，且取水量较少的情况。

这种取水方式的取水系统简单，工程投资较低，水泵直接从海边取水，运行管理集中。缺点是易受海潮特殊变化的侵袭，受海生物危害较严重，泵房会受到海浪的冲击。为了克服取水安全可靠性差的缺点，一般一台水泵单独设置一条吸水管，至少设计两套引水管线，并在引水管上设置闸阀。为了避免海浪的冲击，可将泵房设在距海岸 10～20m 的位置。

2. 海岛式取水

海岛式取水适用于海滩平缓，低潮位离海岸很远处的海边取水工程建设。要求建设海岛取水构筑物处周围低潮位时水深≥1.5～2.0m，海底为石质或砂质且有天然或港湾的人工防波堤保护，受潮水袭击可能性小。可修建长堤或栈桥将取水构筑物与海岸联系起来。

这种取水方式的供水系统比较简单，管理比较方便，而且取水量大，在海滩地形不利的情况下可保证供水。缺点是施工有一定难度，取水构筑物如果受到潮汐突变威胁，供水安全性较差。

3. 海床式取水

海床式取水适用于取水量较大、海岸较为平坦、深水区离海岸较远或者潮差大、低潮位离海岸远以及海湾条件恶劣（如风大、浪高、流急）的地区。

这种取水方式将取水主体部分（自流干管或隧道）埋入海底，将泵房与集水井建于海岸，可使泵房免受海浪的冲击，取水比较安全，且经常能够取到水质变化幅度小的低温海水。缺点是自流管（隧道）容易积聚海生物或泥沙，清除比较困难；施工技术要求较高，造价昂贵。

4. 引水渠式取水

引水渠式取水适用于海岸陡峻，引水口处海水较深，高低潮位差值较小，淤积不严重的石质海岸或港口、码头地区。

这种取水方式一般自深水区开挖引水渠至泵房取水，在进水端设防浪堤，引水渠两侧筑堤坝。其特点是取水量不受限制，引水渠有一定的沉淀澄清作用，引水渠内设置的格栅、滤网等能截留较大的海生物。缺点是工程量大、易受海潮变化的影响。设计时，引水渠入口必须低于工程所要求的保证率潮位以下至少 0.5m，设计取水量需按照一定的引水渠淤积速度和清理周期选择恰当的安全系数。引水渠的清淤方式可以采用机械清淤或引水渠泄流清淤，或者同时采用两种清淤方式，设计泄流清淤时需要引水渠底坡向取水口。

5. 潮汐式取水

潮汐式取水适用于海岸较平坦、深水区较远、岸边建有调节水库的地区。在潮汐调节水库上安装自动逆止闸板门，高潮时闸板门开启，海水流入水库蓄水，低潮时闸板门关闭，取用水库水。

这种取水方式利用了潮涨潮落的规律，供水安全可靠，泵房可远离海岸，不受海潮威胁，蓄水池本身有一定的净化作用，取水水质较好，尤其适用于潮位涨落差很大，具备可利用天然的洼地、海滩修建水库的地区。这种取水方式的主要不足是退潮停止进水的时间较长时，水库蓄水量大，占地多，投资高。另外，海生物的滋生会导致逆止闸门关闭不严的问题，设计时需考虑用机械设备清除闸板门处滋生的海生物。在条件合适的情况下，也可以采用引水渠和潮汐调节水库综合取水方式。高潮时调节水库的自动逆止闸板门开启蓄水，调节水库由引水渠通往取水泵房的闸门关闭，海水直接由引水渠通往取水泵房；低潮时关闭引水渠进水闸门，开启调节水库与引水渠相通的闸门，由蓄水池供水。这种取水方式同时具备引水渠和潮汐调节水库两种取水方式的优点，避免了两者的缺点。

三、输水与排水

海水取水工程与其他水资源开发利用工程相比，除去取水位置所处环境不同外，最大区别在于输送和排放的水体的物理、化学性质。由于输送和排放水体的区别对于所采用的管材会产生较大的影响。

海水是一种复杂的天然平衡体系，是腐蚀性电解质溶液，具有高的盐量、导电性和生物活性。因此海水具有较强的腐蚀性，而其腐蚀过程和现象极其复杂。金属在不同区域的海水环境中腐蚀规律差别很大，在不同因素的多重作用下表现出的腐蚀特征也不同。

国内外对耐海水腐蚀材料进行了大量的研究和开发，可供选用的材料很多，如何结合不同工艺、不同条件和环境特征以及市场供货情况，选择性价比较优的管道材料是海水淡化工程管道设计的首要任务。

目前，海水输送和排放常采用的管材主要有铸铁管、塑料质管道、钢管（含不锈钢管、玻璃钢管）以及混凝土管道等。各种管道性质及优缺点见表8-4。

在海水取水工程中，往往性价比较高的管材选用方案需要综合考虑性能、经济、使用位置、外部环境等条件后才可以得到。

当采用反渗透等需要原水预处理的利用工艺时，原水中含有溶解氧、各种盐分、悬浮物、水中胶体等，都是管材腐蚀的因素，在耐压强度要求不高、冲击性不大的情况，采用聚乙烯或者钢骨架聚乙烯复合管等塑料质应为首选。其较好的强度、抗冲击、耐磨性，内壁光滑不结垢，有适中的柔韧性，其优越的耐海水腐蚀性是钢管所不及的，而且与 316L 不锈钢、钢塑管相比价格便宜得多。

表 8-4　海水输送常用管道性质及优缺点

管材	铸铁管	不锈钢管	混凝土管	玻璃钢管	塑料管	
					HDPE	PVC
接头方式	承插式/法兰式	焊接/法兰	胶圈	胶圈/承插	热熔焊接	承插/胶接
强度	刚性	略具挠性	刚性	略具挠性	挠性	稍具挠性
使用年限	30 年	30 年	30 年	30 年	50 年	20 年
防腐方式	内外防腐	内外防腐	无须防腐	内外防腐	无须防腐	无须防腐
施工工期	最长	较短	较长	较长	短	短
维护难度	不易	不易	不易	不易	易	易
抗震能力	好	好	接头易松动	好	最好	不好

经原水预处理后，进入低温多效闪蒸、反渗透等处理以后，工艺内操作压力较高，应尽可能采用焊接以减少泄漏点。因此此部分设备中常采用奥氏体不锈钢 316L。316L 不锈钢含铬量 17.5%，耐海水腐蚀性好，而且 316L 含碳量 0.02%，属于超低碳，可有效控制晶间腐蚀。

海水埋地输送段往往需承受埋设管上面的土壤载荷和车辆载荷，同时还要耐海水腐蚀、防污抗藻、耐磨性好，并且耐热抗冻性好。工程中常采用埋地玻璃纤维增强热固性树脂夹砂管道（简称玻璃钢夹砂管）作为海水输送以及浓海水排放的管道。

第三节　海水直接利用

一、直接利用范围

海水淡化，是指经过除盐处理后使海水的含盐量减少到所要求含盐量标准的水处理技术。海水淡化后，可应用于生活饮用、生产使用等各个用水领域。自然界海水量巨大，将其淡化将是解决全球淡水资源危机的最根本途径，但目前淡化的成本很高，影响了其广泛应用（海水淡化技术详见本章第四节）。

海水直接利用是直接采用海水替代淡水的开源节流技术，具有替代节约淡水总量大的特点。随着科学的进步和经济发展的需要，海水直接利用已成为不可忽视的产业。海水直接利用主要用于两个方面：一是工业生产；二是解决部分生活用水。

将海水作为工业冷却用水历史已久，日本早在 20 世纪 30 年代开始利用海水，到 20 世纪 60 年代海水使用量已占总用水量的 60% 以上。几乎沿海所有企业，如钢铁、化工、电力等部门都采用海水作为冷却水。日本仅电厂每年直接使用的海水达几百亿立方米，到 1995 年将达 $1200 \times 10^8 m^3$。西欧六国海水年利用量 $2000 \times 10^8 m^3$，美国 20 世纪 70 年代末海水利用量达 $720 \times 10^8 m^3$，到 2000 年左右工业用水的 1/3 以海水代替。

滨海城市利用海水替代淡水用于生活主要是冲厕，已有 40 多年的历史。香港立法规定必须使用海水冲厕，否则要追究违者责任。据年资料，香港日需淡水 $240 \times 10^4 m^3$，其中冲厕用水 $52 \times 10^4 m^3$，占总需水量的 21%。在冲厕水中，海水用量 $35 \times 10^4 m^3$，占到了 65% 强。仅冲厕一项每年可节约淡水 $1.9 \times 10^8 m^3$。由此不难看出，随着淡水资源的日益紧缺，海水直接利用不失为沿海城市节约淡水的重要举措。

二、直接利用方法

海水可代替淡水直接用于以下几个具体方面。

（一）工业冷却水

1. 应用行业

工业生产中海水被直接用作冷却水的量占海水总用量的 90％左右。几个应用行业的主要海水冷却对象为：火力发电行业的冷凝器、油冷器、空气和氨气冷却器等；化工行业的吸氨塔、炭化塔、蒸馏塔、煅烧炉等；冶金行业的气体压缩机、炼钢电炉、制冷机等；水产食品行业的醇蒸发器、酒精分离器等。

2. 冷却方式

利用海水冷却的方式有间接冷却与直接冷却两种。其中以间接换热冷却方式居多，包括制冷装置、发电冷凝、纯碱生产冷却、石油精炼、动力设备冷却等。其次是直接洗涤冷却，即海水与物料接触冷却或直喷降温等。

在工业生产用水系统方面，海水冷却水的利用有直流冷却和循环冷却两种系统。海水直流冷却具有深海取水温度低且恒定，冷却效果好，系统运行简单等优点，但排水量大，对海水污染也较严重。海水循环冷却时取水量小，排污量也小，可减轻海水热污染程度，有利于环境保护。

当工厂远离海岸或工厂所处位置海拔较高时，海水循环冷却较其直流冷却更为经济合理。我国现已采用淡水循环冷却的一些滨海工厂，以海水代替淡水进行循环冷却具有更大的可能性。如烟台市 1990 年提出要全面应用海水循环冷却技术；国内电力系统也有采用海水循环冷却技术的实例。

3. 利用海水冷却的优点

利用海水冷却具有以下主要优点。

（1）水源稳定。海水水质较为稳定，水量很大，无需考虑水量的充足程度。

（2）水温适宜。海水全年平均水温 0～25℃左右，深海水温更低，有利于迅速带走生产过程中的热量。

（3）动力消耗较低。一般采用近海取水，可减少管道水头损失，节省输水的动力费用。

（4）设备投资较少。据估算，一个年产 30×10^4 t 乙烯的工厂，采用海水做冷却水所增加的设备投资，仅是工厂设备总投资的 1.4％左右。

（二）离子交换再生剂

在工业低压锅炉的给水软化处理中，多采用阳离子交换法，当使用钠型阳离子交换树脂层时，需用5％～8％的食盐溶液对失效的交换树脂进行再生还原。沿海城市可采用海水（主要利用其中的 NaCl）作为钠离子交换树脂的再生还原剂，这样既省药又节约淡水。

（三）化盐溶剂

纯碱或烧碱的制备过程中均需使用食盐水溶液，传统方法是用自来水化盐，如此要使用大量的淡水，而且盐耗也高。用海水作为化盐溶剂，可降低成本、减轻劳动强度、节约能源，经济效益明显。例如，天津碱厂使用海水化盐，每吨海水可节约食盐 15kg，仅此一项每年可创效益 180 万元。

（四）冲洗及消防用水

1. 冲洗用水

冲厕用水一般占城市生活用水的 $15\%\sim40\%$。海水一般只需简单预处理后，即可用于冲厕，其处理费用一般低于自来水的处理费用。推广海水冲厕后不仅可节约沿海城市淡水资源，而且可取得较好的经济效益。

香港从 20 世纪 50 年代末开始采用海水冲厕，他们通过对一个区域利用海水、城市中水和淡水冲厕三种方案的技术经济分析，最终选择了海水冲厕的方案。目前，每天冲厕海水用量达 $35\times10^4\,m^3$，2010 年将达 $1.3\times10^8\,m^3/a$，占全部冲厕用水的 70%。同时，从海水预处理、管道的防腐到系统测漏等技术方面均已取得成功的经验，形成了一套完整的管理系统。此外，还制定了一套推广应用的政策，最终实现全部使用海水代替淡水冲厕的目标。

我国北方缺水城市天津市塘沽区，利用净化海水进行了几年单座楼冲厕试验，取得了成功的经验。1996 年已建设 $10000\,m^2$ 居民楼海水冲厕系统，为成片居民小区利用海水冲厕作出了有益的探索。

2. 消防给水

消防用水主要起灭火作用，用海水作消防给水不仅是可能而且是完全可靠的。但是，如果建立常用的海水消防供水系统，应对消防设备的防腐蚀性能加以研究改进。

以海水作为消防给水具有水量可靠的优势。如日本阪神地震发生后，由于城市供水系统完全被破坏，其灭火的水源几乎全部采用的是海水。

厦门博坦仓储油库位于海岸，海岸为岩岸深水港湾，海水清彻透明，取水不受潮汐升落的影响，可采用天然海水作为消防水源。可谓拥有一座无限容量的天然消防水池。油库自 1997 年投入运行以来，消防输水干管 24h 管内满水充压待命，每月定期进行一次消防演习，以确保发生火情时投入正常运行。该消防设施完全能够保障油库区和码头的防火要求。管道设备防腐和防海生物效果很好，检修设备解体时，管道内无发现海生物附着结垢及锈蚀现象，管内光洁如新。

（五）除尘及传递压力

1. 除尘用水

海水可作为冲灰及烟气洗涤用水。国内外很多电厂即用海水作冲灰水，节省了大量淡水资源。我国黄岛电厂每年利用海水 $6200\times10^4\,m^3$，冲灰水全部使用海水。

2. 液压系统用水

传统的液压系统主要用矿物型液压油作介质，但它具有易燃、浪费石油资源、产生泄漏后污染环境等严重缺点。它不宜在高温、明火及矿井等环境中工作，特别不适宜于存在波浪暗流的水下（如舰艇，河道工程，海洋开发等）作业，因此常采用淡水代替液压油。

利用海水作为液压传动的工作介质，具有如下优越性：①无环境污染，无火灾危险；②无购买、储存等问题，既节约能源，又降低费用；③可以省去回水管，不用水箱，使液压系统大为简化，系统效率提高；④可以不用冷却和加热装置；⑤海水温度稳定，介质黏度基本不变，系统性能稳定；⑥海水的黏度低，系统的沿程损失小。

海水液压传动系统由于其本身的特点，能很好地满足某些特殊环境下的使用要求，极大地扩大了液压技术的使用范围，它已成为液压技术的一个重要发展方向。在水下作业，海洋开发及舰艇上采用海水液压传动已成为当前主要发展趋势，受到西方工业发达国家的高度重视。十多年来，他们一直在进行海水液压传动技术的研究工作，并开始进入实用阶段。

可采用海水水压传动的主要领域有：①水下作业工具及作业机械手；②潜器的浮力调节；③代替海洋船舶及舰艇上原有的液压系统；④海洋钻探平台及石油机械上代替原有的液压系统；⑤海水淡化处理及盐业生产；⑥热轧、冶金、玻璃工业、原子能动力厂、化工生产及采煤机械；⑦食品、医药、包装和军事工业部门；⑧内河船舶及河道工程。

（六）海产品洗涤用水

在海产品养殖中，海水被广泛用于对海带、鱼、虾、贝类等海产品的清洗。只需对海水进行必要的预处理，使之澄清并除去菌类物质，即可代替淡水进行加工。这种方法在我国沿海的海产品加工行业已被广泛应用，节约了大量淡水资源。

（七）印染用水

海水中含有的许多物质对染整工艺起促进作用。如氯化钠对直接染料能起排斥作用，促进染料分子尽快上染。由于海水中有些元素是制造染料引入的中间体，因此利用海水能促进染色稳定，且匀染性好，印染质量高。经海水印染的织物表面具有相斥作用而减少吸尘，使得穿用时可长时间保持清洁。

海水的表面张力较大，使染色不易老化，并可减少颜料蒸发消耗和污染，同时能促进染料分子深入纤维内部，提高染料的牢固度。海水在纺织工业上用于印染，可减少或不用某些染料和辅料，降低了印染成本，减少了排放水中的污染物，因此海水被广泛用于煮炼、漂白、染色、漂洗等生产工艺过程。

我国第一家海水印染厂于 1986 年 4 月底在山东荣成县石岛镇建成并投入批量生产。该厂采用海水染色的纯棉平绀比淡水染色工艺节约染料、助剂 30％～40％。染色的牢度提高二级，节约用水 1/3。

（八）海水烟气脱硫

海水烟气脱硫工艺是利用天然的纯海水作为烟气中 SO_2 的吸收剂，无需其他添加剂，也不产生任何废弃物，具有技术成熟、工艺简单、系统运行可靠、脱硫效率高（理论脱硫效率可达 98％）和投资运行费用低等特点。

工艺系统主要由吸收塔、烟气-烟气加热器（GGH）和曝气池（海水恢复系统）等组成。其主要原理是：经过除尘处理及 GGH 降温后的烟气由塔底进入脱硫吸收塔中，在塔内与由塔顶均匀喷洒的纯海水逆向充分接触混合，海水将烟气中的 SO_2 有效地吸收生成亚硫酸根离子 SO_3^{2-}，经过脱硫吸收后的海水借助重力流入曝气池中（海水恢复系统），在曝气池里与大量的海水混合，并通过鼓风曝气使 SO_3^{2-} 氧化为 SO_4^{2-}。海水中的 CO_3^{2-} 中和 H^+ 产生的 CO_2 鼓气时被吹脱逸出，从而使海水的 pH 得以恢复。水质恢复后的海水可直接排入大海。

第四节　海水淡化技术

一、海水淡化目标

1. 纯度及其表示

在工业上，水的纯度常以水中含盐量或水的电阻率来衡量。电阻率是指断面 $1cm\times$

1cm，长 1cm 的体积的水所测得的电阻，单位为欧姆·厘米（$\Omega \cdot cm$）。理论上纯水在 25℃ 时的电阻率为 $18.3 \times 10^6 \Omega \cdot cm$。

2. 水的纯度类型

根据各工业部门对水质的不同要求，水的纯度可分为 4 种（见表 8-5）。

表 8-5　水的纯度类型

序号	类型	含盐量/(mg/L)	电阻率/($\Omega \cdot cm$)	备注
1	淡化水	$n \sim n \times 100$	$n \times 100$	25℃时的电阻率
2	脱盐水	$1.0 \sim 5.0$	$0.1 \sim 1.0 \times 10^6$	25℃时的电阻率
3	纯水	<1.0	$1.0 \sim 10 \times 10^6$	25℃时的电阻率
4	高纯水	<0.1	$>10 \times 10^6$	25℃时的电阻率

（1）淡化水　系指将高含盐量的水经过局部除盐处理后，变成为生活及生产用的淡水。海水及苦咸水的淡化即属此类。

（2）脱盐水　相当于普通蒸馏水，水中强电解质大部分已被去除。

（3）纯水　亦称去离子水，水中强电解质的绝大部分已去除，弱电解质如硅酸和碳酸等也去除到一定程度。

（4）高纯水　又称超纯水，水中的导电介质几乎已全部去除，而水中胶体微粒、微生物、溶解气体和有机物等也已去除到最低程度。

上述第一种水的制取属于局部除盐范畴，通常称之为苦咸水淡化，后 3 种水的制取则统称为水的除盐。

3. 海水淡化的要求

我国海岸线长 1.8 万公里，有 6500 多个岛屿，沿海地区居住着 4 亿多人，沿海城市生产总值为全国城市生产总值的 60% 以上。然而，14 个沿海开放城市中，就有大连、天津、青岛等 9 个城市严重缺水。缺水已成为阻碍城市发展的重要因素。据不完全统计，2000 年前后，沿海地区新增电力在 35000MW 以上。相应需日增锅炉用淡水量 $18 \times 10^4 m^3$。可见，海水淡化在我国既是紧迫需要，又有广阔前景。

随着海水含盐量去除率的提高，处理成本将大幅度上升，因此，从技术经济方面综合考虑，对海水淡化技术的主要要求应是：①处理后的水质能满足使用对象的需要；②工艺先进，运行简单可靠，不污染环境；③成本低，效益明显；④设备防腐性好，管理维护方便。

目前，海水淡化的主要方法有蒸馏法、反渗透法、电渗析法和冷冻法等。据统计资料（不包括 100m³/d 以下的装置），到 20 世纪 80 年代末，蒸馏法中的多级闪蒸工艺处理水量占总处理水量的 68% 左右，是海水淡化的主要方法。其次是反渗透法，占总处理水量的 20% 左右。

20 世纪 90 年代以来，出现了反渗透和多级闪蒸两种技术交替占据主导地位的现象。1997 年全世界海水淡化技术中，多级闪蒸淡化工艺占 44.1%，反渗透占 39.5%，多效蒸发、冷冻法和电渗析等其他种方法仅占 16.5%。目前，中东和非洲国家的海水淡化设施均以多级闪蒸法为主，其他国家则以反渗透法为主。

各种淡化海水方法所耗的能量如表 8-6 所列。

表 8-6　海水淡化所需能量

序号	淡化方法	所需能量/(kW·h/m³)
1	理论耗能量	0.7
2	反渗透法	3.5～4.7
3	冷冻法	9.3
4	电渗析法	18～22
5	多级闪蒸法	62.8

二、海水蒸馏淡化技术

1. 基本原理和特点

蒸馏法是将含盐水（海水或苦咸水）加热汽化，再将蒸汽冷凝成淡水的淡化方法。它是最早提出并付诸应用的海水淡化技术。

图 8-1 为三级（三效）蒸发淡化系统工作原理示意。含盐水进入第一级蒸发器后被来自热源的蒸汽（一次蒸汽）加热汽化，汽化产生的二次蒸汽被引至第二级蒸发器，供加热来自第一个蒸发器的浓缩含盐水之用，同时又被冷凝成蒸馏水（淡水）。第二级与第三级蒸发器之间的汽、水流程与上段情况相似，如此类推。为了依次降低各级蒸发器中含盐水的沸点，系统中应用真空泵（或用射流器）由后向前依次在各级蒸发器中形成真空，其真空度亦依次减小。显然，蒸发器的级数越多，系统的热效率越高，水处理成本越低。

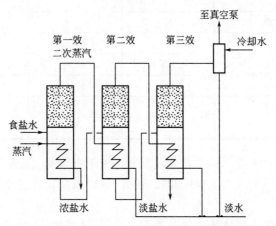

图 8-1　三级蒸发淡化系统工作原理示意

蒸馏法是海水淡化的成熟方法之一，几十年来一直保持着应用的优势，其优点主要有：①不受原水浓度限制，更适用于海水做原料；②淡化水纯度较高，尤其一次脱盐的效率是其他方法难以达到的；③适合建造规模大的海水淡化厂（可达到百万吨级规模）。

该法的主要问题是：①结垢严重，使传热系数降低，效率下降；②对设备腐蚀较重，使用寿命短；③排放的浓热盐水对近岸生态产生一定影响。

2. 几种常见蒸馏法简介

蒸馏法海水淡化工艺按照所采用设备、流程和能源的不同可分为多级闪蒸法、低温多效蒸发法、压汽蒸馏法、太阳能蒸馏法和膜蒸馏法等类型。

（1）多级闪蒸海水淡化法　多级闪蒸技术为英国 R. S. Silver 教授于 1957 年发明，其原理是将海水加热到一定温度后引至压力较低的闪蒸室骤然蒸发，依次再进入压力更低的闪蒸室蒸发，产生的蒸汽在海水预热管外冷凝而得淡水。热海水流经压力逐级降低的多个闪蒸室而逐级蒸发，因此称为"多级闪蒸"。

与传统的蒸馏法相比，该法可大幅度降低能耗，是迄今应用广泛，较为成熟的海水淡化技术。在西方国家规模为 $2.3 \times 10^4 m^3/d$ 的海水淡化装置，淡化水成本为 1.53 美元/m^3 左右。

应用该法可进行淡化水的规模化生产，淡化水可作为沿海地区的稳定供水水源。如中国香港海水淡化厂，日产淡水 $18 \times 10^4 m^3$；沙特阿拉伯 Jubom 海水淡化厂，拥有 46 台单机，单机容量为 $2.3 \times 10^4 m^3/d$，日产淡水量超过 $100 \times 10^4 m^3$；阿布扎比和巴林的海水淡化厂，单机容量达 $10 \times 10^4 m^3/d$。

多级闪蒸装置级数一般可达 30～40 级。图 8-2 是规模为 $9100 m^3/d$ 的多级闪蒸再循环式海水淡化装置的系统流程。该装置采用盐水再循环、蒸汽射流总体串联抽气工艺流程。蒸馏装置共由 25 级闪蒸室组成，分层布置（上层 14 级、下层 11 级）。该装置在最高海水温度下的运行工况如表 8-7 所列。

表 8-7　多级闪蒸再循环式海水淡化装置的运行参数

序号	参数名称	单位	参数值	备注
1	生产能力	m^3/d	9100	
2	造水比	—	8.0	蒸馏水量/所需蒸汽量
3	循环比	—	12.8	
4	浓缩比	—	1.5	
5	海水入口水温	℃	32.3	
6	浓缩水出口水温	℃	90.5	
7	高压蒸汽量	t/h	29.6	1.4MPa、371℃
8	低压蒸汽量	t/h	16.0	0.07MPa、128℃
9	所需海水总量	m^3/h	2730	
10	海水溶解性固体量	mg/L	48200	

该装置的主要优点是不受水的含盐量限制，适用于有余热（废热）可利用的场合。设备容量较大，故多设于沿海的火力发电厂和核电站。其缺点是设备费用高，系统设备及管路的结垢与腐蚀较严重。

（2）低温多效蒸发海水淡化法　低温多效技术于 20 世纪 80 年代初正式用于工业性的海水淡化工程，20 世纪 80 年代中期出现了大型低温多效海水淡化装置，其原理是 75℃ 左右的低温蒸汽进入多效蒸发器，使其中的海水蒸发。产生的多效蒸汽作为下一效的蒸发热源，在热交换中冷凝为淡水，如此逐效蒸发，逐效淡化。

该工艺具有耗能低、经济效益高的突出优势，目前已被许多国家和地区采用。以色列淡化工程技术公司制造的 AQUAPORT 设备，日产淡水能力 100～1200m^3，以其热效率高，腐蚀速率低，结垢慢，能耗小等特点成为世界诸多海水脱盐装置的佼佼者，为世界上 40 多个旅游胜地的海水淡化厂所选用。法国国际海水淡化工程公司生产的低温多效蒸发装置日产淡水 9000m^3，能耗小于 5.5kW·h/m^3。目前采用该技术的海水淡化装置单台产淡水能力已达 $2 \times 10^4 m^3/d$。

（3）压汽蒸馏海水淡化法　压汽蒸馏技术虽发明较早，但在 20 世纪 70 年代初随着压汽、密封和传热技术的提高才开始迅速发展起来。该技术的原理是，经预热的海水至蒸发器

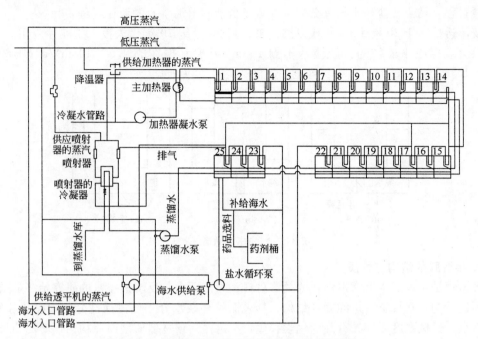

图 8-2 多级闪蒸再循环式海水淡化装置的系统流程

中受热汽化，产生的二次蒸汽经压缩，提高其饱和温度和压力后，引入到蒸发器的冷凝侧换热，供给所需热量，冷凝水从蒸发器内抽出，并与进料海水换热而冷却。

到 1992 年年底，全世界共拥有压汽蒸馏海水淡化装置 766 套，淡化水总能力达 $60.6 \times 10^4 m^3/d$。该系统最高操作温度为 62.5℃，淡化水耗电 $11kW \cdot h/m^3$。法国国际海水工程公司开发的低温压汽蒸馏装置，能耗已降至 $10kW \cdot h/m^3$。目前采用该技术的海水淡化装置单台产淡水能力已达 $2000m^3/d$。

（4）太阳能蒸馏海水淡化 该法利用太阳能为能源，从而节省了其他能源费用，投资少，但受气候和日照的影响较大。实践证明，在 $800m^2$ 有效面积上，可日产淡水 $50m^3$。西班牙、葡萄牙、澳大利亚等国在岛屿上成功地使用了这一方法。

（5）膜蒸馏海水淡化法 该法单位体积蒸发面积大，设备紧凑，操作简单，维修方便，性能稳定，产水量高，除可制备淡水外，还可用于强腐蚀性，变质稀溶液的浓缩等方面。存在问题是热阻大，热利用率低。但若利用余热，废热，太阳能等廉价能源，可使热损失得到不同程度的补偿。

日本田熊公司利用膜分离法及热全蒸发技术，开发成功了船用膜蒸馏淡化装置，日产淡化水 $10m^3$。该装置利用柴油机冷却水废热制水，体积小，节能效益显著，可为岛屿和船只的淡水供应提供可靠的保证。

三、海水反渗透淡化技术

1. 基本原理

反渗透是一项膜分离技术。其原理是，在纯水与咸水（海水）间用只让水分子透过，不允许溶质透过的半透膜分开，则水分子将从纯水一侧通过膜向咸水一侧透过，结果使咸水一侧的液面上升，直至到达某一高度处于平衡状态，这个过程称为渗透过程（见图 8-3）。此时半透膜两侧存在水位差或压力差，称为渗透压（π）。当咸水一侧施加的压力 P 大于该溶液的渗透压π时，咸水中的水分子将透过半透膜到纯水一侧，而盐分留在咸水一侧，形成了反渗透过程，结果使盐与水得以分离，完成了含盐水（海水）的淡化过程。

反渗透技术于 20 世纪 60 年代发展起来，到 20 世纪 70 年代末投入工业性应用。目前，海水淡化规模已由最初的日产淡水不到 100m³ 发展到现在的 4.5×10^4m³/d（巴林）和 5.68×10^4m³/d（Jeddah），单机容量已达日产淡水 9000m³。

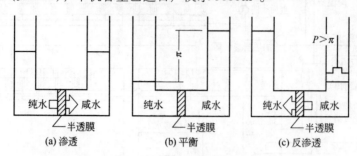

图 8-3　渗透与反渗透现象示意

2. 半透膜的结构与性质

半透膜是实现海水反渗透淡化的关键材料，因而国内外反渗透技术的研究始终是围绕膜组件而进行的。它具有特定的微孔结构，其表面结构亲水分子而排斥盐分。一般孔隙率大，压实性小，机械强度高，具有高的化学和生物稳定性。该材料质地薄而均匀，使用期长，性能衰变慢，加工制造方便。

目前用于淡化除盐的反渗透膜主要有醋酸纤维素膜（CA）和芳香聚酰胺膜等。CA 膜具有不对称结构。其表皮层结构致密，孔径 0.8～1.0nm，厚约 $0.25\mu m$。表皮层下面为结构疏松，孔径 100～400nm 的多孔支撑层，其间还夹有一层孔径约 20nm 的过渡层。膜总厚度约为 $100\mu m$，含水率占 60% 左右。

CA 膜反渗透装置适用于含盐量小于 10000mg/L 的海水淡化。当进水含盐量超过 10000mg/L 时，应采用复合膜；如出水水质要求达到脱盐水或纯水的水平，应采用反渗透-离子交换联合除盐系统。

3. 反渗透淡化装置及工艺

根据半透膜的成型组装形式，反渗透装置分为板框式、管式（内压管与外压管式）、卷式和中空纤维式四种基本类型。在原水含盐量为 5000mg NaCl/L，脱盐率达 92%～96% 的情况下，各种反渗透器的性能见表 8-8。

表 8-8　各种形式反渗透器的性能比较

类　型	膜装填密度 /(m²/m³)	操作压力 /MPa	进水率 /(m³/m²·d)	单位体积透水量 /(m³/m³·d)
板框式	492	5.5	1.02	501
管式(外径 1.27cm)	328	5.5	1.02	334
卷式	656	5.5	1.02	668
中空纤维式	9180	2.8	0.073	668

反渗透淡化工艺流程由预处理、膜分离、后处理三部分组成。预处理需达到的水质如表 8-9 所示，实际操作时一般将 pH 值调节至 5.5～6.2，以防止某些溶解固体沉积于膜面而影响产量。后处理是根据生产用水的要求，分别进行 pH 值调整、杀菌、终端混床、微孔过滤或超滤等工序。反渗透主工艺的流程见图 8-4。

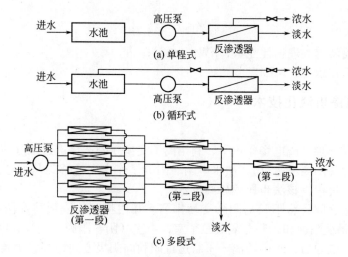

图 8-4 反渗透主工艺的流程

表 8-9 膜分离对进水水质指标的要求

项 目	电渗析	反渗透	
		卷式膜	中空纤维膜
浊度/度	1~3	<0.5	<0.3
色度/度	—	清	清
污染指数 FI 值[①]	—	3~5	<0
pH 值	—	4~7	4~11
水温/℃	5~40	15~35	15~35
化学耗氧量/(mgO_2/L)	<3	<1.5	<1.5
游离氯/(mg/L)	<0.1	0.2~1.0	0
总铁/(mg/L)	<0.3	<0.05	<0.05
锰/(mg/L)	<0.1	—	—

① 污染指数 FI 表示在规定的压力和时间条件下,滤膜通过一定水量的阻塞率,计算公式为,$FI = \left(1 - \frac{t_1}{t_2}\right) \times \frac{100}{15}$,其中,$t_1$ 表示在一定压力下最初滤过一定体积水量所需时间;t_2 表示历时 15min 通水后,滤过相同体积水量所需时间。

4. 反渗透的压力与能耗

为保持反渗透装置正常运行,须使盐水侧的运行压力高于相应条件下的渗透压 π,其值可用式(8-1)计算:

$$P \geqslant \pi = \frac{ASRT}{V} \tag{8-1}$$

式中 P——工作压力,MPa;

π——渗透压,MPa;

A——含盐量常数,可取 0.000537;

R——气体常数,0.00821;

S——含盐量的千分数,‰(对于海水,盐度一般为 34.3‰);

T——热力学温度(为 273.15+t,其中,t 为摄氏温度,℃),K;

V——水的克分子容积,0.018。

由于 1kW·h 等于 3.6MPa·m³,所以工作时消耗能量(理论值)为,

$$W_{\lim} = \frac{P}{3.6} \tag{8-2}$$

式中　$W_{\lim}$——反渗透的理论耗能量，$kW \cdot h/m^3$；

　　　　P——工作压力，MPa。

四、海水电渗析淡化技术

1. 工作原理

电渗析法是在外加直流电场作用下，利用离子交换膜的选择透过性（即阳膜只允许阳离子透过，阴膜只允许阴离子透过），使水中阴、阳离子作定向迁移，从而达到离子从水中分离的一种物理化学过程。该法也属膜分离技术。

在阴极与阳极之间，将阳膜与阴膜交替排列，并用特制的隔板将这两种膜隔开［见图8-5(a)］。电渗析槽被阳膜和阴膜分隔成三个室，中室（阴、阳膜之间）充以 NaCl 溶液。当两端电极接通直流电源后，水中阳离子不断透过阳膜向阴极方向迁移，阴离子不断透过阴膜向阳极方向迁移，结果使含盐水逐渐变成淡化水。

对于多对阴、阳膜组成的电渗析槽［见图8-5(b)］，进入浓室的含盐水，由于阳离子在向阴极方向迁移中不能透过阴膜，阴离子在向阳极方向迁移中不能透过阳膜，于是，含盐水却因不断增加由邻近淡室迁移透过的离子而变成浓盐水。这样，在电渗析器中，组成了淡水和浓水两个系统。在电极和溶液的界面上，通过氧化、还原反应，发生电子与离子之间的转换，即电极反应：

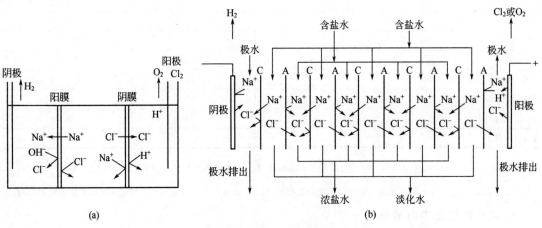

图 8-5　电渗析工作原理示意

C—阳膜；A—阴膜

阴极还原反应为：

$$H_2O \longrightarrow H^+ + OH^-$$

$$2H^+ + 2e^- \longrightarrow H_2\uparrow$$

阳极氧化反应为：

$$H_2O \longrightarrow H^+ + OH^-$$

$$4OH^- \longrightarrow O_2 + 2H_2O + 4e^-$$

或

$$2Cl^- \longrightarrow Cl_2 + 2e^-$$

随着反应的进行，在阴极不断排出氢气，在阳极则不断产生氧气和氯气。阴极室呈碱性，在阴极上会生成 $CaCO_3$ 和 $Mg(OH)_2$ 水垢，阳极室溶液呈酸性，对电极造成强烈的腐蚀。

电渗析技术于 20 世纪 50 年代初始于美国，当时用于苦咸水的淡化，1974 年日本率先应用于海水淡化工艺。

2. 离子交换膜

离子交换膜是电渗析工艺的重要工作部件。按膜的选择透过性能，分为阳离子选择透过性膜（阳膜）、阴离子选择透过性膜（阴膜）、特种离子选择透过性膜（特种膜），如复合膜（两极膜）、两性膜和表面涂层膜（夹心膜）。按其制造工艺和膜体结构，分为异相膜、均相膜、半均相膜三种。异相膜的优点是机械强度大、价格低，缺点是膜电阻大，耐热差、透水性大。均相膜与之相反。表 8-10 为部分国产离子交换膜的主要性能。表 8-11 为国外生产的部分离子交换膜的规格和主要性能。

表 8-10 部分国产离子交换膜的主要性能

种 类	厚度 /mm	交换容量 /(mmol/g)	含水率 /%	膜电阻 /($\Omega \cdot cm^2$)	选择透过率 /%
聚乙烯异相阳膜	0.38～0.5	≥2.8	≥40	8～12	≥90
聚乙烯异相阴膜	0.38～0.5	≥1.8	≥35	8～15	≥90
聚乙烯半均相阳膜	0.25～0.45	2.4	38～40	5～6	＞95
聚乙烯半均相阴膜	0.25～0.45	2.5	32～35	8～10	＞95
聚乙烯均相阳膜	0.3	2.0	35	＜5	≥95
氯醇橡胶均相阴膜	0.28～0.32	0.8～1.2	25～45	6	≥85

表 8-11 国外生产的部分离子交换膜的规格和主要性能

制造者	牌号	结构	尺寸 /(m×m)	交换容量 /(mmol/g)	水分 /%	膜电阻 /($\Omega \cdot cm^2$)	爆破强度 /(kg/cm²)	厚度 /mm	迁移数 (t_+ 或 t_-)
日本旭化成公司	K-101 阳膜 Aciplex A-101 阴膜	均相 （丙纶衬网）	1.3× 1.3	2.8 1.5	38 24	4.0[①] 2.1	320	0.21	0.91[⑥]
日本德山曹达公司	CL-25T 阳膜 Neosepta AV-4T 阴膜	均相 （氯纶衬网）	1.0× 1.5	1.5～ 1.8 1.5～ 2.0	30～ 40 20～ 30	2.7～ 3.2[②] 2.7～ 3.5	3～ 5 6～ 7	0.15～ 0.17 0.14～ 0.16	0.98[⑦] 0.98
日本旭硝子公司	CMV 阳膜 Selemion AMV 阴膜	均相 （衬网）	1.5× 2.13			2.5～ 3.5[②] 3.0～ 4.5	6～ 8 4～ 7	0.12～ 0.15 0.11～ 0.14	0.91[⑧] 0.93[⑧]
美国 AMF 公司	C-60 阳膜 AMFion A-60 阴膜	均相	0.92 （宽）	1.6 2.0	35 28	5[③] 7	2.5	0.3	92·[⑨] 93
美国 Ionics 公司	CR-61 阳膜 Nepton AR-111A 阴膜	均相 （丹尼尔衬网）	0.46× 1.0	2.8 2.0		6[②] 6	110 110		90～ 95
杜邦公司	Nafion 全氟磺酸膜	均相 （聚四氟乙烯衬网）			25		抗拉强度 210		

制造者	牌号	结构	尺寸/(m×m)	交换容量/(mmol/g)	水分/%	膜电阻/(Ω·cm²)	爆破强度/(kg/cm²)	厚度/mm	迁移数(t₊或t₋)
英国 Permutit 公司	C-20 阳膜 Permaplex A-20 阴膜	异相（尼龙衬网）	0.76×0.3	3 2	30～40	1.2④ 9	0.75		94*⑩ 93
前苏联舒金工厂	MK-40 阳膜 MA-40 阴膜	异相（尼龙衬网）		2.3 3		3.0⑤ 3.5			93*⑩ 93

①0.5mol/L 海水；②0.5mol/L NaCl；③0.6mol/L KCl；④1.0mol/L NaCl；⑤0.1mol/L NaCl；⑥0.25/0.5mol/L NaCl；⑦ 电渗析法 2A/dm² 海水；⑧ 0.5/1.0mol/L NaCl；⑨ 0.1/0.2mol/L KCl；⑩ 0.1/1.0mol/L NaCl；⑪0.01/0.1mol/L NaCl；* 为选择透过度。

3. 电渗析器的构造及运行

电渗析法除盐的主要设备是电渗析器，它主要由压板、电极托板、电极、极框、阴膜、阳膜、浓水隔板等部件。整个结构可分为膜堆、极区、紧固装置三部分。配套设备包括整流器、水泵、转子流量计等。见表 8-12。

表 8-12　电渗析器主要构造

序号	组成部分	部件	作用	主要部件材料
1	膜堆	阴膜、阳膜、浓水隔板、淡水隔板	构成浓室和淡室，为最基本的膜盐单元	膜为聚乙烯、氯醇橡胶。隔板为聚氯乙烯、聚丙烯、合成橡胶等
2	极区	电极、极框、电极托板、橡胶垫板	连接直流电源、发生电极反应	电极为石墨、钛涂钌、铅、不锈钢等
3	紧固装置	压板、螺杆	用以将整个极区与膜堆均匀夹紧	槽钢加强的钢板

电渗析器由相当数量的膜对组成，由于组装方式不同（根据原水水质及处理水量），电渗析器自身可分为若干级和段。一对正负电极之间的膜堆称一级。分级的目的是降低整流器的输出电压或增强直流电场。分级的方法是在膜堆之间（两端电极之间）增设"共电极"；具有同一水流方向的并联膜称一段，分段的目的是增加脱盐的流程长度，以提高脱盐效率。分段的方法是将原水串联通过几组并联膜堆。为了提高出水水质可将膜对串联为多段，为了增大处理出水量，可将膜对并联。

常见电渗析器规格及主要技术参数见表 8-13，除盐范围见表 8-14。

电渗析运行过程中电能的消耗主要用来克服电流通过溶液和膜时所受到的阻力，以及电极反应。应注意控制电流强度，以免产生水的电解现象。同时应采取适当方式，如定期倒换电极、酸洗等消除离子交换树脂膜上的沉积物。用电渗析法淡化海水的单位耗电量约为 4～5kW·h/m³。

为提高电渗析器的处理效率，有效地防止结垢，常采用频繁倒极、浓水循环并加入适量盐酸、将进水加温、不解体清洗及与其他脱盐技术组合等电渗析新工艺。

表 8-13 常见电渗析器规格及主要技术参数

型号	产水量 /(m³/h)	除盐率 /%	组装形式/(级×段)	电极材料	隔板尺寸 /(mm×mm×mm)	接管规格	外形尺寸 /(mm×mm×mm)	放置形式	膜对数 /对	本体重量 /kg
DKD-A₁1×1/200	25~35	45~35	1×1	钛涂钌	805×1600×0.9		1195×1068×2535	立	200	2000
DKD-A₃3×3/450	20~25	80~70	3×3			DN80	2245×1165×1975	卧	450	3800
DKD-D₁1×1/200	10~15	45~35	1×1		400×1600×0.9	DN50	590×1995×2208	立	200	1000
DKD-D₃3×3/300	4~6	80~70	3×3		400×1600×0.9	DN50	590×1195×1455	卧	300	1400
DKD-C₁1×2/200	4~6	60~50	1×2		400×1600×0.9	DN50	590×994×1565	立	200	1200
DKD-C₃3×3/300	4~6	70~65	3×3		400×1200×0.9	DN50	590×595×1445	卧	300	1200
DKD-D₂2×4/200	1.0~1.5	80~70	2×4		400×1200×0.9	DN50	590×995×1090	卧	200	200
DKD-D₃3×6/300	1.5~2.0	90~80	3×6		400×800×0.9	DN50	590×995×1445	卧	300	700
DKD-E₃3×6/300	0.5~1.0	90~85	3×6		340×640×0.9	DN25	840×1460×797	卧	300	450
DKD-F					200×600×0.9					

表 8-14 电渗析器的除盐范围

处理目的	除盐范围		耗电量 /(kW·h/m³ 水)	备 注
	原水含盐量	出水含盐量		
苦咸水淡化/(mg/L)	1000~10000	500~1000	1~5	将苦咸水淡化到饮用水比较经济
深度除盐/(mg/L)	约500	约10~50[相当于水电阻率为(10000~100000)×1.67Ω·cm]	约1	将饮用水处理成相当于蒸馏水的初级纯水比较经济
水的软化/(mgCaCO₃/L)	总硬度150~400[相当于水电阻率为(1000~1500)×1.67Ω·cm]	总硬度0.75~1.5(相于水电阻率约为10000×1.67Ω·cm)	约1	在除盐过程中同时去除硬度。用于低压锅炉给水时,在技术、经济上均能收到较好效果
海水淡化/(mg/L)	25000~35000	500~1000	13~25	规模较小时,此法方便易行
纯水制取/(1.67×10³ Ω·cm)	60~100	3000~5000	1~2	采用电渗析-混合床离子交换工艺是经济合理的

五、海水冷冻淡化技术

1. 工作原理

冷冻法淡化技术的原理是基于无机盐和有机杂质在水中分配系数比冰中的分配系数大1~2个数量级的性质。当水中有无机盐或者其他有机物质时,会降低其冰点。当水温降低到冰点以下时,纯净的水会先结成冰,而无机盐和其他有机物质会留在原来液体中。当温度继续下降时,随着大部分水逐渐结成冰,原液中的盐分浓度越来越高,到一定浓度后水和无机盐或其他有机物质才会一起结冰。

海水在结冰时,盐分被排除在冰晶以外,将冰晶洗涤,分离和融化后即可得到淡水。该法不需对原水作预处理，在低温下操作，结垢和腐蚀轻微，能耗低、污染少。由于还有一些技术问题没有解决，因而该法目前还难以进入实用阶段。冷冻淡化原理工作示意见图8-6。

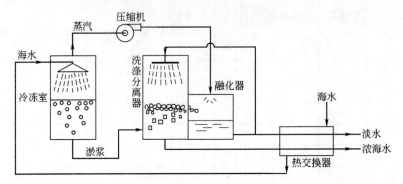

图8-6　冷冻淡化原理工作示意

2. 冷冻法技术分类

冷冻法淡化技术一般可分为自然冷冻法和人工冷冻法两种。

自然冷冻法是利用冬季海水自然冷冻结冰时，移取冰块，并融化得到淡水的过程。自然冷冻无需消耗能量，而且产量较大，但其受到季节和地区的限制，无法广泛推广。

人工冷冻方法又可根据冷冻剂与海水是否直接接触分为直接冷冻法和间接冷冻法。相比较利用低温冷冻剂与海水间接热交换冰冻海水的间接冷冻法，直接冷冻法相对使用较多。

人工冷冻法的优点在于，冰融化所需的热能仅为水汽化所需热能的1/7左右，因此冷冻法较蒸馏法能耗要低；低温下海水对于接触材料的腐蚀程度减轻，因此在反应容器制作时可选用软钢、铝合金等价格相对低廉的原材料；淡化后需要排出的腐蚀性物体较少，而且工艺中也不存在结垢问题，一定程度上对环境污染程度较低且无需对 Ca^{2+}、Mg^{2+} 等进行预处理。

但其缺点也较为明显：冰冻过程中去除热量要比加热难度大，为去除妨碍冰冻所生成的热量，则需要扩大反应工作接触面，以扩大传热界面；冰晶悬浮体中可能还有杂质，输送、分离、洗涤比较困难，容易增大输送时的堵塞概率。正是由于存在的缺点，因此冷冻法在实际生产中使用的案例相对较少。

第五节　海水利用中的问题及解决途径

一、海水对构筑物及设备的危害

海水因其特殊的水质和水文特性，以及生物繁殖场所等，会对用水系统的构筑物和设备造成一些危害，主要有以下几方面。

（1）海水为含盐量很高的强电解质，对一般不同金属材料有着强度不同的电化学腐蚀作用。

（2）海水对混凝土具有腐蚀性，因此对构筑物主体会产生不同程度的破坏作用。

（3）在加热的条件下，海水中 Ca^{2+}、Mg^{2+} 等构成硬度的离子极易在管道表面结垢，影响水力条件和热效率。

（4）海水富含多种生物，可造成取水构筑物和设备的阻塞。如海红（紫贻贝）、牡蛎、海蛭、海藻等大量繁殖，可造成取水头部、格网和管道阻塞，而且不易清除，使管径缩小，输水能力降低，对取水安全构成很大威胁。

（5）潮汐和波浪具有很大的冲击力和破坏力，会对取水构筑物产生不同程度的破坏。

二、海水用水系统防腐

（一）选用耐腐蚀材质

合理选用海水用水系统中箱体和设备的材质，对防止腐蚀有决定性影响。可供选择的材质见表 8-15。

表 8-15　海水用水系统耐腐蚀材质和材料

序号	材质	材料	产品类别
1	金属	低合金钢	Manner（Ni-Cu-P）、902、921、907、402、10MnPNbXt、10CrMoAl、09MnCuPTi、10NiCuAl、10CuMoAlXt、08PVXt
		铸铁	普通铸铁、铝铸铁、铝硅铸铁、含铜高硅铸铁
		不锈钢	20Cr-24Ni-6Mo、27.5Cr-3.5Mo-1.2Ni、25Cr-4Mo-Ti
		铜和钢合金	加砷铝黄铜、磷青铜、海军铜、铜镍合金
		钛和钛合金	钛、钛-钢复合板
2	非金属	混凝土	各类钢筋混凝土管材
		塑料	聚四氟乙烯、聚氯乙烯、聚乙烯、ABS 工程塑料、玻璃钢

（二）防腐涂层

金属表面常用的防腐涂层有涂料和衬里两种类型。涂料材质有富氧锌、酚醛树脂、环氧树脂、环氧焦油或沥青、沥青等涂料或硬质橡胶、塑料等，衬里材质主要有水泥砂浆、环氧树脂等。根据所起作用，其分类见表 8-16。

表 8-16　海水用水系统防腐涂料和衬里的种类与特性

种类	类型	材质	特点	用途
防腐涂料	常规防腐涂料	环氧沥青、酚醛树脂、氯磺化乙烯、氯化橡胶、聚氨酯等	兼有缓蚀、钝化、阴极保护作用。涂层操作简便、成本低、防腐有效期长	海水用水系统管道的内防腐
	重防腐涂料	富氧锌、环氧沥青、聚酯沥青、环氧树脂、特种氯化橡胶	有效期长、能适应严酷环境	桥梁、发电厂、化工厂、船舶、海上设施和港湾构筑物
	换热器特种涂料	TH847 配方	热阻系数小，涂覆后进行热处理，可形成光滑、坚硬的覆盖层，具有良好的阻垢作用	换热器内、外管
衬里	金属涂层	热喷锌、热喷铝、热浸锌、热浸铝	防止金属管道的电化学腐蚀	金属管道
	非金属衬层	灰绿岩、橡胶、瓷砖、玻璃钢、水泥砂浆、环氧树脂砂浆	造价低廉	用水系统构筑物或大口径管道

（三）电化学防腐

1. 牺牲阳极法

在被保护的金属上连接由镁、铝、锌等具有更低电位的金属组成阳极，在海水中被保护金属与阳极之间形成电位差，金属表面始终保持负电位并被极化，使金属不致腐蚀。这种方法只适用于小表面积且外形简单的金属物体防腐。

2. 外加电源保护法

将被保护金属同直流电源的负极相连，另用一辅助阳极接电源正极，与海水构成回路，使被保护金属极化不致腐蚀。

（四）投加缓蚀剂

在使用的海水中加入缓蚀剂，可在金属表面形成保护膜，起到抑制腐蚀的作用。缓蚀剂有无机物和有机物两类，常见的无机缓蚀剂有铬酸盐、亚硝酸盐、磷酸盐、聚磷酸盐、钼酸盐及硅酸盐等；常见的有机缓蚀剂有有机胺及其衍生物、有机磷酸酯、有机磷酸盐等。

（五）除氧

去除海水中的溶解氧也是防腐措施之一，除氧的方法一般有热力除氧、化学除氧、真空除氧、离子交换树脂除氧等。

三、海水用水系统阻垢

阻垢方法主要有酸化法、软化处理法和投加阻垢剂法。酸化法通过降低水的 pH 和总碱度减少结垢；软化处理法是通过软化工艺减少海水中钙、镁离子含量以达少结垢的目的；投加阻垢剂法是向使用的海水中投加如羧酸型聚合物、聚合磷酸盐、含磷有机缓蚀阻垢剂等，以抑制垢在管道等金属表面的沉积。此外，通过增加管壁光洁度，减少管道摩擦阻力等方法，也可起到一定的阻垢作用。

四、海生物防治

（一）投加消毒剂

氯可杀灭海水中的微生物，可有效地防治所有海生生物在管道和设备上的附着。对于藻类，可间歇投氯，剂量约 $3\sim8mg/L$，每日 $1\sim4$ 次，余氯量宜保持在 $1mg/L$ 以上，持续时间 $10\sim15min$。对于甲壳类海生生物，在每年春秋两季连续投氯数周，剂量为 $1\sim2mg/L$，余氯量约保持 $0.5mg/L$。当水温高于 $20℃$ 时要不间断地投氯。

为保护海洋环境，应限制过度使用氯消毒剂，可用臭氧代替，除具有防治海生物大量附着外，还有脱色、除臭、降低 COD、BOD 等功效。但臭氧处理费用较高，难以推广应用。

（二）电解海水

电解海水可产生次氯酸钠，它对海水中微生物同样具有杀灭功效。一般连续进行，余氯量约为 $0.01\sim0.03mg/L$。

（三）窒息法

封闭充满水的管路系统，使海生生物因缺氧及食料而自灭。主要用于防治贝壳类海生生物。此法简单易行、耗费少、效果好，但需使管路系统停止运行，可能影响生产。

（四）热水法

贻贝在 $48℃$ 的水中仅 $5min$ 即被杀灭。在每年 $8\sim10$ 月份，隔断待处理的管段并向其中注入 60～70℃的热水，约 30min 后即可用水冲刷贻贝残体，清洗管路，即可清除贝类海生物。

（五）防污涂料法

在管壁上涂以专用防污涂料，可防止海生物的繁殖。

五、海水的热污染防治

海水淡化工艺排放的浓水以及利用海水作为冷却水系统冷却水，会排入附近海域。排入海洋的废水中伴随着一定的热量排放，这会对海洋环境造成一定的热污染。一般认为，在亚热带海域 30℃是许多水生生物能够承受的上限温度，特别是对海洋生物的幼虫而言。而海水淡化 RO 系统浓盐水排放温度比环境温度高 3～5℃，而热法海水淡化排放浓盐水的温度比环境温度高 3～15℃。过高的排放温度可能直接影响海洋生物的生长和繁殖，改变海洋生物的生理机能，并影响其产卵、生长及幼虫孵化能力。从而可能导致严重的生态破坏，改变天然海洋生态系统的分布、构成与多样性。此外，海水温度的上升也影响海水水位、溶解氧含量等参数，间接对海洋生物和水质产生不利影响。

针对海水热污染的情况，应注意以下问题。

（1）在淡化工艺或海水冷却工艺设计的同时，应考虑对温排水中热量的回收利用。海水淡化装置选址应在离发电厂近的且废热能同时利用的地方，以充分利用低成本的低品位废热，并可结合热泵系统的应用提高低品位热源品质，实现废热的回收利用，节约能源；

（2）排水口选址和设计能够具有充足的混合速率和淡化体积来最小化不利冲击，排水口应向开放性海域排放，而不要开向封闭的河流或者其他区域排放。

参考文献

[1] 崔玉川. 城市与工业节约用水手册 [M]. 北京：化学工业出版社，2002.

[2] 高从堦，陈国华. 海水淡化技术与工程手册 [M]. 北京：化学工业出版社，2004.

[3] 唐鹏等. 国外城市节水技术与管理 [M]. 北京：中国建筑工业出版社，1997.

[4] 何铁林. 水处理化学品手册 [M]. 北京：化学工业出版社，2000.

[5] 侯捷. 中国城市节水 2010 年技术进步发展规划 [M]. 上海：文汇出版社，1998.

[6] 董辅祥等. 节约用水原理及方法指南 [M]. 北京：中国建筑工业出版社，1995.

[7] 汪光焘. 城市节水技术与管理 [M]. 北京：中国建筑工业出版社，1994.

[8] 严煦世，范瑾初. 给水工程. 第4版 [M]. 北京：中国建筑工业出版社，1999.

[9] 史惠祥. 实用水处理设备手册 [M]. 北京：化学工业出版社，2000.

[10] 朱文亭. 海水过滤实验研究 [J]. 中国给水排水，1995，(3)：43-46.

[11] 张国辉，王为强，于欣. 建立青岛市海水冲厕实验小区的探讨 [J]. 海岸工程，2000，19 (1)：69-72.

[12] 董学德，李绍箕. 燃煤电厂海水烟气脱硫工艺原理初探 [J]. 环境工程，1997，15 (4)：23-26.

[13] 周华，贺晓峰，李壮云. 海水液压传动技术的研究与应用 [J]. 液压与气动，1995，(3)：3-4.

[14] 窦照英. 海水淡化技术及其发展 [J]. 华北电力技术，1997，(5)：50-52.

[15] 刘洪滨. 我国海水淡化和海水直接利用事业前景的分析 [J]. 海洋技术学报，1995，15 (4)：73-78.

[16] 叶耀先，顾芳. 海水淡化及其产业进展 [J]. 科技导报，1996，(9)：59-61.

[17] 林斯清，张维润. 海水淡化的现状与未来 [J]. 水处理技术，2000，26 (1)：7-12.

[18] 籍国东，丁蕴铮. 海水利用及其影响因素分析 [J]. 地理研究，1999，18 (2)：191-198.

[19] 张国辉，王为强，孙守智. 海水利用——解决青岛市淡水不足的重要措施 [J]. 海岸工程，2000，19 (2)：90-93.

[20] 黄种买，庄贤盛. 海水冲灰系统冲灰水闭路循环工艺研究 [J]. 华北电力技术，1999，(7)：16-18.

[21] 徐丽君，于廷芳. 中国海水利用技术与21世纪的发展 [J]. 海洋科学，1999，(2)：67-70.

［22］ 韩增林. 试论我国海水资源开发利用——以大连市为例［J］. 经济地理，1996，16（2）：77-80.

［23］ 王生辉，潘献辉，赵河立等. 海水淡化的取水工程及设计要点［J］. 中国给水排水，2009，25（6）：98-101.

［24］ 高忠文，蔺智泉，王铎等. 我国海水利用现状及其对环境的影响［J］. 海洋环境科学，2008，27（6）：671-676.

［25］ Miri R，Chouikhi A. Ecotoxicological marine impacts from seawater desalination plants［J］. Desalination，2005，182 (1)：403-410.

［26］ Meerganz von Medeazza G L. "Direct" and socially-induced environmental impacts of desalination［J］. Desalination，2005，185：57-70.

［27］ Raluy R G，Serra L，Uche J，et al. Life-cycle assessment of desalination technologies integrated with energy production systems［J］. Desalination，2004，167：445-458.

［28］ 马学虎，兰忠，王四芳等. 海水淡化浓盐水排放对环境的影响与零排放技术研究进展［J］. 化工进展，2011，30 (1)：233-242.

［29］ 赖志颖，邵林广，深圳能源集团东部电厂等. 沿海电厂循环冷却水利用液化天然气接收站冷排水降温技术［J］. 给水排水，2010，36（8）：62-64.

［30］ 周赤忠，李焱. 当前海水淡化主流技术的分析与比较［J］. 电站辅机，2008，29（4）：1-5.

第九章

几种低质水资源利用

第一节 概　　述

一、低质水资源的概念

从广义水资源角度上讲，"低质水资源"这一概念所涵盖的范围是非常宽的。尤其是在全球水危机的今天，城市污水、雨水、工业废水等水质较差的非常规水资源都已纳入城市水资源的考虑范畴之内，严格意义上讲，这些都属于广义的低质水资源。

本章中所论述的"低质水资源"是针对狭义水资源的范畴而言的，也就是相对于我们以往在城市工业与生活中使用的常规天然水资源而言的，其实质可具体为"低质天然水资源"。因此，文中所涉及的低质水资源，主要是指天然状态下含水层中储存的或地表水域中分布的，但由于水质问题而不能被城市生产或生活直接使用的水。引发水质问题的原因，既包括自然循环中的地球化学行为，也包括社会循环中的人类生产、生活行为。因此，低质水资源的水量中也包括由于人类生活和生产活动所污染的地表水或地下水。

从以往常规水资源开发利用规律来看，由于低质水无法直接利用或处理利用成本相对较高，在有其他可替代的便利水资源的情况下，往往未被纳入城市可利用水资源总量中。随着水资源危机的加重，人类水资源取用的原则也在发生变化。如当地其他水资源严重缺乏，而低质水的水量较大时，应考虑将其作为城市的供水水源。但在方案的筹划阶段，应进行低质水处理利用和区外引水的技术与经济比较，将低质水资源开发利用带来的运行成本加以充分考虑。

二、低质水资源的范畴

根据低质水资源的定义，对于天然环境中因水质较低而无法被人类直接利用的水资源来说，由于成因多样且复杂，因此其范围与界定相对较多。

对于天然封存在含水层中的水资源，由于地球化学的作用，其水质指标中往往有一项或者几项水质较高，导致无法直接利用。这一类低质水资源多以其特征水质进行命名。由于地球化学行为复杂，特征水质指标种类繁多，因此，所划分出的类型众多。但根据存在的数量、普及程度来看，目前受到广泛关注的主要有高盐度水、高硬度水、高硫酸盐水和含 H_2S 水等类型。

对于在天然环境中分布，受到人类生产、生活行为影响的低质水，其水质指标往往有若干项轻微程度的超过可直接作为饮用水水源的环境质量标准。而这些超标的指标项目多为人类生产、生活所产生的特征污染物，例如氮磷营养盐、有机物等。对于这部分低质水，一般按其所处环境，可分为微污染地表水和微污染地下水两类。

总之，低质水是水中某种或某类物质超过常规水质标准而不能直接开发利用的水资源。水中超标物质含量越高，处理难度会越大，处理成本会越高，当超过合理的技术经济范畴时就会失去使用价值。因此，从水资源利用角度考虑，必须对低质水做出范畴界限。本章就针对分布较广且关注度较高的高盐度水、高硬度水、高硫酸盐水和含 H_2S 水，以及微污染的地表水和地下水的范畴进行介绍。

（一）高盐度水界定

高盐度水是指天然储存于含水层中的矿化度含量偏高的地下水。这部分水资源由于盐类物质含量较高，在生活和生产中使用时会带来不适或副作用。因此，往往无法直接被用作生产、生活用水，需要对水体进行处理才可以使用。

相比于污染严重的水体中组成复杂，天然水体中成分相对简单，其盐类成分多为无机盐类，因此，水的含盐量多用溶解性总固体（TDS），或者矿化度值来表示，单位为 mg/L。对于污染较小的天然水体的矿化度可采用称量 $105\sim110℃$ 下水样烘干后可滤残渣量的方法进行测定。由于烘干过程中部分 HCO_3^- 会以 CO_2 气体方式散失，因此理论上矿化度为溶解性总固体与一半 HCO_3^- 的差值。矿化度包含了钙、镁、钾、钠、磷、硫、氯等宏量元素组成的盐类（可占到矿物质总量的 80% 以上），其余还包括一些铁、铜、锌、碘、锰、氟等微量元素组成的物质。

水资源根据其矿化度值可分为淡水、微咸水、半咸水、咸水、盐水和卤水六类。矿化度小于 1g/L 的水资源被认为是淡水资源，可广泛地适用于生产、生活用途；矿化度处于 $10\sim50g/L$ 的范围内时，也就是含盐质量处于 $1\%\sim5\%$ 之间的水体被称为盐水；当矿化度大于 50g/L 时，这部分水资源被习惯称为卤水。通常的说法，只有盐水和卤水才可能称为高盐度水（表 9-1）。

表 9-1　水资源盐度区间

类型	淡水	高盐度水				
		微咸水	半咸水	咸水	盐水	卤水
矿化度/(g/L)	<1	1~3	3~5	5~10	10~50	≥50

但是从生产、生活用水的角度来看，矿化度高于 1g/L 时若作为饮用水源，会造成腹泻和一些心脏疾病，并且加剧输送系统给水管材的腐蚀；作为农业灌溉水源时，矿化度高于 1g/L 可能对多种农作物产生不利影响，并且会使得土壤发生盐碱化；作为工业用水水源时，很多行业对矿化度的要求更高，几近苛刻。我国《地下水环境质量标准》（GB/T 14848—1993）中，当矿化度高于Ⅲ类水体限值 1000mg/L 后，就需要进行处理后才适用于大部分生产和生活用途。

因此，从水资源开发利用的角度来看，从矿化度大于 1g/L 后的微咸水开始，就都应该属于高盐度水资源的范畴。

在自然界中，常见的高盐度水根据生成机理不同，主要包括苦咸水和盐碱水两种类型，其储存和分布、水质组成以及处理方式也各不相同。

（二）高硬度水界定

水的总硬度是指水中钙离子、镁离子浓度的总量，是水质的和重要指标之一。总硬度又包括暂时硬度和永久硬度两部分：暂时硬度又称为碳酸盐硬度，主要包括钙、镁的碳酸盐和重碳酸盐，一般加热煮沸即可去除；永久硬度又称为非碳酸盐硬度，即煮沸后仍留在溶液中的硬度，主要包括钙、镁的硫酸盐和氯化物形式，需要用除了煮沸以外的物理、化学方法进行去除。

水的总硬度可采用 EDTA（乙二胺四乙酸二钠）滴定法进行测定。硬度单位的表示方法较多，目前使用较为普遍的有 mmol/L、mg/L（以 $CaCO_3$ 计）和德国度等。目前我国的水质标准和环境质量标准均采用 mg/L（以 $CaCO_3$ 计）作为水中总硬度单位。

高硬度水作为生活饮用水会造成多种感官的不适，甚至引起消化、心血管、神经、泌尿、造血等系统的病变；作为工业用水时，会在多种工业过程中出现结垢的现象，引发较大的安全风险。因此，高硬度水资源应用的问题很早就引起各方面的关注。

由于人体对于硬度的接受程度不同，工业生产工艺和设备对于硬度的要求也不同，因此对于高硬度水的划分一直没有一种法定标准。一般情况来说，水资源根据水体硬度的不同，大体可以分为软水、硬水以及软硬之间的一些等级，见表 9-2。

表 9-2 水资源按照硬度大小习惯分类

类型	软水		硬水		高硬水	
	极软	软水	微硬水	硬水	高硬水	极硬水
硬度/（mgCaCO₃/L）	<75	75~150	150~300	300~450	450~1000	≥1000

从习惯分类来看，我们把水中总硬度含量超过 450mg/L（以 $CaCO_3$ 计）的水称为高硬度水。从《生活饮用水卫生标准》（GB/T 5749—2006）和《地下水环境质量标准》（GB/T 14848—1993）中的指标限值来看，饮用水所要求的硬度指标不应超过 450mgCaCO₃/L；而作为集中式生活饮用水水源和农业、工业用水，也都要求不能采用高硬度水。

高硬度水常出现在我国北方地区和岩溶水分布地区的地下水体中。根据其生成机理来看，又可以分为原生高硬度水和次生高硬度水。而根据前文的分析来看，无论哪种类型的高硬度水资源，在开发利用的时候，需对水中过高的硬度进行处理。

（三）含硫化氢的水界定

硫化氢（H_2S）是无色、有臭鸡蛋气味的毒性气体，溶解于水后形成氢硫酸。在火山附近与岩浆岩接触紧密的地下水中常含有一定量的 H_2S 气体。此外在油田水、煤矿矿井水、沉积构造盆地以及高硫酸盐地区地下水中，由于有机物厌氧分解和硫酸盐还原细菌作用下，均含有 H_2S 气体。另外，由于石油、化工、天然气、食品加工行业副产物排放的污染，地表和地下水中也可能存在 H_2S。

H_2S 的毒性与剧毒物质氰化氢接近，较一氧化碳毒性大五倍以上，其最低致死剂量为 600mg/L 左右。人体暴露在 100mg/L 以下的低浓度 H_2S 环境中，会产生头痛、晕眩、恶心、昏睡、胸闷等慢性中毒症状，长时间接触可能造成窒息死亡。当 H_2S 浓度超过最低致死剂量，人类吸入后会很快失去知觉，呼吸和心脏停止工作，迅速死亡。H_2S 对于金属材料也有着明显的腐蚀作用。

H_2S 气体易在水中溶解，形成酸性水溶液。由于存在异味，当 H_2S 浓度在 0.5μg/L 以上时，就容易被察觉。在 20℃ 条件下，1 体积水中能溶解 2.6 体积的 H_2S 气体，生成浓度为 0.1mol/L 的 H_2S 水溶液，即浓度为 3400mg/L 的 H_2S 水溶液。

正是由于 H_2S 具有的高毒性和易溶解性，《生活饮用水卫生标准》中对其含量也做出了明确规定，作为感官性状和一般化学指标，饮用水中的硫化物含量不得超过 0.02mg/L。

在大多数天然水体的 pH 值范围内，水体中溶解的 H_2S 以 H_2S 分子和硫氢化物（HS^-）的混合形式存在。当 pH 值为 9 时，约 99% 为 HS^-；当 pH 值为 5 时，约 99% 为 H_2S。

一般来说，含 H_2S 水根据水中的总 H_2S 含量划分为低浓度 H_2S 水、较低浓度 H_2S 水、中等浓度 H_2S 水以及高浓度 H_2S 水，划分等级及 H_2S 浓度限值见表 9-3。

表 9-3　含 H_2S 水浓度等级划分及 H_2S 浓度限值

类型	低浓度 H_2S 水	较低浓度 H_2S 水	中等浓度 H_2S 水	高浓度 H_2S 水
含量/(mg/L)	<10	10~60	60~120	≥120

由于含 H_2S 水多分布于火山地带，因此常与地热资源伴生。我国水气矿产资源勘查时，总 H_2S 的含量最低限值在 2mg/L 以上的温泉被认定为含低浓度 H_2S。从医学理疗的角度，含有较低浓度 H_2S 的温泉可用于浴疗，对治疗皮肤病、风湿症、痛风等都有良好疗效，同时对于治疗心血管系统、末梢血管系统、神经系统、肢体运动器官、妇科等病症也有一定的效果。

但是，也正是由于含 H_2S 水常与地热资源伴生，因此水温普遍在 25℃ 以上。当含较高浓度 H_2S 热水被开采利用与空气接触时，H_2S 气体更易从水中挥发，引发安全事故。

（四）高硫酸盐水界定

硫酸根是水中常见的溶解态离子，是硫在水中最普遍的存在形式。主要来源于矿物介质的溶解和补给水。硫酸根的主要矿物来源包括含有硫酸钙［如生石膏（$CaSO_4 \cdot 2H_2O$）和无水石膏（$CaSO_4$）］或硫酸镁、硫酸钠的蒸发沉积物；另外，矿山排污也是地表水和地下水含硫量高趋势的地区性原因。

由于含硫矿床氧化可生成 SO_4^{2-}，因此，天然水中的高硫酸盐水主要分布于含硫矿区、煤系和含石膏等地层，且水循环条件较好的地区。另外，由于地层中石膏的淋溶，北方岩溶水中硫酸盐含量普遍较高。

天然水中的硫酸根浓度处于几十毫克每升到几千毫克每升，当其浓度超过 250mg/L 时，称为高硫酸盐水。在矿化度处于 1~10g/L 之间的微咸水和咸水中，阴离子多为硫酸根离子。

水中硫酸盐含量较高时水呈现酸性的特征。高硫酸盐可引起水的味道和口感变坏。在大量摄入硫酸盐后可导致腹泻、脱水和胃肠道紊乱。我国《生活饮用水卫生标准》和《地下水环境质量标准》中，将 250mg/L 分别作为饮用水和集中供水水源中硫酸盐浓度的最高限值。

由于硫酸盐物质的溶解度相对较高，水中的硫酸盐去除难度较大且费用较高。因此，不但要重视高硫酸盐水资源利用时的处理，也应当对由人为原因引发的地表、地下水资源硫酸盐污染进行高度重视。

（五）受污染地表水界定

在我国《地表水环境质量标准》中，Ⅲ 类以上功能地表水体适用于作为生活饮用的水源水，从这种意义来说，环境质量指标超过 Ⅲ 类水体要求限值的地表水体可被认为是低质地表水，需要进行处理达到标准后利用。

近年来，由于我国经济的快速发展，全社会工业生产的总量以及人民生活的水平提高很快，因此，由工业和生活产生并排放入自然环境中的污染物总量也增加很快，从而导致全国地表水体环境质量出现恶化的趋势。虽然经过多年的努力，逐步提高点源污水处理的普及率，对排放入自然水体中的污染物进行了大量削减，使得地表水体恶化的趋势有所减缓，但是整体形势依然严峻。

从 2012 年中国环境状况公报来看，对长江、黄河、珠江、松花江、淮河、海河、辽河、浙闽片河流、西北诸河和西南诸河等十大流域的供 704 个国控断面的监测结果显示，我国地表水体控制断面总体评价为轻度污染，其中适合作为水源水的 Ⅰ～Ⅲ 类断面比例为 68.9%，Ⅳ～Ⅴ 类断面比例为 20.9%，劣 Ⅴ 类水体比例占到 10.2%（具体的水质情况如表 9-4 所列）。而对 62 个国控重点湖库进行监测的结果，Ⅰ～Ⅲ 类、Ⅳ～Ⅴ 类和劣 Ⅴ 类水质的湖泊（水库）比例分别为 61.3%、27.4% 和 11.3%（见表 9-5），其中富营养化湖库的比例占到 25%。

表 9-4　2012 年全国十大河流水质情况　　　　　　　　　　　单位：%

河流	Ⅰ～Ⅲ类	Ⅳ类、Ⅴ类	劣Ⅴ类	备注
长江	86.2	9.4	4.4	160 个国控断面
黄河	60.7	21.3	18.0	61 个国控断面
珠江	90.7	5.6	3.7	54 个国控断面
松花江	58.0	36.3	5.7	88 个国控断面
淮河	47.4	34.7	17.9	95 个国控断面
海河	39.1	28.1	32.8	64 个国控断面
辽河	43.6	41.9	14.5	55 个国控断面
浙闽片河流	80.0	20.0	—	45 个国控断面
西北诸河	98.0	2.0	—	51 个国控断面
西南诸河	96.8	3.2	—	31 个国控断面
合计	68.9	20.9	10.2	704 个国控断面

表 9-5　2012 年全国主要湖泊水质情况

湖泊	Ⅰ类	Ⅱ类	Ⅲ类	Ⅳ类	Ⅴ类	劣Ⅴ类	备注
三湖	0	0	0	2	0	1	巢湖、太湖、滇池
重要湖泊	2	3	8	12	1	6	
重要水库	3	10	12	2	0	0	
总计	5	13	20	16	1	7	62 个重点湖库

从主要污染指标来看，地表水体中的主要污染指标依然为化学需氧量、五日生化需氧量和高锰酸盐指数等有机物指标，以及氮磷等营养盐类指标。

水体中的有机污染物其主要来源是生产、生活废水中的各种有机物，除了蛋白质、脂肪、氨基酸、碳水化合物等耗氧有机物，还包括许多有毒的人工合成有机物。一般的耗氧有机物毒性小，它们消耗了水体中的溶解氧，恶化了水质，并释放出氮、磷、硫等元素引发水体的富营养化。

有毒有害的人工合成有机物普遍难以降解，具有较强的生物富集性和"三致"作用。例如三卤甲烷（THMs）、多氯联苯（PCBs）、多环芳烃（PAHs）、邻苯二甲酸酯（PAE）等物质。它们可通过吸附在颗粒物和底泥中的形式，对水环境产生长久地影响；或者通过生物链富集至生物体内，对人体造成危害。这些有机污染物在水体中往往浓度极低，对综合性水质指标（COD、TOC等）贡献极小，但却对人类健康产生巨大威胁，特别是近年来颇受重视的内分泌干扰物（ECDs）和药品及个人护理品（PPCPs）等。

随着毒理学研究的深入，以往"低毒无害"的理念早已被颠覆，低浓度污染物对环境和人体的危害已成为业界的共识。因此，这些受到轻微污染的地表低质水资源在开发利用时，需要通过技术经济比较，确定合理可行的工艺，经过处理水质达到使用标准后方可使用。

（六）受污染地下水界定

与地表水环境质量的相关规定相同，《地下水质量标准》（GB/T 14848—1993）依据我国地下水水质现状、人体健康基准值及地下水质量保护目标，并参照了相关行业用水水质最低要求进行规定，Ⅲ类以上的地下水适用于生活饮用水水源及工、农业用水。因此，同样我们把环境质量指标超过Ⅲ类水体要求限值的地下水体认为是低质地下水。

相比于多年来一直受到大力重视的地表水环境来说，我国对地下水环境的重视开始较晚，但其污染的现状要比地表水更加严重。

根据2012年中国环境状况公报，依据《地下水环境质量标准》（GB/T 14848—1993）对全国198个地市级行政区的4929个监测点的水质进行评价，水质满足Ⅲ类以上要求呈较好以上级别的占到42.7%，呈较差级别的占到40.5%，水质极差的占到16.8%。

在对地下水水质监测中发现，我国地下水主要的超标指标为铁、锰、氟化物、"三氮"（亚硝酸盐氮、硝酸盐氮和氨氮）、总硬度、溶解性总固体、硫酸盐、氯化物等，个别监测点存在重（类）金属超标现象。同时发现，在浅层地下水呈普遍污染态势的情况下，由于回灌或开采保护措施不当，承压含水层的水质污染也呈现增加态势。

铁、锰是人体必需的微量元素之一，但过量的铁、锰会使饮用水色、嗅指标变差，长期服用铁、锰过高的水会引发消化等器官的病变，并引发佝偻病等症状。过量的铁、锰对食品、纺织、造纸等工业的产品品质也会产生不利影响。在水体输配过程中，易在管壁沉积降低管道实际截面面积，当水流发生流量、流向、压力、水质的变化时，还会引发"黄水"等现象。在我国铁、锰超标是地下水中多发情况，尤其在东北、西南和东南部地区。铁、锰超标的主要原因是由于地球化学循环作用引发的原生污染，而近年来，由采掘和工业废水排放引发的浅层地下水甚至湖库地表水中铁、锰含量超标的现象也屡见不鲜。《地下水环境质量标准》中要求，作为集中供水水源和工、农业用水时，铁、锰的浓度要在 0.3mg/L 和 0.1mg/L 以下。

氟是天然水体中常见的元素，它主要来源于含氟矿物在地下水中的溶解。地下水中氟超标的现象在我国北方地区非常普遍。天然水体中的氟主要以氟离子（F^-）和硅氟酸根离子（SiF_6^{2-}）的形式存在。饮用水中含氟可减轻牙垢，但长期过量服用会破坏牙釉质和引发氟骨病。在我国，饮用水以及饮用水源的氟离子的限值为 1.0mg/L。

根据水质评价的情况看，地下水中"三氮"超标现象遍布全国各地区。在自然状况下，浅层地下水中的"三氮"主要来源于天然降水和土壤间水，其主要的存在形式为硝态氮（$NO_3^- -N$），而在局部缺氧的地区，硝态氮会还原生成亚硝态氮（$NO_2^- -N$）和氨氮（$NH_3- N$）。而随着我国农业生产的快速增长，化肥和农药使用的面积和数量迅速增加，由于氮肥的利用效率偏低，大量的氮肥和农药渗入地下。再加上农村地区生活污水和粪便排水的入渗，导致地下水"三氮"严重超标。局部地区，由于利用深层地下水的设施施工和管理不善，导致浅层地下水入渗，造成深层地下水出现"三氮"超标现象。由于"三氮"物质所具有的毒理学危害，我国规定作为供水水源的氨氮、亚硝酸盐（以 N 计）、硝酸盐（以 N 计）的限值分别为 0.2mg/L、0.02mg/L、20mg/L。

三、低质水资源的特点

综合低质水资源的主要类型来看，低质水资源具有以下的主要特点。

（1）水质特殊　现阶段我们论述的几种常见低质水资源，其与传统的常规水资源以及污水之间有一定的区别，区别主要体现在水质上。低质水资源的水质要劣于我们可直接开发利用的常规水资源的水质，但水质的差别是局限于一定的程度和指标项目的数量。

高盐度水、高硬度水、高硫酸盐水以及含硫化氢水是目前我国低质水资源中常见的类型，与环境质量标准中可直接开发利用的水资源的水质相比，它们的劣势主要体现在它们的特征指标上，也就是只有一项或少数几项指标水平高于标准中规定的限值，而其余的指标项目往往均满足要求，甚至远远低于指标限值。

例如目前我国所探明的高盐度水资源，多处于封闭含水层内，往往只是矿化度和几项盐类指标超出直接利用的要求，而其他的重金属、有机物、氮磷等指标均低于生活饮用水的标准。

这一类型的低质水资源，其超标组分相对简单，在选择水处理工艺的时候，只需要针对一项或者几项超标指标，选取适合的工艺进行去除。

受污染的地表水和地下水资源，由于人类所排放的污染源组分相对复杂，因此其水质与环境质量标准中可直接利用的水资源的水质指标相比，超标的项目往往较多。但是，由于水资源开发利用是受到技术和经济的双重约束，在区域水资源总量配置富裕的基础上，人们往往选择处理成本低的低质水资源来满足配置平衡。因此，受污染的地表水和地下水资源，其污染程度应该处于一定范围之内。因此，现阶段低质水资源中所包括的受污染地表水和地下水，更准确的应该指的是微污染的地表水和地下水，其污染程度主要处于Ⅲ类与Ⅳ类水体之间。经过适当的处理工艺加工，可作为城市生活、生产用水。

微污染的地表水和地下水资源，与城市污水资源相比有着本质性的区别。首先，微污染水资源是处于自然环境中（地表或者地下含水层内）的受到污染的水体，而城市污水是处于城市收集系统中的被人类利用后的排弃水，其取用的环境和所需的设施是完全不同的。其次，虽然微污染水源的超标指标项目的数量比较多，但是超出限值的程度相对较轻。这部分水资源进行开发利用时，处理工艺可能与污水处理相接近，但其公众接受程度要远高于城市污水。

也正是由于公众接受程度的限制，虽然在国外严重缺水地区已有污水作为饮用水源的成熟案例，但在现阶段我国的社会情况下，低质水资源和城市污水相比，低质水资源更适宜作为生产、生活水源，而城市污水更适宜作为生产和生活杂用的水源。这一点是我们目前在进行城市水资源规划和总量平衡配置中多采用的原则。

（2）可利用量巨大　低质水资源与现阶段可方便开发利用的淡水资源总量相比，其数值总量可观的。以我国每年环境状况公报中所公布的情况来看，属于微污染范畴的地表水比例占到近 30%，而微污染地下水所占到的比例在所监测的水源中更接近了 40%。这部分水量若进行开发利用，对于我国城市水质型缺水的局面将大大改观。

（3）兼具矿产资源特性　低质水资源所包含的常见种类中，高盐度、高硬度、高硫酸盐以及含有 H_2S 气体的特性限制了这部分水资源不能被直接开发利用，需要进行处理去除超标物质后方可用作生产、生活用水。但是，也正是由于他们所具有水质特征指标，使它们兼具有矿产资源的特性。这些具有高盐度、高硬度等特点的水资源可作为钾、钠、钙、镁、锂等元素和化合物开采源；而水体中富含的溶解性气体，也可作为医疗手段进行利用。

四、低质水资源利用的意义

现阶段，我国水资源的紧张形势日趋加剧，并且缺水的现状表现出水质型缺水和区域性缺水等显著特征。因此，在现阶段对低质水资源进行开发利用，其所具有的重大意义不言而喻。

由于低质水资源在我国可开采利用的淡水资源总量中所占有的比例是相当大的，往往正是由于低质水资源的无法开发利用，造成某一区域的水质型缺水和区域水量严重短缺。在这种局面中，采用跨流域远距离调配水资源是缓解用水紧张局面的一种有力方式，但是这种建立大型水利工程的方式往往成本巨大，且容易造成负面的环境生态效应。

在这种条件下，在区域水资源规划和水量配置时，经过严格技术、经济方案比选，将本地区的低质水资源纳入到区域水资源总量中，可大大缓解部分区域的水资源紧张局面。同时，也更利于全局范围的水资源可持续利用。

对低质水资源利用的过程中，应该更加主动地进行综合利用，充分发挥低质水资源所具有的矿产资源特性。在对这部分水量进行开发利用处理时，变简单粗暴的"处理"为合理的"综合开发"，一方面可以充分地对水资源开发利用，深度挖掘其所具有矿产资源价值，变废为宝；另一方面，将浓缩分离后原本需排放返还至自然环境中的特征污染物质加以利用，其实质也是对排放入环境中的污染负荷进行了削减，一定程度上减少了水资源开发所带来的环境负效应。

第二节　低质水资源的储存与分布

各种低质水资源的特征化学组成以及储存分布规律，是低质水资源开发利用规划制定和执行的重要依据。水资源的化学组成和分布，容易受地形地貌、地质构造、气象、水文、水文地质条件、人类活动等综合因素的影响，因此较为复杂多变。特别是地下水的化学组成和分布，在多种地球化学作用和综合因素的影响下，地下水化学组成不仅表现为水平和垂向的空间带状分布规律，同时也表现出时间上的变化演替。特别是随着科技的进步，人类社会活动的影响强烈度上升到前所未有的高度。这使得水资源的化学组分产生原生和人为次生的混合变化，而且在原先的整体分布规律中，形成一定范围内的化学组分局部再分配。

一、高盐度水的储存与分布

高盐度水在我国分布非常广泛，由于储存地层的不同条件，水资源中的盐分在潜水层和深层承压含水层中分布规律有所不同。

潜水层内地下水是由于大气降水和地表水补给形成的埋藏深度较浅的地下水。其处于地下第一隔水层上，其化学组分非常容易受到气候、地形、地貌、水文地质等外界条件的影响。我国属于典型的大陆季风性气候，降雨量与平均温度的分布规律均呈现由东南向西北逐渐递减的趋势，导致东南沿海和西北内陆地区的潜水循环更新速度差异很大。东南地区湿润多雨，潜水循环交替作用强烈，地下水多以淡水为主；西北内陆地区降雨量小，受长期蒸发浓缩影响，地下水盐分多偏高。

因此，在总体上，我国的浅层地下水盐度分布在水平方向上呈现明显的由东南向西北的带状浓度递增规律,由重碳酸盐为主的淡水向重碳酸盐-硫酸盐淡水、硫酸盐型微咸水、硫酸盐或氯化物咸水、氯化物卤水逐渐过渡。

根据我国最近的地下水资源评价结果来看,浅层地下水盐度分布大致可归纳为三个水化学类型带。

(1)以重碳酸盐水为主、矿化度一般低于1.0g/L的淡水带,其主要分布区域为秦岭淮河以南横断山脉以东的广大地区以及东北、华北的部分地区;

(2)以重碳酸盐、硫酸盐为主的淡水、微咸水带,矿化度一般在3g/L以下,该分布带由北东向南西伸展,包含东北、华北山前地带以及中西部半干旱气候区;

(3)以硫酸盐、氯化物为主的半咸水、咸水带,矿化度一般在3g/L以上,主要分布在我国西北干旱区的内陆盆地及近海一些地区。

在此总体分布下,各局部区域内的水平方向又呈现出从山区到平原、由山麓向盆地中心、由山前至滨海地下水盐度逐渐递增的规律性带状分布。

我国浅层地下水盐度梯度、分布区域及面积比例见表9-6。

表9-6 我国潜水盐度分布概况

矿化度/(g/L)	地下水组分类型	主要分布区域	占全国国土面积比例/%
<0.5	重碳酸盐型	青藏高原以东,秦岭以南广大地区,东北、华北地区的山前地带	45.30
0.5~1.0	重碳酸盐型	西北干旱、半干旱地区的山前及山前平原区,包括青藏高原大部,柴达木盆地,塔里木盆地,准噶尔盆地周边的冲洪积区,鄂尔多斯盆地大部,内蒙古东部地区,河西走廊,华北平原中部,江汉平原部分地区	37.46
1.0~3.0	重碳酸盐-硫酸盐型	内蒙古高原中东部,甘肃西北部,塔里木盆地,准噶尔盆地山前地区,东北平原中部地区以及华北山前洪积平原与中部冲积平原交接部	7.63
3.0~5.0	重碳酸-硫酸盐型	西北内陆的罗布泊东北哈密地区,塔里木盆地北缘,准噶尔盆地周边,含盐地层零星分布区,沙漠前沿地下水溢出带、东北平原中南部、华北平原中东部地区	3.49
5.0~10.0	硫酸盐-氯化物型	西北干旱区的塔里木盆地,内蒙古西部,柴达木盆地东部边缘区,东北、华北中东部平原区,长江以北沿海地带,东南沿海的局部等	4.87
10.0~50.0	氯化物型	西北内陆干旱地区中心地带零星分布,滨海地区海水入侵区域零星分布	0.58
50.0~200.0	氯化物型	主要分布在西北干旱地区的柴达木盆地,罗布泊中部地区	0.55
>200.0	氯化物型	主要分布在西北干旱地区的柴达木盆地,罗布泊中心的浅层	0.12

注:摘自《中国地下水资源·综合卷》。

深层承压含水层内的地下水,由于受到地质条件、含水层岩性、岩相古地理等因素的影响,其盐分分布既存在水平方向的带状分布,同时在垂直方向上存在分带特征。一般情况下,山前或河湖相沉积环境下承压含水层多分布淡水或盐度较低的地下水;海湖相沉积环境下承压含水层内地下水多数盐度较高。垂向上,随着含水层埋藏深度越大,所含地下水盐度越高,依次分布有淡水、咸水、盐水、卤水带。但局部地区可能由于古沉积环境和地质条件的不同,形成盐度分布递延次序的变化。

我国盆地地区承压水一般垂向分带特性明显,淡水下界深度由盆地边缘向盆地中心逐渐减小,变化幅度可由上千米减小至数十米。淡水带下开始即为咸淡过渡带和咸水带,其埋藏深度根据淡水深度变化,含水层厚度因地而异。咸水带下还多埋藏高盐度卤水带,特别是四川中生界盆地和江汉中新生界盆地等由于强烈沉降作用生成的大型盆地，其地质条件非常有利于大型卤水矿床的生成。

华北、松辽等平原地区，深层含水层多为不含膏盐的淡水湖相沉积。随含水层深度增加由上而下分布有淡水、咸水或盐水，与沉积盆地地区的主要区别在于一般无卤水层。淡水层埋深可由百余米至千余米，淡水层下多为含盐量为 10g/L 以下的微咸带或咸水带。

近年来，人类活动对于地下水盐度的影响也愈发明显。地下水的超量开采造成饱水带水位下降而发生氧化还原条件变化，导致包气带渗透系数加大，间接影响下渗补给，导致盐分增高；越层开采时封闭不慎，由层间越流导致淡水资源咸水化；沿海地区超采多导致海水倒灌入侵，造成地下水盐分升高，水质恶化；而矿产资源的开发也容易造成地下咸水混染。诸多的原因都造成我国地下水化学组分复杂化，硫酸盐型和氯化物型的水资源逐年增高。

二、高硬度水的储存与分布

硬度是我国城市生产、生活地下水水源中常见的超标水质指标，特别是众多的北方地区城市，而且根据全国水资源质量评价的结果来看，全国地下水监测点位硬度超标的比例有逐年上升的趋势。

无论是水中的原生硬度还是次生硬度，水中总硬度偏高的主要表现是由于溶解性的钙盐和镁盐（主要为碳酸盐、重碳酸盐、硫酸盐、硝酸盐，氯化物）的浓度较高，一些金属盐类（如铁盐和铝盐等）也对总硬度有所贡献。

钙元素、镁元素是在地球圈中广泛存在的金属元素，分别占地壳平均重量的 3.4% 和 2.1%，特别是在一些以难溶性钙、镁碳酸盐和硫酸盐为重要组成的岩石中，钙元素、镁元素所占比例更高。例如在碳酸盐类的岩石中，钙元素、镁元素分别占到总重量的 33% 和 4.7% 左右。

水资源中高硬度的形成主要是由于含水层中以方解石、白云石、石膏等为造岩矿物的岩体在酸性水体淋滤下发生溶解，导致钙离子和镁离子的溶解盐进入水体中。另外，在潜水层中，由于水位下降导致地下含水介质内酸性增强，或者人类生产、生活的酸性排放，都加剧了土壤中钙、镁盐类的溶出。

作为水体中无机离子的重要组成，水体中硬度在水平方向和垂直方向的分布与水体中盐分的分布有一定的相似之处。由于降雨量和温度的分布规律影响，潜水层地下水硬度在水平方向的分布总体上也呈现由东南沿海向西北内陆地区逐级增加的带状区域分布特征。而在垂向上，一般埋藏深度越大，硬度普遍越高。重碳酸盐型地下水总硬度中暂时硬度所占比例较高，而一些硫酸盐型或氯化物型高矿高硬卤水中，则永久硬度较高。

在总体规律下，地下水硬度还受到地质、水文地质及人为活动的综合影响，呈现不同特色的区域分布趋势。对于岩性为石灰岩、白云岩、石膏岩的含水层，地下水中二氧化碳含量偏高，容易导致硬度偏高；而地下水流经该含水层时，流速较慢情况下，其溶出的钙、镁离子也要较高。例如在我国西南分布较多的喀斯特地貌地区，裂隙-孔隙异常发育的白垩地下水，由于其地下水流动状态多为裂隙、孔隙中的扩散流，流速较小，因此水中硬度值偏高；而在流经截面较大的溶蚀管道或溶洞时，流态多为紊流，流速较大，则硬度提高较小。

近几十年来，随着人类活动对地下水影响的日益强烈，同一地区地下水中的硬度也出现上升的趋势。我国对主要省会城市地下水硬度进行了调查，发现大部分省会城市的地下水硬度都出现了升高的趋势。典型地区省会城市地下水硬度调查见表 9-7。

表 9-7　我国主要地区省会城市地下水硬度

城市	总硬度（以 $CaCO_3$ 计）/(mg/L)			城市	总硬度（以 $CaCO_3$ 计）/(mg/L)		
	20 世纪 70 年代	20 世纪 80 年代	20 世纪 90 年代		20 世纪 70 年代	20 世纪 80 年代	20 世纪 90 年代
北京	200	300	450	西安		272	213
石家庄	385	463	541	济南	200	214	300
太原	323		405	上海	410		360
郑州	320	360	450	福州		210	173
沈阳	75	200	450	广州	127		174
哈尔滨	450	709	446	昆明	31.8	8.4	149.6
长春	140	250	400	西宁	287	470	673
重庆	92	125	298	兰州	306	670	770
武汉		227.7	406.6	呼和浩特	387	565	750
南京		255	176	银川	203	190	345

注：数据引自《中国地下水资源·综合卷》。

研究学者针对地下水硬度升高的现象进行了分析，人类活动产生的负面影响成为现象引发的主要原因之一。地下水的超量开采，使得含水层的氧化还原条件发生变化，一些矿物质被氧化为更容易溶解的形式；包气带的加厚，增加了补给的路径长度，使得蒸发和补给的平衡被破坏，水体硬度出现一定程度的浓缩增高。这种现象在华北平原等平原地区尤为突出。

环境污染导致的酸性降雨以及采用偏酸性污水进行灌溉，都导致土壤和含水层中更多的钙元素、镁元素溶解转化为游离态钙、镁离子，而这些离子从包气带迁移至地下水中导致硬度的偏高。农业灌溉中由未充分利用的氮肥带入的硝酸根、硫酸根、氯离子等酸根离子以及生活废弃物淋滤出的含有高浓度酸根离子的渗滤液进入地下后，也使钙元素、镁元素更容易溶解进入水体中。而地下水开采过程中造成的越层污染，超采地下漏斗导致的越流补给以及潜水层中硬度的下渗迁移，都是深层地下水硬度升高的重要原因。

三、含 H_2S 水的储存与分布

H_2S 气体具有无色、有臭鸡蛋气味、毒性较大的特点，由于多种作用机理，地球内部的硫元素可转化生成 H_2S。而地下水在地球圈中循环迁移过程中，将 H_2S 溶解，形成了含 H_2S 水。同时，含 H_2S 水还具有溶解氧水平相对较低和 pH 处于相对酸性的特点。

含水层中地下水所含有的 H_2S 主要来源于岩浆活动、生物降解、微生物硫酸盐还原、热化学分解、硫酸盐热化学还原等原因。

一般情况下，在火山附近地下水资源中经常出现含 H_2S 水，而且常常是伴生地热资源的含 H_2S 地热水。另外油田区域、煤矿矿井区域、沉积构造盆地以及高硫酸盐地区地下水中也多出现含 H_2S 水。

地球内部硫元素的丰度远高于地壳，岩浆活动使地壳深部的岩石熔融并产生含 H_2S 的挥发成分，只有在特定的运移和储集条件下才能聚集下来。由于岩浆成分和转运条件的不同，岩浆中 H_2S 的含量大不相同。这些挥发成分在扩散过程中，与岩层中地下水接触，从而溶解与水中形成含 H_2S 水。

含硫有机物以及无机盐类在地球内高温高压环境中的热力作用下发生热化学分解（裂

解）作用和热化学还原作用，也可生成 H_2S 气体。一些矿物质和岩层中的含硫有机化合物在热力作用下，含硫杂环断裂后形成裂解型 H_2S；而地球圈中主要的含硫无机盐类硫酸盐，在 150℃ 以上条件下，可与有机物或烃类发生热化学还原作用，将硫酸盐矿物还原生成 H_2S 和 CO_2。一般情况下，煤炭资源及其围岩中有机质硫含量及煤中硫酸盐含量较高时，可产生较多的 H_2S 气体。硫酸盐热化学还原成因是生成高含 H_2S 天然气和 H_2S 型天然气矿藏的主要成因。而硫酸盐还原生成 H_2S 的作用存在，正是研究人员们发现往往富 H_2S 天然气田周围地下水中硫酸根含量与天然气中 H_2S 含量成反向消长关系的原因。

在多处于相对封闭构造盆地内的煤炭储田内，一般会存在大量的含硫有机质。在煤化作用早期和成煤后阶段，都会由于硫酸盐还原微生物作用，产生 H_2S 气体。在煤化作用早期阶段，在相对低温且埋藏较浅适宜硫酸盐还原菌生长和繁殖的厌氧地层环境下，由泥炭或低煤级煤（褐煤）中含硫有机质在一系列复杂的微生物分解、还原作用下，可形成原生生物成因的 H_2S 气体。这部分气体可大多数溶解在地层水中，在随后的压实和煤化作用下从煤层中逸散，而不能大量地保留在煤层内。而对于成煤后，煤系地层因构造运动被抬升和剥蚀到近地表。当流经上层渗透性煤层的地下水或其他富有机质围岩的雨水灌入下层煤层，煤中的硫酸盐岩被带入的硫酸盐还原菌在厌氧环境中还原，可生成大量的次生生物成因 H_2S 气体。

另外，在一些沉积构造地区，封闭构造内可能会封存一些早期微生物作用生成的高 H_2S 水，这些古代封存含 H_2S 水中的 H_2S 浓度往往较高。而在一些高硫酸盐岩地区地层内，含有丰富的石膏地层，当有机污染物进入含水层后，硫酸盐型地下水在硫酸盐还原菌的作用下可还原生成 H_2S 气体，从而形成含 H_2S 的岩溶水。

我国的火山主要分布在太平洋板块向西俯冲影响区域和印度板块碰撞影响区域，包括了东北地区的长白山地区、大兴安岭和东北平原及松辽分水岭区域的火山群，内蒙古高原中部火山群、云南腾冲火山群、羌塘高原北部的火山群等。这些地区的地下水，特别是地热水资源，往往都属于硫化氢含量较高的。例如著名的吉林省长白温泉，属于典型的含偏硅酸高 H_2S 水，其地热水中偏硅酸含量 95mg/L、H_2S 含量为 10mg/L 左右，是不可多得的医疗资源。

我国的四川盆地、渤海湾盆地、鄂尔多斯盆地、塔里木盆地和准噶尔盆地等区域，都蕴藏丰富的含 H_2S 气矿。特别是四川盆地的东北部，高 H_2S 气藏储量超过全国总探明储量的 30%。这些沉积盆地气矿区域的地下水中，H_2S 含量均有不同程度的偏高。

而在我国山西、内蒙古等蕴藏有大量煤炭资源的地区，部分区域由于富含含硫矿物的影响，地下水中也出现 H_2S 含量较高的情况。

H_2S 是由有机物质，例如植物材料的衰变形成的气体。这是最常见的地下水特征在于，在较高的 pH 水域其他形式的硫可以存在（硫化物或硫氢化物）。地表水通常不太可能含有 H_2S，因为流动的水域自然曝气，从而促进氧化反应。H_2S 或逸出的气体或沉淀的固体。

四、高硫酸盐水的储存与分布

地下水中硫酸盐的主要来源为硫酸钙，如生石膏（$CaSO_4 \cdot 2H_2O$）和无水石膏（$CaSO_4$）或者硫酸镁、硫酸钠等蒸发沉积物的淋滤。而地下水中硫酸盐的含量高低，则主要受到埋藏地层的岩性影响。

天然水中的高硫酸盐水主要分布于含硫矿区、煤系和含石膏等地层，且水循环条件较好的地区。地下的含硫矿床在氧化环境下可被氧化生成硫酸盐，并被淋溶于水中。北方岩溶水中硫酸盐含量普遍较高，主要是奥陶系峰峰组地层中的石膏溶滤所致。

从我国地下水的成分类型分布情况来看，随着地下水成分类型由重碳酸盐型淡水向硫酸盐型咸水的逐渐过渡，水中硫酸盐的含量由东南沿海向西北内陆逐渐提高；而随着地下水成分转变为氯化物型卤水，硫酸盐在地下水阴离子中所占比例逐渐降低。

此外，除了天然原生的高硫酸盐地下水外，由于采矿废水以及发酵、制药、轻工行业产生的高硫酸盐浓度废水被排放入地表水或浅层地下水中，水体中的硫酸盐含量也出现过高的情况。而随着环境污染的加重，由于二氧化硫气体排放量的逐渐增多，"酸雨"也成为地表水和浅层地下水中硫含量增高的因素之一。二氧化硫发生氧化形成的硫酸进入到土壤和地下水中，使潜水中硫酸盐的含量增高。

根据我国环境状况公报所公开的数据，地下水中的硫酸盐污染，已经成为我国地下水体中的主要污染元素之一，特别在西北局部地区的超标程度较高，甚至成为仅次于矿化度和硬度的主要超标指标。

以四川省为例，顾秋香等研究人员曾对四川地勘局成都岩土水质监测中心所作的近3000个四川省内地下水监测数据进行分析，发现单就硫酸根含量指标，就有5%的区域超过地下水环境标准中Ⅲ类水体所规定250mg/L的限值，绵阳、德阳、成都、眉山、乐山、雅安等城市所在分布带，水体中硫酸盐含量基本均在250～500mg/L之间；而包括南充、广安、遂宁、资阳、内江、泸州在内的川东城市，硫酸盐的含量都处于500～1000mg/L之间。

山西作为华北地区的代表性区域，省内多处区域地下水体中硫酸盐的含量也超过国家标准中Ⅲ类水的限值。大同盆地中部的山阴、应县一带，地下水中矿化度、硫酸盐以及砷、氟等指标都处于Ⅲ类至Ⅳ类水体限值之间；处于晋南的运城盆地，其盐湖附近地下水中硫酸盐、矿化度以及氟等指标也超出Ⅲ类的限值。在省会城市太原市汾河沿岸区域多年的地下水监测研究中，由于西山煤系中的含硫矿物、富含石膏层的碳酸盐岩的存在，硫酸盐都是浅层地下水超标的主要指标，而且工业、生活等人为的影响也相对较重。

五、低质水资源量计算

在对低质水开发利用的过程中，对低质水资源量进行评价计算，摸清其可利用储量也是非常关键的工作。

低质水资源量计算的原则和方法与常规水资源量计算相同。其中，低质地下水资源量计算方法参见本书第三章第二节，低质地表水资源量计算方法参见本书第四章第二节。

各种类型低质水资源量计算时，应根据利用用途和利用成本综合考虑其水质界限。

对于受污染的地表水和地下水来说，考虑到其作为生产、生活用水水源的用途，以及公众的接受程度，其可利用资源量应为低于《地表水环境质量标准》（GB 3838—2002）及《地下水环境质量标准》（GB/T 14848—1993）中Ⅲ类水体标准，但满足Ⅳ类水体指标限值的水量。

对于其他水质指标优良，只有盐分类指标超标的高盐度水资源来说，对其可利用资源量应根据矿化度值界限和用途进行划分。对于矿化度大于1g/L而小于2g/L的微咸水来说，该部分资源量是考虑可以直接用作盐碱地灌溉使用的；大于1g/L而小于5g/L的微咸水、半咸水资源，该部分水资源量应当优先作为工业、生活水源可用水来进行管理，使用时可通过处理或咸淡混合达到使用标准即可；对于大于10g/L的盐、卤水来说，在现阶段条件下，该部分水资源量应当作为矿产资源综合梯级利用。

对于高硬度水来说，硬度值大于450mg/L而小于1000mg/L部分的水资源量，优先作为可处理后用作工业、生活水源的水资源。

对于高硫酸盐水来说，硫酸盐含量大于250mg/L而小于1000mg/L部分的水资源量，优先作为工业、生活水源的可利用水资源。

对于含 H_2S 水来说，H_2S 含量大于 2mg/L、小于 60mg/L 部分的水资源量，应当优先作为医疗、旅游资源进行利用；大于 60mg/L 以上浓度的水量，由于对人体危害较大，可作为矿产资源量备案管理；小于 2mg/L 部分的水资源量应优先作为工业、生活水源，进行简单处理后使用。

第三节　低质水资源开发技术

我国幅员辽阔，水资源分配时空不均是不争的事实。广大西北的大部地区处于干旱、半干旱地带，常年降雨量小于蒸发量，常规可开发水资源极其的短缺；而在东部沿海地区，水资源相对充沛，但"水质型"缺水的问题非常突出。水资源的短缺和贫乏一定程度上遏制了社会经济的发展和人民生活水平的提高。而解决或者缓解水资源短缺问题的关键途径就是对低质水资源进行合理的开发利用。

低质水资源的利用除了经济效益外，一定程度上也兼具了缓解水资源水质继续恶化的作用。对于低质水资源，特别是高盐度、高硬度、高硫酸盐类低质地下水资源，由于无法利用或利用性价比不高，开发利用较少。使得含水层中少更新和循环的机制，间接也导致我国地下水盐度、硬度持续升高的局面。而加大低质水资源的利用，必将减少常规水资源的使用，使得地表水体更多地可以下渗补给，以优补劣，缓解水体质量持续走低的局面。

国外对于低质水资源的规模化利用已经有了一定的成熟经验，而我国对于低质水资源的开发利用还处在摸索和起步的过程，但是在国家宏观层面和各个地区的具体计划中，都已经将开发利用低质水资源列入中长期发展纲要中，要求积极发展和拓宽低质水资源开发利用的途径。

一、低质水的开发利用途径

作为在水资源总量中占有可观比重的低质水资源，现阶段主要的开发利用途径包括以下几方面。

（1）农业利用和生态建设　农业利用是现阶段低质水资源开采利用时最容易实现，投入产出比相对较高的途径，而且在今后相当长的一段时间，应当是低质水利用的主要场合。

农业灌溉是目前低质水使用用途中对盐分、有机物、氮磷等指标要求相对较低的用途，其具体指标限值见本书第七章。对于微污染的地表、地下水体达到Ⅳ类水体水质标准的，可直接利用进行农业灌溉。

对于高盐度水和高硬度水用作农业灌溉时，宜多采用混灌方式。即可采用常规淡水资源与低质水混合，超标程度低的低质水与超标程度高的低质水混合，处理后城市回用水与低质地下水混合以及微污染地表水与低质地下水混合的多种模式，将水体指标稀释至灌溉用水标准下进行灌溉。除混灌方式外，也可根据水资源分布、作物种类及其耐盐性和作物的生育周期等条件，对作物选择性地进行淡水、咸水轮灌。

在采用低质水进行灌溉时，可引进、筛选、培育一些对低质水适应性较强的植物或农作物。例如，以微咸水或淡咸混合稀释后的咸水进行生态绿化浇灌时，可引入耐盐性相对较强的植物进行生态绿化。

对于含盐量较高的高盐度水，在水质其他指标满足国家渔业水质指标的前提下，可利用其与海水组分相近的特性，开展内陆海产品咸水养殖。

（2）工业和生活用水水源 对于含盐量相对较低的微咸水、半咸水，可采用咸淡混合稀释的方法，将矿化度、硬度等指标降低至工业循环冷却指标限值以下后，将低质水用作工业循环冷却水。

在水资源严重紧缺的情况下，对于低质地下水和微污染的地表、地下水用作生活或者要求较高的工业用水时，可经过充分的经济分析和论证后，采用适当处理工艺将水体处理达标后进行利用。

（3）医疗和矿产资源利用 对于含矿物质较多的高盐度水，可进行矿物质的提取利用。一般情况下，矿化度较高的高盐度水常被用来提炼食盐、碘、硼、溴、锂等工业原料，特别是一些含盐量较多的卤水资源。例如山东地区的化工企业，经过多年的摸索，对地下卤水进行了制溴-制盐-生产苦卤化工产品的顺序综合利用方式，充分地利用地下卤水资源。

对于硫化氢含量达到国家医疗矿泉水水质限制 2mg/L 的含硫化氢水，可利用其医学价值，进行医疗、洗浴方面的综合开发，特别是含有硫化氢的地热水资源。而高硫化氢水处理过程中，也可以作为硫黄的提取源。

水体矿化度在 1g/L 以上、水中阴离子分组以硫酸根为主的硫酸盐矿泉也可用于浴疗和饮疗。硫酸盐矿泉按主要阳离子种类不同，又可分为硫酸钠泉（芒硝泉）、硫酸镁泉（泻盐泉）、硫酸泉（石膏泉），这几种硫酸盐泉的医疗价值各不相同。

二、构筑物的选择及设备保护

（一）构筑物形式

对于低质水开发利用时取水构筑物的选择，应根据水资源种类、性质、取水条件等因素进行综合判断，选取适当的取水构筑物。可选用的构筑物的基本类型与常规水资源取水构筑物类型和选用原则基本相同。

1. 低质地下水资源的取用

对于浅层的潜水和微承压水含水层而言，井型的选择直接影响单井的涌水量。由于浅层地下水含水层多数厚度较薄，因此开采井的出水量常受到限制。对于这种情况，可通过增大过水断面面积的方法，提高地下水进入水井的能力。

现阶段国内外对于浅层低质地下水资源取用常用的构筑物为大口井、辐射井、坎儿井、辐射井、水平渗渠等取水设施。

以我国华北平原地区为例。华北平原东部地区利用浅层微咸水、半咸水进行农业灌溉等用途，其采用的主要形式为大口井、辐射井和管井。在利用埋设深度 12m 以内，含水层渗透系数较大的潜水时，多采用直径 4~8m 的大口井，单井设计出水量可在 5000~10000m³/d；在利用含水层较薄的微承压水时，采用较多的为辐射井形式，单井设计出水量可达 5000~50000m³/d；在利用深度较深的含水层时，基本采用管井的形式。

对于储藏深度较深的深层承压水来说，其取用构筑物的主要方式为管井。一般深层承压地下水具有一定的压力水头，压力水头较大时，可采用自流式的管井形式。

在以山西为代表的矿产资源大省，矿井采掘时可采用与矿坑结合的取水方式，将矿井水提取至地面净化后作为水源利用。

2. 地下水人工回灌

低质地下水资源的开发也应当进行合理规划，开发的同时应当设置保护性措施。对地下水采取取灌结合，是防止水资源量的枯竭和避免地下取水引发的生态破坏的重要手段。

一般情况下，地下水人工回灌采用的方式有三种：地表入渗法、诱导补给和地下注入法。

地表入渗法，也就是采用地表回灌的方式，其补充对象主要是浅层地下水。多采用农田灌溉渗水，水库、盆地、洼地、池塘渗水，以及河流深入补给的具体形式。

诱导补给是间接人工补给的方法，在河流或地表水体附近设置采水井进行采水，利用地下水位下降与地表水体形成水头差，诱导地面水入渗。多用于砂卵石地层。

地下注入法多使用与深层地下水进行补给，采用的注水设施可为管井、大口井、竖井、坑道、天然溶洞等，而管井回注是最常采用的方法。

3. 低质地表水资源的取用

对于受到微污染的地表水资源来说，其取用的构筑物需要根据江河、湖泊、水库的地形、地貌、水文特征等具体进行选择。

地表水源的取水多数都是江河取水，一般来说，当河流水位变化不大时，采用较多的是固定式的岸边式、河床式及斗槽式构筑物。而当水位变化超过 10m 以上时，一般多采用移动式的浮船取水方式。

湖泊和水库取水构筑物的形式与江河取水没有本质上的区别，一般常采用隧道、引水明渠或虹吸管等形式将水引至岸边吸水井再利用水泵提取；当湖库水位季节性变化较大时，可设置多层引水管进行分层取水。需要注意的时，作为微污染水源取水时，湖库的富营养化容易导致水体中生物体数量较多，因此应多注意对生物体的防护。

（二）取水设备防护

对于低质水资源取用时，由于水体特征水质明显，除了需注意常规水资源取用时的防护措施外，往往还需要针对特征水质采用特殊的防护措施，才能使设备稳定长效运行。

对于以管井为代表的地下水构筑物，特别需要注意高盐度、高硬度、含硫化氢气体等水质特性对井管、过滤器、水泵等设备的侵蚀破坏和结垢。

水中的化学成分盐离子、溶解氧、二氧化碳、硫化氢可促使钢制材料发生直接的化学腐蚀和自身电化学腐蚀，而钢制材料腐蚀作用的沉积结垢也促进了溶解性钙类物质的结垢。同时，当溶液中存在有铁细菌和硫酸盐还原细菌时，也可引起钢制材料的斑状腐蚀、铁细菌硬壳以及硫化亚铁沉淀结垢等。

为防止低质水引起的加速侵蚀破坏，对于浸泡在水中的井管和过滤器缠丝等部件，可选用特殊材料或增加防护涂层的方法进行防护。常规的防护方法见表 9-8。

表 9-8　常见取水井管、缠丝材料防护性措施

安装环境	井管材料	缠丝材料
高矿化度水 强侵蚀性水（氯离子超过 1000mg/L，硫酸根超过 250mg/L，含硫化氢）	(1) 316 不锈钢、塑料质井管、蒙乃尔合金、特殊镍合金； (2) 碳素钢管和铸铁管可涂覆沥青、酚醛树脂清漆、汽油纤维素、过氯乙烯树脂清漆加绿橡胶等防腐涂层	不锈钢缠丝 尼龙制缠丝 青铜制缠丝
高硬度水体	(1) 304 或 316 不锈钢； (2) 塑料质井管； (3) 涂覆防腐涂层的碳素钢管和铸铁管（涂层种类可与高矿化度水相同）	尼龙制缠丝 黄铜制缠丝 10 号以上镀锌缠丝

根据观察，一般在井管过滤器的外壁、过滤器孔口以及井管过滤器含水层侧内壁都容易结垢形成垢壳。对于化学结垢或生物结垢后的井管材料应进行定期的清洗和处理，以保证单井的出水量。常采用的处理方式为酸洗和井内爆破处理。

酸洗是人工投加酸性溶液溶解垢壳的一种方法。进行酸洗前应采用钢刷、活塞、空气压缩机、二氧化碳等洗井方式进行常规清洗，除去井管过滤器上的机械堵塞物。然后，以20％左右的工业盐酸作为主要溶剂，可将沉积在过滤器上的碳酸钙、氢氧化亚铁、氢氧化钙、氢氧化镁等沉积物清除。清洗后废液从井内排出。

井内爆破是利用炸药瞬间产生高温高压气体冲击波冲击井壁四周，破坏井壁上的胶结物和结垢物，同时利用所产生较大负压，采用空气压塑机将震碎的锈垢和堵塞物抽出井管。由于使用的炸药材料购置和管理不便，应在化学清洗效果不明显的情况下使用。

另外，对于低质水资源中的酸性和盐类容易对混凝土中的水泥材料形成腐蚀作用，在使用水泥材料进行封井、灌注时，应采用添加抗腐蚀防腐剂的特殊水泥。

三、低质水资源的保护性开发

低质地下水资源是水资源中的重要组成部分，对于缓解水资源危机，维护水社会循环中的供需平衡具有特殊的意义。但是，从现阶段的情况来看，低质水资源同样存在水质更加恶化和水量枯竭的风险。因此，在对低质水资源使用的同时，应当制定科学合理的规划，进行保护性开发。

（1）重视水源补给，量入为出 对于低质水资源的开发，首先应当从其补给源着手，充分保证地下水源的补给。并且应当在考虑含水系统补给与消耗的动态平衡基础上，量入为出。这样既能避免低质水资源储量的衰竭，也能增加低质水资源含水层的更新能力。

水在自然循环过程中，降雨、地表水、地下水"三水"间的转化规律是普遍存在的客观规律。在山地地区由地下水转化为地表水，到达平原地区又由地表水转化为地下水，这是地表水与地下水间转化的一般规律。特别是在我国北方地区，降雨量较少，地下水的补给主要依靠地表径流。但现阶段西北内陆地区修建的较多水库虽然在雨季起到蓄洪的作用，但也大大减少了到达平原地区地表径流量。这使得平原地区的地下水补给大大减少，一定程度上加剧了平原地区地下水采补的不平衡。造成次生环境地质问题的同时，也使得低质水源缺少新鲜的补给更新水量。因此，应该从宏观政策入手，合理调配水库使用，增加下游天然补给源量。

利用地下水的调蓄功能，通过人工补给方式，以丰补歉，增加地下水源的可用储量。我国北方的城市大多坐落于山前冲洪积扇地带，并以地下水为水源，其长期形成的采水降落漏斗具有很强的调蓄能力；另外，以山西、山东为代表的岩溶地下水地区，其地下岩溶系统也具有较大的调蓄容积。在这些地区，可充分利用人工河道拦截、地表渗水系统、渗水井等人工回灌设施，将地表洪水或水库弃水回灌入地下，通过以丰补歉的形式，增加城市附近地下水可用储量。城市建设中，通过增加入渗绿地面积方式，既可消减暴雨时城市雨水管道的负荷，又可增强对地下水源的补给。

在增加水源补给的基础上，合理地确定地下水的可利用储量。根据补给量确定水资源的开采量，才能保证水资源的采补平衡。

在保证储量的同时，对于西北地区等地下低质水分布较多的地区，应当提倡推进低质水的开采。我国目前低质水面临的问题之一就是由于开采较少，导致水体中盐类、硬度等物质浓度累积增高，导致水质有更加恶化的趋势。适度地进行低质水利用，同时通过人工补给方式保证采补平衡，以新鲜水补充地下水，增加更新速度，可一定程度防止低质水更加恶化，甚至改善其水质。

（2）重视环境保护，防止水质恶化 在对低质水资源开发的同时，还应当继续增强对生产、生活点源污水的收集、处理、排放的要求和管理。

通过近年来我国环境状况公报中的数据来看，我国的水资源恶化的趋势一定程度上有所减缓。但通过研究分析，人类社会活动对水资源的影响非常强烈，特别是向自然水体中排放的污水，对水资源质量影响很大。而由于地表水和地下水间转化规律的存在，地表水体的污染，间接也导致地下水体受污染，原先低质水的水质更加恶化。这从我国主要城市水源中盐度、硬度、硫酸盐逐年升高的走势就可以明晰。因此，继续加强环境保护的力度，加强城市污水的深度处理回用比例，既削减了排污量，还间接减少了水资源的开采总量，有利于水环境质量的恢复。

需要高度重视是，在利用高盐度、高硬度等低质水的同时，应当尽快在污水排放标准中增加盐类指标的排放限值，减少城市污水中盐类的排放源，同时对低质水使用过程进行完善。现阶段我国的环境质量标准、生活饮用水标准以及工农业等行业的用水水质标准中都对盐类指标进行了限制，但唯独《污染物综合排放标准》中没有对盐类进行限制。一方面，城市污水排放可能向水体中排入更多盐类；另一方面，高盐度、高硬度等低质水处理使用时所产生的浓水可没有约束性的排弃，这都将加剧低质水水质更加恶化。

（3）加强低质水使用的合理性　现阶段，在低质水使用案例逐渐增多的同时，开采布局不合理的现象普遍存在，特别是对于低质地下水的利用。

在以华北平原为代表的地区，其对于地下水的开采密度过大，虽然一些地方开采量并未超出区域总可开采量，但局部超采非常严重，导致井群干扰，出水量减少。山前冲洪积扇地区普遍超采严重，地下水位大幅下降；而在一些压缩性黏土分布地区，过度集中开采深层水，造成地表沉降严重。沿海地区由于地下水超采造成的海水倒灌，使得本身就盐度偏高的地下咸水发生盐水、卤水化。

对于深层承压水的开采也应当进行合理的规划。深层承压水的补给主要来源于侧向补给，其维持可用量所需的补给周期相对较长。在使用时，应以浅层低质水为主，深层低质水作为补充；或对深层水进行分层轮流开采，给予其更新恢复的周期。在垂向上分布有淡、咸水多个含水层的地区，在开采成井的过程中，应当严格注意每层的止水，防止咸淡混合，污染了优质地下水储水层。

对于像卤水、含硫化氢水等具有矿产开发价值的低质水，在利用过程中，应注意梯级的综合利用，在处理利用其水量之前，应尽可能地提取其有用元素，做到"质"和"量"并用。

第四节　低质水源处理

一、高盐度水的处理

高盐度低质水资源的处理，实质上是通过物理、化学等方法，将水体中的盐类物质脱除，使其含盐量降低至生产、生活利用的水质要求范围内。目前来看，高盐度水处理时所使用的除盐淡化技术主要有蒸馏法、膜分离法、电渗析法、离子交换法，以及这些技术的混合应用。特别是蒸馏法和以反渗透、电渗析为代表的膜分离法使用最多。

由于海水盐度较高的水质特征与高盐度地下水的水质特征相似，因此，本书第八章中所介绍的海水淡化常采用的蒸馏法、反渗透膜分离法、电渗析膜分离法以及冷冻淡化工艺，也同样是高盐度地下水除盐淡化的常用工艺，相关的原理和常用工艺流程见海水淡化章节。

从水质超标指标的性质来看，高硬度水是钙离子、镁离子超标，高硫酸盐水是无机阴离子中硫酸根离子偏高，其实质与高盐度水相似，均是水体中无机阴、阳离子浓度超过可利用水资源的建议浓度限值。因此，高盐度水脱盐淡化常采用的蒸馏法、膜分离法、离子交换法、电渗析法的工艺原理同样可应用于高硬度水和高硫酸盐水。而且，往往上述除盐淡化工艺在脱盐的过程中选择性较弱，在脱除某种盐类的同时，其他共存的盐类也被脱除。

（一）进水预处理

脱盐淡化的工艺系统中，原水进水的预处理环节也是整个系统的重要组成部分，是保证后续脱盐流程高效、稳定工作的关键条件。

在人类的生产、生活过程中，对地下水存在一定的影响，使得水体成分也相对复杂。这些杂质中，悬浮物和胶体容易附着在膜表面或者堵塞交换树脂的通道，影响除盐效率；铁、锰离子等能与膜和树脂紧密结合，降低其工作性能；游离氯能对膜和树脂产生氧化作用。因此，在脱盐工艺前需要根据原水水质的具体情况，设置水质预处理工艺，去除水中的悬浮物、有机物、胶体、微生物等杂质。

常规条件下，膜分离装置、电渗析装置、离子交换装置进水水质要求见表 9-9。

表 9-9 常见脱盐工艺对进水水质的要求

项目	反渗透		离子交换	电渗析
	卷式膜	中空纤维膜		
浊度	<0.5	<0.3	<2/<5（逆流/顺流再生）	1~3
色度/度	清澈	清澈	<5	—
污染指数 SDI 值	3~5	<3	—	—
pH 值	4~7	4~11	—	—
水温/℃	15~35	15~35	<40	5~40
COD/(mgO$_2$/L)	<1.5	<1.5	<3	<3
游离氯/(mg/L)	0.2~1.0	0	<0.1	<0.1
总铁/(mg/L)	<0.05	<0.05	<0.3	<0.3
锰/(mg/L)	—	—	—	<0.1

注：污染指数 SDI 是指在 $\phi 47mm$ 的 $0.45\mu m$ 的微孔滤膜上连续施加 30psi（1psi＝6.895kPa）压力的被测定水，记录滤得 500mL 水所需的时间 T_1（s）和 15min 后再次滤得 500mL 水所需的时间 T_2（s），按 $SDI＝(1－T_1/T_2)×(100/15)$ 计算。

一般来说，预处理常采用的工艺是常规的混凝、沉淀或过滤。当原水中主要杂质是悬浮物或浊度时，可采用机械过滤或微孔过滤等手段作为后续工艺的前处理；当原水为成分复杂的地表盐水时（例如海水），可采用混凝-沉淀（澄清）加介质过滤的措施预处理；原水中主要是有机物超标时，可以活性炭吸附工艺去除有机物。

（二）离子交换法

离子交换法除盐是利用离子交换材料上的可交换离子与水体中的离子进行交换反应，从而完成从水中去除盐类离子的过程。离子交换除盐，也就是利用离子交换材料上可交换的阳离子（H^+）、阴离子（OH^-）来把水中的矿物质阳离子和氢氧根以外的阴离子脱除。而当利用离子交换材料上可交换的阳离子（Na^+ 或 H^+）把水中的钙离子、镁离子交换出来时，这个过程也叫作离子交换软化的过程。

1. 离子交换材料

常用的离子交换材料有离子交换树脂和磺化煤两大类。

磺化煤是用烟煤经过粉碎和发烟硫酸处理后制备的碳质阳离子交换材料，一般分为氢型磺化煤和钠型磺化煤两种。由于磺化煤的化学稳定性和自身材料强度相对较差，离子交换的能力较弱。因此，在大规模的离子交换除盐水处理工艺中，已逐渐被离子树脂所取代。另外，绿砂以及钠沸石也是功能与磺化煤相似的阳离子交换材料，也多用在小型除盐软化处理中。

离子交换树脂是由两部分组成的，一是具有空间网状结构的材料骨架；二是附属在骨架上的高分子化合物，这些不溶性的高分子化合物由若干活性基团组成。带有强酸性、弱酸性的活性基团称为阳离子交换树脂；带有强碱性、弱碱性的活性基团称为阴离子交换树脂。当高分子化合物与水接触，其活性基团发生电离，活动的可交换阳离子或阴离子与溶液中的电解质发生中和与盐分解反应，完成水中除盐或软化的目的。

常见的离子交换树脂功能基团分类见表 9-10。

表 9-10   离子交换树脂功能基团分类

树脂名称	交换基团			可交换溶液中离子	酸碱性
	化学式	名称	可交换离子		
阳离子交换树脂	$-SO_3^- H^+$	磺酸基	H^+	Na^+、Mg^{2+}、Ca^{2+}	强酸性
	$-COO^- H^+$	羧酸基	H^+	重碳酸盐硬度	弱酸性
阴离子交换树脂	$\equiv N^+ OH^-$	季胺基	OH^-	SO_4^{2-}、Cl^-、HCO_3^-、$HSiO_3^-$	强碱性
	$\equiv NH^+ OH^-$	叔胺基	OH^-	SO_4^{2-}、Cl^-	弱碱性
	$=NH_2^+ OH^-$	仲胺基	OH^-	SO_4^{2-}、Cl^-	弱碱性
	$-NH_3^+ OH^-$	伯胺基	OH^-	SO_4^{2-}、Cl^-	弱碱性

阳离子交换树脂能在水中解离出氢离子，阴离子交换树脂能在水中解离出氢氧根离子，因此分别具有了酸、碱的特性，其酸碱性也决定了交换树脂的不同适用 pH 值范围。强酸、强碱型树脂解离能力强，离子交换能力不受溶液 pH 值的影响。弱酸型树脂在酸性环境内不能电离或只能部分电离，在碱性环境中有较高的解离能力；弱碱型树脂则相反，在酸性环境下有较强的解离能力。

脱盐、软化的过程中，溶液中的离子几乎都会与交换树脂发生反应，但不同离子与交换树脂之间反应能力有所区别。一般来看，电荷越多的离子，被吸附交换的可能性越大；同价的离子中，原子序数越大的离子，越容易优先反应。

一般来说，水溶液中，各种离子交换树脂与一些常见离子的选择反应顺序如下所述。

强酸型阳离子交换树脂：$Fe^{3+} > Al^{3+} > Ca^{2+} > Mg^{2+} > Na^+ > H^+$；

弱酸型阳离子交换树脂：$H^+ > Fe^{3+} > Al^{3+} > Ca^{2+} > Mg^{2+} > Na^+$；

强碱型阴离子交换树脂：$SO_4^{2-} > Cl^- > HCO_3^- > HSiO_3^- > OH^-$；

弱碱型阴离子交换树脂：$OH^- > SO_4^{2-} > Cl^- > HCO_3^- > HSiO_3^-$。

2. 离子交换除盐系统

离子交换除盐工艺系统最常采用的是复床除盐和混合床除盐系统。

（1）复床除盐系统   复床除盐系统是指将阳离子、阴离子交换器串联使用，达到除盐的目的。复床除盐系统中常用的形式为强酸-脱气-强碱除盐系统和强酸-脱气-弱碱-强碱除盐系统两种。

强酸-脱气-强碱除盐系统示意如图 9-1 所示。经过预处理的原水经过强酸型 H^+ 交换器后，Ca^{2+}、Mg^{2+}、Na^+ 等阳离子被去除，交换出的 H^+ 与水中阴离子形成酸。当原水中碱度也较大时，H^+ 和 HCO_3^- 结合生成的 CO_2 可通过脱气过程被除去。否则，溶液中的碳酸将会消耗后续的强碱交换树脂，增大树脂再生的药剂消耗量。最后，被处理水进入强碱交换树脂，将溶液中的 SO_4^{2-}、Cl^-、$HSiO_3^-$ 去除。当出水水质或者一定时间段内总处理量超过限值时，应将整个系统停止运转，以再生药剂对离子树脂再生循环使用。强酸性阳离子交换器可用 4%~10% 的盐酸或者 2%~4% 的硫酸再生。强碱型阴离子树脂可用 4%~10% 的氢氧化钠再生。

强酸-脱气-弱碱-强碱除盐系统流程如图 9-2 所示。该系统在强碱交换树脂前增加了弱碱交换树脂，弱碱、强碱树脂串联再生。再生药剂先后通过强碱、弱碱树脂，降低了整个系统运行的费用。该系统中，最后的强碱交换树脂床也可以用混合床代替，形成复床和混合床的串联工艺。

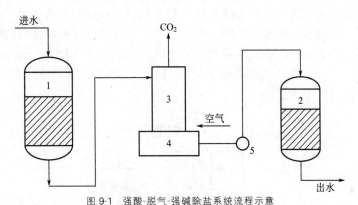

图 9-1 强酸-脱气-强碱除盐系统流程示意
1—强酸 H^+ 交换器；2—强碱 OH^- 交换器；3—除 CO_2 器；4—中间水箱；5—提升水泵

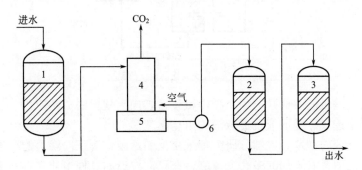

图 9-2 强酸-脱气-弱碱-强碱除盐系统流程示意
1—强酸 H^+ 交换器；2—弱碱交换器；3—强碱 OH^- 交换器；4—除 CO_2 器；5—中间水箱；6—提升水泵

（2）混合床除盐系统 混合床除盐就是将阳离子、阴离子树脂分层混合填装在同一个反应器内，阳离子、阴离子树脂紧密交替接触，形成若干阳离子交换床、阴离子交换床交错串联排列的微型复床。经过预处理的高盐度水进入混合床后，经过反复的脱盐，出水的纯度较复床除盐工艺高。

整个除盐的过程中发生的是中和反应和盐分解反应的组合，由于阴、阳离子交换是同步进行的，交换出的 H^+ 和 OH^- 能够立刻反应生成水，使得整个过程反应环境中的 pH 保持中性。因此，混合床除盐出水相对稳定、间断运行时间短，适合于纯水的制备。

混合床的反洗采用酸碱再生液分步进入阳离子、阴离子树脂层再生的方法。其主要的缺陷在于由于阴离子、阳离子交换层不能做到完全的分层，存在相互混杂的情况。部分阳离子交换树脂混杂在阴离子交换树脂中，再生后由 H 型变成 Na 型，在交换过程中容易造成 Na^+ 提早泄漏，导致工艺终点不清晰。

（三）正向渗透膜分离技术

现阶段膜分离除盐工艺中，主要使用的是电渗析膜分离技术和反渗透膜分离技术（Reverse Osmosis，RO）这两种工艺在淡化的过程中，都需要提供较高的动力消耗。尤其是反渗透工艺，必须通过外加的压力，才能驱动水分子由盐分高的一侧反向移动至淡水一侧，而且所使用的半透膜存在较高的污染可能性。近年来，正向渗透膜分离技术（Forward Osmosis，FO）作为一种新型的膜分离技术得到了迅猛地发展，已经逐步由理论转向大规模实践应用。

正向渗透是利用半透膜两侧溶液的水化学势差作为动力对盐分和水进行分离的技术。正向渗透过程中，膜两侧的溶液一侧是浓度较小且水化学势较高的原水，另一侧是浓度较原水高而水化学势低的提取液，在水化学势差的作用下，水分子透过选择性半透膜进入到提取液一侧。而被稀释后的提取液再通过浓缩再生回用的过程，将淡水分离，从而完成了整个正向渗透的过程（见图 9-3）。整个正向过程无需提供外加的动力，运行成本较反渗透更低，且半透膜污染的可能性较小。

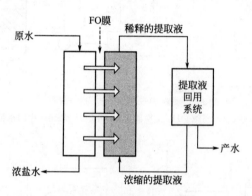

图 9-3　正向渗透膜分离工艺原理

正向渗透工艺是否能够成功的由小型中试设备转向大规模的成熟应用，其关键主要取决于寻找到适用的半透膜、提取液及提取液的再生工艺。

在正向渗透研究的初期，大部分研究都采用反渗透膜作为正向渗透的半透膜，但是由于反渗透膜制作工艺中普遍采用的多孔支撑层，在正向渗透的过程中非常容易导致内部浓差极化，从而导致出水量远低于其。而且这种内部浓差极化不同于反渗透过程中的外部浓差极化，不能通过错流操作等方式来避免。目前正向渗透工艺中常采用的半透膜是 20 世纪 90 年代 Osmotek 公司生产的三醋酸纤维素正向渗透膜。它具有较好的亲水性，可提高膜通量和减小膜污染。膜结构中采用内嵌聚酯网状物作为支撑层，较反渗透膜中的多孔支撑层厚度薄，在极大程度上减缓了内部浓差极化。

理想的提取液应该具备以下的特质：①溶解度大，分子量小，能产生较大渗透压；②由于提取液成分难免出现在产水中，因此必须无毒无害；③提取液的溶质要易于分离浓缩，方便再生循环利用；④如果提取液成分对膜本身不产生影响，将利于半透膜长期使用。

在现有的研究中，葡萄糖、硫酸铝、硝酸钾、氯化钠甚至是海水都曾被用作提取液。近年来利用氨气和二氧化碳合成的碳酸氢铵溶液作为提取液的研究取得了一定的进展。碳酸氢铵在水中溶解度高且分子量小，具有非常高的渗透势；同时稀释后的碳酸氢铵溶液只需要在60℃下加热，即可分解为氨气和二氧化碳气体，非常利于循环再生，且成本较低。

随着科学研究的不断进步，正向渗透工艺进入到应用阶段指日可待，特别是在海水淡化和除盐、软化等生产中，必将成为膜分离技术中不可或缺的重要技术。

二、高硬度水的处理

高硬度水的处理过程，也就是对水体的软化过程，即去除水体中硬度的主要生成因素 Ca^{2+}、Mg^{2+}，以及少量的 Fe^{2+}、Mn^{2+}、Fe^{3+}、Al^{3+} 等易生成难溶性盐类的金属阳离子。

目前常用的软化技术主要有两类：一类是基于溶度积原理的药剂软化法，通过溶液中投加化学药剂，把水中的钙离子、镁离子转变为难溶解的沉淀析出；另一类是利用离子交换原理，用离子交换树脂中的阳离子（Na^+ 或 H^+）将水体中钙离子、镁离子交换出来。

除此之外，除盐技术中常用的蒸馏法、膜分离法、电渗析法在淡化的同时，也能实现水体软化的目的。

（一）药剂软化法

药剂软化法的原理就是利用投加石灰、苏打等药剂，使得原水中的钙离子、镁离子生成碳酸钙和氢氧化镁沉淀，从而完成从液相的分离，几种常见难溶化合物的溶度积（25℃）见表 9-11。

表 9-11　几种常见难溶化合物的溶度积（25℃）

化合物	$CaCO_3$	$CaSO_4$	$Ca(OH)_2$	$MgCO_3$	$Mg(OH)_2$	$Fe(OH)_2$
溶度积	$4.8×10^{-9}$	$6.1×10^{-5}$	$3.1×10^{-5}$	$1.0×10^{-5}$	$5.0×10^{-12}$	$3.8×10^{-38}$

整个的药剂软化流程包括混合、絮凝、沉淀、过滤等工序，投加药剂后的原水须至少经过絮凝、沉淀或澄清后方可使用。同时，药剂软化工艺也常与离子交换等工艺串联，作为前置预处理工艺，可获得更好的软化效果。

1. 石灰软化

石灰（CaO）购置渠道通畅且价格低廉，是高硬度水药剂软化工艺中最常用的药剂。主要适用于碳酸盐硬度较高、非碳酸盐硬度较低的原水，当原水要求深度软化时，宜与其他软化工艺串联工作。石灰软化后剩余碳酸盐硬度可降低至 0.25~0.5mmol/L。

石灰投入水中可发生消化反应，其生成物熟石灰 $Ca(OH)_2$ 在含有钙离子、镁离子的高硬度水中发生如下的化学反应。

熟石灰首先与原水中的游离 CO_2 发生反应，当石灰有富余时，其次与碳酸盐硬度 $Ca(HCO_3)_2$、$Mg(HCO_3)_2$ 发生反应，生成溶解度很低的碳酸钙和氢氧化镁。

$$Ca(OH)_2 + CO_2 \longrightarrow CaCO_3\downarrow + H_2O \tag{9-1}$$

$$Ca(OH)_2 + Ca(HCO_3)_2 \longrightarrow 2CaCO_3\downarrow + 2H_2O \tag{9-2}$$

$$Ca(OH)_2 + Mg(HCO_3)_2 \longrightarrow CaCO_3\downarrow + MgCO_3 + 2H_2O \tag{9-3}$$

$$Ca(OH)_2 + MgCO_3 \longrightarrow CaCO_3\downarrow + Mg(OH)_2\downarrow \tag{9-4}$$

熟石灰与非碳酸盐硬度 $MgSO_4$、$MgCl_2$ 也可发生反应，生成氢氧化镁沉淀，但同时生成了等摩尔钙的非碳酸盐沉淀。

$$Ca(OH)_2 + MgSO_4 \longrightarrow CaSO_4 + Mg(OH)_2\downarrow \tag{9-5}$$

$$Ca(OH)_2 + MgCl_2 \longrightarrow CaCl_2 + Mg(OH)_2\downarrow \tag{9-6}$$

因此，石灰软化工艺不适用于非碳酸盐硬度的去除，而且碳酸钙和氢氧化镁沉淀往往没有全部沉淀下来，还有少量呈胶体状残留在水中。为避免软化后水体中碳酸钙和氢氧化镁含量有所增加，石灰软化和混凝沉淀工艺须同时进行。所配套的混凝工艺中，常选用铁盐混凝剂以获得较好的混凝效果。另外，使用石灰软化法对高硬度水资源进行软化时，应当通过计算和调试来确定实际石灰投加量，否则可能会导致出水水质不稳定，增加后续工艺运行管理难度。

2. 石灰-苏打软化

针对石灰软化法去除碳酸盐硬度效果好，而对非碳酸盐硬度效果差的问题，实际工程中也常采用石灰、苏打（Na_2CO_3）同时投加的办法，同时去除两类型硬度。该方法适用于硬度大于碱度的水，软化后剩余硬度可降低至 $0.15 \sim 0.2 mmol/L$。

苏打在水中发生的化学反应如下：

$$CaSO_4 + Na_2CO_3 \longrightarrow CaCO_3\downarrow + Na_2SO_4 \tag{9-7}$$

$$CaCl_2 + Na_2CO_3 \longrightarrow CaCO_3\downarrow + 2NaCl \tag{9-8}$$

$$MgSO_4 + Na_2CO_3 \longrightarrow MgCO_3 + Na_2SO_4 \tag{9-9}$$

$$MgCl_2 + Na_2CO_3 \longrightarrow MgCO_3 + 2NaCl \tag{9-10}$$

$$MgCO_3 + Ca(OH)_2 \longrightarrow Mg(OH)_2\downarrow + CaCO_3\downarrow \tag{9-11}$$

（二）离子交换法

除了除盐外，离子交换法也是高硬度水软化常用的工艺。与离子交换除盐工艺中阳离子、阴离子交换树脂串联不同的是，离子交换软化交换的对象主要就是钙离子、镁离子等阳离子，因此软化工艺中只用到阳离子交换树脂。

目前使用较多的离子交换软化工艺主要有 Na 离子交换法、H 离子交换法以及 H-Na 离子交换脱碱软化法。

Na 离子交换法是最简单的软化方法。采用 Na 型阳离子交换树脂进行软化，可将水中的钙镁离子从液相分离，但对于由碳酸氢根造成的碱度无效。整个过程不产生酸性水，出水碱度不变，适用于硬度高而碱度不高的原水。其软化系统原理如图 9-4 所示。

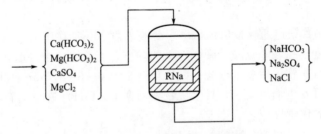

图 9-4　Na 离子交换软化系统原理

H 离子交换法是采用 H 型阳离子交换树脂进行软化的工艺，将溶液中的钙离子、镁离子从溶液中置换出来后，向溶液中释放 H^+，将溶液酸化。整个过程可以去除硬度，同时也将碳酸氢根转化为碳酸，将碱度去除。但是，该工艺缺点是出水为酸性，无法单独使用，常与 Na 离子交换法联用。

H-Na 离子交换脱碱软化法的原理示意如图 9-5 所示。原水一部分流入 Na 型离子交换树脂；另一部分流入 H 型离子交换树脂。前者出水为碱性，后者出水为酸性，两股水混合后通过 CO_2 去除器除去 CO_2，同时完成软化和脱碱作用。

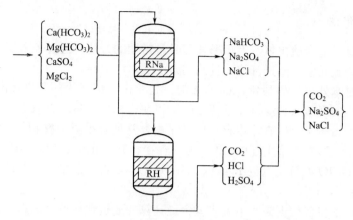

图 9-5 H-Na 离子交换脱碱软化系统示意

三、含 H_2S 水的处理

地下水中的硫化氢气体主要来源于硫酸还原菌的作用，硫元素的价态为最低价态。在天然水体中，这些还原性的硫类物质主要以溶解性 H_2S 气体或 HS^- 的形式存在。由于硫化氢气体的异味以及高浓度含量情况下的毒性，除了作为理疗用水外，含硫化氢水在作为生产、生活水资源时都要进行处理后方可使用。

目前规模化应用的处理方法中，基本都是通过氧化的方法将水中的硫化氢气体氧化成元素硫固体或硫酸根离子，通过沉淀过滤的方法从水中脱除。

现阶段使用较多的含 H_2S 水的处理方法有曝气法（空气或充氧曝气法）、氯氧化法、锰砂过滤法、铜锌合金滤料过滤法等。一般情况下，当水中硫化氢浓度超过 10.0mg/L 时，推荐采用充氧或加氯化学氧化工艺；当浓度不超过 10.0mg/L 以及水的 pH 值高于 6.8 时，适宜采用锰砂或铜锌合金等氧化性滤料进行过滤；如原水为高浓度含 H_2S 水时，可采用化学氧化、氧化性滤料过滤串联的工艺，以获得更佳的出水水质。

（一）曝气法

曝气法是针对含硫化氢水的最常见的处理方式，通入的气体可采用空气或者氧气。当原水的 pH 偏酸性时，水体中大部分还原性硫均以硫化氢分子的形式存在，此时，可采用机械曝气或者鼓风曝气的形式对水体进行处理，将硫化氢从液相中分离。在此过程中，将硫化氢分离的主要功劳其实是吹脱的作用。气体与液体充分接触后，水中的溶解性硫化氢气体穿过气液界面向气相转移，完成分离过程；而少数的 HS^- 被空气中的氧气氧化形成元素硫的沉淀物。当原水 pH 呈中性甚至碱性时，可采用充氧曝气的方法提高氧化效率。

对于一个小规模家用装置来说，可不考虑吹脱出气体的收集。但对于大量的浓度较高且 pH 呈酸性的含硫化氢水，其吹脱出的硫化氢气体可能会使反应所在建筑物内充满令人不快的气体，因此一个典型的除 H_2S 曝气系统还需要设置 H_2S 气体的收集、处理装置。收集后的气体可通过氢氧化钙或氢氧化钠水溶液中和处置。

曝气法对于低硫化氢含量水的处理是比较有效的，当硫化氢浓度较高时，可采用曝气法作为预处理，与其他化学氧化工艺串联。曝气后的水体中可能含有硫的沉淀，应进行过滤后才可使用。例如地下水除铁除锰常用的曝气锰砂滤池就可用于含硫化氢水的处理，其实质就是曝气与锰砂过滤联用。

（二）氯氧化法

加氯氧化法是目前含硫化氢水大规模处理时最常用的方法，通过加入氯氧化剂，将水体中的硫化氢氧化为硫元素，通过沉淀、过滤的方法从水中去除。

氯类氧化剂是水处理工程最常用的消毒剂，是净化厂内必设的工艺流程。通过管路设置，在实际工程中实现多点加氯是非常便捷的。目前，使用较多的氯氧化法是投加次氯酸钠氧化工艺。由于次氯酸 HClO 在水中存在电离平衡，其离解平衡常数 pK_a 为 7.54 左右，当溶液为碱性时，次氯酸在水中主要以 ClO^- 形式存在，其氧化电位为 0.89V（vs. SHE），远低于酸性环境下 HClO 的氧化电位 1.49V（vs. SHE）。因此，氯氧化工艺的适宜 pH 值环境为 6.0～8.0 左右。

氯氧化剂的投加量应根据原水中硫化氢含量计算并通过现场调试确定。处理后的溶液中含有硫元素固体悬浮物、少量硫化氢气体、过量的氯消毒剂以及氯消毒副产物，可串联活性炭过滤工艺进行消除。

（三）锰砂过滤

锰砂过滤也是地下水除铁除锰时常用的工艺，其去除水中硫化氢的实质是接触过滤氧化法，工艺流程与地下水除铁除锰相似。整个过程以进水中的溶解氧为氧化剂，以天然锰砂为催化剂，加速硫化氢的氧化，从而完成从水中脱除硫化氢的过程。锰砂过滤前宜设置曝气工艺，以增加水中溶解氧。图 9-6 为喷头曝气与锰砂过滤联用工艺示意。

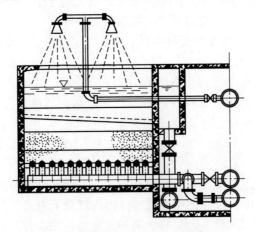

图 9-6　喷头曝气与锰砂过滤联用工艺示意

一般来说，锰砂过滤器可采用重力式或压力式的快滤池，当水量较小时也可采用滤罐形式；天然锰砂滤料粒径宜为 0.6～2.0mm 之间；重力式滤池滤层厚度宜为 700～1000mm，压力式滤池滤层厚度宜为 1000～1500mm；滤池滤速宜为 5～7m/h。滤池日常工作中，作为吸附剂和催化剂的熟化锰砂表面会吸附大量的有机质和沉淀物，可采用定时水反冲洗，保证滤料再吸附和氧化的过程不受阻碍；一定工作时间后，可采用 5% 高锰酸钾溶液对锰砂滤料再生。当原水为高硫化氢含量水时，锰砂过滤在使用过程中会出现再生频繁的现象，因此，锰砂过滤的方法宜处理 10mg/L 以下的低硫化氢浓度水。

（四）铜锌合金滤料（KDF）

铜锌合金滤料，商品名为 Kinetic Degradation Fluxion（简称 KDF），也可以作为接触氧化去除水中硫化氢的滤料。KDF 是由 Don Heskett 于 20 世纪 80 年代发明的，并通过美国国家卫生基金会、水质协会等部门的认证。KDF 滤料在我国的使用一直处于摸索阶段，尚未有成熟的大规模应用。

KDF 滤料的实质是由高纯的铜、锌按照一定比例组合而成的过滤介质。根据滤料中铜、锌的比例不同，市场上常用的有 KDF55 和 KDF85 两种（前者铜、锌比例各为 50%；后者铜为 85%，锌为 15%）。目前去除水中 H_2S 常用的是 KDF85，滤料粒径 0.15～2.0mm，表观密度为 $2.2\sim2.7g/cm^3$。

KDF 去除水中硫化氢的原理是利用 KDF 滤料中的铜与水中硫化氢发生反应，生成不溶于水的沉淀物硫化铜，从而将硫元素从水中脱除。

$$Cu/Zn+H_2S \longrightarrow Cu/Zn+CuS\downarrow+H_2 \tag{9-12}$$

$$2H_2+O_2 \longrightarrow 2H_2O \tag{9-13}$$

在整个反应的过程中，滤料表面易附着有生成的硫化铜沉淀，应定期进行反冲洗清除；一定时段后，可以用盐酸浸泡完成滤料的再生。

KDF 用作含硫化氢水处理的同时，还可将含硫化氢水中共存的许多重金属离子置换出来，只要是比锌电极电位高的重金属离子，都可以被同步去除。这也是 KDF 滤料使用的优势之一。

KDF 滤料适合于小规模的含硫化氢水处理，其出水硫化氢含量较低。为了提高整个系统的去除效率，可先以其他工艺进行预处理，出水再进入 KDF 过滤。但需要注意的是，KDF 不宜作为氯氧化工艺后置的过滤介质。由于原水经过氯氧化后，水中含有较多的残留的氯消毒剂，其可与 KDF 合金中的锌发生反应，使得溶液中锌离子含量超标。这也是目前以 KDF 滤料作为去除水中余氯的小型家用饮水机在使用过程中遇到的主要问题。

$$Cu/Zn+Cl_2 \longrightarrow Cu/Zn+Zn^{2+}+2Cl^- \tag{9-14}$$

四、高硫酸盐水的处理

高硫酸盐水处理，主要是将水体中超标的硫酸盐离子从液相中脱除。除了对可溶性离子去除通用的离子交换、反渗透等工艺外，规模化使用较多的是具有一定选择性的投药沉淀法和吸附法。而现阶段理论研究较多的利用硫酸还原细菌处理高硫酸盐的方法，还远不成熟，尚待进一步研究。

（一）投药沉淀法

投药沉淀法的主要原理就是通过投加化学试剂，使硫酸根与所投加药剂的阳离子结合，形成溶解度较小的沉淀物，从而从水中脱除。现阶段，使用较多的药剂有氯化钡和硫酸钙。

氯化钡沉淀法是工业中去除硫酸盐最常用的方法。通过向原水中投加氯化钡药剂，利用硫酸钡在水中溶解度小的特点，将硫酸根离子从液相中分离。其化学式如式(9-15)所示。

$$BaCl_2+SO_4^{2-} \longrightarrow BaSO_4\downarrow+2Cl^- \tag{9-15}$$

投加氯化钡药剂法工艺操作简单，去除效果好，但由于氯化钡有较强的毒性，而且规模化投加时对药剂储存条件要求高，因此，在使用的过程中经济性相对较差。

因此，当生活用水使用投药沉淀工艺进行硫酸盐脱除时，常采用氯化钙沉淀法，其化学反应如式(9-16)所示。氯化钙沉淀法运行时较氯化钡沉淀法成本低，但由于生成的沉淀物硫酸钙的溶度积为 9.1×10^{-6}，较硫酸钡大，去除硫酸根的效果比氯化钡法差。

$$CaCl_2 + SO_4^{2-} \longrightarrow CaSO_4\downarrow + 2Cl^- \qquad (9-16)$$

近年来的研究中发现，在投加钙盐去除硫酸根的同时，向原水中投加聚合氯化铝絮凝剂（PAC），可以有效地增加钙盐去除硫酸根的效果。PAC是水处理中常用的无机高分子絮凝剂，其絮凝的过程主要是通过压缩双层、吸附电中和、吸附架桥、沉淀物网捕等机理，使水中细微悬浮粒子和胶体粒子脱稳、聚集、絮凝、混凝、沉淀，达到净化效果。PAC的投加，使得硫酸钙生成的平衡反应式向正方向进行，一定程度上增加了硫酸盐的去除率。在硫酸盐去除的同时，原水中的氟离子等也吸附在氢氧化铝胶体外形成络合物被同步去除。

（二）吸附法

在化工行业生产中，往往需要选择性地从盐水中脱除硫酸盐，以满足生产工艺的需要，因此，利用一些碱性氧化物与硫酸根亲和性较强的特点，选择性吸附硫酸盐的方法也使用较多。并且，随着研究的深入，具备了在水处理领域规模化应用的可能。

NDS法（New Desulfation System）是由日本钟渊化工开发的一种利用氢氧化锆选择性吸附脱除硫酸盐的方法。由于硫酸根对Zr（Ⅳ）具有强烈的亲和性，因此，采用溶度积极小的$ZrO(OH)_2$作为吸附剂，可从原水中选择性脱除硫酸盐。而当吸附饱和后，利用氢氧化钠溶液浸泡，就可以方便地完成脱附。其吸附和脱附的化学反应如下式所示。

$$2ZrO(OH)_2 + Na_2SO_4 + 2HCl \longrightarrow [ZrO(OH)]_2SO_4 + 2NaCl + 2H_2O \qquad (9-17)$$

$$[ZrO(OH)_2]SO_4 + 2NaOH \longrightarrow 2ZrO(OH)_2 + Na_2SO_4 \qquad (9-18)$$

由于$ZrO(OH)_2$在水中溶解度非常小（溶度积达到6.3×10^{-49}），因此，NDS工艺生产中无有毒物质进入水中，而且不产生固体废物，盐水中的硫酸根的脱除率可达90%以上，原水硫酸根浓度适应性比较广。其缺点在于吸附材料$ZrO(OH)_2$零售价相对较高，考虑到$ZrO(OH)_2$在使用中损失很小且再生方便低廉，因此，具备一定的推广应用价值。

五、受污染地表水处理

从世界各国以及我国的水环境状况来看，随着工业技术的不断进步和人民生活水平的不断提高，水环境质量出现了恶化的状况，特别是水体中的有机污染物的含量逐年增多。进入20世纪后半叶，随着水质分析技术的突飞猛进，水体中被监测到的有机污染物种类越来越多。众多有机污染物中，可直接或间接致癌、致畸、致突变的有机物就多达数十种。大家开始真正意识到饮水、用水安全受到了前所未有的冲击。

传统的给水处理工艺以混凝-沉淀-过滤-消毒为核心技术，其针对的对象水体是水质良好的传统水资源，处理的主要目标还是去除水体中的浊度、色度、细菌、病毒。但是面对污染日益严重的水源，常规工艺的去除效果显得有些捉襟见肘。研究表明，混凝、沉淀、过滤只能去除不到30%的水中有机物，而且由于有机物的存在，混凝破坏胶体稳定性的能力下降，使得对于浊度的去除能力远低于理论计算值；通过增加混凝剂提高出水质量的方法，可能导致产水中金属离子含量超标。当水体中残留有机物与氯消毒剂相遇时，还可能生成三卤甲烷等较高毒性的消毒副产物。

2006年，我国颁布了新版的《生活饮用水卫生标准》（GB 5749—2006），新标准中考察的水质指标由1985年版标准的35项，增加为106项。其中，有机化合物的指标由5项增加为53项，其中很多均为水体中的痕量有机物。虽然由于种种原因，新标准在全国全面实施的年限推至2015年，但是由新标准带来的给水工程净水工艺的变革早已逐渐显现。

对于微污染水源中的有机物处理，一般的做法是将在污水处理中常用的化学氧化、物理吸附或者生化技术移植到给水处理中，通过在传统混凝—沉淀—过滤工艺链中前置或者后置来完成对水体的深度净化。近年来，以超滤为代表的膜技术也在给水工程中得到迅速地推广。本书重点对使用最多的化学氧化、吸附剂吸附和生化技术进行介绍。

（一）化学氧化

1. 臭氧氧化

臭氧是一种氧化性极强的氧化剂，在天然水体中性上下的 pH 范围内，其氧化电位可达 2.07eV。臭氧的强氧化能力可迅速分解有机物，杀灭细菌，并能灭活氯所不能杀灭的病毒和芽孢。

臭氧在水处理工艺中应用时，可起到降低化学需氧量、杀菌、脱色除臭等功效。臭氧的使用形式多采用鼓泡接触塔或臭氧曝气接触池。臭氧可在传统工艺链中前置，起到预氧化分解大分子有机物的作用，再与后续的混凝工艺配合可有效去除色度并消除三卤甲烷前驱体；也可在沉淀、过滤工艺后使用，起到深度净化和消毒的作用。臭氧与 UV 紫外线照射联用，可使臭氧分子分解为活性更强的羟基自由基，进一步提高了其氧化能力。

给水处理中使用的后置臭氧曝气接触池须采用全密闭形式，接触池个数或能够单独排空的分格数不宜少于 2 个。单个接触池一般设有二段接触室串联而成，接触室间由竖向隔板分开，每段接触室池底部设微孔曝气盘，向水中扩散臭氧。曝气盘的布置应能保证布气均匀，其中第一段接触室布气量宜占总布气量的 50% 左右。接触池水流多采用竖向流方式，并在池内设置若干竖向导流隔板，导流隔板顶部和底部应设置通气孔和流水孔。密闭接触池顶应设置尾气排放管和自动气压释放阀，尾气须经过设置在池顶的臭氧消除装置处理。由于臭氧具有强腐蚀性，其输送管材一般采用 316 不锈钢。

臭氧氧化工艺最大的缺点在于电耗较高，且臭氧发生间相关的电器设备须采用防爆型，这也加大了处理成本。

2. 高锰酸钾氧化

高锰酸钾也是给水处理工艺中常用的强氧化剂之一，它常被用在传统混凝、沉淀、过滤工艺的前端进行预氧化，可去除水中的色度和臭味，对于藻类的抑制作用非常明显，同时还可以起到助凝作用。

高锰酸钾氧化水中有机物后，生成不溶于水的中间产物二氧化锰。二氧化锰是具有较大比表面积和吸附能力的物质，它可作为凝聚核促进悬浮颗粒物和胶体发生沉降。因此高锰酸钾预氧化，可以有效地促进水中有机物的去除。

高锰酸钾对于藻类和贻贝的灭活作用非常明显。由于高锰酸钾可使水体中的铁发生氧化从而沉淀，而铁又是藻类合成叶绿素的必要元素，因此高锰酸钾具有较强的抑藻灭藻的作用。

研究人员在同样后续工艺的条件下，对比了采用高锰酸钾预氧化和氯预氧化的处理效果发现，高锰酸钾预氧化可使水中浊度、色度的去除率大幅提高，同时也使有机物的去除率提高了近 20%。

3. 光催化氧化

半导体光催化水处理技术是现阶段发展迅速的一种化学催化氧化技术，在给水处理领域极具应用潜力。

光催化氧化是利用半导体光催化剂在紫外线激发照射下，产生的羟基自由基氧化其他物质的技术。羟基自由基是一种无选择的强氧化剂，其氧化还原电位仅次于氟。理想状况下，如果反应时间充足，羟基自由基可将有机物彻底矿化，直至生成 H_2O 和 CO_2。水中的细菌、病毒等与羟基自由基接触后，有机键（C—C 键、C—H 键等）中的电子被夺，从而完成杀菌的过程。

目前使用最多的光催化剂是固定化后的二氧化钛光催化剂。20 世纪末，美国环保局（EPA）对光催化可降解的 800 多种有机污染物进行了具体的统计。这些对许多其他氧化方法都有抑制作用的难降解有机物，几乎都可以迅速被光催化技术矿化。

近年来，光催化氧化技术与其他工艺的联合应用也属于研究的热点。通过与其他工艺联合，可获得更好的净化效果。目前研究较多的是光催化与电化学、光催化与生物法以及光催化与化学氧化法的联合工艺。

光电联合工艺采用较多的是"电助光催化"的联合模式。光催化反应过程中，光生电子与空穴的高复合率一直是制约光催化技术应用的瓶颈问题。当以外电路的形式对负载二氧化钛的阳极施加一个阳极偏压，会很快复合的光生电子经外电路迁移至阴极表面，电子和空穴的复合被有效地抑制，从而使光催化技术获得更稳定的处理效果。1993 年，加拿大研究人员首次发表了以外加电压形式辅助二氧化钛催化剂光催化氧化 4-氯酚的研究报道，开启了学术界对于电助光催化研究的序幕。国内外研究人员的共同努力，为该技术的应用奠定了坚实的成果。

生物法和光催化技术的联合，可结合光催化法的高效性和生物法的成本低、易于操作等优点，提高污染物的净化效率，并降低整个工艺的净水成本。目前生物法和光催化技术联用模式主要有两种，光催化-生物法和生物-光催化法联用。

光催化-生物联用工艺是先利用光催化无选择性的强氧化能力破坏难生物降解有机物的化学结构，提高废水的可生化降解性；光催化单元的出水进入后续的生物法单元，使剩余有机物被彻底地降解，同时污染物中含有的氮、磷等元素还可以作为生物法的营养源被吸收。

光催化后置的生物-光催化联合模式特点在于：对于含有多种有机物的复杂废水，先采用生物法充分处理以排除其他有机物的干扰，再采用光催化技术深度去除残留的难生物降解物质，以使光催化氧化工艺无选择性的强氧化能力充分作用于对生化作用具有顽固性的有机物。

物理吸附技术和光催化技术的联用是微污染水深度处理的常见技术。一般来说，光催化氧化污染物主要由羟基自由基和光生空穴氧化吸附在催化剂表面的污染物来完成的。当溶液中污染物含量很低时，溶液中其他天然物质对污染物在催化剂表面的吸附形成了干扰，从而降低了污染物的光催化降解效率。而在物理吸附和光催化联合工艺中，合适的物理吸附剂（如沸石、活性炭、硅藻土等）可排除水中天然物质的干扰，先选择性地将污染物吸附至其表面，然后再以光催化作用降解所吸附的污染物使吸附剂再生。

$H_2O_2/TiO_2/UV$、$O_3/TiO_2/UV$、$HClO/TiO_2/UV$ 是化学氧化法与二氧化钛光催化联用的常见方式。工艺过程中，光催化氧化和化学氧化在发生作用的同时，UV 可使 H_2O_2、O_3、$HClO$ 发生裂解产生羟基自由基活性物质，从而获得更强的深度处理效果。

光催化氧化技术在我国的应用还多处于小规模设备应用阶段，而在光催化技术的发源地日本，已有较多的较大规模应用案例。

（二）活性炭吸附

颗粒活性炭（GAC）是给水处理中最常用的多孔吸附剂之一。由于巨大的微孔比表面积，活性炭吸附可有效地去除水中的臭味、水体中的溶解有机物和微污染物质。在有机物的吸附去除中，对于大部分大分子有机物、芳香族化合物、卤代烃、腐殖质以及低分子量有机物都有明显的去除效果。

相比其他工艺，活性炭吸附工艺是目前现有深度处理工艺中去除有机物最为稳定有效的方法之一。因此，在为达到生活饮用水新标准而进行的处理工艺升级改造中，活性炭吸附工艺几乎成了必备工艺。

现阶段在给水处理中活性炭吸附一般是采用活性炭滤池的形式，置于常规处理工艺后使用。将烟煤、褐煤、果壳或木屑等材料炭化、活化后制备成颗粒状或粉末状的吸附材料，然后可作为滤料添加在普通快滤池、V形滤池等多种形式的快滤池中，将砂滤后的水体从上向下重力流通过碳滤池吸附有机物。滤池定期进行气、水或气水反冲洗，一定阶段吸附饱和后需再生使用。

作为应急处理环节的活性炭吸附，都是在传统工艺的前端投加入原水，经过与水体中的有机污染物充分混合、接触、吸附后，在沉淀环节与沉降的污泥一起排出。该种方法平常不运行，只在出现突发污染事故时使用。近年来我国出现的松花江硝基苯污染、兰州苯超标等突发污染事件均采用投加活性炭吸附的方法进行应急处置，效果明显。

活性炭吸附的缺点在于对于小分子有机物吸附能力较强，而对部分大分子有机物则难以去除。因此，设计人员常采用臭氧氧化-活性炭吸附联用工艺来克服这一缺点。活性炭前的臭氧氧化可将大分子有机物氧化分解为小分子有机物，使其可进入活性炭的微孔内，充分利用活性炭的吸附容量；而吸附后的有机物还可在活性炭表面接续氧化，减轻了活性炭的负担。

除了臭氧-活性炭工艺外，生物活性炭工艺也是近年来使用较多的处理技术。利用在活性炭表面附着的微生物的氧化作用和活性炭的吸附作用，联合处理污染物。该工艺可进一步降低出水中的可溶性有机物，延长活性炭的使用时间，同时也可以把水中氨氮转化为硝态氮。但考虑到活性炭上微生物的存活，选用生物活性炭工艺时一般不使用加氯预氧化环节。

（三）生化技术

微污染水体的生物处理技术都移植于污水处理中的生化技术，利用微生物的作用，提高有机物和氨氮的去除效果。由于具有生物量高、生物相丰富且可同时去除多种有机、无机物的特点，生物膜法是微污染水净化工艺中最常使用的生化技术，其中普通生物滤池、生物转盘、曝气生物滤池等都是采用较多的工艺形式，其基本原理见本书第七章的介绍。

使用生化技术进行微污染水源的净化，一般都是与常规混凝—沉淀—过滤（砂滤）工艺进行联用，利用生化技术对有机物和氨氮的去除特性再加上常规工艺对浊度、细菌等指标的去除，才能保证产水达到标准。实际使用中，生化技术与常规工艺的联合有两种主要形式：①生化技术→混凝→沉淀→过滤→消毒；②混凝→沉淀→生化技术→过滤→消毒。

生化技术与传统工艺联用形式的选择，需要根据原水水质的具体情况进行分析确定。

两种形式中，当原水中有机物分子量较低、浓度较高且亲水性较强时，可采用第一种形式。生化技术环节处于混凝工艺的前端作为预处理工艺，可以对有机物进行降解，降低有机物浓度的同时，也可改变水中胶体的ζ电位，使得胶体在后续的混凝工艺中更容易脱稳凝聚。从而使得后续工艺在不增加混凝剂投加量的前提下，可获得更好的处理效果。

当原水中浊度高、悬浮物多或者色度大、有机物分子量较大时，可采用第二种形式。原水首先通过混凝沉淀工艺，将浊度和大分子有机物去除，剩余的较低含量的低分子有机物可进入后续的生化技术环节处理。既降低了生化环节的有机物负荷，同时也使生化处理环节的去除效率有所提高。

六、受污染地下水处理

根据我国环境状况公报中公布的结果，从污染元素来看，微污染地下水中除了盐度、硬度、硫酸盐、有机物超标外，多发的污染指标为铁、锰、氟以及硝酸盐超标。

（一）除铁除锰

在我国，地下水中铁、锰含量偏高的现象非常普遍，因此，去除铁锰也是地下水处理中经常要面对的问题。地下水中除铁或者锰单项超标情况外，由于铁、锰的化学性质比较接近，因此常共存于水中。由于 Fe^{3+}、Mn^{4+} 在水中的溶解度极低，因此，地下水中溶解的铁、锰基本为 Fe^{2+}、Mn^{2+}。而去除水中溶解态铁、锰的机理就是通过氧化或催化氧化反应，将 Fe^{2+}、Mn^{2+} 分别转化为 Fe^{3+}、Mn^{4+}，并形成沉淀后从液相分离。

基于铁、锰化学性质接近的特性，在给水处理中的方法也非常相近。目前工程中采用较多的方法主要为空气氧化法、化学氧化法、催化氧化法。

1. 空气氧化法

向含有 Fe^{2+} 的地下水中曝气充氧，利用空气中氧气，将 Fe^{2+} 氧化为 Fe^{3+}，并与水中氢氧根作用生成氢氧化铁沉淀，从而除去水中溶解铁。

与水中溶解铁不同的是，由于 Mn^{2+} 在 pH$>$9 的情况下，才能被水中氧气所氧化，而天然水体中 pH 均处于中性附近，因此，给水处理中空气氧化法只用于除铁。

空气氧化法曝气的形式可采用跌水曝气、喷淋曝气、曝气塔、压缩空气曝气以及射流曝气等多种形式，除了向水中充氧作用外，也起到一定驱除水中溶解二氧化碳的作用。

空气氧化法后的过滤可采用快滤池的形式，滤料可用石英砂滤料或天然锰砂滤料。如采用石英砂滤料，曝气与过滤之间应设置氧化池，使曝气后水体停留 1h 左右，以充分完成氧化和氢氧化铁絮体沉淀的作用。若使用锰砂滤池，可不设置氧化池。

2. 化学氧化法

投加具有强氧化性的化学药剂，可以比空气氧化更加快速、彻底地将铁从水中去除，而且可以把锰同步氧化去除。

目前在给水处理中常用的化学氧化剂，如氯、高锰酸钾、二氧化氯、臭氧等都可以将水中铁、锰氧化。当采用化学氧化工艺时，一般后接氧化池和砂滤池即可取得较好地处理效果。

氯是给水常规处理中最常用的氧化剂和消毒剂，其氧化性比氧强，但较其他几种氧化剂弱。它可在中性条件下将 Fe^{2+}、Mn^{2+} 氧化为 Fe^{3+}、Mn^{4+}，但氧化 Mn^{2+} 的速度远低于氧化 Fe^{2+} 的速度。研究表明，pH$>$9.5 的时候，氯氧化水中 Mn^{2+} 的速度才可以迅速进行。因此，如地下水中只有铁超标，可直接加氯氧化；而存在锰超标时，需将 pH 值调节至 9.5以上才可使用，如后续配套锰砂滤池，pH 值可下调至 8.5。

$$2Fe^{2+}+HOCl \longrightarrow 2Fe^{3+}+Cl^-+OH^- \tag{9-19}$$

$$Mn^{2+}+HOCl+H_2O \longrightarrow MnO_2+HCl+2H^+ \tag{9-20}$$

高锰酸钾氧化是地表水有机物、藻类超标时常用的处理工艺，其氧化性强于氯。在中性和弱酸性环境下，可快速彻底地氧化 Fe^{2+}、Mn^{2+}。由于高锰酸钾的价格低于臭氧和二氧化氯，且操作方便，因此成为化学氧化法同步去除水中铁、锰的较佳药剂。实际使用时高锰酸钾投加量应通过实验精确确定，并采用计量泵准确投加。运行中，可根据投加高锰酸钾后氧化池的颜色变化鉴别投量效果。

臭氧和二氧化氯氧化都可以同步氧化去除铁、锰，但存在着运行价格相对较高，现场发生设备需要严格管理的缺点。随着发生设备的国产化、生产工艺的不断优化以及二氧化氯消毒工艺的逐渐普及，这两种消毒剂在地下水除铁、除锰中也逐渐开始使用。

3. 接触催化氧化法

含铁地下水经过曝气后，经过天然锰砂滤料、石英砂滤料或无烟煤滤料一段时间的过滤后，滤料表面生成一层具有很强氧化除铁能力的铁质活性滤膜。该滤膜主要成分为 $Fe(OH)_3 \cdot 2H_2O$，可先以离子交换的方式吸附水中的 Fe^{2+}，并在活性滤膜的催化作用下，Fe^{2+} 被水中溶解氧迅速氧化生成 $Fe(OH)_3$ 沉淀。主要的化学反应式如下：

$$Fe(OH)_3 \cdot 2H_2O + Fe^{2+} \longrightarrow Fe(OH)_2(OFe) \cdot 2H_2O^+ + H^+ \quad (9\text{-}21)$$

$$Fe(OH)_2(OFe) \cdot 2H_2O^+ + \frac{1}{4}O_2 + \frac{5}{2}H_2O \longrightarrow 2Fe(OH)_3 \cdot 2H_2O + H^+ \quad (9\text{-}22)$$

研究发现，当采用天然锰砂滤料时，锰砂对 Fe^{2+} 具有良好的吸附性，但不起催化作用。当采用锰砂过滤时，曝气设备宜采用跌水曝气、压缩空气曝气、莲蓬头曝气等形式，曝气后不需设氧化池。由于锰砂对于 Fe^{2+} 的吸附能力较强，因此铁质活性滤膜熟化所需时间较短，而且随着活性滤膜累积越多，其过滤后的水质越好。

含锰地下水的接触催化氧化法与除铁工艺相似，含锰地下水经过曝气后，进入设有天然锰砂滤料或石英砂滤料的滤池过滤，经过一段时间熟化后，滤料表面生成一层黑褐色的锰质活性滤膜，该滤膜主要成分可能为某种锰的混合氧化物（有人认为是 MnO_2，也有人认为是 Mn_3O_4 或其他混合物，尚存争议），可以吸附水中的 Mn^{2+}，并在锰质活性滤膜的催化作用下，利用水中溶解氧迅速将 Mn^{2+} 氧化生成 Mn^{4+} 的沉淀。以 MnO_2 代表锰质活性滤膜，其主要的化学反应式如下：

$$MnO_2 + Mn^{2+} \longrightarrow MnO_2 \cdot Mn^{2+} \quad (9\text{-}23)$$

$$MnO_2 \cdot Mn^{2+} + \frac{1}{2}O_2 + H_2O \longrightarrow 2MnO_2 + 2H^+ \quad (9\text{-}24)$$

当铁、锰共存时，由于铁的氧化还原电位低于锰，在相同的 pH 条件下，Fe^{2+} 的氧化速率高于 Mn^{2+}；同时 Fe^{2+} 又可以将 Mn^{4+} 还原。因此，对于含铁、锰的地下水来说，除锰的难度要大于除铁。当铁、锰浓度较低时（含铁浓度 $<2mg/L$，含锰浓度 $<1.5mg/L$），可采用锰砂一级过滤同时除铁、锰；但当浓度较高时（含铁浓度 $>10mg/L$，含锰浓度 $>3mg/L$），宜采用先除铁后除锰的二级接触催化氧化过滤方法。二级过滤时，可采用两组滤池串联，或者一个滤池双层滤料自上而下过滤。

（二）除氟工艺

氟是水中常见的离子，是人体所需的必要元素之一。当长期饮用高含氟量水时，可能由于慢性骨骼氟中毒引发斑牙、骨骼疼痛、骨骼变形、弯腰驼背等症状。我国生活饮用水标准中规定氟含量应在 $1.0mg/L$ 以下。目前，给水处理中常用的除氟工艺是吸附过滤法，另外，除盐工艺中所用的离子交换、电渗析、反渗透等工艺，都能将水中氟离子去除。

1. 活性氧化铝法

活性氧化铝吸附剂是吸附过滤除氟工艺中最常用的多孔吸附剂，它具有较大的比表面积。当水体溶液在其等电电位 9.5 以下时，具有较强的阴离子吸附能力。其作为阴离子吸附剂的 pH 工作范围，与含氟化物天然水体的 pH 范围非常吻合。研究表明，当溶液 pH 值处于 5.5 附近时，活性氧化铝吸附除氟的效果最佳。

活性氧化铝使用前先用 4% 左右浓度的硫酸铝溶液活化为硫酸盐型，经过吸附饱和后，可用 3% 左右浓度的硫酸铝溶液再生。其反应式如下：

$$(Al_2O_3)_n \cdot 2H_2O + SO_4^{2-} \longrightarrow (Al_2O_3)_n \cdot H_2SO_4 + 2OH^- \quad (9\text{-}25)$$

$$(Al_2O_3)_n \cdot H_2SO_4 + 2F^- \longrightarrow (Al_2O_3)_n \cdot 2HF + 2SO_4^{2-} \quad (9\text{-}26)$$

$$(Al_2O_3)_n \cdot 2HF + 2SO_4^{2-} \longrightarrow (Al_2O_3)_n \cdot H_2SO_4 + 2F^- \tag{9-27}$$

活性氧化铝的理论氟吸附容量为 $1.2 \sim 4.5mg/L \ F^-/g \ Al_2O_3$，根据原水中氟浓度、pH 以及吸附剂的粒径不同有所不同。活性氧化铝在给水工程中多采用上流式滤床形式，进水时 pH 值多控制在 6.0～7.0 之间，接触时间控制在 15min 以上。采用硫酸铝再生时，再生时间可控制在 1.0～2.0h，再生后采用除氟水反冲洗 10min。吸附再生后的废液的处置费用较高是活性氧化铝吸附过滤除氟工艺的主要缺点。

2. 磷酸三钙吸附法

磷酸三钙吸附法，也称为骨炭吸附法，是吸附过滤除氟工艺中常用的吸附剂之一。相比于活性氧化铝吸附剂，磷酸三钙吸附剂反应时间更短，零售价格相对较低，但催化剂本身机械强度较弱导致其吸附能力衰减较快，使用寿命相对较短。

磷酸三钙分子式为 $Ca_3(PO_4)_2 \cdot CaCO_3$ 或 $Ca_{10}(PO_4)_6(OH)_2$，其吸附除氟的化学反应式为：

$$Ca_{10}(PO_4)_6(OH)_2 + 2F^- \longrightarrow Ca_{10}(PO_4)_6F_2 + 2OH^- \tag{9-28}$$

磷酸三钙再生时，一般采用 1% 的氢氧化钠溶液浸泡吸附剂，溶液中氢氧根浓度增大，使式（9-28）反应向反方向进行，从而完成再生。因此，反应中，溶液的 pH 应当控制在酸性环境中。氢氧化钠浸泡可采用 0.5% 硫酸进行中和，使 pH 回归弱酸性再次使用。

（三）除硝酸盐工艺

硝酸盐是一种无色、无味且极易溶于水的污染物质，从世界各国的地下水环境现状来看，硝酸盐氮污染已经成为全球地下水存在的普遍现象。一般来说，天然硝酸盐氮在地下水中的含量较低，而近半个世纪以来不断加重的硝酸盐氮污染应归因于农业生产中氮肥的使用。大量的氮肥施加到农田后，不能被吸收利用的部分会随着灌溉和降雨在土壤中下渗。相比于铵态氮，土壤对于硝态氮的吸附能力相对较弱，因此，大量的硝态氮下渗进入到浅层地下水中。由于硝态氮化学性质相对稳定，且浅层地下水中缺乏硝态氮还原的反应条件，因此，硝态氮易在地下水中形成累积。除此之外，由于污水灌溉的使用逐渐增多，当水中氮含量控制不善时，也成为地下水中硝酸盐氮污染的重要来源。

硝酸盐氮本身毒性很小，但是硝酸盐在人体内可被还原为高毒性的亚硝酸盐，进而形成致癌物质亚硝基胺，对人体健康产生较高的风险。亚硝酸盐进入人体血液，会使血红蛋白转换为高铁血红蛋白，失去传递氧气的能力，高铁血红蛋白含量较高时，容易导致高铁血红蛋白症。硝酸盐氮的危害已经引起世界各国医学界的重视，但各国对于饮用水中硝酸盐氮限值尚存在一定争议。我国 2006 版《生活饮用水卫生标准》中规定，饮用水中硝酸盐氮含量（以氮计）不应超过 10mg/L，受到水源地限制时也不应超过 20mg/L。

为了应对地下水中硝酸盐氮污染的困局，我国制定了多项相关政策限制污染源向自然水体排放时氮元素的含量。但对于已经进入地下水中的硝酸盐氮，在提取利用时，应采用适当的处理方式予以净化。现阶段，脱除水中硝酸盐氮使用较多的方法是离子交换法、化学还原法、生物反硝化法以及膜分离法。

1. 生物反硝化技术

生物反硝化技术脱除硝酸盐氮是指利用反硝化细菌的作用，将水中的硝酸盐氮还原为气态氮或者氮氧化物。根据生物反硝化过程发生的场所不同，生物反硝化脱氮可分为原位反硝化脱氮和异位反硝化脱氮两种。

原位生物反硝化是指利用被污染的地下水含水层作为反硝化脱氮的地点，由于地下水中碳含量不足以满足反硝化需要，采用向地下水人工添加的方式，为反硝化菌提供基质和营养物质，供其完成反硝化脱氮的过程。

原位生物反硝化技术由于不需要将污染水体提取并回灌，因此，其运转费用和建设费用都相对较低。该方法比较适合应用于浅层地下水的硝态氮脱除，对于埋深较深的地下水相对不便。而且由于地下水流向难以控制，因此多用于地质条件相对理想的地区。

对于向水体中投加的碳源可采用甲醇、乙醇等液态氮源，也可采用锯末、稻草等天然固态氮源，但在运行中都存在一些问题。采用液态氮源反硝化效果好，但投资较大且投加量不当时极易污染地下水；采用天然固态氮源，价格较低，但其释放量不易控制，且分解后残余物容易将含水层堵塞。近年来，科研人员采用高分子淀粉、可降解塑料等可生物降解聚合物材料，利用载体骨架人工制备可控缓释碳源，取得了不错的效果。但都多处于研究阶段，距规模化应用尚有距离。

异位生物反硝化技术是指利用取水构筑物，将硝酸盐污染水体提升至地面的生物反应器，进行可控性较强的反硝化脱氮处理。所采用的反硝化脱氮技术多为固定床或流化床生物膜法。异位生物反硝化根据有机碳源的来源也可分为自养生物反硝化和异养生物反硝化。

异养生物反硝化脱氮是以人工投加的有机物作为反硝化的碳源，是工程应用中最常采用的方法，而甲醇、乙醇、醋酸等均为常采用的人工碳源。人工投加碳源可保证反应的持续快速进行，适合规模化应用，但人工碳源经济性较差且投加时应精确控制投加量。研究表明，反应中碳源不足容易导致亚硝态氮的累积，而碳源过多则容易造成水中有机物残余量较高。

自养生物反硝化脱氮是指利用硫、硫的氧化物或氢等无机碳源作为电子供体，供反硝化细菌完成反硝化脱氮的过程。根据无机碳源的不同，可分为硫自养反硝化和氢自养反硝化。相比于硫自养反硝化，氢自养反硝化过程剩余污泥较少，且无机碳源无二次污染，但其缺点在于微生物生长速率较慢且采用外部供氢时容易引发安全事故。

针对外部供氢自养反硝化的缺点，近年来科研人员又开发出以电极电解水释氢作为 H 源的电极生物膜法。该方法利用电极作为生物膜载体，利用阳极电解水所释放的 H^+ 作为反硝化供氢体。H^+ 由于电场定向作用穿透生物膜向内扩散，同时阴极所产生的氢气向外溢出，为生物膜周围提供了适宜的缺氧环境。经过长期稳定运行证实，该工艺硝酸盐脱除效率高，水中无残留有机物，且整个过程耗电量也较低。

2. 化学还原法

化学还原法是指利用投加还原药剂，将水中硝酸盐还原为 N_2 从水中脱除。由于化学还原可控性较强，且反应速率较快，因此，受到很多科研人员的关注。目前使用较多的化学还原剂有金属铁、亚铁离子、金属铝。另外，利用电化学催化还原的方法也属于化学还原法。

金属铁粉是最早应用于化学还原水中硝酸盐的金属，由于其价格低廉、还原速率快的优势，所以所受关注度较高。整个反应在低 pH 值环境下进行，反应速率受到 Fe 以及硝酸盐浓度的影响，还原过程中氮的各价态产物都可能产生，中间产物控制相对较难，特别是当铁粉充足的情况下，最终产物以氨氮污染为主，也为后续处理带来了麻烦。铁还原硝酸盐氮的主要过程如下：

$$Fe + 2H_3O^+ \longrightarrow H_2 + 2H_2O + Fe^{2+} \tag{9-29}$$

$$NO_3^- + Fe + 2H_3O^+ \longrightarrow NO_2^- + 3H_2O + Fe^{2+} \tag{9-30}$$

$$2NO_3^- + 5Fe + 12H_3O^+ \longrightarrow N_2 + 18H_2O + 5Fe^{2+} \tag{9-31}$$

$$NO_3^- + 4Fe + 10H_3O^+ \longrightarrow NH_4^+ + 13H_2O + 4Fe^{2+} \tag{9-32}$$

亚铁离子在碱性或中性的高温厌氧环境下，或者有银离子或铜离子催化剂存在的室温厌氧条件下，也可将硝酸盐还原为氨气。同样，金属铝碱性厌氧环境下，也可对硝酸盐发生还原，其效率最佳的 pH 值范围处于 10～11 之间。普遍来看，采用还原性较强的重金属进行硝酸盐脱除具有较快的反应速率，但大部分产物均为氨气对环境产生了污染，同时反应过程中易产生金属离子或金属氧化物固体废弃物，处置较为麻烦，更适合在污水处理中使用。

作为化学还原法的一个分支，电化学还原法同样可将水中硝酸盐迅速还原，反应过程中也存在着副产物较多的问题。当采用直流电源通电时，硝酸盐可在阴极发生还原反应，生成包括亚硝酸盐、氮气、一氧化氮、一氧化二氮、氨气等氮的低价态产物。电化学还原过程中阴极的主要反应如下：

$$NO_3^- + H_2O + 2e^- \longrightarrow NO_2^- + 2OH^- \tag{9-33}$$

$$NO_3^- + 3H_2O + 5e^- \longrightarrow 1/2N_2 + 6OH^- \tag{9-34}$$

$$NO_2^- + 5H_2O + 6e^- \longrightarrow NH_3 + 7OH^- \tag{9-35}$$

$$NO_2^- + 4H_2O + 4e^- \longrightarrow NH_2OH + 5OH^- \tag{9-36}$$

$$2NO_2^- + 4H_2O + 6e^- \longrightarrow N_2 + 8OH^- \tag{9-37}$$

$$2NO_2^- + 3H_2O + 4e^- \longrightarrow N_2O + 6OH^- \tag{9-38}$$

$$NO_2^- + H_2O + 2e^- \longrightarrow NO + 2OH^- \tag{9-39}$$

$$N_2O + 5H_2O + 4e^- \longrightarrow 2NH_2OH + 4OH^- \tag{9-40}$$

针对电化学阴极还原硝酸盐过程中间副产物的生成，研究人员发现利用阳极的同步协同氧化作用，可使反应中副产物数量降低，硝酸盐大部分转化为氮气无害产物。冯传平等利用 Cu 做阴极，$IrO_2/Pt-Ti$ 做阳极电解去除水中的硝酸盐氮发现，在设定电流密度下，硝酸盐氮在铜阴极表面或附近可迅速被电子或电生氢原子催化还原；而向水中投加一定量氯化物电解质，利用 $IrO_2/Pt-Ti$ 阳极表面生成的羟基自由基和次氯酸氧化剂，可同步将氨氮、亚硝氮等副产物直接氧化和间接氧化去除［见式(9-41)］，产物以 N_2 为主。在此基础上，开发了处理能力 1 吨/天的电化学催化还原地下水硝酸盐设备，取得了不错的中试效果。

$$2NH_4^+ + 3HClO \longrightarrow N_2 + 3H_2O + 5H^+ + 3Cl^- \tag{9-41}$$

相比于生物脱氮技术，化学还原技术反应速率较快，但其普遍的缺点在于建设和运行成本相对较高，这制约了其转化推广的速度。

3. 离子交换法及膜分离法

（1）工艺原理　离子交换技术和以反渗透、电渗析为代表的膜分离技术是脱除水中盐离子的常用技术，在硝酸盐的脱除上也有较多的应用。但这三种技术的共同缺点在于只是将水中硝酸盐进行了富集分离，而没有改变其价态做到真正的削减，其产生的浓盐水或交换材料再生水处理费用也相对较高。

离子交换工艺作为一种成熟的脱硝技术，相比于膜技术的无选择性，其最大优势在于其选择性相对较强。利用强碱型离子交换树脂可以选择性地脱除水中的硝酸盐氮，但由于在选择性交换顺序中，硝酸盐排在硫酸盐之后、重碳酸盐和氯离子之前，因此，当原水中硫酸盐较高时（如高硫酸盐硬度水），交换树脂会优先脱出硫酸盐，导致脱除效率不高。

膜分离技术与离子交换技术相比，不会出现污染物泄漏情况，出水水质优良，工作状况比较稳定，一般无需后续处理工艺。但其无选择性使得硝酸盐脱除的同时，水中其他离子也被同时脱除，同时运行时的动力和维护成本也比较高。例如采用反渗透处理硝酸盐污染地下水，其进水需进行较为严格的预处理，去除水中悬浮物、有机物等，以延长反渗透膜的工作时间；运行过程中需定期频繁常规反冲洗和间断性的化学反冲洗，以保证其稳定的产水量。

（2）反渗透技术应用实例　山西某城市市政集中供水水源为深层承压水，水质较好且稳定，各项指标均满足要求。近年来，发现水中硝酸盐出现超标情况，分析其原因可能是由于上游私开自备水井止水不当，导致潜水中硝酸盐下渗污染了深层水。通过水质化验，其他指标相对较好，仅有硝酸盐一项超出生活饮用水 20mg/L 的标准近 50%。在处理技术选择时，综合比较离子交换和反渗透技术，两者均可满足要求，但基于场地限制和建设管理运行的方便程度，选择反渗透作为处理工艺。

该水源地深井产水 160m³/h，采用二级反渗透形式，设计出水 112m³/h。整个工艺简略流程为：

原水（含 0.3MPa 水头）→活性炭过滤器→药液混合器（药洗加药用）→保安过滤器→加压泵→反渗透膜组件→清水箱→加氯后加压送入管网。

反渗透装置中主要部件的现场参数见表 9-12。

表 9-12　反渗透装置中主要部件的规格参数

序号	设备名称	技术参数	技术要求
1	活性炭过滤器	立式圆形，$\phi 3200mm$；滤料厚度 1500mm	去除原水中的悬浮物、余氯及有机物
2	保安过滤器	PP 棉过滤，精度 $5\mu m$；外径 63mm，长度 1000mm	防止固体颗粒破坏膜组件，造成膜面划伤。当滤器进出口压差 $1kg/cm^2$ 时需更换滤芯
3	高压泵	立式离心泵，160m³/h，150m，110kW	
4	反渗透膜件	聚酰胺复合膜，单支膜面积 365ft²[①]，二级过滤支数比例 2:1，产水率 ≥70%，脱盐率 ≥97%	进水 pH 值要求 2～12，最高运行压力 410bar[②]
5	阻垢剂投加装置	贝迪 MDC220 阻垢剂，溶解后计量泵投加	防止碳酸钙、硫酸钙结垢
6	反渗透冲洗泵	120m³/h，44m，22kW	常规水洗
7	化学反清洗系统	酸碱交替药洗，配泵 60m³/h，43m，11kW	酸洗：柠檬酸 2%，pH=2.0；碱洗：三聚磷酸钠 2%，十二烷基本磺酸钠 0.025%，pH=11.0

① $1ft^2 = 0.092903m^2$。

② $1bar = 10^5 Pa$。

经过一段时间稳定运行后，设备产水量达到设计要求，出水水质符合生活饮用水卫生标准（见表 9-13），投加二氧化氯消毒剂后直接供入管网。剩余浓水采取原水多倍稀释方式，达到杂用水标准后浇洒绿化使用。

表 9-13　山西某地反渗透工程原水及出水水质

序号	检验项目	标准限值	原水水质	产水水质
1	色度/度	15	5	5
2	浑浊度/NTU	1	0.2	0.2
3	嗅和味	无异臭、无异味	无异臭、无异味	无异臭、无异味
4	肉眼可见物	无	无肉眼可见物	无肉眼可见物
5	pH 值	6.5～8.5	7.88	7.88
6	总硬度（以 $CaCO_3$ 计）/(mg/L)	450	425.1	15
7	耗氧量（COD_{Mn})/(mg/L)	3	0.6	0.6
8	溶解性总固体/(mg/L)	1000	652	30
9	氟化物/(mg/L)	1	0.7	0.7
10	氯化物/(mg/L)	250	40.1	10

续表

序号	检验项目	标准限值	原水水质	产水水质
11	硝酸盐氮(以 N 计)/(mg/L)	20	29.1	1
12	硫酸盐/(mg/L)	250	140	5
13	砷/(mg/L)	0.01	<0.001	<0.001
14	铬(六价)/(mg/L)	0.05	<0.004	<0.004
15	铁/(mg/L)	0.3	<0.3	<0.3
16	锰/(mg/L)	0.1	<0.1	<0.1
17	铜/(mg/L)	1	<0.2	<0.2
18	锌/(mg/L)	1	<0.05	<0.05
19	菌落总数/(CFU/mL)	100	未检出	未检出
20	大肠菌群/(MPN/100mL)	不得检出	未检出	未检出
21	耐热大肠菌群/(MPN/100mL)	不得检出	未检出	未检出

参考文献 👆

[1] 崔玉川. 城市与工业节约用水手册 [M]. 北京：化学工业出版社，2002.

[2] 张宗祜，李烈荣. 中国地下水资源（综合卷）[M]. 北京：中国地图出版社，2004.

[3] 张宗祜，李烈荣. 中国地下水资源（山西卷）[M]. 北京：中国地图出版社，2005.

[4] 韩颖等. 山西六大盆地地下水资源及其环境问题调查评价 [M]. 北京：地质出版社，2008.

[5] 矿产资源工业要求手册编委会. 矿产资源工业要求手册（2010 年版）[M]. 北京：地质出版社，2010.

[6] 陈梦熊，马凤山. 中国地下水资源与环境 [M]. 北京：地震出版社，2002.

[7] 中华人民共和国环境保护部. 中国环境状况公报（2012）[M]. 北京：中华人民共和国环境保护部，2012.

[8] 李广贺. 水资源利用与保护. 第 2 版 [M]. 北京：中国建筑工业出版社，2010.

[9] 武毅，张治晖，刘伟等. 地下水开发利用新技术 [M]. 北京：中国水利水电出版社，2010.

[10] 罗斯珂·摩斯公司. 地下水开发手册 [M]. 吴朝玉译. 北京：中国水利水电出版社，2009.

[11] 《给水排水设计手册》编写组. 给水排水设计手册（第三册）. 城镇给水. 第 2 版 [M]. 北京：中国建筑工业出版社，2002.

[12] 张莉平，习晋. 特殊水质处理技术 [M]. 北京：化学工业出版社，2006.

[13] 朱亮. 供水水源保护与微污染水体净化 [M]. 北京：化学工业出版社，2005.

[14] 宋业林. 锅炉水处理使用手册 [M]. 北京：中国石化出版社，2001.

[15] 崔玉川，员建，陈宏平. 给水厂处理设施设计计算 [M]. 北京：化学工业出版社，2003.

[16] 崔玉川，李思敏，李福勤. 工业用水处理设施设计计算 [M]. 北京：化学工业出版社，2003.

[17] 王占生，刘文君. 微污染水源饮用水处理 [M]. 北京：中国建筑工业出版社，1999.

[18] 张金松，尤作亮. 安全饮用水保障技术 [M]. 北京：中国建筑工业出版社，2008.

[19] 严煦世，范瑾初. 给水工程. 第 4 版 [M]. 北京：中国建筑工业出版社，1999.

[20] 朱济成. 钙镁元素与地下水硬度 [J]. 环境保护，1981，(1)：30-31.

[21] 杨军生. 太原市地下水水质分析评价 [J]. 地下水，2005，27 (2)：107-109.

[22] 宋林华，房金福. 黔北高原喀斯特水的硬度特征 [J]. 中国岩溶，1985，(1)：75-83.

[23] 胡惠霞，郭建立. 太原市地下水硬度空间分布规律的分析 [J]. 地下水，1990，12 (1)：38-41.

[24] 杨力. 高硬度地下水处理技术研究 [D]. 重庆：西南大学，2012.

[25] 顾秋香. 四川省高硫酸盐饮用地下水中 SO_4^{2-} 去除方法研究 [D]. 成都：成都理工大学，2009.

[26] 陈安定，李剑锋，代金友. 论硫化氢生成的地质条件 [J]. 海相油气地质，2009，14 (4)：4-34.

[27] 汪珊，孙继朝，李政红等. 西北地区地下水质量评价 [J]. 水文地质工程地质，2004，31 (4)：96-100.

[28] 潘东升. 去除含铁地下水中硫化氢的探讨 [J]. 中国科技信息，2005，(7)：122-123.

[29] 李浩，唐中凡，刘传福等. 新疆罗布泊盐湖卤水资源综合开发研究 [J]. 地球学报，2008，29 (4).

[30]　李红艳，李亚新，李尚明．水的硬度对氢离子交换树脂软化处理水的影响 [J]．太原理工大学学报，2010，41 (1)：56-60.

[31]　李亚新，苏冰琴．硫酸盐还原菌和酸性矿山废水的生物处理 [J]．环境污染治理技术与设备，2000，1(5)：1-11.

[32]　顾秋香，苏庆平，刘丽等．吸附法脱除水中硫酸根技术进展 [J]．无机盐工业，2008，40 (10)：5-7.

[33]　袁斌．新法脱除硫酸根技术国内外进展 [J]．氯碱工业，2000，(11)：3-6.

[34]　张彦浩，钟佛华，夏四清等．硝酸盐污染饮用水的去除技术研究进展 [J]．环境保护科学，2009，35 (4)：50-54.

[35]　王海燕，曲久辉，雷鹏举．电化学氢自养与硫自养集成去除饮用水中的硝酸盐 [J]．环境科学学报，2002，22 (06)：711-715.

[36]　沈梦蔚．地下水硝酸盐去除方法的研究 [D]．杭州：浙江大学，2004.

[37]　刘苗苗．Pd-Cu/AC 催化还原去除地下水中硝酸盐研究 [D]．重庆：重庆大学，2011.

[38]　张燕．催化还原去除地下水中硝酸盐的研究 [D]．杭州：浙江大学，2003.

[39]　范彬，曲久辉，刘锁祥等．饮用水中硝酸盐的脱除 [J]．环境污染治理技术与设备，2000，1 (3)：44-50.

[40]　国家地质总局水文地质工程地质研究所．中华人民共和国水文地质图集 [M]．北京：地图出版社，1979.

[41]　GB 5749—2006．生活饮用水卫生标准 [S]．北京：中国标准出版社，2007.

[42]　GB 14848—1993．地下水质量标准 [S]．北京：中国计划出版社，1994.

[43]　GB 3838—2002．地表水环境质量标准 [S]．北京：中国环境科学出版社，2003.

[44]　GB/T 50109—2006．工业用水软化除盐设计规范 [S]．北京：中国计划出版社，2006.

第十章 ▶▶

水资源的能源利用

第一节 概 述

随着人类社会经济的快速增长和社会文明程度的迅猛进步，原本"取之不尽、用之不竭"的传统高位能源表现出了明显的衰退和枯竭的趋势，而且随着传统能源的消耗，其所带来的环境负面影响也在逐渐显现。人们只能在合理利用现有能源的基础上，更加积极地寻找能源产业发展的出路。

作为公认的解决能源问题的主要途径——"开源节流"，通过设备的改进和管理的加强达到"节流"的目的，其理念已逐步被广大群众所接收。在"节流"的同时，更为重要的是"开源"，如何寻找新的能源种类来减少或者替代传统能源的消耗，这是全社会面临的一个重要问题。正是在这样的背景下，科学界以空气、土地、水、工业废热等低位能源替代煤炭、石油等高位能源的研究和尝试不断在进行，并取得了一定的成果，尤其是水资源中伴生的能源，已成为人类社会不可忽视的能源种类。

一、水源与能源

（一）水源伴生能源概况

长久以来，由于水的化学成分对于人体具有不可替代作用，水资源一直被认为是人类存在的生命资源。随着人类社会科学技术的进步，人类对水资源的开发利用能力逐渐增强，在利用水资源满足人类正常生理需求的同时，水资源中所蕴含的能源也成为人类开发利用的重点对象。

随着我国"节能减排"政策的贯彻实施，"能源替代型"减排成了能源需求不变前提下完成减排任务的切实选择，而水资源中的能量是与国家能源开发政策最为贴合的能源种类。在水资源的开发利用过程中，水资源所拥有的势能和热能是其伴生的主要能源。

1. 水的势能

目前为止，水的势能是人类利用最早也是利用最为广泛的水资源中的能源。人类将位于高处具有势能的水流至低处，利用水力推动水力机械转动，将水的势能和动能转化为机械能；如果在水轮机上接上发电机，以水轮机为原动力，推动发电机产生电能，从而又使得机械能转化为电能。从传统的角度来看，水的势能是一种取之不尽、用之不竭、可再生的清洁能源。水力发电效率高，发电成本低，机组启动快，调节容易。但为了有效利用水势能，需要人工修筑能集中水流落差和调节流量的水工建筑物（如大坝、引水管涵等），工程投资较大、建设周期较长。水力发电往往是综合利用水资源的一个重要组成部分，与航运、养殖、灌溉、防洪和旅游组成水资源综合利用体系。

2. 水的热能

除了水资源的势能外，水资源开采中伴生的热能也是水源开发利用中不可忽视的重要能源。但目前在诸多的水资源能源利用的范例中，利用水源势能的案例数目较多，且技术相对成熟，而水源中伴生热能的利用则还处于摸索阶段。但需要注意的是，水源伴生的热能，由于其存在普遍，且能值巨大，因此在对水资源高效开发利用中不应当被忽视。

资料显示，地球上水的总量约为 $1.4 \times 10^{13} \, m^3$，广泛分布在海洋、湖泊、河流、冰川、雪山，以及大气、生物体、土壤和地层中，这其中陆地（包含城市中水体）、生物体、大气中的含量只占到不到总量的 3%。地球圈中的水量在自然循环和社会循环中迁移往复，都时刻伴随着温度的变化和热能迁移。

在水的自然循环中，地球圈中的水周而复始地在海-陆大循环以及陆地或海洋局部小循环中往复迁移运动。在此循环过程中，大气层中的水与地球表面的水通过降水和蒸腾作用相互循环补给；地表水和地下水通过渗流过程进行相互补给循环；降雨或者降雪在升温融化后汇成径流，由江河汇集于湖海，再经过蒸发回到大气。在这一系列的迁移中，不考虑水中化学成分的变化，温度的变化是贯穿整个循环过程的。

水资源在自然循环的过程中，被人类有目的的通过各种取水方式进行开发利用，从而进入到水的社会循环中。水从其开采处通过输送管道进入人类的使用场所，经过生活、杂用、工业使用等多种用途的利用方式后，被直接或经过收集净化后排弃，再次进入自然循环圈中。在此过程中，水资源的温度也发生了明显的变化。

众所周知，水在通常环境条件下气-液-固三态易于转化的特性是形成水循环的内因。由于太阳辐射、气象条件（大气环流、风向、风速、温度、湿度等）、地理条件（地形、地质、土壤、地热等）以及人为因素等外界因素的影响，都使得水资源在循环过程中，与外界环境存在着一定的温度差，从而存在着可以利用的伴生热能。

（二）水热能的利用优势

从利用的角度来说，相比土壤和大气，水中热能具有它独特的优势，这些优势也是水本身物理、化学特性所决定。

比热容是指单位质量的某种物质温度升高 1℃ 吸收的热量。比热容是通过比较单位质量的某种物质温升 1℃ 时吸收的热量，来表示各种物质的不同性质。比较常见物体的比热容来看，水的比热容是常见物体中较大的，远高于土壤和大气。不同温度、不同压力条件下，液态水的比热容见表 10-1。

在自然环境中，正是由于水的比热容较大，同样升、降温的情况下，水温度的变化幅度要较周边环境小。这也正是水体对气候环境产生较大影响的原因。在相同的太阳照射条件下，一天之内，白天沿海地区比内陆地区温升慢，夜晚沿海地区温度降低也少；一年之中，夏季内陆比沿海炎热，冬季内陆比沿海寒冷。

水的较高比热容决定了一定质量的水吸收（或放出）较多的热后自身的温度却变化不大，有利于设备和环境的温度调节；同样，一定质量的水升高（或降低）一定温度就会吸热（或放热），这有利于用水作冷却剂或取暖。因此，水具有很好的能源（热和冷能）利用价值。而且，水外形具有随意可塑性，对于容器和流道等工具的适应性非常的强，使人类利用

表 10-1　常见物质的比热容　　　　　　　　　　　　单位：J/(kg·℃)

序号	物质	化学分子式	相态	比热容(25℃)	序号	物质	化学分子式	相态	比热容(25℃)
1	氢	H	气	14300	19	石棉	混	固	847
2	氦	He	气	5193.2	20	陶瓷	混	固	837
3	乙醇	C_2H_5OH	液	2440	21	氟	F	气	823.9
4	汽油	混	液	2220	22	砖	混	固	750
5	石蜡	C_nH_{2n+2}	固	2500	23	石墨	C	固	710
6	甲烷	CH_4	气	2156	24	氯	Cl_2	气	520
7	油	混	液	2000	25	钢	混		450
8	软木塞	混	固	2000	26	铁	Fe	固	444
9	乙烷	C_2H_6	气	1729	27	黄铜	Cu,Zn		377
10	尼龙	混	固	1720	28	铜	Cu	固	386
11	乙炔	C_2H_2	气	1511	29	银	Ag	固	233
12	一氧化碳	CO	气	1042	30	汞	Hg	液	140
13	氮	N	气	1042	31	铂	Pt	固	135
14	空气(室温)	混	气	1012	32	金	Au	固	126
15	空气(海平面,干燥,0℃)	混	气	1035	33	铅	Pb	固	128
16	氧	O	气	918	34	水蒸气(水)	H_2O	气	1850
17	二氧化碳	CO_2	气	839	35	水	H_2O	液	4186
18	铝	Al	固	897	36	冰(水)	H_2O	固	2050(−10℃)

时更加的随心所欲。这些特征早已经被人类了解和掌握，并广泛应用在工业和生活中。工作时发热的工业机械，如发动机、发电机等，通常要用循环流动的低温水来冷却。寒冷的冬季，我们常采用高温水进行取暖。

存在于自然环境中的水资源体与周边环境的气态或固态介质往往存在着一个温度差。而且，由于自然环境和人类活动对于水体循环存在着强烈的影响和改变，这个温度差在某一阶段内是较为明显的，其蕴藏的热能总量也是较为可观的。

在以往高温能源充沛以及利用手段缺乏的客观条件下，水体进入社会循环前的采用过程中，水资源体的温度差被严重的忽视。

若假设地球上所有的 $1.4×10^{13} m^3$ 水体与气温具有平均5℃的温差，那么，当我们将这个温度差加以利用的话，相当于 $2.93×10^{11} GJ$ 热量，也就是 $10×10^9 t$ 标准煤。虽然地球上的水可利用的比例很小，但是由于太阳能、地核热能的多重作用，这部分能源伴随着水的循环是可再生的，在一定阶段内可以认为是无穷尽的。如采用合适的开发手段，在取水过程中对水体蕴藏的热能加以利用，可产生巨大的经济效益和社会效益。

二、能源利用的途径

新时期，我国的资源开发战略也逐渐由粗放型向集约型转变，要求对现有资源进行更加高效、彻底地利用。我们对于水资源伴生能源的利用，就是力图在常规开发水量的同时，将储存于水的自然循环和水的社会循环中的大量低位能源回收利用，产生可减少或替代传统化石燃料消耗的可再生高位能源。特别除了以往我们相对重视的海洋、湖泊、河流等地表水之外，那些被我们忽视的水资源的伴生能源。本章中所涉及的工业废热水、城市污水、地下冷水、地热水中的热能均属于这一范畴。

由于水的沸点所限制，水体中的热能利用均属于以水为介质的中低温热源的开发利用，而中、低温热源回收利用采用的途径都是利用热质交换过程，将热量从载体介质中转换出来加以利用。

一般来说，中、低温热源回收利用的方式分为两种：一种是通过较低温度热源向温度更低受热流体的直接热交换，完成热源的直接同级利用；另一种是通过消耗能量的热泵设备间接中转，完成低位热能向高位能量转化的间接升级利用。这两种方式采用的主要技术方法都是以换热器或水源热泵为核心设备的回收利用技术。

（一）换热器

换热器（Heat Exchanger），又称为热交换器，是将高温流体部分热量传递给低温流体的设备。换热器的使用范围涵盖了化工、石油、动力、食品等诸多行业，是工业生产中的重要通用设备。

在低温热源回收利用系统中，直接同级利用的过程主要是依靠换热器完成的，而在间接升级利用的过程中，热泵装置中的冷凝器和蒸发器其实质也是换热器。

由于工业生产工艺流程种类各不相同，不同介质、不同工况、不同温度、不同压力的换热器，其结构形式均不同。目前常见的换热器种类如下所述（见图10-1）。

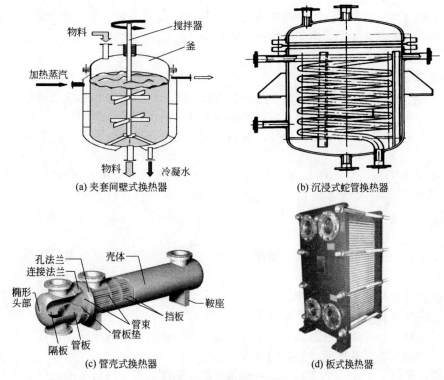

(a) 夹套间壁式换热器　　　　(b) 沉浸式蛇管换热器

(c) 管壳式换热器　　　　(d) 板式换热器

图 10-1　常见换热器种类（摘自网络）

（1）夹套间壁式换热器　夹套间壁式换热器是在容器外壁安装夹套制成，已广泛应用于加热和冷却工艺过程。其最大优点就在于结构简单，使用方便；但其缺点在于受容器壁限制传热系数不高，同时容器内传热不均。其改良产品通过在容器内安装搅拌设备使内部液体受热均匀；也可在夹套内增加湍动，以提高夹套一侧的给热系数，弥补传热系数不高的缺陷。

（2）沉浸式蛇管换热器　该种换热器是将蛇形金属管置于容器液体内形成的。优点在于结构简单，金属管可适应容器加工成各种形状，且可承受高压；缺点在于金属管外的流体流动程度低，常需在容器内安装搅拌器，以提高传热效率。

（3）管壳式换热器　管壳式换热器又称列管式换热器，是以封闭在壳体中管束的壁面作为传热面的间壁式换热器。结构较简单，操作可靠，能在高温、超高压下使用，是目前使用最为普及的种类之一。其缺点在于占地面积较大，重量较重，且管内容易产生污垢，清洗拆卸安装较为繁琐。

（4）板式换热器　间壁式换热器的分支，是具有波纹形状的金属片叠加在一起形成的换热器。金属片间形成的冷热介质的流道相邻，实现冷却作用。目前，该种换热器在所有换热器中占据最大市场份额。其优点在于较管壳式换热器体积小，换热系数高，方便拆卸清洗；其缺点在于换热板片间设有密封胶条，不适合在高温、高压下工作，而且由于流道相对较窄，当热源为含有较多悬浮物的原生污水时，非常容易堵塞，需要在前端设置过滤系统。

（二）水源热泵

"热泵"（Heat Pump）是一种消耗一定机械能，把低位热能转化为高位能源以到达热量供应的设备。这与"水泵"消耗一定机械能将水从低处输送到高处的功能相类似。其热力学本质和制冷机是相近的，只不过热泵主要是利用冷凝器作用过程中发出的热量，来为采暖、热水以及空调等提供热源。

热泵工作的热源较为广泛，储藏在大气、土壤、地表水、地下水、污水以及工业废水、废气中的低位热能都可以作为热泵的热源。尤其是以土壤、地表水、地下水、污废水等热源其随季节温度变化幅度小，具有十分卓越的特性。

1. 水源热泵的基本原理

热力学第一定律和热力学第二定律是自然界各种能量相互依附和转换必须遵循的基本规律。能量在转换中其形式可以转变，但总量保持不变。根据克劳修斯的表述，热量在迁移的过程中，不会从低温物体传向高温物体。这也决定了热泵和制冷机需要消耗能量以完成热能的高位排放。

水源热泵作为热泵分类中的重要组成，顾名思义就是以水作为热（冷）源载体的供热（冷）系统。常规水源热泵机组主要由压缩机、蒸发器、冷凝器和节流膨胀阀几个部分组成。当热泵机组需要完成制冷、制热功能转换时，还需要设置换向阀门（见图10-2）。

（1）压缩机　是热泵机组的核心部件，在系统运转中驱动工质从低温低压到高温高压的压缩和循环。

（2）蒸发器　是输出冷量的部件，使经过节流装置的制冷工质由液态转化为气态，吸收高温物体上的热量，从而完成制冷的效果。

（3）冷凝器　是输出热量的部件，使在蒸发器中吸收的热量与压缩机消耗功转化的热量一起被冷却介质带走，从而完成制热的效果。

（4）节流装置　节流（膨胀）阀是对热泵机组中循环的工质进行节流减压的部件，并同时调节进入蒸发器的工质的流量。

（5）换向阀门　改变热泵机组中工质的流动方向，完成制冷、制热模式切换的部件。热泵机组中的换向阀门一般采用四通阀形式。

当水源热泵机组从水资源中提取热量时，热源水体与工质在蒸发器进行换热，吸收热源

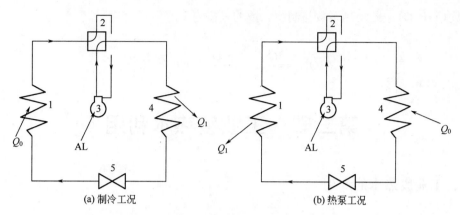

图 10-2　热泵机组原理示意

1—蒸发器（冷凝器）；2—换向阀；3—压缩机；4—冷凝器（蒸发器）；5—节流装置

水体中热量后，在冷凝器内将热量传送给负荷侧的载体，完成低位热能向高位热能的转化。

反之，当水源热泵机组从水资源中提取冷量时（也称制冷工况），热泵机组通过换向阀切换流向，制热时的冷凝器变为蒸发器，蒸发器变为冷凝器，完成了负荷侧的热量传递给水源的过程，从而达到负荷侧制冷的目的。

2. 水源热泵应用方式

水源热泵根据具体应用时热源流体种类的不同，有如图 10-3 所示的几种应用方式。

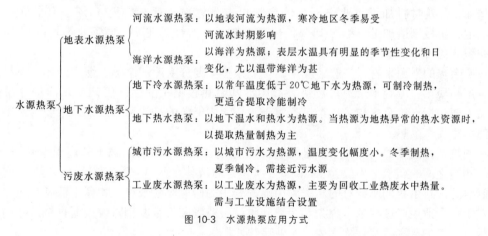

图 10-3　水源热泵应用方式

水源热泵技术具体应用时，由水源热泵机组为核心，需根据热源流体特性不同，在热源侧或负荷侧组合其他设备形成能源利用整体系统。

3. 水源热泵热能经济指标

水资源伴生的低温热源利用时，均是以消耗一定能量驱动能源利用系统工作，这就存在一个是否经济的判断指标。对于水源热泵的热能经济指标一般是由热能系数 COP（Coefficient of Performance）来表示。它代表了 1kW 电的热量（kW/h）能产生多少热量（kJ/h），是无量纲的。

当用来表示制热时的性能系数时，其制热系数（COP_h）为制热量 Q_h 和消耗能量 P 的比值。

根据热力学第一定律能量守恒的原则，忽略压缩机向环境的散热后，制热量 Q_h 等于制冷量 Q_c（从低温热源吸取的热量）与压缩机消耗能量 P 之和。当把 Q_c 与 P 的比值定义为

制冷系数 COP_c 时，则制热系数与制冷系数的差值为 1。

$$COP_h = \frac{Q_h}{P} = \frac{P + Q_c}{P} = 1 + COP_c \qquad (10\text{-}1)$$

第二节　工业废热水利用

一、工业废热水的产生

（一）工业余热及热废水来源

"工业余热"是指完成工业生产过程的同时，未完全被利用而排放至周边环境中的部分热量。在现代工业生产的诸多行业中，存在着许多利用高温过程进行生产的环节，例如高温灭菌、高温锻造、高温发电等。

据相关统计，我国总能耗达到 6.37×10^9 t 标准煤，其中 65% 的总能耗消耗在工业生产过程中。截至 2005 年年底，我国运行的各种工业炉窑约有近百万台，能耗占全国工业总能耗的 35% 以上。许多大型工业企业在生产工艺的设计阶段或者工艺改进的系统优化阶段均考虑了生产废热的回收利用，但由于成本和工艺的限制，仍有大量的余热仍没能被充分利用。例如，建筑材料加工行业未利用的余热可占到燃料消耗量的近 40%，冶金行业约占 30% 以上，机械制造加工业约占 15%，化工、造纸、木材、玻璃、搪瓷业等均占到 15% 以上，纺织业约占 10%。

按照余热的来源来看，一般情况下，工业余热主要分为冷却余热、烟气余热、燃料渣体余热、产品显热、冷凝水余热等种类，其中冷却余热根据工业生产工艺采用冷却介质的不同，又主要包括水冷余热和风冷余热。对于水资源中能源的高效利用来说，主要针对都是水冷余热和冷凝水余热。

按照热资源温度的高低，余热被分为三个等级：大于 650℃ 的属于"高温余热"；处于 200~650℃ 之间的属于"中温余热"；低于 100℃ 的液体余热或 200℃ 的气体余热都被称为"低温余热"。对于我们所针对的水资源中能源利用的研究对象来说，均属于低温余热。

对于在工业生产过程中，因为无余热回收设备或者回收难度相对较大而直接或者间接排放的带有热量的废水，我们称之为"工业废热水"。

工业废热水的产生在工业生产工艺中是一个普遍现象。在我们工业生产过程中，除了产品生产工艺中直接产生的带有温度的废水外，产品或生产机械中也常常会残留部分废热，如不及时进行处理的话，产品或生产机械内的温度会越来越高，从而产生不可逆的破坏，因此常采用低温流体进行降温。由于水具有较大的比热容且外形可塑，是吸收和传递热量的良好介质，它成为目前在各行各业中使用最为普遍的循环冷却介质。通过低温水体与高温物体的循环接触进行热交换带走热量，在达到产品或生产机械降温目的的同时，也产生了大量的含有一定热量的废水。

（二）热废水排放的危害

除去由于行业特征所导致的热废水的不同化学污染物外，工业热废水排入环境将可能对自然环境产生热污染，从而引发不容忽视的环境问题。

"热污染"是指人类社会工业、农业生产和人民生活中排放出来的废热造成的环境污染。工业废热水的较高温度若未经适当处置直接排放入环境，构成了典型的以水为载体的热污染。

水热污染波及范围相对较小，其受污染主体是热废水排放的受纳水体。据资料表明，现代工业发达的美国，每天所排放的冷却用水达到 $4.5 \times 10^9 \mathrm{m}^3$，接近其全国用水量的 1/3，这些废热水含热量约 $2500 \times 10^9 \mathrm{kcal}$，足够 $2.5 \times 10^9 \mathrm{m}^3$ 的水温升高 $10 \mathrm{℃}$。

当含有大量废热的热废水排入地表水体后，导致局部水域的水温急剧升高，除了对温度、溶解氧等水质指标产生影响外，也改变受纳水域藻类、鱼类等生物的生活条件。

水温升高加剧了水中富营养化藻类的生长，间接使得水中溶解氧含量减少；而温度升高又使水中鱼类的代谢速率增高，从而需要更多的氧。此消彼长，使得鱼类在热应力作用下发育受到阻碍，甚至很快死亡。美国迈阿密附近的比斯坎湾有 1/2 以上的水域和礁石为国家保护地，湾内有丰富多样的热带海洋生物，但由于受到湾内核电站温排水的影响，湾内局部水域水温提升了 $8 \mathrm{℃}$，造成 1.5km 海域内生物绝迹。

热污染造成海水升温、冰川消融、海平面上升、诸多物种濒临灭绝的同时，由于温度上升，也为蚊子、苍蝇、蟑螂、跳蚤等传染病昆虫及病原体微生物提供了更适宜的繁衍条件和传播机制，导致疟疾、登革热、血吸虫病等病毒病原体疾病的扩大流行和反复流行。

从以往的环保理念来看，人类更为注重污水排放对环境带来的水质污染，制订了严苛的污染物排放标准，但是对于含有大量热量的废热水弃置于环境可能带来的热污染相对较为忽视。在我国，《污染物综合排放标准》（GB 8978—1996）以及其他相关行业污染物排放标准中都未对排放水体的温度进行限定。

但随着全球环境保护意识的提升和要求的提高，废热水排放带来的生态环境影响已经引起重视。全球研究人员都对水热污染及其影响进行了多方面的研究，并逐步开始制定废水排放的温度标准。美国、德国、瑞士等国家均采用以不同流域最高允许升温幅度为界限，制定混合前的废水温度排放标准。

近年来，我国也开始重视废水排放温度标准的制定，但还不完善。我国的《地表水环境质量标准》（GB 3838—2002）中规定，对于Ⅰ～Ⅴ类水体人为造成的环境水温变化：周平均最大温升≤1℃；周平均最大温降≤2℃。但相关的规定仅在影响强度上对水温作出了要求，但对于混合区影响范围尚未有具体的限制。

另一方面，根据我国建设项目环境影响评价技术导则的要求，在以温排水为污染物排放特征的工程项目实施前，应针对不同地表水体采用水质模型对设定范围内的影响强度进行预测，对项目实施可能造成的影响进行预测，并提出针对性的环境保护措施。

在环境质量标准限定影响强度的同时，在主管部门的牵头组织下，我国相关水域也在逐步制定废水排放的温度限制标准。相关排放标准的出台，将会使废热水排放受到更大约束。

二、工业废热水的能源特点

相对于煤炭、石油、天然气等含有用成分比较高的高品位能源来说，工业热废水为代表的工业余热是不折不扣的低品位能源，其在相同单位中内包含的能量很低，利用的难度比较大。

考虑到工业废热在工业消耗总能量中所占的较大比例，以及以水作为工业冷却介质在工业行业中的普遍性，因此，低品位的工业废热能，特别是工业废热水的开发利用，将是改变我国现状能源利用粗放格局中的关键环节。再加上工业废热水中的热能如未加利用排入周边环境将带来巨大环境风险，在考虑投入产出比前提下进行充分利用，将大大提高环境保护的附带经济效益，这也应当成为节能减排之外，驱动工业热废水利用的一大原因。

虽然不同工业企业，使用的生产工艺、生产设备以及运行参数不同，但是作为工业余热的代表类型，工业废热水利用普遍具有以下的特点。

(1) 余热温度偏低　废热水以水为余热载体，余热温度范围 30～100℃，属于低温热源。相比较中高温热源，低温热源热效率相对较低，无法直接回收利用产生动力。由于余热温度低，传递一定热量所需的废热水的流量相对较大，所需要的换热器尺寸也相对较大，因此回收利用一次性投资较大，这也成为现阶段废热水能源利用的制约要素之一。

(2) 废热水热量不稳定　虽然很多生产企业能够达到连续稳定生产，但由于连续生产也存在着生产的波动和周期性，因此导致产生的工业热废水中热量负荷不稳定。

(3) 废热水水质复杂　废热水在循环使用的过程中，无论是敞开式的循环工作环境，还是与高温物体直接或间接的接触，都会对排出的废热水水质产生影响。当废热水中的含尘量较大时，可能造成余热利用设备堵塞、磨损；当废热水与矿渣接触时，水中含有钙离子、镁离子等物质，容易使余热利用设施结垢；当废热水中溶解有二氧化硫等腐蚀性介质时，会导致余热利用设备发生腐蚀，影响传热效果，减少设备使用寿命。

(4) 余热使用设备受场地限制　废热水余热利用设备的设置和安装容易受到工业厂房和生产工艺流程条件的限制。对于余热利用来说，废热水至利用设施流程越短温度利用条件越好，但往往由于场地条件复杂无法安装设备。这需要根据具体条件，合理设定方案。

三、工业废热水的能源利用

基于工业废热水的能源利用特点，工业废热水的能源利用方式主要包括：直接同级利用、间接升级利用。

(一) 直接同级利用

工业废热水余热资源相对温度较低，适合不通过热交换提取能量，直接将温度合适的废热水使用于需要温水的场合；或者通过将温度较高的废热水与低温水体混合，使水温满足特定行业的需求。

目前使用较多的直接利用方式包括：直接用于水产、农业生产；直接用于采暖；直接用于污水处理厂；用于海水淡化行业等。

1. 直接用于水产和农业生产

工业废热水在水产行业的应用是热废水综合利用的最早尝试之一，而且已逐渐形成规模化应用。

根据动物学研究表明，水生动物在水温较低条件下生长速率相对较慢。在气温较低的高纬度地区，采用温度较高的水体进行养殖，可减少或完全排除养殖过程对于自然环境和季节时间的依赖性。既拓宽了水产养殖行业的生产时间和品种范围，又促进鱼类生长速度，增加单位水域水产产量。如采用温泉或者人工加热水体养殖成本太高，因此使用满足水质要求的热废水进行水产养殖，既减少排入环境的热污染，又提高了企业的经济效益。

20 世纪 60 年代初，日本仙台火力发电厂就开始利用电厂温排水进行水产养殖，取得了良好的效果后，经验推广至全国电厂。之后，日本的核电站也尝试利用温排水在海湾进行海生动物的温水养殖，并成为世界各国效仿的对象。

20 世纪 70 年代，前苏联也制订了利用电厂废热水饲养鱼类的方案，并在全国范围内推广。通过在电厂旁修建 3m×7m、水深 1m 的钢筋混凝土水池，利用电厂温排水进行养殖，冬季池体表面覆盖聚氯乙烯薄膜保温。通过对比试验，在使用相同放养密度和强化培育手段的前提下，水温控制在 27℃时，其产量较常温水体养殖有明显提高。除养鱼外，电厂还利用废热水养殖蘑菇，也收到不错效果。

我国齐齐哈尔富拉尔基杜尔门沁达斡尔乡利用富拉尔基热电厂含有余热的冷却水进行水稻灌溉，既利用了热水资源，又通过旱田改水田提高了亩产量。实践发现，利用常年水温 28℃的废热水灌溉，使得水稻早播早收，成熟期提高了 10 天左右，亩产量提高约 20%。

但近年来的研究成果也表明，使用工业废热水进行养殖时，应当对废水内的有毒有害物质进行必要处理，防止其在生物体内累积放大，对食用者健康造成影响。同时，采取开放水域养殖时，也应当注意水温上升对周边环境的影响。

2. 直接用于采暖

当工业废热水水量稳定、温度较高，满足城市供热的水温要求时，可通过热水泵加压，直接供入水热采暖系统进行供热。

近年来工业废热水直接用于采暖的实例在我国北方地区出现较多，一些钢铁企业利用焦化厂初冷循环水余热，进行较大范围的集中供热，取得了良好的效果。焦炉煤气生产工艺中的初冷环节采用水作为冷却介质，流出冷却装置的冷却水温度可达到 50~55℃，通过加压后，直接供入热力管网进行循环供热。以本溪、鞍山等城市为例，利用这种废热水直接供热的建筑面积超过 $120 \times 10^4 \, m^2$。

该方法在使用过程中需要生产工艺可提供较为稳定的热水温度和相对较大的水量，当水温不稳定时宜采取辅助热源加热的形式保证供热温度。一般情况下，未经辅助加热的热废水水温要低于我国《民用采暖空调设计规范》中规定的供热供水水温，这使得在同样的设计室内温度下，居民户内散热器面积相对增大。当废热水温度在 35~50℃时，满足《辐射供暖供冷设计规程》中民用建筑热水地面铺设供暖的供水温度要求，非常适宜作为地板辐射散热器取暖的集中热源。

采用直接用于采暖供热的利用方式后，其供热管网回水温度往往仍然高于环境水温，属于一次利用后的低品位热源，仍然可以串联其他利用设施以最大程度利用余热资源。

3. 直接用于污水处理厂

随着城市环保设施日渐普及，由污水处理后形成的剩余污泥的处置问题，也成为困扰环保工作者的一个难题。传统的填埋、焚烧和土地利用法由于存在着对环境二次污染的可能，因此通过合理技术实现污泥减量化、资源化和无害化成为研究人员的重要课题。污泥厌氧消化减量是最常见的污泥预处理方法，根据消化温度，可分为常温厌氧消化、中温厌氧消化和高温厌氧消化。

科研人员的研究发现，当厌氧消化温度控制在 28~38℃的中温或 48~60℃的高温时，其消化时间可由常温条件下的 150 天以上缩短至 12~30 天之内，而且厌氧反应容器体积也将大大减小。但在中高温厌氧消化工艺相对于常温最大的劣势就在于加温、保温所带来的能源的高投入。

近年来，一些研究人员将工业热废水引入污水处理厂，直接同级利用热废水的余热对厌氧消化预处理工艺进行加温，即利用了热废水的余热能源，同时降低了污泥厌氧中温消化的成本。热废水在通过污泥厌氧反应器降温后，可作为污水处理厂内其他建筑制冷的冷源；同时厌氧发酵形成的燃气可作为污水处理厂或工业热废水产生单位的动力能源使用。这样形成了污水处理厂和工业热废水产生单位的节能减污联合综合利用体系。在此环节中，当需要高温消化污泥时，也可使用水源热泵间接升级利用热能。

在北方低温地区，当污水厂内生物处理构筑物进水的水温达不到适宜的 10~37℃时，对进水的预热也成为热废水可使用的场合。

受制于余热热源与污水处理厂位置较远，热废水输送至污水厂运送和保温的投资较高，热废水余热直接同级利用于污水处理厂的推广应用较为缓慢。近年来，越来越多的研究人员，利用污水水源热泵提取污水热能，对污泥厌氧消化反应器进行加热，同样形成合理的资源综合利用体系（见图10-4）。

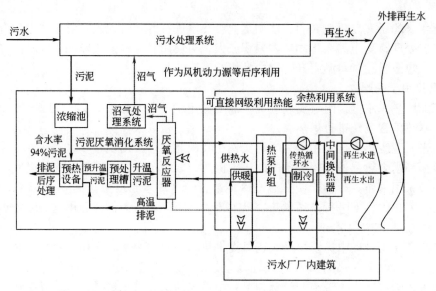

图 10-4　污水处理厂内余热能源综合利用系统示意

4. 用于海水淡化行业

蒸馏法海水淡化工艺，就是利用热能把海水加热蒸发，蒸汽冷凝为淡水。常用的蒸馏海水淡化包括两种方式：多级闪蒸和低温多效蒸馏。其中，低温多效蒸馏是把海水在真空蒸发器内加热到 70℃ 左右时蒸发，产生的蒸汽作为加热下一个蒸发器内海水的热源，同时蒸汽遇冷变成淡水。蒸馏法海水淡化所需的热能是制水成本中的主要消耗，而低温多效蒸馏所需的热源温度较低，给了热废水余热直接同级利用的可能。

国家发改委发布的《海水淡化产业"十二五"发展规划》中指出，"十一五"规划期间，截至 2010 年年底，我国已建成的海水淡化设施设计产能达 $60 \times 10^4 \, m^3/d$，其中低温多效蒸馏法占到 33%。低温多效蒸馏海水淡化具有可利用工厂余热或低品位热源的优点，应在具有低品位余热可利用的电力、石化、钢铁等企业推广，产水可为厂内生产工艺提供锅炉补给水和工艺纯水。环境保护部华南环境科学研究所等单位联合对高炉渣冲渣水余热直接利用低温多效蒸馏进行了可行性论证，高炉渣冲渣水温度处于 75～95℃ 之间，可直接用于低温多效蒸馏海水淡化。如果将沿海钢铁企业高炉渣冲渣水的余热回收作为海水淡化的热源，海水淡化综合成本能降低 20% 以上。

（二）间接升级利用

在提倡余热利用的初期阶段，直接利用是废热回收的主要途径，但其缺陷在于直接利用用户需求量相对较小，热源稳定性相对较差。因此，利用热泵技术将低位余热升级为高位热能，拓宽其适用范围，提高利用效率。

一般来说，工业废热水余热回收利用系统主要由热源循环系统、热泵机组以及末端系统三部分组成。常规工业余热热泵回收系统示意如图10-5所示。

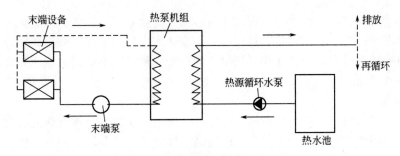

图 10-5　工业余热热泵回收系统示意

1. 热源循环系统

热泵机组热源侧设有热源循环系统，它提供动力使工业废热水进入热泵机组，完成换热过程后，排放水体或再次进入工业生产工艺中循环使用。

热源循环水泵的流量应以所有热泵机组的总流量确定。循环水泵的扬程应为系统所需静扬程、管路的沿程和局部损失以及热泵机组内的阻力损耗。当热泵机组出水再次循环使用时，也应当根据情况将循环使用所需的服务水头纳入考虑之中；并且，应当提高循环水泵的备用率，以防止因为故障影响生产工艺的进行。

一般情况下，由于工业的生产工艺中都会对用水进水水质有严格的要求，而且当工业用水为循环使用时，生产工艺会设有水质处理设施，保证用水水质。因此，当热废水水质能够满足热泵机组的水质要求时，余热利用系统中，可不设水处理设施。

进入热泵机组的水质应达到浊度低、腐蚀性小、不结垢、不滋生微生物，且要水质稳定。我国现行的相关标准中尚未有对热泵机组进水水质的专业规范，实际工程中可参照《矿产资源工业要求手册（2010 版）》中的地源热泵建议水质要求，也可以参照《工业循环冷却水处理设计规范》（GB 50050—2007）中的要求进行。同时也要注意的是，不同材质的机组其进水水质可不同，如设备有相关的进水要求，应以设备要求为准（表 10-2）。

表 10-2　水源热泵系统进水参考水质

序号	项目名称	单位	允许值	采取措施
1	含沙量	—	＜1/200000	旋流除砂器、沉砂池、过滤器
2	悬浮物	mg/L	≤20	
3	pH 值	—	6.5～8.5	电子水处理器
4	硬度	mg/L	≤200	
5	总碱度	mg/L	≤500	
6	Fe^{2+}	mg/L	≤1.0	
7	Cl^-	mg/L	＜1000	在机组前设置换热器引热，避免直接进入机组；或采用特殊防腐蚀材料的机组
8	SO_4^{2-}	mg/L	＜1500	
9	SiO_2	mg/L	≤50	
10	游离氯	mg/L	＜0.5～1	
11	矿化度	mg/L	＜3000	
12	油污含量	mg/L	＜5	吸附、过滤

注：允许限制部分引自《矿产资源工业要求手册（2010 版）》。

如工业生产工艺中未设置水处理过滤器，可在热水进入热水池前或者热源循环水泵后设置相关的水处理器。工业废热水中的悬浮物和浊度较多时，可对热泵机组内部材料形成磨损和冲刷，加快设备的腐蚀，因此可设置旋流沉砂器或过滤器进行去除；当废热水中含有油污时，可进行吸附或过滤，将油污量进行控制；当废热水中氯离子、硫酸根离子较高时，可采用防腐蚀材料的特殊机组，或者在热泵机组前再增设一个换热器，通过水或其他中间介质将热水中热量引入机组。

2. 热泵机组

工业余热回收系统中的热泵机组回收热量时，往往会遇到的情况是热源温度较低，但水量相对较大，利用热源的目的是产生少量的较高温度的热量。此时，热泵机组选择的类型多为增温型吸收式热泵。

增温型吸收式热泵使用的工质为 $LiBr-H_2O$ 或 NH_3-H_2O，其输出的最高温度不超过 150℃。升温能力一般为 30～50℃，制热系数较增热型吸收式热泵低，一般为 0.4～0.5。

3. 末端系统

末端系统具体形式由工业生产工艺或建筑物内部的制冷形式决定。由热泵系统传递来的能量由末端系统传送给用户。工业废热水回收系统中，末端制热/制冷装置多采用空调、水暖等形式。

当末端系统服务范围较大时，特别是作为大片区集中供热热源时，多采用水热形式的暖气片或地板辐射采暖。以太原钢铁集团为例，2013 年冬季太钢集团 $4350\,m^3$ 高炉的冲渣水余热回收利用系统正式投产，其利用热泵技术从冲渣水中提取余热，并与太原市城市的热力管网对接，为太原市北部尖草坪区 200 多万平方米的居民住宅的水暖提供热源。在系统成功运行后，该集团还正在将该技术复制应用于其余高炉。

（三）热泵废热回收实例

1. 案例概况

河北某循环化工基地生产工艺中循环冷却水水量达 $13\times10^4\,m^3/h$，且水量稳定；冷却进水温度 26℃，出水温度 33℃，出水以冷却塔降温后循环使用。

对循环管路进行改造，以循环水作为冬季供热热源，采用热泵技术对企业内 $1000\times10^4\,m^2$ 住宅小区进行供热。

2. 基本方案

根据厂区生产工艺的具体情况，对循环水收集管路进行改造，先利用一次管网将循环出水收集至前置换热站，通过换热器，将循环水中热量交换至二次管网，再输送至居住区附近分散修建的热泵换热站，为建筑物冬季供热。余热供暖系统流程见图 10-6。

3. 系统设计参数

整个工程分为三个部分，一次管网收集循环出水至前置换热站，换热前后水温为 33℃/20℃，换热后回水进入生产工艺循环。前置换热站二次网侧以软化水为中间介质，供回水温度为 25℃/5℃，升温后纯水通过二次管网输送至分散建设的热泵换热站。整个二次管网铺设长度近 50km，设置热泵换热站 60 个。

热泵机组用户侧也以软化水为介质，根据住宅采暖方式不同，热泵用户侧出水温度不同。采用地暖和风机盘管系统供暖的建筑，采用电驱动热泵机组，供水温度为 45～60℃。采用暖气片的建筑物，使用螺杆式高温热泵机组，供水温度 65～70℃。

整个工程包括生产工艺管道改造、前置换热站、二次管网及热泵机组，整个项目总投资 10 亿元，其中工程建设费用 9.8 亿元，资金全部由企业承担。

以河北地区冬季供热 22 元/m^2 计算，年正常收入 2.2 亿元。经过财务计算，项目总投资收益率为 6.88%。扣除年耗电量和耗水量外，采用余热回收系统比燃煤集中供热节约标

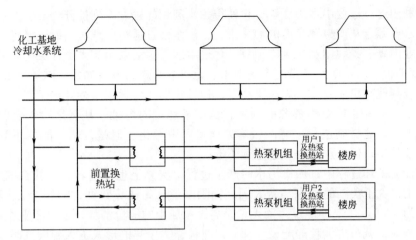

图 10-6　河北某化工基地工业余热供暖系统流程

煤 $26.7×10^4$ t/a。一个采暖周期，节水量为 $247.7×10^4$ m³，减排废热 $11.52×10^5$ MW。整个项目对工业废热水利用，具有很高的经济效益和节能减排的社会效益。

第三节　污水热源利用

一、污水热量的产生

城市污水一般是指由城市排水管道系统集中收集起来的污水的总称。城市排水管道体系中不仅包括了住宅、公共建筑等处的生活污水，也包括了城市范围内排入下水管道的工业污水。如果所处城市的排水管道体制为合流制时，还应当包括初期的雨水径流量（图 10-7）。

$$
城市污水
\begin{cases}
生活污水：包括居民家庭污水、公用建筑污水等污水 \\
工业污水：工业废水中的由生产工艺、生产杂用、工业区生活产生 \\
\qquad\qquad\,的须经处理的污水 \\
初期雨水
\end{cases}
$$

图 10-7　城市污水的组成

对于工业企业产生的污废水中，由生产工艺、生产杂用（如设备清洗、厂区清洗等）、工业区生活污水（如淋浴、食堂、冲厕等）等环节产生的污水，需要经过预处理后排入城市市政排水管道收集至污水处理厂统一处理，或者经厂区污水处理系统处理直接排放。这部分污水纳入城市污水的管理范畴内。而由于"节能减排"的原则要求，一些工艺过程中产生的废水（如间接冷却水等），都设置循环使用系统进行回收利用，污染程度小的直接排放，因此一般不纳入城市污水范畴。

根据联合国环境规划署 2010 年的统计，全世界每天产生的城市污水总量可达到约 $20×10^8$ t。而根据我国污水处理行业研究报告资料来看，到 2010 年我国污水年排放量达到 $617.3×10^8$ t。在全球水资源危机的背景下，这部分数额巨大的水量，早已经被认为是潜在的"第二水源"，许多国家和地区的总体规划中都对污水处理回用进行统筹，以再生回用水缓解水资源的紧张局面。污水资源化，对于解决全球水资源危机具有重要的战略意义。

现阶段对于污水资源化的概念解释中，除了在"量"、"质"方面具有广阔的应用前景外，对于从"能"角度的阐述，也拓宽了污水资源化的内涵外延，使水资源危机和能源危机在污水综合利用这一过程中得到缓解，也使得污水利用的程度得到提升。

对于污水资源，从"量"角度的利用来看，污水经过适当处理再生后，已经可回用于工业生产、农业灌溉、景观用水、生态恢复、建筑中水、生活杂用等人类社会的方方面面。从"质"的角度来看，污水中所携带的金属离子、无机非金属离子（如酸、碱类物质等）、有机质（如油类或其他有机成分等）等污染物质，通过物理、化学、生物处理工艺，都可以回收利用变废为宝，从排弃物变为资源的同时，减少了环境的污染。甚至是污水处理产生的污泥，都可在堆肥、建材制造、发酵产气等方面得以资源化。但是，从"能"角度的利用来看，虽然已经起步，但其重视程度还远远不够。

在水的社会循环过程中，城市污水的产生过程，实际上也伴随着人类社会的能源消耗。我国是世界上仅次于美国的能源消费大国，据国家统计局核算数据，2010年我国全国能源消费总量约为32.5×10^8 t标准煤。而无论是居民家居中的能量消耗，还是工业企业中制热、制冷的能源消耗，城市中消耗的能量大部分最终被作为废热的形式进入到大气圈或者地表水环境中。除去部分工业废热水外，以水为载体的余热排放流体绝大部分温度均在50℃以下，虽然属于典型的低位能源，但由于总体积巨大，因此所赋存的热能总额是非常可观的。

在这些以水为载体的低温余热能源中，城市污水是非常便于开展较大规模集中利用回收热能的种类。城市污水水温处于5～35℃之间，每日水量相对稳定，而且最难能可贵的是日益完善的城市排水系统可将水体收集输送至集中处置地点，而通过处理构筑物后的水体，可完全满足水源热泵水源的水质要求。

根据孙丽颖等对我国城市污水低温热能应用潜力分析，以2010年我国排放城市污水总量617.3×10^8 t为污水总量，采用东京城市污水处理厂污水热能利用系统的实际运行结果（制冷系数4.6，制热系数4.3）进行估算（估算公式见下式）。我国城市污水中赋存的可利用热量约为3.64×10^7 GJ/d，赋存的可利用冷量约为2.3×10^7 GJ/d。数值巨大，如此热量可加以有效利用，经济效益可观。

$$Q = Lc_p \Delta T \tag{10-2}$$

式中　Q——污水中赋存的热（冷）量，GJ/d；

　　　L——城市污水总排放量，m^3/d；

　　　c_p——水的定压比热容，MJ/(kg·℃)；

　　　ΔT——污水进出口的温度差，℃，以平均4℃估算。

$$Q_c = QCOP/(COP+1) \tag{10-3}$$

式中　Q_c——污水中赋存的可利用冷量，GJ/d；

　　　COP——制冷系数。

$$Q_h = QCOP_H/(COP_H-1) \tag{10-4}$$

式中　Q_h——污水中赋存的可利用热量，GJ/d；

　　　COP_H——制热系数。

二、污水热源的特点

城市污水是污水能源利用的主体对象，不考虑对其"量"、"质"方面资源特性的利用，单纯就城市污水的热能特性利用来说，城市污水热源具有以下的特点。

（1）水量相对稳定且便于集中　城市污水热源主要为排入城市排水管道的生活污水和经过预处理的工业污水。现阶段，我国越来越多的城市在排水系统设计时均采用了分流制，而当现状排水系统尚为合流制时，还应当在水量中考虑初期雨水量。由于居民生活的规律性和工业生产的稳定性，排入城市污水水量相对较稳定。

城市污水可通过日益完善的城市排水管道收集至处于城市排水体系末端的污水处理厂。将原本分散的小量热源集中起来统一利用，使得污水热源可进行规模化集中利用，进一步提升资源综合利用的经济性。

污水水量应以污水厂前干管实测资料进行统计计算。当城市排水系统处于规划、设计阶段时，可根据排水工程相关设计规范对污水量进行估算，以满足热能回收利用系统同期设计需要。城市污水水量常用计算方法见本书第二章第一节中介绍。

（2）全年水温变化幅度小且冬暖夏凉　相比较于气源热泵和地表水源热泵的热源大气和地表水来说，城市污水水温的全年变化幅度要小很多，这使得污水水源热泵系统的工作状况更加的稳定。

以尹军等的研究成果作为参考，日本东京地区大气和河水在冬季和夏季的温差均在20℃左右，而其城市污水的温差只有12℃；而且不但温度变化幅度小，与河水水温和气温相比，城市污水水温在冬季最高、夏季最低，名副其实的冬暖夏凉。

在我国科研人员对北京、重庆等地的气温、地表水温以及城市污水水温的调查研究中，也均获得了和日本东京相似的规律：冬季污水厂出水温度比环境温度可高出20℃左右，夏季出水温度较环境温度低10℃以上。冬暖夏凉、温度恒定的特点也使得热泵空调系统制冷制热工作更加的高效、节能。

（3）应用方式拓宽、利用效率渐高　相对于煤炭、石油、天然气等高位能源来说，城市污水热源均为50℃以下的低位热源，利用方便程度相对较差。但随着热泵技术的逐渐普及和进步，城市污水的低位热能可以更加方便和经济地转换为高位能源，大大拓宽城市污水热源的应用范围。

更为重要的是，从城市生活能源需求结构来看，用于空气温度调节和水温调节所需的能源比例越来越大，而这部分以中低温即可满足的能源需求如果以传统高位能源燃烧后的高温供给的话，其利用效率将会非常的低。而当采用城市污水热源作为该部分能源需求的供给，将会减小能源的损耗，提高能源的综合利用效率。

在以往的水源热泵技术中，水质更好的污水厂深度处理系统出水被视作污水源热泵热源的最理想对象。但随着热泵设备的发展和进步，使用特殊的换热器以及相关配套的换热器清洁系统，都能够防止污水对换热器的侵蚀和堵塞，在一定程度上减少了污水源热泵受污水水质的约束，使得二级处理后的出水甚至污水原水也可以作为热源，大大拓宽了污水热源回收的使用范围。

三、污水热能利用

由于原生污水水质相对较差，直接同级利用其热能的范围受到了局限。处理后达到相关标准的排放水或中水可用于农业灌溉或冬季融雪，利用其高于气温的特点，提高农产品作物的产量或加快道路积雪的融化。

现阶段来看，对于污水热能的利用更多的是集中于间接升级利用，即利用污水源热泵收集污水热能，进行冬季制热、夏季制冷。

（一）污水水源热泵系统

污水源热泵系统主要包括热源交换系统、热泵机组以及末端设备三部分。图10-8为常规的污水源热泵系统流程。

由于污水水质相对较差，直接进入热泵机组会对机组产生较大破坏。因此，污水源热泵系统通常会在热泵机组前设置热源交换系统。污水（原生污水或处理后排放水）经过热源交

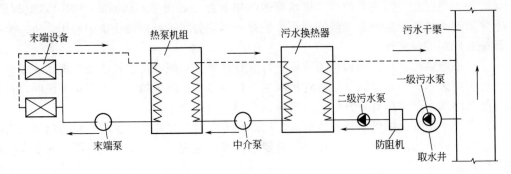

图 10-8　污水源热泵系统流程

换系统前端的污水泵提升，进入换热器，将热量转移至污水交换器后端的封闭循环中间介质，换热后污水排入管渠。中间介质所承载热量通过热泵机组输送至末端设备。整个过程可正向或反向进行，以完成末端设备的制热或制冷的功能。

1. 热源交换系统

污水源热泵的热源交换系统包括提升水泵（一级提升或两级提升）、防阻设备、热交换器以及中间介质循环管道。

当热源水体为处理后达标排放水时，水体中悬浮物和杂质含量已经相对较低，提升泵可只设置一级提升，以普通潜水泵或干式安装的离心泵将热源水体提升通过热交换器。系统流程图内所示的防阻设备和二级提升泵可不设置。水泵流量以热交换器总流量确定，扬程应为管路损失、热交换器损失和其他辅助部件的局部损失之和。

当热源水体为原生污水时，水体中的悬浮物和杂质含量较大，非常容易堵塞热交换器中相对狭窄的通道。此时可在一级提升泵后设置防阻设备，将悬浮物或较大的杂质去除。若防阻设备出水余压较小时，还可设置二级提升系统，以完成热源交换系统前端的循环过程。

热源交换器后端的封闭循环中间介质，多采用清洁的水或者乙二醇溶液。特别是当温度允许时，尽量采用软化水作为中间介质。中间介质循环系统以循环水泵驱动，完成热量中介传递的过程。

当使用原生污水进行热交换的过程中，特别是后续处理工艺为生物法的污水处理厂原生污水，要注意对原生污水热能的利用留有余地，热交换器的回水温度不宜低于 $5\sim10℃$。研究表明，过低的温度对微生物生化反应速率影响很大。

2. 热泵机组

热泵机组为增温型热泵，与工业余热利用系统的机组相似。

3. 末端设备

由于污水具有冬暖夏凉、水温相对恒定的特点，非常利于冬季制热、夏季制冷时热泵机组的高效工作，因此末端设备多采用空调冷热水循环系统。

（二）污水源热泵技术难点

1. 技术难点

污水源热泵和其他的水源热泵没有实质性的不同，但由于污水水质较差的限制，污水源热泵在实际工程中主要存在的技术难点就是机组或者前端的换热器易堵塞，易污染腐蚀。

2. 技术措施

对于这些难度的解决，现阶段主要采用以下的措施。

（1）在热泵机组前设置热源交换系统，让污水不直接进入热泵机组，保证热泵的稳定、长效工作。

（2）在换热器前，设置防阻设备，也就是进行简单的预处理。将容易引发堵塞的悬浮物和杂质在进入换热器就去除。

（3）针对即使设置了防阻设备，换热器内部流道还容易沉积、堵塞的情况，对换热设备进行改良，降低清洗难度。

（4）对热交换系统中换热器的材料进行改进，针对水质的不同特点，采用防腐性能强的合金等材料，减缓内部腐蚀，延长使用寿命。

3. 关键设备

（1）防阻设备 在这些难点问题的解决措施中，增加防阻设备，减少易堵塞物质的进入是最容易实现的。

对污水中悬浮物的去除，最有效的方法就是过滤。使用常规的滤池过滤或者格栅、格网过滤效果很好，但过滤装置易堵塞，需频繁的清洗，而且占地面积较大。因此，目前在污水源热泵系统中最常用的是使用自动清洗的防阻机，以完成一定精度的过滤及方便的清洗（图10-9）。

(a) 单独的侧进下出式防阻机　　　(b) 防阻机和二级提升泵的组合

图 10-9　污水防阻机实物（摘自网络）

防阻机的基本组成是由旋转的筒式滤网和滤网内的旋转毛刷组成的。污水进入筒式旋转滤网后，在离心作用下完成了液固分离。而附着在滤网表面的污物在冲洗水流和旋转毛刷的作用下，从污物出口排出，可直接收集清运或返回污水干渠，完成了污物自动清洗的过程。滤网孔径可根据水质不同增减；自清洗的过程可定时进行，也可根据滤网两侧压力差激活自清洗过程。

城市原生污水中经常出现塑料袋、纺织物等易堵塞的大体积漂浮物，在设置防阻机的同时，也可在一级提升泵选择时，选用带有切割功能的潜水泵，使进入防阻机的污物体积减小。

（2）换热器 经过防阻塞设备后的污水，还含有大量的溶解性化合物和较小尺度的悬浮物，其换热器换热面受到污染是必然的。长期污物累积后，也容易使换热量急剧下降，甚至堵塞。

从目前实际工程的使用来看，在现有的换热器种类中，相比于板式换热器等紧凑型换热器来说，防阻机加壳管式换热器依然是污水源热泵的流行选择。在一定备用率情况下，定期采用添加化学药剂或者高压水流清洗的方法，以保证换热效率的稳定。

另外，科技工作者也在不断地尝试，对现有的换热器从材料、水力条件等方面进行改良，开发出一些防堵性能较好的换热器。目前使用较多的有离心污水换热器（图 10-10）。

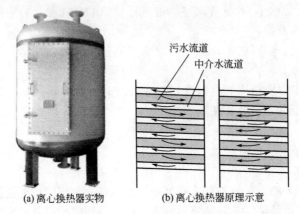

(a) 离心换热器实物　　　(b) 离心换热器原理示意

图 10-10　离心污水换热器（摘自网络）

离心污水换热器是间壁式换热器的一种改良形式。壳体内部设有加宽的双层螺旋流道，污水流道和中间介质流道间壁设置，均在换热器的上下两端设置进、出口，但流向相反。污水从换热器的顶端进入，沿污水流道螺旋下行，在离心力的作用下，污水在壳体内部旋转至底端污水出口；中间介质由换热器的底部进入，逆向自下而上沿螺旋腔体运行，最后由顶端中介水出口流出，完成换热。加宽的水道减少了堵塞的概率。水流的离心作用形成了较大的湍流，使污水中的颗粒物不容易沉积在换热面上。既保持了间壁式换热器的高换热率特点，也减少了换热器清洗的周期。

（3）设备材料　污水复杂的水质，会减少换热器、管道、水泵等设备的寿命。因此，污水源热泵系统中的设备，应根据水质选用防腐蚀性能强的材料。

铜是传热效果极佳的金属材料，但是其在污水中防腐性能相对较弱。因此，很多厂商采用合金材料以获得更长的寿命，例如铜镍合金等。也有的厂商采用常规的碳钢作为基底材质，在其表面喷涂防腐涂层，以延长使用寿命。使用较多的有镀锌涂层的管材，以及喷涂有氨基环氧涂料等有机物涂层的管材。

管材或者管材表面涂层的不同，除影响设备的防腐蚀性能外，也直接影响了换热设备的换热性能。寻找防腐性、换热能力以及经济性等指标综合平衡较佳的管材一直是工业界正在努力的目标。

（三）污水水源热泵应用实例

1. 案例概况

山西省太原市某居住小区，建筑面积 $23 \times 10^4 \, \mathrm{m}^2$，采用原生污水源热泵加空调风机盘管系统进行冬季供热、夏季供冷。

太原市为典型的黄土高原寒冷地区城市，地下水超采严重，地表水资源稀缺，适合采用污水源热泵。城市人口较多，污水量大。夏季污水 18～22℃，较气温低 10℃左右；冬季污水 14℃左右，较气温高 20℃左右，非常适合作为冷热源。

2. 基本方案

该小区不属于集中供热管网的覆盖区，距离市区污水主干管较近，引用非常方便。因此采用冬季供热、夏季供冷、全年 24h 生活热水的污水源热泵系统模式。

以 2m×2m 方涵将原生污水引至小区，通过一级潜污泵提升至依次设于换热站中的污水源热泵系统，换热后的污水连同防阻机的截留杂质一同流回污水干渠。系统设有防阻机、二级提升泵、换热器、2 组热泵机组，末端系统采用冷暖两用空调。

3. 系统设计参数

该小区夏季供冷室温达到 18～26℃，冬季供暖室温达到 20～26℃，根据室内外温差，热泵可自动调节。

经过 1 年多的实际运行结果测算：工程实施后，每年可节约标准煤 10000t 左右，减排二氧化硫 300t，氮氧化物 80t，颗粒物 6400t，二氧化碳 $1.2×10^4$t，烟量 $2200×10^4$m³。每年减排废水 600m³，炉渣 2800t。同时，省去建设煤场、锅炉房、烟囱、水塔等占地面积较大的建构筑物，避免了传统供热设备运行的噪声和污染，取得了良好效果。

第四节　地下水冷能利用

一、地下水冷能利用原理

（一）地下水冷能利用条件

地下水资源是指在地表面以下含水层内储藏和迁移的水源。在地球地壳上部的孔隙和破裂材料中蕴藏着巨大数量的地下水，其在地球分布的范围非常的广泛。根据地下水所埋藏的含水层性质不同，可分为孔隙水、裂隙水和岩溶水；根据含水层埋藏条件可分为包气带水、潜水和承压水。

水资源在自然循环和社会循环中是不断地迁移、转化、循环的，同样地下水也可在含水层的孔隙中以一定的规律自由迁移。由于地下水与土壤、岩层等介质联系紧密，相互接触，相互作用，因此其物理、化学性质均较为复杂。

从地下水的温度特性来看，不同环境、不同地质以及不同埋藏深度条件都会造成地下水的温度不同。对于影响地下水的外界环境温度，由于与含水层联系紧密，地温的作用要远大于气温。而且，受到土壤隔热和蓄热作用的影响，地下水水温季节性变化较大气和地表水要小很多，是更为恒定的热源。

参考原地质矿产部对地热资源的温度划分标准（DZ 40—85），研究人员多把低于 20℃的地下水称为地下冷水。研究表明，地下水的温度基本上与同层的地温相同，而在地层的恒温带中，地层温度的季节性变化甚至超不过 2℃，同层深度的地下水温度变化也极小。我国国土东西、南北跨度较大，导致北方与南方地下水温相差较大；在气温的较低的冬季，温差可达 10℃以上。我国全国各地地下水的平均温度见表 10-3。

表 10-3　我国全国各地区地下水的平均温度

分区	地区	地下水水温/℃
第一分区	黑龙江、吉林、内蒙古的全部，辽宁的大部分，河北、山西、陕西偏北部分，宁夏的偏东部分	6～10
第二分区	北京、天津、山东全部，河北、山西、陕西的大部分，河南北部，甘肃、宁夏、辽宁的南部，青海偏东和江苏偏北部分	10～15
第三分区	上海、浙江全部，江西、安徽、江苏大部分，福建北部，湖南、湖北东部，河南南部	15～20
第四分区	广东、台湾全部，广西大部分，福建、云南南部	20
第五分区	贵州全部，四川、云南大部分，湖南、湖北的西部，陕西和甘肃的秦岭以南地区，广西偏北的一小部分	15～20

相对于各地气温来说，地下水的水温冬季较气温要高，夏季较气温要低。适合于夏季作为冷源加以利用，冬季作为热源提取热能。但是从实际应用的角度来看，作为直接同级利用热源，恒温带以上地下水冬季温度可直接换热利用的适用场合不多。若作为间接升级利用热源，夏季利用冷能时，地下水温作为冷凝温度，越低越好；冬季提取热能时，地下水温作为蒸发温度，越高越好。考虑到压缩机进气温度过高时容易导致机内润滑油碳化，造成设备运行费用提高，水源热泵处于20℃附近制冷制热的效果都很好。但通常地壳恒温带内，地下水温多为15℃左右，因此，无论直接利用还是间接升级利用，地下水资源更为适合于提取冷能。

在地层中的恒温带以下的区域，随着埋藏深度的加大，地下水的温度也会有所增加。地热增温率取决于含水层地域条件和岩性条件，一般来说，地壳的平均地热增温率为2.5℃/100m左右，当大于这一数值时被视为地热异常。

当埋藏深度逐渐增大时，地下水温度也会逐渐增加至温水甚至热水的温度范围，而对该部分由于地热而产生的地下水热能资源，则更适合提取热能。

（二）地下水冷能方式

地下水冷能的直接同级利用在工业生产过程中使用较多。主要是利用地下水取水构筑物将浅层地下水提升至地面，直接进入生产工艺流程用作冷却水，或者通过换热器对高温流体进行降温。完成降温过程后，再通过回灌井，将升温后的流体回灌入同深度含水层。利用土壤热特性中热导率高、热扩散率大以及土层总容量大的特点，使回灌后的热水较快地恢复到开采前的平均温度，从而形成了开采—利用—回灌的再生循环过程。

地下水冷能的间接升级利用与制冷机的原理是相同的。将地下水从取水构筑物取送至冷能利用的热泵机组，利用地下水温度较低且较为恒定的特点，通过水源热泵技术中的制冷工况，利用热泵机组中工质在蒸发器蒸发膨胀的过程，从热负荷侧吸收热能；再通过冷凝器中工质液化过程，将热量传递给地下水。升温后的地下水回灌至地下，再生后循环使用。

当地下水源热泵冷能利用系统中的水源热泵机组为水-风型机组时，热泵机组热负荷侧的介质为空气，热泵机组可直接供出冷风进行空气调节。而当水源热泵机组为水-水型机组，热负荷侧的介质为液体，整个系统供出的冷水可供后续需要水冷的环节使用。现阶段在民用和公共建筑的空调系统中，水-风型地下水源热泵空调系统使用已经较为常见。

二、地下水人工回灌技术

地下水源热泵技术中的地下水人工回灌，就是将经过直接利用或热泵机组换热后的升温回水再次回灌入地下含水层，其目的在于：①补充地下水储量，调节取用水位，维持热泵系统水位平衡；②防止地面沉降，阻止海水倒灌，减少地质灾害；③通过回灌使水温回复，以保证热源温度稳定。

对于地下水源热泵的工作过程来说，供冷或供热后回水的处置是非常关键的环节。但在个别案例中，名义上为提高水资源的使用率，地下水开采后，经过地下水源热泵系统一次利用后，未回灌入地下，从而引发许多技术和环境问题。为了延长水源热泵系统的使用寿命，避免破坏地下水资源、引发地质灾害，地下水人工回灌时需要注意一些关键问题。

（一）回灌的水质

从理论角度来看，要达到地下水水质不被污染，回灌水质应当等于甚至好于原水质。从实际工程的角度来看，当地下水利用只是经过换热器或热泵机组，仅发生热量的迁移，没有引入新的污染物，回灌是不会污染地下水质的。但应当避免回灌时带入大量的氧气。当直接利用地下水与工业设备或产品接触进行降温时，就可能会向地下水中引入浊度、盐类、油类物质等某类污染物。此时需要对受污染的地下水进行水质处理，除去引入的某类污染物，再进行回灌。

当出现热泵回水被其他项目利用成为污水时，从保护水资源量的角度，也应当将所有水量经过处理后回灌。污水经过处理后回灌时，水质应当达到《城市污水再生水地下水回灌水质标准》（GB/T 19772—2005）中相应回灌方法的水质要求，同时也应当满足回灌水的地下停留时间要求。采用地表回灌，再次利用前应停留 6 个月以上；采用井灌，需停留 1 年以上。

（二）回灌方式

人工回灌采用较多的方式包括地表回灌和井灌两种，选用何种方式应根据工程场地的实际情况考虑。应保证抽取利用的和回灌补给的是同层地下水。

当取用的是非封闭的含水层且土层渗透系数高时，可采用地表回灌的方式。当地表与地下水位间有埋深不深、厚度不大的低渗透性的地层阻隔时，可采用挖掘回灌坑的方法，穿透阻隔地层，以完成渗透回灌。

当土层渗透性较差或土层的非饱和带中存在不透水层时，常采用井灌的方式进行人工回灌。回灌井的构造结构与取水管井的结构相同。当含水层渗透性好时，可采用无压管井自流回灌；为防止由于回灌水与天然水物理、化学性质变化，导致井壁含水层颗粒重排引发的井壁堵塞现象，可采用涡轮泵的形式定期洗井。当地下水位较高且含水层透水性较差时，可采用加压回灌的方式。近年来，新出现的抽灌两用的管井回灌方式逐渐成为主流。同一眼井可定期抽水和回灌功能交替，通过流向的反转，自然减少井壁堵塞情况的发生。

在使用井灌回灌时，应当注意由于井距较近导致的抽水与回灌水间的热贯通现象。水井施工前可根据水文地质情况进行影响范围的复核计算，合理控制井距，减少相互干扰。

（三）回灌水量

单井回灌量的大小，主要由含水层的厚度和渗透性、地下水位的高低以及回灌方式决定。不同的水文地质条件对单井的回灌量影响很大；但在同一水文地质条件下，所采用回灌方式，则是决定回灌量的重要方式。

一般来说，同样回灌方式下，含水层渗透性越小，单井回灌量越小。向基岩裂隙或岩溶中灌水时，单位回灌量与出水量几乎相同；向粗砂层灌水时，单位回灌量仅为出水量的 30%～50%。同样水文地质条件下，加压回灌单井回灌量要大于无压回灌，且在一定压力范围内，单位回灌量与压力成正比。但应当注意压力过高对井管及过滤器的破坏作用。当单井回灌量小于采水出水量时，可根据灌采比增加回灌井数。

地下水源热泵有很多优越性，但由于地下水回灌可能引发生态、环境、地质灾害等问题，影响了其应用推广的速度。特别是取水和回灌要严格遵守管理部门关于地下水的取用制度。在施工前，须获取地下水资源的准确资料，正确地进行地下水取水、回灌系统的设计。施工应由专业队伍完成，防止对其他含水层产生破坏。这样才能真正地达到节能环保的初衷。

三、地下水冷源循环利用方法

(一) 直接同级利用

抽取地下水利用冷能在工业生产使用较为普遍，其主要应用范围多为需要常温水冷和洗涤的行业。

例如纺织行业，为保证产品质量，提高产量，保护职工身体健康，要求夏季纺织车间内温度在 30℃下，相对湿度 55%～60%。采用空调人工制冷效果好，但能耗较高。从 20 世纪 70 年代开始，我国工业生产中就开始利用地下水冷源节省生产成本。上海、天津、北京、西安等地的纺织厂使用地下水作为夏季厂房降温冷源。上海某纺织厂高温季节车间温度 37℃以上，所采用的冬灌夏用地下水平均水温 15℃，利用后排放水温 25℃，可提供冷量 $3.6×10^9 kJ$，相当于 7 台 $2×10^6 kJ/h$ 蒸汽喷射制冷机在夏季工作 3 个月的制冷量。经过测算，制冷量相同时，采用溴化锂制冷机制冷成本为 35.53 元/h，而冬灌夏用地下水井仅为 10.86～14.88 元/h。

机械加工、化工制药、食品加工企业等行业也使用地下水作为冷却水，降低产品生产工艺中的温度，提高产品产量和质量。很多企业除了采用冬灌夏用的方法在冬季灌入冷水夏季使用，还采用夏灌冬用的方式，利用土层储能的特点，冬季利用地下温水进行采暖，也收到不错的效果。

需要注意的是，我国地下水污染日益严重的现状，再加上工业产品生产规范的日益严格，我国地下水冷能直接同级利用的模式正逐步改变。取用的浅层地下水质无法达到行业相关用水规范，为避免地下水直接与产品接触影响产品质量，通过换热器换热向厂内循环冷却介质输送冷能的方式被更多地采用。深层地下水硬度和盐类指标超标严重，在直接冷却过程中容易使生产设备结垢、侵蚀，则需要在使用前进行处理。

(二) 间接升级利用

1. 地下水源热泵冷能利用系统组成

地下水源热泵冷能利用系统与常规的地下水源热泵系统组成相同，主要包括水源取灌、热泵机组、末端系统三个单元 (图 10-11)。

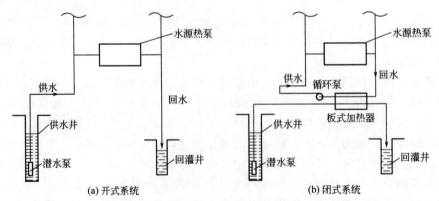

图 10-11　水源热泵利用地下水冷能系统示意

(1) 水源取灌单元　水源取灌单元主要由取水、回灌水井及配套的加压循环水泵及管路组成。取水水井的形式与开采饮用水水源形式相同，可根据采水含水层的深度选取大口井或管井的形式。回灌可根据水文地质情况选用地表回灌、管井回灌的方式。取水和回灌可采用并联形式设置,井的数量及相互间距应根据需水量、单井出水量、回灌量及当地水文地质资料进行计算确定。

加压循环水泵多采用潜水泵湿式安装于取水井中;水泵扬程应根据系统的布置情况具体计算,当多井并联取水时应进行井间联络平衡计算。水源系统管路可采用钢管、铜管或PVC管,当根据工程实际情况要求管路强度较高时,不宜采用塑料管。

(2)热泵机组 是取灌单元与室内末端系统间的转换连接点,通过消耗一定的动力,利用压缩机做功,驱动热量由水源传送至末端系统。

根据热泵机组与水源间热量交换方式的不同,地下水源热泵冷能利用系统又分为开式和闭式两种。开式系统中,地下水直接由加压泵供入热泵机组进行换热。闭式系统中,地下水中冷能通过热泵机组前增设的换热器交换给中间介质,再由中间介质进入热泵机组完成传递过程,增设的换热器可安装于地下取水井内或地上专设的池体内。闭式系统通过间接换热,保证热泵机组内部不受地下水有机物、矿物质和悬浮物的影响,延长热泵机组的使用寿命。

(3)末端系统 末端系统承接了由热泵系统传递来的能量,其具体形式由工业生产工艺或建筑物内部的制冷形式决定。

2. 系统设计步骤

以开式地下水源水泵冷能利用为例,主要设计步骤如下所述。

(1)资料收集和试验 完成水文地质资料收集,包括实验井的抽水试验。

(2)总需水量计算 根据制冷工况下最大换热量计算井水流量。地下水总需水量为所有热泵机组设计流量之和。如热泵系统还承担制热功能,可选取制冷或制热工况较大者。

$$q_v = \frac{3600Q_1}{\rho c_p (T_2 - T_1)} \tag{10-5}$$

$$Q_1 = Q_c \left(1 + \frac{1}{COP_c}\right) \tag{10-6}$$

式中　q_v——提取冷能需要的地下水量,m^3/h;

　　Q_1——设计工况下换热器换热量,kW;

　　Q_c——设计最大冷负荷,根据工业或建筑室内具体情况计算,kW;

　COP_c——制冷系数;

　　ρ——水的密度,kg/m^3;

　　c_p——水的定压比热容,可取 $4.2kJ/(kg \cdot ℃)$;

　　T_1——进入换热器地下水温度,℃;

　　T_2——流出换热器地下水温度,℃。

(3)供水井和回灌井的设计 井群出水量、单井结构、井距、取水井内水泵及管路的设计步骤同开采地下水源井计算。供水井设计中应设置备用井,或总出水量留有安全余量;位置应尽量靠近热泵机组。回灌井设计时,回灌点高程应低于回灌井静水位至少3m;取水和回灌井在保证相互间不影响前提下,应尽量靠近,减小对地下水分布的影响。水井设计时要考虑消除氧气入侵的措施。

(4)热泵机组设计选型 热泵机组的设计选型应根据水源温度、水质及冷负荷等实际情况进行设计,也可选择厂家成套设备。

(5)管路的设计 供水井群以并联形式供水,供水、回水总干管管径以整个系统总水量确定;若干台热泵机组各自的供水管、回水管都应与供水干管、回水干管分别相连,且应设置阀门保证机组能够轮换检修。以通过管道的压力损失不大于 400Pa/m 的条件确定管径,且当管径小于 50mm 时，流速不大于 1.2m/s，当管径大于 50mm 时，流速不大于 2.4m/s。

地下水源热泵冷能利用系统的具体设计应遵照《水源热泵机组》（GB/T 19409—2013）以及《地源热泵系统工程技术规范》（GB 50366—2009）的相关规定。

3. 水质的要求

当采用开式系统时，进入热泵机组水质的好坏，直接决定了热泵机组的使用寿命和能源利用效率。

含沙量和悬浮物会对机组材料产生磨损，加快设备腐蚀，并造成井体和换热器堵塞。钙离子、镁离子在换热器上易结垢影响换热效果。亚铁离子也易在换热器上沉积，加速水垢形成，而且易氧化成铁离子，形成氢氧化铁沉淀堵塞机组。过酸或者过碱性的水体，都容易对机组产生腐蚀作用。氯离子、硫酸根离子等盐类都会对金属、混凝土等材料产生腐蚀作用。地下水源热泵机组的进水水质标准见表 10-2。

（三）应用实例

1. 案例概况

北京市海淀区某居民社区，总建筑面积 71000m² 左右，其中住宅 63000m²，商业 8000m²。采用深井水地源热泵空调系统进行夏季供冷、冬季供热。

2. 基本方案

该小区处于城市核心区，采用集中供暖锅炉或市政热力管线的方案均不成熟。采用家用分体空调能源浪费严重且影响建筑外立面。综合考虑后，以地下水作为冷热源，采用地下水源热泵机组中央空调系统，夏季利用地下水冷能供冷，冬季利用地下水热能供热，且全年全天 24h 供生活热水。

3. 系统设计参数

该小区空调室内设计温度为夏季 26℃，相对湿度 60%，冬季 20℃；空调末端同时使用系数取 0.65。经过负荷计算，整个小区水源热泵机组设计冷负荷为 3640kW，设计热负荷为 3380kW。

选取 4 台 SGHP1000 型（制冷量 852kW，制热量 917kW）和 1 台 SGHP500 型（制冷量 426kW，制热量 459kW）水源热泵机组作为空调主机，夏季制冷，冬季供热。总供冷量 3834kW，供热量 4127kW。机组制冷工况供回水温度 7℃/14℃，制热工况供回水温度 52℃/42℃。

在小区绿地打井作为取水井，井内安装潜水泵抽取地下水，经过热泵机组换热后再回灌入地下。整个过程水体没有暴露环节，除提取冷热量外，水质不受影响。经核算，地下水总用水量为 400m³/h，设计取水井 3 眼，井深 150m，单井流量 130m³/h 左右；设计回灌井 6 眼，深度与取水井相同。

经两年完整制冷、制热运转实际测算，整个系统空调实际年运行费用 25 元/平方米，相比其他空调系统节省运行经费 20% 以上。小区内地下水系统运行良好，水井出水与回灌量保持稳定。地下水质未出现异常。

第五节　地热能利用

地热能（Geothermal Energy）是指埋藏在地壳中的可以被人类抽取利用的天然热能。主要来源于熔融岩浆和放射性物质的衰变，经过地核岩浆入侵地壳以及地下水的深部循环传递至地层表面，主要表现为以土层、水体或蒸汽为载体的热能形式。

　　地球地心温度高达 4500℃ 以上，人类可利用的地热只是其很小的一部分。而且，根据放射性同位素地质年代检测法的测定结果，地球寿命可能还将有 45 亿年以上，因此其可利用潜力是非常巨大的。由于地温以及与其同深度的水温是可在很短时间内恢复的，因此地热资源是一种典型的可再生资源。

　　经过多年的研究和应用，地热能已在全球范围内成为被高度重视的能源种类。国际能源署牵头编制的世界地热能利用技术路线图中，对世界范围内地热利用的潜力、技术、未来的愿景以及发展节点都进行了评估和勾勒。我国的地热资源利用也处于方兴未艾的发展阶段。1994 年国务院颁布的《中华人民共和国矿产资源法实施细则》中，规定地热属于能源矿产资源；2006 年起实施的《中华人民共和国可再生能源法》中，明确将地热列为可再生能源。2011 年中国工程院所作的我国地热能利用发展目标中，也提出到 2050 年中低温地热利用的规模与总量达到现状的 3 倍。

　　现阶段，地热能的利用主要是水热和干热的利用。对于在水资源开发过程中的伴生能源利用来说，我们主要利用的是地热中的水热。

一、地热能的产生

　　地球的结构由地壳、地幔、地核组成。根据目前的研究，地核的温度至少在 4500℃ 之上，由于地幔和地壳的阻隔，随着埋藏深度的减小，地温逐渐降低。在地表以下 80～100mi（1mi＝1.609km）处，温度降至 650～1200℃ 左右。而当继续向上时，在地表较浅的深度范围内，存在一个地温终年基本稳定的常温层，其年温度变化幅度小于 0.1℃。常温层不受太阳辐射和四季变化影响，不同纬度常温层深度不同。常温层之上的地层，会随着四季变化、昼夜交替产生相对明显的温度变化。

　　地球内部的热量在向外释放的过程中，将地幔的部分岩石融化形成岩浆，密度较小的岩浆承载着热量向地表运动。当少数的岩浆在地壳薄弱地带喷出地表时，就形成了火山喷发。大部分岩浆存在于地壳内部形成局部热源，与正常的梯度地温一起，对地壳中的地下水形成了加热作用。大部分的热水保存在地下的多孔破裂岩层内，形成了储热的含水层；而通过断裂岩层流出地表的热水，形成了所谓的"温泉"（图 10-12）。

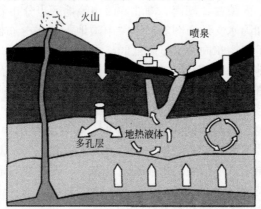

图 10-12　地热形成过程（摘自全球新能源网）

　　在整个地热产生的过程中，地热资源按照其赋存的状态，可分为水热型、干热型以及地压型地热。水热型地热又根据水的存在形态不同，分为蒸汽型和热水型。在人类现有的水资源开发技术的限度内，这些埋藏深度较浅，甚至出露地面的热水是人类可以最简单、最经济利用的水资源伴生的地热能，也是我们现阶段的关注重点。

由于地下水所蕴藏的地质条件不同，受到地热的影响程度不同，其形成的地热水温度也不同。目前为止，对于地下热水的温度界限和定义，还没有全球统一的标准。综合各个国家的地下热水划定限制来看，多数都以 20～25℃ 左右作为冷热水的温度界限，高于这个温度范围的都被称为地下热水。

在我国，最近的《地热资源地质勘查规范》（GB/T 11615—2010）中规定 25℃ 以上属于地热资源。一般来说，水热型的地热资源按照温度分类，25～90℃ 的地热归为低温地热，多以温、热水等形式存在；90～150℃ 的地热归为中温地热，这个温度范围的水热型地热多为热水与蒸汽的混合形式；150℃ 以上的地热被归为高温地热，这部分地热中，多为蒸汽或高温热水形式。

二、地热的储存与分布

从地热产生的过程来看，地热能多分布在构造板块边缘一带，这些区域板块运动频繁，是火山、地震的多发区，其蕴藏地热能以大于 150℃ 的高温地热为主；除此之外，在板块内部靠近边缘地带的活动断裂带、断陷谷和坳陷盆地地区，也多分布有中、低温地热能。

从世界范围来看，环太平洋地热带、大西洋中脊地热带、红海-亚丁湾-东非裂谷地热带、地中海-喜马拉雅地热带，世界四大环球性地热带均处于板块生长、开裂-大洋扩张脊、板块碰撞等区域上。世界知名的美国盖瑟尔斯、冰岛、意大利拉德瑞罗、菲律宾等地热田，均分布在这些地热带上。目前全世界有 100 多个国家和地区进行了地热资源的开发利用，而且利用规模还在以每年 10% 左右的速度递增，据国际权威能源机构预测，到 2100 年地热利用可在全球能源总量中占到 30% 以上。

就全球的地热分布背景而言，我国属于地热资源蕴藏丰富的国家之一，特别是中低温的地热水资源。从大地地质构造格局看，地处欧亚板块东部的我国，受到太平洋板块、印度板块以及菲律宾海块夹持，在西南侧的西藏南部和东侧的台湾岛以东两个区域，形成了当今世界地质构造活动最频繁的区域之一。

东南沿海地区的海南、台湾、广东、广西、福建、浙江、山东、天津、辽宁等地都属于环太平洋地热带范围；西南部西藏、云南地区都处于地中海-喜马拉雅地热带范围内；而在内陆地区的陕西、山西、内蒙古、湖南、湖北、四川等地区也分布着数量众多的低温地热。

根据《中华人民共和国水文地质图集》中"中国地下热水分布图"，我国地热水分布范围极其广泛，且大体上呈现由东向西温度降低的格局。

在西藏及云南腾冲地区、台湾及广东、福建东部沿海地区分布有丰富的高温地热水、汽资源。据现有的初步勘查，西藏发现的高温热水系统 110 个，著名的羊八井地热田就包括在内；云南西部高温水热系统 55 个，局部甚至温度高达 260℃。而由东南沿海地区向西，在西藏、云南、广东、福建、青海、四川、辽宁等地分布有大量的中温地热水资源。而在新疆、山西、内蒙古等大片地区也蕴藏着中、低温地热水资源。

除了地热温度外，由于地热形成的地质构造差别，全国各地的地下热水资源还具有显著不同的矿化度和水化学特征，既有淡热水还有高矿化度的热卤水及热矿水。化学成分的复杂性，也增加了地热能利用的多样性和复杂性。

在地壳板块边缘的高温地热区域，地下热水 pH 值较低，常含有较多的硫酸、硅酸、偏硼酸，以及铵、铁、氟、砷、锂等元素。同时，高温水汽中常含有较高的二氧化碳、二氧化硫、盐酸气、硫化氢等成分。

我国东部及中西部的一些山地地区，如秦岭、天山、吕梁山等褶皱山地和山间盆地地区，其断裂和岩层裂隙带区域多分布有低矿化度的中、低温地热水，其重碳酸型淡水 pH 为碱性，常含有较高的硅酸、氟、放射性元素等物质，水体中还常含有氮气。

我国东部及中西部地区，分布有多个中、新生代沉积盆地，由于地处板块内部，构造活动较弱，因此多分布有盆地型中、低温地热。这些盆地型地下热水的化学成分也大为不同：东部的松辽盆地、华北盆地地区，地下热水的矿化度相对较低，通常在 10g/L 以下；而中西部的柴达木盆地、四川盆地等区域，地下热水多为高矿化度水，局部可达 360g/L，多与油气资源伴生，含有丰富的碘、溴、锶、锂、钡等元素和甲烷、硫化氢等气体。

山西省地处我国中部，位于太行山脉与黄河中游大峡谷之间，中部夹持着一系列低洼盆地，属于起伏较大的黄土覆盖山地型高原地区。从现有资料来看，省内大部分区域地热增温率都在 3℃/100m 以上，表现出一定地热异常；省域内分布有丰富的低温地热水资源，南部密集，北部较少，且大部分水温均在 40℃ 以下。地热水主要为对流型地热，以降雨沿断裂破碎带下渗补给，热水多为温泉或浅部热水层等天然排泄点出流。

三、地热能的资源评价

为保证地热能源的合理开发利用，有必要对地热资源进行资源调查和评价，确定开发利用规划，提高能源利用效率。

作为对地热资源评价的传统指标来说，地热储量是最为重要的评价指标。但对于储量进行估算评价的过程中，应当参考开采利用技术的发展程度，在现行技术可经济利用的范围内评价其有效储量，评价的结果才具有真正的指导意义。同时，也应对地热资源的水质进行综合分析，充分利用有益成分，针对不利指标采取相应措施。

在评价之前，须尽可能通过试验和测试，获取地热井参数、热储几何参数、热储的物理性质、热流体的性质、热储渗透性和储存流体能力的参数、热储的边界条件以及地热监测井的监测资料。对于难于测试的参数或勘察工作程度较低时，可利用经验系数进行评价，但勘察、测试程度需满足工程阶段的最低要求。

（一）储量评价

现行标准中，对地热能储量估算的方法主要有地表热流法、热储法、比拟法、解析模型法、统计分析法以及数值模型法等。各种评价方法的基本原理、所需条件及适用阶段见表 10-4。

表 10-4　地热能储量评价方法

序号	名称	原理	所需条件和适用工程阶段
1	地表热流法	根据地热田地表散发的热量估算	勘查程度低，无法使用热储法时使用。多用于资源调查或预可行性勘察阶段
2	热储法	根据热储的几何尺寸进行估算	需采用勘察资料或经验系数，确定地热田中热储的面积和评价的基准面深度。多用于资源调查或预可行性勘察阶段
3	比拟法	利用已知地热田的地热资源量来推算地质条件相似的地热田的资源量，或用同一地热田内已知资源量的部分来推算其他部分的地热资源量	需对类比双方的资料有相对充分的掌握，否则类比结果精度较差。多用于预可行性和可行性勘察阶段

续表

序号	名称	原理	所需条件和适用工程阶段
4	解析模型法	当热储概化为均质、各向同性、等厚、各处初始压力相等的无限(或存在直线边界)的承压含水层时,采用非稳定流公式对给定压力允许降深下地热流体的可开采量进行评价	在勘查程度比较低,可用资料比较少时,用于计算地热井或地热田的地热流体可开采量。多用于可行性勘察阶段
5	统计分析法	以多年动态监测资料为依据,采用统计分析法建立统计模型预测地热田在定(变)量开采条件的压力(水位)变化趋势,确定一定降深下的可开采量	需要满足开采阶段要求的勘查测试资料,以及多年开采与多年动态监测资料。多用于开采阶段储量验证计算和开发管理
6	数值模型法	以多年动态监测资料为依据,建立数值模拟模型,评价地热储量	需要满足开采阶段要求的勘查测试资料,以及多年开采与多年动态监测资料。多用于开采阶段储量验证计算和开发管理

1. 地表热流法

地热田向外散发的热量,可分解为通过岩石传导散发到空气中的热量和通过温泉、热泉和喷气孔等散发的热量。其中,通过岩石传导散发到空气中的热量可以依据大地热流值的测定来估算。温泉和热泉散发的热量可根据泉的流量和温度进行估算。

$$Q = p_t = (p_1 + p_2)t \tag{10-7}$$

式中　Q——某段时间段散发的热量,J;

　　p_t——单位时间地热田散发的热量,W;

　　p_1——单位时间通过岩石传导散发到空气中的热量,W;

　　p_2——单位时间温泉、热泉和喷气孔等散发的热量,W;

　　t——计算时间段,s。

2. 热储法

根据热储几何尺寸评价其储存热量和资源潜力,当勘查程度低、热储分布不清时,可采用浅层温度异常范围、地温梯度异常范围大致圈定地热田的范围,也可以采用地球物理勘探方法圈定地热田的范围。评价下限深度应综合考虑开采技术条件、利用经济效益等条件确定。评价范围确定后,可根据热储的几何形状、温度、空隙度的空间变化,以及勘查程度的高低将评价范围划分成若干子区进行估算,最后累加得到地热田的总热储量。主要计算公式如下:

$$Q = Q_r + Q_w \tag{10-8}$$

$$Q_r = Ad\rho_r c_r (1-\varphi)(t_r - t_0) \tag{10-9}$$

$$Q_L = Q_1 + Q_2 \tag{10-10}$$

$$Q_1 = A\varphi d \tag{10-11}$$

$$Q_2 = ASH \tag{10-12}$$

$$Q_w = Q_L c_w \rho_w (t_r - t_0) \tag{10-13}$$

式中　Q——热储中储存的热量,J;

　　Q_r——岩石中储存的热量,J;

Q_L——热储中储存的水量，m^3；

Q_1——截止到计算时刻，热储孔隙中热水的静储量，m^3；

Q_2——水位降低到目前取水能力极限深度时热储所释放的水量，m^3；

Q_w——水中储存的热量，J；

A——计算区面积，m^2；

d——热储厚度，m；

ρ_r，ρ_w——热储岩石密度，地热水密度，kg/m^3；

c_r，c_w——热储岩石比热容，水的比热容，$J/(kg \cdot ℃)$；

φ——热储岩石的空隙度，无量纲；

t_r，t_0——热储温度，当地年平均气温，℃；

S——导水系数，无量纲；

H——计算起始点以上高度，m。

3. 解析模型法

对热储可概化为理想条件承压含水层的单井地热流体可开采量进行评价时，可采用非稳定流泰斯公式，通过分析单井开采量、水位随开采时间的变化规律，估算给定压力和允许降深下的可开采量。对同一地热田中多井在给定压力允许降深下可开采量的估算可采用叠加原理计算。

4. 统计分析法

在具有多年动态监测资料条件下预测地热田可开采量时，可采用相关分析、回归分析、时间序列分析等统计分析方法。所建立统计模型应具有较高的相关系数，预测时限应小于等于实际监测资料的时段长度。

5. 数值模型法

当地热田的勘查程度较高，且在一定开采时期内具有较全的监测资料时，可建立数值模型，利用有限差分法、有限单元法和边界元法等方法求解，评价地热田热储量，作为地热能开发科学管理的工具。

根据中国地质调查局2005年的调查估算结果，中国地下热水可开采资源量见表10-5。

表 10-5　中国地下热水可开采资源估算表（据中国地质调查局，2005年）

地区	面积	山区			平原（盆地）			合计		
	$10^4 m^2$	可采热水/($\times 10^4 m^3$/a)	含热量/$\times 10^{15}$ J	折合标煤/($\times 10^4$ t/a)	可采热水/($\times 10^4 m^3$/a)	含热量/$\times 10^{15}$ J	折合标煤/($\times 10^4$ t/a)	可采热水/($\times 10^4 m^3$/a)	含热量/$\times 10^{15}$ J	折合标煤/($\times 10^4$ t/a)
北京	1.68	31.2	0.026	0.089	8728.3	9.757	33.29	8759.5	9.783	33.379
天津	1.1	34.5	0.036	0.123	6351	13.56	46.27	6385.5	23.596	46.393
河北	1.9	887.8	1.003	3.423	42990	73.796	251.8	43877.6	74.799	255.223
山西	15	952.5	0.758	2.585	10350	10.833	36.96	113025	11.591	39.545
内蒙古	110	2125.8	2.973	10.143	117400	113.052	385.74	119525.8	116.025	395.883
辽宁	15	1875	2.473	8.437	7500	7.85	26.79	9375	10.323	35.227
吉林	18	307.8	0.366	1.249	23220	24.304	82.93	23527.8	24.67	84.179

续表

地区	面积	山区			平原(盆地)			合计		
	$10^4 m^2$	可采热水 /($\times 10^4 m^3$/a)	含热量 /$\times 10^{15}$ J	折合标煤 /($\times 10^4$ t /a)	可采热水 /($\times 10^4 m^3$ /a)	含热量 /$\times 10^{15}$ J	折合标煤 /($\times 10^4$ t /a)	可采热水 /($\times 10^4 m^3$ /a)	含热量 /$\times 10^{15}$ J	折合标煤 /($\times 10^4$ t /a)
黑龙江	46	909.9	0.762	2.6	47010	49.205	167.89	47919.9	49.967	170.49
江苏	10	907.5	1.227	4.188	11850	19.349	66.02	12757.5	20.576	70.208
上海	0.58				1740	2.55	8.7	1740	2.55	8.7
浙江	10	750	0.55	1.875				750	0.55	1.875
安徽	13	1221	1.125	3.837	14580	20.144	68.73	15801	21.269	72.567
福建	12	10800	18.087	61.714				10800	18.087	61.714
江西	16	7200	5.667	19.337				7200	5.667	19.337
山东	15	1278	1.68	5.733	19440	42.73	145.8	20718	44.41	151.553
河南	16	1830	1.908	6.51	29770	39.791	135.77	31530	41.699	142.28
湖北	18	7743.8	5.025	17.147	9750	14.281	48.75	17493.8	19.312	65.897
湖南	21	11025	5.862	20.003				11025	5.862	20.003
广东	18	12705	23.957	81.675	3180	7.19	24.53	15885	31.127	106.205
广西	23	2062.5	2.136	7.425	250	0.314	1.07	2312.5	2.49	8.495
海南	3.4	2610	3.923	13.386	3000	3.14	10.71	5610	7.063	24.096
四川	48	2936.7	6.037	20.599	46110	77.221	263.49	49046.7	83.258	284.089
重庆	8.23	1680	1.02	3.48	7890	9.91	33.81	9570	10.93	37.29
贵州	17	1530	1.185	4.044				1530	1.185	4.044
云南	38	34139.7	38.021	129.73		1.005	3.43	34739.7	39.026	133.16
西藏	120	72000	191.722	654.171	600			72000	191.722	654.171
陕西	19	1365	1.52	5.187	29700	36.683	125.16	31065	38.203	130.347
甘肃	39	1573.8	1.252	4.272	6385	6.683	22.8	7958.8	7.935	27.022
青海	72	1753.8	2.078	7.09	6770	6.519	22.24	8523.8	8.597	29.33
宁夏	6.6	123	0.103	0.351	1250	1.308	4.46	1373	1.411	4.811
新疆	160	2511	2.86	9.757	38150	36.737	125.35	40661	39.597	135.107
港、澳	0.111									
台湾	3.6	3780	9.401	32.076				3780	9.401	32.076
合计	916.2	190650.1	334.763	1124	493894.3	627.918	2142.49	684544.4	972.681	3284.726

（二）资源利用可行性评价

对于地热资源的利用，应当结合现有的开发技术，对开采的经济性进行评价；应当结合勘察和测试结果，对该区域的开采适宜性进行分析（表10-6）；应当结合地热资源的流体温度，对开采后用途进行建议（表10-7）；当地热流体作为矿泉开发时，应根据其化学成分含量，评价其矿泉利用的可行性和利用用途（表10-8）。

表 10-6 开采经济性和开采区域的适宜性评价

评价指标	指标界限	评价等价
开采经济性	成井深度<1000m	最经济
	1000m<成井深度<3000m	经济的
	成井深度>3000m	有经济风险的
开采区域的适宜性	地热井地热流体单位产量>50m³/d·m	适宜开采区
	5m³/d·m<地热井地热流体单位产量<50m³/d·m	较适宜开采区
	地热井地热流体单位产量<5m³/d·m	不适宜开采区

注：指标界限引自《地热资源地质勘查规范》（GB 11615—2010）。

表 10-7 不同温度地热资源可能利用范围

温度分级		温度(t)界限/℃	主要用途
高温地热资源		$t \geqslant 150$	发电、烘干、采暖
中温地热资源		$90 \leqslant t < 150$	烘干、发电、采暖
低温地热资源	热水	$60 \leqslant t < 90$	采暖、理疗、洗浴、温室
	温热水	$40 \leqslant t < 60$	理疗、洗浴、采暖、温室、养殖
	温水	$25 \leqslant t < 40$	洗浴、温室、养殖、农灌

注：表中温度是指主要储层代表性温度。指标界限引自《地热资源地质勘查规范》（GB 11615—2010）。

表 10-8 不同水质地热流体利用方向、方式与排放要求

溶解性总固体含量 /(mg/L)	利用方向		利用方式		排放要求
	达到生活饮用水或饮用矿泉水标准	达到理疗矿水水质标准	理疗洗浴	其他	
<1000	饮用及生产矿泉水	理疗洗浴、采暖、农业等	直接利用	直接利用	医用处理后排放，其他回灌
1000~3000	专用矿泉水	理疗洗浴、采暖等	直接利用	间接利用	直接利用处理后排放，间接利用回灌
3000~10000		理疗洗浴、采暖等	直接利用	间接利用	
>10000		理疗洗浴、采暖等	直接利用	间接利用	

注：引自《地热资源地质勘查规范》（GB 11615—2010）。

（三）地热水质评价

地热资源利用时，地热水的水质评价应在掌握地下热水的物理、化学、微生物指标的基础上，根据相关国家标准或行业标准进行。水质评价应与储量评价、利用可行性评价同时进行，以为地热开发利用提供全面的依据。

1. 不同用途的水质评价

当地下热水用作生活饮用水源的，需要依据《生活饮用水卫生标准》（GB 5749—2006）

中的 106 项指标进行评价。特别需要注意的是，延迟至 2015 年全面实施的饮用水水质标准中，无机毒理学指标较前版标准增加了 11 项，包括锑、钡、铍、硼等无机金属元素的毒理作用也纳入考量。再加上砷、硒、铁、锰、铜、锌等原先需要测定的指标，使得通常富含矿物质的地下热水在作为饮用水使用时需提高注意。

当地下热水中锂、锶、锌、碘化物、偏硅酸、硒、游离二氧化碳、溶解性总固体等指标至少一项高于表 10-9 中的界限指标，可采用《饮用天然矿泉水标准》（GB 8537—2008）对水质进行评价，以判定是否可作为饮用天然矿泉水水源。

表 10-9　饮用天然矿泉水界限指标

项　目	要　求
锂/(mg/L)	≥0.20
锶/(mg/L)	≥0.20(含量在 0.20~0.400mg/L 时,水源水水温应在 25℃ 以上)
锌/(mg/L)	≥0.20
碘化物/(mg/L)	≥0.20
硒/(mg/L)	≥0.01
偏硅酸/(mg/L)	≥25.0(含量在 25.0~30.0mg/L 时,水源水水温应在 25℃ 以上)
游离二氧化碳/(mg/L)	≥250
溶解性总固体/(mg/L)	≥1000

注：引自《饮用天然矿泉水标准》（GB 8537—2008）。

当地下热水中富含某类矿物质成分时，可作为理疗热矿水水源进行开发利用。理疗热矿泉水评价标准及矿水命名可参考表 10-10。

表 10-10　理疗热矿泉水水质标准

成　分	有医疗价值浓度	矿水浓度	命名矿水浓度	矿水名称
二氧化碳/(mg/L)	250	250	1000	碳酸水
总硫化氢/(mg/L)	1	1	2	硫化氢水
氟/(mg/L)	1	2	2	氟水
溴/(mg/L)	5	5	25	溴水
碘/(mg/L)	1	1	5	碘水
锶/(mg/L)	10	10	10	锶水
铁/(mg/L)	10	10	10	铁水
锂/(mg/L)	1	1	5	锂水
钡/(mg/L)	5	5	5	钡水
偏硼酸/(mg/L)	1.2	5	50	硼水
偏硅酸/(mg/L)	25	25	50	硅水
氡(Bq)/L	37	47.14	129.5	氡水
温度/℃	≥34			温水
矿化度/(mg/L)	<1000			淡水

注：引自《饮用天然矿泉水标准》（GB 8537—2008）。

当地下热水开发利用后的排废水作为农田灌溉水源时，应当以《农田灌溉水质标准》（GB 5084—2005）进行评价，以确定其适用性。需要注意的是，利用后排水温度应低于

35℃；且含盐量应根据土壤情况进行限制，防止因高矿地热水灌溉造成土地盐碱化。

采用低温的地下热水进行水产养殖时，应参照《渔业水质标准》（GB 11607—1989）评价其是否满足水产养殖的水质要求。

2. 可利用矿物质成分评价

从目前的勘察案例来看，地下热水中往往富含矿物质等可资源化的成分，可用于提取矿物元素用于工业，或生产食盐、芒硝等物质。常见有用元素达到工业利用可提取的最低限值可参照表10-11，其余元素可参考《矿产资源工业要求手册》（2010 版）评价其可利用性。

表 10-11　常见有用元素可提取的最低限值

元素名称	限值/(mg/L)	元素名称	限值/(mg/L)
碘	>20~30	锂	>25
溴	20~200	铷	>200
铯	>80	锗	>5

注：限值摘自《矿产资源工业要求手册》2010 版。

四、地热能的利用技术

对于在地球上广泛分布的地热能来说，其作为能源开发利用的历史由来已久。古罗马时期，地热温泉就被用于住宅取暖和洗浴；1904 年，意大利的拉德雷洛出现了世界第一座现代化地热电站，高温蒸汽所发电力成为电气化铁路的主要电源。截至 2005 年的统计数据，世界上利用地热能最多的前五位国家是中国、瑞典、美国、冰岛、土耳其，而且地热能的利用还只处于发展的起步阶段。

目前，地热能利用的主要用途包括：直接用于采暖、农业养殖及烘干、工业生产、工业提取利用矿物质、温泉洗浴以及道路融雪等；在地热发电以及地源热泵方面的间接升级利用。

（一）地热能的直接利用

1. 地热采暖

在高纬度寒冷地区，地热能资源是质地优良和使用便利的供暖热源。在传统的供热工程中，多采用 60℃以上的地热进行集中供热采暖；而 60℃以下的热水在当作热源时，采用的换热器的换热面积相对较大，增加了投资的费用。

随着地暖技术的逐渐普及，35~50℃的低温地下热水也在供热采暖中被广泛使用。较低的水温满足了地暖换热设备耐热性的要求，同时相对恒定的进水水温保证了供热的稳定性。

世界著名的"冰火之国"冰岛有着丰富的地热资源，从 20 世纪 20 年代开始，就大规模地采用地下热水采暖。目前为止，全国 70%以上人口都实现地热采暖，特别是首都雷克雅未克由于地热的百分之百普及，被称为"无烟城"。在我国，天津、北京、大庆油田等区域都大量应用地热水作为住宅供暖热水水源；特别是天津地区，其地热直接采暖的面积占到全国地热采暖工程总面积的 1/2 以上。

直接应用作为采暖时，应当注意地热水中含有的高盐分、高矿化度会对管道和散热器产生腐蚀作用，使用时可选用防腐蚀的合金材料。采暖回水往往温度依然较高，可考虑梯度利用后再进行回灌。

2. 农业利用

地下热水在农业上的应用种类繁多，地热温室、地热养殖、地热孵化、地热烘干、地热灌溉以及利用地热水为沼气池加温等用途，在我国大部分地区都十分盛行。

我国北方，尤其是京津地区，地热温室的使用案例较多。利用地热水直接地面上为温室加热，或者利用管道对土壤加温，既保证了冬季温室的温度适合经济作物存活，又大大节省了煤、电等高位能源。而利用地热水进行水产养殖的历史则更早，利用地热水帮助名贵水产苗种早繁越冬，可延长生产期，增加经济效益。由于地热温度往往高于水生生物存活适宜温度，如罗非鱼类的适宜温度在 $16\sim20℃$，可采用间接换热器调整养殖场温度的方法，避免温度过高使鱼类死亡。另外，由于热水中含有的氟等有害元素，热水使用前应根据水产养殖水质标准进行评价。

在梯度利用地下热水的案例中，利用后的地下热水达到农业灌溉水质标准后，可被当做农业灌溉的水源。但在灌溉中，应注意到土壤和农作物对于砷、铬、铜、铅、锌等金属元素有一定的累积和富集作用。当土壤中金属含量超标后，继续使用地热水灌溉，可能会导致金属元素继续向下迁移，影响浅层地下水水质。

3. 工业利用

地热资源在工业领域中的应用主要包括工业生产工艺中的加热用途和工业化提取水中矿产资源。

对于在工业生产工艺中升温、加热所用的地下热水，多为 $60\sim150℃$ 的中、高温地热水，可在生产中为烘干、蒸馏等工艺环节提供热源。作为世界最大的地热应用工厂之一，Myvatn Kisilidjan 硅藻土厂从 1967 年投产开始，就利用地热蒸汽对产品烘干提供热能，每年可节约大约 515TJ 的能源（以 1995 年产量计算）。在我国，在酿酒、制糖、纺织、印染、造纸等行业中，都有地热资源成功应用的实例，其经济效益和环境效益相当可观。在地热梯度较大的区域进行石油开采过程中，使用伴生的地热水进行热水驱油的技术已经非常成熟，节省人工注入加热水所需燃料的同时，实现了采收率的提高。

对于水体中富含矿物元素和盐类的地热卤水，其作为矿产资源的一种存在形式，也不容被忽视。碘、溴、锶、锂、铷、铯、硼、硫、钾、芒硝等众多的成分，都可以通过规模化的工业过程进行提取。

美国索尔顿湖地热田位于东太平洋中脊地热带上，是以热水为主要资源的地热源，尤以高温高矿化度地热卤水闻名世界。其地下热水矿化度可达 $3\times10^{11}g/kg$，在利用地热水发电的同时，也开展了对钾盐和其他金属元素的提取利用。我国西藏地区的羊八井地热田，其勘探结果表明，地热区域内锂、铷、铯等稀碱土金属元素含量呈异常状态，提取利用的经济价值巨大，相关的行业规划早已将其锁定为重要的资源进行综合开发。

4. 医疗洗浴

世界范围内，不同民族的医学传承体系中，都存有地热水（地热温泉）洗浴作为医疗手段的记录。由于温泉中含有的特殊微量元素、溶解性气体和放射性元素以及较高的温度对人体可产生慢性的医疗作用，因此常被用于治疗多种慢性病和疑难杂症。

山西是我国中低温地热资源分布较为广泛的省份之一，据现有资料表明，全省范围发现地下热水 218 处，出露点多达 447 处，其中大部分多为 $40℃$ 以下。在忻州地区的奇村和顿村地热田所开发的温泉洗浴是我国开发最早的温泉疗养案例。该区域温泉水温可达 $50℃$，泉水为硫酸钙型，含有氡、氟、硫化氢、硅酸盐等十几种金属及盐类物质。除消除疲乏、润滑皮肤等一般洗浴作用外，还对糖尿病、皮肤病等慢性病具有一定的医疗效果。

（二）间接利用

1. 地热发电技术

地热发电是一种利用地热水和地热蒸汽的热能生产电力的新型发电技术。从能量转换的过程看，其基本原理与火力发电相似，即先把地热能转换为机械能，再把机械能转换为电能。所不同的是，不需要设置体积庞大的锅炉和消耗大量的化石燃料。

利用地热发电的历史最早可追溯到1904年，世界第一座地热电站在意大利拉德瑞洛建成，虽然其装机容量较小，但为人类在化石燃料发电和水力发电之外，开辟了新的能源途径。时至今日，在地热资源开发热潮下，诸多国家都大力发展地热发电技术，其中美国地热发电的装机容量位居世界首位。日本是世界上化石燃料资源相对贫瘠的国家，但地热资源储量丰富，其清洁能源的利用一直走在世界前列，自发生福岛核电站事故后，日本能源发展战略再次做出调整。2011年日本众议院通过了《再生能源法案》，以大力发展地热发电来弥补核电减产造成的电力紧张局面。

一般来说，地热发电技术要求地热温度应不小于150℃，温度在200℃上则更加经济。在此温度范围内，地热蒸汽可直接用于蒸汽发电。而对于地热水来说，常见的发电方式主要包括：闪蒸发电、中间介质发电和混合循环发电。

（1）闪蒸发电　将地热水在闪蒸器中进行降压扩容闪蒸，所产生的蒸汽部分引至汽轮机发电。汽轮机排出的蒸汽在冷凝器中凝结成水，冷却降温后使用或排放。闪蒸器中剩余盐水可进入二次闪蒸过程产生蒸汽发电或回灌入地下。

闪蒸发电工艺又可分为单级闪蒸法、两级闪蒸法和全流法等。闪蒸法适用于低于100℃的地热资源，发电设备简单，易于制造。其缺点是设备尺寸大，易腐蚀结垢，热效率相对较低。对地下热水的温度、矿化度有较高要求。

我国羊八井地热电站中8台3MW的发电机组，就采用两级扩容闪蒸发电系统（图10-13）。其汽轮机为混压式，供一级和二级扩容蒸汽分别进入。地热流体采取汽、水分别用管道输送至闪蒸器，热水经二级扩容闪蒸后排入回灌池，用泵加压回灌地下。截至1993年年底，该工艺所有机组累计毛发电量已达134GW·h，在冬季占拉萨电网供电量的60%。

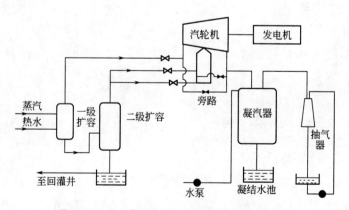

图10-13　羊八井地热电站3MW地热机组系统示意

（2）中间介质发电　将地热水通过换热器加热低沸点工质，利用工质蒸汽推动汽轮机发电。工质蒸汽冷凝后循环作用，地热流体冷却后排入环境或回灌。

中间介质发电工艺中，常采用氟里昂、异戊烷、异丁烷、正丁烷、氯丁烷等低沸点有机工质作为中间介质。该方式根据中间介质热交换的次数，又可分为单级中间介质法和多级中间介质法。其优点是能更充分利用地热水的热量，降低闪蒸所带来的能耗和热水量损失，其缺点是增加了系统的复杂性并需要更高的投资。

（3）联合循环发电　联合循环发电系统是把蒸汽直接发电和地热水发电两种系统合并使用。高于150℃的高温地热流体过一次发电后，其降温后流体可再次进入中间介质系统，利用余温进行二次发电，多次利用后的尾水回灌地下。通过对一次发电后尾水的再利用，提高了发电效率，节约了资源。

该系统从地热井到发电再到回灌的整个过程可在全封闭状态下运行，减少了对环境的污染；采用全部地热水回灌，延长了地热田的使用寿命。

在利用高温地热资源发电的同时，中低温地热资源发电技术也成为地热能源利用领域的倡导趋势。由于技术相对不成熟，其发电效率相对偏低。但研究人员们正努力通过尝试对有机朗肯循环中的主要热力学参数进行优化，提高发电效率，增强系统经济性，实现该技术的早日普及。

2. 地源热泵利用浅层地热资源

地源热泵技术是一种以热泵原理为核心的，利用地热资源（包括地下水热和干热）进行供热或供冷的技术。其适用的地热资源主要是温度较低的中、低温地热，特别是利用较为经济的浅层地热资源。通过对热泵输入少量的高位能，实现低位地热能向高位热能的转移。

从热泵的工作原理（本章第一节所述）来看，地源热泵技术是可完成冬季制热、夏季制冷的双重功效的。但对于温度高于25℃的地下热水来说，利用其水中热能制热的效率要远高于其制冷效率。因此，本节中以地源热泵的制热工况作为重点。

（1）地源热泵系统分类　根据地热能交换系统形式的不同，利用地下地热资源的地源热泵系统一般可分为：地埋管地源热泵系统和地下水地源热泵系统。地下水地源热泵系统是指将地下热水提取至地面上与热泵机组作用，完成能量的提取利用；而地埋管地源热泵系统是在储热层埋设管式地温换热器，通过一次换热，将地下热水和土壤的热量提取至地上的热泵机组加以利用。系统制热工况时的示意如图10-14所示。

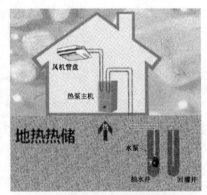

(a) 地埋管地源热泵系统　　　　(b) 地下水地源热泵系统

图 10-14　地源热泵系统制热工况示意

当地下水井流量满足末端系统热负荷要求，且取水方便、经济，可采用地下水地源热泵系统。而当目标储热层地下水量不满足要求，或采用地下水地源热泵系统不经济且水质相对较差时，可考虑采用地埋管地源热泵系统。

地源热泵系统分类中，地下水地源热泵系统的组成见本章第四节地下水源热泵的系统介绍，当提取热量时热泵机组工作状态为制热工况。

地埋管地源热泵系统中主要由地温交换器、热泵机组和末端系统三部分组成。包括地下热水和土壤层热能在内的浅层地热资源，通过地温传热循环传送至热泵机组、热泵机组传送至末端系统两个热量循环，完成了能量的传递。除地温交换器组件外，热泵机组和末端系统与地下水地源热泵系统相同。

地温交换器是埋在热储层中的 HDPE 管、循环水泵以及其他附属部件组成。循环水泵驱动地温交换器管路中的液体循环，以将地热能量传送至热泵机组的蒸发器，再通过热泵作用，将热量传送给末端系统。完成热量交换的地热水，从回灌井回灌地温交换器埋设的地层。

地温交换器的埋设方式分为水平埋管和垂直埋管。水平埋管一般埋设相对较浅，但由于占地面积大，实际工程中采用垂直埋管的较多。

垂直埋管是在地下竖直钻孔，将换热管埋入。换热管采用较多的有 U 形管式和套管式两种，材质多为高密度聚乙烯管材。目前使用最多的是 U 形管式，其钻孔直径 100～150mm，井深 10～200m 为宜，由于管内流量不宜过大，U 形管直径多为 50mm 左右。多根换热管间的连接方式有串联和并联两种，其管内流向见图 10-15。一般来说，串联方式时 U 形管需采用较大管径，以减小管路水头损失，其单位换热效果也较好。因此，埋深较浅的换热管可采用串联方式连接，而埋深较深的宜采用并联方式。

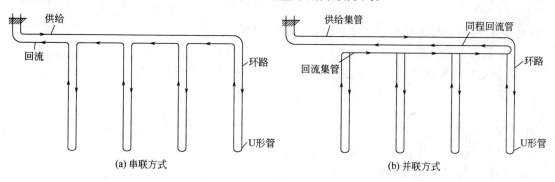

图 10-15　垂直埋管连接方式示意

（2）地下水地源热泵系统提取地热设计要点　采用地下水地源热泵系统时，取灌系统、热泵机组及相应的管路设计可参考地下水源热泵系统的设计要点，热源水质要求见表 10-2。

整个系统的需热水量应根据制热工况下最大换热量计算，并通过单井出水量和井群平衡计算井的数量。地下热水总需水量为所有热泵机组设计流量之和。

$$q_v = \frac{3600 Q_1}{\rho c_p (T_1 - T_2)} \tag{10-14}$$

$$Q_1 = Q_h \left(1 - \frac{1}{COP_h + 1}\right) \tag{10-15}$$

式中　q_v——提取热能需要的地下水量，m^3/h；

　　　Q_1——设计工况下换热器换热量，kW；

　　　Q_h——设计最大热负荷，根据工业或建筑室内具体情况计算，kW；

　　COP_h——制热系数；

　　　ρ——水的密度，kg/m^3；

　　　c_p——水的定压比热容，$kJ/(kg \cdot ℃)$，可取 $4.2kJ/(kg \cdot ℃)$；

　　　T_1——进入换热器地下水温度，℃；

　　　T_2——流出换热器地下水温度，℃。

（3）地埋管地源热泵系统提取地热设计要点　以采用 HDPE 管材的垂直埋管系统为例，设计步骤与要点如下所述。

① 确定换热管的总长度　在确定当地土壤特性和设计负荷条件后，可采用式（10-16）计算地埋管换热器的长度：

$$L_h = \frac{1000Q_h(R_P + R_S F_h)}{(T_L - T_{min})}\left(1 - \frac{1}{COP_h}\right) \tag{10-16}$$

式中　L_h——按供热工况确定的地埋管换热器总长度，m；

　　　　Q_h——建筑的设计热负荷，kW；

　　　　F_h——供热份额，F_h＝供热季供热总小时数/（供热季天数×24）；

　　　　T_{min}——制热模式下蒸发器设计最小进液温度，℃，宜取－2～5℃；

　　　　COP_h——在 T_{min} 下，热泵机组的制热系数；

　　　　T_L——热源或储热层全年的最低温度，以工程区域及换热器埋深确定；

　　　　R_P——管道热阻，可参考 GB 50366—2009 计算，m·K/W；

　　　　R_S——土壤热阻，可参考 GB 50366—2009 计算，m·K/W。

实际工程中，若获取参数不易，可采用管材单位换热系数来进行计算：

$$L_h = \frac{1000Q_h}{q_1}\left(1 - \frac{1}{COP_h}\right) \tag{10-17}$$

式中　q_1——每米埋管换热器的换热量，35～55W/m。

其他符号意义同前。

② 确定埋管换热器竖井数　埋管换热器竖井数按式（10-18）计算。

$$N = \frac{L_h}{nH} \tag{10-18}$$

式中　N——竖井数，个；

　　　　H——竖井深度，根据目标储热层确定；

　　　　n——每竖井内埋管数量，根。

竖井数确定后，可确定竖井的平面布置方式和竖井间距。从换热角度分析，竖井间间距越大，相互影响越小，但整个工程占地面积也增加较多（表 10-12）。

表 10-12　垂直埋管竖井钻孔和周边物体推荐最小距离

周边物体类型	最小距离/m
与相邻钻孔的最小间距	4.5
与公用设施和其他管路设施的最小距离	3.0
与场地边线、地基、排水沟的最小距离	3.0
与化粪池的最小间距	15.3
与公共井、污水坑、厕所、下水管的最小距离	30.5

注：表中数据引自《水源·地源·水环热泵空调技术及应用》。

③ 确定换热管中工作流体　为了防止热源温度过低，换热管中流体冰冻，换热管中常采用盐溶液（氯化钙和氯化钠水溶液）、乙二醇水溶液或酒精水溶液等液体作为工作流体；当工程地点地温在 0℃以上时，也可采用水作为工作流体。

④ 换热管路损失计算及水泵确定　对换热管管路以最不利环路，计算其沿程损失和局部损失之和。由于 U 形管中流体要求处于紊流区，则沿程损失以式（10-19）计算，局部损失以局部元件的当量长度法计算。

$$h_1 = 0.1582\rho^{0.75}\mu^{0.25}D_i^{-1.25}v^{1.75}L \qquad (10\text{-}19)$$

式中 h_1——管道沿程损失，Pa；

       ρ——流体密度，kg/m³；

       μ——流体黏度，Pa·s；

     D_i——埋管内径，m；

       v——流体流速，m/s。小于 $DN50mm$ 管道，流速应在 $0.46\sim1.2m/s$；大于 $DN50mm$ 管道，管内流速应小于 $1.8m/s$。为保证紊流，应用雷诺数计算公式校核后使用。

地埋管系统的循环水泵扬程以埋管系统内水力计算结果，即沿程损失、局部损失及热泵蒸发器局部损失之和为依据，一般不大于 32m。循环水泵应可通过开闭水泵台数或调速调节方式改变系统中流量。

（三）应用实例

1. 案例概况

天津市蓟县某住宅小区，室内采暖系统采用地板辐射采暖。整个小区供热总负荷为 10215.7kW。地热水水温可到 80℃，拟采用地下水地源热泵系统进行冬季供热。

2. 基本方案

由于地下热水水温较高，因此总系统采用一次直接换热外加热泵调峰的方式。设计地下热水取水量 100m³/h，一次换热后，地热尾水水温约 40℃，直接换热可产生热量 4650kW。同时设置热泵系统，以换热尾水为热源，作为调峰设施。

为弥补在供热高峰期时一次换热制热量的不足，调峰热泵设计制热量不小于 5600kW。

3. 系统设计参数

该小区采暖设计工况下，供水温度为 45℃，回水温度为 37℃，换热及调峰热泵均设置于小区换热站内。

小区内建设有地热井两口，一采一灌。以一次换热热量作为基本热负荷，采水井中设置变频调节水泵，根据热负荷大小和室外温度，调整取水量，达到节约地热资源和耗电量的目的。冬季负荷高峰期，开启调峰热泵系统，以一次换热尾水作为热源，根据热量缺口，投入热泵台数，对地暖系统回水再加热，满足采暖需要。经过调峰系统的尾水温度进一步降低后，进行回灌。

回灌井与采水井同层，且间距拉大，以减少相互影响。地热水回灌率达到 90% 以上，多次利用后的回灌水温度约为 9℃。

整个工程做到地热梯级利用，采灌水量几乎接近，且同层回灌。根据负荷调整系统容量运行比例，提高资源利用率。经过测算，年供暖运行费用约为 14.34 元/m²，生活热水年运行费用约 3.0 元/m³。

五、地热能的保护与管理

（一）地热利用中出现的主要问题

地热资源作为一种清洁、可再生的新能源，其重要性已经在全球范围受到了广泛的认可。我国是地热资源蕴藏丰富的国家之一，而且随着地质勘探的深入，我国可利用的地热资源的总量还在逐渐上升。与此同时，我国的地热利用规模也呈现迅猛增长的态势。但从目前的现状来看，地热利用中存在着一些问题，这将严重影响地热能的可持续利用。

(1) 局部地热供需矛盾突出　随着世界化石能源储量下降和价格上涨，对于新型可再生能源的需求越来越大。但是，在一些地热利用较为普及的地区，其探明的可利用储量满足不了当地的需求量。

(2) 地热资源利用率较低　由于地热资源开发方式过于单一且粗放，利用的工艺相对陈旧，导致地热排放的尾水温度过高。这种现象在地热开发早期阶段尤为突出。

(3) 地热开发不均衡　对于具有多个可利用储热层的地区，开发工程往往集中于利用难度最小、经济性最高的储热层。当开发利用过于密集时，一定程度上产生了相互的影响。

(4) 回灌程度较低且不合理　虽然监管部门加大管理力度，但回灌率仍相对偏低，采灌失衡严重。造成了各热储层水位下降过快，局部地区还衍生出地层沉降的地质灾害。

许多地区虽设有回灌设施，但未做到同层回灌，甚至在多级利用后只采用地表回灌方式，导致出现热污染、土地盐碱化等环境问题。

（二）地热资源的保护及管理

面对这些地热资源开发过程中出现的问题，通过多渠道的努力，加强地热资源的管理和保护，才可能真正做到地热资源的可持续利用。

地热开发中应遵循的原则如下所述。

(1) 加强回灌管理　在新建工程中，必须采用一采一灌、采灌同层的利用模式，尽可能达到采灌量一致。对于已建工程，具备回灌施工条件的须补建回灌措施，无条件的也应在邻近区域进行集中回灌。最大限度地缓解水位下降过快的局面。

(2) 提高地热的利用效率　通过行政审批等手段，推进地热的梯级开发和综合利用。尤其是不具备回灌或灌采比较低的工程，必须采用梯级开发和综合利用的工艺。对于区域性供热的工程，推荐采用热电联产或冷热电联产。

(3) 加强地热利用的环保措施　对于热污染可采用对尾水热能梯度利用的方式，将温度降低至 35℃ 以下排放，或采取同层回灌措施。对于地热水中的高矿化度，可利用的前提下应以利用优先，如各方面因素决定无法利用应严格执行同层回灌政策。

(4) 加强开发利用的总量控制　在地热的审批过程中，应严格执行总量控制。在现有探明储量的基础上，对地热资源明确划分可扩大开发规模的地区和需要限制甚至减少开发的区域。根据资源分布具体情况，在所划分的限制区、控制区等区域内制定不同的开采原则，以达到利用结构和布局的区域调整。

第六节　能源利用的效益评价

一、水资源能源利用效率评估的作用与意义

传统的水资源高效利用观念更多的是侧重以节约水量为直观感受的"节水"，即对水量的反复利用。而近年来，在资源和能源都显现紧张局面的形势下，水资源中所蕴藏的"质"与"能"也引起了社会的重视。新型的水资源高效利用理念应当是在有限水资源量开发的同时，注重水质的综合利用，同时对水资源中的能源进行经济、合理的梯级提取利用。对水资源中能源的利用不仅仅是用，而且应该讲究更高利用效率。

能源是人类社会生存和发展的基础物质资料，能源的短缺对经济和社会的发展将形成严重的制约。与此同时，传统石油、煤炭、天然气等化石能源的使用，也带来严重的环境负效

应。为了弥补不断加大的能源缺口，缓解能源消耗与环境破坏之间的矛盾，我国一方面在主动调整能源产业结构，积极发展可再生清洁能源；另一方面也在不断加强生产建设中产业能效的管理。

对于可再生能源的使用过程中，某一阶段存在着一定观念上的误解。由于可再生能源具有的再生特性，使用者往往在能源利用环节忽视了能源利用的效率，使得能源利用系统的投入产出比相对较低，一定程度降低了可再生能源利用的优势。因此，对再生能源的利用也应当对其利用效率进行合理的评价。

水资源中的热能属于典型的可再生能源，只要在利用的过程中加强对水资源量和水资源水质的保护，不要因能的利用引发水资源量、质损耗以及环境生态问题，水资源中的热能也属于真正意义的清洁能源。对于水资源中热能利用的利用效率评价具有如下的意义。

（1）完善了水资源的高效利用过程　对水资源中能源利用效率的评估，将使得水资源的高效利用理念更加的丰富，对水资源的开发和利用方式更加的深入和细化，将对水资源综合开发过程产生正向的引导。

（2）对水资源能源利用效率的评价实质是水资源保护重要措施之一　现阶段，水资源能源利用的项目不断增多。由于再生方式的简单和廉价，某种程度上水资源中的热能可以说是无穷尽的。但是，大规模、无序的开发，以及开发中的不当处置，极有可能对热能的载体——水资源产生不可逆的破坏。

水资源的量、质以及能三者之间存在着紧密的联系。对水资源量和水资源的水质产生破坏后，不但威胁人类生产、生活的基础资料，而且也会对能的利用产生严重制约。水量的缺失，将使地核和太阳能的巨大能量缺少优良的流动载体，限制水资源热能利用行业的发展；而水质的恶化，将对水资源能量的利用过程产生更多的限制，一定程度上增大了水资源热源利用的难度，增加了利用的成本。

因此，在水资源热能利用工程建设前期和实施过程中，加强对能源利用效率的评估和考核，不合格的项目停上、缓上或整改后再运行，将会规范行业的运作，减少水资源能源利用产生的不必要的资源环境问题。

（3）是国家投资项目审批、节能管理制度的有益补充　我国项目评估审批过程中，对于一般耗水项目的评估，侧重于对于项目耗水量的考核和单位产品耗水量的测算，而对于水资源利用过程中，其所蕴藏的能源是否综合利用，没有明确的要求。若对耗水量较大且具备能源利用条件的项目审批时，增加水资源中能源利用的要求，将对全社会产生水资源高效利用的正向引导。

对于一些以利用水资源中能源为特征的建设项目，应当在节能评估的过程中也增加整个系统对水资源能源利用效率的考量。

从2010年起，我国开始实施了固定资产投资项目节能评估和审查的管理机制，而且制度还在不断完善之中。节能管理制度对深入贯彻落实节约资源基本国策，严把能耗增长源头关，全面推进资源节约型、环境友好型社会建设具有重要的现实意义。通过前置的节能评估和审查，一定程度上可有效地控制能源的增量消耗，进一步促进产业结构和资源消耗结构的优化。

很多再生能源行业更多的重视对现有系统中单个设备的节能性以及整个系统组合后的单位产品的能源消耗进行评估，往往忽视了整套系统对于再生能源利用效率的考量。由于再生资源利用项目的实施本身就具有良好的社会效益和一定的经济效益，因此相关项目只要采用节能性高的设备基本都会通过节能评估。

在对于水资源能源利用工程的评估中，在加强对单个设备电耗节能指标考核的同时，以整体系统对水中热能的利用效率约束工程建设，不但可实现对现有电能等传统能源的节约，而且也实现了对可利用水资源的节约。

（4）对水资源能源利用行业引导和推动　通过对水资源能源利用效率的考核，将更好地引导和推动水资源热能利用行业采用新材料、新技术，实现行业技术革新，提高水资源利用的效率和经济性。只有行业的发展有所规范，才能做到真正意义的可持续发展。

二、水资源能效评估指标体系

水资源的能源利用效率，其实质是用来衡量水资源中热能（或冷能）利用技术水平和经济性的一项综合性指标。通过对水资源能源利用效率的评估分析，可以进一步促进水资源中伴生能源的充分利用，同时也有助于专业从事相关能源利用的企业进一步优化利用系统，改进系统内部的设备。

水资源能源利用系统的能源利用效率计算，主要包括以下指标。

（1）水资源中被提取的总能量　水资源利用时，往往需要从原先的容器或含水层被提取或开采，利用其赋存能源后，返回原来容器或含水层。能源利用系统从水中利用的总能量可用水体提取和返回时的温度差估算。

$$Q = Lc_p\overline{\Delta T} \tag{10-20}$$

式中　Q——水资源中赋存的热（冷）量，MJ/d；

L——利用热能所开采或提升的水资源的总量，m^3/d；

c_p——水的定压比热容，kJ/（kg·℃）；

$\overline{\Delta T}$——利用热能时水资源提取和返回时的平均温度差，℃。

（2）利用系统有效利用的能量（冷能或热能）　水资源能源利用系统中，在热泵或热交换器用户侧的输出热量或冷量为被能源利用系统有效利用的能量。当系统中存在多个交换器或交换器、热泵串联，可以前一设备的输出能量作为后一设备的输入能量进行串联计算。

当采用热泵系统升级利用水资源中能源时：

$$Q_c = Q_0 COP/(COP+1) \tag{10-21}$$

式中　Q_c——热泵机组用户侧输出的冷量，MJ/d；

Q_0——热泵机组水源侧输入的冷量，MJ/d；

COP——热泵制冷系数。

$$Q_h = Q_0 COP_H/(COP_H-1) \tag{10-22}$$

式中　Q_h——热泵机组用户侧输出的热量，MJ/d；

Q_0——热泵机组水源侧输入的热量，MJ/d；

COP_H——热泵制热系数。

当采用热交换器同级利用时，用户侧输出的热量或冷量可采用用户侧监测温度差进行计算，也可采用热交换器热导率和交换器面积进行估算。

$$Q_c 或 Q_h = 0.0864KA\Delta t_m \tag{10-23}$$

式中　K——热交换器热导率，不同材料、不同形式热导率均不同，估算时以厂家提供的经验热导率作为参考，W/（m^2·℃）；

A——换热面积，m^2；

Δt_m——交换器两侧介质对数平均温差，℃。

（3）能源利用系统的设备能耗　整个能源系统中，在利用水中热能的同时，取水水泵、热泵机组等环节都需要耗费一定的能量以驱动能源利用过程的进行。

$$W = W_1 + W_2 + \cdots + W_n \tag{10-24}$$

式中　　　W——能源利用系统内所有设备消耗的能量，J；

$W_1, W_2, \cdots, W_n$——能源利用系统内部各能量消耗的能量，n 的数量根据能源利用系统中产生能耗的单位数量确定，J。

（4）水资源的能源利用效率　整个能源利用系统中，被用户有效利用的能量扣除产生这些能量所需设备的能耗，其在水资源被利用的总能量中所占的比值，可被视作水资源能源利用的效率。该效率值忽略了水泵对源水的温升以及管路的温度损耗，仅为估算值。可用在工程项目方案阶段对项目实施的意义进行评估，也可在项目实施后利用实测数据对项目实施情况进行评价。

$$\eta = \frac{Q_h - W}{Q} \times 100\% \text{ 或 } = \frac{Q_c - W}{Q} \times 100\% \tag{10-25}$$

式中　η——水资源能源利用系统的能源利用效率，%；

其他符号意义同前。

（5）能源利用系统的能效比　水资源能源利用工程中，被有效利用的能量与为产生这部分能量所消耗的动力之比，可直观反映能源利用工程的经济性。

$$EER = \frac{Q_h}{W} \text{ 或 } = \frac{Q_c}{W} \tag{10-26}$$

式中　EER——水资源能源利用系统的能效比；

其他符号意义同前。

三、能效评估方法

以我国北方城市某污水处理厂内污水源热泵供暖系统作为实例，对其水资源中热能的利用进行能效评估。

该污水处理厂采用污水源热泵在冬季为末端供暖散热器提供能量。该污水处理厂供热总建筑面积 6000m²，其中含水质化验室在内的办公用房约 1500m²，其余厂区内职工宿舍楼约 4500m²。所有建筑内均采用地板辐射采暖形式供暖，建筑物供暖总热负荷约 650kW。厂区以处理后达到一级 B 排放标准的排水作为热源，冬季排放水温处于 14~18℃，较周边环境温度高出 15~20℃。

由于水源为处理后污水，因此采用源水提升直接进入热泵机组换热器换热的形式。污水源热泵供热系统流程见图 10-16。整个污水源热泵供暖系统中采用的主要设备如表 10-13 所列。

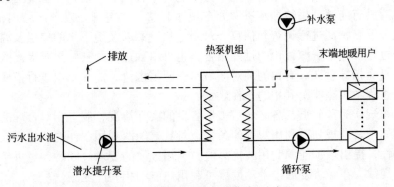

图 10-16　污水源热泵散热器供暖系统流程

表 10-13　污水源热泵散热器供暖系统主要设备

序号	设备名称	数量/套	主要参数	备注
1	潜污泵	2	$Q=100\text{m}^3/\text{h}, H=30\text{m}, N=18.5\text{kW}$	1用1备
2	循环泵	2	$Q=23.4\text{m}^3/\text{h}, H=28\text{m}, N=4\text{kW}$	1用1备
3	补水泵	2	$Q=10.4\text{m}^3/\text{h}, H=36\text{m}, N=3\text{kW}$	1用1备
4	水源热泵	2	单机制热量 345.6kW, 输入功率 79.4kW	

通过对冬季供热期一个完整的 24h 监测，污水源的提取和排放平均温度差为 2.9℃；对热泵机组用户侧供回水温度监测，测算热泵制热系数 COP_H 约为 3.92。

以典型日估算，一级 B 排水的密度以 1000kg/m³ 计，则从污水中提取的总热量约为 $Q=29232\text{MJ/d}$。由于污水池与热泵机组泵房间距离较短，且管路采用外包裹保温材料形式，因此，将输水管路上热量衰减忽略，以从污水中提取的总热量值作为热泵机组换热侧的输入热量进行估算，则热泵可利用的热量为 $Q_h=39242.96\text{MJ/d}$。

以热泵机组、潜污泵、循环泵及补水泵的额定功率进行系统能耗估算，其中补水泵一天工作时间以 4h 计算。则该系统设备能耗为

$$W=4363.2\text{kW}\cdot\text{h}=15707.52\text{MJ/d}$$

则在该能源利用系统中，能源利用效率

$$\eta=(39242.96-15707.52)\times100\%/29232=80.51\%$$

该污水源能源利用系统的综合能效比为

$$EER=39242.96/15707.52\approx2.50$$

此案例中，采用了相对简单的系统设置，当能源利用系统中采用相对复杂的组成设置时，例如在热泵机组前设有前置换热器等设备，将降低整个系统的利用效率和能效比。

四、提高水资源利用能效的措施

水资源利用过程中提出对能源的利用效率，是对现有水资源高效利用过程内涵的丰富，对于水资源利用过程中能源利用工程的实施具有明显的约束和引导意义。

在能源紧张的今天，无论利用的是何种类型的能源，即使是可再生清洁能源，也必须在能源的取用阶段开始，就尽可能提高利用效率。对于水资源的高效利用过程来说，在具备能源利用条件的前提下，应在利用水量的同时对水中能源也加以利用，而且也应该尽量地提高能源利用的效率。

对于提高水资源利用中的能源利用效率来说，可从以下几个方面着手。

（1）加强对水资源中能源分布规律的掌握，制订中长期利用规划　首先通过勘察、监测等手段，加强对具有能源利用特征水资源分布规律的掌握。特别是对各区域内工业热废水、城市污水的量和温度特征进行调查和估算，对于地热资源以及地下水的储量及温度进行勘察和评估。这一过程可与水资源评价的过程结合，也可单独进行，其结果对提高区域水资源的综合利用效益具有指导意义。有目的地对区域水资源需求量、需求水质进行摸底，摸清在利用水量、水质过程中实施能源利用的条件。

在掌握分布规律的基础上，各区域可根据各自的实际情况，制订相对合理的提高水资源能源利用效率的中长期规划。利用规划的条文，对具有能源利用条件的新建、改建或扩建的水资源利用工程，提出增加能源利用或提高能源利用效率的要求。同时，也可结合蕴藏热能水资源的分布规律，在经济发展中主动发展可利用热能的相关产业。

（2）对水资源能源利用工程的方案设计进行合理优化　对于确定设置能源利用设施的水

资源利用工程，在方案的可行性论证阶段，可充分利用水资源中能源利用效率评价指标体系，进行能源利用方式以及利用系统组成形式进行技术经济比较，对方案进行优化建议，并以最终确定系统组成形式作为下一步具体设计的依据。在对热能利用时，在不污染水质的前提下，可采用一级利用或多级梯度利用的方式。

在初步设计和施工图设计阶段，条件允许情况下，可尽量减少水泵等耗能设备的设置或选用适当流量、扬程的水泵，以减少能源利用中设备的总能耗；对于昼夜能量需求的峰谷调节，也可采用水源侧的变频调节。流体的输配管路应尽量通过外敷保温层等手段，减少热源在输送过程中的损耗，避免使用明渠等输送形式。在对热交换器、热泵等能源利用核心部件的选取时，应尽量选用成熟、高效的产品，减少能量换热提取过程中的损耗；对原水水质满足进入换热器水质标准的，尽可能选用直接进入热泵的形式，不再通过前置换热器；用户端热量使用系统的设置也应当根据热泵工作特点合理选择，以提高热泵的工作效率。

（3）通过科技研发提高能源利用系统核心部件的能效　热交换器和水源热泵是水资源中能源利用系统的主要核心设备，提高其换热或制冷、制热的效率是提高能源利用效率的关键。应尽可能通过新材料或新形式的研究开发、创新使用，使换热器同级利用和水源热泵升级利用的过程更加高效。

参考文献

[1] 尹军，陈雷，白莉等.城市污水再生及热能利用技术［M］.北京：化学工业出版社，2010.
[2] 蒋能照，刘道平.水源·地源·水环热泵空调技术及应用［M］.北京：机械工业出版社，2007.
[3] 云桂春，成徐州等.人工地下水回灌［M］.北京：中国建筑工业出版社，2004.
[4] 庞丽颖，陈九法.利用工业余热的某水源热泵供热项目分析［J］.能源研究与利用，2011，(6)：39-41.
[5] 张鑫.矿井水水源热泵系统的应用研究［D］.邯郸：河北工程大学，2012.
[6] 张亮.回收工业余热废热用于集中供热的研究［D］.济南：山东建筑大学，2012.
[7] 董家华，王伟，高成康.高炉渣冲渣水余热回收应用于海水淡化工艺的研究［J］.中国冶金，2012，(10)：51-54.
[8] 冯惠生，徐菲菲，刘叶凤等.工业过程余热回收利用技术研究进展［J］.化学工业与工程2012，29 (1)：57-64.
[9] 朴德全.热排水对水生微生物的影响分析［J］.东北水利水电，1994：38-41.
[10] 裴晓梅，余志亚，朱洪光.我国厌氧发酵处理城市污水剩余污泥研究进展［J］.中国沼气，2008，26 (1)：25-29.
[11] 黄昕.地表水源热泵取排水系统适宜性分析［D］.重庆：重庆大学，2013.
[12] 杨玉芬，卢德勋，许梓荣等.日粮纤维对肥育猪消化道发育和消化酶活性的影响［J］.福建农业学报，2003，18 (1)：34-37.
[13] 李苏.第三届中国国际环保、能源和资源综合利用博览会暨2008中国节能减排与资源综合利用论坛地热能开发利用分论坛暨热泵技术应用交流.2008，5.
[14] 赵明洁.太原市污水源热泵系统工程实例与应用可行性分析［J］.建筑节能，2008，36 (11)：10-13.
[15] 陈超，戴小珍，唐伟等.从印染工业废水中回收热能［J］.节能与环保，1992，(1)：31-33.
[16] 李亚峰，陈平.利用热泵技术回收城市污水中的热能［J］.可再生能源，2002：23-24.
[17] 田磊，史琳，吴静等.城市污水处理厂新资源能源综合利用系统［C］.中国制冷学会学术年会，2009.
[18] 王志玉，金宜英，王兴润等.城市污水污泥中有机质的资源化技术综述［J］.给水排水，2007，33 (S1)：41-44.
[19] 吴荣华，张承虎，孙德兴.城市污水冷热能应用技术发展状况研究［J］.暖通空调，2005，35 (6)：31-37.
[20] 伍培，付祥钊，林真国等.重庆地区污水源热泵系统的可行性分析与方案设想［J］.给水排水，2007，33 (5)：174-181.
[21] 周双.重庆市城市生活污水热能利用的研究［D］.重庆：重庆大学，2008.
[22] 曲云霞，张林华，方肇洪.地源热泵系统辅助散热设备及其经济性能［J］.可再生能源，2003，(4)：9-11.
[23] 夏松伟，李晨，韩雪.地下水源热泵系统抽水、回灌井试验研究［J］.海河水利，2011，(3)：45-47.
[24] 陈墨香，邓孝.中国地热水分布之特点及属性［J］.第四纪研究，1996，(2)：131-138.

［25］ 李强．山西地下热水的分布及特征分析［J］．山西水利科技，2006，(1)：52-53.

［26］ 汪集旸，胡圣标，庞忠和等．中国大陆干热岩地热资源潜力评估［C］．科技导报，2013：3-10.

［27］ 王贵玲，蔺文静，刘志明等．中国地热资源潜力评估［C］．地热能开发利用与低碳经济研讨会——中国科协年会，2011.

［28］ 吴玉琪．太原盆地地下热水分布特征［J］．山西能源与节能，2007，(1)：41-42.

［29］ 韩再生，冉伟彦，佟红兵等．浅层地热能勘查评价［C］．中国地质，2007：1115-1121.

［30］ 王贵玲，张发旺，刘志明．国内外地热能开发利用现状及前景分析［J］．地球学报——中国地质科学院院报，2000，21 (2)：134-139.

［31］ 徐光辉．北京地区浅层地温能资源评价示范研究［D］．北京：中国地质大学 (北京)，2007.

［32］ 陈从磊，徐孝轩．国外能源公司地热能利用现状以及对中国石化的启示［J］．中外能源，2013，18 (11)．

［33］ 彭飞，姜继周，张明圣．水源热泵机组能效标准制定中的几个关键问题［J］．制冷与空调，2010，10 (4)：5-9.

［34］ 尹航．热供冷系统能源利用率评价方法的研究［D］．天津：天津大学，2006.

［35］ JGJ 142—2012.辐射供暖供冷技术规程［S］．北京：中国建筑工业出版社，2012.

［36］ GB 19577—2004.冷水机组能效限定值及能源效率等级［S］．北京：中国标准出版社，2004.

［37］ GB 50366—2009.地源热泵系统工程技术规范［S］．北京：中国建筑工业出版社，2009.

［38］ GB/T 19409—2013.水 (地) 源热泵机组［S］．北京：中国标准出版社，2013.

第十一章 ▶▶

城市供水水源保护

第一节 水源保护的意义

一、水源保护的涵义

水是人类社会不可缺少的资源，然而随着社会的发展和人口的不断增加，水资源的供需矛盾日益突出，主要表现在以下几个方面。

（1）水资源量相对减少　水资源是支持城市工业和居民生活必不可少的资源，随着工业发展和人口的增长，城市用水量逐年增加，致使有的城市当地水资源量严重不足，不得不跨流域调水。尽管国家不断推行节水政策和措施，但水资源的绝对用量也在增加，因此水资源相对紧缺的状况越来越严峻。

（2）水源污染日趋加重　工业发展不可避免地会产生污染。20 世纪 80 年代以来，随着高耗能、高耗水的企业超常发展，不仅使水资源量的需求不断增加，而且排出越来越多的污染物。这些污染物不同程度地对地表水和地下水造成污染。

水源污染不仅使水环境和生态遭到破坏，而且使水资源由于污染失去使用功能，从而造成水质性的水资源减少。一些微污染的水源被用来使用，但其处理成本导致了高水价，使工业品失去了市场竞争性；居民用水的高水价以政府补贴的形式被消化，但增大了政府财政负担。

（3）水资源管理日趋复杂　面对日趋严峻的水资源紧缺形势，世界各国都在探索科学有效的水资源管理方略。我国水资源管理起步较晚，大约在 20 世纪 80 年代开始才逐渐走上了科学管理的轨道。然而对于地表水资源量的管理比较有效，但对于地下水的管理却效果较差，多地地下水出现严重超采的状况。

地表水和地下水的污染是水资源管理的难点。污染源的治理是一项宏大的系统工程，涉及面很广，但控制污染源向地表水和地下水的排放却是保护水资源的重要手段。在这个系统工程中，涉及技术、经济、政策、管理等各个环节，从而使得水资源管理日趋复杂。

城市供水水源的基本要求是满足城市所需的水量和水质。量和质缺一不可，必须统一考虑。城市供水水源是通过勘察和方案设计确定的供水水源，取用的是城市水资源，因此水源保护的对象是城市供水水源地，保护的对象涉及水量和水质。对于具有热能属性的水资源，如地下热水，则除了保护水量和水质外，还要保护热能属性。

二、水源保护的作用

供城市生产和生活使用的水源通常经过详细的勘察和技术经济论证，其水量和水质都应满足用户的要求。然而，由于人类生产活动及各种自然因素的影响，常使水源出现水量减少和水质恶化的现象。为实现水源的可持续利用，必须实行防止水量衰竭、水质恶化的环境保护措施。水源保护具有如下几方面的主要作用。

(1) 水源保护是城市水资源保护的重要基础 城市供水水源是城市水资源的重要组成部分，水源保护要纳入城市水资源科学管理的范畴。另外，城市供水水源有其独特的社会性、商品性、生产资料和生活依赖性，因此其保护工作显得更加重要。在实施水源保护时，要以与之密切相关的城市水资源管理为基础，协调两者之间的关系，充分考虑供水水源的重要性，做到以水源保护为中心，保证城市优质保量供水。同时，在实施水源保护的过程中，水源保护的中心地位可极大地带动城市水资源科学管理的实现。

(2) 水源保护对保障城市供水具有重要作用 城市供水以最大限度地满足城市需水量和水质为目标，其特点是集中性强、保证率高、水质稳定性好、安全可靠性大。水源保护的目的是维持城市给水水源持续利用，防止水源地水量衰竭和水质恶化。因此，水源保护是城市供水的根本保证，也是实现城市可持续发展的重要基础。

(3) 水源保护可促进城市节水 在当今水资源严重短缺的情况下，大力开展节约用水工作具有十分重要的意义。传统的节约用水措施有，推广节水灌溉工程、改进生产工艺、使用节水器具、水的重复利用、减少漏损、污水处理利用等。这些措施系围绕取水工程以后的输配水系统及用户开展的节水工作，属于"节流"，而水源保护则是一个重要的"开源"问题。事实上，如果不重视水源保护，就无法保证城市供水的持续利用。当城市可供水量严重不足时，势必加重用户节水负担，造成产品成本增加、企业负担加重、人民生活质量下降等严重后果。因此，城市节水工作应是水源用户并重、开源节流并举，近期节流为先导。

三、水源保护的范围

水源保护既是水资源保护又是环境保护的重要内容，涉及范围甚广，它包括整个水体并涉及人类生产活动的各个领域以及各种自然因素的影响。

(一) 供水水体

城市供水水源主要有地表水和地下水，它们参与自然循环，同时接受人类活动带来的污染物，使水质发生恶化。

1. 地表水

地表水是大气降水在地面产生的径流，与外界广泛接触，其化学成分随之发生变化，当某些对人体健康有影响的成分超过标准值时，该水体就不适于饮用；当超过某种行业的工业企业用水水质标准时，该水体就不能直接用作工业用水。受到污染的水降低了其使用功能，使可用的水资源量造成水质性的减少。部分受污染的水虽然经处理后可以利用，但增加了水的处理成本。

2. 地下水

地下水储存于地下含水层中，相对地表水而言，其水质优良，外界污染物进入水体前一般经过包气带的过滤，不易造成污染。但是，地下水在含水层中储存运移过程中，除受外界补给源水质和周围岩石颗粒影响外，还要发生一系列的物理化学作用。当过滤后的污染物进入含水层时除将污染物带入外，还将显著地改变地下水环境。环境的改变强化了地下水物理化学作用，从而导致化学成分的改变，形成比地表水更加复杂的水质类型。

地下热水是特殊的地下水资源，它储存环境独特，是循环于地下含水岩层的水经地热量传导而形成的热水。因此，对于地热水既要考虑水量和水质保护，更要考虑能量保护。

不论是地表水还是地下水，水体本身均有一定的自净能力，即在生物作用、界面吸附、环境改变（如氧化-还原环境、酸碱环境）、化学反应等综合作用下，一些进入水体的污染物会被分解、转化成无害成分。但是，这种自净过程是有限度的，水体不同、水体所处的环境不同、水体中化学成分不同以及外界条件（温度、压力）不同，都会导致水体自净能力的不同。因此，特定的水体对特定的污染物都有一个环境容量，当污染物超过水体的环境容量时，就会产生严重的水体水质恶化。

（二）人类生产活动

1. 污染物排放

"三废"排放可造成环境污染。排放的"三废"物质从环境保护角度可分为工业污染源、生活污染源和非点源污染源。

工业污染源具有量大、面广、成分复杂、毒性大、不易净化等特点，是对各类水源最具威胁性的污染源；生活污染源主要来源于人口集中的城镇和农村。主要污染物是各种洗涤剂、无机盐、有机物、病原菌等。绝大多数有机物可生化降解，对水体的影响较工业污染要小；非点源污染源包括农业、矿业、石油生产、林产、城市街区、施工等。

农业污染源具有面状污染源的特点，主要是化肥、农药所致的污染。这些物质的残留物经地下径流流入河流、水库、湖泊等，可导致水体富营养化及难降解有机物的污染。

采矿业排放的废水、废渣含有铜、锌、铅、镉、锰等元素，排入或经淋滤污染地表水或地下水，许多微量元素矿如金矿在开采过程中采用辅选剂，也会成为主要的污染物。

城镇街道内车辆排放的废气、建筑及生活垃圾、街道除冰、动植物残骸、初期雨水等对水源的影响有时甚至超过农业污染源。据资料统计，美国佛罗里达州的淡水污染中，由暴雨径流形成的占一半以上。在重金属污染中，由城市径流形成的占 $80\% \sim 85\%$；由于城市暴雨径流的加入，使悬浮固体与生化需氧量分别提高了 450 倍和 9 倍。

2. 径流条件变化

人类的生产活动可显著改变水体的径流条件，从而影响城市给水水源的水量和水质。如在河流中修建水库、大坝，可直接影响下游的河流径流量，同时也影响到水体对污染物的自净功能。

地下水水源地的严重超采会导致区域水位持续下降，也可导致硬度升高等水质恶化现象的发生；处于同一个水文地质单元中的两个相邻水源地，任何一个水源地的超采，都会导致另一个水源地水量的衰减和水质的恶化。更严重的是，由于地下水的开采，扩展了水位降落漏斗，同时也加大了地下水向水井运动的水力坡度，使漏斗范围内的污染物更容易进入主含水层，造成地下水的污染。

3. 生态影响

人类的生产、生活过程中可造成生态的破坏，从而从根本上影响城市给水水源。最为典型的是近年来由于温室气体的排放造成的全球气候变暖。由于气候的变化，引起了地区降水量分布的变化，导致我国北方地区降水量呈逐年减少的趋势，造成水资源的严重短缺。气温的变化，还直接引起了水体，尤其是地下水环境的变化，打破了其中化学成分之间特定的平衡，从而形成新的浓度、种类的分布。

4. 下垫面变化

人类活动可改变下垫面条件，影响降水量、地面径流及地下径流的自然水循环过程，从而导致区域水资源存在形式的改变。如大力植树造林可涵养水分，减少水土流失，减少蒸发损耗。利用河床分段渗漏的特点，实施拦洪引渗，可将洪水径流转化为地下径流，增加下游地下水资源量。

（三）自然因素

自然因素，是指地形条件、气象、水文等自然地理条件；河流的下垫面条件、地下水的储存、循环等水文地质条件；以及水流的天然化学成分等。自然因素往往决定着水流的形成、运移和保护条件。

城市供水水源水量、水质、能量与上述三种影响因素密切相关，某一时期的水质、水量和能量是自然与环境综合作用的结果。因此要实现水源保护，必须从它们之间的相互关系入手，利用系统分析的方法加以研究。

第二节　水源污染及评价

一、水污染类型

水源保护的重要任务之一，就是要防止或减少污染物进入水体而造成水体水质恶化。因此，从水源保护的任务考虑，围绕污染物划分水污染类型具有实际意义。

（一）物理性污染

水体遭受污染后，水的颜色、浑浊度、温度、悬浮物等产生变化。如果水体着色，表明有色的污染物进入水体，或无色的污染物与水中其他物质产生化学作用生成有色物质。若浑浊度加大，表明水体中悬浮及胶体状态的杂质引起了透光性的变化。

温度升高是由所谓热污染造成的，可造成水体中有毒物质毒性加强；可降低水中溶解氧的含量，加速有机物的分解，增大溶解氧的消耗量，从而使水体处于缺氧厌氧状态；地下水受到热污染后，水中物理化学作用加强，可加剧污染物的转化。

悬浮物是水体主要污染物之一，悬浮物增加后，大大降低了光的穿透性，影响了水体的自净功能；水中悬浮物又可能是各种污染物的载体，吸附其他污染物在水中迁移。

（二）致病微生物污染

致病微生物主要是细菌性病原微生物和病毒性病原微生物，常见的有：传染性肝炎病毒、小儿麻痹症病毒、痢疾病毒、眼结膜炎病毒、脑膜炎病毒等。病原微生物具有数量大、分布广、存活期长、繁殖速度快、易产生抗药性的特点，主要来源于城市生活污水、医院污水、垃圾和地面径流等，是一种危害历史最久，对人类健康和生命构成严重威胁的水污染类型。

（三）有机物污染

20 世纪 50 年代以来，随着化学工业的发展，人工合成的有机物种类与数量与日俱增，目前已知的有机物种类约为 700 多万种，并仍在以每年数以千计的速度上升。这些有机物已经并正在通过各种途径进入环境，现已发现的就有 1 万多种。有机污染正成为致病微生物污染之后的又一类严重影响环境与健康的污染源。

有机污染物根据其生物降解性，可分为可生物降解有机物和难降解有机物。前者在微生物作用下改变其原来的物理、化学性质，或引起结构的变化，从而达到物质的转化。根据降解程度的不同，分为结构变化的初级降解、环境可接受降解和彻底转化为无机物的完全降解三种降解过程。后者不易被微生物降解，容易在环境中积累。其中有些还具有对生物和人类的毒害作用，如致癌、致畸、致突变，这类有机物已经对人类健康构成了严重威胁。

（四）氮、磷等植物营养物污染

水流滞缓、更新期较长的地表水体接纳大量氮、磷、有机碳等植物营养素后，引起藻类等浮游生物急剧增殖而造成水体富营养化。

（五）酸、碱、无机盐污染

工业废水排放、酸雨都会造成水体酸、碱的污染。而酸性废水与碱性废水相互中和会产生各种盐类，它们与地表物质相互反应，也可能生成无机盐类，因此，酸和碱的污染必然伴随着无机盐类的污染。酸碱污染水体后，使水体的 pH 值发生变化，破坏自然缓冲作用，消灭或抑制微生物生长，妨碍水体自净。污染地下水后，导致地下水酸碱条件改变，引发一系列的物理化学作用，使水的成分更加复杂。

（六）毒性物质污染

毒性物质是水体的重要污染，它的特点是对生物有机体直接产生毒害。这些有毒物质有：非金属毒物（如 CN^-、F^-、S^{2-}）、重金属与类金属毒物（如 Hg、Cd、Pb、Cr、As 等）、可生物降解的有机毒物（如挥发酚、醛、苯等）、难降解有机毒物（如 DDT、六六六、狄氏剂、艾氏剂、多氯联苯、多环芳烃、芳香胺等）。这些毒物排放到水体后不易通过天然的生物自净作用而逐渐减少其含量，而会在水体、土壤等自然介质中不断累积，然后通过食物链进入生物体并逐渐富集，最后进入人体，依毒物种类与生物体的健康状况，产生急性中毒、慢性中毒和潜在毒性，对人体健康造成危害。

（七）油污染

在河口、近海水域工业排放、石油运输船只清洗船舱、意外事件流出，以及海上采油等都会造成油污染。油污染后，破坏了滨海风景，降低作为疗养、旅游地的使用价值；严重危害水生生物，尤其是海洋生物、海产；污染物中含有毒物质如苯并芘、苯并蒽等，产生毒污染；油膜会阻碍水的蒸发和氧气的进入，影响水的循环和水中鱼类的生存。因此，油污染引起了各国的高度重视。

（八）放射性污染

放射性污染是放射性物质进入水体造成的。水中放射性污染源主要有：地下水流经放射性矿产产生放射性元素的溶滤；地热与矿水分布区水中溶解的放射性元素（如山西省忻州市中浅层地下水中总 α 放射性最高达 0.83Bq/L）；核工业的废水、废气、废渣；放射性同位素的生产和应用及其他工业中的放射性废水和废弃物。

放射性物质通过自身的衰变而放射出 α 射线、β 射线或 γ 射线，使生物及人体组织电离而受到损伤，引起放射病。超剂量放射性物质在体内长期作用，可产生潜在危害，如出现肿瘤、白血病和遗传障碍等。放射性物质不能用物理、化学、生物等作用改变其辐射的固有特性，只能靠自然衰变来降低放射强度。当放射性核素进入人体后，其放射线对机体产生持续照射，直到放射性核素蜕变成稳定性核素，或全部被排出体外为止。因此，它的危害比化学毒物的危害可能更大。

二、水污染作用过程

污染物进入水体后，会与水体及其原有的物质，以及周围介质发生一系列的物理化学及生物作用。在整个变化中，存在两个基本过程：一个是水体污染物浓度与种类的增加，导致水体水质恶化的过程；另一个是水体对污染物的净化、降低其浓度或减少其种类的过程。两个过程几乎同时发生，在相互消长的过程中，形成特定时刻的水体水质。

图 11-1 为接纳大量生活污水河流中 BOD（生物化学需氧量）和 DO（溶解氧）的变化模式图，以此为例可更清楚地理解水污染的作用过程。

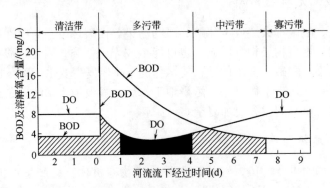

图 11-1　有机污染物进入河流后 DO 与 BOD 变化关系曲线

有机污染物进入水体，水中能量增加，如其他条件适宜，微生物必将大量增殖，有机物得到降解，消耗了水中的溶解氧。但同时通过水面的复氧作用，水体从大气中得到氧的补充。如果排入的有机物在数量上没有超过水体的环境容量，有机物在水体内进行好氧分解；如果排入的有机污染物在数量上超过了水体的自净能力，水体处于缺氧状态。若完全缺氧，有机物即转入厌氧分解过程，这时出现水体腐败。可见，遭受到有机性污染的水体，水中溶解氧含量的变化过程由有机污染物的降解过程所控制。有机污染河流各污染带特征见表 11-1。

表 11-1　有机污染河流各污染带特征

项目	多污带	强中污带	弱中污带	寡污带
有机物	水中含有大量有机污染物，多是未分解的蛋白质和碳水化合物	由于蛋白质等有机物的分解，形成了氨基酸和氨	由于氨进一步分解，出现亚硝酸和硝酸，有机物含量很少	沉淀的污泥也进行分解，形成硝酸盐，水中残余的有机物极少
溶解氧	极少或全无，处于厌氧状态	少量（兼性）	多（好氧）	很多（好氧）
BOD_5	很高	高	低	很低
硫化氢	多量	较多	少量	无
生物种属	很少	少	多	很多
个别优势种	很强	强	弱	弱

项目	多污带	强中污带	弱中污带	寡污带
细菌数/(个/mL)	数十万~数百万	数十万	数万	数十~数百
水生维管植物	无	很少	少	多
主要生物群	细菌、纤毛虫	细菌、真菌、绿藻、蓝藻纤毛虫、轮虫	蓝藻、硅藻、绿藻、软体动物、甲壳动物、鱼类	硅藻、绿藻软体动物、甲壳动物、鱼类、水昆虫

在排放前，河水中的溶解氧含量接近于饱和（8mg/L），BOD 值则处于正常状态（低于 4mg/L），水温为 25℃。污水集中在 0 点排放后（假定立即与河水完全混合），BOD 值急剧上升，高达 20mg/L，为正常值的 5 倍以上，说明河流水体已遭受了严重的污染。随着河水流下，从第一天起，BOD 值逐渐降低，经过 7.5 天后又恢复到原来正常值。说明有机物随着时间的推移，被水体分解，完成了一个彻底的自净过程。同时，有机污染物排入水体后，河水中的溶解氧耗于有机物的降解开始下降，并从流入的第一天开始，含量即低于地表水最低允许含量的 4mg/L。在流下的 2.5 天处，降至最低点，以后虽逐渐回升，但在流下 4 日前，溶解氧含量都低于地面水的最低允许含量（图 11-1 涂黑部分），从此后逐渐回升，在流下的 7.5 天后，才恢复到原有状态（8mg/L）。

当排入水体的有机污染物浓度超过水体的自净能力时，水体中 BOD 永远高于 4mg/L，溶解氧则低于 8mg/L，说明污染负荷超过了水体的自净能力，必然造成水体水质的恶化。

张自杰等总结了接纳大量有机污水的河流中 BOD 和 DO 的特征，按 BOD 及 DO 曲线，将河流划分为三个相接连的河段（带），即严重污染的多污带、污染较轻的中污带（中污带又可分为强、弱二带）和污染不重的寡污带。每一带除有各自的物理化学特点外，还有各自的生物学特点（见表 11-1）。

三、水源环境质量评价

（一）地表水环境质量标准

2002 年 6 月 1 日国家环境保护总局、国家质量监督检验检疫总局联合发布实施的《地表水环境质量标准》（GB 3838—2002），该标准将标准项目分为地表水环境质量标准基本项目（24 项）、集中式生活饮用水地表水源地补充项目（5 项）、集中式生活饮用水地表水源地特定项目（80 项）。地表水环境质量标准基本项目适用于全国江河、湖泊、运河、渠道、水库等具有使用功能的地表水水域；集中式生活饮用水地表水源地补充项目和特定项目适用于集中式生活饮用水地表水源地一级保护区和二级保护区。

依据地表水水域环境功能和保护目标，按功能高低依次将其划分为以下五类。

Ⅰ类：主要适用于源头水、国家自然保护区。

Ⅱ类：主要适用于集中式生活饮用水地表水源地一级保护区、珍稀水生生物栖息地、鱼虾类产卵场、仔稚幼鱼的索饵场等。

Ⅲ类：主要适用于集中式生活饮用水地表水源地二级保护区、鱼虾类越冬场、洄游通道、水产养殖区等渔业水域及游泳区。

Ⅳ类：主要适用于一般工业用水区及人体非直接接触的娱乐用水区。

Ⅴ类：主要适用于农业用水区及一般景观要求水域。

依据该标准的规定，地表水的 Ⅱ 类水主要适用于集中式生活饮用水地表水源地一级保护区，可直接取用为城市供水水源；Ⅲ类水主要适用于集中式生活饮用水地表水源地的二级保护区，不能直接利用，但通过处理达到《生活饮用水卫生标准》（GB 5749—2006）时可以取用，而当水体环境质量超过Ⅲ类时就不适宜用于水源水。

（二）地下水环境质量标准

为保护和合理开发地下水资源，防止和控制地下水污染，保障人民身体健康，促进经济建设，1993年12月30日国家技术监督局批准了《地下水质量标准》（GB/T 14848—1993），该标准1994年10月1日实施。作为地下水勘查评价、开发利用和监督管理的依据。

依据我国地下水水质现状、人体健康基准值及地下水质量保护目标，并参照了生活饮用水、工业、农业用水水质最高要求，将地下水质量划分为五类。

Ⅰ类：主要反映地下水化学组分的天然低背景含量。适用于各种用途。

Ⅱ类：主要反映地下水化学组分的天然背景含量。适用于各种用途。

Ⅲ类：以人体健康基准值为依据。主要适用于集中式生活饮用水水源及工、农业用水。

Ⅳ类：以农业和工业用水要求为依据。除适用于农业和部分工业用水外，适当处理后可作生活饮用水。

Ⅴ类：不宜饮用，其他用水可根据使用目的选用。

根据该标准规定，地下水Ⅰ类和Ⅱ类水均适用生活饮用水源。Ⅲ类水以人体健康基准值为依据，可适用于集中式生活饮用水水源及工、农业用水。但是，根据污染的概念，当水质指标超过背景值时就认为地下水遭受到了污染。因此，虽然Ⅲ类水适应于集中式生活饮用水源及工、农业用水，但对于地下水而言，超过Ⅱ类水质标准（天然背景值）即为污染水，就不适应于直接利用于生活饮用水的水源，需要进行相应处理。

《地下水质量标准》（GB/T 14848—1993）实施20多年来，地下水的污染物组成已经由无机污染物为主变化为以有机物污染为主，污染特征也发生了明显变化，因此目前正在对该标准进行修订。

（三）环境质量评价方法

1. 地表水质量评价

地表水环境质量评价根据应实现的水域功能类别，选取相应类别标准进行单因子评价，评价结果应说明水质达标情况，超标的应说明超标项目和超标倍数。

对于丰、平、枯水期特征明显的水体，应分水期进行达标率评价，所使用数据不应是瞬时一次监测值和全年平均监测值，每一水期数据不少于两个。

集中式生活饮用水地表水源地水质评价的项目应包括标准中的基本项目、补充项目以及由县级以上人民政府环境保护行政主管部门选择确定的特定项目。

2. 地下水质量评价

地下水质量评价可分为单项组分评价和综合评价两种。

（1）单项组分评价法　是将地下水水质调查分析资料或水质监测资料与标准值对比，然后归类的方法。不同类别标准值相同时，从优不从劣。例如，挥发性酚类Ⅰ类、Ⅱ类标准值均为0.001mg/L，若水质分析结果为0.001mg/L时，应定为Ⅰ类，不定为Ⅱ类。

（2）综合评价法　采用加附注的评分法。具体要求与步骤如下所述。

① 参加评分的项目应不少于该标准的监测项目，但不包括细菌学指标。

② 首先进行各单项组分评价，划分组分所属质量类别。

③ 对各类别按表11-2分别确定单项组分评价分值 F_i。

表 11-2 地下水质量综合评价分值表

类 别	Ⅰ	Ⅱ	Ⅲ	Ⅳ	Ⅴ
F_i	0	1	3	6	10

④ 按下式计算综合评价分值 F。

$$F = \sqrt{\frac{\overline{F}^2 + F_{max}^2}{2}} \tag{11-1}$$

其中

$$\overline{F} = \frac{1}{n}\sum_{i=1}^{n} F_i \tag{11-2}$$

式中 F——单项组分评价分值 F_i 中的最大值；

$\overline{F}$——各单项组分评分值 F_i 的平均值；

F_i——单项组分评价分值（依据表 11-2 确定）；

F_{max}——单项组分评价分值 F_i 中的最大值；

n——项数。

⑤ 根据 F 值，按表 11-3 归类地下水质量级别，并将细菌学指标评价类别注在级别定名之后。如"优良（Ⅱ类）"、"较好（Ⅲ类）"。

表 11-3 地下水质量综合评价级别

级别	优良（Ⅰ）	良好（Ⅱ）	较好（Ⅲ）	较差（Ⅳ）	极差（Ⅴ）
F	<0.80	0.80～2.50(不含)	2.50～4.25(不含)	4.25～7.20(不含)	≥7.20

第三节 水源保护的方法与措施

一、水源保护的原则和步骤

（一）水源保护的原则

（1）应以可持续发展战略作为指导思想，贯彻国家有关经济建设、城镇建设与环境保护协调发展的方针。

（2）应同时进行水量与水质保护，对于有能源利用价值的水源应该质、量、能全面保护。

（3）应将水源保护纳入城市水资源保护范畴，密切两者联系，做到两项工作的协调发展。

（4）应贯彻防治结合、预防为主的方针，强化监测管理。对于已建水源地，尚未受污染或污染尚不严重的水体，则应加强预防措施，对拟建水源地，要进行环境评价，并对未来水质、水量变化做出预测，以此作为水源选择的前提。

（5）应特别重视水资源的合理开发与利用，它是水源保护的重要内容。

（6）要把水源保护与城市节水紧密联系起来，做到开源节流。

（7）水源保护应与城市总体规划相联系，考虑城市近期、远期的水质、水量要求，并注重远近期结合。

（8）应用先进的、与本地实际情况和条件相适应的水源保护技术与措施，并应根据财政支撑能力，对水污染防治与水量保证措施做出相应的分阶段优化规划方案与实施计划。

（9）应首先控制污染源，减少污染物排放量，有效地控制污染途径。

（10）应从技术、经济和环境三方面统一的观点，利用系统工程理论方法进行水源保护。

（二）水源保护的步骤

（1）研究水源开采利用条件，防污性能及环境容量，初步认识水源保护的重要程度。

（2）对可能造成水源污染或水量减少、水位下降的区域环境现状及各类污染源状况进行调查分析。

（3）进行水位、水量、水质、温度的长期监测，分析了解影响水源水量、水位、水质、水温的基本机理，确定主要影响因素和影响的具体范围。

（4）根据水源地的水文、水文地质条件、污染物迁移规律进行物理模型概化。

（5）建立数学模型，以水源为主体，对水源水量、水位、水质、水温与环境影响因素的关系进行模拟，掌握引起水源不良后果的主要原因，模拟其影响范围。

（6）根据环境监测和模拟结果，充分考虑水源的环境容量，进行水源保护区（带）的划定。

（7）进一步监测每个保护区（带）和水源地的水量、水位、水质、水温，根据实际结果调整保护区（带）的界线。

（8）根据水源本身特点、防污性能、敏感性污染物，以及污染机理、水量影响等，制定每个防护区（带）的水源保护措施。

（9）以行政立法的形式确定保护区范围、措施等。

（10）在水源开采利用过程中，对水源及保护区进行长期监测，积累资料，为及时了解水源状况、调整保护区范围或保护措施奠定基础。

二、水源保护区划分

（一）水源保护区划分的原则

1. 一般原则

（1）地表水饮用水源保护区包括一定面积的水域和陆域。地下水饮用水源保护区指地下水饮用水源地的地表区域。无论是地表水，还是地下水，水源保护区范围为以水源地为中心的区域，包括陆地和水域。特殊情况下，对于重要补给源，虽然不在中心，但也可能划为保护区。

（2）由于距水源地越近，污染物越易进入开采利用水体，水体对污染物的自然净化需经一定距离。因此，水源保护区易分级划分。保护区各自范围有所不同，一般靠近水源地的保护区范围较小，远离水源地的保护区范围较大。

（3）同样的污染物，越靠近水源，则其对水源地的危害就越大，反之越小。因此，靠近水源地的保护区保护措施较严格，远离水源地的保护区保护措施较宽松。

（4）水源保护区分级划分要按照不同的水质标准和防护要求进行，一般划分为一级保护区和二级保护区，必要时可增设准保护区，各级保护区应有明确的地理界线。

（5）水源保护区的设置和污染防治应纳入当地经济和社会发展总体规划和水污染防治规划。

（6）根据地表水多数跨流域、地下水在同一水文地质单元相互影响，以及污染物大范围迁移等特点，水源保护区划分应区域划分，不能以行政区划分为依据。跨地区的水源保护区应纳入有关流域、区域、相关城市的经济和社会发展规划和水污染防治规划。

2. 技术原则

（1）饮用水水源保护区一般划分为一级保护区和二级保护区，必要时可增设准保护区。

（2）确定饮用水水源保护区划分的技术指标时应考虑当地的地理位置、水文、气象、地质特征、水动力特性、水域污染类型、污染特征、污染源分布、排水区分布、水源地规模、水量需求。其中地表水饮用水源保护区范围应按照不同水域特点进行水质定量预测并考虑当地具体条件加以确定，保证在规划设计的水文条件和污染负荷下，供应规划水量时，保护区的水质能满足相应的标准。

（3）地下水饮用水源保护区应根据饮用水水源地所处的地理位置、水文地质条件、供水的数量、开采方式和污染源的分布划定。各级地下水源保护区的范围应根据当地的水文地质条件确定，并保证开采规划水量时能达到所要求的水质标准。

（4）划定的水源保护区范围应防止水源地附近人类活动对水源的直接污染；应足以使所选定的主要污染物在向取水点（或开采井、井群）输移（或运移）过程中，衰减到所期望的浓度水平；在正常情况下保证取水水质达到规定要求；一旦出现污染水源的突发情况，有采取紧急补救措施的时间和缓冲地带。

（5）在确保饮用水水源水质不受污染的前提下，划定的水源保护区范围应尽可能小。

（二）水质保护目标

1. 地表水饮用水源保护区水质目标

地表水饮用水源一级保护区的水质基本项目限值不得低于 GB 3838—2002 中的Ⅱ类标准，且补充项目和特定项目应满足该标准规定的限值要求。

地表水饮用水源二级保护区的水质基本项目限值不得低于 GB 3838—2002 中的Ⅲ类标准，并保证流入一级保护区的水质满足一级保护区水质标准的要求。

地表水饮用水源准保护区的水质标准应保证流入二级保护区的水质满足二级保护区水质标准的要求。

2. 地下水饮用水源地保护区水质目标

地下水饮用水源保护区水质要求地下水饮用水源保护区（包括一级、二级和准保护区）水质各项指标不得低于 GB/T 14848 中的Ⅲ类标准。

三、地表水源保护区的划分

（一）河流型饮用水水源保护区划分方法

1. 一级保护区

（1）模型法　河流型饮用水保护区的一级保护区应以二维水质模型确定范围，对小型、边界条件简单的水域可采用解析方法进行模拟计算，大型或边界条件复杂时用数值法求解。潮汐河段的水源地要运用非稳态水动力-水质模型模拟，计算可能影响水源地水质的最大范围，作为一级保护区水域范围。

由于河流两岸陆地的污染会对河流水质产生影响，陆地的污染物向河流迁移时，实际上形成河流的源，因此应将水域和陆域同时考虑建立水质模型，形成水域-陆域联合水质模型。通过求解该模型同时得出水域和陆域的一级保护区。

需注意的是，一级保护区上、下游范围不得小于卫生部门规定的饮用水源卫生防护带的范围。

(2) 经验法 在技术条件有限的情况下,可采用类比经验方法确定一级保护区水域范围,如一般河流水源地的一级保护区水域长度为取水口上游不小于1000m,下游不小于100m范围内的河道水域,一级保护区水域宽度为5年一遇洪水所能淹没的区域。对于通航河道以河道中泓线为界,保留一定宽度的航道外,规定的航道边界线到取水口范围即为一级保护区范围;非通航河道整个河道范围为一级保护区。

一级保护区陆域范围确定的方法是,陆域沿岸长度不小于相应的一级保护区水域长度;陆域沿岸纵深与河岸的水平距离不小于50m;同时,一级保护区陆域沿岸纵深不得小于饮用水水源卫生防护规定的范围。

2. 二级保护区

(1) 模型法 二级保护区水域范围也应用二维水质模型计算得到。二级保护区的水质目标是一级保护区边界的水质,其上游侧边界到一级保护区上游边界的距离应大于污染物从GB 3838—2002 Ⅲ类水质标准浓度水平衰减到GB 3838—2002 Ⅱ类水质标准浓度所需的距离。同样,对小型、边界条件简单的水域可采用解析方法进行模拟计算,大型或边界条件复杂时用数值法求解。潮汐河段水源地应按下游的污水团对取水口影响的频率设计要求计算确定二级保护区下游侧外边界位置。

(2) 经验法 在技术条件有限的情况下,也可采用类比经验方法确定二级保护区水域范围,但是应同时开展跟踪验证监测。若发现划分结果不合理,应及时予以调整。

一般河流水源地二级保护区长度从一级保护区的上游边界向上游(包括汇入的上游支流)延伸不得小于2000m,下游侧外边界距一级保护区边界不得小于200m。二级保护区水域宽度为一级保护区水域向外10年一遇洪水所能淹没的区域,有防洪堤的河段二级保护区的水域宽度为防洪堤内的水域。

二级保护区陆域范围确定的方法是,二级保护区沿岸纵深范围不小于1000m,具体可依据自然地理、环境特征和环境管理需要确定。对于流域面积小于100km²的小型流域,二级保护区可以是整个集水范围。当面污染源为主要水质影响因素时,二级保护区沿岸纵深范围,主要依据自然地理、环境特征和环境管理的需要,通过分析地形、植被、土地利用、地面径流的集水汇流特性、集水域范围等确定。

应用经验法确定二级保护区时需特别注意,对于潮汐河段水源地,二级保护区不宜采用类比经验方法确定。另外,当水源地水质受保护区附近点污染源影响严重时,应将污染源集中分布的区域划入二级保护区管理范围,以利于对这些污染源的有效控制。

3. 准保护区

准保护区划分时根据流域范围、污染源分布及对饮用水水源水质影响程度进行分析。由于其功能是保证二级保护区的水质,因此设置准保护区时要根据二级保护区的分布范围初步确定,其位置位于二级保护区的外围。

准保护区的范围可参照二级保护区的划分方法确定,一般水文及水文地质条件简单时采用经验法分析确定;对于大型水源地,污染物的迁移规律较为复杂时,应用模型法确定。

(二) 湖泊和水库饮用水水源保护区的划分方法

湖泊和水库是城市常见的水源地,它们与河流相比,具有水体相对封闭,水流滞缓,交替缓慢,因而受到污染后自净能力相对较弱。湖泊和水库面积(容积)越大,污染的自净能力越强,因此划分水源保护区时要首先区分湖泊和水库的规模。一般将湖泊、水库型饮用水水源地进行分类,对于湖泊按水面面积S分类,水库则按总库容V分类。即小型湖泊,$S\leqslant$

$100\mathrm{km}^2$，大中型 $S\geqslant100\mathrm{km}^2$；小型水库 $V\leqslant0.1\times10^8\mathrm{m}^3$，中型水库 $0.1\times10^8\mathrm{m}^3\leqslant V\leqslant1\times10^8\mathrm{m}^3$，大型水库 $V\geqslant1\times10^8\mathrm{m}^3$。

1. 一级保护区

（1）模型法　大中型湖泊和水库应采用模型分析计算方法确定一级保护区范围。应对水域进行水动力（流动、扩散）特性和水质状况分析，建立二维水质模型（湖泊与水库水深较大，且纵向水质变化较大时选用三维水质模型）模拟计算，确定水源保护区水域面积，其保护目标为主要污染物浓度满足 GB 3838—2002 Ⅱ类水质标准的要求。

（2）经验法　在技术条件有限的情况下，采用类比经验方法确定一级保护区水域范围，同时开展跟踪验证监测。若发现划分结果不合理，应及时予以调整。具体确定方法如下所述。

小型湖泊、中型水库水域范围为取水口半径 300m 范围内的区域。陆域范围为取水口侧正常水位线以上 200m 范围内的陆域，或一定高程线以下的陆域，但不超过流域分水岭范围。

大型湖泊和水库水域范围为取水口半径 500m 范围内的区域，陆域范围为取水口侧正常水位线以上 200m 范围内的陆域。

需注意的是，小型水库和单一供水功能的湖泊、水库应将正常水位线以下的全部水域面积划为一级保护区。一级保护区的水域和陆域范围不得小于卫生部门规定的饮用水源卫生防护范围。

2. 二级保护区

（1）模型法　二级保护区以保证一级保护区水质符合标准为目标，其边界至一级保护区的径向距离应大于所选定的主要污染物或水质指标从 GB 3838—2002 Ⅲ类水质标准浓度水平衰减到 GB 3838—2002 Ⅱ类水质标准浓度所需的距离，根据湖泊和水库的水力特征，建立二维（三维）水质模型分析计算，宜采用数值法求解计算。

（2）经验法　在技术条件有限的情况下，采用类比经验方法确定二级保护区水域范围，同时开展跟踪验证监测。若发现划分结果不合理，应及时予以调整。具体确定方法如下所述。

小型湖泊、中小型水库一级保护区边界外的水域面积设定为二级保护区；大型水库以一级保护区外径向距离不小于 2000m 区域为二级保护区水域面积，但不超过水面范围；大中型湖泊一级保护区外径向距离不小于 2000m 区域为二级保护区水域面积，但不超过水面范围。

二级保护区陆域范围确定，应依据流域内主要环境问题，结合地形条件分析确定。

① 依据环境问题分析法　当面污染源为主要污染源时，二级保护区陆域沿岸纵深范围主要依据自然地理、环境特征和环境管理的需要，通过分析地形、植被、土地利用、森林开发、地面径流的集水汇流特性、集水域范围等确定，但其陆域边界不超过相应的流域分水岭范围。

当水源地水质受保护区附近点污染源影响严重时，应将污染源集中分布的区域划入二级保护区管理范围，以利于对这些污染源的有效控制。

② 依据地形条件分析法　小型水库可将上游整个流域（一级保护区陆域外区域）设定为二级保护区。

小型湖泊和平原型中型水库的二级保护区范围是正常水位线以上（一级保护区以外），水平距离 2000m 区域，山区型中型水库二级保护区的范围为水库周边山脊线以内（一级保护区以外）及入库河流上溯 3000m 的汇水区域设为二级保护区。

大中型湖泊、大型水库可以划定一级保护区外不小于 3000m 的区域为二级保护区范围。

3. 准保护区

按照湖泊、水库流域范围、污染源分布及对饮用水水源水质的影响程度，二级保护区以外的汇水区域可以设定为准保护区。具体范围可参照二级保护区的划分方法确定。

四、地下水源保护区的划分

地下水按含水层介质类型的不同分为孔隙水、基岩裂隙水和岩溶水三类；按地下水埋藏条件分为潜水和承压水两类。地下水饮用水源地按开采规模分为中小型水源地（$<5\times10^4\,m^3/d$）和大型水源地（$\geq5\times10^4\,m^3/d$）。

与地表水相比，地下水中污染物的迁移规律更加复杂，污染物在迁移过程中在发生弥散作用的同时，还产生物理、化学、生物等作用。这个过程的模拟一般是水动力学模型、水质模型、物理化学或生物反应模型的耦合，计算十分复杂。因而地下水饮用水源保护区的划分应在收集相关的水文地质勘查、长期动态观测、水源地开采现状、规划及周边污染源等资料的基础上，建立水质模型（数值解或解析解），或者经验法综合确定。采用经验法时，保护区范围多以溶质质点迁移到达取水井或保护区边界的时间来推算。

（一）孔隙水饮用水水源保护区划分方法

孔隙水保护区设定的基本原则是，以地下水取水井为中心，溶质质点迁移 100 天的距离为半径的范围为一级保护区；一级保护区以外，溶质质点迁移 1000 天的距离为半径所圈定的范围为二级保护区，补给区和径流区为准保护区。

保护区半径计算经验公式为：

$$R=\alpha KIT/n \tag{11-3}$$

式中　R——保护区半径，m；

　　　α——安全系数，%，一般取 150%；

　　　K——含水层渗透系数，m/d；

　　　I——为漏斗范围内的水力平均水力坡度；

　　　T——污染物水平迁移时间，d；

　　　n——有效孔隙度。

1. 孔隙水潜水型水源保护区的划分方法

（1）中小型水源地保护区划分　孔隙水潜水型水源地保护区是以开采井为中心，按式（11-3）计算的 R 为半径的圆形区域。对于一级保护区 T 取 100 天；二级保护区 T 取 1000 天。准保护区为补给区和径流区。

表 11-4　孔隙水潜水型水源地保护区范围经验值

含水介质	一级保护区半径/m	二级保护区半径/m
细砂	30~50	300~500
中砂	50~100	500~1000
粗砂	100~200	1000~2000
砾石	200~500	2000~5000
卵石	500~1000	5000~10000

实际应用时，由于安全系数 α 取值具有人为性，对 R 计算值的实用性影响较大，因此应结合含水层的岩性加以校验。当计算的 R 值小于表 11-4 的值时按表 11-4 中的数据选取，

R 值大于表 11-4 的值时按计算 R 值应用。

另外，对于集中式供水水源地，井群内井间距大于一级（二级）保护区半径的 2 倍时，可以分别对每口井进行一级（二级）保护区划分；井群内井间距小于等于一级（二级）保护区半径的 2 倍时，则以外围井的外接多边形为边界，向外径向距离为一级（二级）保护区半径的多边形区域。

（2）大型水源地保护区划分　大型水源地建议采用数值模型模拟计算污染物的捕获区范围设定保护区范围。结合数值解过程，以地下水取水井为中心，将溶质质点迁移 100 天的距离为半径所圈定的范围作为水源地一级保护区范围。二级保护区是一级保护区以外，溶质质点迁移 1000 天的距离为半径所圈定的范围。必要时将水源地补给区划为准保护区。

2. 孔隙水承压水型水源保护区的划分方法

承压含水层的隔水顶板具有一定的防污性能，污染物将通过上伏潜水含水层向承压水迁移，因此将承压水上部潜水的一级保护区作为承压水型水源地的一级保护区，划定方法同孔隙水潜水中小型水源地。承压水可不设二级保护区，必要时将水源补给区划为准保护区。

（二）裂隙水饮用水水源保护区划分方法

裂隙水按成因类型不同分为风化裂隙水、成岩裂隙水和构造裂隙水。在研究污染物的迁移时，裂隙水需要考虑裂隙介质的各向异性。

1. 风化裂隙潜水型水源保护区划分

（1）中小型水源地保护区划分　中小型风化裂隙潜水型水源地类似于孔隙水潜水型水源地，因此一、二级保护区是以开采井为中心，分别按式（11-3）计算的距离为半径的圆形区域。计算时一级保护区 T 取 100 天，二级保护区 T 取 1000 天。必要时将水源补给区和径流区划为准保护区。

（2）大型水源地保护区划分　大型水源地风化裂隙潜水型水源地保护区划分需要利用数值模型确定污染物相应时间的捕获区范围作为保护区。结合数值解过程，以地下水取水井为中心，将溶质质点迁移 100 天的距离为半径所圈定的范围作为水源地一级保护区范围。二级保护区是一级保护区以外，溶质质点迁移 1000 天的距离为半径所圈定的范围。必要时将水源地补给区和径流区划为准保护区。

2. 风化裂隙承压水型水源保护区划分

划定上部潜水的一级保护区作为风化裂隙承压型水源地的一级保护区，划定方法需要根据上部潜水的含水介质类型并参考对应介质类型的中小型水源地的划分方法。风化裂隙承压水型水源不设二级保护区。必要时将水源补给区划为准保护区。

3. 成岩裂隙水型水源保护区划分

成岩裂隙潜水型水源保护区划分同风化裂隙潜水型水源保护区的划分方法。成岩裂隙承压水型水源保护区划分同风化裂隙承压水型水源保护区的划分方法。

4. 构造裂隙潜水型水源保护区划分

（1）中小型水源地保护区划分　应充分考虑裂隙介质的各向异性。以水源地为中心，利用公式（11-3）计算保护区半径。计算时 n 分别取主径流方向和垂直于主径流方向上的有效裂隙率，分别计算保护区的长度和宽度。一级保护区 T 取 100 天，二级保护区 T 取 1000 天。必要时将水源补给区和径流区划为准保护区。

（2）大型水源地保护区划分　利用数值模型确定污染物相应时间的捕获区作为保护区。结合数值模拟过程，以地下水取水井为中心，溶质质点迁移 100 天的距离为半径所圈定的范围作为一级保护区范围。一级保护区以外，溶质质点迁移 1000 天的距离为半径所圈定的范围为二级保护区。必要时将水源补给区和径流区划为准保护区。

5. 构造裂隙承压水型水源保护区划分

一级保护区同风化裂隙承压水型保护区划分方法。不设二级保护区，必要时将水源补给区划为准保护区。

（三）岩溶水饮用水水源保护区划分方法

岩溶水根据其成因特点分为岩溶裂隙网络型、峰林平原强径流带型、溶丘山地网络型、峰丛洼地管道型和断陷盆地构造型五种类型。岩溶水饮用水源保护区划分须考虑溶蚀裂隙中的管道流与落水洞的集水作用。

1. 岩溶裂隙网络型水源保护区划分

岩溶裂隙网络型含水层类似于风化裂隙含水层，因此其一、二级保护区划分可按风化裂隙水划分方法进行。必要时将水源补给区和径流区划为准保护区。

2. 峰林平原强径流带型水源保护区划分

峰林平原强径流带型含水层类似于构造裂隙含水层，因此其一、二级保护区划分可按构造裂隙水划分方法进行。必要时将水源补给区和径流区划为准保护区。

3. 溶丘山地网络型、峰丛洼地管道型、断陷盆地构造型水源保护区划分

溶丘山地网络型、峰丛洼地管道型、断陷盆地构造型水具有类似地表水的特征，一级保护区可参照地表河流型水源地一级保护区的划分方法，即以岩溶管道为轴线，水源地上游不小于 1000 天，下游不小于 100 天，但两侧宽度按式（11-3）计算（若有支流，则支流也要参加计算）。

如果此类岩溶水有落水洞，则应将与水源地有密切水力联系的落水洞附近处也划分为一级保护区，划分方法是以落水洞为圆心，按式（11-3）计算的 T 为 100 天的距离为半径的圆形区域，通过落水洞的地表河流按河流型水源地一级保护区划分方法划定保护范围。

此类水源地不设二级保护区。必要时将水源补给区划为准保护区。

五、水源保护措施

（一）水源保护的管理措施

1. 地表水源保护的管理措施

（1）地表水源各级保护区管理规定

① 禁止一切破坏水环境生态平衡的活动，以及破坏水源林、护岸林和与水源保护相关植被的活动。

② 禁止向水域倾倒工业废渣、城市垃圾、粪便及其他废弃物。

③ 运输有毒有害物质、油类、粪便的船舶和车辆一般不准进入保护区，必须进入者应事先申并经有关部门批准、登记并设置防渗、防溢、防漏设施。

④ 禁止使用剧毒和高残留农药，不得滥用化肥，不得使用炸药、毒品捕杀鱼类。

（2）地表水源一级保护区管理规定

① 禁止新建、扩建与供水设施和保护水源无关的建设项目。

② 禁止向水域排放污水，已设置的排污口必须拆除。

③ 不得设置与供水需要无关的码头，禁止停靠船舶。

④ 禁止堆置和存放工业废渣、城市垃圾、粪便和其他废弃物。

⑤ 禁止设置油库。

⑥ 禁止从事种植、放养禽畜，严格控制网箱养殖活动。

⑦ 禁止可能污染水源的旅游活动和其他活动。

（3）地表水源二级保护区管理规定

① 不准新建、扩建向水体排放污染物的建设项目，改建项目必须削减污染物排放量。

② 原有排污口必须削减污水排放量，保证保护区内水质满足规定的水质标准。

③ 禁止设立装卸垃圾、粪便、油类和有毒物品的码头。

（4）地表水源准保护区管理规定

① 直接或间接向水域排放废水，必须符合国家及地方规定的废水排放标准。

② 当排放总量不能保证保护区内水质满足规定的标准时，必须削减排污负荷。

2. 地下水源保护的管理措施

（1）地下水源各级保护区管理规定

① 禁止利用渗坑、渗井、裂隙、溶洞等排放污水和其他有害废弃物。

② 禁止利用透水层孔隙、裂隙、溶洞及废弃矿坑储存石油、天然气、放射性物质、有毒有害化工原料和农药等。

③ 实行人工回灌地下水时不得污染当地地下水源。

（2）地下水源一级保护区管理规定

① 禁止建设与取水设施无关的建筑物。

② 禁止从事农牧业活动。

③ 禁止倾倒、堆放工业废渣及城市垃圾、粪便和其他有害废弃物。

④ 禁止输送污水的渠道、管道及输油管道通过本区。

⑤ 禁止建设油库。

⑥ 禁止建立墓地。

（3）地下水源二级保护区管理规定

① 对于潜水含水层地下水水源地，禁止建设化工、电镀、皮革、造纸、制浆、冶炼、放射性、印染、染料、炼焦、炼油及其他有严重污染的企业，已建成的要限期治理，转产或搬迁；

禁止设置城市垃圾、粪便和易溶、有毒有害废弃物堆放场和转运站，已有的上述场站要限期搬迁；

禁止利用未经净化的污水灌溉农田，已有的污灌农田要限期改用清水灌溉；

化工原料、矿物油类及有毒有害矿产品的堆放场所必须有防雨、防渗措施。

② 对于承压含水层地下水水源地，禁止承压水和潜水的混合开采，做好潜水的止水措施。

（4）地下水源准保护区内必须遵守下列规定

① 禁止建设城市垃圾、粪便和易溶、有毒有害废弃物的堆放场站，因特殊需要设立转运站的，必须经有关部门批准，并采取防渗漏措施。

② 当补给源为地表水体时，该地表水体水质不应低于《地表水环境质量标准》（GB 3838—2002）Ⅲ类标准。

③ 不得使用不符合《农田灌溉水质标准》（GB 5084—2005）的污水进行灌溉，合理使用化肥。

④ 保护水源林，禁止毁林开荒，禁止非更新砍伐水源林。

（二）水源保护的技术措施

1. 地表水源保护的技术措施

① 种植水源涵养林，实施水土保持工程，有效地防止水土流失，保持径流区的生态环境的自然属性；

② 协调流域上、下游的关系，实现全流域的水资源水环境的科学管理；

③ 实现工业企业的合理布局，大力调整产业结构，推行节水、清洁生产工艺；

④ 切实治理点污染源，减少非点源污染，推行绿色高效农业；

⑤ 建立城市污水处理厂，完善污水收集系统，实现污水达标排放；

⑥ 减少废气排放量，加强固体废弃物的科学处置。

2. 地下水源保护的技术措施

① 地表水源保护的技术措施均适用于地下水源的保护；

② 在同一水文地质单元内，要实现多水源的合理布局，协调各自的开采量，在确定的水源地内要合理布置开采井，严禁地下水的超采；

③ 保证开采井施工质量，注重止水、回填质量以防止相邻含水层中的劣质水进入主含水层；

④ 当地表水为地下水的补给源时，要首先保护地表水体；

⑤ 建设人工回灌工程，增加地下库储水量，有效控制地下水中硝酸盐、氯离子、总硬度和溶解性总固体含量的上升，改善水质，并可使地下水位逐渐回升。

（三）水源保护的行政和法律措施

① 水源保护工作涉及范围大，部门多，必须由政府组织进行严密的、科学的实施。

② 要将水源保护工作同环境保护工作、水资源管理工作等有机结合起来，必要时成立专门机构，有利于水源保护的开展。

③ 以法律为保障有效地实施水源保护。水源地保护区的划定界线和保护措施须由人民代表大会讨论通过后，以行政立法的形式确定下来，使水源保护实施有法可依。

④ 要加强水源保护的监管力度，严格检查各保护区管理与技术措施的落实情况，对违反有关规定的要严厉执法。

第四节　水源保护工程

城市饮用水水源地保护工程是水源保护的重要内容，是保护城市饮用水安全的重要措施，目标体现在水量安全和水质安全两个方面。水量安全是通过保护水资源，最大限度地满足城市供水的取水量，防止过量开采而出现水源枯竭的现象发生；水质保护是防止污染物迁移到水源的取水口，导致水源的水质超标而失去使用价值。

城市饮用水水源地保护工程方案是在水源保护区划分和水源地安全状况评价的基础上进行的。各城市在划分的饮用水水源保护区范围内，根据水源地的重要性和具体特点，有针对性地制定保护工程方案。

水源地保护工程水量保护方案的基本思路是，在水源地的水资源评价基础上，以维持区域水资源平衡为目标，结合水资源利用方案，合理开发利用水资源。对于地表水要在流域水资源量的平衡控制条件下，优化全流域水资源的调配，通过工程措施调整水源使用效率，保证水源地的取水量。对于严重超采的地下水区域，要通过优化开采方案，进行地下水回灌等措施加以控制与修复。

水源地水质保护方案的基本思路是，在查清污染源及污染物迁移规律的前提下，通过建立隔离防护、综合整治、修复保护体系防止取水口水质超过使用功能的水质标准。隔离防护是指通过在保护区边界设立物理或生物隔离设施，防止人类活动等对水源地保护和管理的干扰，拦截污染物直接进入水源保护区。综合整治是指通过对保护区内现有点源、面源、内源、线源等各类污染源采取综合治理措施，对直接进入保护区的污染源采取分流、截污及入河、入渗控制等工程措施，阻隔污染物直接进入水源地水体。修复保护是指通过采取生物和生态工程技术，对湖库型水源保护区的湖库周边湿地、环库岸生态和植被进行修复和保护，营造水源地良性生态系统。

鉴于修复保护工程是新兴的技术方法，发展较快，各城市在采用此类工程措施时，应根据水源地的具体特点设计工程方案，以达到保护水源地的目的。

一、水源地水量保护工程

城市供水水源地的保护涉及水源地的水量、水质和能量的保护等多方面的内容。传统意义上的水源保护更多地强调的是水质保护，但考虑到水资源的时空变化特性和"工程水利"引起的诸多水生态问题，水量保护应该是水源地保护首要的关注之处。

水源地水量保护的基本原则是：①查清区域水资源分布与水资源量，科学制定水资源调配方案；②根据当地条件和技术经济分析，确定水资源的开发利用优先次序，合理配置水资源，高效利用水资源，必要时实施补水和调水工程；③新建水源地不能影响甚至破坏原有水源地水资源的开发利用；④克服地方保护主义，兼顾水源地的上下游区域水资源的利用。

（一）地表水源地水量保护工程技术

地表水源地的水量保护可以采用以下工程技术措施：①区域水系联网、多水源联合调度；②地表水资源高效利用（工农业生活节水、再生水利用等）；③建设应急备用水源；④加固病险水库；⑤实施调水工程。

从城市自身水情、地情出发，因地制宜，实施水库之间以及区域地表水、地下水、区间径流水、非传统水之间的统一配置和联合调度，调剂余缺，以丰补歉，最大限度地挖掘水资源潜力，使有限的水资源发挥出较大的效益，提高城市供水保证率，控制地面沉降，改善城市环境，为实现经济社会可持续发展提供保障。

（二）地下水源地水量保护技术

城市地下水水源地如长久地超量开采，不仅会带来地下水水位持续下降、水质恶化、地质灾害等不良后果，还会造成区域地下水资源的短缺和枯竭，影响水源地的正常开采。因此对地下水水源地进行水量保护是非常重要的。

地下水源地的水量保护可以通过调整开采方案、优化水井布局，调整用水结构、关停自备井等方式以及人工回灌补给得以实现。下文主要就地下水源的人工补给进行阐述。

1. 人工补给的目的

当水源地内地下水开采量大于含水层的补给量时，可造成水源地地下水位的持续下降、水质恶化、地面沉降或塌陷等不良后果。通过人工增加含水层的补给量，维持地下水的补排平衡，既能保证水源地正常开采，又可避免其他不良现象的发生和发展。在非过量开采区，通过人工补给，可提高含水层的供水能力，改善地下水的开采条件和水质。在滨海和岛屿地区的水源地，通过人工补给可使地下咸水淡化，防止海水入侵。此外，人工补给还可利用含水层储能，或进行废水处理。

2. 人工补给地下水的水源

作为人工补给地下水的水源，可用降水形成的地表径流、地表水、区外地下水，或在保证地下水源不会受到污染前提下的经处理后的城市污水和工业废水。此外，大型灌区内的灌溉退水也是较为理想的人工补给水源。

3. 人工补给水的水质要求

在向水源在含水层或与之相连含水层人工回灌水时，回灌水的水质要求如下。

(1) 最好能达到《生活饮用水卫生标准》(GB 5749—2006)，考虑岩层的自净作用，对于通过包气带或含水层后可降解或含量显著减少的指标，可稍低于饮用水水质标准。

(2) 回灌后不会引起水源地地下水水质的恶化，并能保护开采井出水符合《生活饮用水卫生标准》(GB 5749—2006)。

(3) 回灌水不应含有能使管井过滤器腐蚀的特殊成分。

(4) 回灌水不会造成回灌井过滤器的堵塞，以保证回灌井具有正常的工作状态。

由于岩层对污染物的自净作用存在明显差异，因此难以制定出统一的回灌水水质标准。表 11-5、表 11-6 和表 11-7 分别列出了北京市、上海市和前苏联地下水人工回灌水的水质标准，以供参考。

再生水回灌补给地下水时，应该满足《城市污水再生利用·地下水回灌水质》(GB/T 19772—2005) 中的水质规定。当回灌层为饮用水含水层时，须采用满足饮用水标准的再生水进行回灌。

表 11-5 北京市地下水人工回灌水水质控制标准

序号	项目	控制标准	
		单位	标准值
1	浑浊度	mg/L	10～20
2	色度	度	40～60
3	高锰酸钾指数	mg/L	15～30
4	铁	mg/L	0.3～1.0
5	酚	mg/L	0.002～0.005
6	氰	mg/L	0.02～0.05
7	汞	mg/L	0.001
8	镉	mg/L	<0.01
9	重油	mg/L	0.005～0.001
10	石油	mg/L	0.3
11	表面活性物质	mg/L	0.5
12	铬(六价)	mg/L	0.05～0.01
13	铅	mg/L	0.05～0.1
14	铜	mg/L	3.0
15	砷	mg/L	0.05～0.1
16	锌	mg/L	5～15
17	硫酸盐	mg/L	250～350
18	硝酸盐	mg/L	50 左右
19	六六六	mg/L	0.05

序号	项目	控制标准	
		单位	标准值
20	滴滴涕	mg/L	0.005
21	大肠杆菌	MPN/100mL	1000
22	细菌总数	MPN/100mL	1000～5000
23	有机磷		0
24	水温	℃	＜30
25	pH 值		6～9
26	硬度		不超过当地地下水硬度
27	氧化物		为天然潜水的稀释
28	总矿化度		不高于当地地下水指标
29	氟化物	mg/L	＜1.0

表 11-6 上海市地下水人工回灌水水质标准

类别	项目	水质标准
物理指标	温度	冬灌时,越低越好,一般＜15℃ 夏灌时,越高越好,一般＞30℃
	嗅味	无异嗅异味
	色度	无色,色度＜20 度
	浑浊度	＜10 度
化学指标	pH 值	6.5～8.0
	氯化物/(mg/L)	＜250
	溶解氧/(mg/L)	＜7
	耗氧量/(mg/L)	＜5
	铁/(mg/L)	＜0.5(最好＜0.3)
	锰/(mg/L)	＜0.1
	铜,锌/(mg/L)	＜1
	砷/(mg/L)	＜0.02
	汞/(mg/L)	＜0.001
	六价铬/(mg/L)	＜0.05
	铅/(mg/L)	＜0.01
	镉/(mg/L)	＜0.01
	硒/(mg/L)	＜0.01
	氰化物/(mg/L)	＜0.01
	氟化物/(mg/L)	0.5～1.0
	挥发酚/(mg/L)	＜0.002
细菌指标	细菌总数/(个/L)	＜100
	大肠杆菌类/(个/L)	＜3
	其他	不含放射性物质及水生物等

表 11-7 前苏联地下水人工回灌水水质标准

类别	项目	水质标准	备注
物理指标	浑浊度/度	当土的有效粒径为 0.51mm 时，为＜20 当土的有效粒径为 0.15～0.3mm 时，为＜10 当腐殖质色度含量为 50％时，为＜60 当混合天然水，而腐殖质色度含量为 50％时，为＜20	每年清池次数不大于 2 次
化学指标 /(mg/L)	COD$_{Mn}$	15	
	COD$_{Cr}$	30	
	铁	＜3	
	酚类	＜0.001	短时间可达 0.005
	表面活性物质	＜0.5	＜0.005
	石油	＜0.3	
	铅	＜0.1	
	铜	＜3.0	
	砷	＜0.05	
	锌	＜5	
	氯化物	根据天然潜水混合程度确定	设计计算用
	硫酸盐	根据天然潜水混合程度确定	
	总硬度	根据天然潜水混合程度确定	
细菌指标	细菌指数	当土的有效粒径为 0.5～1.0mm 时，为＜10000	
	细菌总数	＜1000～5000	

4. 人工补给地下水的方法

人工补给地下水的方法一般可分为浅层地面渗水补给法、深层地下灌注补给法和诱导补给法三种类型。

(1) 浅层地面渗水补给法 利用水库渗漏、洼地、坑塘、渠道、农田灌溉回渗以及扩大河流底面积渗水补给。该法适用于地表具有砂土、砾石、卵石等透水层，包气带厚度 10～20m 的地区。

(2) 深层地下灌注补给法 通过管井、大口井、竖井等设施将补给水直接灌入含水层中。该法具有占地面积小、入渗补给快的优点，但所需设备复杂、费用较高。

目前国内深井回灌方法分为真空（负压）、加压（正压）和自流（无压）三种方式。真空回灌适用于地下水位埋深较大（静水位埋深大于 10m）、含水层渗透性能良好且回灌量小的地区；加压回灌适用于地下水位较高、含水层渗透性较差、回灌量大且滤管无滤网或滤网强度较大的深井；无压回灌适用于地下水位较低，含水层透水性能好且渗透系数大地区。

(3) 诱导补给法 在地表水体附近凿井抽取地下水，增大地表水与地下水的水头差，促使地表水大量侧向补给地下水。该法适用于地表水与地下水具有良好水力联系的地区，其诱导补给量大小与含水层的渗透性、水源井与地表水体的距离有关。

二、水源地水质保护工程

（一）污染源防治工程

水源地水质保护的根本途径是对水源地外部的生活、工业、农业等各类污染源的有效控制，以及污染排放的总量控制。一般来说，污染源可分为外污染源和内污染源两大类。水源地水域以外环境治理工程技术包括点源治理技术、非点源污染负荷截留技术等。水域以外环境的治理是治污的基础，水域内的环境治理工程是对水域以外治理工程的一种补充和强化。

1. 外源污染综合防治工程

外源污染控制主要包括点源和非点源（面源、线源）污染物控制。减少外源性污染物质尤其是营养物质进入水体，是控制水源水质污染的关键措施。

（1）点源污染综合防治工程　水源地主要的点源包括工业废水、城镇生活污水、污水处理厂与固定废弃物处理场的出水以及其他固定排放源。

点源具有明确的、相对固定的物质来源，对其控制和污染综合防治往往采取的是"末端处理技术"和执行严格的排放标准。面对目前日益复杂的水环境问题，应采取综合性的点源控制措施，包括高效污水处理厂的建立、总量控制、管理上的排放标准、鼓励清洁生产、建立循环经济的发展模式、改善城市居民生活方式以及广泛的环保意识宣传教育等。

城镇生活污水处理可采用集中处理的工程技术，即通过建设污水处理厂有效去除有机污染物和氮磷等营养物质。村镇分散式生活污水可通过修建小型污水处理厂，或因地制宜建立人工湿地、生物塘、土地处理系统等自然生物处理工程。不同工业行业应鼓励采用清洁生产技术和绿色生产技术减少生产过程中污（废）水的排放以及中水回用，外排的废水在处理后达到排放标准后引入城市污水处理厂集中处理。

（2）非点源污染综合防治工程　非点源包括面源和线源，面源指在较大范围内，溶解性或固体污染物在降雨径流等作用下，通过地表或地下径流进入水源地水体造成的污染。面源主要包括城镇径流、农田径流、农村畜禽养殖和固定废弃物排放等。线源主要是指被污染的河流。

水源地非点源污染控制采用的工程技术包括以下三方面内容。

① 污染物源头控制　针对流域污染物产生机制开展系统生态工程和辅助措施降低污染物产生量，例如对水土流失区采取修建拦砂坝、植物篱、植被覆盖等措施控制水土流失和土壤侵蚀；通过农业生态工程，使氮、磷等污染物在农业生态系统中循环利用，降低污染物的产生量；改变耕作方式或土地利用方式，最大限度地降低污染产生负荷。

农业生产不管采用什么措施都不可能达到零污染排放，因此进行农田污染控制是十分必要的。将农田间低洼地改造成坑塘，农田灌溉排水或暴雨径流不直接排入河道，而是通过沟渠系统收集到这些坑塘，坑塘按生物净化池设计，配置有水生植物，农田排水中的颗粒物也在此沉降，处理水可回用，多余的水排放。

国家环保总局《畜禽养殖污染防治管理办法》、国家《畜禽养殖业污染物排放标准》和《畜禽养殖业污染防治技术规范》已发布实施，因此应严格按照国家标准来实施和监督。实施禽畜污染源综合治理，控制污染物入河、湖、库的负荷，解决养殖业污染的问题。对畜禽养殖场排放的废水、粪便要集中处理，畜禽废水不得随意排放或排入渗坑，倡导建设沼气工程，生产沼气、制造有机肥料，推广"畜禽粪便-沼气-农作物"这一生态模式，做到清洁生产；畜禽废渣要采取堆肥还田等措施进行综合利用。

倡导科学种田、合理灌溉，减少化肥、农药的径流污染负荷。提倡平衡施肥，增加肥料利用率，减少农田径流污染负荷，提高劳动生产率，促进农业持续发展。推广应用平衡施肥技术。针对施用单一化肥利用率低，流失严重的问题，根据配方肥利用率高，流失量少的特点，径流区提倡施用有机无机复合肥，控制化肥的施用总量。

作物秸秆还田作为管理措施和耕作技术应大力推广。农作物秸秆是良好的有机肥源，麦秸、玉米秆等秸秆中含有 80% 左右的有机质、0.4%～0.6% 的氮、0.13%～0.27% 的磷和

1.0%～2.0%的钾，养分含量较丰富。目前部分地区的秸秆直接焚烧于田间或作为燃料，造成空气污染，焚烧后的草木灰随水流入湖区，污染水体。秸秆切碎后可直接翻压土中还田，也可堆沤腐熟后施入土壤。

建立土壤肥料监测网络。土壤肥料监测站对土壤理化性状、耕地生产力、不同作物生产情况、产量、质量、施肥种类、施肥方法、施肥利用率进行长期跟踪监测；并利用示踪实验研究对肥料迁移转化途径进行示踪调查；在此基础上进行总结分析，提出适合当地的最佳技术，为平衡施肥和选择肥料提供科学依据。

在水源集水区内禁止使用剧毒、高残留农药。要选用低毒、高效、低残留农药，要大力推广生物制剂，减少高残留化学农药的用量。

加强集水区的森林保护，加大水土流失治理力度。水源集水区是水土流失重点治理区，为保护饮用水源，应加强集水区的森林保护，认真搞好生态修复，逐步恢复常绿阔叶林，重建乔灌草多层结构，充分发挥乔灌草各层的生态系统功能；在上游人口稀少地区，可发挥大自然的自我修复能力，实行封山育林，防止水土流失。

来自农村村落的污染主要是人畜粪便、生活垃圾、生活污水和初期雨水径流。这些村庄对河流、水库水质有直接的影响，必须采取有效措施，防止库边村落对水库的污染。具体治理措施包括对现有干厕进行防渗处理，防止粪便随水渗入地下，污染地下水及水库水质；对畜粪便池进行改造，以防止遇暴雨冲刷随暴雨径流进入河流与水库。对牲畜粪便的堆放进行管理，粪堆要有底部防渗措施，顶部要有遮雨棚，四周要有挡墙。

生活垃圾对河流、水库水质的影响是不容忽视的，必须将周边村落的生活垃圾集中收运填埋处理。此外要完善雨污水收集系统，做到初期雨水和污水集中达标处理。

② 污染物迁移转化的控制　污染物产生后通过地表径流、地下水等途径向河流、湖泊和水库迁移，通过采取一定工程手段，人为改变污染物迁移途径，降低污染物向水体的输送量。

③ 污染物净化工程　利用人工湿地、氧化塘进行滞留和去除污染物，或利用沟-塘系统使氮磷等在流域内循环利用。

2. 内源污染综合防治

对水体污染内源污染的控制主要采用沉积物疏浚工程措施，特别是对污染或淤积严重的浅水湖库水源地，疏浚工程运用最为普遍，效果也最为明显。根据湖库类型、污染物释放机制，还可以采取其他一些措施，如沉积物表面覆盖、曝气氧化、化学钝化处理等控制沉积污染物的释放。

（二）污染隔离工程

1. 警示标志设置工程

饮用水水源保护区应设置明显的标志。标志包括界标、交通警示牌和宣传牌。各类饮用水水源地均须设置警示标志。

饮用水水源保护区界标的设立应综合考虑饮用水水源一级保护区、二级保护区和准保护区的界标设立数量和分布进行设置。保护区界标一般设立于保护区陆域界线的端点处。随保护区域形状不同，在相应形状顶端设置界标，如保护区为多边形即设置在多边形各定点，弧形或圆形时则设置在四个方向端点或圆弧顶点，也可结合水源地护栏围网等隔离防护工程设立界标，还可根据环境管理需要在人群易见、活动处（如交叉路口，绿地休闲区等）设立界标。

饮用水水源保护区交通警示牌一般应设在保护区的道路或航道的进入点及驶出点。饮用水水源保护区道路警示牌设置于一级保护区、二级保护区和准保护区范围内的主干道、高速公路等道路旁。

饮用水水源保护区宣传牌的设立位置可根据实际需要在适当的位置设立。各地方政府可根据实际需求设计宣传牌上的图形和文字，如介绍当地饮用水水源保护区的地形地貌、保护现状、管理要求等。

2. 隔离防护工程

依据水源地的自然地理、环境特征和环境管理需要，在人群活动较为频繁的一级保护区陆域外围边界应设置隔离防护设施。该设施包括物理防护和生物防护，前者包括护栏、隔离网、隔离墙等；生物防护主要为植物篱构建，利用植物的吸附和分解作用拦截农业等污染物进入水源。

（1）物理防护 物理隔离防护设施应遵循耐久、经济的原则。目前应用较多的护栏和隔离网是电焊网片护栏和勾花隔离网。参照高速公路隔离网设计，饮用水水源地的防护栏规格可设计为高度 1.7m，顶部 0.2m 向内倾斜的隔离网。

（2）生物防护 生物防护是采用植物篱，建设的关键步骤包括树种选择和植物配置、带间距确定、栽植密度和栽种技术等。

植物篱物种应选择区域适应性强、具有较好生态效益（多年生、分枝密、根系发达、生物量大等）且兼具一定经济效应的物种，结合实际需要也可辅助栽种一些景观植物。植物篱一般由乔木、灌木和草本三类搭配组成，格局设置应参照本地天然植被格局及乔灌草比例。

植物篱的栽植密度因植被种类而异，如果根茎萌发力强则形成篱墙需时短，可设置较大株距，否则应密植；依据灌木或草本实行单行和多行。

带间距设置应满足能有效减轻侵蚀、尽量减少植物篱与带间作物的竞争、便于耕作、确保最高土地利用效率等条件。应根据边坡的坡度、土地厚度和植物冠幅的大小，以及林木栽种技术等综合确定其数值。

除满足观感外，植物篱应以能够最大限度地发挥其水土保持、改善土壤养分和控制面源污染的生态功能为宗旨。

3. 水源涵养防护林工程

为了提高水源地补给区域水资源的涵养性，应在水源地的补给区进行植树造林、开展水土保持工作以扩大林地、绿地面积，涵养水源。通过植树，逐步建成山地林海、丘陵梯田林网、河谷川地堤岸防护林网的林业体系。发展水保、林业建设要因地制宜，根据当地条件分别采用不同的树种发展。规划防护林面积大小根据水源补给区面积、当地森林植被情况确定。

（三）污染过程阻断工程

1. 人工湿地工程

人工湿地是一种由人工建造和调控的湿地系统，通过其生态系统中物理、化学和生物作用的优化组合来进行微污染水源水的处理。人工湿地一般由人工基质和生长在其上的水生植物组成，组成基质-植物-微生物生态系统。当微污染水源水通过该系统时，污染物和营养物被系统吸收、转化或分解，从而使水体得到净化。人工湿地是一种开发、发展、自我设计的生态系统，涉及多级食物链，形成了内部良好的物质循环和能量传递。人工湿地具有投资低、运行维护简单和美化景观的优点。

在水源地上游的排污地段建立人工湿地系统，将处理达标排放的工业废水和生活污水排入该湿地系统，经过湿地中的物理、化学和生物作用，水被净化，水质可进一步提高。这样，既减少了城市污水处理厂处理负荷，又能形成良性循环的生态系统，更重要的是通过人工湿地系统形成了污染源与水源地之间污染的阻隔系统，水源地不会被政策上达标排放的水体污染。

2. 前置库工程

前置库是指利用水库存在的从上游到下游的水质浓度变化梯度特点，根据水库形态，将水库分为一个或者若干个子库与主库相连构成的库区生态系统。通过延长水力停留时间，促进水中泥沙及营养盐的沉降，同时利用子库中大型水生植物、藻类等进一步吸收、吸附、拦截营养盐，从而降低进入下一级子库或者主库水中的营养盐含量，达到改善水质。

对污染严重且有条件的湖库型饮用水水源地，可在支流口建设前置库，一方面可以减缓水流、沉淀泥沙，同时去除颗粒态的营养物质和污染物质；另一方面通过构建前置库良性生态系统，降解和吸收水体和底泥中的污染物质，从而改善水质。在满足防洪要求的前提下，合理选择拦河堰的堰址和堰高，因地制宜地布置前置库，合理选取适应性、高效性和经济性的生物物种，对于保证水库取水口的水质具有良好的功效。

3. 河道水质净化工程

河流是城市生活污水和工业废水的受纳水体，雨水冲刷积存于地面的污染物质也自然地排入河流，从而引起河流水质不断恶化。为保证取水口的水质满足标准要求，要控制这些污染物进入水体，甚至可对河水进行净化处理。

河道水质净化工程技术是在污水（雨水）流入湖库之前，在河道上直接采取措施进行净化处理，消减污染物质负荷，或者对河流污染负荷较大的被污染的支流进行净化处理。其主要包括河道生物接触氧化技术、水层循环技术、人工浮岛技术等。

河道生物接触氧化技术是指在河床内添加对营养物质具有吸附特性、对微生物具有亲和力的滤料，进行适当的曝气，利用滤料去除水中的悬浮物、氮磷，由附着在滤料上的生物膜降解有机污染物。

人工浮岛技术就是以浮岛作为载体，将高等水生植物种植到富营养水体的水面，通过植物根部的吸收、吸附作用和物种竞争相克原理，消减水体中的氮磷及有机物质，从而净化水质，并可创造适宜多种生物栖息繁衍的环境，重建并恢复水生态系统。有些植物可吸附水体中的重金属等污染物，通过收割植物的方法可将其搬离水体，使水质得到改善。

4. 河岸生态防护工程

河岸生态防护工程是通过对支流河岸的整治、基底修复，种植适宜的水生、陆生植物，构成绿化隔离带，维护河流良性生态系统，兼顾景观美化的工程。

植被缓冲带是指水体两岸种植的树木（乔木）及其他植被组成的缓冲区域，其功能是防止由坡地地表径流、废水排放、地下径流和深层地下水流所带来的养分、沉积物、有机质、杀虫剂及其他污染物进入河流、湖泊、水库系统。

植被缓冲带是控制流域非点源污染、保持水土和提高生物多样性最有效的工程措施之一，可有效保护河流、湖泊、水库类型饮用水水源的水质。植被缓冲带必须具备一定的宽度和高度才能起到阻隔人群活动的作用，更重要的是要做到植物种植在物种配置和布局上的相互协调，乔木、灌木、草类相结合，充分考虑空间分布上的均匀性、合理性及树种组成结构的稳定性。同时，也应考虑本地土地条件（包括影响林木生长的气候、地形、地质、土壤、植被等环境条件的总称）和适生植物的种类，因地制宜。

植被缓冲带一般设置在下坡位置，植被种类选取以本地物种为主，适当复杂的缓冲带结构布局有利于构建更稳定的植被系统。缓冲带宽度的设置应结合预期功能与可利用土地范围。

5. 帷幕隔离工程

在地下水埋藏较浅的含水层，污染物通过包气带下渗进入地下水，并随着潜流向水源地运移，从而对取水井的水质构成严重威胁，如果在主要通道设置帷幕，可阻隔污染物潜流的通道，至少可改变污染源迁移的方向，从而避免水源地遭受到污染。

帷幕隔离工程实施前要查清含水层的水文地质条件，特别是地下水和污染质的迁移规律，还要查明隔水层的位置与分布，以及隔水层的工程地质条件等，为帷幕隔离工艺方案与帷幕结构设计奠定技术基础。

（四）污染水源修复技术

1. 河流型水源修复

（1）河流调水　河流引调水工程既可增加引入清水量，稀释河水、降低污染物浓度，也可调活水体，增大流速，提高河水复氧及自净能力，加快污染物降解，从而改善河流水质。

河流调水一般不是主要针对水源地的保护，更主要的是平衡区域水资源、满足城市供水量而进行的区域水资源合理调配行为。调水工程涉及区域和流域的水量平衡，更要处理好源头和沿途水环境的保护，往往工程浩大，但效益也很显著。因此通过河流调水改善水质要从水资源、社会、经济和技术多方面综合考虑。

（2）河流曝气复氧　河道曝气生态净化系统是以水生生物为主体，辅以适当的人工曝气，建立人工模拟生态处理系统，高效降解水体中的污染负荷、改善或净化水质。

曝气生态净化系统能保证水体的好氧环境，提高水体中好氧微生物活性。人工曝气能在河底沉积物表层形成一个以兼性菌为主体的环境，并使沉积物表层具备好氧菌群生长刺激的潜能。通过水体的曝气，增加了水的溶解氧，提高了生物活性，可有效地净化水体。

河流的曝气可采用拦河坝、跌水坝等工程实现，也可通过河岸种植高低错落植物，引导风向，改变水面风速等措施加以实现，这两种方法投资较少，运转费用很低。河流曝气复氧还可通过曝气设备曝气，但耗电大、运行费用较高，难以推广应用。

2. 湖库型水源修复

（1）湖滨带生态恢复　湖滨带又称湖滨水-陆交错带，是湖泊流域陆生生态系统与水生生态系统间的过渡带，其核心范围是湖泊最高水位线和最低水位线之间的水位变幅区，其范围可包括陆向和水的一定距离。

湖滨带可作为湖泊的"天然屏障"，具有通过水-土壤（沉积物）-植物系统的过滤、渗透、吸收、滞留、沉积等物理、化学和生物作用，控制和减少来自地表径流中的污染物的功能。湖滨带也可以通过营养竞争、化感物质作用等抑制水华藻类，改善湖体水质。因此，运用生态学的基本理论，通过生境物理条件改造、先锋物种培育、种群置换等手段，可使受损退化湖滨带重新获得恢复，并有益于湖体水质的改善与稳定，这项技术即所谓的湖滨带生态恢复技术。

湖滨带生态恢复系统可分为入湖径流水质净化区和湖泊水质净化区两个水质净化功能区。湖滨外围分布面积较大的农田、山体水土流失较重、入湖径流较多、浅层地下径流丰富的区域都可划定为入湖径流净化区；湖滨藻华暴发风险较高的区域可划定为湖泊水质净化区。

湖滨带生态修复工程设计一般包括以下主要内容。

① 湖滨带生态环境调查与问题诊断。通过湖滨带生态环境、生物群落等调查，分析湖滨带健康及受损情况，甄别湖滨生态退化的影响因素和主导因子。

② 湖滨带生态修复总体设计。包括湖滨带生态功能定位，确定生态修复的水质目标和

设计原则，整体设计，确定入湖径流水质净化区和湖泊水质净化区，针对性地分区修复。

③ 湖滨带分区生态修复工艺设计。要分析基底生物系统的活性，污染物积累与迁移规律，基底对污染物的自净功能，取得相关的设计参数。在调查与试验的基础上，优化生物群落结构，合理配置生物群落，在此基础上对物理基底修复与群落配置的工艺进行设计。

④ 湖滨带生态修复工程维护管理方案。主要包括工程区基底修复设施维护、湖滨植物群落维护等具体方案。

⑤ 湖滨带生态修复工程投资估算与工程效益分析。投资估算是针对设计的基地修复工程、生物群落配置以及管理方案等进行工程投资估算。工程效益分析主要评估与分析生物多样性保护、水土流失、水体净化等生态环境效益以及经济社会效益。

（2）污染湖泊的水生生态恢复　对于生态系统遭受破坏，水污染、富营养化较重，存在蓝藻暴发等问题的湖库，可在湖库内采取适当的生态防护工程措施，保障水源地供水与生态安全。

在取水口附近及其他合适区域布置生态浮床，选择适宜的水生植物物种进行培育，通过吸收和降解作用，去除水体中的氮、磷营养物质及其他污染物质。生态浮床宜选择密度小、强度高、耐水性好的材料构成框架，其上种植能净化水质的水生植物。在受蓝藻暴发影响较大的取水口，应采取适当的生物除藻技术，或建设人工曝气工程措施减轻蓝藻对供水的影响。

值得注意的是，湖泊和水库系统是相对封闭的水体，水交替能力较差，污染物进入湖库后稀释自净作用相对河流较弱。污染物的自净主要通过物理、化学特别是生物作用而进行，因此维持湖库水的酸碱平衡、氧化还原平衡等非常重要，因为不论是物理化学和微生物反应，还是生态浮床，这些化学平衡是重要的影响因素。

（3）生物操纵技术　1975年，Shapiro提出生物操纵技术，也称食物网操纵。即增加凶猛性鱼类数量以控制浮游生物食性鱼的数量，从而减少浮游生物食性鱼类对浮游动物的捕食，以利于浮游动物种群增长，浮游动物种群的增长加大了对浮游植物的摄食，这样就可抑制浮游植物的过量生长以至水华的发生。

基于上述技术原理，污染水源修复的着眼点不是放在降解污染物浓度，而是通过控制藻类生物量的方法改善水体的水质，这就是所谓的生物操纵技术。

（4）除藻技术　目前国内外采用的除藻技术主要有生物控藻、机械除藻和化学除藻，以及组合除藻等。

生物控藻是利用藻类的天敌及其产生的生长抑制物质来抑制和杀灭藻类的技术。这类技术又可分为4类，即利用藻类病原菌抑制藻类生长、利用病毒控制藻类生长、利用植物间相互抑制的物质抑制藻类和酶处理技术。

机械除藻包括直接过滤除藻、气浮除藻、微电解杀藻、微滤机除藻和活性炭吸附等。机械除藻技术用于藻华堆积区域是快速有效的，能够在短期内除去大量的蓝藻生物量，从湖泊中输移出大量营养物质，并且不会对湖泊生态系统产生任何负面影响。

化学除藻技术主要是通过施用化学药剂或生化药剂灭活藻类。常用的杀藻剂主要有$CuSO_4$、ClO_3、O_3、高锰酸盐、液氯和H_2O_2等，通过抑制生物活性和氧化作用达到除藻的目的。有时也可通过调整水体酸碱性改变抑藻生物特性、降低藻类繁殖速度，有利于除藻效果。

组合除藻技术是根据水体中藻类繁殖生长的规律、影响因素有针对性地采取生物、化学和机械方法组合工艺进行除藻。

3. 地下水修复

(1) 抽提处理 抽提处理是采用水泵将地下水抽出来，在地面进行处理净化，处理后的水重新注入地下或排入地表水体，从而减少地下水污染程度的一种修复技术。这种处理方式可以防止受污染的地下水向周围迁移，减少污染扩散；同时，抽取出来的地下水可在地面得到合适的处理净化。

抽提处理技术只对抽取出来的地下水进行高效去除，但不能保证全部地下水尤其是岩层中的污染物得到有效去除，而且处理成本很高，所以推荐使用抽取—处理—使用（水量、热量、冷能）—处理—回灌的循环利用技术，回灌水必须符合回灌水的水质要求。

(2) 气提技术 气提技术利用真空泵和管井，在受污染区域诱导产生气流，将吸附态、溶解态或者自由相的污染物转变为气相，抽提到地面，然后再进行收集和处理。

气提技术的基础是污染物质的挥发特性。在孔隙空气流动时，含水层中的污染物质不断挥发，形成蒸汽，并随着气流迁移至抽提井，集中收集抽提出来，再进行地面净化处理。因此，气提技术取决于污染物质的挥发特性、土壤和地层结构对挥发性气流的渗透性。气流可以由负压诱导产生，也可以由正压形成。

气提技术能够原位去除挥发性有机物，操作简单，系统也容易安装和转移，容易与其他技术（如空气吹脱技术）组合使用，对周围干扰较少。

(3) 空气吹脱技术 空气吹脱是将一定压力的压缩空气注入受污染区域，将溶解在地下水中的挥发性化合物，吸附在土颗粒表面上的化合物，以及阻塞在土壤孔隙中的化合物驱赶出来。空气吹脱可完成空气吹脱、挥发性有机物的挥发和有机物的好氧生物降解三个过程。相比较而言，吹脱和挥发作用进行得比较快，而生物降解过程进行得比较缓慢，在较长的时间内降解效果才能显现出来。在实际应用中，空气吹脱技术与气提技术相结合，可以得到比较好的效果。

(4) 生物修复技术 生物修复是利用微生物降解地下水中的污染物，将其最终转化为无机物质的技术。生物修复技术分为原位生物处理和异位生物修复两类。

原位生物修复是在基本不破坏土层和地下水自然环境的条件下，将受污染土层和地下水原位进行修复。原位生物修复又分为原位工程生物修复和原位自然生物修复。在原位工程生物修复技术中，一种途径是提供微生物生长所需要的营养，改善微生物生长的环境条件，从而大幅度提高野生微生物的数量和活性，提高其降解污染物质的能力，这种途径称为生物强化修复；另一种是投加人工驯化的对污染物降解具有特殊功效的微生物，使其能够降解土层和地下水中的污染物，称为生物接种修复。原位自然生物修复，是利用土壤和地下水原有的微生物，在自然条件下对污染区域进行自然修复。

异位生物修复是将受污染的含水层挖掘出来进行处理，或者将受污染的地下水抽取出地面进行处理的方法。相对于原位修复而言，该方法处理工艺简单，但移位含水层和地下水的费用很高，因而不便于推广应用。

不论是原位生物修复还是异位生物修复，其主体是适应土壤和地下水环境的野生菌种或者人工培养的菌种，包括好氧、厌氧、兼氧和自养微生物，关键结合水文地质条件的生物修复技术方案。

含水层的结构对于生物修复技术应用的可行性和效率的影响最大。一般来说，非黏附性、比较松散的含水层有利于生物修复技术发挥作用，而比较细小密实的含水层则不利于生物修复技术的应用。

(5) 渗透反应墙修复 渗透反应墙修复技术是一种地下水污染的原位修复技术，它是在污染区域下游设置具有渗透性的障碍墙，当污染物或者受污染地下水流经此障碍墙，污染物被截留并得到处理，地下水得到净化。

渗透反应墙类似于过滤器，设计时要根据含水层的埋藏条件、岩性、渗透性、导水性等参数合理选取渗透墙的颗粒级配、厚度、高度等。

（6）稳定和固化　稳定化是指将污染物转化为不易溶解、不易迁移和毒性比较小的状态或者形式。固定化是指将污染物包容起来，使污染物处于稳定状态，不再影响周围环境。

稳定和固定化技术通常用于重金属离子和放射性物质。常用的方法有采用活性炭、树脂、黏土等吸附材料来吸附污染物质，用表面活性剂加强结合，与水泥混凝土融合，或者投加高铁酸钾、零价纳米铁等固定剂固定污染物。

（7）电动力学修复　电动力学修复是利用含水层和污染物的电动力学性质对地下水环境进行修复的新兴技术。电动力学修复技术的基本原理是将电极插入受污染的含水层区域，在施加直流电后，形成直流电场。由于含水层颗粒表面具有双电层、孔隙水中离子或颗粒带有电荷，引起孔隙水及水中离子和颗粒物质沿电场方向进行定向运动。

电动力学技术可以有效地去除地下水中的重金属离子。它能避免传统技术严重影响土层结构和地下水所处生态环境，还可以克服原位生物修复过程缓慢、效率低的缺点，而且投资少、成本低。

三、能源保护措施

水资源的能源利用是水资源除水量和水质应用后的又一重要的资源化途径。目前，在水资源能源利用过程中对热（冷）源保护的研究相对较少。为提高热（冷）源的利用效率，应当对工业废热水、地热能等传统热源、污水再生水等非传统水源热源以及地下水冷能等的保护技术措施进行研究和推广。

（一）热源保护

1. 工业废水热源保护

工业废水中蕴藏着大量的热能，如电厂冷却废水可用于城市供暖，因此工业废水热源是十分宝贵的热源。一些排放后温度不太高的废水一般不能直接用于热源利用，而是通过水源热泵将其中热源提取利用。

废水中的热量是消耗电能、煤、煤气等能源留存的能源，利用时温度越高废热的利用效率就越大。因此要保护好这些废热，使之热量的散失率最小。为此应采用保温性能较好的管道对工业废热水进行收集输送，减少利用过程中的热量散失。如果有条件可在废水热源附近建立热泵系统。

2. 生活污水热源保护

相对工业废水而言，生活污水的热量较低，因此更应加强保护。考虑到污水管道系统较雨水管道系统埋深大，城镇排水系统规划设计时，建议采用雨、污分流的排水体制，以使污水得到较好的保温。此外要完善小区污水收集系统，对城镇污水应尽可能减少明渠的收集和输送，应建立完善的污水管道收集输送系统。支管如为满足与干管相接的水力条件而埋深较浅时，管道要采取保温措施。

3. 地热能保护

地热水是地壳热量加热循环于裂隙含水层（带）面产生的，保持地热温度要从地热产生的机理出发采取措施。

首先要保证水量平衡，因为水是地热的传导体，无限制地开采热水会使热水资源枯竭，水温明显降低。因此目前设计热水井时要同时设计取水井和回灌井，提取热量的冷水通过回灌井灌入地下含水层（带），以保持热水的水量平衡。

其次要保护热源的保温层，它是防止地热散失的阻隔层。要禁止在地热区开发冷水资源，特别需要时要做好上覆保温层的管封堵，防止冷热水相互窜通。

此外，还要保证水的循环通道，不能过度开采地下热水而破坏含水空间，防止影响地下水正常循环，出现补采不平衡现象。

（二）冷源保护

从宏观来讲，地下水埋藏与循环越深水温就越高。从地面往下每深 100m 温度大约增加 3℃。但是，地表以下 5～10m 的地层温度不随室外大气温度的变化而变化，可常年维持在 15～17℃。当然，不同的水文地质条件下地下水的温度有所差异，但一定深度范围内地下水的水温却保持恒定。地下水的这种特性实际上是把冷能储存于地下，利用地下水温度低于地表环境温度 15℃左右的特点，在夏季提取地下水的冷能用于空调可大大节省电能消耗。

由于埋藏越深地下水的温度越高，而地表下 5～10m 不受环境温度的影响，因此，从冷能利用的角度，地下 10～200m 左右为较为理想的地下水冷能保护目的层。

影响地下水冷能的因素有，地下水的储存条件、循环条件、人工开采构筑物、地下水开采量、热污染源下渗等。因此地下水冷能保护也应从这几方面考虑。

地下水的储存条件决定于含水层的岩性、结构、含水介质颗粒大小与级配等。含水层的岩性为自然属性，不会发生变化，但含水层结构方面却会发生影响。例如，冷能目标层之上的隔水层、包气带均会对冷能储存产生影响。承压含水层的隔水顶板越厚，其上的浅层地下水与该承压含水层的地下水的水力联系越小，浅层地下水受地表环境影响后温度的变化对下伏承压水的温度影响就越小。在实际中常见的影响是潜水、承压水混合开采，潜水受地表影响后温度升高，通过开采井与承压水混合而使其温度上升。即使是开采承压水，当隔水顶板较薄，或越流系统较大时，大降深的抽水也会导致潜水通过隔水板进入承压水中。因此，从岩性与结构角度考虑，冷能保护的措施应该是针对不同的含水层岩性与结构制定相应的开采方案，包括井的布局、井的结构，以及合理的开采强度等。

过量开采地下水，特别是潜水水位下降幅度较大时，会将含水层的颗粒结构压实，将影响地下水的循环条件。当地下水的径流滞缓时，热传导也将受到影响。

集中开采水源地的管井结构对地下水冷能影响较大，有些管井开采目的层是承压水，但对其上的潜水层管外不封堵或者封堵不严实，开采时潜水会进入承压水中，并且随着降深的增加影响会逐渐增大，从而影响承压水的水温。因此，一定要按照有关规范与设计严格施工。

热污染源下渗有农田灌溉水入渗、地表水体下渗、工业废热水不当排放而下渗等。热源的渗入将直接提高地下水的温度。因此，对地下水可能形成的热污染要进行影响评价，同时要加强热源排放的管理。对于受农田灌溉影响的地下冷能源区域，应推广使用喷灌和滴灌，减少漫灌。

参考文献 🖑 ···

[1] 石振华. 城市地下水工程与管理手册 [M]. 北京：中国建筑工业出版社，1993.

[2] 严煦世，范瑾初. 给水工程. 第 4 版 [M]. 北京：中国建筑工业出版社，1995.

[3] 董辅祥. 给水水源及取水工程 [M]. 北京：中国建筑工业出版社，1998.

[4] 翁焕新. 城市水资源控制与管理 [M]. 杭州：浙江大学出版社，1998.

［5］ 王大纯，张人权，史毅虹．水文地质学基础［M］．北京：地质出版社，1980.

［6］ 房佩贤，卫中鼎，廖资生等．专门水文地质［M］．北京：地质出版社，1987.

［7］ 严煦世．给水排水工程快速设计手册·第一册·给水工程［M］．北京：中国建筑工业出版社，1995.

［8］ 崔玉川．城市节约用水 120 例［M］．太原：山西科学教育出版社，1986.

［9］ 董辅祥，董新东．城市与工业节约用水理论［M］．北京：中国建筑工业出版社，2000.

［10］ GB 3838—2002．地表水环境质量标准［S］．国家环境保护局，2002.

［11］ GB/T 14848—1993．地下水环境质量标准［S］．北京：中国标准出版社，1993.

［12］ HJ/T 338—2007．饮用水水源地保护区划分技术规范［S］．北京：中国环境科学研究院，2007.

［13］ 钱易，汤鸿霄，文湘华等．水体颗粒物和难降解有机物的特性与控制技术原理·下卷·难降解有机物［M］．北京：中国环境科学出版社，2000.

［14］ 哈尔滨建筑工程学院．排水工程（下册）．第 2 版［M］．北京：中国建筑工业出版社，1987.

［15］ 张忠祥，钱易．城市可持续发展与水污染防治对策［M］．北京：中国建筑工业出版社，1998.

［16］ 李力争．划分地下水水源地保护区的研究［J］．中国环境科学，1995，15（5）：338-341.

［17］ 刘兆昌，李广贺，朱琨．供水水文地质．第 4 版［M］．北京：中国建筑工业出版社，2011.

［18］ 朱亮．供水水源保护与微污染水体净化［M］．北京：化学工业出版社，2005.

［19］ 王均兵．城市饮用水水源地安全保障措施［M］．哈尔滨：黑龙江人民出版社，2007.

［20］ 周怀东，彭文启等．水污染与水环境修复［M］．北京：化学工业出版社，2005.

［21］ 董哲仁，孙东亚等．生态水利工程原理与技术［M］．北京：化学工业出版社，2007.

［22］ 崔玉川．城市与工业节约用水手册［M］．北京：化学工业出版社，2002.

第十二章

城市水资源利用的安全评价

第一节　安全评价的意义

一、城市污水水质特征

城市污水是通过下水管道收集到的所有排水，是排入下水管道系统的各种生活污水、工业废水和合流制管道中降水径流的混合水。城市污水中 90% 以上是水，其余是固体物质。水中普遍含有悬浮物、病原体、需氧有机物、植物营养素、重金属等污染物。

（1）悬浮物　一般为 200～500mg/L，有时可超过 1000mg/L。其中无机和胶体颗粒容易吸附有机毒物、重金属、农药、病原菌等，形成危害大的复合污染物。悬浮物可经过混凝、沉淀、过滤等方法与水分离，形成污泥而去除。

（2）病原体　包括病菌、寄生虫、病毒三类。常见的病菌是肠道传染病菌，每升污水可达几百万个，可传播霍乱、伤寒、肠胃炎、婴儿腹泻、痢疾等疾病。常见的寄生虫有阿米巴、麦地那丝虫、蛔虫、鞭虫、血吸虫、肝吸虫等，可造成各种寄生虫病。病毒种类很多，仅人粪尿中就有百余种，常见的是肠道病毒、腺病毒、呼吸道病毒、传染性肝炎病毒等。每升生活污水中病毒可达 50 万～7000 万个。

（3）有机物　包括碳水化合物、蛋白质、油脂、氨基酸、脂肪酸、酯类、机氯农药、多氯联苯、多环芳烃等。有机物含量常用五日生化需氧量（BOD_5）来表示，也可用总需氧量（TOD）、总有机碳（TOC）、化学需氧量（COD）等指标结合起来表征。常用 BOD_5 与 COD 的比例来反映污水的可生化降解性，用微生物呼吸氧量随时间变化曲线来反映生化降解的快慢，据此选择处理方案。城市污水 BOD_5 一般为 300～500mg/L，造纸、食品、纤维等工业废水可高达每升数千毫克。

（4）植物营养素　生活污水、食品工业废水、城市地面径流污水中都含有植物的营养物质——氮和磷。城市污水中磷的含量原先每人每年不到 1kg，近年来由于大量使用含磷洗涤剂，含量显著增加。来自洗涤剂的磷占生活污水中磷含量的 30%～75%，占地面径流污水中磷含量的 17% 左右。氮素的主要来源是食品、化肥、焦化等工业的废水，以及城市地面径流和粪便。硝酸盐、亚硝酸盐、铵盐、磷酸盐和一些有机磷化合物都是植物营养素，能造成地面水体富营养化、海水赤潮和地下肥水。硝酸盐含量过高的饮水有一定的毒性，能在肠胃中还原成亚硝酸盐而引起肠原性青紫症。亚硝酸盐在人体内与仲胺合成亚硝胺类物质可能有致畸作用、致癌作用。

（5）无机污染物及重金属　城市污水中除含以上四类普遍存在的污染物外，随污染源的不同还可能含有多种无机污染物和有机污染物，如氟、砷、重金属、酚、氰等。

城市污水的水质在主要方面具有生活污水的一切特征，但在不同的城市，因工业的规模和性质不同，城市污水的水质也受工业废水和水量的影响而明显变化。

典型的生活污水水质变化大体有一定范围，可参见表12-1。

表 12-1　典型的生活污水水质示例

指标	浓度/(mg/L)			指标	浓度/(mg/L)		
	高	中	低		高	中	低
固体(TS)	1200	720	350	可生物降解部分	750	300	200
溶解性总固体	850	500	250	溶解性	375	150	100
非挥发性	525	300	145	悬浮性	375	150	100
挥发性	325	200	105	总氮	85	40	20
悬浮物(SS)	350	220	100	有机氮	35	15	8
非挥发性	75	55	20	游离氨	50	25	12
挥发性	275	165	80	亚硝酸盐	0	0	0
可沉降物	20	10	5	硝酸盐	0	0	0
五日生化需氧量(BOD₅)	400	200	100	总磷	15	8	4
溶解性	200	100	50	有机磷	5	3	1
悬浮性	200	100	50	无机磷	10	5	3
总有机碳(TOC)	290	160	80	氯化物(Cl⁻)	200	100	60
化学需氧量(COD)	1000	400	250	碱度(CaCO₃)	200	100	50
溶解性	400	150	100	油脂	150	100	50
悬浮性	600	250	150				

注：该表摘自《给水排水设计手册》。

二、工业废水水质特征

（一）工业废水的分类

1. 按污染物性质分类

根据废水中污染物的主要化学成分及其性质可有多种分类方法，通常分为有机废水、无机废水、重金属废水、放射性废水、热污染废水等。根据废水中主要污染物种类命名，如含酚废水、含氮废水、含汞废水、含铬废水等。根据废水的酸碱性，可将废水分为酸性废水、碱性废水和中性废水。根据污染物是否为有机物和是否具有毒性，可分为无机无毒、无机有毒、有机有毒、有机无毒等。

2. 按产生废水的工业部门分类

通常分为冶金工业废水、化学工业废水、煤炭工业废水、石油工业废水、纺织工业废水、轻工业废水和食品工业废水等。

3. 按废水的来源与受污染程度分类

通常分为工艺废水、冷却水、洗涤废水和地表径流等。

（二）工业废水的主要特点

工业废水指工业生产过程中废弃外排的水。具有如下主要特点：①种类繁多，涉及的处理技术比城市污水复杂得多；②排放量大，是环境的重要污染源；③污染物浓度高，如不加以处理直接排放，对环境产生严重污染；④成分十分复杂，通常难以用单一的处理技术净化；⑤因受产品变更、生产设备检修、生产季节变化等多种因素影响，各工厂废水的水质水量变化幅度大，使处理工艺复杂化。

（三）工业废水的主要污染物

根据废水对环境污染的不同，大致可划分为固体污染物、有机污染物、油类污染物、有毒污染物、生物污染物、酸碱污染物、需氧污染物、营养性污染物、感官污染物和热污染等。

几种主要工业废水中的主要污染物与水质特点见表12-2。

表12-2　几种主要工业废水中的污染物与水质特点

工业部门	工厂性质	主要污染物	废水特点
食品	屠宰、肉类加工、油品加工、乳制品加工、水果加工、蔬菜加工等	病原微生物、有机物、油脂	BOD高，致病菌多，恶臭，水量大
医药	药物合成、精制	Hg、Cr、As、苯、硝基物	污染物浓度高，难降解，水量小

三、水污染物的危害

（一）水中污染物的危害

水中各种类型的污染物会对人体健康与环境产生不同程度的影响，超过一定浓度时降低饮用水的安全性，威胁人民身体健康。用于农业时影响农产品和渔业产品质量安全，用于工业时影响工业生产工艺与产品质量，用于生态时危害水体生态系统。水的污染加剧了水资源短缺危机，破坏了可持续发展的基础。严重影响社会经济的发展。如我国有关专家多项研究结果显示，我国水污染造成的经济损失占GDP的比率在 $1.46\%\sim2.84\%$ 之间。

（二）水的热污染危害

热污染多指来自热电厂、核电站及各种工业过程中的冷却水，不采取措施直接排入水体，引起水温升高，溶解氧含量降低，水中存在的某些有毒物质的毒性增加等现象。

热污染的危害主要表现在以下几个方面。

（1）影响水生生物的生长　水温的升高降低了水生动物的抵抗力，破坏水生动物的正常生存。水温升高，影响鱼类生存。在高温条件时，鱼在热应力的作用下发育受阻，严重时可导致死亡。

（2）导致水中溶解氧降低　水温较高时，由亨利定律可知，水中溶解氧浓度降低。如在蒸馏水中，水温为0℃时DO为14.62mg/L，20℃时为9.17mg/L，升高到30℃时，DO降低至7.63mg/L。与此同时，鱼及水中动物代谢率增高，它们消耗更多的溶解氧，此时溶解氧的减少，势必对鱼类生存形成更大的威胁。

（3）藻类和湖草大量繁殖　水温升高时，藻类与湖草大量繁殖，消耗水中的溶解氧，影响鱼类和其他水生动物的生存。同时，水温升高，藻类种群将发生改变。研究表明，在具有正常混合藻类种的河流中，在20℃时硅藻占优势；在30℃时绿藻占优势；在35～40℃时蓝藻占优势。蓝藻占优势时，出现水华，表明发生了较为严重的水污染。蓝藻可引起水体味道异常，并能分泌一种藻毒素，对婴幼儿的肝肾等造成伤害，尤其能伤害胎儿的内脏等，而且是一种致癌物质。

（4）导致水体中化学反应加快　水温每升高 10℃，水中物质的化学反应速率可加快 1 倍左右。水中存在的某些有毒物质的毒性也可能由于反应速率加快而快速增强。此外，热污染的地下水可在过滤器表面形成碳酸盐垢，堵塞过滤器，影响管井的出水量。硬度较大且温度较高的水在净水厂处理时，可出现滤池的滤料板结程度加重的情况。

四、安全评价的作用与意义

人类生产与生活均离不开水，城市水资源是支持城市发展的重要基础。然而，由于水的污染日趋严重，水质不断下降，导致由于用水产生许多对健康、感观、产品品质等危害的问题，用水安全已经成为重要的社会问题。

不同用途的水其水质要求也不同，为此目前我国制定了相应的水质标准。污染物对人体健康与产品等均有危害。面对被污染的水，判断其危害程度，评价其使用对人体健康与产品质量的影响程度，是取水和用水的前提。显然，安全标准的制定是十分重要的。

通过分析城市水资源的污染程度，建立安全评价机制，针对不同用途的水开展安全评价，对保障人体健康和产品品质等均有重要的作用。根据安全评价结果，为有针对性地采取保护措施，以及在合理选定处理工艺与处理程度方面也具有重要的意义。

第二节　用水的安全性分析

一、用水的安全评价领域

城市水资源用于居民生活、工业生产、农业、景观用水等多种领域，是人类生活和生产必不可少的物质。一般认为各种用途的水均存在安全问题，如饮用水中的溶解成分是否对人类健康产生影响；酸性水是否对建筑物、设备和设施等产生腐蚀；工业品中的生产用水是否影响产品的品质；农业用水中盐度、碱度等是否对作物产生危害；景观水中的有机物、氨氮和磷等是否加速水体富营养化等等。

城市水资源利用过程中对人体健康将产生直接和间接的影响。由于产品和设施最终是为人类服务的，人体健康永远位居首位，因此用水安全评价最终也归结为对人体健康的安全性评价，其中饮用水是对人体产生直接影响的物质，因此饮用水的安全评价是城市水资源用水安全评价的重要环节。

二、饮用水对人体健康的影响

（一）饮水致病源

水体中的污染物按性质可以分为生物性、物理性和化学性污染物。其中，生物性污染物主要指各种病原微生物，将导致传染病的传播和流行，如伤寒、细菌性痢疾、病毒性肝炎等。严格的水源卫生管理和常规的饮水消毒处理基本能保障饮用水水质的微生物安全。物理性污染物主要指各种放射性物质，将诱发人体细胞发生癌变、基因突变和先天性畸形。但是一般水体，尤其是作为水源地的水体，放射性污染程度很轻。化学性污染物主要指随污染进入水体的无机和有机化学物质，可以引起人体急、慢性中毒和致癌、致畸等远期危害，如甲基汞引起的水俣病和镉污染引起的痛痛病，均为闻名世界的公害病。

现今饮水水质安全的威胁主要来自化学性污染，而目前常规的饮用水处理工艺对绝大部分化学性污染物还无能为力。因此卫生部 2001 年颁布实施的《生活饮用水水质卫生规范》中规定的常规检验项目与非常规检验项目中的 70 项毒理学指标和附录 A 中添加的 30 项指标均直接针对原水。

化学污染物根据其对人体危害性质的不同可以分为致癌污染物和非致癌污染物，美国环保署（U. S. EPA）通过分析流行病学和临床统计资料以及动物实验数据，根据化学致癌物质对人体和动物致癌证据的充分程度将其分为 A 类（致癌）、B1 类（很可能致癌）、B2 类（可能致癌）和 C 类（可疑致癌），国际癌症研究中心（IARC）也做了类似分类。

（二）饮用水与疾病的关系

饮用水水质对人体健康的影响主要表现在三个方面：一是微生物学危害；二是化学性危害；三是感官性危害。下面着重从饮用水与传染病、饮用水与癌症、类雌性激素与生育能力、矿物元素对健康的影响、重金属对健康的影响等方面做一些介绍和说明。

1. 饮用水与传染病

饮用水与传染病是人们最关心的问题之一，水致传染病是饮用水处理中密切关注的问题。水致传染病主要包括了细菌性传染病、病毒性传染病和原虫性传染病。传染病是饮水安全中要高度关心的问题，所以人们对水致传染病的关注在饮水安全的研究中是放在第一位的。

以前没有水处理的时候，霍乱对人类的威胁是最大的。17～18 世纪霍乱在西方比较普遍，20 世纪 60 年代从印度尼西亚开始传到印度、东亚、前苏联，造成了几十万人死亡；1991～1994 年有一百多人感染霍乱。在发达国家，这个问题也并没有避免。2000 年 5 月，在加拿大由于饮水消毒系统发生故障，5300 人的小镇有 2000 多人感染了霍乱，其中 7 人死亡。

在预防饮水引发传染病方面，加氯是一个有效的手段。2003 年美国工程院有一个调查，20 世纪评选的 20 个重大工程进展中水处理排在了第四位，所以水处理对于改善人类的身体健康起到了很大的作用，主要是控制细菌性流行病的爆发。

导致细菌性传染病的菌很多，如埃希氏大肠杆菌，这对人和动物都是常见的；著名的 O157：H7，能释放出胞外毒素，引起严重的出血性腹泻；还有空肠弯曲杆菌、沙门氏菌、志贺氏菌，这些都会引起腹泻、发烧等疾病。

现在比较新的传染病源是原生动物，原生动物有一个特点就是抗氯性比细菌要强，隐孢子虫、贾第虫、圆孢子虫都会导致原虫性传染病。

除细菌外，病毒也是水中引起人体健康问题的元凶。病毒很难检测，其中线病毒很难控制。在国内，曾有单位做过一些城市的管网研究，发现其中有线病毒存在。

2. 饮用水与癌症

癌症通常需要很长时间的积累，经过十年、二十年，甚至更长时间才会有病变，一旦发生病变再去控制就很难了。所以从这个意义上来讲，癌症并不比微生物的危害弱，因为微生物发现后可以控制，但是癌症难以发现，它所起的作用也是潜在和缓慢的。

确定致癌物的方法有三个试验：一是细菌致突变试验；二是动物诱癌试验；三是人类流行病学的调查。

饮用水当中存在的致癌物有三类：第一类是水体中天然存在的砷、石棉和放射性物质等；第二类是污染物，如硝酸盐和人工合成有机污染物。硝酸盐本身是不会致癌的，但它在人体中会产生亚硝胺，亚硝胺却是一个致癌物。有机物种类特别多，其中包括很多的致癌物，它们和人体的健康是直接相关；第三类是在水处理过程中产生的物质，比较典型的是三卤甲烷和卤乙酸。

3. 饮用水与类雌性激素

类雌性激素是内分泌干扰素的一种。早在20世纪50年代，欧洲就发明一种药来控制自发性流产，但到60年代的时候就发现问题了，使用这种药控制自发流产的妇女所生出的小孩发育都比较迟缓，同时女性自身的特征也发生了较大变化。经过研究发现，那个药中含有类雌性激素，这种激素干扰了人体本身的内分泌系统。类雌性激素容易在动物脂肪内累积，可影响到胚胎的发育。

人类生产的大量类雌性激素化合物通过各种渠道最终会进入水体，对饮用水源造成污染，同时也污染了水中的鱼和其他动物。类雌性激素化合物被怀疑是造成人的生育能力下降和性器官异常的主要或部分原因，可能还对女性乳腺癌、子宫内膜异位症，男性前列腺癌等疾病有影响。

4. 饮用水中矿物元素与重金属

水中含有的常规离子与重金属对人体健康的影响也较大。研究发现，饮用水的硬度与心血管病发病率呈负相关关系，硬度太低会引起心血管病，因为矿物元素可以补充维持心脏和血管正常功能所必不可少的成分。水的硬度取决于钙镁离子的含量，钙离子和镁离子在人体日常功能中起到重要作用。镁浓度低会导致心跳不正常、脉络紊乱、血管痉挛、关键器官供血不足；维持钙的高摄入量可预防骨质疏松。

水中的铅、铜、铝、汞等重金属通常浓度不高，很少引起急性中毒，但污染的水某种重金属超标时会对人体健康产生危害。多数重金属对人体健康的影响通常表现为对神经系统的长期损害。

第三节　用水的安全性评价

从一般意义上讲，现阶段用水的安全性评价主要指各类用水方面的风险评价。在用水产生风险识别和风险估测的基础上，对发生风险的可能性及危害程度进行评估，并与公认的安全指标相比较，以衡量风险的程度，并提出风险防范、应急与减缓措施。

一、风险评价基本概念

风险评价技术是由20世纪40年代美国核管会（NRC）开始使用的环境辐射危害鉴别标准制定方法引申出来的，80年代以后，风险评价开始进入环境评价领域。对于环境中有害的物理和化学因素的潜在健康危害效应，通过健康风险评价的方法，采用定量的风险度分析来判断环境危害的大小，可以帮助政府机构和管理部门更合理地进行决策。

美国科学院给出的风险评价的定义为"风险评价是描述人类暴露于环境危害因素之后，出现不良健康效应的特征"。风险评价的另一个特征是在整个评价过程中每一步都存在一定的不确定性。简而言之，是指暴露于一定浓度或一定剂量之下的群体中，个体发生不良健康效应的概率或可能性。

评价的目的在于估计特定剂量的化学或物理因子对人体、动植物或生态系统造成的危害的可能性及其程度大小。

二、风险评价的国内外研究现状

(一) 国外研究现状

风险评价兴起于 20 世纪 70 年代几个工业发达的国家，尤其美国在这方面的研究最为深入。其主要特点是把环境污染与人体健康联系起来，定量描述环境污染对人体健康产生的危害风险。其中，以美国国家科学院（NAS）和美国环保局（USEPA）的研究成果最为丰富。

风险评价技术大致经历了三个时期：20 世纪 70 年代至 80 年代初，风险评价处于萌芽状态，1976 年，当时的美国环保署（USEPA）首次颁布了"致癌物风险评价"准则，此时的风险评价内涵不甚明确，仅仅采取毒性鉴定的方法；80 年代中期，风险评价得到很大的发展，为风险评价体系建立的技术准备阶段。1983 年美国科学院（NAS）发布了题为《联邦政府的风险评价管理》的报告，提出风险评价由四个部分组成，即风险评价"四步法"：危害鉴别（hazard identification）、剂量-反应关系评价（dose-response assessment）、暴露评价（exposure assessment）和风险表征（risk characterization），并对各部分都作了明确的定义，这成为环境风险评价的指导性文件，目前已被荷兰、法国、日本、中国等许多国家和国际组织所采用。由此，风险评价的基本框架已经形成。

在此基础上 USEPA 又颁布了一系列与风险评价有关的技术性文件、准则和法规等，包括 1986 年发布的《健康风险评价导则》和《超级基金场地健康评价手册》，1988 年颁布的《内吸毒物的健康评价指南》《男女生殖性能风险评价指南》等。到 20 世纪 90 年代 1992 年版的《暴露评价指南》取代了 1986 年的版本，对暴露评价中涉及的基本概念、设计方案、资料收集和监测、估算暴露量、评估不确定性和暴露表征等方面提供了详细的说明，此时风险评价的科学体系基本形成，并处于不断发展和完善阶段。

目前风险评价研究主要包括人体健康风险评价和生态环境风险评价两方面，风险评价的科学体系已基本形成。相对来说，人体健康风险评价的方法基本定型，生态环境风险评价正处于总结完善阶段。

近年来，利用风险评价技术对城市污水再生利用的人体健康风险进行评价又成为新的研究领域。纳米比亚的温德霍克将处理后的污水直接并入自来水管网，对可能引起的公众健康风险进行过评价，认为回用水的健康风险在可以接受的范围内。美国科罗拉多州 Denver 进行了污水直接饮用回用的风险评价，最终直接饮用回用没有被接受，后改为间接饮用回用。美国加利福尼亚州的 San Diego，佛罗里达州的 Tampa 以及 Los Angeles 进行过二级生化出水人工地下回灌后取出的再生水的健康风险评价，评价内容各不相同，有的评价再生水的化学特征，有的进行再生水的毒理学实验，有的针对饮用再生水人群的流行病学进行研究。迄今为止，最大规模的风险评价是加利福尼亚州在 1975 年到 1987 年进行的"使用人工回灌再生水与健康"评价，研究结果导致了加利福尼亚州地下水回灌标准及相关法规的出台。

(二) 国内研究现状

我国风险评价起步于 20 世纪 90 年代，主要以介绍和应用国外的研究成果为主。1990 年，我国开始在核工业系统开展环境健康风险评价研究；1997 年，国家科委列入国家攻关计划研究燃煤大气污染对人体健康的危害。在水环境健康风险评价领域，曾光明等以河北保定市环境质量监测数据为例，开展了水环境健康风险评价研究。仇付国等以西安某再生水厂出水为研究对象，利用微生物健康风险评价的方法对再生水用于绿化、农田灌溉、景观娱乐用途时肠道病毒的感染风险进行了评价。清华大学核能技术研究院与北京排水集团公司合作进行了二级生化出水深度处理后地下回灌的研究，以活性炭吸附处理后出水为例，对饮用回用的健康风险进行了估算，结果表明再生水回灌于地下含水层再抽取出来作为饮用水时，其健康风险在完全可以接受的范围内。目前国家有关部门十分重视这方面的工作，污水回用风险的具体方法和体系正在研究、发展和完善之中。

三、健康风险评价模式

人体健康风险评价的模式很多。目前，健康风险评价方法以美国国家科学院（NAS）提出的"四步法"为范式，主要包括危害识别、剂量-反应评估、暴露评价、风险表征四部分。该方法广泛应用于空气、水和土壤等环境介质中有毒化学污染物质对人体健康的风险评价。

（一）危害识别

危害识别的目的是鉴定风险源的性质及强度，它是风险评价的第一步。危害是风险的来源，指污染物质能够造成不利影响的能力。证据加权法（weight of evidence）是识别危害的常用方法，即为某一特定目的对某一污染物质进行科学的定性评估。这种评估方法需要收集大量的资料，包括污染物质的物理化学性质、毒理学和药物代谢动力学性质、短期试验、长期动物试验研究、人体对该物质的暴露途径和方式，及其在人体内新陈代谢作用等方面的资料。对这些资料进行评估后，将动物和人类资料根据证据的程度进行分组（见表 12-3）。

表 12-3 依据动物实验和人类资料进行的证据分类

人类证据	动物实验证据				
	足够的	有限	不充分	无资料	无证据
足够的	A	A	A	A	A
有限	B_1	B_1	B_1	B_1	B_1
不充分	B_2	C	D	D	D
无资料	B_2	C	D	D	E
无证据	B_2	C	D	D	E

将动物和人类证据结合进行证据权重分类。

A 组：人类致癌物。

B 组：很可能的人类致癌物。其中 B_1 表示有限人群证据，B_2 表示在动物中证据充分，在人群中证据不足或没有证据。

C 组：可能的人类致癌物。

D 组：不能划为人类致癌物。

E 组：对人类无致癌性证据。

通过以上方法来确定某一污染物质是否具有致癌性。对于化学混合物进行危害判定时，应对混合物中的化学物组分进行证据权重分析。此外，还必须确定在环境中污染物质相互作用产生新污染物质的可能性。

（二）剂量-反应评估

剂量-反应评估是对有害因子暴露水平与暴露人群健康效应发生率间的关系进行定量估算的过程，是进行风险评价的定量依据。

剂量-反应关系是在各种调查与实验数据的基础上估算出来的，故流行病学调查资料是其首选资料，另外敏感动物的长期致癌实验也为重要资料。在无前两种资料的情况下，不同种属、不同性别、不同剂量、不同暴露途径的多组长期致癌实验结果也可用来估算剂量-反应关系。

剂量-反应关系要通过一定的模型来估算。对于流行病学调查资料来说，尽管其数据来源于人群，但这些人群往往处于低暴露水平，而低暴露水平的剂量-反应关系则需进行估算。对动物实验资料来讲，可以处于较高暴露水平，但动物与人的反应情况并不相同，因此需要通过一定模式将动物实验结果外推到人，将高剂量结果外推到低剂量，将一定暴露途径得到的剂量-反应关系外推到人在一定暴露方式下的剂量-反应关系。因而，估算模型的建立、选择、使用及对其可信度的分析，是目前风险评价领域面临的重要问题，这一问题的研究和解决可直接推动风险评价的发展。

（三）暴露评价

暴露评价指定量或定性估计或计算暴露量、暴露频率、暴露时间和暴露方式的方法。暴露评价的目的是估测整个社会或一定区域内人群接触某种污染物质的可能程度。暴露人群的特征鉴定和被评物质在环境介质中浓度与分布的确定是暴露评价中不可分割的两个组成部分。

暴露评价主要包括以下三个方面：表征暴露环境、确定暴露途径和定量暴露。表征暴露环境是对普通的环境物理特点和入群特点进行表征，确定敏感人群并描述人群暴露的特征，如人相对于污染源的位置，活动模式等；确定暴露途径是根据污染源污染物质的释放特征、污染物在环境介质中的迁移转化以及潜在暴露人群的位置和活动情况，分析污染物质通过环境介质最终进入人体的途径（如呼吸吸入、皮肤接触、经口摄食等）；定量暴露是定量表达各种暴露途径下的污染物暴露量的大小、暴露频次和暴露持续时间等。

对于致癌健康风险评价，通常考虑终生日平均暴露量。长期慢性暴露的暴露量可用式（12-1）计算得到：

$$C = \frac{D}{365WY} \tag{12-1}$$

式中　C——终生日平均暴露量，$mg/(kg \cdot d)$；

　　　D——总剂量。总剂量＝污染物浓度×暴露频率×暴露持续时间×吸收因子，mg；

　　　W——人群的平均体重，kg；

　　　Y——人群的平均寿命，年，一般取 70 年。

（四）风险表征

风险表征即利用前面三个阶段所获取的数据，计算不同条件下，可能产生的健康危害的强度或某种健康效应发生概率的过程。

表征风险评估主要包括两方面的内容：一是对有害因子的风险大小做出定量估算与表达；二是对评定结果的解释及对评价过程的讨论，特别是对前面三个阶段评定中存在的不确定性做出评估，即对风险评价结果本身的风险做出评价。其中评定结果的解释及评价过程的讨论，尤其是对评价过程中各个环节的不确定性分析，对整个风险评价过程都有至关重要的意义。

风险评估过程有：

（1）确定表征方法，根据评价项目的性质、评价目的及要求，确定风险表征是定量法还是定性法，给出这些定量和定性风险表征的具体方法，如商值法、外推法等。

（2）综合分析。主要比较暴露和剂量-反应关系，分析暴露量相应的风险大小。根据实际的暴露量通过特定的关系式计算随着暴露剂量放大或缩小的风险概率。

（3）不确定性分析。分析整个过程中产生不确定性的环节、不确定性的性质、不确定性在评价过程中的传播，尽可能对不确定性的大小做出定量评价。

（4）风险评价结果的陈述。给出评价结论，对评价结果进行文字图标或其他类型的陈述，对需要说明的问题加以注释。

第四节　不同水资源利用的安全评价

一、地下水资源健康安全评价

（一）安全评价模式

地下水水质健康风险评价是评价地下水中有害物质与人体健康关系的定量方法，其评价模式也包括危害识别、剂量-效应分析、暴露评价及风险表征 4 部分。众多学者在野外调查、采样和分析的基础上，结合美国 EPA 超级基金健康风险评价基础信息表提供的毒性化学物质，筛选出地下水中有害或潜在有害物质及对饮用人群引起的健康效应，确定进行风险评价的物质种类。

（二）健康风险评估模型

地下水中物质进入人体的途径主要包括饮水和洗浴两种途径。根据剂量-效应评价结果，评价物质分为致癌物质和非致癌物质；同时评价模式采用美国 EPA 的健康风险评价模式，即致癌风险评价模型和非致癌风险评价模型。

1. 致癌风险评价模型

通常认为人体在低剂量致癌物暴露条件下，致癌风险与暴露剂量率呈线性关系，见式 (12-2)；当致癌物产生高致癌风险时，致癌风险与暴露剂量率呈指数关系，数学表达式为 (12-3)。

$$R = \frac{E \times SF}{Y} \tag{12-2}$$

$$R = \frac{1 - \exp(-E \times SF)}{Y} \tag{12-3}$$

$$E = \frac{C \times IR \times EF \times ED}{BW \times AT} \tag{12-4}$$

式中　R——饮用地下水引起的致癌风险，a^{-1}；

　　　E——暴露剂量，$mg/(kg \cdot d)$；

　　SF——致癌物的致癌斜率系数，$kg \cdot d/mg$；

　　　C——物质的浓度，mg/L；

　　IR——每日饮水量，建议值为成人 2.0L/d；

　　EF——暴露频率，采用 365d/a；

　　　Y——饮水持续时间，表示人体终生摄入致癌物的年数；

　　BW——人体平均体重，平均体重采用 70kg；

　　AT——暴露发生的平均时间 (d)，致癌效应为 70a×365d/a，70 年为人群的平均寿命。

2. 非致癌风险评价模型

一般认为，非致癌慢性危害以参考剂量为衡量标准，当目标物质暴露剂量超过参考剂量时，有可能产生毒害效应。通常用风险指数（HI）表示，它指目标物质暴露剂量率与参考剂量的比值，数学表达式为

$$HI = \frac{E}{RfD} \tag{12-5}$$

式中　RfD——地下水中目标物质的参考剂量，mg/(kg·d)。

特别需要指出的是，如果目标物质兼有致癌效应和非致癌慢性危害两种作用，则需要同时开展致癌风险评价和非致癌风险评价。

3. 总风险评估

上述公式（12-2）和式（12-3）只是计算地下水中某一特定目标物质的致癌风险度或非致癌风险指数。由于地下水中含有多种物质，那么总致癌风险（或非致癌风险）的值应为多个目标物质的致癌风险度（或非致癌风险度）的总和，相应的数学表达式为

$$TR = \sum_{i=1}^{n} R_i \tag{12-6}$$

$$THI = \sum_{j=1}^{m} HI_j \tag{12-7}$$

式中　TR——人体一生中通过饮用地下水而引起的总致癌风险；

$\quad THI$——人体一生中通过饮用地下水而引起的总非致癌风险指数；

$\qquad n$——地下水中引起致癌效应的目标物质的总数；

$\qquad m$——地下水中引起非致癌效应慢性毒害的目标物质的总数。

4. 风险评价标准

国际辐射防护委员会（ICRP）推荐的致癌风险最大可接受值 $5.0 \times 10^{-5} a^{-1}$；瑞典环保局、荷兰建设和环境署推荐的致癌风险最大可接受水平 $1.0 \times 10^{-6} a^{-1}$；美国 EPA 建议 A 类致癌物的致癌风险最大可接受值 $1.0 \times 10^{-6} a^{-1}$，B 类致癌物的致癌风险可放宽至 $1.0 \times 10^{-5} a^{-1}$，C 类致癌物的致癌风险可放宽至 $1.0 \times 10^{-4} a^{-1}$。总非致癌风险以"1"为评价标准，总风险指数大于 1，表明人体所承受的总非致癌风险度较高，在不可接受范围内；反之，人体所承受的总非致癌风险较低，可以接受。

二、地表水资源健康安全评价

在我国，健康风险评价起初应用于核工业，继而又应用于燃煤大气污染对人体健康危害的研究，目前，其主要用于评价各种气、液态流出物对人体健康的影响。

近几年来，随着水源地污染事件的频繁发生和人们水安全意识的提高，使其在饮用水水源水质健康风险评价方面的研究越来越被重视。在水环境健康风险评价领域，有关学者对饮用水源水中重金属污染物进行了健康风险评价；依据饮水途径和皮肤接触途径两种暴露方式对饮用水源水中有机污染物开展了健康风险评价；运用单因子标准指数法对水源水中氨氮、氟化物、砷、硝酸盐、铁等进行了健康风险评价。

目前，国内仅仅是根据国家标准所列出的监测项目，对出厂水和管网水中有限指标进行监测，依据污染物浓度是否达到标准来判断供水是否安全，而针对不同地区、不同人群饮用水消费习惯开展的暴露研究，针对用户端可能存在的不安全因素、在管网或二次供水中形成的消毒副产物，以及一些近年来引起关注的不安全因素等，开展的饮用水健康风险评价工作甚微。

我国水源水质健康风险评价暂时还未被列入常规的环境评价工作中，饮用水健康风险评价还没有建立起完整的评价体系，未解决的问题主要包括以下几个方面。

（1）饮用水健康风险评价工作的目的性不强，或者说目标污染物的确定尚缺乏理论依据；

（2）饮用水健康风险评价在我国正处于起步阶段，饮用水水质标准没有健康建议值，居民饮用水消费习惯，毒理学数据等需要从头累积资料，缺乏重要的基础数据；

（3）由于缺乏饮用水途径暴露剂量-反应评价数据，针对国人的相关数据库未被建立，缺乏长期数据的修正条件（USEPA 每 5 年修正一次），风险评价标准难以确定，使评价结果有较大的不确定性，导致风险被高估或低估。

三、再生回用水的安全风险评价

（一）污水再生利用途径

污水再生回用按照回用方式可分为两类：间接回用和直接回用。

间接回用是指处理后污水首先排放到自然环境系统中（如河流，回灌至含水层），在河流下游或含水层中取水回用。大多数城市污水是通过这种方式再生利用的。据统计，美国 155 个城市水源中每 $30m^3$ 水中就有 $1m^3$ 是上游的污水，40％的美国人口所用的水是上游用过一次以上的污水，我国从微污染河段中取水的自来水厂也不在少数。

直接回用是指污水处理后直接利用，这种方式通常在工业生产的密闭循环系统中使用，如制浆造纸、电厂冷却水循环利用等。近年来，我国大力推行污水再生回用工程，缺水地区再生水的直接回用量可占到污水量的 70％左右，多用于电厂冷却水。除工业回用外，还用于农田灌溉等。

根据回用目的分类，污水回用的途径主要有：农业回用、工业回用、城市杂用、景观环境回用、地下水回灌等。城市污水的主要再生利用途径详见表 12-4。

表 12-4　城市污水再生利用主要途径

分　类	项目名称	分　类	项目名称
农业用水	农田灌溉	城市杂用水	道路绿化浇灌
	造林育苗		冲厕、街道清扫
	农、牧场		车辆冲洗
	水产养殖		建筑施工、消防
工业用水	冷却用水	景观环境用水	观赏性景观用水
	清洗用水		娱乐性景观用水
	锅炉用水		恢复自然湿地或营造人工湿地
	工艺用水	地下水回灌	补充地表水
	油田注水		补充地下水

（二）污水再生利用环境和健康风险

1. 灌溉回用及其环境健康风险

污水回用往往把农业灌溉作为首选对象，其原因主要有三点：一是农业灌溉需水量大，全球淡水资源中平均 65.7％用于农业，23.5％用于工业，10.8％用于生活（详见表 12-5）。

二是污水灌溉对农业和污水处理都有好处，既解决缺水问题又利用污水的肥效，还可以减轻污染。据估计，每年美国所排放的污水中，含有 700000t 磷、470000t 钾，800000t 氮，这相当于每年 10%～15% 的化肥消耗量。大约从 19 世纪 60 年代起，世界许多地方，如德国、英国等就将城市污水用于大面积的草地灌溉，现今美国洛杉矶等加利福尼亚州西部的一些城市、亚利桑那州、佛罗里达州等都在将处理后的污水回用于农业灌溉。在以色列，污水回用于农业的比例达 85%～100%。我国自 20 世纪 60 年代，在许多地方积极推行污水灌溉。三是相对工业和生活用水而言，农田灌溉用水对水质的要求较低，这无疑可减轻污水处理的难度和成本。

表 12-5　各行业用水量占总用水量的比例

地区	生活/%	工业/%	农业/%
非洲	7	5	88
亚洲	6	8	86
欧洲	13	54	33
北美洲	9	42	49
南美洲	18	23	59
澳洲	12	9	79
平均	10.8	23.5	65.7

污水回用于农业灌溉最重要的问题是人体健康的风险问题，污水中肠道病毒和致病菌都会对人体健康造成危害。与细菌相比，病毒在环境中存活时间更长也更加稳定。研究表明，冬季脊髓灰质炎病毒（*poliovirus*）在土壤中存活时间长达 96 天，在含有沙门氏菌的土壤中生长的莴笋和萝卜表面黏附的病菌可以存活 31 天。污水中病毒在夏季和秋初最多，生活原污水中肠道病毒的平均个数在 500～700PFU/mL，且随季节不同而变化。

污水中病原体可以通过直接接触、食用污水灌溉农作物和吸入灌溉时产生的水雾而进入人体。有资料显示，当使用喷洒装置进行灌溉时，有 0.05%～1% 的水量转变为气雾剂。通常有 30% 悬浮于气雾剂中的颗粒（直径在 0.2～5μm 之间）可以被吸入人体。气雾剂是直径小于 50μm 悬浮在空气中的颗粒，通常情况下这种颗粒可以传播数百米，取决于环境的风速、温度、湿度等。气雾剂附着在蔬菜、水果及衣服表面都会成为疾病传染途径。喷灌产生的气雾中细菌和病毒的浓度可达 10^4PFU/m^3，喷洒器下风处 40m 的空气中还能检测到病毒。

近些年来，由于食用蔬菜和水果而造成疾病的发生有上升趋势。表 12-6 为美国报道的由于食用食物而造成疾病暴发的情况。墨西哥 Mezqital 地区使用污水灌溉农田，灌溉面积 85000hm^2，是世界上最大的污水灌区之一，该地区居民肠道疾病发病率明显高于其他地区，死亡率也高于全国平均水平，如表 12-7 所列。

表 12-6　食物原因造成的疾病发病情况（USCDC2000）

年份	食物	爆发		病例		死亡	
		次数	比例/%	次数	比例/%	次数	比例/%
1993 年	水果蔬菜	12	2.5	4213	24.1	0	0
	土豆沙拉	1	0.2	24	0.1	0	0
	其他沙拉	18	3.7	1060	6.1	0	0

年份	食物	爆发		病例		死亡	
		次数	比例/%	次数	比例/%	次数	比例/%
1994年	水果蔬菜	17	2.6	1311	8.1	0	0
	土豆沙拉	8	1.2	266	1.6	2	66.7
	其他沙拉	19	2.9	1093	6.7	0	0
1995年	水果蔬菜	9	1.4	4307	24.2	0	0
	土豆沙拉	1	0.2	11	0.1	0	0
	其他沙拉	21	3.3	662	3.7	0	0
1996年	水果蔬菜	13	2.7	1807	8.0	1	25.0
	土豆沙拉	1	0.2	12	0.1	0	0
	其他沙拉	18	3.6	628	2.8	0	0
1997年	水果蔬菜	15	3.0	719	6.0	1	50.0
	土豆沙拉	1	0.2	143	1.2	0	0
	其他沙拉	21	4.2	1104	9.2	0	0
合计	水果蔬菜	66	2.4	12357	14.1	2	37.5
	土豆沙拉	12	0.4	456	0.6	2	66.7
	其他沙拉	97	3.5	4547	5.7	0	0

表 12-7　Mezqital 地区居民感染肠道疾病的风险

季节	暴露	健康风险(居民患病率)/%		
		蛔虫病(大于 5 岁)	蛔虫病(0~4 岁)	腹泻(1~4 岁)
旱季	低暴露	1.0	1.0	1.0
	二级处理水	8.4	21.2	1.1
	原污水	12.7	18.0	1.8
雨季	低暴露	1.0	1.0	1.0
	二级处理水	1.9	1.3	1.2
	原污水	14.4	5.7	1.3

从健康风险角度考虑，采用再生水进行灌溉着重考虑的是其中的病原体对人体健康的影响，但再生水还可能对农作物产生影响。如再生水中氮的成分过多会造成农作物生长期过长、果实不够丰满、植物晚熟、味道减退、糖分减少和土豆中的淀粉成分减少等。人体食用这些受影响的粮食、蔬菜、水果后是否产生健康问题，则是目前很少研究的问题，但它的研究可能比病原体的影响更具有科学意义。

2. 地下水回灌及其环境健康风险

将再生水用于地下水回灌是维持城市水资源平衡的重要途径，是水资源管理的一条有效途径，也是污水再生利用的重要发展方向。该技术是将再生水通过土壤渗滤或井灌方式回灌至地下，在适宜条件下可作为新水源开发。地下回灌不仅具有投资少、设备简单、易实施等优点，还具有补充或节约当地水资源、缓解地下水位下降、防止地面沉降和海水入侵、减轻污染及改善城市生态环境等综合效益。从水循环的角度出发，地下回灌是集污水处理、再生利用及水资源开发于一身的技术，具有广阔的发展前景。

（1）地下水回灌的优点　再生水用于地下水回灌除了平衡区域水资源量、对地下水位下降控制与恢复，防止海水入侵等优点外，还有许多具体的优势：

① 采取人工回灌比用同等容量的地表水库节约费用，而且比水库便于调度与管理；

② 回灌水是维持区域水资源平衡，一般下游取水进行再利用。灌入或渗入含水层的再生水自然流动至下游取水井，无需管渠等输水系统；

③ 地下水回灌入含水层，水量不会像水库那样易于蒸发而大量散失，从而涵养了水源；

④ 入渗回灌再生水时通过包气带颗粒水质进一步得到净化，灌入含水层的再生水向下游渗流过程中水质也可得到过滤，因此水质不会产生二次污染，且水质相对稳定；

⑤ 虽然入渗和灌入进行再生水回灌也要选择合适的场地，特别是要充分考虑水文地质条件的适应性，但与水库选址相比条件要简单得多，如水文条件和工程地质条件是制约水库选址的重要因素，但地下水回灌则有时不必过多考虑这些条件，有效地避开了水库位置选择受环境因素制约的问题。

（2）地下水回灌的风险来源　再生水用于地下水回灌，为保证环境和人体健康安全，对再生水水质的考虑因素主要有四项重要指标：病原体、矿物质的总含量、重金属、有机物。

水中病原体的含量与人类健康密切相关，不符合水质要求的回灌再生水进行回灌，即使污染物的浓度很低，地下水长时间受低浓度化学物质的污染，可能会对人类健康产生影响。有关实验发现，动物饮用受污染的水后有癌变和突发病症的趋势。

当前，有机物的污染比无机物和微生物的污染威胁更大。过滤不能完全去除有机污染物质，即使采用了先进的处理技术，处理后的再生水中仍含有微量有机物。这些有机物在地下含水层中的迁移转化受各种因素的影响，包括微生物的降解、化学氧化还原、吸附、离子交换、过滤、化学沉淀、蒸馏、挥发或光化学反应等作用。但微量的有机污染物还可能会对人体健康产生重大影响。因此，在评价再生水用于地下水回灌的可行性时，考虑有机物活动的稳定性是十分重要的。

除了一般的可溶矿物质外，再生水中还含有许多可溶的微量元素。在地下水回灌系统中，无机微污染物质由于微生物的作用而减少的情况很少出现。土壤与微量元素发生的物化作用主要有：离子交换、沉淀、表面吸附、螯合和络合等。尽管土壤不具有减少无机物污染的能力，但实验研究发现土壤有截留大量的微量金属元素的能力。因此，用于地下水回灌的地区在一定时期内会积累微量金属元素。

回灌的再生水进入饮用水含水层从而会直接影响饮用水质，因此再生水的地下水回灌的人体健康风险是备受关注的问题。因此，用再生水回灌地下含水层时，要注意以下因素：

① 即使用入渗法而不是井灌将再生水用于地下含水层回灌，再生水也必须对公众健康无害；

② 再生水的合格标准应因地制宜，要考虑到污水处理方法，污水的水质和流量，扩散面积的操作，土壤的性质，水文地质条件，地下停留时间和取水点的距离等；

③ 评价再生水的危害时应充分考虑污染物在地下含水层中的迁移转化规律，结合取水点的距离，对风险作出更加实际的评价，提出的风险控制措施也更有针对性。

（3）地下水回灌的健康风险评价　再生水地下水回灌对人体健康的影响是人们普遍关心的问题，必须对其进行健康风险评价，并采取有效措施保证健康安全性。地下水回灌的健康风险评价是评估人体通过饮用回灌区的地下水所导致的潜在健康风险的性质与量度的过程，其核心是鉴别和估算有毒化学物质和病原微生物通过人体饮水暴露（考虑处理因素后）产生潜在的、可能引起的健康风险。

健康风险评价时，对人体健康产生风险的污染因子有多种，但现行水质标准和废水排放指标分为综合指标（如 BOD、COD）和单一指标两类。传统的综合指标只考虑了污染物的"量"，并未考虑"质"，可能导致在污水再生处理中，BOD、COD 等指标可能在数值上没有多大变化，但污染物的种类、形态、特性却有较大变化。传统的单一指标是根据污染物的毒性而制定的，对健康风险判定具有积极意义，但标准中所列的单一指标与常用化学物质的种类相比微不足道，仅占 0.1％左右。况且，制定单一指标时主要依据化学物质对人体健康的影响，但并未给出健康风险的建议值。可见，国内水质标准的传统指标难以客观有效地满足以健康风险为水质控制目标的水质评价体系建立。因此，建立一套可靠、可行的水质安全指标体系成为一项十分迫切的任务。

（4）再生水回灌地下的水质控制指标筛选　再生水中化学污染物和病原微生物的组成非常复杂，根据再生水地下回灌的方式和目的，研究者通过分析污染物对人体健康和生态环境的可能影响途径及其负面效应，结合当前的研究理念和现行水质标准，提出了 4 类关键性指标，包括卫生学指标、毒理学指标、物理学指标、综合性指标，并提出一套再生水地下回灌的水质安全控制的建议性指标体系（见图 12-1），以保障回灌再生水的水质安全。我国于 2005 年 11 月实施的再生水回灌水质标准《城市污水再生利用地下水回灌水质》（GB/T 19772—2005）规定了 21 项常规检测指标和 52 项非常规检测指标，也基本包含以上 4 类指标。

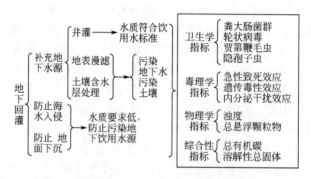

图 12-1　再生水地下回灌的水质安全控制指标体系

3. 工业回用及其环境健康风险

（1）工业回用的风险来源　工业用水对水质的要求通常低于饮用水标准，工业生产用水和工业冷却水使用再生水的潜力巨大。工业用水主要包括：锅炉给水、冷却用水和清洗用水等。目前已建和在建的回用工程中，工业冷却用水是再生水的主要用户，冷却水 99％是可再生利用的。

影响工业生产和工业冷却水回用的主要因素是水质、水量和费用。不同工业对再生水水质要求不同，用于食品加工业的水质要达到饮用水的标准，用于电子工业的水质要达到高纯度的标准，用于皮革制造的水质标准则较低。

有些工业生产中的各个步骤对水质的要求也不相同，水质标准就更加复杂。回用于锅炉用水的再生水，要注意除去水中的硬度物质，非溶解性钙盐、镁盐是锅炉形成水垢的主要原因。再生水的碱度取决于水中的重碳酸盐、碳酸盐和氢氧基的含量，锅炉给水的碱度过高会导致在过热器、回热器和涡轮处出现沉淀。冷却塔中碱度过多会加速钙碳沉淀的形成，从而在热交换和塔池中形成沉淀。再生水中氯化物、硫化物含量过高会腐蚀生产设备，可溶性固体的存在会造成产品纯度达不到要求。

（2）工业回用的风险评价　从工业回用的方式与风险来源分析可以看出，再生水的风险一是污染物质暴露于人体（食用、直接接触、间接接触）对人体所产生的健康危害；二是水质不良而对设备产生的不良影响。

对于前者，可采用健康风险评价的一般方法进行评价，关键工作是确定暴露剂量，即根据生产工艺、工作环境、用水量和水质等确定回用水系统中污染物（化学污染物和病原微生物）的暴露量。后者则是根据分析回用水中对设备产生腐蚀、结垢、堵塞等有直接影响的成分，通过一定的计算公式确定影响程度，评估产生事故风险的概率。从保障人体健康意义考虑，工业回用水的健康风险评价比设备的事故风险评价更具有现实意义。

4. 景观娱乐回用及其环境健康风险

（1）景观娱乐回用水方式　随着城市化进程的加快和可持续发展战略的实施，城市综合治理与城市水环境保护已逐渐提上了议事日程。我国很多大中型城市对流经城市并已受到严重污染的河道进行了整治工作，但往往在投入巨额资金实施了河道清淤，河底硬化、堤岸砌石、污水截留等治理工程之后，臭水河变成了无水河，加之城市周围未受污染的水资源普遍匮乏，很多城市为保持城市景观游览水面，在河道中设置了多道橡皮坝，对河道中尚存的较小流量和雨水流量进行拦截蓄水，一些城市甚至打井或放入自来水来维持治理后河道的环境生态水量。然而截留水体在经过一段时间后，水质逐渐恶化，必须排掉污水重蓄新鲜水，这样在经济和环境两方面都不合理。因此，近年来污水处理厂出水经进一步处理后作为河道的景观水的主要补给水。

景观娱乐回用有利于保护水生生物的生态平衡和维护城市湖泊河道和公园的观赏性水体景观。再生水回用于景观娱乐主要分为水景回用（如喷泉、瀑布、水塘）和娱乐性回用。前者是一种无身体接触的行为，后者则有身体接触，比如游泳和滑冰等。

（2）景观回用水的风险来源　身体接触的娱乐再生水标准要比身体无接触的娱乐再生水标准高得多。与身体接触的娱乐回用水通常要求进行三级处理。再生水的水质要给人以舒适的感觉，水中不能含有对眼睛与皮肤有刺激性和有害的物质（如游泳水的 pH 值应该在 6.5～8.3 之间，因为眼睛所能承受的 pH 值约为 7，pH 值过高或过低都会使眼睛受到伤害），有机物的含量不能超过一定的限度，必须去除病原菌。

景观回用水的水质还应考虑维护生态环境的要求，如回用水的水温不得超过 30℃，水温过高会影响水生生态系统；要防止过量的氮、磷引起的富营养化，以及化学污染物对水生生物产生毒性。

再生水作为景观环境用水时，除了控制其美学指标（浊度、色度、嗅味）外，应重点关注其安全性指标。美国各州、澳大利亚、日本和欧盟一些成员国都颁布了各自的再生水回用标准。美国环保署（USEPA）颁布了《再生水回用指南》，其中涉及再生水景观娱乐功能的标准，我国也于 2002 年颁布了《城市污水再生利用　景观环境用水水质》（GB/T 18921—2002）标准。这些标准主要规定了 pH 值、总悬浮物（MLSS）、生化需氧量（BOD）、大肠杆菌等常规指标，然而，再生水达到上述标准，并不意味着出水水质已经达到无害化，还需要对再生水的水质安全性做出全面的评价。

（3）景观回用水的风险指标

① 人体健康安全指标　人体健康安全是再生水回用于景观水体的首要安全问题，再生水中化学污染物和病原微生物的组成非常复杂，并可通过呼吸、皮肤接触等多种途径进入人体，不可能对其逐一评价，需要选取主要指标，分析其影响人体健康的可能途径及后果。

a. 有毒有害化学指标。再生水中的有毒有害化学物质主要分为以下几类：内分泌干扰物（EDCs），消毒副产物（DBPs），重金属及挥发性有机化合物（VOCs）。

我国污水中的主要内分泌干扰物有工业化学品、农药、天然雌激素、药物四类。这些内分泌干扰物在水中通过皮肤接触及呼吸系统进入人体，扰乱人体内分泌系统、神经系统和免疫系统的机能，甚至造成对后代生殖功能的潜在影响。有学者用 GC-MS 法测定了污水处理厂对内分泌干扰物的去除效果，发现有 18%～70% 的内分泌干扰物未被去除。内分泌干扰物种类众多，需要通过风险评价从中筛选出数量多、毒性大的几种物质作为安全评价的指标，并结合综合毒性评价方法全面测定再生水的毒性。

再生水消毒处理过程中会产生 400 多种消毒副产物，这些化学物质会导致癌症和出生缺陷。例如，高浓度的亚氯酸盐（ClO_2^-）和高氯酸盐（ClO_3^-）可引起动物溶血性贫血和变性血红蛋白血症等中毒反应。近来有证据表明溴化物和亚硝胺为消毒副产物的致癌原，国际癌症研究所（IARC）已将亚氯酸盐归入致癌物类中。消毒副产物种类众多，需要筛选出数量多、毒性大的几种物质作为安全评价的指标。

再生水中的重金属主要有汞、镉、砷、铜等，这些元素容易在生物体内累积，逐级进入人体，并引发多种不良生理反应，甚至致癌。例如，砷长期暴露会对神经系统、皮肤、动脉血管产生不良的影响，同时还有致癌性；镉在生物体内滞留时间长，有组织累积性，有致癌性；铜的过量摄入会对人体许多器官（如肝、肾、消化系统和大脑）产生不良影响。各重金属要通过针对再生水各个暴露途径进行健康风险评价，其风险可以参考国际辐射防护委员会（ICRP）推荐的最大可接受风险水平（$5 \times 10^{-5} a^{-1}$）进行确定。

挥发性有机化合物主要包括苯系物、有机氯化物、氟利昂、有机酮、胺、醇、醚、酯、酸和石油烃等，它们的毒性和刺激性会影响皮肤和黏膜，可对人体产生急性损害。再生水用于景观环境用水时，其中的挥发性有机物进入大气并随气流运动扩散，可进入呼吸系统。有关再生水中挥发性有机化合物的研究还不多，目前只有一些单一指标，显然难以达到控制水质安全性的目的，确定可以反映挥发性有机化合物总体污染效应的指标是今后研究的方向。

b. 微生物指标。再生水中的病原微生物种类众多，主要包括细菌、病毒、寄生虫和原生动物等几类。这些微生物能引起多种疾病，如痢疾、肠胃炎、伤寒、蛔虫病等。病原微生物可能通过蒸发影响人体呼吸道、通过接触景观水体影响消化道和皮肤。例如，如果使用再生水作观赏性喷泉，再生水雾化使其中的病原微生物进入到空气中，形成微生物气溶胶，并可随气流运动扩散，被人体吸入可以深入到肺泡，可能会对吸入者造成细菌、病毒感染的直接危害。但是，现有世界各国再生水回用标准中，却没有系统的微生物安全评价指标。

大肠菌群与粪便污染程度成正相关，浓度高，易检测，作为水质指标已有 100 多年。目前多数国家都采用大肠菌群或粪大肠菌群作为再生水水质的控制指标，不同的指南和规范所规定的浓度不同，但是试验证明大肠杆菌很容易被灭活，抵抗力低于病毒和某些致病菌，因此仅以大肠杆菌作为水质安全性指标不能很好地评价水的病毒学安全性。

污水中病毒等对消毒处理的抵抗力比细菌更强，在环境中能存活很长时间，由此引发的潜在健康威胁更严重。但是直接检测病毒本身操作复杂并且安全性差，因此需要寻找合适的病毒指示物。研究表明，噬菌体在形态特征和对环境条件及水处理过程的抗性方面与肠道病毒相似，与细菌指示物相比，受环境的影响小，操作简便快速，结果可靠，噬菌体样品可以保存后再检测，尤其适合作为再生水中肠道病毒的指标。

污水中的寄生虫主要包括蛔虫、蛔虫卵、鞭虫、鞭虫卵、钩虫和绦虫卵等。有关研究表明，曝气法和紫外消毒法两种消毒处理后都没有检测到寄生虫卵。美国 EPA 认为，在污水再生处理工艺中通过过滤和消毒处理可完全去除寄生虫，必要时可在过滤前添加化学试剂以彻底杀灭寄生虫。另外寄生虫的检测相对复杂，周期长且准确度也低，可见寄生虫并不适合作为再生水中微生物的指标。

原生动物主要为贾第鞭毛虫和隐孢子虫，人体暴露后会引起腹泻、呕吐、腹痛和低烧等症状。目前，对水中贾第鞭毛虫和隐孢子虫最权威的检测方法是美国 EPA 制定的 1623 法。但 1623 法的参数设定主要基于饮用水水质，并且需要复杂的分离、提取、鉴别过程。因此目前将贾第鞭毛虫和隐孢子虫作为再生水微生物指标还不成熟，还没有恰当、经济的分析方法。

② 生态安全指标　景观水体的生态安全首先要求具有良好的水质状况，并且要有稳定良好的水生态结构，能够提供人类感官美的享受。再生水用于景观环境用水，其中的有毒有害物质和微生物也会危害水生生态系统，对水生生物产生影响。污水综合毒性指标可以指示污水对水生生物的毒性，而且比单一的指标更能真实反应污水的毒性，应用在工业污水排放控制、排污许可证管理以及污水处理厂水质控制中更具优越性。再生水回用于景观环境用水的关键问题之一就是富营养化问题，藻类暴发，不仅影响水质，而且对整个水体的生态系统的安全造成危害。

a. 综合毒性指标。近年来，以废水综合毒性控制废水排放的研究已有很多报道。20 世纪 80 年代末，EPA 制定了应用毒性测试法评价水体综合毒性计划，通过直接测试水体总毒性（如卵黄蛋白原、生物发光细菌、Ames 试验、水生生物等），以减少和取代对单个污染物的鉴别和分析。

卵黄蛋白原是指示环境雌激素暴露、测试环境雌激素效应的最为敏感的分子生物标志物之一，具有高度特异性和高度灵敏性。应用生物发光细菌评价再生水毒性反应快；易于测试，是一种快速、简便、灵敏、廉价的方法。Ames 致突变试验是短期筛选环境致突变物和致癌物的首选方法，其再现性好，周期短，简便，用作评价水质，考核水处理工艺效率，可以弥补水质标准中目前未考虑致突变性的不足，对供水水质有预警和屏障作用。Ames 试验可以作为短期筛选评价再生水中致突变物和致癌物的检测指标。另外，水生生物如水藻类、水蚤类和鱼类代表水生生态系统的三个营养水平，通过它们的生长情况测试再生水的毒性可以更加准确地得知其水质情况。

b. 富营养化指标。再生水中含有高浓度的氮、磷营养盐。作为景观用水，含有高营养盐的封闭缓流就会引起藻类暴发，形成水华，导致水体腥臭，浑浊，丧失观赏、娱乐价值，同时带来卫生学方面的问题。

再生水中高浓度氮、磷是引起富营养化的主要原因。研究表明，在水体的富营养化中，氨氮的贡献在总氮中是决定性的，建议再生水以氨氮作为控制指标；磷的控制则宜以无机磷作为控制指标，并且对全部采用再生水补充的水体，氨氮浓度宜降低到 1.0mg/L（以 20℃计）以下，总磷浓度宜降低到 0.1mg/L 以下。我国《城市污水再生利用　景观环境用水水质》（GB/T 18921—2002）中规定总磷＜1.0mg/L，或总磷＜0.5mg/L；总氮＜15mg/L；氨氮＜5mg/L。可见目前再生水水质标准中氮磷的浓度规定值偏高。

叶绿素是评价水体富营养化的首选指标，是水体富营养化的直接反映。该指标测定简便，费用低廉，适合作为再生水回用的安全评价指标。浮游植物大量繁殖是水体富营养化的主要表现形式，直接模拟浮游植物的繁殖（以叶绿素表示）和营养盐之间的关系，对于预测水体的富营养化具有重要意义。

在进行水体富营养化评价时常采用综合营养状态指数法，即综合多项富营养化代表性指标，将其表示成指数，对水体营养状态进行连续分级的方法。该方法所选取的评价指标有叶绿素 a、总磷、总氮、高锰酸盐指数和亚硝酸盐氮。

（4）景观回用水的风险评价　再生水用于景观环境的主要安全问题包括对人体健康的危害和对水生态安全的危害。目前对再生水风险评价主要集中在人体健康安全评价，对再生水的生态安全性研究较少，尤其是很少有针对景观环境用水的安全评价。

对于景观回用水的人体健康风险评价，首先根据风险源在不同暴露情况下（接触、非接触）的暴露剂量，采用健康风险评价的一般方法进行评价。关键工作是选定风险指标或风险评价因子，确定暴露剂量。

5. 城市杂用水及其环境健康风险

（1）再生水回用方式　城市生活用水量比工业用水量小得多，只占城市总用水量的20%左右。市政杂用包括绿化用水，冲洗车辆用水，浇洒道路用水和厕所冲洗用水等。从卫生和健康的角度考虑，城市污水与人体接触机会较为频繁，回用于市政杂用应进行严格的消毒。

（2）再生水回用的风险　用作城市杂用的再生水对环境和健康主要影响有：管理不善会引起地表水和地下水的污染；化学污染物，特别是盐分将对土壤产生影响，有害污染物会毒害所灌溉植物；病原微生物（细菌、病毒、寄生虫）对公众的健康造成威胁；管道交叉连接造成的二次污染。

（3）健康风险评价　再生水杂用具有类似景观娱乐水的健康风险，如浇洒绿化、冲洗车辆、浇洒道路，甚至冲厕均会产生人体吸入污染物的风险，也有接触式暴露的风险。因此，可参照景观娱乐回用再生水的健康风险源识别、暴露剂量确定和进行健康风险评价。

（三）各种回用途径健康风险比较

1. 不同回用途径产生的危害比较

再生水回用于不同用途时对健康和环境都会产生影响，再生水的不同用途和污染物可能的影响途径有所不同，产生的危害也有所不同（见表12-8）。

再生水用于喷灌生食农作物、公园绿地、运动场及用于娱乐性景观用水（如游泳、冲浪）等与人体暴露量大、接触频繁的场所时，其中的细菌和病毒等病原微生物对人体健康造成较大风险。城市污水用于地下回灌时，其中重金属、病原体、难降解有机物等对地下水造成污染，通过饮用水途径危害人体健康；回用于景观娱乐用水时，污水中氮、磷含量太高会造成水环境的富营养化，有毒化学物质会破坏水环境的生态多样性。另外，再生水用于喷洒浇灌农作物，城市绿化带及其他人们可以自由出入的公共场所时，喷洒所形成的气雾剂对人体健康也存在相当大的风险。

表12-8　再生水回用对人体健康和健康危害及暴露途径

分　类	应用范围	再生水使用方式	可能的暴露途径及危害
农业灌溉回用	灌溉农作物、蔬菜、水果、牧场等	喷灌、滴灌、微灌、漫灌	消化道、呼吸道、毒害灌溉植物、污染土壤
城市杂用水	园林绿化、运动场	高压喷灌 低压滴灌 低压微灌	消化道、呼吸道、毒害灌溉植物、污染土壤、污染地下水、地表水
	车辆清洗、冲洗厕所	高压冲洗	消化道、呼吸道
	街道清扫	高压喷洒	呼吸道
	消防	高压喷洒	消化道、呼吸道、皮肤解除
地下水回灌	水源补给	地表渗漏系统、补给堤坝、土壤含水层处理系统直接注入	污染地下水、消化道（饮用途径）
	防止地面沉降		
	防止海水入侵		

续表

分 类	应用范围	再生水使用方式	可能的暴露途径及危害
工业用水	锅炉用水	密封、高压高温系统	呼吸道、影响锅炉性能
	循环冷却	冷却塔(污染物可能浓缩)	呼吸道
		冷却池(污染物可能浓缩)	呼吸道、生物生长
	单程冷却		对水质要求较低
景观娱乐用水	娱乐性水体、水景	水景	呼吸道、消化道、皮肤接触、水体富营养化、毒害水生生物、污染地下水
		娱乐水体	
	湖泊、观赏性		呼吸道、水体富营养化、毒害水生生物、污染地下水

根据不同回用目的人体对再生水中病原微生物和化学污染物的暴露量的大小,各种回用活动引起人体健康风险大小的比较列于表 12-9 中。

表 12-9 再生水各种回用相关的风险排序

风险排序 (从高到低)	再生利用途径
1	庭院内用软管浇水灌溉
2	庭院内用喷洒装置浇水灌溉
3	灌溉食用农作物(食用前不经过去皮、烹饪、加热等过程的处理)
4	灌溉食用农作物(食用前经过去皮、烹饪、加热等过程的处理)
5	娱乐性水体
6	灌溉绿化公众进入的场所
7	回用于开放式的冷却塔
8	洗车
9	装饰性水景(人工湖、喷泉)
10	冲厕
11	回用于商业洗衣店
12	冲洗道路
13	消防灭火(消火栓)
14	溜冰场制冰
15	消防灭火(喷淋)
16	拌合混凝土
17	控制建筑尘土
18	冲洗下水道和回用水管线

2. 不同回用途径健康风险评价比较

回用水的健康风险评价是评价水中有害物质与人体健康关系的定量方法,不论哪种回用途径,其评价模式均包括危害识别、剂量-效应分析、暴露评价及风险表征 4 部分。

危害识别是根据水中污染物的毒性及其对人体毒理学危害进行的衡量,从而确定评价因子。从这个意义讲,危害识别应包括污染物的毒性和人体毒理反应的综合效应。因此不同回用途径的再生水有不同的危害,因为暴露途径不同,如同一污染物通过饮用和皮肤接触所产生的毒理反应有所不同。

剂量-效应分析中,污染物的暴露剂量相同的情况下,不同的摄入途径人体所产生的毒理效应也不相同,而且也存在个体差异。所以,不同回用途径要针对特定人群考察剂量-效应关系。

暴露评价包括确定回用时所产生污染物的暴露量、暴露频率、暴露时间和暴露方式,是估测特定人群接触再生水回用时某种污染物质的程度。因此暴露评价要重点考察暴露人群的特征和风险因子在环境介质中浓度与分布。其中暴露人群特征、摄入方式等均对暴露量的准确确定产生重大影响。

风险表征是根据前三个阶段所获取的数据，选用风险计算公式，计算不同用途回用条件下可能产生的健康危害的强度或某种健康效应发生概率的过程。

健康风险评价的四个步骤适用于再生水的不同用途，其中关键问题是由于用水不同，有毒有害污染物随着暴露途径不同而产生不同的暴露剂量，此外，危害程度随着暴露途径不同也不相同。因此，不论是哪种用途，只要准确分析其暴露剂量，可用一般的风险表征方法进行风险的计算与评价。

3. 不同回用途径健康安全措施

无论哪种用途，为了保证再生水水质安全，均应综合考虑如下因素。

(1) 再生水的利用必须以保护公众健康为前提，这是制定水质安全指标的首要目标。

(2) 感观要求。对于较高要求的再生水，如冲洗厕所、绿地灌溉、娱乐用水等，在美学方面应和饮用水有相似的要求。

(3) 再生水回用于不同行业，其对用水要求不同。有些工业或其他用水对水质有特殊要求，应根据具体要求制定回用水质标准。

(4) 再生水灌溉可能引起很多相关问题，如污染土壤、地下水、地表水以及暴露人群的健康效应，因此要科学制定再生水用于农业的风险标准，特别应开展研究由于再生水灌溉引起农产品品质改变、基因变化等引起人体健康风险的效应。

(5) 再生水使用要同时考虑环境安全。使用再生水区域以及周围地区的动植物、受纳水体等都要列入保护研究的对象。

(6) 再生水利用要考虑技术经济的合理性，应特别注重基于人体健康风险和环境风险的技术经济合理性。制定的用水标准必须符合当前的政策、技术、经济状况，同时要有一定的前瞻性。

四、低质水的安全风险评价

(一) 低质水的风险来源

低质水是地表水或者地下水中某种或某类物质超过常规水质标准而不能直接开发利用的水资源。与传统水资源利用观念不同的是，虽然水中有超标的物质，但只要通过处理能够达到某种使用功能要求时，便可当成水资源加以利用。当然，水中超标物质含量越高，处理难度就越大，处理成本也会越高，当超过合理的技术经济范畴时就会失去使用价值。

低质水类型很多，本书从水资源利用角度考虑，主要就高盐度水、高硬度水、高硫酸盐水和含 H_2S 水，以及微污染的地表水和地下水的利用风险进行分析。

1. 高盐度水的风险

高盐度水中含有高浓度的离子，这些离子本身是无毒的，但综合水质可对人体健康产生危害。如盐碱水口感苦涩，长期饮用可导致胃病和消化道疾病，还与一些心脏疾病有密切关系。

此外，盐碱水中的离子会加速钢筋的锈蚀，加剧输送系统给水管材的腐蚀。水中的高含量盐还可以和混凝土本身的凝胶发生作用，从而降低混凝土的强度。作为农业灌溉水源时，矿化度高于 $1g/L$ 可能对多种农作物产生不利影响，并且会使得土壤发生盐碱化。因此高盐度水既有健康风险，又存在环境风险。

2. 高硬度水的风险

高硬度水中含有浓度较高的钙离子、镁离子和其他一些金属离子，作为饮用水口感较差，严重影响茶饮、饭菜的口味和质量，长期饮用会造成多种感官的不适，甚至引起消化、心血管、神经系统、泌尿系统以及造血等系统的病变。高硬度水沐浴时头发和皮肤有干涩和发紧的感觉，严重时易促进皮肤老化的进程。此外，盛装饮用水的容器中长期积累的硬垢会吸附大量重金属离子，盛装饮用水时，这些重金属离子就会溶于饮用水中，可能导致各种慢性疾病。

作为工业用水时，高硬度水会出现结垢的现象。这不仅浪费能耗，还会引发较大的安全风险。因此，高硬度水资源应用的问题很早就引起各方面的关注。可见，高硬度水也是既有健康风险，又存在安全风险。

3. 高硫酸盐的风险

高硫酸盐可引起水的味道和口感变坏。在大量摄入硫酸盐后可导致腹泻、脱水和胃肠道紊乱。另外，水中硫酸盐含量较高时水呈现酸性的特征，对设备等也会产生不利的影响。

4. 含 H_2S 水的风险

硫化氢（H_2S）是无色、有臭鸡蛋气味的毒性气体，其毒性与氰化氢接近，是一氧化碳毒性 5 倍以上，其最低致死剂量为 600mg/L 左右。人体吸入可刺激黏膜，引起呼吸道损伤，出现化学性支气管炎、肺炎、肺水肿、急性呼吸窘迫综合征等。当吸入超过最低致死剂量的 H_2S 气体后会很快失去知觉，呼吸和心脏停止，迅速死亡。当人体暴露在 100mg/L 以下的低浓度 H_2S 环境中也会产生头痛、晕眩、恶心、昏睡、胸闷等慢性中毒症状，长时间接触可能造成窒息死亡。H_2S 也是强烈的神经毒素，可引起中枢神经系统的机能改变。

H_2S 对于金属材料也有着明显的腐蚀作用。当开采含较高浓度 H_2S 热水时，H_2S 气体更易从水中挥发，易引发安全事故，但含 H_2S 水的健康风险远远高于环境与安全风险。

5. 微污染水的风险

微污染的水分为微污染地表水和微污染地下水，利用这类水时由于某些成分超过环境质量标准或者饮用水水质标准而产生健康风险。它们的风险程度决定于污染物种类和含量，也与人体暴露方式有密切关系，其风险来源类似于地表水和地下水。

（二）低质水的风险评价

虽然低质水本身毒性大，危害风险高，但使用时均要经过处理，因此实际暴露量并不高，对人体的健康风险一般可控。但是，这类水处理或利用不当就会产生严重的风险，所以更应注重的是处理与利用的事故风险。

对事故所产生的健康风险，可通过风险识别、源项分析、后果计算、风险计算和评价四个步骤进行评价。

风险识别是对低质水污染物浓度突然增高、处理厂生产设施事故风险识别和生产过程所涉及的物质风险识别，以及低质水利用环节的风险识别。

源项分析主要是确定影响水质的因素，确定最大可信事故的发生概率，以及由此造成低质水水质变化的幅度。

后果计算是在风险识别和源项分析的基础上，对事故可能造成的水质变化进行模测。要紧密结合处理和利用工艺参数、运行工况，预测不同单元事故程度对水质的影响。

风险计算和评价是根据事故发生的概率与事故造成的水质变化的危害综合计算事险值。其中事故危害的计算可类似于风险表征方法进行。风险计算可用式（12-8）

$$R = PC$$

式中　R——风险值；

　　　P——最大可信事故概率（事件数/单位时间）；

　　　C——最大可信事故造成的危害或风险（损害/事件）。

风险评价采用风险可接受分析的方法进行，即采用最大可信灾害事故风险值 R_{max} 与环境可接受风险水平 R_L 比较，当 $R_{max} \leqslant R_L$ 时，认为事故风险水平是可以接受的；当 $R_{max} > R_L$ 时则需要采取降低风险的措施，以达到可接受水平。

参考文献 👆

[1]　魏东斌，魏晓霞. 再生水回灌地下的水质安全控制指标体系探讨 [J]. 中国给水排水，2010，26（16）：23-26.

[2]　王丽娜. 城市污水再生用于地下水回灌及健康风险评价 [D]. 哈尔滨：哈尔滨工业大学，2006.

[3]　魏娜，程晓如，刘宇鹏. 浅谈国内外城市污水回用的主要途径 [J]. 节水灌溉，2006，（1）：31-33.

[4]　郑德凤，王本德. 水库防洪与补源优化调度及其风险分析 [J]. 水利学报，2005，36（7）：772-779.

[5]　Salgot M，Huertas E，Weber S，et al. Wastewater Reuse and Risk：Definition of Key Objectives [J]. Desalination. 2006，187（1-3）：29-40.

[6]　魏东斌，胡洪营. 污水再生回用的水质安全指标体系 [J]. 中国给水排水，2004，20（1）：36-39.

[7]　郭宇杰，郭祎阁，王学超等. 城市再生水回用途径安全性浅析 [J]. 华北水利水电学院学报，2013，34（2）：5-7.

[8]　仇付国. 城市污水再生利用健康风险评价理论与方法研究 [D]. 西安：西安建筑科技大学，2004.

[9]　隋文斌. 地下水环境健康风险评价方法研究与实例分析 [D]. 长春：长春工业大学，2012.

[10]　张建国. 再生水用于冲厕的健康风险评价方法研究 [D]. 天津：天津大学，2012.

[11]　朗宇鹏. 再生水回用于景观水体的富营养化及健康风险评价 [D]. 天津：南开大学，2007.

[12]　赵晓娟. 郑州市供水水源的水质健康风险评价及对策研究 [D]. 郑州：华北水利水电学院，2012.

[13]　黄龙. 水源地健康风险评价研究 [D]. 苏州：苏州科技学院，2010.